极致 C 语言

[伊朗]卡姆兰·阿米尼(Kamran Amini) 著

赵 斐 杨吉斌 周振吉
申海霞 曹铁勇 徐 勇 译

东南大学出版社
SOUTHEAST UNIVERSITY PRESS
·南京·

图书在版编目(CIP)数据

极致 C 语言 /(伊朗)卡姆兰·阿米尼
(Kamran Amini) 著;赵斐等译. —南京:东南大学出
版社,2023.5(2024.7重印)
书名原文:Extreme C
ISBN 978-7-5766-0168-8

Ⅰ.①极… Ⅱ.①卡… ②赵… Ⅲ.①C 语言-程序设
计 Ⅳ.①TP312.8

中国版本图书馆 CIP 数据核字(2022)第 122664 号
图字:10-2019-195 号

极致 C 语言

著　　者:[伊朗]卡姆兰·阿米尼(Kamran Amini)
译　　者:赵　斐　杨吉斌　周振吉　申海霞　曹铁勇　徐　勇
责任编辑:张　烨　　责任校对:子雪莲　　封面设计:毕　真　　责任印制:周荣虎
出版发行:东南大学出版社
社　　址:南京四牌楼 2 号　　邮编:210096　　电话:025-83793330
网　　址:http://www.seupress.com
印　　刷:常州市武进第三印刷有限公司
开　　本:787mm×980mm　1/16
印　　张:44.75
字　　数:876 千
版　　次:2023 年 5 月第 1 版
印　　次:2024 年 7 月第 2 次印刷
书　　号:ISBN 978-7-5766-0168-8
定　　价:178.00 元

本社图书若有印装质量问题,请直接与营销部联系。电话(传真):025-83791830

译 者 序

C 语言历史悠久，虽然足够底层，但功能强大，在 21 世纪的编程中仍然扮演着关键角色，是精密工程、航空航天、空间研究等领域的核心语言。TIOBE 索引显示，在过去 15 年里，C 语言一直都是最受欢迎的编程语言之一，而且近年来变得越来越流行。目前市面上介绍 C 语言的书籍数不胜数，但其中大多数都将重点放在 C 语言的语言体系和编程基础上，对如何利用 C 语言编写实际的复杂程序言之甚少。而本书的意图却与众不同，它着重于提高读者的 C 语言编程技能水平，让他们能在实际项目中灵活自如地运用 C 语言，将 C 语言的功能发挥到极致。

将一种语言发挥到极致，不仅依赖于语言自身的特性，更要看所要实现的项目设计。比如操作系统内核中，管理内存、调度线程、统筹资源等功能的实现，需要在语言特性的基础上，了解计算机的系统结构，还要采用精巧的设计和复杂的算法。

作为一种底层语言，C 语言在与计算机底层指令、内存打交道时具有天然的优势。为此，本书的内容覆盖了预处理器指令、函数、结构、指针等 C 语言的关键特性；深入探讨了构建 C 项目的全过程，以及能够显著提高代码性能的内存管理技术。

一直以来，都有一种声音在质疑：在面向对象编程的概念大行其道的今天，C 语言怎么能发挥作用？本书尝试对这个问题给出了回答。它对编写面向对象的 C 代码进行了哲学层面的思考，探讨了这种需求的内在原因，以及为什么 C 语言还要保持在面向对象和过程性编程之间的边界上等问题。译者以为，这比面向对象的 C 代码的具体实现更加重要。

为适应利用 C 语言实现处理多任务的复杂程序的需要，本书还阐述了 C 语言中并发、多线程、多进程的处理，以及 C 语言与其他语言的集成问题。同时，本书还介绍了用于 C 编程的单元测试和调试、系统构建和进程间通信等内容。

作者 Kamran Amini 是嵌入式和内核开发方面的资深专家,曾在众多知名公司担任高级工程师、架构师、顾问和 CTO。他编写本书,并不是为了达到 C 语言能力范围的极致而刻意增加难度,而是源于实际的需求。书中的相关内容,相信很多读者在实际的编程实践中都遇到过,或者想到过。而本书正是为了那些想深入研究 C 语言,想通过解决问题来进一步提升 C 语言编程能力的 C 程序员设计的。

本书的翻译由赵斐、杨吉斌、周振吉、申海霞、曹铁勇共同完成。其中,前言、第 1 章~第 5 章、第 10 章的 10.2 节~10.7 节、第 12 章由赵斐翻译,第 6 章~第 9 章、第 11 章、第 21 章~第 23 章由杨吉斌翻译,第 13 章~第 18 章由周振吉翻译,第 19 章和第 20 章由申海霞翻译,第 10 章的 10.1 节由曹铁勇翻译。全书由赵斐统稿,杨吉斌审稿。

本书的译者都是深耕于教学、科研一线多年的教师,对于 C 语言的教学和实践有着丰富的经验,同时对于 C 语言著作的翻译有着极大的热忱和兴趣。为了准确、精炼、意达地将原著带给读者,译者反复研读、讨论、修改,每一章都历经翻译、统稿、审稿三个环节,本书从翻译到出版,历时两年之久,力求忠于原著、概念准确、行文简练。

尽管译者、审校者、编辑都已竭尽所能地希望保证本书的准确性和流畅性,但疏漏和不足之处在所难免,恳请广大读者批评指正。

译者

Email:feifei6755@163.com

于南京

前 言

在当代,涌现出很多令人大开眼界的技术,带给我们几十年前无法想象的、无与伦比的感官体验。在街道上,自动驾驶汽车即将成为现实。物理学和其他科学分支的进步正在改变我们感知现实本身的方式。新闻报道说研究人员在量子计算方面正循序渐进地取得进展,我们听到关于区块链技术和加密货币的传言,以及殖民其他星球的计划。令人难以置信的是,如此多样的突破都源于少数核心技术。本书讲的就是其中之一:C 语言。

我在高一的时候就开始用 C++编程了。那时,我加入了一个青少年 2D 足球模拟小组。在使用 C++不久后,我接触到了 Linux 和 C。必须承认,在那些年里,我对 C 和 Unix 的重要性未给予足够重视,但是随着时间的推移,通过各种项目的实践经验和学习教育,我逐渐意识到它们的重要作用和地位。我对 C 的了解越多,对它的尊重就越多。这门编程语言深深吸引了我,最后,我决定成为专业人士,并成为一名倡导者,传播 C 语言的知识,让人们意识到 C 语言的重要性。秉持这一初心,我持续深耕于该领域,并完成了本书的撰写。

尽管人们认为 C 语言已经垂垂老矣,尽管技术人员普遍对 C 语言漠然无知,但这种认知是错误的,TIOBE 索引显示:在过去 15 年里,C 与 Java 都是最受欢迎的编程语言之一,而且近年来变得越来越流行。

多年来,我在各种平台(包括各种 BSD Unix 风格、Linux 和 Microsoft Windows)上使用 C、C++、Golang、Java 和 Python 进行开发和设计,在此基础上撰写了本书。本书的主要目的是提高读者使用 C 语言的技能水平,并通过来之不易的经验来实际应用它。达到此目的非常不易,这也是我们把本书称为"极致 C 语言"的原因。这是本书的核心关注点,我们不会卷入 C 语言与其他编程语言之间孰优孰劣的争论。本书试图保持实用性,但我们仍然必须讨论大量与实际应用相关的核心理论。书中有很多例子,旨在帮助你应对在真实系统中遇到的问题。

我非常热爱这个主题,有机会写这个主题,我感到难以言喻的快乐。同时,这个主题非常重要,第一次写书就是围绕这个主题,我感到非常荣幸。言语不足以表达我的心情。我要感谢 Andrew Waldron,是他让我得以完成本书。

我想向 Ian Hough、Aliakbar Abbasi 致以特别的问候和最诚挚的感谢。Ian Hough 是开发编辑,他陪伴我一章一章地完成此书;Aliakbar Abbasi 孜孜不倦地完成评议反馈。还要感谢 Kishor Rit、Gaurav Gavas、Veronica Pais 和更多可贵的人,他们尽了最大的努力来准备和出版这本书。

说到这里,我邀请你在这漫长的旅途中做我的旅伴。我希望,阅读这本书对于你来说有突破意义,帮助你从新的角度看待 C,并在这个过程中成为一个更好的程序员。

本书的读者对象

本书是为那些对 C 和 C++ 开发有一定了解的读者而写的。本书的主要读者是初级和中级的 C/C++ 工程师,本书可以促进他们提升对专业知识的理解和技能的掌握。希望读完本书后,所获得的提升使他们适合更具有挑战性、报酬更加优厚的工作机会,在职位上能得到提升,成为高级工程师。虽然预计大部分主题对高级工程师来说都是已知的,但一些主题和额外的细节对高级工程师仍然有用。

其他能从本书受益的读者是学生和研究人员。在科学或工程的任何分支(如计算机科学、软件工程、人工智能、物联网、天文学、粒子物理和宇宙学)在学的学生(不论他们在追求学士、硕士或是博士学位),以及所有这些领域的研究者,都可以用本书来提高他们在 C/C++、类 Unix 操作系统和相关的编程技能方面的知识水平。

这本书对于从事复杂、多线程甚至多进程系统的工程师和科学家来说是很有益处的,这些系统可以执行远程设备控制、仿真、大数据处理、机器学习、深度学习等等。

本书的内容覆盖

本书有七个部分。在每一部分中,我们都将讨论 C 编程的一个特定方面。第一部分集中在如何构建一个 C 项目,第二部分着重于内存,第三部分着重于面向对象,第四部分主要着眼于 Unix 以及 Unix 和 C 的关系,第五部分讨论了并发性,第六部分涵盖了进程间通信,最后,第七部分是关于测试和维护。本书共 23 章,以下是每一章的摘要。

第 1 章　基本特性:本章是关于 C 语言的基本特性,这些基本特性对 C 语言的使用有深远的影响。我们将在整本书中经常使用这些特性。本章的主题是预处理和定义宏的指令、变量和函数指针、函数调用机制和结构体。

第2章　从源文件到二进制文件：本章中，我们讨论了如何构建一个C项目。详细研究了编译过程①作为整体来考虑以及分别考虑编译过程的各个组件。

第3章　目标文件：本章着眼于C项目通过编译过程构建后的产品，即目标文件及其各种类型。我们还将查看这些目标文件，看看可以获取哪些信息。

第4章　进程内存结构：在本章中，我们将探索进程的内存布局。查看在进程内存布局中有哪些段，以及静态和动态内存布局意味着什么。

第5章　栈和堆：本章专门讨论栈和堆。我们讨论栈和堆变量，以及在C语言中如何管理它们的生存期。我们讨论了一些关于堆变量的最佳实践做法，以及管理它们的方式。

第6章　面向对象和封装：本书将花四章来讨论C语言中的面向对象，这是其中的第一章。我们将回顾面向对象背后的理论，并对文献中经常使用的术语给出重要的定义。

第7章　组合和聚合：本章着重于组合和它的一种特殊形式：聚合。我们将讨论组合和聚合之间的区别，并举例说明这些区别。

第8章　继承和多态：继承是面向对象编程（OOP）中最重要的主题之一。在本章中，我们将展示如何在两个类之间建立继承关系，以及如何在C语言中实现。多态是本章讨论的另一个重要主题。

第9章　C＋＋中的抽象和OOP：作为本书第三部分的最后一章，我们将讨论抽象。我们讨论了抽象数据类型以及如何用C实现它们，并且讨论了C＋＋的内部结构，并演示了如何用C＋＋实现面向对象的概念。

第10章　Unix历史及其体系结构：你不能只谈论C而忘了Unix。在这一章中，我们将描述为什么它们彼此紧密地联系在一起，以及Unix和C是如何互相帮助而生存至今的。我们还研究了Unix的体系结构，并了解了程序如何使用操作系统公开的功能。

第11章　系统调用和内核：在这一章中，我们关注Unix体系结构中的内核层。我们将

---

①　译者注：原文中compilation pipeline直译为"编译管线"，其意为"编译过程"或"编译流水线"，文中会根据上下文情况使用"编译管线"或"编译过程"。

更详细地讨论系统调用,并向 Linux 添加一个新的系统调用。我们还讨论了各种类型的内核,并为 Linux 编写了一个新的简单内核模块,以演示内核模块是如何工作的。

第 12 章　最新的 C 语言:在本章中,我们讨论了 C 标准的最新版本 C18,指出它与之前的版本 C11 有何不同。我们还演示了其与 C99 相比新增的一些特性。

第 13 章　并发:这是本书第五部分的第一章,它是关于并发性的。这一章主要讨论并发环境及其各种特性,如交错。我们将解释为什么这些系统是非确定性的,以及该属性如何导致诸如竞态条件等并发性问题。

第 14 章　同步:本章继续讨论关于并发环境的问题,并且讨论可以在并发系统中观察到的各种类型的问题。竞态条件、数据竞争和死锁都是我们要讨论的问题。我们也讨论了可以用来克服这些问题的技术。本章将讨论信号量、互斥锁和条件变量。

第 15 章　线程执行:本章中,我们将演示如何执行多个线程,以及如何管理它们。我们还给出了前一章中讨论的有关并发性问题的真实 C 示例。

第 16 章　线程同步:本章中,我们将学习可以用来同步多个线程的技术。信号量、互斥锁和条件变量是本章中讨论和演示的重要主题。

第 17 章　进程执行:这一章讨论了创建或生成新进程的方法。我们还讨论了在多个进程之间共享状态的基于推和基于拉的技术。我们使用真实的 C 示例演示第 14 章中讨论的并发性问题。

第 18 章　进程同步:本章主要讨论同一台机器上可用于同步多个进程的机制。进程共享的信号量、进程共享的互斥锁和进程共享的条件变量都是本章讨论的技术。

第 19 章　单主机进程间通信和套接字:在这一章中,我们主要讨论基于推的进程间通信(IPC)技术。我们的重点是驻留在同一台机器上的多个进程可用的技术。我们还介绍了套接字编程,以及在网络中不同节点上的进程之间建立通道所需的背景知识。

第 20 章　套接字编程:本章中通过代码示例来讨论套接字编程。我们通过提出一个支持各种类型套接字的示例来推动讨论。其中,我们讨论了在流或数据报通道上操作的 Unix 域套接字、TCP 和 UDP 套接字。

第 21 章　与其他语言的集成:在这一章中,我们将演示,通过共享目标文件构建得到的 C 库,以及如何在用 C++、Java、Python 和 Golang 编写的程序中加载和使用此 C 库。

第 22 章　单元测试和调试：本章专门介绍测试和调试。在测试部分中，我们将解释各种级别的测试，但是我们关注的还是在 C 上的单元测试。我们也介绍了在 C 中，使用 CMocka 和谷歌测试这两个可用的库来编写测试套件。在调试部分中，我们概述了各种可用的工具，它们可用于调试的不同类型的错误。

第 23 章　构建系统：在本书的最后一章，我们将讨论构建系统和构建脚本生成器。Make、Ninja 和 Bazel 是我们将在本章中解释的构建系统。CMake 也是我们在本章中讨论的唯一构建脚本生成器。

充分利用本书

正如之前说明的，本书要求读者在计算机编程方面具有一定的知识和技能。最低要求如下：

- 计算机体系结构的一般知识：读者应该了解内存、CPU、外围设备及其特性，以及程序如何与这些计算机元件交互。
- 编程常识：读者应该知道什么是算法，如何跟踪它的执行，什么是源代码，什么是二进制数，及其算术运算。
- 熟悉在类 Unix 操作系统如 Linux 或 macOS 中使用终端和基本 shell 命令。
- 具备中级编程知识，如条件语句、不同类型的循环、掌握至少一种编程语言中的结构体或类、C 或 C++中的指针、函数等。
- 面向对象编程（OOP）的基本知识：这部分不是强制性的，因为我们将详细解释面向对象，但它可以帮助你更好地理解本书的第三部分：面向对象。

　　此外，强烈建议下载代码库并遵循 Shell 框中给出的命令。请使用安装了 Linux 或 macOS 的平台，也可以使用其他兼容 POSIX 的操作系统。

下载示例代码文件

你可以从 http://www.packt.com/的账户下载本书的示例代码文件。如果你在别处买到这本书，请访问 http://www.packtpub.com/support，在网站上注册，并通过电子邮件直接获取示例代码文件。

你可以通过以下步骤下载代码文件：

1. 登录 http://www. packt. com 并注册。

2. 选择 Support 选项卡。

3. 单击 Code Downloads。

4. 在搜索框中输入书名，并按照屏幕上的说明进行操作。

下载文件后，请确保使用最新版本的解压缩软件：

- Windows 系统中适用 WinRAR/7 - Zip

- Mac 系统中适用 Zipeg/iZip/UnRarX

- Linux 系统中适用 7 - Zip/PeaZip

GitHub 也托管有该书的代码包，网址是 https://github. com/PacktPublishing/Extreme -C。如果代码有更新，GitHub 存储库会同步更新。

在网址 https://github. com/PacktPublishing/上的海量书籍和视频中，我们还提供其他代码包。把它们找出来吧！

本书采用的约定

在本书中，我们使用了代码框和 Shell 框。代码框包含一段 C 代码或伪代码。如果代码框的内容来自代码文件，则代码文件的名称将显示在该框的下面。下面是一个代码框的例子：

```
# include < stdio.h>
# include < unistd.h>
int main(int argc, char** argv) {
    printf("This is the parent process with process ID: % d\n", getpid());
    printf("Before calling fork() ...\n");
    pid_t ret = fork();
    if (ret) {
        printf("The child process is spawned with PID: % d\n", ret);
    }
        else {
        printf("This is the child process with PID: % d\n", getpid());
    }
```

```
    printf("Type CTRL+ C to exit ...\n");
    while (1);
    return 0;
}
```

代码框 17-1[ExtremeC_examples_chapter17_1.c]使用 fork API 创建子进程

上面的代码来自第 17 章中的 ExtremeC_examples_chapter17_1.c 文件,它是本书代码包的一部分。可以访问 https://github.com/PacktPublishing/Extreme-C,从 GitHub 上获得代码包。

如果代码框没有关联的文件名,则它包含伪代码或未纳入代码包的 C 代码。如下例所示:

```
Task P {
    1. num =  5
    2.num+ +
    3. num =  num - 2
    4.x =  10
    5.num =  num+ x
}
```

代码框 13-1:一个只有 5 条指令的简单任务

有时代码框中会有一些以粗体显示的行,这些行通常是在代码框之前或之后讨论的代码行。以粗体字显示它们是为了帮助读者更容易地找到它们。

Shell 框用于在运行 Shell 命令时显示终端的输出。命令通常使用粗体显示,输出为正常字体。示例如下:

```
$ ls /dev/shm
shm0
$ gcc ExtremeC_examples_chapter17_5.c - lrt - o ex17_5.out
$ ./ex17_5.out
Shared memory is opened with fd: 3
The contents of the shared memory object: ABC

$ ls /dev/shm
$
```

Shell 框 17-6:从例 17.4 中创建的共享内存对象中读取并最终删除它

命令以 $ 或 # 开头。以 $ 开头的命令应该由普通用户运行,以 # 开头的命令应该由超级用户运行。

Shell 框的工作目录通常是代码包中的章节目录。某些情况下，如果需要选择一个特定目录作为工作目录，我们将提供必要的相关信息。

加粗：用字体加粗来表示新的术语，或一个重要的词。例如，有些在电脑屏幕上显示的文字（如菜单或对话框中的重要的词）也会加粗显示。例如："Select **System info** from the **Administration** panel."

该图标表示：警告或重要提示。

该图标表示：实用技巧。

联系我们

我们随时欢迎读者的反馈。

一般反馈：如果你对本书有任何疑问，请你在电子邮件的标题中提及书名，并将邮件发送到 customercare@packtpub.com。

勘误表：虽然我们已尽一切努力确保内容的准确性，但错误仍不可避免。如果你在书中发现错误，请向我们报告，我们将不胜感激。

请访问 http://www.packtpub.com/support/errata，选择书名，点击勘误表提交表单链接，然后输入详细信息。

盗版：如果你在互联网上发现任何形式的盗版，如果能够向我们提供地址或网址，我们将不胜感激。请将盗版材料的链接发送到 copyright@packt.com。

如果你有兴趣成为一名作家：如果你对某个主题有专长，并且有兴趣撰写一本书，请访问 authors.packtpub.com。

评论

请留言评论。既然你已经阅读并使用了这本书，为什么不在购书网站上留下评论呢？潜在的读者看到你公正的意见，会作出购买决定。我们 Packt 出版社可以了解到你对我们的产品的想法，我们的作者可以看到你对他们的书的反馈。谢谢你！

更多信息请访问 http://www.packt.com。

贡 献 者

关于作者

Kamran Amini 是嵌入式和内核开发方面的资深专家。他曾在伊朗众多知名的公司担任高级工程师、架构师、顾问和 CTO。2017 年,他前往欧洲,在 Jeppesen、Adecco、TomTom 和 ActiveVideo Networks 等知名公司担任高级架构师和工程师并在居住于阿姆斯特丹时写了这本书。他的主要兴趣领域是计算理论、分布式系统、机器学习、信息论和量子计算。在职业生涯之外,他还在学习天文学和行星科学。他的学术兴趣领域包括宇宙的早期发展、黑洞的几何问题、量子场论和弦论。

感谢我的母亲 Ehteram,她把她的一生都奉献给了我和我的弟弟 Ashkan。她总是为我加油鼓劲。

感谢我美丽而深爱的妻子 Afsaneh,她全力支持我做的每一步工作,尤其是在写这本书的过程中。没有她的耐心和鼓励,我不可能走到现在。

评审人员

Aliakbar Abbasi 是一名软件开发人员,具有六年以上使用多种技术和编程语言的经验,是 OOP、C/C++ 和 Python 的专家。他喜欢学习技术书籍,拓宽自己的软件开发知识。现在,他和妻子住在阿姆斯特丹,并担任 TomTom 公司的高级软件工程师。

Rohit Talwalkar 是一位在 C、C++ 和 Java 语言方面经验丰富的软件开发专家。他曾致力钻研专用 RTOS(实时操作系统)、Windows 和 Windows 移动设备,以及 Android 平台,以开发应用程序、驱动程序和服务。

他在位于孟买的著名的印度理工学院获得了理学学士学位,并拥有计算机科学硕士学位,目前在混合现实领域担任应用开发首席工程师。他曾在摩托罗拉(Motorola)和黑莓(BlackBerry)工作,目前在 Magic Leap 工作,这是一家专注于空间计算、研发混合现实设备的公司。Rohit 曾参加过 Brian Overland 的《写给大忙人看的 C++》一书的评审。

感谢 Clovis Tondo 博士,他教会了我 C、C++、Java 和生活中的许多其他东西。

目　　录

1

基本特性

《极致 C 语言》是这样一本书,当你想要开发和维护实用的 C 应用程序时,它可以提供基础知识和高阶知识。一般来说,仅仅了解一种编程语言的语法是不足以写出成功的程序的——与大多数其他语言相比,这点在 C 语言中更为明显。因此,本书将涵盖用 C 编写优秀软件时所需的所有概念,包括从简单的单进程程序到复杂的多进程系统。

第一章主要关注 C 语言的一些特性,这些特性在编写 C 程序时非常有用。当你用 C 语言编程时,经常遇到一些情形需要使用这些特性。尽管 C 编程方面的优秀书籍和教程很多,它们详细解释了 C 语法的方方面面,但是在深入学习 C 语言之前,考虑 C 的某些关键特性仍然非常有用。

这些特性包括预处理指令、变量指针、函数指针和结构体。当然,它们在当今更现代的编程语言中非常常见,而且很容易在 Java、C♯、Python 等语言中找到对应的概念。例如,Java 中的引用(references)可以被视为类似于 C 中的变量指针。这些特性及其相关概念非常基础,没有它们,即使某软件能够执行,也无法正常运行! 例如,即使是简单的"hello world"程序,如果不加载需要使用函数指针(function pointers)的共享库,也无法运行!

所以,对于无处不在的交通灯、汽车的中控电脑、厨房里的微波炉、智能手机的操作系统,或者其他你想象不到的设备,它们都包含有用 C 语言开发的软件。

C 语言的发明极大地影响了我们今天的生活,如果没有 C 语言,我们的世界将会大不相同。

本章重点介绍编写专业 C 代码所需的基本特性和机制,并精选了一些特性来深入研究。

我们将探讨以下主题：

- **预处理指令、宏和条件编译**：预处理是 C 语言的特性之一，在其他编程语言中很难找到。预处理带来了很多优点，我们将深入研究它的一些有趣的应用，包括**宏**（macros）和**条件指令**（conditional directives）。

- **变量指针**：本节深入介绍**变量指针**①（variable pointers）及其用法。错误使用变量指针可能带来的一些严重后果，通过分析这些问题，我们还会发现一些有用的收获。

- **函数**：这一部分将深入探讨函数，而不仅仅是它们的语法。事实上，语法是比较容易的部分！在本节中，我们将把函数作为**编写过程**（procedural）代码的构建块。本节还将讨论**函数调用机制**（function call mechanism）以及函数如何从主调函数接收参数。

- **函数指针**：毫无疑问，**函数指针**（function pointers）是 C 语言最重要的特性之一。函数指针是指向现有函数而不是指向变量的指针。在算法设计中，存储指向现有逻辑的指针的能力是非常重要的，这也是为什么我们专门用一节来论述这个主题的原因。函数指针出现在各种各样的应用程序中，从加载动态库到**多态**（polymorphism）。接下来的几章中，我们将看到更多的函数指针。

- **结构**：C 结构可能有简单的语法，传递简单的思想，但在编写**组织良好**（well-organized）和更加**面向对象**（object-oriented）的代码时，它们是主要构建模块。它和函数指针的重要性，再怎么强调也不为过！在本章的最后一节，我们将回顾你需要知道的所有有关 C 结构的知识以及与它们相关的技巧。

尽管 C 语言问世已久，语法苛刻，但 C 语言的基本特性及其相关概念在 Unix 生态系统中发挥着关键作用，它们使 C 语言成为一种重要而有影响力的技术。在接下来的章节中，我们将更多地讨论 C 语言和 Unix 之间的相互影响。现在，让我们从讨论预处理指令开始进入第一章。

---

① 译者注：变量指针意为指向变量的指针。

在阅读本章之前,确保你已经熟悉 C 语言。本章中的大多数例子都很琐碎,但是强烈建议你在阅读其他章节之前了解 C 语言的语法。为方便起见,下面列出了你应该熟悉的主题。在继续阅读本书之前,请先熟悉:

计算机体系结构的常识——你应该了解内存、CPU、外围设备及其特性,以及程序如何与计算机系统中的这些组成部分交互。

编程常识——你应该知道什么是算法,如何跟踪它的执行,什么是源代码,什么是二进制数,以及二进制运算是如何工作的。

熟悉在类 Unix 操作系统(如 Linux 或 macOS)中使用**终端**(Terminal)和基本 shell 命令。

具备中等编程知识如条件语句、不同类型的循环、至少一种编程语言中的结构或类、C 或 C++中的指针、函数等等。

面向对象编程的基础知识——这不是必需的,因为我们将详细解释面向对象编程,但这些知识将有助于更好地理解本书第三部分章节的内容:**面向对象**(Object Orientation)

1.1 预处理指令

预处理是 C 语言的一个功能强大的特性。我们将在第二章中全面介绍它,但是现在可以给出"预处理"的定义,即在把源代码提交给编译器之前对源代码进行的设计和修改。这意味着 C 编译过程比其他语言至少多一个步骤。在其他编程语言中,源代码是直接发送给编译器的,但在 C 和 C++中,它应该首先进行预处理。

这个额外的步骤使 C 语言(和 C++)成为一种独特的编程语言,因为 C 程序员可以在将源代码提交给编译器之前有效地更改它。这个特性在大多数高级编程语言中并不存在。

预处理的目的是删除预处理指令,并用生成的等效 C 代码替换它们,从而得到提交给编译器的最终源代码。

C 预处理器通过一组指令(directives)来控制其行为。在头文件和源文件中,C 预处理指令都是以♯号开头的代码行。这些行只对 C 预处理器有意义,对 C 编译器没有意义。C 语言中有各种各样的预处理指令,但其中一些非常重要,尤其是用于宏定义和条件编译的指令。

在下一节中,我们将解释宏,并给出各种示例来演示它们的用法。我们还会进一步分析它们以归纳它们的优缺点。

1.1.1 宏

有很多关于 C 宏的传言。一种说法是,它们会让源代码太复杂、难以阅读。另一种说法是,如果在代码中使用了宏,那么在调试应用程序时就会遇到问题。你可能也听过其中的一些说法。但它们在多大程度上是可信的呢？要像避开洪水猛兽那样避开宏吗？或者它们能为你的项目带来多少益处？

事实上,在任何知名的 C 项目中都可以找到宏。下例即是证明,下载一个著名的 C 项目,如 Apache HTTP Server,并使用 grep 命令搜索 ♯ define,你将看到定义宏的文件列表。对于 C 开发人员来说,没有办法避开宏。即使你自己不使用它们,也可能在其他人的代码中看到它们。因此,你需要了解"宏是什么"以及"如何处理宏"。

 grep 命令是类 Unix 操作系统中的标准 shell 实用程序,用于查找一串字符里符合条件的一个字符范式。它用于在给定路径中查找文件内容中包含的某文本或指定的范本样式。

宏有很多应用,其中一些如下：

- 定义一个常量
- 像函数一样使用,而不是编写 C 函数
- 循环展开
- 头文件保护
- 代码生成
- 条件编译

虽然还可能有更多宏应用,但我们将在接下来的几节中重点讨论上述的几个应用。

(1) 定义一个宏

宏的定义使用♯define 指令。每个宏都有一个名称和一个可能的参数列表,它还有一个值(value)。在预处理阶段中,通过一个名为"宏展开"的步骤,将宏的名称(name)替换为值(value)。宏也可以用♯undef 指令来解除定义(undefined)。让我们从一个简单的例子开始,例 1.1：

```
# define  ABC 5
int main(int argc, char* *  argv) {
```

```
    int x = 2;
    int y = ABC;
    int z = x + y;
    return 0 ;
}
```

代码框 1-1[ExtremeC_examples_chapter1_1.c]:定义一个宏

在上述代码框中,ABC 不是一个整型变量,也不是整型常数。事实上,它是一个宏,宏名是 ABC,对应的值是 5。在宏展开之后,得到的可被提交给 C 编译器的代码如下所示:

```
int main(int argc, char* * argv) {
    int x = 2;
    int y = 5;
    int z = x + y;
    return 0;
}
```

代码框 1-2:示例 1.1 宏展开之后生成的代码

代码框 1-2 中的代码符合 C 语言的语法规则,现在编译器可以继续编译它。在前面的例子中,预处理器进行了宏展开,在宏展开中,预处理器只是简单地用宏的值替换了宏的名称,预处理器还删除了起始行上的宏指令。

现在让我们看看另一个例子,例 1.2:

```
# define ADD(a, b) a + b
int main(int argc, char* * argv) {
    int x = 2;
    int y = 3;
    int z = ADD(x, y);
    return 0;
}
```

代码框 1-3[ExtremeC_examples_chapter1_2.c]:定义类函数宏

与例 1.1 类似,代码框中的 ADD 不是一个函数,它只是一个能接受参数的类似函数的宏。在预处理之后,得到的代码如下:

```
int main(int argc, char* * argv) {
    int x = 2;
    int y = 3
    int z = x + y;
    return 0;
}
```

代码框 1-4:经过预处理和宏展开后例 1.2 的代码

在代码框 1－4 中可以看到,宏展开按如下过程执行:**实际参数**(argument) x 会替换宏中所有**形式参数**(parameter) a。对于形式参数 b 和它对应的实际参数 y 来讲也是一样的。预处理后我们得到替换后的最后结果:x＋y 取代了 ADD(a,b)。

因为类函数宏可以接受输入参数,所以它们可以模仿 C 函数。换句话说,你可以将常用的逻辑定义为类函数的宏,并使用该宏,而不是使用 C 函数。

这样,在预处理中,宏将被常用逻辑所替换,同时也不需要引入新的 C 函数。我们将比较两种方法,并进行更多的讨论。

宏只在编译之前存在。这意味着,从理论上讲,编译器对宏一无所知。如果你要使用宏而不是函数,记住这一点非常重要。编译器对函数了如指掌,因为它是 C 语法的一部分,它被解析并保存在**解析树**(parse tree)中。但是宏只是 C 语言的预处理指令,只有预处理器知道。

宏允许在编译之前**生成**(generate)代码。在 Java 等其他编程语言中,则需要使用**代码生成器**(code generator)来实现这一目的。我们将举例说明宏的这种应用。

现代 C 编译器知道 C 预处理指令。尽管人们普遍认为编译器对预处理阶段一无所知,但实际上并非如此。现代的 C 编译器在进入预处理阶段之前就已经知道源代码了。看看下面的代码:

```
# include < stdio.h >

# define CODE \
printf("% d\n",i );

int main(int argc, char* *  argv) {
    CODE
    return 0;
}
```

代码框 1－5[example. c]:产生一个未声明的标识符错误的宏定义

如果你使用 macOS 中 clang 编译以上代码,输出如下所示:

```
$ clang example.c
code.c:7:3: error: use of undeclared identifier 'i'
CODE
^
code.c:4:16: note: expanded from macro 'CODE'
printf("% d\n",i);
```

```
                    ^
1 error generated
$
```

Shell 框 1 - 1：使用宏定义的编译结果

可见，编译器生成了一条错误消息，它准确地指向宏定义所在的行。

附带说明一下，在大多数现代编译器中，你可以在编译之前查看预处理结果。例如，在使用 gcc 或 clang 时，可以使用－E 选项在预处理后转储代码。下面的 Shell 框演示如何使用－E 选项。请注意，输出未完全显示：

```
$ clang - E example.c
#  1 "sample.c" # 1 " < built- in> " 1
#  1 "< built- in> " 3
#  361 "< built- in> " 3
...
#  412  "/Library/Developer/CommandLineTools/SDKs/MacOSX10. 14. sdk/usr/in-
clude/stdio.h" 2 3 4
#  2 "sample.c" 2
...
int main(int argc, char* *  argv) {
    printf("% d\n", i);
    return 0;
}
$
```

Shell 框 1 - 2：预处理之后 example. c 的代码

现在我们来看一个重要的定义：**翻译单元**（translation unit）或**编译单元**（compilation u-nit）是预处理后准备传递给编译器的 C 代码。

在一个翻译单元中，所有的指令都被所包含的文件内容或宏展开替换，并生成一段长的、扁平的 C 代码。

既然你已经加深了对宏的了解，就来看一些更难的例子。它们将展示宏的威力和危害。在我看来，用一定的技巧处理危险和微妙的东西，这正是对 C 语言的极致开发。

下一个例子很有趣。让我们将注意力放在如何按顺序使用宏来生成循环：

```
# include< stdio.h>

# define PRINT(a) printf("% d\n", a);
# define LOOP(v, s, e) for (int v =  s; v < =  e; v+ + ) {
```

```
# define ENDLOOP   }
int main(int argc, char* *  argv) {
    LOOP(counter ,1 , 10)
        PRINT(counter)
    ENDLOOP
    return  0;
}
```

代码框 1-6[ExtremeC_examples_chapter1_3.c]:使用宏生成循环

在代码框 1-6 中,主函数中的代码怎么看都不像是有效的 C 代码! 但是经过预处理,得到了一个正确的 C 源代码,在编译时没有任何问题。以下例 1.3 是预处理后的结果:

```
...
...content of stdio.h...
...
int main(int argc, char* *  argv) {
    for (int counter =  1; counter < =  10; counter + + ) {
        printf("% d\n",counter);
    }
    return 0;
}
```

代码框 1-7:经过预处理后的例 1.3

在代码框 1-6 的 main 函数中,我们只是使用了一组不同的、看起来不像 C 的指令集来编写算法。然后经过预处理,在代码框 1-7 中,我们得到了一个功能完整、正确的 C 程序。这是宏的一个重要应用:定义一种新的**特定领域语言**(domain specific language, DSL)并用它编写代码。

DSL 作用于项目的不同部分。例如,它们在测试框架[如谷歌测试框架(gtest)]中被大量使用,用于编写断言、期望和测试场景。

应该注意到,在预处理后的最终代码中没有任何 C 预处理指令。这意味着代码框 1-6 中的#include 指令已被它所包含的文件内容所替换。这就是为什么在代码框 1-7 中的 main 函数之前会看到头文件 stdio.h 的内容(用省略号表示)。

现在来看下一个例子,例 1.4,引入了两个关于宏参数的新操作符:#和##操作符。

```
# include < stdio.h>
# include < string.h>
# define CMD(NAME) \
```

```
        char NAME ## _cmd[256] = "";\
        strcpy(NAME ## _cmd, #NAME);
int main(int argc, char* * argv) {

        CMD(copy)
        CMD(paste)
        CMD(cut)

        char cmd[256];
        scanf("% s",cmd);

        if (strcmp(cmd, copy_cmd) == 0){
            //...
        }
        if (strcmp(cmd, paste_cmd) == 0){
            //...
        }
        if (strcmp(cmd, cut_cmd) == 0){
            //...
        }
        return 0;
}
```

代码框 1-8[ExtremeC_examples_chapter1_4.c]：在宏中使用♯和♯♯操作符

在宏展开的时候，♯操作符将参数转换为由双引号括起来的字符串形式。例如，在前面的代码中，在参数 NAME 之前使用♯运算符，在预处理之后，将参数 NAME 变成"copy"。

♯♯运算符有不同的含义。它只是将参数与宏定义中的其他元素连接起来，通常形成变量名。下面是例 1.4 预处理之后的源代码：

```
...
...content of stdio.h ...
...
...content of string.h ...
...
int main(int argc, char* * argv) {
    char copy_cmd[256] = "" ; strcpy (copy_cmd, "copy ");
    char paste_cmd[256] = "" ;strcpy (paste_cmd, "paste") ;
    char cut_cmd[256] = "" ; strcpy (cut_cmd, "cut");

    char cmd[256];
    scanf("% s",cmd);

    if (strcmp(cmd, copy_cmd) == 0) {
```

```
    }
    if (strcmp(cmd, paste_cmd) = = 0) {
    }
    if (strcmp(cmd, cut_cmd) = = 0) {
    }

    return 0;
}
```

代码框 1-9:预处理之后的例 1.4

比较预处理前后的源代码可以帮助了解♯和♯♯操作符是怎么作用于宏实参数的。注意,在预处理之后的最终代码中,由同一个宏定义展开的所有行都在同一行上。

 当宏定义很长的时候,可使用"\"(反斜杠)将其分成多行。"\"让预处理器知道其余的定义在下一行。注意"\"不会被换行符替换,相反,它指示下一行是相同宏定义的延续。

下一节中将谈到另一种类型的宏:可变参数宏。它可以接受可变数量的实参。

(2) 可变参数的宏

示例 1.5 专门用来解释可变参数宏,它可以接受可变数量的输入实参。同一个可变参数宏有时接受 2 个实参,有时接受 4 个实参,有时 7 个实参。当你不确定同一宏在不同用法下的实参数量时,可变参数宏非常方便。下面给出一个简单的例子:

```
# include < stdio.h>
# include < stdlib.h>
# include < string.h>

# define VERSION   "2.3.4"

# define LOG_ERROR(format, ...)\
    fprintf(stderr, format, __VA_ARGS__)

int main(int argc, char* * argv) {

    if (argc < 3) {
        LOG_ERROR("Invalid number of arguments for version % s\n.",VERSION);
        exit(1);
    }

    if (strcmp(argv[1], "- n") ! = 0) {
        LOG_ERROR("% s is a wrong param at index % d for version % s.", argv[1],
1, VERSION);
        exit(1);
```

```
    }
    //...
    return 0;
}
```

代码框 1-10[ExtremeC_examples_chapter1_5.c]:可变参数宏的定义和用法

在上述代码框中,有一个新的标识符:__VA_ARGS__。它是一个指示符,告诉预处理器将其替换为尚未分配给任何形参的所有剩余输入实参。

在前面的例子中,当第二次使用 LOG_ERROR 时,根据宏定义,参数 argv[1]、1 和 VERSION 是那些没有赋给任何形参的输入实参。因此,在宏展开时,它们将被用来代替__VA_ARGS__。

需要补充说明的是,函数 fprintf 向**文件描述符**(file descriptor)写数据。在例 1.5 中,文件描述符是 stderr,这是流程的**标准错误流**(error stream)。另外,注意每次使用 LOG_ERROR 后的结束分号是必需的,因为宏没有将分号作为其定义的一部分,程序员必须添加分号以使预处理后的最终代码在语法上正确。

下面的代码是通过 C 预处理器后的最终输出:

```
...
...content of stdio.h...
...
...content of stdlib.h...
...
...content of string.h...
...
int main( int argc, char* * argv) {
    if (argc <  3) {
    fprintf(stderr, "Invalid number of arguments for version % s\n.","2.3.
4");
    exit(1);
    }
    if (strcmp(argv[1], "- n") ! =  0) {
    fprintf(stderr, "% s is a wrong param at index % d for version % s.", argv
[1], 1, "2.3.4");
        exit(1);
    }
    //...
```

```
    return 0;
}
```

代码框 1-11：预处理之后的例 1.5

下面的例 1.6 递进地使用可变参数宏来模拟循环。众所周知，在 C＋＋使用 foreach 之前，boost 框架曾经（现在仍然）使用一定数量的宏提供 foreach 循环。

在链接 https://www.boost.org/doc/libs/1_35_0/boost/foreach.hpp 中，头文件中的最后一项即为宏 BOOST_FOREACH 的定义。它用于遍历 boost 集合，实际上它是一个类函数的宏。[①]

例 1.6 是一个简单的循环，它无法与 boost 的 foreach 相比，但是它提供了一个关于如何使用可变参数宏来重复一些指令的思路：

```
# include < stdio.h>
# define LOOP_3(X , ...)\
    printf("% s\n", # X);

# define LOOP_2(X , ...)\
    printf("% s\n", # X); \
    LOOP_3 (__VA_ARGS__)

# define LOOP_1(X , ...)\
    printf("% s\n" , # X); \
    LOOP_2 (__VA_ARGS__)

# define LOOP(...)\
    LOOP_1(__VA_ARGS__)

int main(int argc, char* *  argv) {

    LOOP(copy paste cut)
    LOOP(copy,paste,cut)
    LOOP(copy,paste,cut,select)

    return 0;
}
```

代码框 1-12［ExtremeC_examples_chapter1_6.c］：使用可变参数宏模拟循环

---

① 译者注：foreach 语句用于循环访问集合以获取所需信息。foreach 语句在遍历集合的时候不能对集合元素进行更改。Boost 是为 C＋＋语言标准库提供扩展的一些 C＋＋程序库的总称。Boost 库是一个可移植、提供源代码的 C＋＋库，作为标准库的后备，是 C＋＋标准化进程的开发引擎之一，是为 C＋＋语言标准库提供扩展的一些 C＋＋程序库的总称。

在解释例 1.6 之前,先看一下预处理后的最终代码。毕竟解释已发生的事情会容易一些:

```
...
...content of stdio.h ...
...
int main(int argc, char* *  argv) {
    printf("% s\n", "copy paste cut" );  printf ( "% s\n ", " ");
printf ( "% s\n ", " ");
    printf ("% s\n", "copy" );  printf ("% s\n " , "paste");  printf ("% s\n",
"cut" );
    printf ("% s\n", "copy" );  printf ("% s\n " , "paste");  printf ("% s\n",
"cut" );

    return 0;
}
```

代码框 1-13:预处理之后的例 1.6

仔细查看预处理过的代码,会发现 LOOP 宏已经扩展为多条 printf 指令,而不是 for 或 while 等循环指令。原因很明显,就是因为预处理器不会智能编写 C 代码,它只是用我们给出的指令来替换宏。

使用宏创建循环的唯一方法是将迭代指令作为单独指令挨个放置。这意味着,一个包含 1000 次迭代的简单宏构成的循环将被替换成 1 000 条 C 语言指令,并且在最终代码中将不会有任何实际的 C 循环。

这种逐个使用指令,而不把指令放入循环中的方式被称为**循环展开**(loop unrolling)。这种方式的缺点是生成的二进制文件比较大,但有它自己的应用场合。如,在受限的环境中达到较高的性能水平。根据目前的解释,似乎使用宏来展开循环是在二进制文件的大小和性能之间做权衡。我们在下一节中对此进行更多的讨论。

关于本例还有一点需要注意。可以看到,在 main 函数中,LOOP 宏的不同用法产生了不同的结果。在第一个用法中,我们传递 copy paste cut,单词之间不带任何逗号。预处理器将其作为单个输入,因此模拟循环只有一次迭代。

在第二种用法中,输入 copy, paste, cut,以逗号分隔单词传递。这次,预处理器将它们视为三个不同的实参;因此,模拟循环有三个迭代。从 Shell 框 1-3 中可以清楚地看出这一点。

在第三种用法中传递了四个值:copy, paste, cut, select,但只有三个被处理了。可见,预处理后的代码与第二种用法完全相同。这是因为此循环宏最多只能处理三个元素,第三个元素之后的额外元素被忽略了。

请注意,这不会产生编译错误,因为最终生成的 C 代码中并没有任何错误,但是宏可以处理的元素数量有限:

```
$ gcc ExtremeC_examples_chapter1_6.c
$ ./a.out
copy paste cut

copy
paste
cut
$
```

Shell 框 1 - 3:例 1.6 的编译和输出

（3）宏的优缺点

让我们从软件设计开始讨论。定义宏并将它们组合在一起是一种令人上瘾的艺术！有些软件开发者甚至在定义宏之前,就已经开始在头脑中构建预期的预处理代码,并在此基础上定义宏。因为定义宏是一种复制代码和使用代码的简单方法,但它可能会被过度使用。过度使用宏对你来说可能不是什么大问题,但对你的团队成员来说就不一定了。这是为什么呢?

宏有一个重要的特征。如果你用宏写了一些东西,它们将在编译之前被其他代码行所替换,因此,在编译前你将得到一段没有任何模块化的扁平代码。这会导致你的头脑中有模块化的思路,在宏中也可能有,但是在最终的二进制文件中却没有。这正是使用宏会引起设计问题的地方。

软件设计试图将相似的算法和概念打包到几个可管理和可重用的**模块**(modules)中,但宏试图将所有内容线性化和扁平化。因此,当你在软件设计中使用宏作为一些逻辑构建块时,在最终的翻译单元中,有关宏的信息可能在预处理阶段之后丢失。基于此原因,程序架构师和设计师在使用宏的时候会遵循以下经验法则:

> *如果宏可以写成 C 函数,那么应该将宏改写为 C 函数!*

从调试的角度来看,也有人说宏是邪恶的。开发人员日常工作的一部分就是使用编译错误来定位**语法错误**(syntax errors)。他们还使用日志(log)和**编译警告**(compilation warnings)来检测**错误**(bug)并修复。编译错误和警告都有利于分析错误(bug),它们都是由编译器生成的。

但是,老版本的 C 编译器对宏一无所知。它们将编译源(翻译单元)视作一段长的、线性的、扁平的代码。因此,开发人员所看到的带宏的实际 C 代码,和 C 编译器看到的预处理后的没有宏的代码,是两个不同的世界。因此,开发人员很难理解编译器报告的信息。

当所有的"♯include"指令都被预处理之后,才能得到翻译单元的全部内容,而宏的问题会因为♯include 指令而重复出现。如今,著名的 C 语言编译器如 gcc 和 clang 更加了解预处理阶段,它们试图从开发人员视角来保存、使用和报告编译信息。期望在现代 C 编译器的帮助下,这个问题不再那么严重。

结论就是,可以说,调试的问题没有软件设计的问题那么严重。

你是否还记得,在解释例 1.6 时,我们提出过一个讨论。它是关于在二进制文件大小和程序性能之间权衡的问题。这种权衡更一般的说法,是在一个大的二进制文件和多个小的二进制文件之间权衡。它们都能提供相同的功能,但前者可以有更好的性能。

一个项目中使用的二进制文件的数量,在一定程度上与模块化(modularization)程度和模块化上的设计工作量成正比,特别是当项目很大的时候。例如,如果根据软件开发计划开发一个大项目,该计划将依赖项拆分为多个库,最终,这个大项目会有 60 个库(共享库或静态库)和一个可执行文件。

换句话说,当依据软件设计原则和最佳实践原则开发一个项目时,会谨慎地设计其二进制文件的数量和大小,通常项目会由多个轻量级的二进制文件组成,而不是一个巨大的二进制文件。这些轻量级的二进制文件具有适用的尺寸下限。

软件设计试图让每个软件组件在一个巨大的层次结构中处于合适的位置,而不是将它们按线性顺序排列。尽管在大多数情况下线性顺序排列对软件性能的影响很小,但在本质上是不利的。

这样,针对例 1.6 关于设计和性能之间的权衡的讨论结论如下:当需要性能时,你需要牺牲设计,把东西放到线性结构中。例如,避免使用循环,而使用循环展开。

从不同的角度来看,性能问题起始于为设计阶段定义的问题选择合适的算法。下一步通常称为**优化**(optimization)或**性能调优**(performance tuning)。在这个阶段,获得性能等同于让 CPU 以线性和顺序的方式计算，而不是强迫它在代码的不同部分之间跳转。这可以通过修改已经使用的算法或用一些性能更好、通常更复杂的算法替换它们来实现。这个阶段可能会与设计理念相冲突。正如我们之前所说的，设计试图将事物置于一个层次结构中，并使它们成为非线性的，但 CPU 期望操作是线性的，已经获取并准备好被处理。因此，应该针对每个问题分别进行处理和平衡。

让我们进一步解释循环展开。这种技术主要用于嵌入式开发，特别是在处理能力有限的环境中。其技术是删除循环并使其线性化，以提高性能并避免运行迭代时的循环开销。

这就是例 1.6 所做的。我们用宏模拟了一个循环，得到了一个线性指令集。从这个意义上说，宏可以用于嵌入式开发中的性能调优，在这种环境中，指令执行方式的微小改变就会带来性能的显著提升。不仅如此，宏可以提高代码的可读性，帮助我们排除重复的指令。

关于前面引用的说法，即宏应该被等效的 C 函数替换，这么说是基于软件设计的需要，而在某些情况下则不必如此。在提高性能是关键需求的情况中，有必要由一组线性指令来提高性能。

宏的另一个常见应用是代码生成。宏可以将 DSL 引入项目中。在数千个使用宏定义自己的 DSL 的项目中，就有微软的 MFC、Qt、Linux Kernel 和 wxWidgets。其中的大多数是 C++项目，但是它们使用这个 C 特性来简化它们的 API。

综上所述，如果深入研究和了解了 C 宏的预处理结果带来的影响，就能够利用好它们的优点。如果你在一个团队中开发一个项目，请始终在团队中分享有关宏使用的决定，并让自己与团队的决策保持一致。

1.1.2 条件编译

条件编译是 C 语言的另一个独特特性。它能让你根据不同的条件得到预处理后的不同源代码。尽管名字是条件编译，但并不是编译器有条件地做某些事情，而是基于某些特定的条件传递给编译器的预处理代码是不同的。预处理器在准备预处理代码时评估这些条件。有不同的预处理指令可用于条件编译，如下所示：

- #ifdef

- #ifndef
- #else
- #elif
- #endif

下面的例 1.7 演示了这些指令的基本用法:

```
# define CONDITION
int main(int argc, char* * argv) {
# ifdef CONDITION
    int i = 0;
    i+ + ;
# endif
    int j = 0;
    return 0;
}
```

代码框 1-14[ExtremeC_examples_chapter1_7.c]:条件编译的一个例子

当预处理上面的代码时,预处理器会看到宏 CONDITION 的定义,并标记其为已定义。注意,该定义并没有为 CONDITION 宏提供任何值,这完全合乎语法规则。然后,预处理器继续向下处理,直到它遇到 #ifdef 语句。既然 CONDITION 宏已经被定义,那么 #ifdef 和 #endif 之间所有的代码行将被复制到最终的源代码。

在下面的代码框中可以看到预处理过的代码:

```
int main(int argc, char* * argv) {
    int i = 0;
    i+ + ;
    int j = 0;
    return 0;
}
```

代码框 1-15:预处理之后例 1.7 的代码

如果没有定义宏 CONDITION,#ifdef 到 #endif 指令之间的代码就不会有出现任何代换。这样,预处理后的代码可能如下所示:

```
int main(int argc, char* * argv) {

    int j = 0;
    return 0;
```

```
    }
```

代码框 1-16：假设没有定义 CONDITION 宏，预处理之后的例 1.7 的代码

注意代码框 1-15 和 1-16 中的空行，这些空行是在预处理阶段，当利用评估值对 ♯ifdef 和 ♯endif 之间的代码进行替换后保留下来的。

可以在编译命令中使用"−D"选项来定义宏，将定义传递给编译命令。对于前面的例子，可以定义 CONDITION 宏如下：

\$ gcc -DCONDITION − E main.c

这是一个很好的特性，因为它允许你在源文件之外定义宏。当只有一个源代码，但要为不同的体系结构（例如 Linux 或 macOS）编译时，这一点特别有用，因为它们有不同的默认宏定义和库。

♯ifndef 的常见用法之一是被用作**头文件保护**（header guard）语句。这条语句防止头文件在预处理阶段被包含两次，可以说，几乎每个项目中的所有 C 和 C＋＋头文件都把这条语句作为它们的第一条指令。

例 1.8 是关于如何使用头文件保护语句的例子。假设这是头文件的内容，并且在某些情况下，它可能在一个编译单元中被包含两次。注意，例 1.8 只是一个头文件，不需要编译：

```
# ifndef EXAMPLE_1_8_H
# define EXAMPLE_1_8_H

void say_hello();
int read_age();

# endif
```

代码框 1-17［ExtremeC_examples_chapter1_8.h］：一个头文件保护的例子

可见，所有变量和函数声明都放在 ♯ifndef 和 ♯endif 对中，它们被宏保护起来以防被多次包含。在下面的段落中，我们将解释其中的原因。

当第一个包含发生时，EXAMPLE_1_8_H 宏还没有被定义，因此预处理器继续进入 ♯ifndef−♯endif 块。下一条语句定义 EXAMPLE_1_8_H 宏，预处理程序将 ♯endif 指令之前的所有内容复制到预处理后的代码中。当第二次包含发生时，EXAMPLE_1_8_H 宏已经被定义，因此预处理器跳过 ♯ifndef−♯endif 段中的所有内容，如果有后续语句的话，就移动到 ♯endif 之后的下一条语句。

所以,通常的做法是将头文件中除了注释之外的全部内容都放在♯ifndef和♯endif对中。

在本节最后讨论一下♯pragma once指令。如果不使用♯ifndef－♯endif指令,还可以使用♯pragma once指令以保护头文件免受**双重包含**(double inclusion)问题的影响。条件编译指令和♯pragma once指令的区别在于,尽管几乎所有C预处理器都支持♯pragma once,但它不是C标准。然而,如果需要保证代码的**可移植性**(portability),最好不要使用它。

下面的代码框演示了如何在例1.8中使用♯pragma once,而不是使用♯ifndef－♯endif指令:

```
# pragma once

void say_hello ();
int read_age ();
```
代码框1－18:在例1.8中使用♯pragma once指令

现在,在演示了它们的有趣特性和各种应用之后,有关预处理指令的主题就讨论到这里。下一节将讨论变量指针,这是C的另一个重要特性。

1.2 变量指针

指向变量的指针(或称为短指针)的概念是C语言中最基本的概念之一。在大多数高级编程语言中,难觅指针的踪迹。事实上,它们已经被一些相似的概念所取代。例如,Java中的引用(reference)。值得一提的是,指针所指向的地址可以直接被硬件使用,但其相似概念(如引用)的情况并非如此,因此指针是独树一帜的。

深入理解指针及其工作方式对于成为熟练的C程序员至关重要。它们是内存管理中最基本的概念之一,尽管它们的语法很简单,但如果使用不当,可能会导致灾难性的后果。我们将在第4章和第5章中讨论内存管理相关的主题,但在这一章中,我们想重述关于指针的所有内容。如果你对指针的基本术语和概念有信心,可以跳过本节。

1.2.1 语法

任何类型的指针背后的思想都很简单,它只是一个保存**内存地址**(memory address)的简单变量。关于指针，你可能想起的第一件事是星号字符 * ，在 C 语言中它是用来声明指针的，在例 1.9 中可以看到它。下面的代码框演示了如何声明和使用变量指针：

```
int main(int argc, char* * argv) {
    int var = 100;
    int* ptr = 0;
    ptr = &var;
    *ptr = 200;
    return 0;
}
```

代码框 1-19[ExtremeC_examples_chapter1_9. c]：在 C 语言中声明和使用指针

上面的例子提供了所有要了解的指针语法信息。第一行声明 var 变量，其存储在栈段顶部。我们将在第 4 章中讨论**栈段**（Stack segment）。第二行声明了指针变量 ptr，并将其初始化为 0。具有零值的指针称为**空指针**（null pointer）。只要 ptr 指针保持其零值，它就被认为是一个空指针。如果你不打算在声明指针变量时存储有效的地址，那么将指针**置空**（nullify）是非常重要的。

在代码框 1-19 中可看到，代码没有包含头文件。指针是 C 语言的一部分，不需要包含任何东西就可以使用它们。事实上，有的 C 程序可以不包含任何头文件。

以下形式的声明在 C 语言中都是有效的：

```
int* ptr = 0;
int * ptr = 0;
int * ptr = 0;
```

main 函数的第三行使用了 & 运算符，它被称为引用运算符（referencing operator）。它返回其后变量的地址。我们需要这个运算符来获取变量的地址。否则，无法用有效地址初始化指针。

在同一行代码中，返回的地址存储在 ptr 指针中。现在，ptr 指针不再是空指针。在第四行代码中，指针前面的另一个操作符，称为**解引用运算符**（dereferencing operator），也用 * 表示。这个运算符允许间接访问 ptr 指针指向的存储单元。换句话说，它允许通过指向 var 变量的指针来读取和修改 var 变量。第四行代码等价于语句 var = 200；。

空指针没有指向有效的内存地址。因此，必须避免对空指针进行解引用，因为它被认为是一个未定义的行为（undefined behavior），这通常会导致崩溃。

对于前面的例子,最后要注意的是,在声明指针时,通常使用默认的宏 NULL 将指针置空,NULL 的值为 0。初始化指针时最好使用 NULL 宏,而不是直接使用 0,因为这样更容易区分变量和指针:

```
char* ptr = NULL;
```

代码框 1-20:使用 NULL 宏将指针置空

C++中的指针与 C 中的指针完全相同,通过存储 0 或 NULL 可以将指针置空。但是 C++11 有一个用于初始化指针的新关键字。它既不是像 NULL 一样的宏,也不是整数 0。这个关键字是 nullptr,它可用于置空指针或检查指针是否为空。下面的例子演示了如何在 C++11 中使用它:

```
char * ptr = nullptr ;
```

代码框 1-21:在 C++11 中使用 nullptr 置空指针

 在声明指针时必须初始化,这一点非常重要。如果在声明它们时不想存储任何有效的内存地址,可以**通过赋 0 值或 NULL 将指针置空**! 而不是让它们保持未初始化的状态。否则可能面临致命的错误!

在大多数现代编译器中,未初始化的指针总是被置空。这意味着所有未初始化的指针的初始值都是 0。但是这不能成为不正确初始化指针的借口。请记住,你正在为不同的体系结构(旧的和新的)编写代码,这可能会在那些老版本系统中引起问题。此外,在大多数内存分析器中会收到未初始化指针的错误和警告列表。第 4 章和第 5 章中将给出内存分析器的详细解释。

1.2.2 变量指针的算术运算

对内存结构做最简单的描述就是一个很长的一维数组,字节为其基本单位。头脑中有了这样场景,就会理解:如果你站在一个字节上时,在这个数组中你只能前后移动,没有其他可能的移动方向。因此,对于指向内存中不同字节的指针来说,也是一样的。指针加 1 表示指针向前移动,指针减 1 表示指针向后移动。指针不能进行其他算术操作。

如前所述,指针上的算术操作类似于在字节数组中的移动。我们可以用这个图形来引入一个新概念:**算术步长**(arithmetic step size)。我们需要这个新概念,因为当指针加 1 时,它可能会在内存中向前移动不止 1 个字节。每个指针都有一个算术步长,它对应着当指针加 1 或减 1 时将移动的字节数。这个算术步长由指针指向的**数据类型**（data type）决定。

在每个平台中，都有一个基本的存储单元，指针存储的都是该内存中基本存储单元的地址。所以，所有指针使用的字节数都应该一样。但这并不意味着它们的算术步长都相等。如前所述，指针的算术步长由其 C 数据类型决定。

例如，一个 int 类型指针与一个 char 类型指针使用的字节数是相同的，但是它们算术步长不同。int ＊ 的算术步长通常是 4 字节，而 char ＊ 的算术步长是 1 字节。因此，一个整型指针加 1 使它在内存中向前移动 4 个字节（在当前地址上增加 4 个字节），一个字符类型指针加 1 使它在内存中只向前移动 1 个字节。下面的例 1.10，演示了两种不同的数据类型指针的算术步长：

```c
# include < stdio.h>
int main(int argc, char* *  argv) {
    int var =  1;

    int*  int_ptr =  NULL;                          //使指针置空
    int_ptr =  &var;

    char*  char_ptr =  NULL ;
    char_ptr =  (char * )&var ;

    printf("Before arithmetic: int_ptr: % u,char_ptr: % u\n",
        (unsigned int)int_ptr,(unsigned int) char_ptr);

    int_ptr+ + ;                                    //算术步长通常为 4 字节
    char_ptr+ + ;                                   //算术步长是 1 字节

    printf("After arithmetic: int_ptr: % u, char_ptr: % u\n",
        (unsigned int)int_ptr,(unsigned int)char_ptr);

    return 0;
}
```

代码框 1 - 22［ExtremeC_examples_chapter1_10. c］:两种指针的算术步长

下面的 Shell 框显示了例 1.10 的输出。注意，在同一台机器上连续两次运行时，打印的地址可能是不同的，甚至在不同平台上运行时也是如此，因此在输出中可能会看到不同的地址：

```
$ gcc ExtremeC_examples_chapter1_10.c
$ ./a.out
Before arithmetic: int_ptr: 3932338348, char_ptr: 3932338348
```

```
After arithmetic: int_ptr: 3932338352, char_ptr: 3932338349
$
```

Shell 框 1-4：例 1.10 第一次运行后输出

通过对算术运算前后地址的比较可以清楚地看出，整型指针的步长为 4 字节，字符型指针的步长为 1 字节。如果再次运行这个例子，指针可能会指向一些其他地址，但它们的算术步长保持不变：

```
$ ./a.out
Before arithmetic: int_ptr: 4009638060,char_ptr: 4009638060
After arithmetic: int_ptr: 4009638064,char_ptr: 4009638061
$
```

Shell 框 1-5：例 1.10 第二次运行后的输出

在了解了算术步长之后，我们来讨论一个经典例子：使用指针算术运算遍历（iterate）一段内存区域。例 1.11 和例 1.12 将打印整型数组的所有元素。例 1.11 使用的是不使用指针的琐碎方法；例 1.12 则给出了基于指针算术运算的解决方案。

例 1.11 代码如下：

```c
# include < stdio.h>
# define SIZE 5
int main(int argc, char* * argv) {
    int arr[SIZE];
    arr[0]= 9;
    arr[1]= 22;
    arr[2]= 30;
    arr[3]= 23;
    arr[4]= 18;

    for (int i = 0; i< SIZE;i+ + ){
        printf (" % d \n",arr[i]);
    }

    return 0;
}
```

代码框 1-23［ExtremeC_examples_chapter1_11.c］：不使用指针算术运算遍历数组

你对代码框 1-23 中的代码应该很熟悉。它只是使用**循环计数器**（loop counter）来引用数组的特定下标，并读取其内容。但是，如果你想使用指针而不是**下标法**（indexer）访问数组元素（下标是"［"和"］"之间的整数），做法是不一样的。下面的代码框演示了如何使用指针在数组边界范围内遍历数组：

```
# include < stdio.h>
# define SIZE 5
int main(int argc, char* * argv) {
    int arr[SIZE];
    arr[0] =  9;
    arr[1] = 22;
    arr[2] = 30;
    arr[3] = 23;
    arr[4] = 18;

    int*  ptr =  &arr[0];

    for( ; ;){
        printf ("% d \n",* ptr);
        if (ptr = = &arr[SIZE -  1]) {
            break;
        }
        ptr + + ;
    }

    return 0;
}
```

代码框 1 - 24[ExtremeC_examples_chapter1_12. c]：使用指针算术运算遍历数组

代码框 1 - 24 演示了第二种方法，使用无限循环输出数组元素，当 ptr 指针与数组的最后一个元素的地址相同的时候中止循环。

数组元素是存储在内存中相邻位置上的变量，所以对指向某个元素的指针进行递增和递减操作可以有效地使指针在数组中前后移动，最终指向另一个元素。

从前面的代码可以清楚地了解到，ptr 指针的数据类型是 int ＊ 。这是因为它必须能够指向数组中任何 int 类型的单个元素。注意，数组中的所有元素都是相同的类型，因此它们占用的内存空间大小相同。ptr 指针加 1 会使其指向数组中的下一个元素。可见，在 for循环之前，ptr 指向数组的第一个元素，通过递增，它会在数组的内存区域内向前移动。这是指针算术运算的经典用法。

注意，在 C 语言中，数组实际上是一个指针，指向数组的第一个元素。在这个例子中，arr的实际的数据类型是 int ＊ 。因此，可以这样写以下语句：

```
int*  ptr =  arr;
```

替代前面的语句：

```
int* ptr = &arr[0];
```

1.2.3 通用指针

void * 类型的指针称为通用指针。它像其他指针一样可以指向任何地址，但由于不知道它的实际数据类型，因此也不知道它的算术步长。通用指针通常用于保存其他指针的内容，但未保留这些指针的实际数据类型。因此，不能对通用指针进行解引用，也不能对它进行算术运算，因为它指向的数据的类型是未知的。下面的例 1.13 展示的情形是：不可能对通用指针进行解引用。

```
# include < stdio.h>
int main(int argc,char* * argv){
    int var = 9;
    int* ptr = &var;
    void* gptr = ptr;
    printf (" % d\n",* gptr);
    return 0;
}
```

代码框 1 - 25[ExtremeC_examples_chapter1_13. c]：解引用通用指针会产生编译错误！

如果你在 Linux 中使用 gcc 编译上述代码，你会得到以下错误提示：

```
$ gcc ExtremeC_examples_chapter1_13.c

In functiton 'main':
warning: dereferencing 'void * ' pointer
    printf("% d\n", * gptr);
                    ^ ~ ~ ~ ~
error: invalid use of void expression
    printf("% d\n", * gptr);
$
```

Shell 框 1 - 6：在 Linux 中编译例 1.13

如果你在 macOS 中使用 clang 编译上述代码，错误信息是不同的，但它指出的是同一个问题：

```
$ clang ExtremeC_examples_chapter1_13.c
error: argument type 'void' is incomplete
    printf("% d\n", * gptr);
```

```
                   ^
    1 error generated.
$
```

Shell 框 1 - 7：在 macOS 中编译例 1.13

可见，所有的编译器都不接受对通用指针的解引用。事实上，解引用通用指针是没有意义的！那么，它们还有什么用处呢？其实，通用指针非常便于定义**通用函数**（generic functions），通用函数可以接受各种不同类型的指针作为它们的输入实参。例 1.14 试图揭示关于通用函数的细节：

```c
# include < stdio.h>

void print_bytes(void*  data, size_t length) {
    char delim = ' ';
    unsigned char*  ptr = data;
    for (size_t i = 0;i< length;i++ ) {   //因为 data 类型与 ptr 类型不同，无法赋值
        printf("%c 0x%x", delim, *ptr);
        delim = ',';
        ptr++ ;
    }
    printf (" \n ");
}

int main(int argc, char* *  argv) {
    int a = 9;
    double b = 18.9;

    print_bytes(&a,sizeof (int));
    print_bytes(&b,sizeof(double));
    return 0;
}
```

代码框 1 - 26[ExtremeC_examples_chapter1_14. c]：通用函数的例子

在前面的代码中，print_bytes 函数接收一个地址值（void * 类型的指针）和一个指出数据类型长度的整数作为其实参。使用这些实参，函数打印从给定地址开始到给定长度为止的所有字节。可见，该函数接受一个通用指针，这允许用户传递他们想用的任何类型的指针。请记住，对 void pointer（空指针、通用指针）的赋值不需要显式强制类型转换。这是为什么在传递 a 和 b 的地址的时候没有做显式的强制类型转换的原因。

在 print_bytes 函数中，为了在内存中移动，必须使用 unsigned char 类型指针，否则，不能直接对空指针参数 data 做任何算术运算。char * 或 unsigned char * 的步长是一个字节。因此，这是对于逐字节遍历一段内存和逐个处理每个字节来说最好的指针类型。

本例中最后要注意的一点是，size_t 是一种标准的无符号数据类型，在 C 语言中通常用于存储大小。

 size_t 是在 ISO/ICE 9899:TC3 标准的 6.5.3.4 节中定义的。这个 ISO 标准是著名的 C99 规范的 2007 年修订版。此标准直到今天一直是所有 C 语言实现的基础。ISO/ICE 9899:TC3(2007)的链接是：

http://www.open-std.org/jtc1/sc22/wg14/www/docs/n1256.pdf

1.2.4　指针的大小

如果在谷歌上搜索 C 语言中指针的大小，你就会发现无法找到一个确切的答案。答案有很多，而事实是在不同的体系结构中，你不能为指针定义一个固定的大小。指针的大小取决于体系结构，而不是特定的 C 概念。C 不太关心这些与硬件相关的细节，它试图提供一种处理指针和其他编程概念的通用方法。这就是为什么我们认为 C 是一个标准。对于 C 来说，只有指针和指针上的算术运算才是重要的。

 体系结构指的是计算机系统中使用的硬件。在第 2 章中会详细讲述相关内容。

你总能使用 sizeof[①] 获取指针的大小。在目标体系结构上查看 sizeof(char *)就可以看到的结果。根据经验，指针大小在 32 位体系结构中为 4 字节，在 64 位体系结构中为 8 字节，但在其他体系结构中可能会是其他值。请记住，你编写的代码不应该依赖于指针大小的特定值，也不应该对它做出任何假设。否则，在将代码移植到其他体系结构时会遇到麻烦。

1.2.5　悬空指针

误用指针会导致许多问题。悬空指针就是其中非常著名的一个。指针通常指向已经分配给某变量的一个地址，对某地址中的数据进行读取或修改。而如果该地址中并没有存储变量，这是严重错误行为，可能导致崩溃或段错误（segmentation fault）的情况。段错误是一个可怕的错误，每个 C/C++开发人员在编写代码时都应该至少见过一次。这种情况通常发生在误用指针时：在你访问内存中不允许访问的位置时；或者曾在内存某处

---

① 译者注：sizeof 是 C 语言的一个关键字，它是一个单目运算符，而不是一个函数。

存储了一个变量,但是该内存现在被释放了。

我们试着在例 1. 15 中制造这种情况:

```
# include < stdio.h >
int*  create_an_integer(int default_value) {
    int var =  default_value;
    return &var;
}
int main () {
    int*  ptr =  NULL;
    ptr =  create_an_integer (10);
    printf (" % d \n",* ptr);
    return 0;
}
```

代码框 1 - 27[ExtremeC_examples_chapter1_15. c]:制造段错误情况

在上面的例子中,create_an_integer 函数用于创建一个整数。它声明一个带有默认值的整数,并将其地址返回给调用者。在 main 函数中接收到所创建的整数 var 的地址,并将其存储在 ptr 指针中。然后,ptr 指针被解引用,存储在 var 变量中的值会被打印出来。

但事情并没有那么简单。当你想在 Linux 机器上用 gcc 编译器编译这段代码时,它会成功地完成编译,并且得到最终的可执行文件,但会生成如下警告:

```
$ gcc ExtremeC_examples_chapter1_15.c
In function'f':
warning: function returns address of local variable[-  Wreturn -  local- addr]
    return &var;
          ^ ~ ~ ~
$
```

Shell 框 1 - 8:在 Linux 中编译例 1. 15

这是一个非常重要的警告信息,但是程序员很容易忽略和忘记它。在后面的第 5 章中会进一步讨论这个问题。如果继续并执行前面生成的可执行文件,会发生什么呢?

当运行例 1. 15 时,会发生一个段错误,程序立即崩溃:

```
$ ./a.out
Segmentation fault(core dumped)
$
```

Shell 框 1 - 9:运行例 1. 15 时的段错误

那么,到底是哪里出了问题? ptr 指针是悬空的,它指向的是原本变量 var 的内存位置,但该内存已经被释放。

变量 var 是函数 create_an_integer 的局部变量,离开函数后它将被释放,但是可以从函数中返回它的地址。因此,在 main 函数中,当把返回的地址复制给 ptr 时,ptr 指向内存中无效的地址,成为悬空指针。现在,对指针的解引用会导致严重的问题,程序会崩溃。

回头再看看编译器生成的警告,它清楚地指出问题所在。

编译器给出的警告是:正在返回一个局部变量的地址。从函数返回后该地址会被释放。可见,编译器还是非常智能的! 如果你认真对待这些警告,就不会面对这些可怕的错误了。

但是怎样重写这个例子才不出错呢? 使用堆内存(Heap memory)! 我们将在第 4 章和第 5 章中全面介绍堆内存。但现在,我们将使用堆分配(Heap allocation)重写这个例子,你将看到使用堆(Heap)而不是栈(Stack)带来的好处。

下面的例 1.16 展示了如何使用堆内存来分配变量,并在函数之间传递地址而不带来任何问题:

```c
# include < stdio.h >

# include < stdlib.h >

int* create_an_integer(int default_value) {
    int* var_ptr = (int* )malloc(sizeof(int));
    * var_ptr = default_value;
    return var_ptr;
}

int main() {
    int* ptr = NULL;
    ptr = create_an_integer (10);
    printf (" % d \n",* ptr);
    free(ptr);
    return 0;
}
```

代码框 1-28[ExtremeC_examples_chapter1_16.c]:使用堆内存重写例 1.15

可以看到,代码包含了一个新的头文件 stdlib.h,并且使用两个新函数:malloc 和 free。这里简明扼要地解释一下这个过程:在 create_an_integer 函数中创建的指针变量不再是局部变量。相反,它是从堆内存中分配的一个变量,并且它的生命周期不受声明它的函数的限制。因此,可以在主调(外部)函数中访问它。指向该变量的指针不再悬空,只要变量存在且未被释放,它们就可以被解引用。最后,通过调用 free 函数释放该变量,结束其生命周期。注意,当不再需要堆变量时,释放堆变量是强制性的。

在本节中,我们讨论了所有关于变量指针的重要问题。在下一节中,我们将讨论 C 语言中的函数并对其进行剖析。

1.3 关于函数的一些细节

C 是一种过程式(procedural)编程语言。在 C 语言中,函数是能实现一定功能的程序段,是 C 程序的构建块。因此,了解它们是什么、它们的行为方式,以及在进入或离开函数时发生了什么非常重要。函数(或过程)跟普通变量是类似的,不同的是函数存储算法,而普通变量存储数值。通过将变量和函数组合成一个新的类型,我们可以在同一个概念下存储相关的值和算法。这就是面向对象编程(object-oriented programming)所做的,本书的第三部分"面向对象"将对其进行讨论。在本节中,我们将探讨 C 语言中的函数及其属性。

1.3.1 函数的剖析

在这一节中,我们将集中重述关于 C 函数的所有内容。如果你对此非常熟悉,那么简单地跳过这一部分即可。

函数是一个逻辑的盒子,它包含名称、输入参数列表和输出结果列表。在 C 语言和许多其他受 C 影响的编程语言中,函数只返回一个值。在面向对象的语言(如 C++和 Java)中,函数(通常被称为方法(methods))也可以抛出**异常**(exception),C 的情况则不然。函数由函数调用引发,函数调用只是使用函数的名称来执行其逻辑。正确的函数调用应该传递所有必需的参数给函数并等待其执行。注意,在 C 语言中函数总是**阻塞式**(blocking)的,这意味着主调函数必须等待被调函数完成,然后才能收集返回的结果。

与阻塞函数相反,还有**非阻塞函数**(non-blocking)。当调用非阻塞函数时,调用者不等待函数完成,就可以继续执行。在这种方案中,通常有一个回调(callback)机制,在被调用函数完成时触发。非阻塞函数也可以称为**异步函数**(asynchronous function 或 async function)。因为在 C 语言中没有异步函数,所以需要使用多线程解决方案来实现它们。

我们将在书的第五部分"并发性"中更详细地解释这些概念。

有趣的是,现在人们越来越喜欢使用非阻塞函数而不是阻塞函数。它通常被称为**面向事件编程**(event-oriented programming)。这种编程方法以非阻塞函数为中心,而且大多数编写的函数都是非阻塞的。

在面向事件的编程中,实际的函数调用发生在**事件循环**(event loop)内部,并且在事件发生时触发适当的回调。libuv 和 libev 等框架促进了这种编程方式,它们允许你围绕一个或多个事件循环来设计软件。

1.3.2　设计的重要性

函数是过程式编程的基本构建块。由于函数得到编程语言的正式支持,对编写代码的方式产生了巨大的影响。编写函数相当于只编写一次某个特定的逻辑,将逻辑存储在半可变实体中,并在需要时随时随地调用它们。

此外,函数允许我们对其他现有逻辑隐藏一段逻辑。换句话说,它们在不同的逻辑组件之间引入了一个抽象层。举个例子,假设有一个函数 avg,它计算输入数组的平均值。还有另一个函数 main,main 函数调用 avg 函数。就可以说,avg 函数中的逻辑对 main 函数中的逻辑而言是隐藏的。

因此,如果想改变 avg 内部的逻辑,并不需要改变 main 函数中的逻辑。这是因为 main 函数仅依赖于 avg 函数的名称和可用性。对于那些必须使用穿孔卡片来编写和执行程序的年代来说是不可想象的,这是一个伟大的成就!

在用 C 或者更高级的编程语言(如 C++ 和 Java)设计库时,我们仍然使用这个特性。

1.3.3　栈管理

如果查看在类 Unix 操作系统中运行的进程的内存布局,你会注意到所有进程具有类似的布局。我们将在第 4 章中更详细地讨论这种布局,但现在我们只想介绍其中的一个段:栈段。栈段是用于为所有的局部变量、数组和结构分配内存的默认的内存位置。因此,当在函数中声明一个局部变量时,实际是在栈段中为其分配内存的。这种分配总是发生在栈段的顶部。

注意段的名称术语"栈"(stack)。这意味着这个段的行为像一个草堆。变量和数组总是在它的顶部分配,顶部的那些量也是最早被移除的量。请记住这个栈概念的类比。我们将在下一段中再谈到这一点。

栈段也用于函数调用。当你调用一个函数时,一个包含返回地址和所有传递参数的**栈帧**(stack frame)被放在栈段的顶部,然后才执行函数逻辑。当从函数返回时,栈帧弹出,接着执行由返回地址寻址的指令,通常是继续执行主调函数。

函数体中声明的所有局部变量都放在栈段的顶部。因此,当离开函数时,所有的栈变量都被释放。这就是为什么我们称它们为**局部变量**(local variables),因此这也可以解释为什么一个函数不能访问另一个函数中的变量。这种机制也解释了为什么在进入函数之前和离开函数之后,局部变量是未定义的。

理解栈段及其工作方式对于编写正确和有意义的代码至关重要。它还可以防止发生常见的内存错误。这也提醒你不能在栈上创建任意大小的变量。栈是内存中一段有限的空间,你可能会填满它,并发生潜在的**栈溢出**(stack overflow)错误。这种错误通常在有太多的函数调用时发生,因为这时栈帧消耗了所有的栈内存空间。在处理递归函数时,当函数调用自身时没有任何中断条件或限制时,这种溢出情况经常发生。

1.3.4 值传递和引用传递

在大多数计算机编程书籍中,都有一节专门讨论传递给函数的实参,即值传递和引用传递。所幸在 C 语言中只有值传递。

C 中没有引用,所以也没有引用传递。所有内容都被复制到函数的局部变量中,并且在离开函数后不能读取或修改它们。

尽管有许多示例似乎演示了函数调用中的传递引用,但传递引用在 C 语言中是一种错觉。在本节的其余部分中,我们想要揭示这种错觉,并确信这些示例也是按值传递的。下面的例子将演示这一点:

```c
# include< stdio.h>
void func(int a) {
    a = 5;
}

int main(int argc, char* * argv){
    int x = 3;
    printf("Before function call: % d\n", x);
```

```
        func (x);
        printf("After function call: % d\n", x);
        return 0;
    }
```

代码框 1 - 29[ExtremeC_examples_chapter1_17. c]:值传递函数调用的例子

预测输出很容易。变量 x 的值没有发生任何变化,因为它是通过值传递的。下面的 Shell
框显示了例 1.17 的输出,并证实了我们的预测:

```
$ gcc ExtremeC_examples_chapter1_17.c
$ ./a.out
Before function call: 3
After function call: 3
$
```

Shell 框 1 - 10:例 1.17 的输出

下面的例 1.18 说明了在 C 语言中不存在引用传递:

```
# include< stdio.h>
void func(int*  a) {
    int b =  9;
    *a =  5;
    a =  &b;
}
int main(int argc, char* *  argv) {
    int x =  3;
    int*  xptr =  &x;
    printf("Value before call: % d\n", x);
    printf("Pointer before function call: % p\n", (void* )xptr);
    func (xptr);
    printf("Value after call: % d\n", x);
    printf("Pointer after function call: % p\n", (void* )xptr);
    return 0;
}
```

代码框 1 - 30[ExtremeC_examples_chapter1_18. c]:指针传递函数调用的例子,它不同于引用传递

输出是:

```
$ gcc ExtremeC_examples_chapter1_18.c
$ ./a.out

The value before call: 3

Pointer before function call:0x7ffee99a88ec
```

· 33 ·

```
The value after call: 5

Pointer before function call:0x7ffee99a88ec

$
```

Shell 框 1 - 11:例 1.18 的输出

如输出所示,在函数调用之后,指针的值没有改变。这意味着指针参数是按值传递的。在 func 函数内部对指针进行解引用可以访问指针所指向的变量。但是可以看到,改变函数内部的指针形参的值并不会改变主调函数中对应的实参。C 语言中,在函数调用期间,所有实参都是通过值传递的,对指针进行解引用允许修改主调函数中的变量。

值得一提的是,上面的代码演示了一个指针传递的例子,在这个例子中,我们将变量的指针传递给函数,而不是直接传递变量本身。通常建议使用指针作为实参,而不是将大数据量的对象传递给函数。为什么呢? 这很容易理解,复制 8 个字节的指针实参比复制上百个字节的大数据量的对象要高效得多。

令人惊讶的是,在上面的例子中,虽然使用了传递指针但却效率低下! 这是因为 int 类型是 4 个字节,复制它比复制 8 个字节的指针更高效。但对于结构和数组来说,情况并非如此。由于复制结构和数组是按字节进行的,并且应该逐个复制其中的所有字节,因此通常最好传递指针。

现在已经讨论了 C 语言中函数的一些细节,下面继续来讨论函数指针。

1.4 函数指针

拥有函数指针是 C 编程语言的另一个超级特性。前面两节是关于变量指针和函数的,这一节将把它们结合起来讨论一个更有趣的主题:指向函数的指针。

函数指针有许多应用,但最重要的应用之一是将一个大的二进制程序拆分为更小的二进制程序,并再次将它们加载到小的可执行文件中。由此产生了**模块化**(modularization)和软件设计的思想。函数指针是 C++中实现多态的构建块,它允许我们扩展现有的逻辑。在本节中,我们将讨论函数指针,以便为接下来的章节中讨论更高阶的主题做好准备。

与通过变量指针来寻址变量一样,函数指针可以用于寻址函数,并允许间接调用该函数。下面的例 1.19,是展示本主题的良好开端:

```
# include < stdio.h>

int sum(int a, int b) {
    return a + b;
}

int subtract(int a, int b) {
    return a - b;
}

int main() {
    int (* func_ptr)(int, int);
    func_ptr = NULL;

    func_ptr = &sum;
    int result = func_ptr(5, 4);
    printf("Sum: % d\n", result);

    func_ptr = &subtract;
    result = func_ptr(5, 4);
    printf("Subtract: % d\n", result);

    return 0;
}
```

　　代码框 1 - 31［ExtremeC_examples_chapter1_19. c］:使用一个函数指针来调用不同的函数

在前面的代码框中,func_ptr 是一个函数指针。它只能指向与它的签名相匹配的一类特定函数。该签名将这个指针限制为仅指向接受两个整型实参并返回整型结果的函数。

如上所示,代码中定义了两个函数 sum 和 subtract,都与 func_ptr 指针的签名相匹配。上面的例子使用了 func_ptr 函数指针分别指向 sum 和 subtract 函数,然后使用相同的参数调用它们,并比较结果。下面是例子的输出:

```
$ gcc ExtremeC_examples_chapter1_19.c
$ ./a.out
Sum: 9
Subtract: 1
$
```

Shell 框 1 - 12:例 1. 19 的输出

正如在例 1. 19 中看到的,我们可以使用一个函数指针为相同的参数列表调用不同的函数,这是一个重要的特性。如果你熟悉面向对象编程,那么首先想到的就是**多态**(poly-morphism)和**虚函数**(virtual functions)。事实上,这是在 C 中支持多态和模仿 C++虚函数的唯一方法。我们将在本书的**第三部分"面向对象"**中讨论面向对象(OOP)。

与变量指针一样,正确初始化函数指针是很重要的。对于那些不在声明时立即初始化的函数指针,必须将它们设为空。在前面的例子中演示了函数指针的置空操作,它与置空变量指针非常相似。

通常建议为函数指针定义一个新的**类型别名**(type alias)。下面的例 1.20 演示了做法:

```
# include < stdio.h>

typedef int bool_t;
typedef bool_t (* less_than_func_t)(int, int);

bool_t less_than(int a, int b) {
    return a < b ? 1 : 0;
}

bool_t less_than_modular(int a, int b) {
    return (a % 5) < (b % 5) ? 1 : 0;
}

int main(int argc, char* * argv) {
    less_than_func_t func_ptr = NULL;

    func_ptr = &less_than;
    bool_t result = func_ptr(3, 7);
    printf("% d\n", result);

    func_ptr = &less_than_modular;
    result = func_ptr(3, 7);
    printf("% d\n", result);

    return 0;
}
```

代码框 1-32[ExtremeC_examples_chapter1_20.c]:使用一个函数指针来调用不同的函数

typedef 关键字允许你为已经定义的类型定义别名。在前面的例子中有两个新的类型别名:bool_t,它是 int 类型的别名;less_than_func_t 类型,是函数指针类型 bool_t(*)(int,int)的别名。这些别名增加了代码的可读性,并让你可以给长且复杂的类型选择较短的名称。在 C 语言中,按照约定,新类型的名称通常以_t 结尾。在许多其他标准类型别名中也能找到这种约定,比如 size_t 和 time_t。

1.5 结构

从设计的角度来看,结构是 C 语言中最基本的概念之一。如今,结构并不是 C 语言独有的，几乎在所有现代编程语言中都可以找到它们的孪生概念。

但在计算历史上，彼时还没有其他编程语言提供这样的概念。几千年来，我们思考的方式没有太大变化，封装一直是我们逻辑推理的中心手段。在远离机器级编程的诸多努力中，引入结构是在编程语言中实现**封装**（encapsulation）的重要一步。

终于我们有了 C 语言，它引入了结构，与我们的思想和想法相似，它能够理解我们的思维方式，并能够存储和处理我们推理的构建块。与现代语言中的封装机制相比，C 结构并不完美，但它们足以构建一个平台，让我们在此基础上创建最好的工具。

1.5.1　为什么用结构？

每一种编程语言都有一些基本数据类型（Primitive Data Types，PDTs）。使用基本数据类型，你可以设计数据结构并围绕它们编写算法。基本数据类型是编程语言的一部分，它们不能被更改或删除。例如，C 语言中不能没有基本类型：int 和 double。

当你需要有自己定义的数据类型，而语言提供的数据类型不够时，结构就会发挥作用。用户定义类型（User-Defined Types，UDTs）是由用户创建的类型，它们不是语言的一部分。

请注意，用户定义类型与用 typedef 定义的类型不同。关键字 typedef 并不真正创建新类型，而是为已经定义的类型定义别名或同义词。但是结构允许你在程序中引入全新的用户定义类型。

结构在其他编程语言中有些相似概念，例如，C++和 Java 中的类或 Perl 中的包。它们被认为是这些语言中的类型创造者。

1.5.2　为什么需要用户定义类型？

那么，为什么需要在程序中创建新类型呢？这个问题的答案揭示了软件设计背后的原则和日常软件开发使用的方法。我们创造新类型是因为每天在我们用大脑进行常规分析时都会这么做。

我们不会把周围事物看成整型数、双精度数或字符，而是已经学会把相关属性分组在同一个对象下。我们将在第 6 章中进一步讨论分析周围事物的方法。但作为对刚才那个问题的回答，我们需要新的类型是因为我们要在更高的逻辑层次上、更接近人类逻辑的层次上用它们分析我们的问题。

这里，你需要熟悉术语**业务逻辑**（business logic）。业务逻辑是业务中所有实体和规则的集合。例如，在银行系统的业务逻辑中，你将面对诸如客户、账户、余额、货币、现金、支付等概念，这些概念的存在使诸如取款之类的操作成为可能和有意义的操作。

假设你必须用纯整数、浮点数或字符来解释一些银行逻辑，如果对程序员来说可行，但对**业务分析师**（business analysts）来说几乎毫无意义。在一个业务逻辑定义清晰的真实软件开发环境中，程序员和业务分析师应密切合作。因此，他们需要共享一组术语、词汇表、类型、操作、规则、逻辑等等。

今天，如果某个编程语言在其类型系统（type system）中不支持新类型，就会被认为是死气沉沉的。这就是大多数人对 C 语言的看法，主要是因为在 C 语言中，他们很难定义新类型，因而更倾向于使用更高级的语言，如 C＋＋或 Java。确实，在 C 语言中，很难创建一个好的类型系统，但是创建类型系统所需要的一切都已具备。即使在今天，很多公司仍然选择 C 语言作为项目的主要语言，并努力在 C 项目中创建和维护一个良好的类型系统，这是有其中原因的。

尽管我们在日常的软件分析中需要新类型，但 CPU 并不理解这些新类型。CPU 试图坚持使用基本数据类型和快速计算，因为其原本就是为快速计算设计的。因此，如果你有一个用高级语言编写的程序，它应该被翻译成 CPU 级别的指令，这可能会花费更多的时间和资源。

很幸运，从这个意义上说，C 语言离 CPU 级逻辑并不远，而且它的类型系统可以被轻松翻译。你可能听说过 C 语言是一种低级或硬件级编程语言。这就是为什么即使是在当下，一些公司和组织仍然试图用 C 语言编写和维护其核心框架的原因之一。

1.5.3　结构都做什么？

结构将相关值封装在单个统一类型下。先举一个简单的例子，我们可以将 red、green 和 blue 变量组合到一个名为 color_t 的新数据类型下。新类型 color_t 可以在各种程序（如图像编辑应用程序）中表示 RGB 颜色。我们可以定义相应的 C 结构如下：

```
struct color_t {
    int red;
    int green;
    int blue;
};
```

代码框 1-33：C 语言中表示的 RGB 颜色的结构类型

正如之前所说的,结构的工作是封装。封装是软件设计中最基本的概念之一,它将相关的成员组合和封装在新类型下。然后,我们可以使用这个新类型来定义所需的变量。在讨论面向对象设计时,我们将在第 6 章中详细描述封装。

 注:我们使用_t 后缀来命名新的数据类型。

1.5.4　内存布局

对于 C 程序员来说,准确地了解结构变量的内存布局是非常重要的。某些架构中糟糕的内存布局可能会导致代码性能急剧下降。不要忘记,编写代码是为了生成 CPU 指令。这些值存储在内存中,CPU 应该能够快速读写它们。了解内存布局有助于开发人员理解 CPU 的工作方式,调整代码以获得更好的结果。

下面的例 1.21 定义了一个新的结构类型 sample_t,用它声明了一个结构类型变量 var。然后,用一些值填充变量的成员,并打印变量的大小和变量在内存中实际字节数。这样,我们可以观察变量的内存布局:

```
# include < stdio.h>
struct sample_t {
    char first;
    char second;
    char third;
    short fourth;
};

void print_size(struct sample_t* var) {
    printf("Size: % lu bytes\n", sizeof(* var));
}

void print_bytes(struct sample_t* var) {
    unsigned char* ptr = (unsigned char* )var;
    for (int i = 0; i < sizeof(*var); i+ + , ptr+ + ) {
        printf("% d ", (unsigned int)*ptr);
    }
    printf("\n");
}

int main(int argc, char* *  argv) {
    struct sample_t var;
    var.first = 'A';
```

```
    var.second =  'B';
    var.third =  'C';
    var.fourth =  765;
    print_size(&var);
    print_bytes(&var);
    return 0;
}
```

代码框 1-34［ExtremeC_examples_chapter1_21.c］：打印为结构变量分配的字节数

探求精确内存布局是 C/C＋＋特性，并随着编程语言向更高层级发展而逐渐消失。例如，在 Java 和 Python 中，程序员往往不太了解非常低级别的内存管理细节，而另一方面，这些语言也不提供更多关于内存的细节。

在代码框 1-34 中看到，在声明结构变量之前，必须使用关键字 struct。因此，在前面的例子中，有声明语句 struct sample_t var。这展示了如何在结构类型之前使用关键字。还有一个小细节是，你需要使用"．"（点）访问结构变量的成员。如果它是一个结构指针，你需要使用"－＞"（箭头）来访问它的成员。

为了防止在代码中输入太多 struct，在定义新的结构类型和声明新的结构变量时，可以使用 typedef 为结构类型定义新的别名。举例如下：

```
typedef struct {
    char   first;
    char   second;
    char   third;
    short  fourth;
} sample_t;
```

现在，你可以声明变量而不必使用关键字 struct：

```
sample_t var;
```

以下是在 macOS 机器上编译和执行上述示例后的输出。请注意，在不同主机系统中生成的数字可能会不同：

```
$ clang ExtremeC_examples_chapter1_21.c
$ ./a.out
Size: 6 bytes
65 66 67 0 253 2
$
```

Shell 框 1-13：例 1.21 的输出

在前面的 Shell 框中看到，sizeof(sample_t)返回了 6 个字节。结构变量的内存布局与数组非常类似。在内存中，数组的所有元素相邻存储，结构变量及其成员也是如此。不同之处在于，数组的所有元素都具有相同的类型，因此占据的内存大小相同，但结构变量的每个成员可以是不同的类型，因此，它们占据的内存大小也不同。结构变量占据的内存的大小取决于几个因素，不容易确定。

起初，测算一个结构变量的大小看上去很容易。对于上例中的结构，它有四个成员，三个 char 类型和一个 short 类型。如果假设 sizeof(char)是 1 字节，sizeof(short)是 2 字节，通过简单计算，每个 sample_t 类型的变量在内存中应该占据 5 个字节的空间。但是查看输出时，sizeof(sample_t)是 6 个字节。多出 1 个字节！这是为什么？

同样，在查看结构变量 var 的内存中的字节时，可以看到它与我们预期的 65 66 67 253 2 稍有不同。

为了更清楚地说明这一点并解释为什么结构变量的大小不是 5 个字节，我们需要引入"内存对齐"(memory alignment)的概念。CPU 总是做所有的计算工作，除此之外，它还需要在计算前从内存中加载值，并在计算后将结果再次存储在内存中。CPU 内部的计算速度非常快，但是相比之下访问内存的速度非常慢。了解 CPU 如何与内存交互是很重要的，因为我们可以使用这些知识来改进程序或调试问题。

CPU 通常在每次访问内存时读取特定数量的字节。这个字节数通常称为一个字（word）。因此，内存被分割成若干字，而字是 CPU 用来读写内存的原子单位。字中的实际字节数依赖于体系结构。例如，在大多数 64 位机器中，字的大小是 32 位或 4 字节。关于"内存对齐"，如果一个变量的起始字节位于一个字的开头，那么该变量在内存中是对齐的。通过这种方式，CPU 可以在加载值时优化其内存访问次数。

对于前面的例 1.21，它的前 3 个成员，first、second、third，每个都是一个字节，它们驻留在结构布局的第一个字中，并且它们都可以被一次内存访问读取。关于第四个成员，fourth 占 2 个字节。如果我们忘记了内存对齐，fourth 的第一个字节将是第一个字的最后一个字节，这使得它没有对齐。

如果是这种情况，CPU 要访问内存两次，同时移动一些比特来获取成员的值。这就是为什么在字节 67 后面会多一个 0。添加零字节是为了填充完当前字，并让第四个成员从下一个字开始。这里，我们说第一个字被一个零字节填充。编译器使用填充(padding)技术来对齐内存中的值。填充是为对齐内存而添加的额外字节。

也可以关闭内存对齐。在 C 中,有更具体的术语来表示内存对齐结构,即:结构没有"被打包"。"打包的结构"(Packed structures)无法对齐,使用它们可能会导致二进制不兼容和性能下降。你可以很容易地定义一个打包的结构。如例 1.22,它与前面的例 1.21 非常相似。结构类型 sample_t 在例 1.22 中是"打包"的,如下所示。注意,类似的代码被省略号替换:

```
# include < stdio.h>
struct __attribute__((__packed__)) sample_t {
    char first;
    char second;
    char third;
    short fourth;
};
void print_size(struct sample_t* var) {
    // ...
}
void print_bytes(struct sample_t* var) {
    // ...
}
int main(int argc, char* * argv) {
    // ...
}
```

代码框 1-35[ExtremeC_examples_chapter1_22.c]:声明一个被打包的结构

在以下 Shell 框中,使用 clang 编译上述代码并在 macOS 上运行:

```
$ clang ExtremeC_examples_chapter1_22.c
$ ./a.out
Size: 5 bytes
65 66 67 253 2
$
```

Shell 框 1-14:例 1.22 的输出

正如在 Shell 框 1-14 中所看到的,打印的字节大小正是我们在例 1.21 中所期望的。最终的内存布局也符合我们的期望。打包的结构通常用于内存受限的环境中,但在大多数架构中都会对性能产生巨大的负面影响。只有现代 CPU 才能从多个字中读取未对齐的值而不会增加额外的成本。注意,在默认情况下都是内存对齐的。

1.5.5　结构嵌套

正如我们在前几节中所解释的,通常 C 语言中有两种数据类型,一种是基本类型,另一种是由程序员使用 struct 关键字定义的类型。前者为基本数据类型(PDT),后者为用户定义类型(UDT)。

到目前为止,有关 UDT 的示例中,结构都是由 PDT 组成的。但在本节中,我们将给出一个由 UDT(结构)组成 UDT(结构)的例子。这些被称为复杂数据类型(complex data types),它们是结构嵌套的结果。

来看例 1.23:

```
typedef struct {
    int x;
    int y;
} point_t;

typedef struct {
    point_t center;
    int radius;
} circle_t;

typedef struct {
    point_t start;
    point_t end;
}line_t ;
```

代码框 1－36［ExtremeC_examples_chapter1_23.c］:声明一些嵌套结构

在前面的代码框中,我们有三种结构:point_t、circle_t、line_t。point_t 结构是一个简单的 UDT,因为它只由 PDT 组成,但是其他结构包含一个 point_t 类型的变量,这使得它们成为复杂的 UDT。

计算复杂结构的大小与计算简单结构的大小完全一样,只需将其所有成员的字节数相加即可。当然,我们仍然应该小心对待内存对齐问题,因为它会影响复杂结构的大小。所以,如果 sizeof(int)是 4 个字节,sizeof(point_t)应该是 8 字节,那么,sizeof(circle_t)是 12 字节,sizeof(line_t)是 16 字节。

将结构变量称为对象。它们完全类似于面向对象编程中的对象,它们可以封装值和函数。因此,将它们称为 C 对象是完全正确的。

1.5.6　结构指针

就像指向 PDT 的指针一样，我们也可以有指向 UDT 的指针，它们的工作原理与指向 PDT 的指针完全相同。它们指向内存中的一个地址，你可以像使用 PDT 指针一样对它们进行算术运算。UDT 指针也有等同于 UDT 大小的算术步长。如果你不了解指针或指针上允许的算术运算，请移步浏览指针（Pointer）部分。

重要的是要知道，结构变量指针指向结构变量的第一个成员的地址。在前面的例 1.23 中，point_t 类型的指针会指向第一个成员 x 的地址。这也适用于 circle_t 类型。circle_t 类型的指针会指向它的第一个成员 center，实际上由于它是一个 point_t 类型的对象，它将指向 point_t 类型中的第一个成员 x。因此，我们可以有 3 个不同的指针来寻址内存中的同一单元。下面的代码将演示这一点：

```c
# include < stdio.h>
typedef struct {
    int x;
    int y;
} point_t;

typedef struct {
    point_t center;
    int radius;
} circle_t;
int main(int argc, char* * argv) {
    circle_t c;

    circle_t* p1 = &c;
    point_t* p2 = (point_t* )&c;
    int* p3 = (int* )&c;

    printf("p1: % p\n", (void* )p1);
    printf("p2: % p\n", (void* )p2);
    printf("p3: % p\n", (void* )p3);

    return 0;
}
```

代码框 1 - 37[ExtremeC_examples_chapter1_24.c]：三个不同类型的指针在内存中寻址相同的字节

输出如下：

```
$ clang ExtremeC_examples_chapter1_24.c
$ ./a.out
```

```
p1: 0 x7ffee846c8e0
p2: 0 x7ffee846c8e0
p3: 0 x7ffee846c8e0
$
```

Shell 框 1-15:例 1.24 的输出

可以看到,所有的指针都指向同一个字节,但是它们的类型不同。这通常用于通过添加更多成员扩展来自其他库的结构。这也是我们在 C 语言中实现继承(inheritance)的方式。我们将在第 8 章中对此进行讨论。

这是本章的最后一节。在下一章中,我们将深入研究 C 编译过程,以及如何正确地编译和链接 C 项目。

1.6 总结

在本章中,我们回顾了 C 语言的一些重要特性,并试图更加深入地展示这些特性的设计和它们背后的概念。当然,正确使用某个特性需要对该特性的不同方面有更深入的了解。本章讨论了以下内容:

- 讨论了 C 预处理阶段,包括如何使用各种预处理指令对源文件进行不同的处理,或者生成特定的 C 代码。
- 宏和宏展开机制在将翻译单元传递到编译阶段之前生成 C 代码。
- 条件编译指令根据特定的条件对源代码进行预处理,在不同的情况下得到不同的代码。
- 研究了变量指针,及其在 C 语言中的用法。
- 介绍了通用指针,以及如何让函数接受不同类型的指针作为参数。
- 讨论了分段错误和悬空指针的问题,这些灾难性问题都是由误用指针引起的。
- 接下来讨论了函数,并回顾了它们的语法。
- 探索了函数的设计,以及它们对过程式 C 程序的促成作用。
- 还解释了函数调用机制以及如何使用栈帧将实参传递给函数。
- 探讨了函数指针。函数指针强大的语法允许我们将逻辑存储在类变量的实体中,并在以后使用它们。事实上,它们是如今每个程序用来加载和操作的基本机制。
- 结构和函数指针提供了 C 语言中的封装,我们在本书第三部分"面向对象"中对此进行更多的讨论。

- 试图解释结构的设计,及其对用 C 语言设计程序的影响。
- 讨论了结构变量的内存布局,以及如何将它们放置在内存中以最大化 CPU 利用率。
- 讨论了嵌套结构。我们深入了解了复杂的结构变量,并讨论了它们的内存布局。
- 在本章的最后一节,讨论了结构指针。

下一章将是构建 C 项目的第一步:编译过程和链接机制。透彻地阅读下一章对我们阅读后续章节非常必要。

2

从源文件到二进制文件

在编程中，一切都从源代码开始。实际中，源代码（source code）有时叫作代码库（code base），通常由一些文本文件组成。其中，每个文本文件都包含用程序设计语言写的文本指令。

CPU 不能执行文本指令。实际情况是，为了能让 CPU 执行程序，应首先将这些指令编译（或翻译）为机器级指令，最终得到一个可运行的程序。

本章将介绍从 C 源代码得到最终产品所需的步骤。为了深入探讨这个问题，我们把这个步骤分成五个不同的部分：

- **标准 C 编译过程**：在第一节中，我们将介绍标准 C 编译过程，包括如何通过其中的各个步骤，从 C 源代码生成最终产品。
- **预处理器**：本节将更深入地讨论驱动预处理步骤的预处理器组件。
- **编译器**：在本节中，我们将更深入地了解编译器。我们将解释驱动编译步骤的编译器如何从源代码生成**中间表示**（intermediate representations），然后将它们翻译成汇编语言。
- **汇编器**：继编译器之后，我们还讨论**汇编器**（assemblers），它将从编译器收到的汇编指令翻译成机器级指令。汇编器组件驱动汇编步骤。
- **链接器**：在最后一节中，我们将更深入地讨论驱动链接步骤的**链接器**（linker）组件。链接器是最终创建 C 项目实际产品的组件。由于这个组件存在特有的创建错误，因此充分了解链接器将帮助我们预防和解决这些错误。我们还将讨论 C 项目的各种最终产品，并给出一些反汇编目标文件及其内容给出的提示。此外，我们还将简要讨论 C++ 中的**名**

字改编(name mangling)，以及在构建 C＋＋代码时它是如何预防链接步骤中的某些缺陷的。

本章的讨论主要围绕类 Unix 系统，但我们也将讨论与其他操作系统（如 Microsoft Windows）的一些差异。

在第一节中，我们需要解释 C 编译过程。该编译过程涉及多个概念和步骤，从源代码生成可执行文件和库文件。彻底理解该过程至关重要，可为学习本章和未来章节做好必要准备。请注意，将在下一章中详细讨论 C 项目的各种产品。

2.1　编译过程

编译一些 C 文件通常需要几秒钟的时间，但在这段短暂的时间内，源代码进入一个管线，该管线有四个不同的组件，每个组件执行特定的任务。这些组件如下：

- 预处理器
- 编译器
- 汇编器
- 链接器

该管线中的每个组件接受来自前一个组件的特定输入，并为管线中的下一个组件生成特定输出。这个过程在管线中持续进行，直到最后一个组件生成**产品**(product)。

当且仅当源代码成功地通过了所有必需的组件才可能转换为产品。这意味着，即使任何组件中的小错误都可能导致**编译**(compilation)或**链接**(linkage)失败，同时也会产生相关的错误消息。

对于某些中间产品，如可重定位**目标文件**(relocatable object files)，只需要源文件成功地通过前三个组件。最后一个组件是**链接器**(linker)，通常通过合并一些已经准备好的可重定位目标文件来创建更大的产品，如可**执行目标文件**(executable object file)。因此，对一组 C 源文件进行构建可以创建一个或多个目标文件，其中包括可重定位、可执行和**共享目标文件**(shared object files)。

目前有各种各样的 C 编译器。其中一些是免费的、开源的，但也还有一些是私有的、商用的。同样，有些编译器只能在特定的平台上工作，而另一些则是跨平台的，但是至少每个平台都有一个兼容的 C 编译器。

注：

想要获得完整的 C 编译器列表，请查看以下维基百科页面：

https://en.wikipedia.org/wiki/List_of_compilers♯C_compilers。

在讨论本章中使用的默认平台和 C 编译器之前，再多讨论一下"平台"(platform)这个术语，以及它的含义。

平台是特定硬件(或架构)以及在其上运行的操作系统的组合，其 CPU 的**指令集**(instruction set)是其中最重要的部分。操作系统是平台的软件组件，而架构定义了硬件部分。例如，我们可以在 ARM powered 芯片的主板上运行 Ubuntu 操作系统，或者我们可以在 AMD 64 位 CPU 上运行微软 Windows 操作系统。

跨平台软件可以在不同的平台上运行。然而，**跨平台**(cross-platform)与**可移植**(portable)是不同的，理解这一点很重要。跨平台软件对于每个平台通常有不同的二进制文件(最终目标文件)和安装程序，而可移植软件在所有平台上使用相同的二进制文件和安装程序。

一些 C 编译器是跨平台的，例如 gcc 和 clang，它们可以为不同的平台生成代码，而 Java bytecode 就是可移植的。

对 C 和 C++来说，如果说 C/C++代码是可移植的，则表示我们不需要对源代码做任何轻微改动，就可以在不同的平台上编译它。然而，这并不意味着最终的目标文件是可移植的。

如果你看过前面提到的 Wikipedia 文章，就知道有许多 C 编译器。幸运的是，它们都遵循本章将要介绍的标准编译过程。

在本章中，我们在众多编译器中选择 gcc7.3.0 作为默认编译器。选择 gcc 是因为它在大多数操作系统上适用，另外还可以找到很多在线资源。

我们还需要选择默认平台。在本章中，我们选择 Ubuntu 18.04 作为默认操作系统，运行在默认架构 AMD 64 位 CPU 上。

注：

本章可能会不时引用不同的编译器、不同的操作系统或不同的体系结构来比较不同的平台和编译器。如果这样做，将事先给出新平台或新编译器的说明。

下面几节将描述编译过程中的步骤。我们将构建一个简单的示例,看看 C 项目中的源代码是如何被编译和链接的。通过示例,首先将熟悉与编译过程相关的新术语和概念,然后再分节讨论每个组件。在每一节中,我们将深入每个组件,以解释更多的内部概念和过程。

2.1.1　构建 C 项目

本节将演示如何构建 C 项目。将要创建的 C 项目包含多个源文件,这是几乎所有 C 项目的共同特征。然而,在开始之前,我们需要确保已经理解了典型 C 项目的结构。

(1) 头文件与源文件

每个 C 项目都有源代码或代码库,以及与项目描述和现有标准相关的其他文档。在 C 代码库中,通常有两种包含 C 代码的文件:

• 头文件(Header files),文件名中通常有 .h 扩展名。
• 源文件(Source files),文件名中有 .c 扩展名。

注:
为了方便起见,在本章中,用"头"来代替头文件,用"源"来代替源文件①。

头文件通常包含枚举、宏和类型定义,以及函数、全局变量和结构的**声明**(declarations)。在 C 语言中,一些编程元素,如函数、变量和结构,它们的声明与**定义**(definition)可以分开放在不同文件中。

C++遵循相同的模式,但在其他编程语言(如 Java)中,这些程序元素是在声明的地方定义的。C 和 C++的模式能将声明与定义解耦,这是一个很好的特性,但它也使源代码更加复杂。

根据经验,声明存储在头文件中,对应的定义存储在源文件中。对于函数声明和函数定义,这一点更为关键。

强烈建议你只将函数声明保存在头文件中,并将函数定义移动到相应的源文件中。虽然这不是必需的,但将这些函数定义排除在头文件之外是一个重要的设计实践。

---

① 　译者注:根据中文习惯,继续使用"源文件"和"头文件"。

虽然结构也可以有单独的声明和定义,但只在一些特殊情况下将声明和定义放到不同的文件中。我们将在第 8 章中看到一个这样的例子,在那里我们将讨论类之间的**继承**(inheritance)关系。

注:

头文件可以包含其他头文件,但绝对不能包含源文件。源文件只能包含头文件。让一个源文件包含另一个源文件的做法是不恰当的。如果这样做了,那么通常意味着项目中存在严重的设计问题。

为了更详细地说明这一点,我们来看一个例子。下面的代码是 average 函数的声明。函数声明由**返回类型**(return type)和**函数签名**(function signature)组成。函数签名就是函数的名称和它的输入参数列表:

```
double average(int* , int);
```
代码框 2-1:average 函数的声明

声明引入了一个函数签名,其名称为 average,它接收一个指向整型数组的指针和一个整型参数,该参数表示数组中元素的个数。声明还说明该函数返回一个双精度值。注意,一般认为返回类型是声明的一部分,但不是函数签名的一部分。

在代码框 2-1 中可以看到,函数声明以分号";"结束,并且它没有由花括号括起来的函数体。我们还应该注意,函数声明中的形参没有对应的名称,这在 C 中是有效的,但只在声明中有效,在定义中无效。

函数声明是关于如何使用函数的,而定义则阐明如何实现该函数。用户使用函数时不需要知道参数名,因此可以在函数声明的时候隐藏它们。话虽如此,依然建议在声明中给参数命名。

在下面的代码是之前声明的函数 average 的定义。函数定义包含表示函数逻辑的实际 C 代码。它总是由一对花括号括起来:

```
double average(int*  array, int length) {
    if (length < =  0) {
        return 0;
    }
    double sum =  0.0;
    for (int i =  0; i <  length; i+ + ) {
        sum + =  array[i];
```

```
    }
    return  sum / length;
}
```

代码框 2 - 2：average 函数的定义

正如之前所说，并再次强调，函数声明放在头文件中，函数定义（或函数体）放在源文件中，这是顺理成章的。此外，为了查看和使用声明，源文件需要包含头文件，这是 C 和 C＋＋的工作方式。

如果现在你还没有完全理解这一点，不要担心，继续阅读本书，理解会更加清晰。

注：

在一个**翻译单元**（translation unit）中对任何声明有多个定义将导致**编译错误**（compile error）。这适用于所有函数、结构和全局变量。因此，不允许为一个函数声明提供两个定义。

我们将引入本章的第一个例子，通过此例演示编译由多个源文件组成的 C/C＋＋项目的正确方法。

（2）该示例的源文件

在例 2.1 中有三个文件，其中一个是头文件，另外两个是源文件，它们都在同一个目录中。该例希望计算包含 5 个元素的数组的平均值。

头文件被用来连接两个独立的源文件，使我们可以在两个独立的文件中编写代码，并将它们构建在一起。如果没有头文件，就不可能在不违反前面提到的规则（源文件不能包含源文件）的情况下，将代码分写在两个源文件中。头文件包含一个源文件使用另一个源文件的功能所需的所有内容。

例 2.1 的头文件只包含程序运行所需的函数 avg 的声明。两个源文件中，一个源文件含有所声明的函数的定义，另一个源文件中含有 main 函数，它是程序的入口。没有 main 函数，就不可能生成能运行的二进制文件。main 函数被编译器识别为程序的起点。

现在继续来看这些文件的内容。下面是头文件，其中包含枚举和 avg 函数的声明：

```
# ifndef EXTREMEC_EXAMPLES_CHAPTER_2_1_H
# define EXTREMEC_EXAMPLES_CHAPTER_2_1_H typedef enum {
    NONE,
    NORMAL,
```

```
    SQUARED
}average_type_t;

// 函数声明
double avg(int*  , int, average_type_t );

# endif
```

代码框 2 - 3[ExtremeC_examples_chapter2_1. h]：例 2.1 的头文件

如上所示，该文件包含一个枚举类型，其中成员是一组命名的整数常量。在 C 语言中，枚举的声明和定义不能单独存在，它们应该在同一个地方一次性声明和定义。

除了枚举之外，在代码框中还可以看到 avg 函数的前向声明（forward declaration）。在给出函数定义之前声明函数的行为称为前向声明。头文件也受到头保护（header guard）语句的保护。它们将防止头文件在编译时被包含两次或更多。

下面的代码是包含 avg 函数定义的源文件：

```
# include "ExtremeC_examples_chapter2_1.h"

double avg(int*  array, int length, average_type_t type) {
    if (length < = 0 || type = = NONE) {
        return 0;
    }
    double sum = 0.0;
    for (int i = 0; i < length; i+ + ) {
        if (type = = NORMAL) {
            sum + = array[i];
        } else if (type = = SQUARED) {
            sum + = array[i] * array[i];
        }
    }
    return sum/length;
}
```

代码框 2 - 4[ExtremeC_examples_chapter2_1. c]：含有 avg 函数定义的源文件

上述文件的文件名是以".c"作为扩展名的。源文件包含了头文件，这是因为在使用 average_type_t 枚举类型和 avg 函数之前需要对它们的声明。在本例中，如果使用新类型，如 average_type_t 枚举类型，而在使用之前没有声明它，则会导致编译错误。

下面的代码框显示了含有 main 函数的第二个源文件：

```
# include < stdio.h>
```

```
# include "ExtremeC_examples_chapter2_1.h"
int main(int argc, char* * argv) {
    // 数组声明
    int array[5];
    // 给数组元素赋值
    array[0] = 10;
    array[1] = 3;
    array[2] = 5;
    array[3] = - 8;
    array[4] = 9;
    //使用 avg 函数计算平均值
    double average = avg(array, 5, NORMAL);
    printf("The average: % f\n", average);

    average = avg(array, 5, SQUARED);
    printf("The squared average: % f\n", average);

    return 0;
}
```

代码框 2 - 5[ExtremeC_examples_chapter2_1_main. c]：例 2.1 的主函数

在每个 C 项目中，main 函数都是程序的入口点。在前面的代码框中，main 函数声明了一个整型数组，给数组元素赋值，然后计算了两种不同的平均值。要注意上述代码中 main 函数是怎样调用 avg 函数的。

（3）构建示例

在上一节介绍了示例 2.1 的文件之后，我们需要构建它们，并创建一个最终的可执行二进制文件，可作为程序运行。构建一个 C/C++ 项目意味着我们将编译其代码库中的所有源代码，首先生成一些**可重定位目标文件**（relocatable object files，也称为**中间目标文件**，intermediate object files），最后将这些可重定位的目标文件组合起来生成最终产品，如**静态库**（static libraries）或**可执行二进制文件**（executable binaries）。

用其他编程语言构建项目与用 C 或 C++ 构建项目非常类似，但中间产品和最终产品的名称不同，文件格式也可能不同。例如，在 Java 中，中间产品是包含 Java **字节码**（byte-code）的类文件，最终产品是 JAR 或 WAR 文件。

注：

为了编译示例源代码，我们将不使用**集成开发环境**（Integrated Development Environment，IDE）。相反，我们将不借助其他软件的帮助，直接使用编译器。我们构建示例的方法与 IDE 使用的方法完全相同，编译大量源文件时可在后台执行。

在进一步讨论之前，我们应该记住两个重要的规则。

规则 1：只编译源文件

第 1 条规则是只编译源文件，因为编译头文件是没有意义的。头文件除了一些声明外不应该包含任何实际的 C 代码。因此，如例 2.1，只需要编译两个源文件：

ExtremeC_examples_chapter2_1. c 和 ExtremeC_examples_chapter2_1_main. c

规则 2：分别编译每个源文件

第 2 条规则是分别编译每个源文件。对于示例 2.1，这意味着必须运行编译器两次，每次传递一个源文件。

注：
可以一次性传递两个源文件，并要求编译器用一个命令编译它们，但我们不建议这样做，在本书中也不这样做。

因此，对于一个由 100 个源文件组成的项目，需要分别编译每个源文件，这意味着必须运行 100 次编译器！是的，这似乎很多，但这是编译 C 或 C++ 项目的正确方式。相信我，你会遇到这样的项目：在获得一个可执行二进制文件之前，需要编译数千个文件！

注：
如果一个头文件包含一段需要编译的 C 代码，我们不编译该头文件。相反，我们将其包含在源文件中，然后编译源文件。这样，头文件中的 C 代码将作为源文件的一部分进行编译。

当编译一个源文件时，其他源文件不会被编译为同一编译的一部分，因为它们都不包含在正在编译的源文件中。记住，如果我们尊重 C/C++ 的规则，就不允许包含源文件。

现在让我们关注构建 C 项目应该采取的步骤，第 1 步是预处理。

2.1.2 第 1 步——预处理

C 编译过程中的第 1 步是**预处理**（preprocessing）。源文件包含许多头文件。但是在编译开始之前，这些文件的内容被预处理程序收集在一起成为单段 C 代码。换句话说，在预处理步骤之后，头文件的内容被复制到源文件中，从而得到一段代码。

另外，其他**预处理器指令**（preprocessor directives）也必须在此步骤中解析。这段预处理后的代码称为翻译单元。翻译单元是由预处理器生成的 C 代码的单个逻辑单元,它可用于编译。翻译单元有时也称为**编译单元**(compilation unit)。

注:

在翻译单元中,是找不到预处理指令的。注意,C(和 C++)中的所有预处理指令都以♯开头,例如♯include 和♯define。

可以要求编译器转储翻译单元而不进一步编译它。在 gcc 中,使用-E 参数(区分大小写)即可。在一些罕见的情况下,特别是在进行跨平台开发时,检查翻译单元在修复奇怪问题时可能会很有用。

下面的代码是 ExtremeC_examples_chapter2_1.c 的翻译单元,它是由 gcc 在默认平台上生成的:

```
$ gcc - E ExtremeC_examples_chapter2_1.c
# 1 "ExtremeC_examples_chapter2_1.c"
# 1 "< built- in> "
# 1 "< command- line> "
# 31 "< command- line> "
# 1 " /usr/include/stdc- predef.h" 1 3 4
# 32 "< command- line> " 2
# 1 "ExtremeC_examples_chapter2_1.c"

# 1 "ExtremeC_examples_chapter2_1.h" 1

typedef enum {
    NONE,
    NORMAL,
    SQUARED
}average_type_t;

double avg(int* ,int, average_type_t);
# 5 "ExtremeC_examples_chapter2_1.c" 2

double avg(int* array, int length, average_type_t type) {
    if (length < = 0 || type = = NONE) {
    return 0;
    }
    double sum = 0;
    for (int i = 0;i< length ; i+ + ) {
        if (type = = NORMAL) {
            sum+ = array[i];
        } else if (type = = SQUAEW) {
          sum + = array[i] * array[i];
```

```
        }
    }
    return sum/length;
}
$
```

Shell 框 2-1:编译 ExtremeC_examples_chapter2_1.c 时生成的翻译单元

如 Shell 框所示,所有的声明都从头文件复制到翻译单元。注释也已被删除。

文件 ExtremeC_examples_chapter2_1_main.c 的翻译单元非常大,因为它包含了 stdio.h 头文件。

这个头文件中的所有声明,以及它所包含的其他头文件,都将递归地复制到翻译单元中。ExtremeC_examples_chapter2_1_main.c 的翻译单元有多大呢? 在我们默认的平台上它有 836 行 C 代码!

注:
-E 参数也适用于 clang 编译器。

这就完成了第 1 步。预处理步骤的输入是源文件,输出是相应的翻译单元。

2.1.3　第 2 步——编译

有了翻译单元后,就可以进行第 2 步,即**编译**(compilation)。编译步骤的输入是由上一步处理所得的翻译单元,输出是相应的**汇编代码**(assembly code)。汇编代码仍然是人类可读的,但它依赖于机器,接近于硬件,仍然需要进一步的处理才能成为机器级别的指令。

可以通过使用-S 参数(大写 S)使得 gcc 在执行第 2 步后就停止,从而转储生成的汇编代码。这时,输出的是一个与给定源文件同名但扩展名为.s 的文件

在下面的 Shell 框中,你可以看到 ExtremeC_examples_chapter2_1_main.c 源文件的汇编代码。然而,当阅读代码时,你应该看到输出的某些部分被删除了:

```
$ gcc - S extremec_examplees_chapter2_1.c
$ cat ExtremeC_examples_chapter2_1.s
    .file "ExtremeC_examples_chapter2_1.c"
    .text
    .globl avg
    .type   avg , @ function
```

```
avg:
.LFB0:
    .cfi_startproc
    pushq   %rbp
    .cfi_def_cfa_offset 16
    .cfi_offset 6,- 16
    movq    %rsp,%rbp
    .cfi_def_cfa_register 6
    movq    %rdi,- 24 (%rbp)
    movl    %esi,  - 28 (%rbp)
    movl    %edx,  - 32 (%rbp)
    cmpl    $0 ,- 28(%rbp)
    jle .L2
    cmpl    $0,- 32(%rbp)
    jne .L3
.L2:
    pxor %xmm0,%xmm0
    jmp .L4
.L3:
    ...
.L8:
    ...
.L6:
    ...
.L7:
    ...
.L5:
    ...
.L4:
    ...
.LFE0:
    .size avg, .- avg
    .ident  "GCC: (Ubuntu 7.3.0- 16ubuntu3) 7.3.0"
    .section. note.GNU- stack, " " ,@ progbits
$
```

Shell 框 2 - 2:编译 ExtremeC_examples_chapter2_1. c 时生成的汇编代码

在编译步骤中,编译器解析翻译单元,并将其转换为特定**目标体系结构**(target architec-ture)下的汇编代码。所谓目标体系结构,指的是为其编译程序并最终在其上运行的硬件或 CPU。目标体系结构有时称为**主机体系结构**(host architecture)。

Shell 框 2 - 2 显示了,由运行在 AMD 64 位机器上的 gcc 程序为 AMD 64 位体系结构生成的汇编代码。下面的 Shell 框包含了由运行在 Intel x86-64 体系结构上的 gcc 为 ARM

32 位体系结构生成的汇编代码。两段汇编代码都是相同的 C 代码生成的：

```
$ cat ExtremeC_examples_chapter2_1.s
    .arch armv5t
    .fpu softvfp
    .eabi_attribute 20, 1
    .eabi_attribute 21, 1
    .eabi_attribute 23, 3
    .eabi_attribute 24, 1
    .eabi_attribute 25, 1
    .eabi_attribute 26, 2
    .eabi_attribute 30, 6
    .eabi_attribute 34, 0
    .eabi_attribute 18, 4
    .file "ExtremeC_examples_chapter2_1.s"
    .global __aeabi_i2d
    .global __aeabi_dadd
    .global __aeabi_ddiv
    .text
    .align    2
    .global   avg
    .syntax unified
    .arm
    .type  avg, %function
avg:
    @ args =  0, pretend = 0, frame = 32
    @ frame_needed = 1, uses_anonymous_args = 0
    push    {r4, fp, lr}
    add     fp, sp, # 8
    sub     sp, sp, # 36
    str     r0, [fp, # - 32]
    str     r1, [fp, # - 36]
    str     r2, [fp, # - 40]
    ldr     r3, [fp, # - 36]
    cmp     r3, #0
    ble     .L2
    ldr     r3, [fp, # - 40]
    cmp     r3, # 0
    bne     .L3
.L2:
    ...
.L3:
    ...
.L8:
    ...
```

```
.L6:
    ...
.L7:
    ...
.L5:
    ...
.L4:
    mov  r0, r3
    mov  r1, r4
    sub  sp, fp, # 8
    @ sp  needed
    pop {r4, fp, pc}
    .size avg, .- avg
    .ident  "GCC: (Ubuntu/Linaro 5.4.0- 6ubuntu1~ 16.04.9) 5.4.0 20160609"
    .section    .note.GNU- stack , "",% progbits
$
```

Shell 框 2 - 3：为 32 位 ARM 架构编译 ExtremeC_examples_chapter2_1. c 时生成的汇编代码

从 Shell 框 2 - 2 和框 2 - 3 中可以看到，尽管都由相同的 C 代码生成，但由于两种体系结构不同，生成的汇编代码并不相同。对于后一种汇编代码，我们是在运行 Ubuntu 16. 04 的 Intel x64-86 硬件上使用了 arm-linux-gnueabi-gcc 编译器。

注：

目标（或主机）体系结构是源代码正在被编译并将在其上运行的体系结构。**构建体系结构**(build architecture) 是用来编译源代码的体系结构。两个体系结构可以是不同的。例如，可以在 ARM 32 位机器上为 AMD 64 位硬件编译 C 源代码。

从 C 代码生成汇编代码是编译过程中最重要的步骤。

这是因为汇编代码非常接近 CPU 可以执行的语言。由于这一重要作用，编译器是计算机科学中最重要和研究最多的课题之一。

2. 1. 4 第 3 步——汇编

编译后的下一步是**汇编**(assembly)。本步的目标是基于上一步中编译器生成的汇编代码生成实际的**机器级指令**(或机器代码，machine code)。每个体系结构都有自己的**汇编器**(assembler)，能将自己的汇编代码转换为自己的机器代码。

这个通过汇编得到的含有机器级指令的文件称为**目标文件**(object file)。C 项目有几个产品都是目标文件，但在本节中，我们主要对可重定位的目标文件感兴趣。毫无疑问，这个文件是在构建过程中获得的最重要的临时产品。

注：
可重定位的目标文件可以称为中间目标文件。

结合前面的两个步骤的工作，汇编步骤将编译器生成的汇编代码生成一个可重定位目标文件。所有其他产品的生成都将基于此步骤中生成的可重定位目标文件。我们将在本章后面的章节中讨论这些产品。

注：
对包含机器级指令的文件来说，**二进制文件**（binary file）和**目标文件**（object file）是同义词。但是请注意，术语"二进制文件"在其他文本中可能有不同的含义，例如二进制文件和文本文件的对比。

在大多数类 Unix 操作系统中都有一个汇编工具叫作 as，可用于从汇编文件生成可重定位目标文件。

然而，这类目标文件是不可执行的，它们只包含为一个翻译单元生成的机器级指令。由于每个翻译单元都由各种函数和全局变量组成，一个可重定位的目标文件只包含相应函数的机器级指令以及全局变量的预分配入口。

在下面的 Shell 框中，你将看到如何使用 as 为 ExtremeC_examples_chapter2_1_main. s 生成可重定位的目标文件：

```
$ as ExtremeC_examples_chapter2_1.s - o ExtremeC_examples_ chapter2_1.o
$
```

Shell 框 2 - 4：从例 2.1 的一个源程序汇编文件生成一个目标文件

回看前面 Shell 框中的命令，我们可以看到 - o 选项用于指定输出目标文件的名称。可重定位的目标文件通常使用". o"（在 Microsoft Windows 中是. obj）扩展名，因此我们使用了一个". o"作为后缀名的文件。

目标文件（不论其后缀为. o 或是. obj）的内容不是文本，所以人无法直接读取。因此，通常说目标文件具有二进制内容（binary content）。

尽管可以直接使用汇编器，就像我们在 Shell 框 2 - 4 中所做的那样，但不建议这样做。相反，最好的方式应该是使用编译器调用汇编器 as，而汇编器 as 生成可重定位目标文件。

注：

我们交互使用了术语**"目标文件"**（object file）和**"可重定位目标文件"**（relocat-able object file），但并非所有的目标都是可重定位的目标文件，并且在某些上下文中，它可能指的是其他类型的目标文件，如共享目标文件。

如果给 C 编译器传递 -c 选项，它将直接为输入源文件生成相应的目标文件。换句话说，-c 选项相当于同时执行前面的三个步骤。几乎所有的 C 编译器都支持 -c 选项。

看以下示例，这里使用了-c 选项对 ExtremeC_examples_chapter2_1.c 进行编译并生成相应的目标文件：

```
$ gcc - c ExtremeC_examples_chapter2_1.c
$
```

Shell 框 2 - 5：编译例 2.1 中的一个源文件，并生成相应的可重定位目标文件

以上完成的所有步骤——预处理、编译和汇编——都是依据前面单个命令完成的。这意味着，在运行前面的命令之后，将生成一个可重定位目标文件。此可重定位目标文件与输入源文件具有相同的名称，不同之处在于它的扩展名为. o。

重要的是：

请注意，术语"编译"通常指的是编译过程中的前三个步骤，而不仅仅是第二步。也有可能我们使用的术语"编译"实际上指的是"构建"，包含了所有四个步骤。例如，我们说 **C 编译过程**（C compilation pipeline），但实际上指的是 **C 构建过程**（C build pipeline）。

汇编是编译单个源文件的最后一步。换句话说，当我们得到与源文件对应的可重定位目标文件时，就完成了对它的编译。此时可以把已得到的可重定位目标文件放在一边，继续编译其他源文件。

在例 2.1 中有两个需要编译的源文件。执行以下命令编译这两个源文件，并生成相应的目标文件：

```
$ gcc - c ExtremeC_examples_chapter2_1.c - o impl.o
$ gcc - c ExtremeC_examples_chapter2_1_main.c - o main.o
$
```

Shell 框 2 - 6：为例 2.1 中的源文件生成可重定位的目标文件

在前面的命令中可以看到，通过使用 -o 选项指定想要的名称，我们更改了目标文件的名

称。结果得到 impl. o 和 main. o 两个可重定位目标文件。

此时,我们需要提醒自己,可重定位的目标文件是不可执行的。如果一个项目计划得到一个可执行文件作为其最终产品,我们需要使用所有或至少一部分已经生成的可重定位目标文件,通过链接步骤来构建目标可执行文件。

2.1.5　第 4 步——链接

因为在例 2.1 中有一个 main 函数,那么例 2.1 需要构建为一个可执行文件。然而,此时我们只有两个可重定位目标文件。因此,下一步是组合这些可重定位目标文件,以创建另一个可执行的目标文件。**链接**(linking)就是进行这项工作的。

然而,在进行链接步骤之前,我们需要讨论,在现有类 Unix 系统中,如何增加对新体系结构或硬件的支持。

(1) 支持新架构

我们知道每个体系结构都有一系列的处理器,每个处理器都可以执行特定的指令集。

指令集是由 Intel 和 ARM 等这样的供应商为他们的处理器设计的。此外,这些公司还为其体系结构设计了特定的汇编语言。

如果满足两个先决条件,就可以在新体系结构上构建程序了:

① 汇编语言是已知的。

② 手头必须有由供应商公司开发的汇编工具(或程序)。这允许我们将汇编代码翻译成等效的机器级指令。

一旦具备了这些先决条件,就可以从 C 源代码生成机器级指令。只有这样,我们才能使用**目标文件格式**(object file format)将生成的机器级指令存储在目标文件中。例如,它们可以采用 ELF 或 Mach-O 的形式保存。

当汇编语言、汇编工具和目标文件格式都明确了之后,就可以使用它们来进一步开发一些工具,这些工具对于开发人员做 C 编程是必要的,然而却几乎没有存在感。因为开发人员直接使用的是 C 编译器,并不是这些工具。编译器代表开发人员使用这些工具。

新体系结构需要两个直接可用的工具:

- C 编译器
- 链接器

这些工具就像是支持操作系统中新体系结构的第一个基本构建块一样。和硬件操作系统中的这些工具一起构成了一个新平台。

对于类 Unix 系统,必须记住 Unix 具有模块化设计。如果能够构建一些基本的模块,比如汇编器、编译器和链接器,那么你就可以在它们之上构建其他的模块,很快整个系统就会在一个新的体系结构上工作。

(2) 步骤的细节

通过前面所说的,我们知道使用类 Unix 操作系统的平台必须具有前面讨论过的基本工具,如汇编器和链接器,才能正常工作。记住,汇编器和链接器可以独立于编译器运行。

在类 Unix 系统中,ld 是默认链接器。下面的命令(在下面的 Shell 框中)展示了如何直接使用 ld 从可重定位目标文件(在上一节的例 2.1 中生成的)创建可执行文件。然而,可以看到,直接使用链接器并不是那么容易:

```
$ ld impl.o main.o
ld: warning: cannot find entry symbol _start ; defaulting to 00000000004000e8
main.o: In function 'main' :
ExtremeC_examples_chapter3_1_main.c: (.text + 0x7a): undefined reference
to 'printf'
ExtremeC_examples_chapter3_1_main.c: (.text + 0xb7): undefined reference
to 'printf'
ExtremeC_examples_chapter3_1_main.c:(.text+ 0xd0): undefined reference to
'__stack_chk_fail'
$
```

Shell 框 2-7:尝试直接使用 ld 命令链接目标文件

可以看到,命令失败了,并且产生了一些错误消息。错误消息显示 ld 在文本段的三个地方遇到了三个**未定义**(undefined)的函数**调用**(或引用,references)。其中两个是开发人员在 main 函数中对 printf 函数的调用。然而,另一个函数__stack_chk_fail 没有被开发人员调用过,它来自其他地方,但来自哪里呢? 它是由编译器放入可重定位目标文件的补充代码调用的,而且这个函数是 Linux 特有的,在其他平台上生成的相同目标文件中可能找不到它。然而,不管这个函数是什么,链接器似乎并不能在提供的目标文件中找到关于它的定义。

就像之前说的,默认链接器 ld 无法找到这些函数的定义而产生了这些错误。从逻辑上讲,这是有道理的,而且是正确的,因为在例 2.1 中我们没有自己定义 printf 和 __stack_chk_fail 函数。

这意味着应该给 ld 一些其他的目标文件,这些文件包含 printf 和 __stack_chk_fail 函数的定义。尽管这些文件不一定是可重定位目标文件。

以上所述应该可以解释为什么直接使用 ld 是非常困难的。也就是说,需要指定更多的目标文件和选项,ld 才能工作并生成可执行文件。

幸运的是,在类 Unix 系统中,最著名的 C 编译器通过传递适当的选项和指定额外所需的目标文件来使用 ld。因此,我们不需要直接使用 ld。

让我们来看一种生成最终可执行文件的更简单的方法。下面的 Shell 框展示的是如何使用 gcc 链接例 2.1 中的目标文件:

```
$ gcc impl.o main.o
$ ./a.out
The average: 3.800000
The squared average: 55.800000
$
```

Shell 框 2-8:使用 gcc 链接目标文件

运行以上命令并得到结果,我们终于松了口气,因为我们终于成功构建例 2.1 并运行最终可执行文件!

注:
构建一个项目等价于先编译源代码,然后将它们链接在一起(可能还有其他库),以创建最终的产品。

停下来花一分钟时间反思一下我们刚刚做了什么是很重要的。在前几节中,我们成功地构建了例 2.1,将其源代码编译为可重定位目标文件,并链接生成的目标文件以创建最终的可执行二进制文件。

虽然这个过程对任何 C/C++ 代码库都是一样的,但不同的是需要编译源代码的次数,这本身取决于项目中的源文件的数量。

编译过程的每个步骤都会涉及一个特定的组件。本章其余部分的重点将是深入研究编译过程中每个组件的关键信息。

首先,我们将关注预处理器组件。

2.2　预处理器

在本书第 1 章的开头,我们简要地介绍了 **C 预处理器**(C preprocessor)的概念。具体来说,我们在那里讨论了宏、条件编译和头文件保护。

你应该记得,在本书的开始的时候,我们把 C 预处理作为 C 语言的一个基本特性进行了讨论。预处理是独一无二的,因为在其他编程语言基本找不到它。最简单来说,预处理允许你在发送源代码进行编译之前修改源代码。同时,它允许你将源代码(特别是声明部分)划分到头文件中,以便以后可以将它们包含到多个源文件中并重用这些声明。

重要的是要记住,如果源代码中有语法错误,预处理器不会发现这个错误,因为它不知道任何关于 C 语法的东西。相反,它只会执行一些简单的任务,如文本替换。例如,假设你有一个名为 sample.c 的文本文件,内容如下:

```
# include < stdio.h>
# define file 1000

Hello, this is just a simple text file but ending with .c extension!
This is not a C file for sure!
But we can preprocess it!
```

代码框 2-6:C 代码包含一些文本!

有了前面的代码,让我们使用 gcc 预处理该文件。请注意,下面的 Shell 框的一些部分已经被删除。这是因为包含 stdio.h 使翻译单元非常大:

```
$ gcc - E sample.c
# 1 "sample.c"
# 1 "< built- in> " 1
# 1 "< built- in> " 3
# 341 "< built- in> " 3
# 1 "< command line> " 1
# 1 "< built- in> " 2
# 1 "sample.c" 2
# 1 "/usr/include/stdio.h" 1 3 4
# 64 "/usr/include/stdio.h" 3 4
# 1 "/usr/include/_ stdio.h" 1 3 4
```

```
#  68 "/usr/include/_stdio.h" 3 4
#  1 "/usr/include/sys/cdefs.h" 1 3 4
#  587 "/usr/include/sys/cdefs.h" 3 4
#  1 "/usr/include/sys/_symbol_aliasing.h" 1 3 4
#  588 "/usr/include/sys/cdefs.h" 2 3 4
#  653 "/usr/include/sys/cdefs.h" 3 4
...
...
extern int __vsnprintf_chk (char *  restrict, size_t, int, size_t, const char *
        restrict, va_list);
#  412 "/usr/include/stdio.h" 2 3 4
#  2 "sample.c" 2

Hello, this is just a simple text 1000 but ending with .c extension!
This is not a C 1000 for sure!
But we can preprocess it!
$
```

Shell 框 2-9：在代码框 2-6 中看到的预处理的样例 C 代码

正如上述 Shell 框中看到的，stdio.h 内容被复制在文本之前。

如果你多加注意，会发现另一个有趣的替换。文本中出现 file 的地方已经被 1000 所取代。

这个例子向我们展示了预处理器是如何工作的。预处理器只执行简单的任务，例如包含（从文件中复制内容）或宏展开（文本替换）。但它对 C 语言一无所知；在执行任何进一步的任务之前，它需要一个解析器来解析输入文件。这意味着 C 预处理器使用一个解析器，它在输入代码中查找指令。

注：
　　一般来说，解析器是一个程序，它处理输入数据并提取其中的某些部分，以便进一步分析和处理。解析器需要知道输入数据的结构，以便将其分解为一些更小、更有用的数据片段。

预处理器的解析器与 C 编译器使用的解析器不同，因为它使用的语法几乎独立于 C 语法。这使我们能够在预处理 C 文件以外的环境中使用它。

注：
　　通过利用 C 预处理器的功能，你可以将文件包含和宏展开用于其他目的，而不是用于构建 C 程序。它们也可以用于处理其他文本文件。

网页 http://www. chiark. greenend. org. uk/doc/cpp－4. 3－doc/cppinternals. html 提供的 GNU C Preprocessor Internals 是学习 gcc 预处理器的重要资源。它是描述 GNU C 预处理器工作原理的官方文件。gcc 编译器使用 GNU C 预处理器对源文件进行预处理。

在前面的链接中，你可以看到预处理器是如何解析指令的，以及它是如何创建解析树（parse tree）的。文档还提供了对不同宏展开算法的解释。虽然这超出了本章的范围，但如果你想为特定的内部编程语言实现自己的预处理器，或者只是处理一些文本文件，那么上面的链接提供了一些很棒的参考。

在大多数类 Unix 操作系统中，有一个工具叫作 cpp，它代表 C 预处理器——而不是 C Plus Plus！cpp 是随各种 Unix 附带的 C 开发包的一部分，它可以用来预处理 C 文件。在后台 C 编译器（如 gcc）使用该工具对 C 文件进行预处理。如果你有一个源文件，可以采用类似于下面的方式使用它，对源文件进行预处理：

```
$ cpp ExtremeC_examples_chapter2_1.c
# 1 "ExtremeC_examples_chapter2_1.c"
# 1 "< built- in> " 1
# 1 "< built- in> " 3
# 340 "< built- in> " 3
# 1 "< command line> " 1
# 1 "< built- in> " 2
...
...
# 5 "ExtremeC_examples_chapter2_1.c"  2
double avg(int*  array, int length, average_type_t type) {
    if (length < =  0 || type = =  NONE) {
        return 0;
    }
    double sum =  0;
    for (int i =  0;i < length ; i+ + ) {
        if (type = =  NORMAL) {
            sum+ =  array[i];
        } else if (type = =  SQUARED) {
            sum + =  array[i] *  array[i];
        }
    }
    return sum/length;
}
$
```

Shell 框 2－10：使用 cpp 命令预处理源代码

本节最后注意事项:如果给 C 编译器传递一个带有.i 扩展名的文件,它将绕过预处理步骤。这是因为扩展名为.i 的文件应该已经被预处理过了。因此,它应该被直接发送到编译步骤。

如果你坚持对带有.i 扩展名的文件运行 C 预处理器,将得到以下警告消息。请注意,下面的 Shell 框是使用 clang 编译器产生的:

```
$ clang - E ExtremeC_examples_chapter2_1.c > ex2_1.i
$ clang - E ex2_1.i
clang:warning:ex2_1.i:previously preprocessed input[- Wunused- command- line
- argument]
$
```

Shell 框 2-11:给 clang 编译器传递一个已经预处理过的文件,其扩展名是.i

如上所示,clang 编译器给出警告:文件已经被预处理过。

本章的下一节将专门讨论 C 编译管线中的编译器组件。

2.3 编译器

正如在前几节中讨论的那样,编译器接受由预处理器准备的翻译单元,并生成相应的汇编指令。当多个 C 源文件被编译成等价的汇编代码后,平台中的工具(如汇编器和链接器),完成后面的工作:由汇编代码生成可重定位目标文件,最后将可重定位目标文件链接起来(也可能是与其他目标文件)形成一个库或者一个可执行文件。

在 Unix 众多 C 开发工具中,我们讨论了 as 和 ld 两个例子。这些工具主要用于创建与平台兼容的目标文件。这些工具必须存在于 gcc 或任何其他编译器之外。这句话的意思是它们不是作为 gcc(以 gcc 为例)的一部分被开发出来的,并且它们应该可以在任何平台上使用,即使这些平台上没有安装 gcc。gcc 只在其编译过程中使用它们,它们没有嵌入到 gcc。

这是因为平台本身是最了解体系架构的,它知道处理器能接受的指令集和操作系统特定的格式和限制。编译器通常不知道这些约束,除非它想对翻译单元做一些**优化**(optimization)。因此,我们可以得出结论,gcc 最重要的任务是将翻译单元翻译成汇编指令。这就是我们所说的编译。

C 编译中的一个难题是生成能够被目标体系结构接受的、正确的汇编指令。正如我们前面所讨论的,每个体系结构都有一个被其处理器接受的指令集,而 gcc(或任何 C 编译器)是唯一负责为特定体系结构生成正确汇编代码的实体。可以使用 gcc 为 ARM、Intel x86、AMD 等各种架构编译相同的 C 代码。

gcc(或任何其他 C 编译器)克服这个困难的方法是将任务分成两个步骤,首先将翻译单元解析为一个可重定位的、与 C 无关的数据结构,称为**抽象语法树**(Abstract Syntax Tree,AST),然后使用创建的 AST 为目标体系结构生成等效的汇编指令。第一部分是与体系结构无关的,无需考虑目标指令集。但第二步是依赖于架构的,编译器应该知晓目标指令集。执行第一步的子组件被称为**编译器前端**(compiler frontend),执行后一步的子组件被称为**编译器后端**(compiler backend)。

在下面几节中,我们将更深入地讨论这些步骤。首先,让我们来讨论下 AST。

抽象语法树

正如我们在前一节中解释的那样,C 编译器前端应该解析翻译单元并创建一个中间数据结构。编译器根据 **C 语法**(C grammar)解析 C 源代码创建中间数据结构,并将结果保存在不依赖于体系结构的树状数据结构中。此数据结构通常被称为 AST。

不仅仅是为 C 语言,可以为任何编程语言生成 AST,因此 AST 结构必须足够抽象,以独立于 C 语法。

这要求编译器前端必须支持其他语言。这正是 **GNU 编译器集合**(GNU Compiler Collection,GCC,gcc 是其中的 C 编译器)或者**低级虚拟机**(Low-Level Virtual Machine,LLVM,clang 是其中的 C 编译器)集成了很多编译器的原因。不仅支持对 C 和 C++的编译,还支持 Java、Fortran 等。

一旦生成了 AST,编译器后端就可以开始优化 AST,并基于优化后的 AST 为目标体系结构生成汇编代码。为了更好地理解 AST,我们来看一个真实的 AST。在这个例子中,我们有以下的 C 源代码:

```
int main() {
    int var1 = 1;
    double var2 = 2.5;
    int var3 = var1 + var2;
    return 0;
```

```
}
```

代码框 2 - 7[ExtremeC_examples_chapter2_2.c]：要生成 AST 的简单 C 代码

下一步是使用 clang 在上述代码中转储 AST。如图 2 - 1 所示，可以看到 AST：

图 2 - 1　为例 2.2 生成并转储的 AST

到目前为止，我们已经在好几处使用 clang 作为 C 编译器，现在我们来介绍一下它。clang 是由 LLVM 开发组为 llvm 编译器后端开发的 C 编译器前端。**LLVM 编译器基础设施项目**（LLVM Compiler Infrastructure Project）使用**中间表示**（intermediate representation，IR）（或 LLVM IR）作为其前端和后端之间的抽象数据结构。LLVM 以其为研究转储 IR 数据结构的能力而闻名。前面的树状输出是例 2.2 的源代码生成的 IR。

这里只是介绍 AST 的基础知识。我们不讨论前面的 AST 输出的细节，因为讲述所有的细节需要用几章的篇幅，这已经超出了本书的范围，而且每个编译器都有自己的 AST 实现。

但是，如果你注意上面的图，其中以-FunctionDecl 开头的一行代表 main 函数。在此之前，你可以找到与传递给编译器的翻译单元有关的元信息。

如果在 FunctionDecl 之后继续寻找，你将找到用于声明语句、二进制运算符语句、return 语句甚至隐形类型转换语句的树条目或节点（nodes）。AST 中有很多有趣的东西，有无数的东西需要学习！

为源代码使用 AST 的另一个好处是可以重新安排指令的顺序,在保留程序的目的前提下删除一些未使用的分支、替换分支,从而获得更好的性能。这个过程被称为优化,通常由任何 C 编译器在一定程度上进行配置。

我们将更详细地讨论的下一个组件是汇编器。

2.4 汇编器

正如前面解释的那样,一个平台必须有一个汇编器,以便产生含有正确的机器级指令的目标文件。在类 Unix 操作系统中,可以使用 as 实用程序来调用汇编器。在本节的其余部分中,我们将讨论汇编器生成的目标文件中包含哪些内容。

有一点非常重要,如果在相同的体系结构上安装两个不同的类 Unix 操作系统,所安装的汇编器可能不一样。这意味着,尽管相同的硬件的机器级指令是相同的,但是其目标文件可能是不同的!

如果你在 Linux 上针对 AMD64 体系结构编译一个程序并生成相应的目标文件,然后在硬件相同但操作系统不同(如 FreeBSD 或 macOS)的情况下编译同一个程序,两种情况是不同的。这意味着虽然目标文件不相同,但它们确实包含相同的机器级指令。这证明了目标文件在不同的操作系统中可以有不同的格式。

换句话说,当在目标文件中存储机器级指令时,每个操作系统都定义了自己特定的二进制格式或**目标文件格式**(object file format)。因此,有两个因素规定目标文件的内容:体系结构(或硬件)和操作系统。通常,我们将使用术语"平台"来描述二者的组合。

为了完善本节,我们通常说目标文件(即由汇编器生成的)是基于特定平台的。在 Linux 中,我们使用**可执行和链接文件格式**(Executable and Linking Format,ELF)。顾名思义,所有可执行文件、目标文件和共享库都应该使用这种格式。换句话说,在 Linux 中,汇编器序生成 ELF 目标文件。在下一章中,我们将更详细地讨论目标文件及其格式。

在下一节中,我们将深入了解**链接器**(linker)组件。我们将演示并解释这个组件如何在 C 项目中实际产生最终产品。

2.5 链接器

构建 C 项目的第一个重要步骤是将所有源文件编译为相应的可重定位目标文件。这是准备最终产品的必要步骤,但仅靠这一步骤是不够的,还需要再采取一个步骤。在讨论这个步骤的细节之前,我们需要快速浏览一下 C 项目中可能的**产品**(products),产品有时被称为工件(artifacts)。

一个 C/C++项目有以下最终产品:

- 一定数量的可执行文件,在大多数类似 Unix 的操作系统中通常具有 . out 扩展名;在 Microsoft Windows 中,通常具有 . exe 扩展名。
- 一些静态库,在大多数类 Unix 操作系统中通常具有 . a 扩展名;在 Microsoft Windows 中具有 . lib 扩展名。
- 一些动态库或共享目标文件,在大多数类 Unix 操作系统通常具有 . so 扩展名;在 macOS 中有 . dylib 扩展名;在 Microsoft Windows 中具有 . dll 扩展名。

可重定位目标文件是临时产品,不是最终产品,因为它们只参与链接步骤以生成最终产品,在此之后,我们就不再需要它们了。因此,你无法在前面的列表中找到它们。链接器组件只负责从给定的可重定位目标文件生成上述最终产品。

关于这里使用的术语,还有一个重要的注意事项:所有这三种产品都称为**目标文件**(object files)。因此,当引用汇编器生成的作为中间产品使用的目标文件时,最好在这个名称之前使用"**可重定位**"(relocatable)一词。

现在我们将简要地描述每一个最终产品。下一章将完全专注于目标文件,并将更详细地讨论这些最终产品。

一个可执行的目标文件可以作为一个**进程**(process)运行。该文件通常包含项目提供的大部分功能。它必须有一个执行机器级指令的入口点。虽然 main 函数是 C 程序的入口点,但可执行目标文件的入口点是依赖于平台的,它不是 main 函数。在一组与平台相关的指令做了一些准备之后,最终会调用 main 函数,这些指令是由链接器添加的,是链接步骤的结果。

静态库只不过是一个包含几个可重定位目标文件的归档文件。因此,静态库文件不是由链接器直接生成的。相反,它是由系统的默认存档程序生成的,在类 Unix 系统中是 ar 程序。

静态库是封装一段逻辑的最简单、最容易的方法,可供重复使用。静态库通常链接到可执行文件,在**链接时**(link time)被用作最终可执行文件的一部分。在一个操作系统中存在大量的静态库,每个库都包含一段特定的逻辑,可以用来访问该操作系统中的特定功能。

与静态库相反,共享目标文件由链接器直接创建,它们不仅仅是归档文件,而是具有更复杂的结构。它们的用法也不一样:要使用共享目标文件的话,需要在运行时将它们加载到正在运行的进程中。此外,一个共享目标文件可以被多个不同的进程同时加载和使用。

下一章中,我们将演示 C 程序在**运行时**(runtime)如何加载和使用共享目标文件。

在下一节中,我们将解释链接步骤所做的工作,以及链接器在生成最终产品(特别是可执行文件)时涉及和使用了哪些元素。

2.5.1 链接器是如何工作的?

在本节中,我们将解释链接器组件是如何工作的,以及"链接"到底是什么意思。假设你正在构建一个包含 5 个源文件的 C 项目,最终产品是一个可执行文件。在构建过程中,你已经编译了所有的源文件,并拥有 5 个可重定位目标文件。现在你需要一个链接器来完成最后一步并生成最终的可执行文件。

据前所述,简单地说,链接器组合所有可重定位目标文件,以及指定的静态库,以创建最终的可执行目标文件。然而,如果你认为这一步很简单,那你就错了。

当我们组合目标文件以生成一个可执行目标文件时,需要审慎考虑目标文件的内容。只有知道目标文件里面有什么,才能知道链接器是如何使用可重定位目标文件的。

简单地说,目标文件包含与翻译单元等价的机器级指令。然而,这些指令并不是随机放入文件的。相反,它们被分组在称为"**符号**"(symbols)的段中。

事实上,在一个目标文件中有很多东西,符号只是其中的一个组件,其功能是解释链接器如何工作以及如何将一些目标文件绑定在一起产生更大的文件。为了解释符号,让我们通过例 2.3 来讨论它们。使用这个例子演示一些函数是如何被编译并被放置到相应的可重定位目标文件中的。看以下代码，它包含两个函数：

```c
int average(int a, int b) {
    return (a + b) / 2;
}

int sum(int* numbers, int count) {
    int sum = 0;
    for (int i = 0; i< count ; i++ ) {
        sum += numbers[i];
    }
    return sum;
}
```

代码框 2-8［ExtremeC_examples_chapter2_3.c］：两个函数定义

首先，编译前面的代码以产生相应的目标文件。我们在默认平台上编译代码，下面的命令生成目标文件 target.o。

```
$ gcc - c ExtremeC_examples_chapter2_3.c - o target.o
$
```

Shell 框 2-12：编译例 2.3 中的源文件

接下来，使用 nm 命令查看 target.o 目标文件。nm 命令允许我们查看目标文件中的符号：

```
$ nm target.o
0000000000000000 T average
000000000000001d T sum
$
```

Shell 框 2-13：使用 nm 命令在可重定位目标文件中查看已定义的符号

前面的 Shell 框显示了在目标文件中定义的符号。如你所见，它们的名称与代码框 2-8中定义的函数完全相同。

如果使用 readelf 命令，如下面的 Shell 框所示，就可以看到目标文件中的符号表（symbol table）。符号表包含了目标文件中定义的所有符号，它给出更多关于这些符号的信息：

```
$ readelf - s target.o
Symbol table '.symtab' contains 10  entries:
 Num:    Value             Size    Type       Bind       Vis        Ndx Name
   0:    0000000000000000  0       NOTYPE     LOCAL      DEFAULT    UND
   1:    0000000000000000  0       FILELOCAL  DEFAULT    ABS
```

```
ExtremeC_examples_chapter
    2:      0000000000000000    0     SECTION    LOCAL     DEFAULT    1
    3:      0000000000000000    0     SECTION    LOCAL     DEFAULT    2
    4:      0000000000000000    0     SECTION    LOCAL     DEFAULT    3
    5:      0000000000000000    0     SECTION    LOCAL     DEFAULT    5
    6:      0000000000000000    0     SECTION    LOCAL     DEFAULT    6
    7:      0000000000000000    0     SECTION    LOCAL     DEFAULT    4
    8:      0000000000000000    29    FUNC       GLOBAL    DEFAULT    1 average
    9:      000000000000001d    69    FUNC       GLOBAL    DEFAULT    1 sum
$
```

Shell 框 2‑14：使用 readelf 命令查看一个可重定位目标文件的符号表

在 readelf 的输出中可以看到，在符号表中有两个函数符号。表中还有其他一些符号，它们指向目标文件中的不同段。我们将在本章和下一章讨论其中一些符号。

如果你想看到每个函数符号下机器级指令的反汇编，那你可以使用 objdump 工具：

```
$ objdump ‑ d target.o

target.o:file format elf64‑ x86‑ 64

Disassembly of section .text:

0000000000000000 < average > :
    0:      55                     push      % rbp
    1:      48 89 e5               mov       % rsp,% rbp
    4:      89 7d fc               mov       % edi,- 0x4(% rbp)
    7:      89 75 f8               mov       % esi,- 0x8(% rbp)
    a:      8b 55 fc               mov       - 0x4(% rbp),% edx
    d:      8b 45 f8               mov       - 0x8(% rbp),% eax
   10:      01 d0                  add       % edx,% eax
   12:      89 c2                  mov       % eax,% edx
   14:      c1 ea 1f               shr       $ 0x1f,% edx
   17:      01 d0                  add       % edx,% eax
   19:      d1 f8                  sar       % eax
   1b:      5d                     pop       % rbp
   1c:      c3                     retq
000000000000001d < sum> :
   1d:      55                     push      % rbp
   1e:      48 89 e5               mov       % rsp,% rbp
   21:      48 89 7d e8            mov       % rdi,- 0x18(% rbp)
   25:      89 75 e4               mov       % esi,- 0x1c(% rbp)
   28:      c7 45 f8 00 00 00 00   movl      $ 0x0,- 0x8(% rbp)
   2f:      c7 45 fc 00 00 00 00   movl      $ 0x0,- 0x4(% rbp)
   36:      eb 1d                  jmp       55< sum+  0x38>
   38:      8b 45 fc               mov       - 0x4(% rbp),% eax
```

```
3b:        48 98                    cltq
3d:        48 8d 14 85 00 00 00     lea        0x0(,% rax,4),% rdx
44:        00
45:        48 8b 45 e8              mov        - 0x18(% rbp),% rax
49:        48 01 d0                 add        % rdx,% rax
4c:        8b 00                    mov        (% rax),% eax
4e:        01 45 f8                 add        % eax,- 0x8(% rbp)
51:        83 45 fc 01              addl       $ 0x1,- 0x4(% rbp)
55:        8b 45 fc                 mov        - 0x4(% rbp),% eax
58:        3b 45 e4                 cmp        - 0x1c(% rbp),% eax
5b:        7c db                    jl         38 < sum+ 0x1b>
5d:        8b 45 f8                 mov        - 0x8(% rbp),% eax
60:        5d                       pop        % rbp
61:        c3                       retq
$
```

Shell 框 2 - 15:使用 objdump 命令查看可重定位目标文件中定义的符号的指令

如上所述,每个函数符号都对应于一个在源代码中定义的函数。这表明当需要链接几个可重定位目标文件,以产生一个可执行目标文件时,每个可重定位目标文件只包含构建一个完整的可执行程序所需的全部函数符号的一部分。

现在,回到本节的主题,链接器从各个可重定位目标文件中收集所有符号,然后将它们放在一个更大的目标文件中,形成一个完整的可执行二进制文件。为了在实际场景中演示这一点,我们需要一个不同的例子,该例子有一些函数,这些函数分布在几个源文件中,为了生成可执行文件,链接器就需要在几个可重定位目标文件中查找符号。本例就将展示这一过程。

例 2.4 由 4 个 C 文件组成——3 个源文件和 1 个头文件。在头文件中,我们声明了两个函数,每个函数都在自己的源文件中定义。第 3 个源文件包含 main 函数。

例 2.4 中的函数非常简单,编译后,每个函数都得到其对应的机器级指令,存储在相应的目标文件中。此外,例 2.4 不包含任何标准的 C 头文件,这样做是为了让每个源文件的翻译单元都很小。

下面的代码框显示了头文件:

```
# ifndef EXTREMEC_EXAMPLES_CHAPTER_2_4_DECLS_H
# define EXTREMEC_EXAMPLES_CHAPTER_2_4_DECLS_H

int add(int, int);
int  multiply(int, int);
```

```
# endif
```

代码框 2 - 9[ExtremeC_examples_chapter2_4_decls. h]：例 2.4 中的函数声明

这段代码使用了头文件保护语句来防止**双重包含**（double inclusion）。不仅如此，还声明了两个具有相似**签名**（signatures）的函数。它们每个都接收两个整型数作为输入，并返回另一个整型数作为结果。

如前所述，这些函数都在单独的源文件中实现。第一个源文件如下所示：

```
int add(int a, int b) {
    return a + b;
}
```

代码框 2 - 10[ExtremeC_examples_chapter2_4_add. c]：add 函数的定义

清楚地看到，源文件没有包含任何其他头文件。但是，它确实定义了一个函数，该函数与我们在头文件中声明函数签名完全相同。

接下来看到，第二个源文件与第一个类似，给出了 multiply 函数的定义：

```
int multiply(int a, int b) {
    return a * b;
}
```

代码框 2 - 11[ExtremeC_examples_chapter2_4_multiply. c]：multiply 函数的定义

现在来看第三个源文件，它包含了 main 函数：

```
# include "ExtremeC_examples_chapter2_4_decls.h"

int main(int argc, char* * argv) {
    int x = add(4,5);
    int y = multiply(9,x);
    return 0;
}
```

代码框 2 - 12[ExtremeC_examples_chapter2_4_main. c]：例 2.4 的主函数

第 3 个源文件必须包含头文件，以便获得 add 和 multiply 这两个函数的声明。否则，源文件将无法使用它们并可能导致编译失败。

此外，main 函数不知道 add 和 multiply 函数的定义。注意，代码框 2 - 12 中显示的文件只包含一个头文件，因此它与其他两个源文件没有关系。因此，这里有一个重要的问题：在 main 函数不知道其他源文件的情况下，如何找到这些函数的定义？

上述问题可以通过链接器来解决。链接器将从各种目标文件中收集所需的定义,并将它们放在一起,通过这种方式,main 函数中的代码终于可以使用另一个函数中的代码。

注:
要编译使用函数的源文件,只要有函数的声明就足够了。然而,要真正运行程序,要给链接器提供函数定义,以便将其放入最终的可执行文件中。

现在,是时候编译例 2.4 并演示链接过程了。使用以下命令创建相应的可重定位目标文件。记住,我们只编译源文件:

```
$ gcc - c ExtremeC_examples_chapter2_4_add.c - o add.o
$ gcc - c ExtremeC_examples_chapter2_4_multiply.c - o multiply.o
$ gcc - c ExtremeC_examples_chapter2_4_main.c - o main.o
$
```

Shell 框 2 - 16:将例 2.4 中的所有源文件编译为相应的可重定位目标文件

下一步,查看包含在每个可重定位目标文件中的符号表:

```
$ nm add.o
0000000000000000 T add
$
```

Shell 框 2 - 17:列出 add.o 中定义的符号

可见,add 符号已经被定义。查看下一个目标文件:

```
$ nm multiply.o
0000000000000000 T multiply
$
```

Shell 框 2 - 18:列出 multiply.o 中定义的符号

在 multiply.o 中,multiply 的情况同 add 的情况相同。最终的目标文件:

```
$ nm main.o
         U add
         U _GLOBAL_OFFSET_TABLE_
0000000000000000 T main
         U multiply
$
```

Shell 框 2 - 19:列出 main.o 中定义的符号

尽管代码框 2 - 12 列出的第三个源文件中只有 main 函数,但在其对应的目标文件中看到了 add 和 multiply 两个符号。然而，它们与 main 符号不同，main 符号是有地址的。而它们被标记为 U，或者 unresolved。这意味着，当编译器在翻译单元中看到这些符号时，却无法找到它们的实际定义。这正是之前我们所预料和解释的情况。

如果 main 函数和其他函数不是在同一个翻译单元中定义的，那么代码框 2 - 12 列出的包含 main 函数的源文件，不应该知道任何关于其他函数的定义。但 main 定义依赖于 add 和 multiply 的声明的事实应该在相应的可重定位目标文件中以某种方式指出来。

总结一下现在的情况，我们有三个中间目标文件，其中一个文件中有两个未解析的符号。这使得链接器的工作变得清晰：我们需要给链接器提供这两个必需的符号。在找到所有必需的符号之后，链接器可以继续组合它们，以创建一个最终的可执行二进制文件。

如果链接器找不到未解析符号的定义，链接失败，则会给出**链接错误**（linkage error）信息。

下一步，我们使用以下命令将目标文件链接在一起：

```
$ gcc add.o  multiply.o  main.o
$
```

Shell 框 2 - 20：将所有目标文件链接在一起

应该注意到，对几个目标文件直接运行 gcc，不使用任何选项，将执行链接步骤，看上去只使用给定的目标文件创建可执行目标文件。实际上，它在后台调用链接器，不仅使用给定的目标文件，还要使用平台需要的其他静态库和目标文件。

如果链接器无法找到正确定义，会发生什么？为了检查这种情况，我们向链接器只提供两个中间目标文件，main. o 和 add. o：

```
$ gcc add.o main.o
main.o: In function 'main':
ExtremeC_examples_chapter2_4_main.c:(.text+ 0x2c):undefined reference to '
multiply'
collect2: error:ld returned 1 exit status
$
```

Shell 框 2 - 21：只链接两个目标文件：add. o 和 main. o

如上所示，链接失败了，因为在提供的目标文件中找不到 multiply 符号。

继续，让我们提供另外两个目标文件，main. o 和 multiply. o：

```
$ gcc main.o multiply.o
main.o: In function 'main':
ExtremeC_examples_chapter2_4_main.c:(.text+ 0x1a): undefined reference to '
add'
collect2: error:ld returned 1 exit status
$
```

Shell 框 2 - 22：只链接两个目标文件：multiply. o 和 main. o

不出所料，同样的事情发生了。因为在提供的目标文件中找不到 add 符号。

现在，我们来看最后一种组合：add. o 和 multiply. o。我们期待链接能正常运行，因为两个目标文件的符号表中都没有未解析的符号。让我们看看会发生什么：

```
$ gcc add.o multiply.o
/usr/lib/gcc/x86_64-linux-gnu / 7/ . . / . . / . . / x86_64- linux- gnu /Scrt1.o:
In function'_start':
(.text+ 0x20): undefined reference to 'main'
collect2: error: ld returned 1 exit status
$
```

Shell 框 2 - 23：只链接两个目标文件 add. o 和 multiply. o

链接又失败了！查看输出，我们发现原因是：没有包含 main 符号的目标文件。而该目标文件是创建可执行文件所必需的。链接器需要一个程序入口点，对于 C 标准来说是 main 函数。

在这一点上，再怎么强调也不过分，请注意引用 main 符号的位置。它位于/usr/lib/gcc/x86_64-Linux-gnu/7/../../x86_64-Linux-gnu/Scrt1. o 文件中的_start 函数中。

Scrt1. o 文件似乎是一个非我们创建的可重定位目标文件。Scrt1. o 实际上是默认 C 目标文件组中的一个文件。这些默认目标文件已经为 Linux 编译为 gcc 的一部分，并且能够被链接到任何程序，以使其可运行。

正如你刚才所看到的，围绕源代码发生的许多不同的事情都可能导致冲突。不仅如此，为了使程序可执行，还需要链接许多其他目标文件。

2.5.2　链接器会上当!

当链接步骤按照计划执行的时候，却没有得到预期的结果，这种情况极少，却使当前的讨论更加有趣。我们来看一个例子。

例 2.5 的问题源自一个错误的定义,该定义已经被链接器收集并放入了最终的可执行目标文件中。

本例有两个源文件,其中一个文件包含一个函数的定义,该函数与文件同名,但是其函数签名与 main 函数中的声明不同;另一个文件包含 main 函数。下面的代码框是这两个源文件的内容。这是第一个源文件:

```c
int add(int a, int b, int c, int d) {
    return a + b + c + d;
}
```

代码框 2-13[ExtremeC_examples_chapter2_5_add.c]:例 2.5 中 add 函数的定义

下面是第二个源文件:

```c
# include < stdio.h>

int add(int, int);

int main(int argc, char* * argv) {
    int x = add(5,6);
    printf("Result: % d\n",x);
    return 0;
}
```

代码框 2-14[ExtremeC_examples_chapter2_5_main.c]:例 2.5 中的 main 函数

如上所示,第一个源文件(代码框 2-13)中定义 add 函数接受四个整型数作为参数,但 main 函数使用了另一个 add 函数,它只接受两个整型数作为参数。

这些函数通常互称为对方的**重载**(overloads)函数。毫无疑问,如果编译和链接这些源文件,肯定会产生错误。如果本例能够成功构建,那情况就变得更加有趣了。

下一步是编译和链接可重定位目标文件,我们可以运行以下代码来完成:

```
$ gcc - c ExtremeC_examples_chapter2_5_add.c - o add.o
$ gcc - c ExtremeC_examples_chapter2_5_main.c - o main.o
$ gcc add.o main.o - o ex2_5.out
$
```

Shell 框 2-24:构建例 2.5

在 Shell 框的输出中看到的,链接步骤进行得很顺利,最终的可执行文件已经生成了! 这清楚地表明符号可以欺骗链接器。现在运行可执行文件,查看输出:

```
$ ./ex2_5.out
Result: - 1885535197
$ ./ex2_5.out
Result: 1679625283
$
```

Shell 框 2-25：运行例 2.5 两次，结果很奇怪！

可见，输出是错误的；而且两次运行的结果还不一样！这个例子表明，当链接器使用了错误版本的符号时，会发生意外。函数符号只是名称，它们不携带任何有关对应函数签名的信息。函数参数只不过是一个 C 概念；事实上，它们并不真正存在于汇编代码或机器指令中。

为了研究得更加透彻，我们来看另一个例子。

在例 2.6 中有两个 add 函数，它们的签名与例 2.5 中相同。我们分别查看这两个 add 函数的**反汇编**（disassembly）

现在从例 2.6 的源文件出发，以下是第一个源文件：

```
int add(int a, int b, int c, int d) {
    return a + b + c + d;
}
```

代码框 2-15[ExtremeC_examples_chapter2_6_add_1.c]：例 2.6 中第一个 add 函数的定义

下面的代码是另一个源文件：

```
int add(int a, int b) {
    return a + b;
}
```

代码框 2-16[ExtremeC_examples_chapter2_6_add_2.c]：例 2.6 中第二个 add 函数的定义

和前面一样，第一步是编译两个源文件：

```
$ gcc - c ExtremeC_examples_chapter2_6_add_1.c - o add_1.o
$ gcc - c ExtremeC_examples_chapter2_6_add_2.c - o add_2.o
$
```

Shell 框 2-26：编译例 2.6 中的源文件，得到它们对应的目标文件

然后查看 add 符号在不同的目标文件中的反汇编。先从 add_1.o 目标文件开始：

```
$ objdump - d add_1.o
```

```
add_1.o   file format elf64- x86- 64

Disassembly ofsection .text:

0000000000000000 < add> :
    0: 55                   push % rbp
    1: 48 89 e5             mov % rsp,% rbp
    4: 89 7d fc             mov % edi,- 0x4(% rbp)
    7: 89 75 f8             mov % esi,- 0x8(% rbp)
    a: 89 55 f4             mov % edx,- 0xc(% rbp)
    d: 89 4d f0             mov % ecx,- 0x10(% rbp)
   10: 8b 55 fc             mov - 0x4(% rbp),% edx
   13: 8b 45 f8             mov - 0x8(% rbp),% eax
   16: 01 c2                add % eax,% edx
   18: 8b 45 f4             mov - 0xc(% rbp),% eax
   1b: 01 c2                add % eax,% edx
   1d: 8b 45 f0             mov - 0x10(% rbp),% eax
   20: 01 d0                add % edx,% eax
   22: 5d                   pop % rb
   23: c3
$
```

Shell 框 2 - 27:使用 objdump 查看 add_1.o 中的 add 符号的反汇编

下面的 Shell 框是另一个目标文件 add_2.o 中 add 符号的反汇编:

$ objdump - d add_2.o

```
add_2.o   file format elf64- x86- 64

Disassembly ofsection .text:

0000000000000000 < add> :
    0: 55                   push % rbp
    1: 48 89 e5             mov % rsp,% rbp
    4: 89 7d fc             mov % edi,-0x4(% rbp)
    7: 89 75 f8             mov % esi,-0x8(% rbp)
    a: 8b 55 fc             mov -0x4(% rbp),% edx
    d: 8b 45 f8             mov -0x8(% rbp),% eax
   10: 01 d0                add % edx,% eax
   12: 5d                   pop % rbp
   13: c3                   retq
$
```

Shell 框 2 - 28:使用 objdump 查看 add_2.o 中的 add 符号的反汇编

当一个函数调用发生时,一个新的**栈帧**(stack frame)被创建在堆栈的顶部。这个栈帧包含传递给函数的参数和返回地址。第 4 章和第 5 章将给出更多关于函数调用机制的内容。

在 Shell 框 2-27 和框 2-28 中，你可以清楚地看到如何从栈帧收集参数。在对 add_1.o 的反汇编中(Shell 框 2-27)，你可以看到以下行：

```
4:      89 7d fc              mov % edi,-0x4(% rbp)
7:      89 75 f8              mov % esi,-0x8(% rbp)
a:      89 55 f4              mov % edx,-0xc(% rbp)
d:      89 4d f0              mov % ecx,-0x10(% rbp)
```

代码框 2-17：为第一个 add 函数将参数从栈帧复制到寄存器的汇编指令

这些指令从 %rbp 寄存器指向的内存地址复制四个值，并将它们放入本地寄存器中。

> 注：
> **寄存器**(registers)是 CPU 中可以被快速访问的位置。因此，对于 CPU 来说，首先将这些值从主存中取出，然后再对它们进行计算是非常高效的。寄存器 %rbp 指向当前栈帧，其中包含传递给函数的参数。

查看第二个目标文件的反汇编，虽然它与第一个反汇编非常相似，但它没有四次复制操作：

```
4: 89 7d fc                mov% edi, 0×4 (% rbp)
7: 89 75 f8                mov% esi, 0×8 (% rbp)
```

代码框 2-18：为第二个 add 函数将参数从栈帧复制到的寄存器的汇编指令

以上指令复制了两个值，因为函数只需要两个实参。这就是例 2.5 输出奇怪数值的原因。main 函数在调用 add 函数时只在栈帧中放入两个值，但实际上在 add 函数定义中需要四个参数。因此，基于错误的定义，可能会在栈帧之外继续读取未给出的参数，从而导致 sum 操作得到错误的值。

我们可以根据输入类型更改函数符号名来防止这种情况发生。这通常被称为**名字改编**(name mangling)。因为它有**函数重载**(function overloading)特性而主要在 C++ 中使用。我们将在本章的最后一节简要讨论这一点。

2.5.3　C++名字改编

为了说明 C++ 中的名字改编是如何工作的，我们将使用 GNU C++ 编译器 g++ 来编译例 2.6。

一旦完成编译,生成了目标文件,我们可以使用 readelf 转储每个目标文件的符号表。这样我们可以看到 C++ 是如何根据输入参数的类型更改函数符号的名称的。

正如前面提到的,C 和 C++ 的编译过程非常相似。因此,C++ 编译的结果也是可重定位目标文件。让我们看看编译例 2.6 产生的两个目标文件:

```
$ g++ - c ExtremeC_examples_chapter2_6_add_1.o
$ g++ - c ExtremeC_examples_chapter2_6_add_2.o
$ readelf - s ExtremeC_examples_chapter2_6_add_1.o
```

Symbol table '.symtab' contains 9 entries:

Num:	Value	Size	Type	Bind	Vis	Ndx Name
0:	0000000000000000	0	NOTYPE	LOCAL	DEFAULT	UND
1:	0000000000000000	0	FILE	LOCAL	DEFAULT	ABS Extreme

C_examples_chapter

2:	0000000000000000	0	SECTION	LOCAL	DEFAULT	1
3:	0000000000000000	0	SECTION	LOCAL	DEFAULT	2
4:	0000000000000000	0	SECTION	LOCAL	DEFAULT	3
5:	0000000000000000	0	SECTION	LOCAL	DEFAULT	5
6:	0000000000000000	0	SECTION	LOCAL	DEFAULT	6
7:	0000000000000000	0	SECTION	LOCAL	DEFAULT	4
8:	0000000000000000	36	FUNC	GLOBAL	DEFAULT	1 **_Z3addiiii**

```
$ readelf - s ExtremeC_examples_chapter2_6_add_2.o
```

Symbol table '.symtab' contains 9 entries:

Num:	Value	Size	Type	Bind	Vis	Ndx Name
0:	0000000000000000	0	NOTYPE	LOCAL	DEFAULT	UND
1:	0000000000000000	0	FILE	LOCAL	DEFAULT	ABS Extreme

C_examples_chapter

2:	0000000000000000	0	SECTION	LOCAL	DEFAULT	1
3:	0000000000000000	0	SECTION	LOCAL	DEFAULT	2
4:	0000000000000000	0	SECTION	LOCAL	DEFAULT	3
5:	0000000000000000	0	SECTION	LOCAL	DEFAULT	5
6:	0000000000000000	0	SECTION	LOCAL	DEFAULT	6
7:	0000000000000000	0	SECTION	LOCAL	DEFAULT	4
8:	0000000000000000	20	FUNC	GLOBAL	DEFAULT	1 **_Z3addii**

```
$
```

Shell 框 2 - 29:使用 readelf 查看 C++ 编译器产生的目标文件的符号表

正如输出所示,对于 add 函数的重载有两个不同的符号名。接受四个整数参数的重载函数具有符号名 _Z3addiiii,接受两个整数参数的重载函数具有符号名 _Z3addii。

符号名中的每一个 i 指的是一个整型数输入参数。

由此,可以看到符号名称是不同的,如果使用错误的符号,就会得到一个链接错误,因为链接器无法找到错误符号的定义。**名字改编**(name mangling)是一种使 C++能够支持函数重载的技术,它有助于防止我们在上一节中遇到的问题。

2.6　总结

在本章中,我们介绍了构建 C 项目所需的基本步骤和组件。如果不知道如何构建项目,只写代码是毫无意义的。在这一章:

- 介绍了 C 编译过程及其各种步骤。我们讨论了每个步骤,并描述了输入和输出。
- 定义了平台(platform)这个术语,以及不同的汇编器如何为同一个 C 程序生成不同的机器级指令。
- 更详细地讨论了每一个步骤和驱动该步骤的组件。
- 在编译器组件中,解释了编译器的前端和后端是什么,以及 GCC 和 LLVM 如何使用前后端分离来支持多种语言。
- 在关于汇编器组件的讨论中,了解到目标文件是依赖于平台的,并且它们应该有精确的文件格式。
- 在链接器组件讨论中,讨论了链接器的功能,以及它如何使用符号来寻找缺失的定义,以便将它们组合在一起,形成最终产品。还解释了 C 项目的各种可能的产品,包括为什么可重定位(或中间)目标文件不应该被视为产品。
- 在例 2.5 中演示了当一个符号定义错误时,链接器是如何被欺骗的。
- 解释了 C++的名字改编特性,以及如何通过它来防止在例 2.5 中的问题。

我们将在下一章中继续讨论目标文件及其内部结构。

3

目标文件

本章详细介绍了 C/C++ 项目的各种产品。可能的产品包括可重定位目标文件、可执行目标文件，静态库和共享目标文件。但是，可重定位目标文件被视为临时产品，并且作为其他最终产品的原料。

在今天的 C 语言中，对各种目标文件及其内部结构进行深入讨论至关重要。大部分的关于 C 的书只是讨论 C 语言的语法和语言本身；但是实际上，要成为一个成功的 C 语言程序员，需要更多深入的知识。

当你开发软件时，不仅仅要考虑开发和编程语言。事实上，还要考虑整个开发过程：写代码、编译、优化、生成正确的产品，以及进一步的后续工作，以便在目标平台上运行和维护这些产品。

你应该掌握这些中间步骤，使得你有能力解决任何可能遇到的问题。在嵌入式开发工作中，由于硬件架构和指令集更具有挑战性和非典型性，更应该如此。

本章分为以下几节：

• **应用程序二进制接口**：本节讨论应用程序二进制接口（Application Binary Interface，ABI）及其重要性。

• **目标文件格式**：本节将讨论各种现存的和已经过时很多年的目标文件格式。我们还会介绍类 Unix 系统中最常用的目标文件格式 ELF。

• **可重定位目标文件**：本节讨论可重定位目标文件和 C 项目的第一个产品。深入查看 ELF 可重定位目标文件的内部结构。

- **可执行目标文件**：本节将讨论可执行目标文件，以及如何用一些可重定位目标文件创建它们。并讨论 ELF 可重定位目标文件和可执行目标文件在内部结构方面的差异。
- **静态库**：本节将讨论静态库以及如何创建它们。还将演示如何编程并使用已经构建的静态库。
- **动态库**：本节讨论共享目标文件。本节将演示如何用一些可重定位目标文件创建共享目标文件，以及如何在程序中使用它们；还简要地讨论了 ELF 共享目标文件的内部结构。

本章的讨论主要围绕类 Unix 系统，但我们也会讨论与其他操作系统（如 Microsoft Windows）的一些差异。

注：
在继续阅读本章之前，你需要熟悉构建 C 项目所需的基本思想和步骤，知道什么是翻译单元，以及链接与编译有何不同。在阅读本章之前，请先阅读前一章。

让我们从 ABI 开始这一章。

3.1　应用程序二进制接口（ABI）

正如你所知道的，每个库或框架，无论使用的技术或编程语言是什么，都会公开一组特定的功能，这些功能被称为应用程序接口（Application Programming Interface，API）。如果设计一个库的目的就是为其他代码所使用，那么用户代码就应该使用所提供的 API。需要明确的是，使用库时不能使用 API 之外的其他东西，因为它是库的公共接口，其他所有东西都被视为不能使用的黑盒。

现在假设一段时间后，库的 API 进行了一些修改。为了让用户代码能继续使用新版本的库，必须调整代码以适应新的 API，否则，代码就不能继续使用库。用户代码可以坚持使用某个版本的库（可能是旧版本），忽略更新的版本，但是我们假设用户希望升级到最新版本的库。

简单地说，API 就像两个软件组件之间为彼此服务或使用对方而接受的约定（或标准）。ABI 与 API 非常相似，但是在不同的级别上。API 保证了两个软件组件的兼容性，以继续它们的功能协作，但 ABI 保证两个程序在其机器级指令以及相应的目标文件级别上是兼容的。

例如,程序不能使用具有不同 ABI 的动态或静态库。可能更糟糕的是,可执行文件(实际上是一个目标文件)生成时使用某 ABI,那么该文件不能在支持另一种 ABI 的系统上运行。许多重要且明显的系统功能,如**动态链接**(dynamic linking)、**加载可执行文件**(loading an executable)和**函数调用约定**(function calling convention),都应该严格按照商定的 ABI 执行。

ABI 通常涵盖以下事项:

- 目标体系结构的指令集,包括处理器指令、内存布局、字节序、寄存器等。
- 现有数据类型、各数据类型的字节数和对齐策略。
- 函数调用约定,描述了应该如何调用函数。例如,像堆栈帧的结构和参数的入栈顺序等。
- 在类 Unix 系统中如何进行**系统调用**(system calls)。
- 使用的**目标文件格式**(object file format),如**可重定位**(relocatable)、**可执行**(executable)和**共享目标文件**(shared object files)。随后我们将一一解释。
- 对于 C++编译器产生的目标文件,名字**改编**(name mangling)、**虚拟表**(virtual table)布局。

System V ABI 是类 Unix 操作系统(如 Linux 和 BSD 系统)中使用最广泛的 ABI 标准。**可执行和链接格式**(Executable and Linking Format,ELF)是 System V ABI 中使用的标准目标文件格式。

注:
以下链接是针对 AMD 64 位架构的 System V ABI:https://www.uclibc.org/docs/psABI-x86_64.pdf。你可以浏览目录并查看它所涵盖的领域。

下一节将讨论目标文件格式,特别是 ELF。

3.2　目标文件格式

正如在第 2 章中所解释的,在一个平台上,目标文件有它们自己特定的格式来存储机器级指令。注意,这是关于目标文件的结构,这与每个体系结构都有自己的指令集不同。从前面的讨论中我们得知,目标文件格式和体系结构的指令集是平台中 ABI 的不同部分。

本节将简要地介绍一些广为人知的目标文件格式。首先,来看在不同操作系统中使用的一些目标文件格式:

- ELF 用于 Linux 和许多其他类 Unix 操作系统
- Mach-O 用于 OS X(macOS 和 iOS)操作系统
- PE 用于 Microsoft Windows 操作系统

在了解了当前和过去目标文件格式的历史和背景之后,可以说,今天在用的所有目标文件格式都是继承了旧的 a. out 文件格式。这种格式是为早期版本的 Unix 设计的。

"a. out"表示**汇编器输出**(assembler output)。尽管该文件格式在今天已经过时,但该名称仍然被用作大多数链接器生成的可执行文件的默认文件名。你应该记得,在本书第一章的很多例子中见过 a. out。

然而,a. out 格式很快被通用目标文件格式 COFF(Common Object File Format)所取代。COFF 是 ELF 的基础,而 ELF 是我们在大多数类 Unix 系统中使用的目标文件格式。苹果也用 Mach-O 取代了 a. out,并把 Mach-O 作为 OS/X 的一部分。Windows 的目标文件使用可移植执行 PE(Portable Execution)文件格式,它是基于 COFF 的。

注:
详尽地了解目标文件格式可访问:
https://en. wikipedia. org/wiki/COFF♯History
了解特定主题的历史,可以帮助你更好地了解它的演变路径、当前和过去的特点。

如此,今天所有主要的目标文件格式都基于原来的 a. out,然后是 COFF,在很多方面它们都是同源的。

ELF 是 Linux 和大多数类 Unix 操作系统中使用的标准目标文件格式。事实上,ELF 是作为 System V ABI 的 s 一部分而使用的目标文件格式,在大多数 Unix 系统中被大量使用。今天,它是操作系统最广泛接受的目标文件格式。

ELF 是很多操作系统的标准二进制文件格式,这些操作系统包括但不限于

- Linux
- FreeBSD
- NetBSD

- Solaris

这意味着，只要它们下面的体系结构保持不变，为其中一个操作系统创建的 ELF 目标文件就可以在其他操作系统中运行和使用。ELF 和所有其他**文件格式**（file formats）一样，有其结构，我们将在接下来的章节中简要介绍 ELF 文件格式的结构。

注：

更多有关 ELF 的信息及其详细信息，请参见：https://www.uclibc.org/docs/psABI-x86_64.pdf 请注意，此链接指的是适用于 AMD 64 位（amd64）体系结构的 System V ABI。

你也可以阅读 System V ABI 的 HTML 版本：http://www.sco.com/developers/gabi/2003-12-17/ch4.intro.html

后面的章节将讨论 C 项目的临时产品和最终产品。我们将从可重定位目标文件开始。

3.3 可重定位目标文件

本节将讨论可重定位目标文件。正如在前一章中解释的那样，这些目标文件是 C 编译过程中的汇编步骤的输出，被认为是 C 项目的临时产品，它们是生产进一步和最终产品的主要原料。出于这个原因，更深入地研究它们，看看可重定位目标文件中有什么是很有用的。

在可重定位目标文件中，有以下几项内容，他们都和编译过的翻译单元有关：

- 为翻译单元中的函数生成的机器级指令（代码 code）。
- 翻译单元中声明的初始化全局变量的值（数据 data）。
- 包含翻译单元中所有定义和引用的符号的符号表（symbol table）。

这些是可以在任何可重定位目标文件中找到的关键项。当然，这些项的组合方式取决于目标文件格式，使用适当的工具，能够从可重定位目标文件中提取这些项。我们马上就对 ELF 可重定位目标文件执行此操作。

在深入研究实例之前，让我们先讨论一下可重定位目标文件的命名原因。换句话说，"可重定位"到底意味着什么？在链接过程中，链接器试图将一些目标文件重新定位组合在一起，以形成一个更大的目标文件——一个可执行目标文件或一个共享目标文件。

我们应该知道的是,可执行目标文件的组成项是所有参与构建的可重定位目标文件中各组成项的集成。这些组成项都是机器级指令。

在可执行目标文件中,来自不同可重定位目标文件的机器级指令被相邻放置在一起。这意味着指令应该容易**被移动**(movable)或**重定位**(relocatable)。要实现这一点,机器级指令在可重定位目标文件中没有地址,它们只有在链接步骤之后才能获得地址。这就是我们称这些目标文件为可重定位的主要原因。为了更详细地说明这一点,我们来看一个实例。

例 3.1 具有两个源文件,其中一个包含两个函数 max 和 max_3 的定义,另一个源文件包含 main 函数,该函数使用了声明过的函数 max 和 max_3。现在看到的是第一个源文件的内容:

```c
int max(int a, int b) {
    return a > b ? a: b;
}

int max_3(int a, int b, int c) {
    int temp = max(a, b);
    return  c > temp ? c :temp;
}
```

代码框 3 - 1[ExtremeC_examples_chapter3_1_funcs. c]:包含两个函数定义的源文件

第二个源文件如下所示:

```c
int max(int, int);
int max_3(int, int, int);

int a = 5;
int b = 10;

int main(int argc, char* * argv) {
    int m1 = max(a, b);
    int m2 = max_3(5, 8,- 1);
    return 0;
}
```

代码框 3 - 2[ExtremeC_examples_chapter3_1. c]:主函数,其使用已经声明的函数,
函数定义放在单独的源文件中

先为前面的源文件生成可重定位目标文件。这样,我们就可以研究之前解释过的内容。注意,既然是在 Linux 机器上编译的这些源代码,那么生成结果是 ELF 格式的目标文件:

```
$ gcc - c ExtremeC_examples_chapter3_1_funcs.c - o funcs.o
$ gcc - c ExtremeC_examples_chapter3_1.c - o main.o
$
```

Shell 框 3 - 1:将源文件编译为相应的可重定位目标文件

funcs.o 和 main.o 是 ELF 格式的可重定位的目标文件。在一个 ELF 格式的目标文件中,可重定位目标文件的各项内容被放入许多节中。为了查看可重定位目标文件中的节,我们可以使用 readelf 命令:

```
$ readelf - hSl funcs.o
[7/7]
ELF Header:
    Magic:    7f 45 4c 46 02 01 01 00 00 00 00 00 00 00 00 00
    Class:                             ELF64
    Data:                              2's complement, little endian
    Version:                           1 (current)
    OS/ABI:                            Unix - System V
    ABI Version:                       0
    Type:                              REL (Relocatable file)
    Machine:                           Advanced Micro Devices X86- 64
...
    Number of section headers:         12
    Section header string table index: 11
Section header:
[Nr]  Name                Type                 Address            Offset
      Size                EntSize              Flags  Link  Info  Align
[ 0]                      NULL                 0000000000000000
00000000
      0000000000000000    0000000000000000            0     0     0
[ 1]  .text               PROGBITS             0000000000000000
00000040
      0000000000000045    0000000000000000     AX     0     0     1
...
[ 3]  .data               PROGBITS             0000000000000000
00000085
      0000000000000000    0000000000000000     WA     0     0     1
[ 4]  .bss                NOBITS               0000000000000000
00000085
      0000000000000000    0000000000000000     WA     0     0     1
...
[ 9]  .symtab             SYMTAB               0000000000000000
00000110
      00000000000000f0    0000000000000018            10    8     8
```

```
    [10] .strtab          STRTAB          0000000000000000
00000200
        0000000000000030  0000000000000000             0    0     1
    [11] .shstrtab        STRTAB          0000000000000000
00000278
        0000000000000059  0000000000000000             0    0     1
...
$
```

Shell 框 3-2:ELF 格式的 funcs.o 目标文件的内容

可以看到,ELF 格式的可重定位目标文件有 11 个节,其中以粗体显示的节是文件中的关键项:. text 节包含翻译单元的所有机器级指令;. data 和. bss 节分别包含已初始化全局变量的值和未初始化全局变量所需的字节数;. symtab 包含符号表。

前一章对符号表及其项进行了深入的讨论,描述了链接器如何使用它来生成可执行和共享目标文件。这里我们想关注的是符号表中还没有讨论过的部分。这部分与我们对可重定位目标文件命名原因的解释是一致的。

注意,即使两个目标文件的内容不同,它们所包含的节都是相同的。因此,不再展示另一个可重定位目标文件的节。

现在将 funcs.o 的符号表进行转储。在前一章中,我们使用了 objdump 工具,但是现在,我们使用 readelf 工具:

```
$ readelf - s funcs.o

Symbol table '.symtab' contains 10 entries:
  Num:    Value            Size    Type      Bind      Vis       Ndx Name
    0:    0000000000000000  0      NOTYPE    LOCAL     DEFAULT   UND
...
    6:    0000000000000000  0      SECTION   LOCAL     DEFAULT   7
    7:    0000000000000000  0      SECTION   LOCAL     DEFAULT   5
    8:    0000000000000000  22     FUNC      GLOBAL    DEFAULT   1 max
    9:    0000000000000016  47     FUNC      GLOBAL    DEFAULT   1 max_3
$
```

Shell 框 3-3:目标文件 funcs.o 的符号表

在 Value 栏可以看到,分配给 max 地址是 0,分配给 max_3 的地址是 22(对应十六进制表示为 16)。这意味着与这些符号相关的指令是相邻的,它们的地址从 0 开始。这些符号和它们对应的机器级指令已经准备好在最终的可执行文件中被重新定位到其他位置。让我们看看 main.o 的符号表:

```
$ readelf - s main.o
```

```
Symbol table '.symtab' contains 14 entries:
  Num:    Value              Size   Type     Bind    Vis      Ndx Name
    0:    0000000000000000   0      NOTYPE   LOCAL   DEFAULT  UND
...
    8:    0000000000000000   4      OBJECT   GLOBAL  DEFAULT  3 a
    9:    0000000000000004   4      OBJECT   GLOBAL  DEFAULT  3 b
   10:    0000000000000000   69     FUNC     GLOBAL  DEFAULT  1 main
   11:    0000000000000000   0      NOTYPE   GLOBAL  DEFAULT  UND
_GLOBAL_OFFSET_TABLE_
   12:    0000000000000000   0      NOTYPE   GLOBAL  DEFAULT  UND max
   13:    0000000000000000   0      NOTYPE   GLOBAL  DEFAULT  UND max_3
$
```

Shell 框 3 - 4:目标文件 main. o 的符号表

与全局变量 a 和 b 相关联的符号,以及主函数的符号被放置在似乎不是它们应该被放置的最终地址。这是可重定位目标文件的标志。正如之前说过的,可重定位目标文件中的符号没有任何最终地址和绝对地址,它们的地址将在链接步骤中被确定。

下一节将继续利用可重定位目标文件生成可执行文件。你会看到符号表将有所不同。

3.4 可执行目标文件

现在,是时候讨论可执行目标文件了。可执行目标文件是 C 项目的最终产品之一,与可重定位目标文件一样,它们有相同的组成:机器级指令、已初始化全局变量的值,以及符号表。然而,两种目标文件对各项组成的安排可能不同。我们将通过 ELF 可执行目标文件说明这一点,因为生成它们和研究它们的内部结构很容易。

继续例 3.1,生成一个 ELF 格式的可执行目标文件。上一节已经为例 3.1 的两个源文件生成了可重定位目标文件,在本节中我们将把它们链接起来,形成一个可执行文件。

正如前一章所解释的,下面的命令可以做到这一点:

```
$ gcc funcs.o main.o - o ex3_1.out
$
```

Shell 框 3 - 5:链接先前在例 3.1 中构建的可重定位目标文件

在前一节中,我们已经讨论了 ELF 目标文件中的部分节。应该说,ELF 格式的可执行目标文件中存在更多的节，还有一些段。将要看到，每个 ELF 可执行目标文件、每个 ELF 共享目标文件，除了都有一些节之外，还有一些段（segments）。每个段由许多节（零个或多个）组成，根据内容不同，节会分配到不同的段中。

例如，所有包含机器级指令的节都划分为同一段。在第 4 章中，你会看到，这些段很好地映射到运行进程的内存布局中的静态内存段（memory segments）。

让我们看看一个可执行文件的内容，会一会这些段。与可重定位目标文件类似，我们使用相同的命令来显示可执行 ELF 目标文件中的节和段。

```
$ readelf - hSl ex3_1.out
ELF Header:
  Magic:   7f 45 4c 46 02 01 01 00 00 00 00 00 00 00 00 00
  Class:                             ELF64
  Data:                              2's complement, little endian
  Version:                           1 (current)
  OS/ABI:                            Unix -  System V
  ABI Version:                       0
  Type:                              DYN (Shared object file)
  Machine:                           Advanced Micro Devices X86- 64
  Version:                           0x1
  Entry point address:               0x4f0
  Start of program headers:          64 (bytes into file)
  Start of section headers:          6576 (bytes into file)
  Flags:                             0x0
  Size of this header:               64 (bytes)
  Size of program headers:           56 (bytes)
  Number of program headers:         9
  Size of section headers:           64 (bytes)
  Number of section headers:         28
  Section header string table index: 27

Section Headers:
  [Nr] Name           Type             Address           Offset
       Size           EntSize          Flags  Link  Info  Align
  [0]                 NULL             0000000000000000
00000000
       0000000000000000 0000000000000000        0     0     0
  [1] .interp         PROGBITS         0000000000000238
00000238
       000000000000001c 0000000000000000        A     0     0     1
  [2] .note.ABI- tag  NOTE             0000000000000254
00000254
       0000000000000020 0000000000000000        A     0     0     4
```

```
  [3] .note.gnu.build- i    NOTE           0000000000000274
00000274
       0000000000000024   0000000000000000        A    0    0    4
...
  [26] .strtab          STRTAB        0000000000000000
00001678
       0000000000000239   0000000000000000        0    0    1
  [27] .shstrtab         STRTAB        000000000000000
000018b1
       00000000000000f9   0000000000000000        0    0    1
Key to Flags:
  W(write), A(alloc), X(execute), M(merge), S(strings), I(info),
  L(link order), O(extra OS processing required), G(group), T(TLS),
  C(compressed), x(unknown), o(OS specific), E(exclude), l(large), p(processor
specific)

Program Headers:
Type           Offset              VirtAddr            PhysAddr
               FileSiz             MemSiz              Flags
Align
PHDR           0x0000000000000040  0x0000000000000040
0x0000000000000040
               0x00000000000001f8  0x00000000000001f8  R    0x8
INTERP         0x0000000000000238  0x0000000000000238
0x0000000000000238
               0x000000000000001c  0x000000000000001c  R    0x1
    [Requesting program interpreter: /lib64/ld- linux- x86- 64.so.2]
...
  GNU_EH_FRAME 0x0000000000000714  0x0000000000000714
0x0000000000000714
               0x000000000000004c  0x000000000000004c  R    0x4
  GNU_STACK    0x0000000000000000  0x0000000000000000
0x0000000000000000
               0x0000000000000000  0x0000000000000000  RW
0x10
  GNU_RELRO    0x0000000000000df0  0x0000000000200df0
0x0000000000200df0
               0x0000000000000210  0x0000000000000210  R    0x1

Section to Segment mapping:
   Segment Sections...
   00
   01           .interp
   02           .interp .note.ABI- tag .note.gnu.build- id .gnu.hash .dynsym .
dynstr .gnu.version .gnu.version_r .rela.dyn .init .plt .plt.got .text .fini .
rodata .eh_frame_hdr .eh_frame
```

```
03              .init_array .fini_array .dynamic .got .data .bss
04              .dynamic
05              .note.ABI- tag .note.gnu.build- id
06              .eh_frame_hdr
07
08              .init_array .fini_array .dynamic .got
$
```

Shell 框 3－6:ELF 格式的可执行目标文件 ex3_1.out 的内容

下面是有关上述输出的说明:

- 可以看出,从 ELF 的角度来看,这个目标文件的类型是共享目标文件。换句话说,在
  ELF 中,可执行目标文件是有着特定的段(如 INTERP)的共享目标文件。加载程序使
  用此段(实际上是段中的.interp 节)来加载和执行可执行目标文件。
- 有四个段以加粗字体显示。第一个 INTERP 段已在前一个要点中解释。第二个
  TEXT 段。它包含了所有具有机器级指令的节。第三个是 DATA 段,它包含所有用
  于初始化全局变量和其他早期结构的值。第四个段指的是具有动态链接(dynamic
  linking)信息的节,例如,需要在执行时加载的共享目标文件。
- 可以看到,与可重定位共享目标文件相比,可执行目标文件有更多的节,各节填满了加
  载和执行目标文件所需的数据。

在前一节中已经解释过,可重定位目标文件的符号表中的符号没有任何绝对的和确定的
地址,这是因为包含机器级指令的节还没有被链接。

从更深层的意义上讲,链接一批可重定位目标文件实际上是从给定的可重定位目标文件
中的将所有类似的节收集起来,并将它们放在一起形成一个更大的节,最后将产生的节
放入可执行文件或共享目标文件中。因此,只有经过这一步,符号才能最终确定并获得
不会改变的地址。在可执行目标文件中,地址是绝对的,而在共享目标文件中,相对地址
(relative addresses)是绝对的。我们将在专门讨论动态库的一节中详细讨论这一点。

下面是可执行文件 ex3_1.out 的符号表。注意,符号表有很多项内容,下面的 Shell 框并
没有显示所有的项:

```
$ readelf - s ex3_1.out
Symbol table '.dynsym' contains 6 entries:
  Num: Value             Size    Type      Bind      Vis       Ndx Name
    0: 0000000000000000   0       NOTYPE    LOCAL     DEFAULT   UND
...
```

```
    5:  0000000000000000  0       FUNC     WEAK      DEFAULT UND __cxa_
finalize@ GLIBC_2.2.5 (2)

Symbol table '.symtab' contains 66 entries:
   Num: Value             Size    Type     Bind      Vis     Ndx Name
     0:  0000000000000000  0       NOTYPE   LOCAL     DEFAULT UND
...
    45:  0000000000201000  0       NOTYPE   WEAK      DEFAULT 22 data_start
    46:  0000000000000610  47      FUNC     GLOBAL    DEFAULT 13 max_3
    47:  0000000000201014  4       OBJECT   GLOBAL    DEFAULT 22 b
    48:  0000000000201018  0       NOTYPE   GLOBAL    DEFAULT 22 _edata
    49:  0000000000000704  0       FUNC     GLOBAL    DEFAULT 14 _fini
    50:  00000000000005fa  22      FUNC     GLOBAL    DEFAULT 13 max
    51:  0000000000000000  0       FUNC     GLOBAL    DEFAULT UND __libc_
start_main@ @ GLIBC_
...
    64:  0000000000000000  0       FUNC     WEAK      DEFAULT UND __cxa_
finalize@ @ GLIBC_2.2
    65:  00000000000004b8  0       FUNC     GLOBAL    DEFAULT 10 _init
$
```

Shell 框 3 - 7:可执行文件 ex3_1.out 的符号表

正如在 Shell 框中看到的,在可执行目标文件中有两个不同的符号表。第一个符号表
.dynsym,包含了加载可执行文件时需要解析的符号,但是第二个符号表. symtab,包含
所有已解析的符号以及来自动态符号表的未解析符号。换句话说,符号表也包含了动态
表中未解析的符号。

可见,通过链接步骤,符号表中已解析的符号已获得绝对地址。max 和 max_3 符号的地
址以粗体显示。

本节简要介绍了可执行目标文件。下一节将讨论静态库。

3.5　静态库

正如之前解释过的,静态库是 C 项目的产品之一。本节将讨论静态库、创建静态库和使
用它们的方式。然后,在下一节中引入动态库来继续这个讨论。

简单地说,静态库就是由可重定位目标文件构成的 Unix 存档文件。这样的库通常与其
他目标文件链接在一起,形成一个可执行的目标文件。

注意,静态库本身并不被视作目标文件,而是被视作目标文件的容器。换句话说,静态库在 Linux 系统中不是 ELF 格式的文件,在 macOS 系统中也不是 Mach-O 格式的文件。它们只是由 Unix ar 工具创建的归档文件。

当链接器在链接步骤中准备使用静态库时,它首先尝试从其中提取可重定位目标文件,然后在这些文件中查找并解析可能存在的未定义符号。

现在,是时候为有多个源文件的项目创建一个静态库了。第一步是创建一些可重定位目标文件。一旦编译完 C/C++项目中的所有源文件后,就可以使用 Unix 归档工具 ar,来创建静态库的归档文件。

在 Unix 系统中,静态库通常按照公认的和广泛使用的约定来命名。名称以"lib"开头,以".a"扩展名结尾。这与其他操作系统不同;例如,在 Microsoft Windows 中,静态库使用".lib"作为扩展名。

假设,在一个虚构的 C 项目中有源文件 aa.c,bb.c,一直到 zz.c。为了生成可重定位目标文件,需要用类似于下面的命令的方式编译源文件。请注意,编译过程在前一章已经详细解释过了:

```
$ gcc - c aa.c - o aa.o
$ gcc - c bb.c - o bb.o。
.
.
.
$ gcc - c zz.c - o zz.o
$
```

Shell 框 3 - 8:编译大量的源文件,得到相应的可重定位目标文件

通过运行上述命令,可获得所有需要的可重定位目标文件。注意,如果项目很大,并且包含数千个源文件,那么这可能会花费相当多的时间。当然,拥有强大的构建机器,同时并行运行编译任务,可以显著减少构建时间。

当需要创建静态库文件时,我们只需要运行以下命令:

```
$ ar crs libexample.a  aa.o bb.o...zz.o
$
```

Shell 框 3 - 9:用许多可重定位目标文件创建静态库的一般方法

结果创建了存档文件 libexample.a,它包含了前面所有的可重定位目标文件。关于 ar 命

令的 crs 选项的解释超出了本章的范围，你可以在下面的链接中了解它：

https://stackoverflow.com/questions/29714300/what-does-the-rcs-option-in-ar-do

注：

ar 命令不一定创建**压缩**（compressed）的存档文件。它只用于将所有文件放在一起形成单个存档文件。ar 工具是通用的，你可以使用它将任何类型的文件放在一起，并创建自己的存档。

知道了如何创建一个静态库，现在我们将在例 3.2 中创建一个真实的库。

首先，设想例 3.2 是一个关于几何问题的 C 项目。该例由三个源文件和一个头文件组成。该库的目的是定义一组与几何相关的函数，这些函数可用于其他应用程序。

为此，我们需要由这三个源文件创建一个静态库文件，静态库名称为 libgeometry.a。有了静态库，我们可以同时使用头文件和静态库文件来编写另一个程序，该程序将使用库中定义的几何函数。

下面的代码框是源文件和头文件的内容。

第一个文件是 ExtremeC_examples_chapter3_2_geometry.h，该头文件包含了所有需要从几何库中导出的声明（声明对应的定义在几何库中）。将来使用这个库的应用程序要使用这些声明。

注：

这里创建目标文件所使用的所有命令都在 Linux 上运行和测试。如果要在不同的操作系统上执行它们，可能需要进行一些修改。

需要注意的是，未来的应用程序必须只依赖于声明，而完全不依赖于定义。因此，首先来看几何库的声明：

```
# ifndef EXTREME_C_EXAMPLES_CHAPTER_3_2_H
# define EXTREME_C_EXAMPLES_CHAPTER_3_2_H

# define PI 3.14159265359
typedef struct {
    double x;
    double y;
}   cartesian_pos_2d_t;

typedef struct {
```

```
    double length;
    //以度为单位
    double theta;
}   polar_pos_2d_t;

typedef struct {
    double x;
    double y;
    double z;
}   cartesian_pos_3d_t;

typedef struct {
    double length;
    //以度为单位
    double theta;
    //以度为单位
    double phi;
}   polar_pos_3d_t;

double to_radian(double deg);
double to_degree(double rad);

double cos_deg(double deg);
double acos_deg(double deg);

double sin_deg(double deg);
double asin_deg(double deg);

cartesian_pos_2d_t convert_to_2d_cartesian_pos(const polar_pos_2d_t* polar_
            pos);
polar_pos_2d_t convert_to_2d_polar_pos( const cartesian_pos_2d_t*  cartesian_
            pos);
cartesian_pos_3d_t convert_to_3d_cartesian_pos( const polar_pos_3d_t*  polar_
            pos);
polar_pos_3d_t convert_to_3d_polar_pos( const cartesian_pos_3d_t*  cartesian_
            pos);
# endif
```

代码框 3 - 3［ExtremeC_examples_chapter3_2_geometry. h］：例 3.2 的头文件

第二个文件是一个源文件，包含了三角函数的定义，即前面头文件中声明的前六个函数：

```
# include < math.h>

//我们需要包含头文件，因为我们想使用宏 PI
# include "ExtremeC_examples_chapter3_2_geometry.h"

double to_radian(double deg) {
    return (PI *  deg) / 180;
}
```

```
double to_degree(double rad) {
    return (180 * rad) / PI;
}

double cos_deg(double deg) {
    return cos(to_radian(deg));
}

double acos_deg(double deg) {
    return acos(to_radian(deg));
}

double sin_deg(double deg) {
    return sin(to_radian(deg));
}

double asin_deg(double deg) {
    return asin(to_radian(deg));
}
```

代码框 3 - 4[ExtremeC_examples_chapter3_2_trigon. c]:包含三角函数定义的源文件

注意,PI 或 to_degree 是在头文件中声明的,因此,如果源文件不需要使用 PI 或 to_degree 等声明,那么源文件就不需要包含这个头文件。

第三个文件也是源文件,包含了所有二维几何函数的定义:

```
# include < math.h>
```

//我们需要包含头文件,因为我们想使用 polar_pos_2d_t、cartesian_pos_2d_t 等类型
//和在另一个源文件中实现的三角函数

```
# include "ExtremeC_examples_chapter3_2_geometry.h"

cartesian_pos_2d_t convert_to_2d_cartesian_pos( const polar_pos_2d_t* polar_
        pos) {
    cartesian_pos_2d_t result;
    result.x = polar_pos- > length * cos_deg(polar_pos- > theta);
    result.y = polar_pos- > length * sin_deg(polar_pos- > theta);
    return result;
}

polar_pos_2d_t convert_to_2d_polar_pos( const cartesian_pos_2d_t* cartesian_
    pos) {
    polar_pos_2d_t result;
    result .length = sqrt(cartesian_pos- > x * cartesian_pos- > x + cartesian
            _pos- > y * cartesian_pos- > y);
    result.theta = to_degree(atan(cartesian_pos- > y / cartesian_pos- > x));
    return result;
}
```

代码框 3 - 5[ExtremeC_examples_chapter3_2_2d. c]:包含 2D 函数定义的源文件

最后,第四个源文件包含了三维几何函数的定义:

```
# include < math.h>
```

//我们需要包含头文件,因为我们想要使用 polar_pos_3d_t、cartesian_pos_3d_t 等类型
//以及在另一个源文件中实现的三角函数

```
# include "ExtremeC_examples_chapter3_2_geometry.h"
cartesian_pos_3d_t convert_to_3d_cartesian_pos ( const polar_pos_3d_t*
        polar_pos) {
cartesian_pos_3d_t result;
result .x = polar_pos- > length*  sin_deg(polar_pos- > theta) *  cos_deg
        (polar_pos- > phi);
result.y =  polar_pos- > length *  sin_deg(polar_pos- > theta) *  sin_deg
        (polar_pos- > phi);
result.z =  polar_pos- > length *  cos_deg(polar_pos- > theta);
return result;
}

polar_pos_3d_t convert_to_3d_polar_pos ( const cartesian_pos_3d_t*  cartesian_
        pos) {
polar_pos_3d_t result;
result.length =  sqrt(cartesian_pos- > x *  cartesian_pos- > x +
    cartesian_pos- > y *  cartesian_pos- > y +  cartesian_pos- > z *  carte-
    sian_pos- > z);
result.theta =  to_degree(acos(cartesian_pos- > z / result.length));
result.phi =  to_degree(atan(cartesian_pos- > y / cartesian_pos- > x));
return result;
}
```

代码框 3 - 6[ExtremeC_examples_chapter3_2_3d. c]:包含 3D 函数定义的源文件

现在,我们将创建静态库文件。为此,首先需要将前面的源文件编译成相应的可重定位目标文件。需要注意的是,我们无法链接这些目标文件来创建一个可执行文件,因为上述任何一个源文件中都没有 main 函数。因此,我们或者将它们保留为可重定位目标文件,或者将它们存档以形成一个静态库。除此之外还有另一个选项,由它们创建一个共享目标文件。下一节我们再这样做。

在本节中,我们选择对它们进行归档,创建静态库文件。下面的命令是在 Linux 系统上进行编译:

```
$ gcc - c ExtremeC_examples_chapter3_2_trigon.c - o trigon.o
$ gcc - c ExtremeC_examples_chapter3_2_2d.c - o 2d.o
$ gcc - c ExtremeC_examples_chapter3_2_3d.c - o 3d.o
```

```
$
```

Shell 框 3 - 10:将源文件编译为相应的可重定位目标文件

运行以下命令,将这些目标文件归档为静态库文件:

```
$ ar  crs  libgeometry.a  trigon.o  2d.o  3d.o
$ mkdir  - p/opt/geometry
$ mv  libgeometry.a  /opt/geometry
$
```

Shell 框 3 - 11:由可重定位目标文件创建静态库文件

如上所示,库文件 libgeometry. a 已被创建,并被移动到/opt/geometry 目录,以便任何其他程序都能轻松找到它。再次使用 ar 命令,并使用 t 选项,可以看到存档文件的内容:

```
$ ar t /opt/geometry/libgeometry.a
trigon.o
2d.o
3d.o
$
```

Shell 框 3 - 12:列出静态库文件的内容

从以上 Shell 框可以清楚地看到,静态库文件包含三个可重定位目标文件,下一步是使用静态库文件。

现在我们已经为几何示例(例 3.2)创建了一个静态库,接着将在一个新的应用程序中使用它。当使用 C 库时,我们需要访问库公开的声明及其静态库文件。声明被认为是库的公共接口(public interface),通常叫作库的 API。

在编译阶段,当编译器需要知道类型、函数签名等信息时,我们需要声明,头文件起到了这个作用。其他细节,如类型的大小和函数地址,是在后面链接和加载的阶段中需要的。

如前所述,我们通常发现 C 的 API(由 C 库公开的 API)是一组头文件(API 在头文件中声明)。因此,例 3.2 中的头文件和创建的静态库文件 libgeometry. a,足够我们编写一个使用几何库的新程序了。

在使用静态库时,我们需要编写一个新的源文件,其中包含库的 API 并使用其函数。我们写一个新例子:例 3.3,以下是其源代码:

```
# include < stdio.h>

# include "ExtremeC_examples_chapter3_2_geometry.h"

int main(int argc, char* * argv) {
    cartesian_pos_2d_t cartesian_pos;
    cartesian_pos.x = 100;
    cartesian_pos.y = 200;
    polar_pos_2d_t polar_pos = convert_to_2d_polar_pos (&cartesian_pos);
    printf("Polar position:Length:% f,Theta:% f(deg) \n",polar_pos.length,po-
        lar_pos.theta);
    return 0;
}
```

代码框 3 – 7[ExtremeC_examples_chapter3_3.c]:测试几何函数的主函数

例 3.3 包含了例 3.2 的头文件,因为它要使用那些函数,就需要那些函数的声明。

现在我们在 Linux 系统中编译上述源文件,创建相应的可重定位目标文件:

$ gcc – c ExtremeC_examples_chapter3_3.c – o main.o
$

Shell 框 3 – 13:编译例 3.3

完成这些之后,我们将它与在例 3.2 中创建的静态库链接起来。在本例中,我们假设文件 libgeometry.a 位于/opt/geometry 目录,就如在 Shell 框 3 – 11 中那样。以下命令将通过执行链接步骤完成构建并生成可执行目标文件 ex3_3.out:

$ gcc main.o – L/opt/geometry – lgeometry – lm – o ex3_3.out
$

Shell 框 3 – 14:链接例 3.2 中创建的静态库

下面分别解释以上命令的每个选项:

- -L/opt/geometry 告诉 gcc 将目录/opt/geometry 视为可以寻找静态库和共享库的一个路径。通常链接器在默认路径下搜索库文件,这些路径包括/usr/lib 或/usr/local/lib。如果不指定-L 选项,链接器只搜索默认路径。

- -lgeometry 告诉 gcc 去查找 libgeometry.a 文件或 libgeometry.so 文件。以.so 结尾的文件是一个共享目标文件,下一节中将对其进行解释。注意这个命名约定,例如,如果你传递选项-lxyz,链接器将在默认和指定的目录中搜索文件 libxyz.a 或 libxyz.so,如果没有找到该文件,链接器将停止并生成错误信息。

- -lm 告诉 gcc 要寻找另一个名为 libm. a 或 libm. so 的库文件。该库保存 glibc 数学函数的定义。我们需要其中的 cos、sin 和 acos 函数。注意，我们正在 Linux 机器上构建例 3.3，它使用 glibc 作为默认的 C 库的实现。在 macOS 和其他类 Unix 系统中，不需要指定这个选项。
- -o ex3_3. out 告诉 gcc 输出的可执行文件应该命名为 ex3_3. out

在运行上述命令之后，如果一切顺利，你将得到一个可执行二进制文件，其中包含在静态库 libgeometry. a 以及 main. o 中的所有可重定位目标文件。

请注意，在链接之后，可执行文件完全不依赖于静态库文件，因为所有内容都嵌入到可执行文件本身中。换句话说，最终的可执行文件可以脱离静态库独立运行。

然而，由许多静态库链接生成的可执行文件通常都很大。其中静态库和可重定位目标文件越多，最终可执行文件就越大。有时它可以达到几百兆字节，甚至几千兆字节。

因此，在二进制文件的大小和依赖性之间需要一个权衡。你可以使用更小的二进制文件，但是要使用共享库。这意味着最终的二进制文件不完整，如果外部共享库不存在或找不到，就无法运行。在接下来的章节中对此进行更多的讨论。

在本节中，我们描述了什么是静态库，以及如何创建和使用它们。我们还演示了另一个程序如何使用公开的 API 并链接现有的静态库。在下一节中，我们不再使用静态库，而是将讨论如何从例 3.2 中的源文件生成共享目标文件（动态库）并使用它。

3.6　动态库

动态库或共享库是另一种生成可重用库的方法。顾名思义，动态库与静态库不同，它们不是最终可执行文件本身的一部分。相反，它们应该在加载进程以执行的时候被加载和引入。

由于静态库是可执行文件的一部分，链接器把可重定位文件中的所有内容都放入最终的可执行文件中。换句话说，链接器检测到未定义的符号和所需的定义，并尝试在给定的可重定位目标文件中找到它们，然后将它们全部放入可执行文件中。

只有找到每个未定义的符号，才能生成最终产品。换一个独特的角度来看，我们检测所有的依赖关系，并在链接时解决问题。对于动态库，可能在链接时还有未定义的符号未被解析,当加载可执行产品并开始执行时,将搜索这些符号。

换句话说,当你有未定义的动态符号时,需要另一种链接方式,即动态链接。**动态链接器**(dynamic linker),或简**称加载器**(loader),通常在加载可执行文件并准备将其作为进程运行时进行链接。

由于在可执行文件中无法找到未定义的动态符号的解析,那么总应该在其他地方找到它们。这些符号应该从共享目标文件中加载。这些文件是静态库文件的“姐妹”。大多数类 Unix 系统中,静态库文件的扩展名为 .a,共享目标文件的扩展名为 .so。在 macOS,共享目标文件的扩展名为 .dylib。

当进程加载并即将启动时,共享目标文件将被加载并映射到进程可访问的内存区域。动态链接器(或加载器)完成此过程,它加载并执行可执行文件。

就像我们在可执行目标文件那一节中所说的,ELF 可执行目标文件和共享目标文件在它们的 ELF 结构中都有段。每个段中有 0 个或多个节。但二者之间有两个主要区别:首先,符号具有相对的绝对地址,允许它们能同时被许多进程加载。

这意味着,尽管在不同进程中,每条指令的地址是不同的,但两条指令之间的距离是固定的。换句话说,地址相对于偏移量是固定的。这是因为可重定位目标文件是位置无关(position independent)的。我们将在本章的最后一节对此进行更多的讨论。

例如,如果一个进程中两个指令位于地址 100 和 200,在另一个进程中它们可能位于 140 和 240,在第三个进程中它们可能位于 323 和 423。相对的地址是绝对的,这两个指令总是相隔 100 个地址,但实际的地址可以改变。

第二个区别是,与加载 ELF 可执行目标文件相关的一些段在共享目标文件中不存在。这实际上意味着共享目标文件是不能执行的。

在详细说明如何从不同进程访问共享目标文件之前,我们先展示如何创建和使用共享目标文件。因此,我们将为同一个几何库(上一节中的例 3.2)创建动态库。

在上一节中,我们为几何库创建了一个静态库。在本节中,我们想再次编译源文件,创建共享目标文件。下面展示了将三个源文件编译成相应的可重定位目标文件的命令,与例 3.2 中编译的相比,只有一处区别,那就是命令中使用了 -fPIC 选项:

```
$ gcc - c ExtremeC_examples_chapter3_2_2d.c - fPIC - o 2d.o
```

```
$ gcc - c ExtremeC_examples_chapter3_2_3d.c - fPIC - o 3d.o
$ gcc - c ExtremeC_examples_chapter3_2_trigon.c - fPIC - o trigon.o
$
```

Shell 框 3 - 15：编译例 3.2 的源文件,生成与位置无关的可重定位目标文件

以上命令中,在编译源代码时向 gcc 传递了一个额外的选项:-fPIC。如果要使用一些可重定位目标文件创建共享目标文件,则此选项是**必选项**(mandatory)。**PIC** 的意思是"**位置无关代码**"(**position independent code**)。正如之前解释的,如果一个可重定位目标文件是位置无关的,这意味着其中的指令没有固定的地址。相反,它们有相对地址;因此,它们可以在不同的进程中获得不同的地址。针对使用共享目标文件的方式,使用-fPIC 选项是一个要求。

加载程序不能保证在不同进程中将共享目标文件加载到相同地址。事实上,加载程序创建共享目标文件的内存映射,这些映射的地址范围可以不同。如果指令地址是绝对的,我们就不能同时在不同的进程和不同的内存区域中加载同一个共享目标文件。

注:

有关程序和共享目标文件的动态加载工作原理,参阅以下参考资料:

- https://software. intel. com/sites/default/files/m/a/1/e/dsohowto. pdf
- https://www. technovelty. org/linux/plt-andgot-the-key-to-code-sharing-and-dynamiclibraries. html

在本例中要创建共享目标文件,需要再次使用编译器 gcc。与静态库文件(只是简单的存档)不同,共享目标文件本身就是一个目标文件。因此,与生成可执行目标文件一样,创建它们也应该使用相同的链接程序,如 ld。

我们知道,在大多数类 Unix 系统中,ld 是用来执行链接任务的。但是,这里强烈建议不要直接使用 ld 链接目标文件,在前一章中我们已经解释过原因。

下面的命令显示如何从可重定位目标文件创建共享目标文件,这些可重定位目标文件已经使用-fPIC 选项编译过:

```
$ gcc - shared 2d.o 3d.o trigon.o - o libgeometry.so
$ mkdir - p /opt/geometry
$ mv libgeometry.so /opt/geometry
$
```

Shell 框 3 - 16：从可重定位目标文件创建共享目标文件

正如在第一个命令中看到的，我们给 gcc 传递了-shared 选项，从可重定位目标文件创建共享目标文件，生成名为 libgeometry. so 的文件。然后将共享目标文件移动到目录/opt/geometry，使得其他想要使用它的程序能轻松找到它。下一步是再次编译并链接例 3.3。

前面，我们用静态库文件 libgeometry. a 编译并链接了例 3.3。这里，我们使用动态库 libgeometry. so 做同样的事情。

虽然一切看起来都是一样的，尤其是命令也一样，但实际上它们是不同的。这一次，我们使用 libgeometry. so 取代 libgeometry. a 链接例 3.3，而且，动态库不会嵌入到最终的可执行文件中，而是在执行的时候加载库。在再次链接例 3.3 之前，请确保你已经从/opt/geometry 目录中删除了静态库文件 libgeometry. a。

```
$ rm - fv /opt/geometry/libgeometry.a
$ gcc - c ExtremeC_examples_chapter3_3.c - o main.o
$ gcc main.o - L/opt/geometry- lgeometry - lm - o ex3_3.out
$
```
Shell 框 3 - 17:根据构建的共享目标文件链接例 3.3

正如之前解释的，选项-lgeometry 告诉编译器寻找并使用一个库(静态的或共享的)，将其与其他目标文件链接起来。因为我们已经删除了静态库文件，那么就会使用共享目标文件。如果定义的库中同时存在静态库和共享目标文件，则 gcc 更倾向于选择共享目标文件并将其与程序链接。

如果现在尝试运行可执行文件 ex3_3. out，你很可能会遇到以下错误:

```
$ ./ex3_3.out
./ex3_3.out: error while loading shared libraries: libgeometry.so:
cannot open shared object file: No such file or directory
$
```
Shell 框 3 - 18:尝试运行例 3.3

此前还没有出现过这个错误，因为我们一直在使用静态链接和静态库。但是现在，引入动态库之后，如果要运行一个依赖动态库的程序，我们应该提供所需的动态库。但是发生了什么？ 为什么我们收到了错误信息？

ex3_3. out 可执行文件依赖于 libgeometry. so，因为可执行文件需要的一些定义只能在共享目标文件中找到。对静态库 libgeometry. a 来讲情况是不一样的，与静态库链接的可执行文件可以作为独立的可执行文件单独运行,因为它已经从静态库文件中复制了所有内容,因此不再依赖于静态库文件。

但对于共享目标文件则不是这样。我们收到这个错误是因为程序加载器(动态链接器)在默认的搜索路径中找不到 libgeometry. so。因此,我们需要将/opt/geometry 添加到它的搜索路径,这样它就能找到 libgeometry. so 文件。为此,我们将更新环境变量 LD_LI-BRARY_PATH 以指向当前目录。

加载程序将检查这个环境变量的值,并在指定的路径中搜索所需的共享库。注意,可以在这个环境变量中指定多个路径(使用冒号:将路径分开)。

```
$ export LD_LIBRARY_PATH= /opt/geometry
$ ./ex3_3.out
Polar Position: Length: 223.606798, Theta: 63.434949 (deg)
$
```

Shell 框 3 - 19:指路径 LD_LIBRARY_PATH,运行例 3.3

这一次,程序成功运行! 这意味着程序加载器已经找到了共享的目标文件,动态链接器已经成功地从其中加载了所需的符号。

注意,在前面的 Shell 框中,我们使用 export 命令修改 LD_LIBRARY_PATH。但是,通常是在执行命令的同时设置环境变量。如下面的 Shell 框,两种用法的结果是相同的:

```
$ LD_LIBRARY_PATH= /opt/geometry ./ex3_3.out
Polar Position: Length: 223.606798, Theta: 63.434949 (deg)
$
```

Shell 框 3 - 20:运行例 3.3,在运行命令中指定 LD_LIBRARY_PATH

根据我们前面所做的工作,将多个共享目标文件链接起来,得到可执行文件,告知系统该可执行文件需要在运行时找到并加载许多共享库。这样,在运行可执行文件之前,加载程序会自动搜索这些共享目标文件,并且所需的符号会映射到进程可访问的正确地址。只有这样,处理器才能开始执行。

手动加载共享库

可以以另一种方式加载和使用共享目标文件,在这种方式中,加载程序(动态链接器)不会自动(automatically)加载共享目标文件。相反,程序员在使用共享目标文件中的一些符号(函数)之前,使用一组函数来手动加载共享目标文件。这种手动加载机制有很多应用,在讨论完本节的例子之后,我们将讨论它们。

例 3.4 演示了不在链接步骤中加载共享目标文件,而是延迟加载或手动加载共享目标文件的过程。本例借用了例 3.3 的逻辑,但它是在程序中手动加载共享目标文件 libgeometry.so。

为了使例 3.4 正常工作,需要以稍微不同的方式生成 libgeometry.so,方法是在 Linux 中使用以下命令:

```
$ gcc - shared 2d.o 3d.o trigon.o - lm - o libgeometry.so
$
```

Shell 框 3 - 21:根据标准数学库链接几何共享目标文件

查看前面的命令,可以看到一个新选项:-lm,它告诉链接器根据标准数学库 libm.so 链接共享目标文件。这是因为当手动加载 libgeometry.so 的时候,应该以某种方式自动加载它依赖的数学库。如果没有被加载,那么将得到关于 libgeometry.so 所需符号的错误信息,比如 cos 或 sqrt。请注意,我们不会将数学标准库直接链接到最终的可执行文件,数学标准库将在加载 libgeometry.so 时由加载器自动解析。

现在我们有了一个链接过的共享目标文件,继续例 3.4:

```
# include < stdio.h>
# include < stdlib.h>
# include < dlfcn.h>

# include "ExtremeC_examples_chapter3_2_geometry.h"

polar_pos_2d_t (* func_ptr)(cartesian_pos_2d_t* );

int main(int argc, char* * argv) {
    void* handle = dlopen ("/opt/geometry/libgeometry.so", RTLD_LAZY);
    if (! handle) {
        fprintf(stderr, "% s \n", dlerror());
        exit(1);
    }
    func_ptr = dlsym(handle, "convert_to_2d_polar_pos");
    if (! func_ptr) {
        fprintf(stderr, "% s \n", dlerror());
        exit(1);
    }
```

```
cartesian_pos_2d tcartesian_pos;
cartesian_pos.x = 100;
cartesian_pos.y = 200;
polar_pos_2d tpolar_pos = func_ptr(&cartesian_pos);
printf("Polar Position: Length: % f, Theta: % f (deg)\n",
    polar_pos.length, polar_pos.theta);
return 0;
}
```

代码框 3-8[ExtremeC_examples_chapter3_4.c]:例 3.4 手动加载几何共享目标文件

查看前面的代码,可以看到我们如何使用函数 dlopen 和 dlsym 来加载共享目标文件,然后找到其中的符号 convert_to_2d_polar_pos。函数 dlsym 返回一个函数指针,可用于调用目标函数。

值得注意的是,前面的代码在目录/opt/geometry 中寻找共享目标文件,如果没有找到,则会显示错误信息。注意,在 macOS 中,共享目标文件以. dylib 扩展名结尾,那么,在 macOS 中需要修改代码中的文件扩展名。

下面的命令编译上述代码并运行可执行文件:

```
$ gcc ExtremeC_examples_chapter3_4.c - ldl - o ex3_4.out
$ ./ex3_4.out
Polar Position: Length: 223.606798, Theta: 63.434949 (deg)
$
```

Shell 框 3-22:运行例 3.4

如你所见,我们没有将 libgeometry. so 文件链接到程序,因为我们想在需要时手动加载它。这个方法通常被称为**延迟加载**(lazy loading)共享目标文件。然而,不管名称如何,延迟加载共享目标文件某些情况下确实很有用。

一种情况是,对同一个库的不同实现或不同版本,有不同的共享目标文件。延迟加载使你能够根据自己的逻辑在需要时更自由地加载所需的共享目标文件,而不是在加载时自动加载它们,因为在自动加载时对它们的控制较少。

3.7 总结

本章主要讨论了各种类型的目标文件,它们是 C/C++项目构建后的产品。本章讨论了以下几点:

- 讨论了 API 和 ABI，以及它们之间的差异。
- 浏览了各种目标文件格式，回顾了它们的简史。它们是同源的，但是在发展的道路上，它们发生了改变，成为各自今天的样子。
- 讨论了可重定位目标文件以及关于 ELF 格式的可重定位目标文件的内部结构。
- 讨论了可执行目标文件以及它们与可重定位目标文件的区别。还研究了一个 ELF 格式的可执行目标文件。
- 展示了静态和动态符号表，以及如何使用命令行工具读取它们的内容。
- 讨论了静态链接和动态链接，以及为了生成最终二进制文件或执行程序，如何查找各种符号表。
- 讨论了静态库文件，事实上它们只是包含大量可重定位目标文件的归档文件。
- 讨论了共享目标文件（动态库），并演示了如何利用多个可重定位目标文件生成共享目标文件。
- 解释了什么是位置无关代码，以及为什么参与创建共享库的可重定位目标文件必须是位置无关的。

在下一章中，我们将讨论 C/C++编程中的另一个关键主题：进程的内存结构。下一章将描述不同的内存段，我们将看到如何编写没有内存问题的代码。

4

进程内存结构

在本章中，我们将讨论进程中的内存及其结构。对于 C 程序员来说，内存管理始终是一个至关重要的主题，要充分利用内存需要具备内存结构方面的基本知识。事实上，这并不局限于 C 语言。在许多编程语言中，如 C++或 Java，你也需要对内存及其工作方式有一个基本的理解，否则，你将面临一些难以跟踪和修复的严重问题。

你可能知道，在 C 语言中，内存管理完全是手动的，不仅如此，程序员是分配内存区域并在不再需要时释放它们的唯一负责人。

在高级编程语言，如 Java 或 C♯中，内存管理是不同的，它部分由程序员完成，部分由底层语言平台完成，如 Java 中的 Java 虚拟机（Java Virtual Machine，JVM）。在这些语言中，程序员只负责内存分配，而不负责回收。一个称为垃圾收集器（garbage collector）的组件自动回收并释放已分配的内存。

因为在 C 和 C++中没有这样的垃圾收集器，所以用一些专门的章节来介绍内存管理的概念和问题是非常必要的。这就是为什么我们在本章和下一章专门讨论与内存相关的概念，这些章节应该会让你对 C/C++中内存是如何工作的有一个基本的了解。

在这一章：

- 首先来看典型的进程内存结构。这将帮助我们认识进程的结构以及它与内存相互作用的方式。
- 将讨论静态和动态内存布局。
- 介绍已提到的内存布局中的段，其中一些段存于可执行目标文件中，其余的段在加载进程时创建。

- 介绍探测工具和命令,这些工具和命令可以帮助我们查看段,并深入目标文件内部和运行进程查看段的内容。

本章中,我们将了解栈(Stack)和堆(Heap)这两个段。它们是进程的动态内存布局的一部分,所有的内存分配和回收都发生在这些段中。在下一章中,我们将更详细地讨论栈和堆这两个段,因为实际上,它们是程序员与之交互最多的段。

让我们从进程内存布局(process memory layout)开始本章。这将使你对运行中的进程内存分段以及每个段的用途有一个总体的概念。

4.1　进程的内存布局

每当你运行一个可执行文件时,操作系统就会创建一个新进程。进程是加载到内存中并具有唯一进程标识符(PID)的实时运行程序。操作系统是负责生成和加载新进程的唯一实体。

进程会一直运行,直到它正常退出,或者进程收到一个信号,比如 SIGTERM、SIGINT 或 SIGKILL,最终使其退出。SIGTERM 和 SIGINT 信号可以被忽略,但是 SIGKILL 会立即强制终止进程。

注:

前面提到的信号解释如下:

SIGTERM:终止信号。它可以清除进程。

SIGINT:中断信号。通常按 Ctrl+C 会产生该信号并发送给前台进程。

SIGKILL:终止信号,它会在不清理的情况下强行关闭进程。

在创建进程时,操作系统要做的第一件事情是为该进程分配一部分专用内存,然后应用预定义的内存布局。这种预定义的内存布局在不同的操作系统中或多或少是相同的,特别是在类 Unix 操作系统中。

在本章中,我们将探索这种内存布局的结构,并介绍一些重要的、有用的术语。

一个普通进程的内存布局被分为多个部分,每个部分称为一个段(segment)。每个段都是内存的一个区域,每个区域都有一个明确的任务,用于存储特定类型的数据。以下列表是一个正在运行的进程其内存布局中的段:

- 未初始化的数据段或由符号段开始的块（BSS）
- 数据段（Data 段）
- 文本段或代码段（Text 段或 Code 段）
- 栈段（Stack 段）
- 堆段（Heap 段）

在下面几节中，我们将分别研究这些段，并讨论它们对程序执行的用处。在下一章中，我们将重点关注并深入讨论栈段和堆段。在详细讨论上述各段之前，我们来介绍一些可以帮助查看内存的工具。

4.2　认识内存结构

类 Unix 操作系统提供了一组用于查看进程内存段的工具。在本节中，你会了解到，一些段来自于可执行目标文件，而另外一些段是在生成进程时动态创建的。

从前两章可以知道，可执行目标文件和进程是不同的，因此查看它们应该有不同的工具。

可执行目标文件包含机器指令，且是由编译器产生的。但是进程是由执行一个可执行目标文件产生的运行中的程序，它消耗主内存的一个区域，CPU 不断地获取并执行它的指令。

进程是操作系统中执行的有生命的实体，而可执行目标文件只是一个具有初始布局的文件，该文件是生成进程的基础。确实，在一个正在运行的进程的内存布局中，一些段直接来自可执行目标文件，其余的段是在加载进程时动态构建的。前者称为静态内存布局（static memory layout），后者称为动态内存布局（dynamic memory layout）。

静态和动态内存布局都有一组预定的段。当编译源代码时，静态内存布局的内容被编译器预写到可执行目标文件中。另一方面，动态内存布局的内容是由进程指令写入的，进程指令为变量和数组分配内存，并根据程序的逻辑修改它们。

综上所述，我们可以通过查看源代码或编译后的目标文件来猜测静态内存布局的内容。但是，对于动态内存布局来说，这并不容易，因为不运行程序，其内容就无法确定。此外，对同一可执行文件，每次运行都可能导致动态内存布局中的内容不同。换句话说，某进程的动态内存布局的内容是该进程独有的，应该在进程仍在运行时对其进行调查。

让我们从查看进程的静态内存布局开始。

4.3　探索静态内存布局

用于查看静态内存布局的工具通常用于目标文件。为了初步了解静态内存布局，我们将从例 4.1 开始，这是一个极小的 C 程序，它没有任何变量或逻辑：

```
int main(int argc, char* * argv){
    return 0;
}
```

代码框 4 - 1［ExtremeC_examples_chapter4_1. c］:极小的 C 程序

首先，编译前面的程序。在 Linux 中使用 gcc：

```
$ gcc ExtremeC_examples_chapter4_1.c - o ex4_1- linux.out
$
```

Shell 框 4 - 1：在 Linux 中使用 gcc 编译例 4.1

在成功编译并链接二进制文件之后，我们得到一个名为 ex4_1-linux. out 的可执行目标文件。该文件包含 Linux 操作系统专有的已预先确定的静态内存布局，且它将存在于未来所有基于此可执行文件生成的进程中。

size 命令是我们想要介绍的第一个工具。可以用它来显示可执行目标文件的静态内存布局。

size 命令可以查看静态内存布局中的各个段，用法如下：

```
$ size ex4_1- linux.out
   text    data    bss    dec    hex    filename
   1099    544     8      1651   673    ex4_1- linux.out
$
```

Shell 框 4 - 2：使用 size 命令查看 ex4_1-linux. out 的静态段

如上所示，静态布局有 Text、Data 和 BSS 段等，大小以字节为单位。

现在，我们在 macOS 系统中编译使用 clang 编译器编译例 4.1：

```
$ clang ExtremeC_examples_chapter4_1.c - o ex4_1- macos.out

$
```

Shell 框 4 - 3：在 macOS 中使用 clang 编译例 4.1

既然 macOS 像 Linux 一样，是 POSIX 兼容的操作系统，而 size 命令被指定为 POSIX 实用程序的一部分，macOS 也应该具有 size 命令。因此，我们可以使用相同的命令来查看 ex4_1-macos.out 的静态内存段：

```
$ size ex4_1- macos.out
__TEXT     __DATA    __OBJC     others         dec          hex
4096        0          0       4294971392    4294975488    100002000
$ size - m ex4_1- macos.out
Segment __PAGEZERO: 4294967296
Segment __TEXT: 4096
    Section __text: 22
    Section __unwind_info: 72
    total 94
Segment __LINKEDIT: 4096
total 4294975488
$
```

Shell 框 4 - 4：使用 size 命令查看 ex4_1-macos.out 的静态段

在前面的 Shell 框中运行了两次 size 命令；第二次运行给出了更多关于内存段的细节。你可能已经注意到，就像在 Linux 中一样，在 macOS 中也有 Text 段和 Data 段，但没有 BSS 段。注意，在 macOS 中也存在 BSS 段，但 size 命令并没有显示它。因为 BSS 段包含未初始化的全局变量，因此，只要知道存储这些全局变量需要多少字节就足够了，没必要为其分配字节。

还有一点值得注意。Text 段的大小在 Linux 中为 1099 字节，而在 macOS 中为 4KB。还可以看到，最小 C 程序的 Data 段在 Linux 中大小非零，但在 macOS 中是空的。很明显，在不同的平台上底层内存细节是不同的。

尽管 Linux 和 macOS 之间有这些小的差异，但两个平台的静态布局都有 Text、Data 和 BSS 段。从现在开始，我们将逐步解释每个段的用途。在下面几节中，我们将分别讨论每个段，并为每个段给出一个与例 4.1 稍有不同的例子，以便了解每个段对代码中微小变化的响应有何不同。

4.3.1 BSS 段

我们从 BSS 段开始。**BSS 意为以符号开头的块**（Block Started by Symbol）。在历史上，该名称用于表示未初始化数据的保留区域，这就是使用 BSS 名称的原因：要么存储未初始化的全局变量，要么存储初始化为零的全局变量。

给例 4.1 添加一些未初始化的全局变量来扩展这个例子。可以看到,未初始化的全局变量将对 BSS 段起作用。下面的代码框是例 4.2:

```
int global_var1;
int global_var2;
int global_var3 = 0;

int main(int argc, char* * argv){
    return 0;
}
```

代码框 4-2[ExtremeC_examples_chapter4_2.c]:极小的 C 程序,声明几个未初始化的全局变量或初始化为零

整数 global_var1、global_var2 是未初始化的全局变量,global_var3 被初始化为 0[①]。为了与例 4.1 做比较,观察 Linux 中可执行目标文件产生的改变,我们再次运行 size 命令:

```
$ gcc ExtremeC_examples_chapter4_2.c - o ex4_2- linux.out
$ size ex4_2- linux.out
   text    data    bss    dec    hex    filename
   1099    544     16     1659   67b    ex4_2- linux.out
$
```

Shell 框 4-5:使用 size 命令查看 ex4_2-linux.out 的静态段

如果将本次输出与例 4.1 中的输出进行比较,你将注意到 BSS 段的大小发生了变化。换句话说,未初始化或初始化为零的全局变量将添加到 BSS 段。这些特殊的全局变量是静态布局的一部分,在加载进程时它们被预先分配,只要进程处于活动状态,它们就不会被释放。换句话说,它们的生命周期是静态的。

注:

出于算法设计考虑,我们通常更喜欢使用局部变量。全局变量太多会增加二进制文件的大小。此外,如果将敏感数据置为全局属性,会带来安全问题。一些并发问题,特别是数据争用、命名空间污染、所有权不明以及在全局范围内变量过多等,都是全局变量带来的复杂问题。

在 macOS 中编译示例 4.2,并查看 size 命令的输出:

---

① 译者注:原文是"3 个未初始化的全局变量",实际是"2 个未初始化的全局变量和 1 个初始化为 0 的全局变量"。

```
$ clang ExtremeC_examples_chapter4_2.c - o ex4_2- macos.out
$ size ex4_2- macos.out
__TEXT      __DATA      __OBJC      others        dec          hex
4096        4096        0           4294971392    4294979584   100003000

$ size - m ex4_2- macos.out
Segment __PAGEZERO: 4294967296
Segment __TEXT: 4096
    Section __text: 22
    Section __unwind_info: 72
    total 94
Segment __DATA: 4096
    Section __common: 12
    total 12
Segment __LINKEDIT: 4096
total 4294979584
$
```

Shell 框 4 - 6：使用 size 命令查看 ex4_2-macos. out 的静态段

再说一次，它与 Linux 不同。在 Linux 中，即使没有全局变量，也会为 BSS 段预先分配 8 个字节。例 4.2 中新添加了 2 个未初始化的全局变量和 1 个初始化为 0 的全局变量[①]，这些变量的大小总和为 12 个字节，在增加了这 3 个变量之后，Linux C 编译器将 BSS 段扩展了 8 个字节。但是在 macOS 中，size 命令的输出中仍然没有 BSS 段，但是编译器已经将 data 段从 0 字节扩展到 4KB，这是 macOS 中默认的页面大小。这意味着 clang 已经在内存布局中分配一个新的内存页给 data 段。同样，这只是简单地说明了不同平台的内存布局的细节是多么不同。

注：

在分配内存时，程序需要分配多少字节并不重要。**分配器**（allocator）总是根据**内存页**（memory pages）获取内存，直到分配的总大小满足程序的需要为止。更多关于 Linux 内存分配器的信息可以访问：

https://www.kernel.org/doc/gorman/html/understand/understanding009.html

在 Shell 框 4 - 6 中，在_DATA 段中有一个叫__common 的节，它有 12 个字节，实际上指的就是在 size 命令的输出中没有显示出来的 BSS 段。它指的是 3 个新增加的全局整型变量或 12 个字节（每个整型变量为 4 个字节）。值得注意的是，未初始化的全局变量默

---

① 译者注：与上一个脚注一样，这里作者提到"3 个未初始化的全局变量"，实际代码中是"2 个未初始化的全局变量和 1 个初始化为 0 的全局变量"。

认设置为零,不用考虑其他值。

现在让我们讨论静态内存布局的下一个段:Data 段。

4.3.2　Data 段

为了显示 Data 段中存储的变量类型,我们将声明更多的全局变量,但这次用非零值初始化它们。下面的例 4.3 在例 4.2 的基础上添加了 2 个初始化的全局变量:

```
int global_var1;
int global_var2;
int global_var3 = 0;

double global_var4 = 4.5;
char global_var5 = 'A';

int main(int argc, char* * argv) {
    return 0;
}
```

代码框 4-3[ExtremeC_examples_chapter4_3.c]极小的 C 程序,有初始化的和未初始化的全局变量

下面的 Shell 框显示了在 Linux 下对例 4.3 使用 size 命令的输出:

```
$ gcc ExtremeC_examples_chapter4_3.c - o ex4_3- linux.out
$ size ex4_3- linux.out
text    data    bss    dec    hex    filename
1099    553     20     1672   688    ex4_3- linux.out
$
```

Shell 框 4-7:使用 size 命令查看 ex4_3-linux.out 的静态段

我们知道数据段用于存储已初始化(初始化值非零)的全局变量。如果比较例 4.2 和例 4.3 的 size 命令的输出,容易看出,数据段增加了 9 个字节,这是 2 个新增的全局变量大小的和(1 个 8 字节的 double 型数据和 1 个 1 字节 char 型数据)。

让我们看看在 macOS 系统中的变化:

```
$ clang ExtremeC_examples_chapter4_3.c - o ex4_3- macos.out
$ size ex4_3- macos.out
__TEXT    __DATA    __OBJC    others        dec           hex
4096      4096      0         4294971392    4294979584    100003000
$ size - m ex4_3- macos.out
Segment __PAGEZERO: 4294967296
Segment __TEXT: 4096
```

```
    Section __text: 22
    Section __unwind_info: 72
    total 94
Segment __DATA: 4096
    Section __data: 9
    Section __common: 12
    total 21
Segment __LINKEDIT: 4096
total 4294979584
$
```

Shell 框 4 - 8：使用 size 命令查看 ex4_3-macos.out 的静态段

在第一次运行中，没有看到任何变化，因为所有全局变量的大小加在一起仍然低于 4KB。但是在第二次运行时，我们看到 _DATA 段中新出现一个节：__data 节。为这一节分配的内存是 9 个字节，它与新增的全局变量的大小一致。同时，与例 4.2 在 macOS 中一样，仍然有 12 个字节用于未初始化的全局变量。

另外，size 命令只显示段的大小，而不显示其内容。还有一些命令可以用来查看目标文件中的段的内容，这些命令都是每个操作系统专有的。例如，在 Linux 中，可以使用 readelf 和 objdump 命令查看 ELF 文件的内容。这些工具还可以用于探查目标文件中的静态内存布局。前两章中，我们使用了其中一些命令。

除了全局变量之外，在函数中还可以声明一些静态变量。这些变量在多次调用相同的函数时保持其值不变。这些变量可以存储在 Data 段或 BSS 段中，具体取决于平台以及它们是否被初始化。下面的代码框演示了如何在函数中声明静态变量：

```
void func() {
    static int i;
    static int j = 1;
    ...
}
```

代码框 4 - 4：声明两个静态变量，一个已被初始化，另一个未被初始化

在代码框 4 - 4 中看到，变量 i 和 j 是静态的。变量 i 未初始化，变量 j 初始化为 1。不管进出 func 函数多少次，这些变量都保持最新的值。

详细说明一下这是如何实现的，在运行时，func 函数访问位于 Data 段或 BSS 段中的这些变量，Data 段和 BSS 段具有静态生命周期。这就是为什么这些变量被称为**静态**（static）的原因。我们知道变量 j 位于 Data 段，因为它有初始值，而变量 i 应该在 BSS 段内，因为

它没有被初始化。

现在,我们引入第二个命令来查看 BSS 段的内容。在 Linux 中,可以使用 objdump 命令打印出目标文件中内存段的内容。macOS 中对应的命令是 gobjdump,在使用它之前应该先安装它。

在例 4.4 中,我们想要查看可执行目标文件,以查找作为全局变量写入 Data 段的数据。以下代码框是例 4.4:

```
int      x = 33;              // 0x00000021
int      y = 0x12153467;
char  z[6] = "ABCDE";

int main(int argc, char* * argv) {
    return 0;
}
```

代码框 4 - 5[ExtremeC_examples_chapter4_4.c]:应被写入 Data 段的初始化全局变量

前面的代码很容易理解。它只是声明了三个已初始化的全局变量。编译之后,为了找到写入的值,我们需要转储 Data 段的内容。

下面的命令演示如何编译和使用 objdump 命令查看 Data 段的内容:

```
$ gcc ExtremeC_examples_chapter4_4.c - o ex4_4.out
$ objdump - s - j .data ex4_4.out

a.out: file format elf64- x86- 64

Contents of section .data:
    601020 00000000 00000000 00000000 00000000    ..............
    601030 21000000 67341512 41424344 4500        !....4..ABCDE.
$
```

Shell 框 4 - 9:使用 objdump 命令查看 Data 段的内容

现在解释一下前面的输出,特别是. data 节的内容。左边的第一列是地址。接下来的四列是内容,其中每一列都显示 4 个字节的数据。因此,在每一行中,有 16 个字节的内容。右边的最后一列显示的是中间四列的 ASCII 码表示。"."字符意味着不能使用字母－数字字符显示该字符。注意,选项-s 告诉 objdump 显示所选节的全部内容,选项-j . data 告诉 objdump 显示. data 块的内容。

第一行是由 0 填充的 16 个字节。这里没有存储变量,对我们来说没什么特别的。第二行显示以地址 0x601030 开始的 Data 段的内容。前 4 个字节是变量 x 的值。后面的 4 个字节是变量 y 的值。最后 6 个字节是存储在 z 数组中的字符。可以清楚地看到 z 的内容。

如果仔细观察 Shell 框 4 - 9 中的内容，你会看到，尽管初始化时使用的是十进制值 33，在十六进制中是 0x00000021，但在段中存储时有所不同，它被存储为 0x21000000。在存储 y 变量的时候也是一样的，我们给 y 赋值为 0x12153467，但它被存储成 0x67341512。看起来字节的顺序被颠倒了。

造成这种情形是由于字节序（endianness）概念。一般来说，有两种不同类型的字节序，大端序（big-endian）和小端序（little-endian）。数值 0x12153467 的大端序表示为 0x12153467，因为最大的字节 0x12 在前面。但是值 0x67341512 是数值 0x12153467 的小端序表示，因为最小的字节，0x67 排在最前面。

无论字节序是什么，我们总能在 C 中读到正确的值。字节序是 CPU 的属性，CPU 不同，你就可能在最终的目标文件中得到不同的字节序。这是不能在字节序不同的硬件上运行同一个可执行目标文件的原因之一。

在 macOS 机器上看到同样的输出会很有趣。下面的 Shell 框演示了如何使用 gobjdump 命令来查看 Data 段的内容：

```
$ gcc ExtremeC_examples_chapter4_4.c - o ex4_4.out
$ gobjdump - s - j .data ex4_4.out

a.out: file format mach- o- x86- 64

Contents of section .data:
100001000    21000000    67341512    41424344 4500    !...g4..ABCDE.
$
```

Shell 框 4 - 10：在 macOS 中使用 gobjdump 命令查看数据段的内容

以上输出与 Shell 框 4 - 9 中的输出类似。在 macOS 中，数据段中没有 16 字节的零开头。内容的字节序也表明该二进制文件是小端序处理器编译的。

本节最后提示，Linux 中的 readelf 和 macOS 中的 dwarfdump 等工具也可以用于查看目标文件的内容。使用 hexdump 工具可以查看二进制目标文件的内容。

在下一节中，我们将讨论 Text 段以及如何使用 objdump 查看它。

4.3.3 Text 段

从第 2 章中了解到,链接器将产生的机器级指令写入最终的可执行目标文件中。由于 Text 段或 Code 段包含程序的所有机器级指令,此段应该置于可执行目标文件中,作为其静态内存布局的一部分。处理器获取这些指令,并在进程运行时执行。

为了研究更加深入,我们来查看一个真正的可执行目标文件的 Text 段。为此,给出一个新例子。下面的代码框是例 4.5,它只是一个空的 main 函数:

```
int main(int argc, char* * argv){
    return 0;
}
```

代码框 4 - 6 [ExtremeC_examples_chapter4_5.c]一个极小 C 程序

由例 4.5 生成可执行目标文件。我们用 objdump 命令转储生成的可执行目标文件的各个部分。请注意,objdump 命令仅在 Linux 中可用,其他操作系统有自己的命令集来执行相同的操作。

下面的 Shell 框演示如何使用 objdump 命令提取可执行目标文件中各节的内容。请注意,为了只显示 main 函数对应的节及其汇编指令,略去了一部分内容:

```
$ gcc ExtremeC_examples_chapter4_5.c - o ex4_5.out
$ objdump - S ex4_5.out

ex4_5.out:    file format elf64- x86- 64
Disassembly of section .init:

0000000000400390 < _init> :
...truncated.
.
.
Disassembly of section .plt:

00000000004003b0 < __libc_start_main@ plt- 0x10> :
...truncated

00000000004004d6 < main> :
    4004d6: 55                     push % rbp
    4004d7: 48 89 e5               mov % rsp, % rbp
    4004da: b8 00 00 00 00         mov $0x0, % eax
    4004df: 5d                     pop % rbp
    4004e0: c3                     retq
    4004e1: 66 2e 0f 1f 84 00 00   nopw % cs:0x0( % rax, % rax,1)
```

```
    4004e8: 00 00 00
    4004eb: 0f 1f 44 00 00              nopl 0x0( % rax, % rax,1)

00000000004004f0 < __libc_csu_init> :
...truncated
.
.
.
0000000000400564 < _fini> :
...truncated
$
```

Shell 框 4 - 11:使用 objdump 显示与 main 函数对应的节

正如在前面的 Shell 框中看到的,. text、. init、. plt 节和其他节都包含机器级别的指令,它们一起助力程序加载和运行。所有这些节都包含在可执行目标文件中,是静态内存布局中的同一个 Text 段的一部分。

例 4.5 中的 C 程序只有一个函数,即 main 函数,但最终的可执行目标文件还有许多其他函数。

Shell 框 4 - 11 中的部分输出表明,main 函数不是 C 程序中第一个被调用的函数,在其前后都有要执行的逻辑。正如在第 2 章中解释的那样,在 Linux 中,这些函数通常是取自 glibc 库,它们被链接器组合在一起,形成最终的可执行目标文件。

在下一节中,我们将探索进程的动态内存布局。

4.4 探测动态内存布局

动态内存布局实际上是进程的运行时内存,只要进程正在运行,它就存在。当执行一个可执行目标文件时,一个叫作加载器(loader)的程序负责执行。它生成一个新进程,并创建初始内存布局,该布局应该是动态的。为了形成这种布局,将从可执行目标文件中复制静态布局中的段,除此之外,还将增加两个新的段。只有这样,进程才能继续运行。

简而言之,我们可以预期,在一个正在运行的进程的内存布局中有 5 个段。其中 3 个段是从可执行目标文件的静态布局中直接复制的,两个新添加的段叫作栈段和堆段。它们是动态的,只在进程运行时存在。这意味着你无法在可执行目标文件中找到它们的任何踪迹。

在本节中,我们的最终目标是探究栈段和堆段,并介绍操作系统中用于此目的的工具和位置。有时,我们可能会将这些段称为进程的动态内存布局,而不考虑从目标文件复制的其他 3 个段,但你始终应该记住,进程的动态内存总共由 5 个段组成。

栈段是我们分配变量的默认内存区域。就大小而言,它是一个有限的区域,无法容纳大的对象。相比之下,堆段是一个更大的、可调节的内存区域,可以用来存储大型对象和大型数组。使用堆段需要它自己的 API,我们将介绍这个 API。

记住,动态内存布局不同于**动态内存分配**(Dynamic Memory Allocation),不可混淆这两个概念,因为它们指的是两个不同的东西!随着学习的深入,我们将了解更多不同类型的内存分配,特别是动态内存分配。

一个进程动态内存中的五个段是指主内存中已经**分配的**(allocated)、**专用的**(dedicated)和**私有**(private)的部分。这些段(不包括 Text 段,它实际上是静态的和恒定的)从某种意义上说是动态的,它们的内容在运行时总是在变化。这是因为在进程执行时,这些段不断被算法修改。

查看进程的动态内存布局有它自己的步骤。这意味着我们需要有一个正在运行的进程,然后才能探测它的动态内存布局。这需要我们写一些能够运行相当长的时间的例子,以保持它们的动态内存状态。届时,才可以使用查看工具来研究它们的动态内存结构。

在下一节中,我们将给出探测动态内存结构的例子。

4.4.1　内存映射

从一个简单的例子开始。例 4.6 将会无限期运行。这样,就有一个永不消亡的进程,同时,我们来探测它的内存结构。当然,完成查看后,就可以终止它。以下是例 4.6 的代码:

```
# include < unistd.h>  //sleep 函数所需头文件

int main(int argc, char* *  argv) {
    //无限循环
    while (1) {
        sleep(1);   //睡眠 1 秒
    };
    return 0;
}
```

　　　　代码框 4 - 7 [ExtremeC_examples_chapter4_6. c] : 例 4.6 用于探测动态内存布局

以上代码是一个无限循环,这意味着进程永远运行。因此,我们有足够的时间来查看进程的内存。先来构建它。

注:

unistd. h 头文件只在类 Unix 操作系统上可用;更准确地说,是在 POSIX一兼容的操作系统中可用。这意味着在 POSI 不兼容的 Microsoft Windows 操作系统中,必须包含 windows. h 头文件。

下面的 Shell 框显示了如何在 Linux 中编译这个例子:

```
$ gcc ExtremeC_examples_chapter4_6.c – o ex4_6.out
$
```

Shell 框 4 - 12:在 Linux 中编译例 4.6

然后,按如下方式运行它。为了在进程运行时使用相同的提示符来发出进一步的命令,我们该在后台启动进程:

```
$ ./ ex4_6.out &
[1] 402
$
```

Shell 框 4 - 13:在后台运行例 4.6

进程现在正在后台运行。根据输出,最近启动的进程的 PID 是 402,我们将来会使用这个 PID 终止它。每次运行程序,其 PID 都是不同的,因此,在你的计算机上可能看到不同的 PID。请注意,在后台运行进程的时候,shell 提示符都会立即返回,你可以发出进一步的命令。

注:

如果你有 PID(进程的 ID),就很容易使用 kill 命令结束它。例如,如果 PID 为 402,在类 Unix 操作系统中,kill -9 402 命令即可终止此进程。

PID 是我们用来检查进程内存的标识符。通常,操作系统提供自己特定的机制,根据进程的 PID 查询进程的各种属性。但是在这里,我们只对进程的动态内存感兴趣,我们将使用 Linux 中可用的机制来查找更多关于上述运行进程的动态内存结构的信息。

在 Linux 机器上,关于进程的信息可以在/proc 目录下的文件中找到。它使用一个称为 procfs 的特制文件系统。这个文件系统不是用来保存实际文件的普通文件系统,而是一个分层接口,用于查询单个进程或整个系统的各种属性。

> 注：
>
> procfs 不限于 Linux。它通常是类 Unix 操作系统的一部分,但并非所有类 Unix 操作系统都使用它。例如,FreeBSD 使用这个文件系统,但 macOS 不使用。

现在,我们将使用 procfs 来查看运行中的进程的内存结构。进程的内存由许多内存映射(memory mappings)组成。每个内存映射代表一个专用的内存区域,该区域映射到特定的文件或段。很快,你会看到栈段和堆段在每个进程中都有它们自己的内存映射。

可以使用 procfs 观察进程的当前内存映射。如下所示。

当前运行的进程,其 PID 为 402。使用 ls 命令,可以看到/proc/402 的目录中的内容:

```
$ ls - l /proc/402
total of 0
dr- xr- xr- x         2 root root 0 Jul 15 22:28 attr
- rw- r- - r- -        1 root root 0 Jul 15 22:28 autogroup
- r- - - - - - -       1 root root 0 Jul 15 22:28 auxv
- r- - r- - r- -       1 root root 0 Jul 15 22:28 cgroup
- - w- - - - - -       1 root root 0 Jul 15 22:28 clear_refs
- r- - r- - r- -       1 root root 0 Jul 15 22:28 cmdline
- rw- r- - r- -        1 root root 0 Jul 15 22:28 comm
- rw- r- - r- -        1 root root 0 Jul 15 22:28 coredump_filter
- r- - r- - r- -       1 root root 0 Jul 15 22:28 cpuset
lrwxrwxrwx            1 root root 0 Jul 15 22:28 cwd - > /root/codes
- r- - - - - - -       1 root root 0 Jul 15 22:28 environ
lrwxrwxrwx            1 root root 0 Jul 15 22:28 exe - > /root/codes/a.out
dr- x- - - - - -       2 root root 0 Jul 15 22:28 fd
dr- x- - - - - -       2 root root 0 Jul 15 22:28 fdinfo
- rw- r- - r- -        1 root root 0 Jul 15 22:28 gid_map
- r- - - - - - -       1 root root 0 Jul 15 22:28 io
- r- - r- - r- -       1 root root 0 Jul 15 22:28 limits
...
$
```

Shell 框 4 - 14:列出/proc/402 的内容

可以看到,在/proc/402 目录中有很多文件和目录。每个文件和目录都对应于这个进程的特定属性。为了查询进程的内存映射,必须查看 PID 目录下 maps 文件的内容。我们使用 cat 命令转储/proc/402/maps 文件的内容。如下所示:

```
$ cat /proc/402/maps
00400000- 00401000   r- xp 00000000  08:01 790655  .../extreme_c/4.6/ex4_6.out
00600000- 00601000   r- - p 00000000  08:01 790655  .../extreme_c/4.6/ex4_6.out
```

```
00601000- 00602000   rw- p 00001000  08:01 790655  .../extreme_c/4.6/ex4_6.out
7f4ee16cb000- 7f4ee188a000r- xp 00000000 08:01 787362   /lib/x86_64- linux-
gnu/libc- 2.23.so
7f4ee188a000- 7f4ee1a8a000- - p 001bf000 08:01 787362    /lib/x86_64- linux-
gnu/libc- 2.23.so
7f4ee1a8a000- 7f4ee1a8e000 r- - p 001bf000 08:01 787362    /lib/x86_64- linux-
gnu/libc- 2.23.so
7f4ee1a8e000- 7f4ee1a90000rw- p 001c3000 08:01 787362    /lib/x86_64- linux-
gnu/libc- 2.23.so
7f4ee1a90000- 7f4ee1a94000rw- p 00000000 00:00 0
7f4ee1a94000- 7f4ee1aba000r- xp 00000000 08:01 787342    /lib/x86_64- linux-
gnu/ld- 2.23.so
7f4ee1cab000- 7f4ee1cae000rw- p 00000000 00:00 0
7f4ee1cb7000- 7f4ee1cb9000rw- p 00000000 00:00 0
7f4ee1cb9000- 7f4ee1cba000r- - p 00025000 08:01 787342    /lib/x86_64- linux-
gnu/ld- 2.23.so
7f4ee1cba000- 7f4ee1cbb000rw- p 00026000 08:01 787342    /lib/x86_64- linux-
gnu/ld- 2.23.so
7f4ee1cbb000- 7f4ee1cbc000rw- p 00000000 00:00 0
7ffe94296000- 7ffe942b7000rw- p 00000000 00:00 0               [stack]
7ffe943a0000- 7ffe943a2000r- - p 00000000 00:00 0             [vvar]
7ffe943a2000- 7ffe943a4000r- xp 00000000 00:00 0             [vdso]
ffffffffff600000- ffffffffff601000 r- xp 00000000 00:00 0
[vsyscall]
$
```

Shell 框 4 - 15：转储/proc/402/maps 的内容

Shell 框 4 - 15 中的结果由许多行组成，每一行表示一个内存映射，该映射表明：一段内存地址空间（区域）被分配并映射到进程动态内存布局中的特定文件或段。每个映射都有若干字段，由空格分隔开。接下来，从左到右地介绍这些字段：

- **地址范围**（Address range）：该字段是映射地址空间的起始地址和结束地址。如果该区域映射对应文件，则可以在本行后面找到文件路径。采用这种方法，可以高效地在多个不同进程中映射已加载的相同共享目标文件。我们已经在第 3 章中讨论过这个问题。

- **权限**（Permissions）：表示进程对该部分内存空间的内容是否具有以下权限：可执行（x）、可读（r），或可写（w）。该区域能被其他进程共享（s）使用，或者只被本进程私有（p）使用。如果没有相应权限，则用 - 代替。

- **映射偏移**（Offset）：如果该地址空间映射对应于一个文件，这是从文件头开始的偏移量。如果该区域没有映射到文件，则通常为 0。

- **映射文件所属设备号**(Device)：如果该地址空间映射对应于一个文件，该字段是设备号（以 m:n 的形式），指出包含映射文件的设备。例如，这可能是包含共享目标文件的硬盘的设备号。
- **映射文件所属节点号**(The inode)：如果地址空间映射对应一个文件，该文件应该驻留在文件系统中。那么，该字段将是该文件在文件系统中的节点号。节点(inode)是文件系统中的抽象概念，如 ext4。ext4 主要用于类 Unix 操作系统。每个节点都可以表示文件和目录。每个节点都有一个用于访问其内容的编号。
- **文件路径名或描述**(Pathname or description)：如果该地址空间映射对应一个文件，这将是该文件的路径。否则，它将被保留为空，或者它将描述该区域的用途。例如：[stack]表示该区域实际上是栈段。

maps 文件提供了关于进程动态内存布局的更多有用信息。我们需要一个新例子来正确地展示这一点。

4.4.2 栈段

首先，让我们先讨论下栈段。栈是每个进程中动态内存的关键部分，它几乎存在于所有的体系结构中。在内存映射中已经看到它们用[stack]标记出来。

在进程运行时，栈和堆段的内容都在动态变化。要看到这些段的动态内容并不容易，大多数情况下，都需要 gdb 这样的调试器在进程运行时来遍历内存字节并读取它们。

正如前面所指出的，栈段的大小通常是有限的，不适于存储大对象。如果栈段已满，进程就不能再进行任何函数调用，因为函数调用机制十分依赖于栈段的功能。

如果进程的栈段满了，操作系统将终止该进程。栈溢出(Stack overflow)是一个有名的错误，当栈段被填满时就会发生该错误。我们将在后面的段落中讨论函数调用机制。

如前所述，栈段是给变量分配内存的默认区域。假设你已经在函数中声明了一个变量，如下所示：

```
void func() {
    //以下变量所需的内存是从栈段分配的
    int a;
    ...
}
```

代码框 4-8：声明一个局部变量，为其在栈段分配内存在前面的函数中,当声明变量时,我们没有给编译器任何信息让它知道应该给变量在哪个段分配内存。因此,编译器默认使用栈段。栈段是进行分配的第一位置选择。

顾名思义,它是一个栈。如果你声明了一个局部变量,它将被分配到栈段的顶部。当离开该局部变量的作用域时,编译器必须首先弹出局部变量,以便调出在外部作用域中声明的局部变量。

注:

栈的抽象形式是**先入后出**(First In, Last Out, FILO)或**后进先出**(Last In, First Out, LIFO)的数据结构。不管实现细节如何,每个数据项都被存储(压入栈)在栈顶部,并被下一个数据项覆盖。如果不先弹出(出栈)上面的数据,就不能弹出下一个数据。

变量并不是存储在栈段中的唯一实体。每当进行函数调用时,一个称为**栈帧**(stack frame)的新条目就会被存放在栈段的顶部。否则,就无法返回到主调函数或将结果返回给调用者。

健康的栈机制对于程序运行至关重要。由于栈的大小是有限的,因此,最好在其中声明较少的变量。此外,应避免无限**递归**(recursive)调用或过多的函数调用,防止栈被太多的栈帧填满。

从不同的角度来看,栈段是程序员用来保存数据、声明算法中使用的局部变量的区域,也是操作系统(程序运行器)用来保存数据,以确保其内部机制能成功执行程序的区域。

从这个意义上说,应该小心使用这个段,因为误用它或破坏它的数据可能会中断正在运行的进程,甚至导致进程崩溃。堆段这个内存段仅由程序员管理。我们将在下一节讨论堆段。

如果仅仅使用探测静态内存布局的工具,那么很难从外部查看栈段的内容。这部分内存包含私有数据,非常敏感。它也是进程私有的,其他进程不能读取或修改它。

因此,要在栈内存中漫游,必须将某些内容附加到进程,并通过该进程查看栈段。这可以使用**调试器**(debugger)这个程序来完成。调试器附加到进程上,允许程序员控制目标进程并研究其内存内容。我们将在下一章中使用此技术并研究栈内存。现在,我们离开栈段,来讨论堆段。

4.4.3　堆段

下面的例 4.7 展示了如何使用内存映射来查找为堆段分配的区域。它与例 4.6 非常相似,但是在进入无限循环之前,它从堆段中分配了一些字节。

因此,就像在例 4.6 中所做的那样,我们可以遍历正在运行的进程的内存映射,看看哪个映射对应于堆段。

以下代码框是例 4.7 的代码:

```
# include < unistd.h> // sleep 函数所需头文件
# include < stdlib.h>  // malloc 函数所需头文件
# include < stdio.h>  // printf 函数所需头文件

int main(int argc, char* * argv) {
    void* ptr = malloc(1024); // 从堆段分配 1KB 内存
    printf("Address: % p\n", ptr);
    fflush(stdout); //把输出缓冲区里的东西打印到标准输出设备上
    // 无限循环
    while (1) {
        sleep(1); // 睡眠 1 秒
    };
    return 0;
}
```

代码框 4 - 9[ExtremeC_examples_chapter4_7.c]:例 4.7 用于探测堆段

前面的代码使用了 malloc 函数。这是在堆中分配额外内存的主要方法。它接受应该分配的字节数作为参数,并返回一个通用指针。

提醒一下,通用指针(或空指针)包含一个内存地址,但它不能被解引用(dereferenced)并直接使用。在使用之前,应该将其强制转换为特定的指针类型。

在例 4.7 中,在进入循环之前分配了 1024 个字节(或 1KB),程序还打印从 malloc 函数返回的地址(指针)。现在编译这个例子并运行它:

```
$ g+ + ExtremeC_examples_chapter4_7.c - o ex4_7.out
$ ./ex4_7.out &
[1] 3451
Address: 0x19790010
$
```

Shell 框 4 - 16:编译和运行例 4.7

现在,进程正在后台运行,它的 PID 是 3451。让我们查看 maps 文件,看看为此进程已经映射了哪些内存区域:

```
$ cat /proc/3451/maps
00400000- 00401000 r- xp 00000000 00:2f 176521      .../extreme_c/4.7/ex4_7.out
00600000- 00601000 r- - p 00000000 00:2f 176521     .../extreme_c/4.7/ex4_7.out
00601000- 00602000 rw- p 00001000 00:2f 176521      .../extreme_c/4.7/ex4_7.out
01979000- 0199a000 rw- p 00000000 00:00 0           [heap]
7f7b32f12000- 7f7b330d1000 r- xp 00000000 00:2f 30  /lib/x86_64- linux- gnu/
libc- 2.23.so
7f7b330d1000- 7f7b332d1000 - - - p 001bf000 00:2f 30  /lib/x86_64- linux- gnu/
libc- 2.23.so
7f7b332d1000- 7f7b332d5000 r- - p 001bf000 00:2f 30  /lib/x86_64- linux- gnu/
libc- 2.23.so
7f7b332d5000- 7f7b332d7000 rw- p 001c3000 00:2f 30  /lib/x86_64- linux- gnu/
libc- 2.23.so
7f7b332d7000- 7f7b332db000 rw- p 00000000 00:00 0
7f7b332db000- 7f7b33301000 r- xp 00000000 00:2f 27  /lib/x86_64- linux- gnu/
ld- 2.23.so
7f7b334f2000- 7f7b334f5000 rw- p 00000000 00:00 0
7f7b334fe000- 7f7b33500000 rw- p 00000000 00:00 0
7f7b33500000- 7f7b33501000 r- - p 00025000 00:2f 27  /lib/x86_64- linux- gnu/
ld- 2.23.so
7f7b33501000- 7f7b33502000 rw- p 00026000 00:2f 27  /lib/x86_64- linux- gnu/
ld- 2.23.so
7f7b33502000- 7f7b33503000 rw- p 00000000 00:00 0
7ffdd63c2000- 7ffdd63e3000 rw- p 00000000 00:00 0   [stack]
7ffdd63e7000- 7ffdd63ea000 r- - p 00000000 00:00 0  [vvar]
7ffdd63ea000- 7ffdd63ec000 r- xp 00000000 00:00 0   [vdso]
ffffffffff600000- ffffffffff601000 r- xp 00000000 00:00 0
[vsyscall]
$
```

Shell 框 4 - 17:转储/proc/3451/maps 的内容

仔细查看 Shell 框 4 - 17,你会看到一个被高亮显示的新映射,它被标记为[heap]。增加了这块区域是由于使用了 malloc 函数。计算此区域的大小,为 0x21000 字节或 132KB。这意味着代码中只分配 1KB 空间,实际上却分配了大小为 132KB 的区域。

这样做的目的,通常是为了在再次使用 malloc 时,防止再次进行内存分配。这只是因为在堆段中分配内存并不轻松,内存和时间开销都很大。

如果回看代码框 4 - 8 中的代码,ptr 指针所指向的地址也很有趣。如 Shell 框 4 - 17 所示,堆的内存映射是从地址 0x01979000 到 0x0199a000,而 ptr 中存储的地址是 0x19790010,这显然位于堆的地址范围内,其偏移量为 16 字节。

堆段可以增长到远远大于 132KB,甚至几十 GB 的大小,通常用于永久的、全局的和非常大的对象,如数组和比特流。

正如前面指出的,堆段中的分配和回收要求程序调用标准 C 提供的特定函数。虽然可以将局部变量存储在栈段顶部,也可以直接与内存交互来使用它们,但是只能通过指针来访问堆内存,这是为什么每个 C 程序员必须了解指针并能使用指针的原因之一。让我们来看例 4.8,它演示了如何使用指针访问堆空间:

```
# include < stdio.h>              //printf 函数所需头文件
# include < stdlib.h>             //malloc 和 free 函数所需头文件

void fill(char* ptr) {
    ptr[0] = 'H';
    ptr[1] = 'e';
    ptr[2] = 'l';
    ptr[3] = 'l';
    ptr[5] = 0;
}

int main(int argc, char* * argv) {
    void* gptr = malloc(10 * sizeof(char));
    char* ptr = (char* )gptr;
    fill(ptr);
    printf("% s! \n", ptr);
    free(ptr);
    return 0;
}
```

代码框 4 - 10[ExtremeC_examples_chapter4_8.c]:使用指针与堆内存交互

以上程序使用 malloc 函数从堆空间中分配了 10 个字节。malloc 函数接收应该分配的字节数作为参数,返回一个通用指针,该指针指向已分配内存块的第一个字节。

为了使用返回的指针,必须将其转换为合适的指针类型。因为我们将使用分配的内存来存储一些字符,所以选择将其转换为 char 类型的指针。类型转换应在调用 fill 函数前完成。

注意,局部指针变量 gptr 和 ptr 是从栈中分配的。这些指针需要内存空间来存储它们的值,而这些内存来自栈段。但是它们指向的地址在堆段内。这是处理堆内存时的主题:

在栈段中分配的本地指针,实际上被用于指向在堆段中分配的内存区域。我们将在下一章中更多讨论这方面的内容。

请注意,fill 函数中的 ptr 指针也在栈中分配,但它在不同的作用域中,并且不同于在 main 函数中声明的 ptr 指针。

堆内存实际由程序或者实际上是程序员负责分配。当不需要内存时,程序还负责内存的回收。如果分配的堆内存不可访问(not reachable),则视为内存泄漏(memory leak)。所谓不可访问,指的是没有指针可以寻址该区域。

内存泄漏对于程序来说是致命的,因为持续的内存泄漏最终会耗尽所有可用的内存空间,这可能会终止进程。这就是为什么程序在从 main 函数返回前要调用 free 函数的原因。调用 free 函数将释放获得的堆内存空间,程序不应该再继续使用这些堆内存。

更多关于栈和堆的内容将在下一章中介绍。

4.5　总结

本章的最初目标是概述类 Unix 操作系统中进程的内存结构。在本章中已经讲了很多,现在你应该能轻松地理解本章的内容。我们来花点时间通读一下:

- 描述了运行中的进程的动态内存结构以及可执行目标文件的静态内存结构。
- 我们观察到,静态内存布局位于可执行目标文件内,它被分为若干段。Text 段、Data 段和 BSS 段都是静态内存布局的一部分。
- Text 段或 Code 段用于存储机器级指令,这些指令是在当前可执行目标文件生成新进程时执行的。
- BSS 段用于存储未初始化或初始化为 0 的全局变量。
- Data 段用于存储初始化的全局变量。
- 我们使用 size 和 objdump 命令去探测目标文件的内部结构,使用目标文件转储程序(如 readelf)查找目标文件中的段。
- 探测了进程的动态内存布局。静态内存布局所有的段都被复制到进程的动态内存中。然而,在动态内存布局中有两个新的段:栈段和堆段。
- 栈段是默认内存分配区域。

- 局部变量总是分配在栈段的顶部。
- 函数调用背后的秘密在于栈段及其工作方式。
- 为了分配和释放堆内存区域,必须使用特定的 API 或一组函数。这个 API 由 C 标准库提供。
- 讨论了堆内存区域的内存泄漏,分析了它发生的过程。

下一章将专门讨论栈和堆段,继续本章讨论的主题,并在此基础上增加更多内容。下一章会给出更多例子,并引入新的探测工具,完成关于 C 语言中内存管理的讨论。

5

栈和堆

在前一章中,我们对运行中的进程的内存布局进行了研究。在不充分了解内存结构及其各个段的情况下进行系统编程,就像在不了解人体解剖学的情况下进行手术一样。上一章只是给了关于进程内存布局中不同段的基本信息,本章将关注最常用的段:栈和堆。

程序员主要在栈和堆段上工作,较少接触其他段(如 Data 段或 BSS 段),或者对它们的控制较少。这基本上是因为 Data 段和 BSS 段是由编译器生成的,而且在进程的生存周期中它们通常只占内存的一小部分。这并不意味着它们不重要,事实上有些问题与这些段直接相关。但是,由于程序员将大部分时间花在栈和堆上,大多数内存问题都位于这些段。

本章主要内容如下:

- 如何探测栈段以及所需工具
- 如何为栈段自动执行内存管理
- 栈段的各种特性
- 栈段使用指南和最佳做法
- 如何探测堆段
- 如何分配和回收堆内存块
- 堆段使用指南和最佳做法
- 内存受限的环境和高性能环境中的内存优化

让我们从详细讨论栈段开始探索。

5.1 栈

进程没有堆段可以继续工作,但是没有栈段就不能继续工作。这说明了很多问题。栈是进程新陈代谢的主要部分,没有它就不能继续执行。原因隐藏在驱动函数调用的机制中。正如前一章中简要说明的,调用函数只能通过使用栈段来完成。如果没有栈段,就不能进行函数调用,这意味着根本无法执行程序。

也就是说,栈段及其内容都经过精心设计,以确保进程的健康执行。因此,弄乱栈内容可能会中断执行并终止进程。栈段的分配速度很快,且不需要任何特殊的函数调用。不仅如此,内存释放和所有内存管理任务都自动执行。所有情况都非常诱人,鼓励你尽可能多使用栈。

要小心的一点是:使用栈段有它自己的复杂性。栈不是很大,因此不能存储大对象。此外,不正确地使用栈内容会终止执行并导致崩溃。下面的代码演示了这一点:

```
# include < string.h>
int main(int argc, char* * argv) {
    char str[10];
    strcpy(str,
"akjsdhkhqiueryo34928739r27yeiwuyfiusdciuti7twe79ye");
    return 0;
}
```
代码框 5 - 1:缓冲区溢出,strcpy 函数将覆盖栈的内容

当运行上述代码时,程序很可能会崩溃。这是因为 strcpy 覆盖了栈的内容,或者按照通常的说法:**粉碎**(smashing)了栈。正如在代码框 5 - 1 中看到的,str 数组有 10 个字符,但是 strcpy 向 str 数组写入超过了 10 个字符。很快将看到,这将改写以前入栈的变量和栈帧,并且程序在从 main 函数返回后跳转到错误的指令。这最终使得程序无法继续执行。

希望前面的例子有助于了解栈段的微妙之处。在本章的前半部分,我们将更深入地研究栈并仔细检查它。我们先从探测栈开始。

5.1.1　探测栈

为了更多地了解栈,我们需要能够读取和修改它。如前一章所述,栈段是一个私有内存,只有所有者进程有权读取和修改它。如果要读取栈或更改它,我们需要附加到进程中,成为拥有这个栈的进程的一部分。

这时就出现了一组新的工具:调试器。调试器是一种附加到另一个进程以调试它的程序。在调试进程时,调试器通常的任务之一是观察和操作各种内存段。只有在调试一个进程时,才能读取和修改私有内存块。调试中,可以做的另一件事是控制程序指令执行的顺序。本节马上给出使用调试器完成这些任务的例子。

从例 5.1 开始。首先编译程序并为调试做好准备。然后,演示如何使用 gdb(GNU 调试器)运行程序和读取栈内存。本例声明一个字符数组,并用一些字符填充其元素,该数组分配在栈段顶部。如下面的代码框所示:

```
# include < stdio.h>
int main(int argc, char* * argv) {
    char arr[4];
    arr[0] = 'A';
    arr[1] = 'B';
    arr[2] = 'C';
    arr[3] = 'D';
    return 0;
}
```

代码框 5 - 2[ExtremeC_examples_chapter5_1.c]:数组声明,数组分配在栈顶

这个程序很简单,很容易理解,但是在内存中发生的事情很有趣。首先,arr 数组所要求的内存是在栈中分配的,不是在堆段中分配的,而且没有使用 malloc 函数。记住,栈段是为变量和数组分配内存的默认位置。

为了在堆中分配内存,应该通过调用 malloc 函数或其他类似的函数(如 calloc)来获取它。否则,内存是从栈分配的,更准确地说,是在栈顶部分配的。

为了能够调试程序,必须为调试构建二进制文件。这意味着必须告诉编译器我们想要一个包含调试符号(debug symbols)的二进制文件。这些符号将用于查找正在执行的代码行或导致崩溃的代码行。编译例 5.1 并创建一个包含调试符号的可执行目标文件。

首先,构建示例。在 Linux 环境中进行编译:

```
$ gcc - g ExtremeC_examples_chapter5_1.c -o ex5_1_dbg.out
$
```
Shell 框 5 - 1：使用调试选项-g 编译例 5.1

-g 选项告诉编译器最终的可执行目标文件必须包含调试信息。使用或不使用调试选项编译源代码，得到的二进制文件的大小也不同。接下来，你将看到两个可执行目标文件大小的区别，第一个没使用-g 选项，第二个使用了-g 选项：

```
$ gcc ExtremeC_examples_chapter2_10.c - o ex5_1.out
$ ls - al ex5_1.out
- rwxrwxr- x 1 kamranamini kamranamini 8640 jul 24 13:55 ex5_1.out
$ gcc - g ExtremeC_examples_chapter2_10.c - o ex5_1_dbg.out
$ ls - al ex5_1.out
- rwxrwxr- x 1 kamranamini kamranamini 9864 jul 24 13:56 ex5_1_dbg.out
$
```
Shell 框 5 - 2：输出的可执行目标文件的大小，包含或不包含-g 选项

现在我们有了一个包含调试符号的可执行文件，可以使用调试器来运行程序。在本例中，将使用 gdb 调试例 5.1。以下命令启动调试器：

```
$ gdb ex5_1_dbg.out
```
Shell 框 5 - 3：为例 5.1 启动调试器

注：
在 Linux 系统中，gdb 通常作为 build-essentials 包的一部分安装。在 macOS 系统中，可以使用 brew 软件包管理器安装，如下所示：brew install gdb。

在运行调试器之后，输出类似下面的 Shell 框的内容：

```
$ gdb ex5_1_dbg.out
GNU gdb (Ubuntu 7.11.1- 0ubuntu1~ 16.5) 7.11.1
Copyright (C) 2016 Free Software Foundation, Inc.
License GPLv3+ : GNU GPL version 3 or later http://gnu.org/licenses/gpl.html
...
Reading symbols from ex5_1_dbg.out...done.
 (gdb)
```
Shell 框 5 - 4：调试器启动后的输出

你可能已经注意到，在 Linux 机器上运行了上述命令后，gdb 具有一个命令行界面，允许发出调试命令。通过键入 r(或 run)命令来执行可执行目标文件，该文件被指定为调试器

的输入。下面的 Shell 框显示了 run 命令如何执行程序：

```
...
Reading symbols from ex5_1_dbg.out...done.
(gdb) run
Starting program: .../extreme_c/5.1/ex5_1_dbg.out
[Inferior 1 (process 9742) exited normally]
(gdb)
```

Shell 框 5-5：执行 run 命令后调试器的输出

在前面的 Shell 框中，执行 run 命令后，gdb 启动进程并附加到该进程上，让程序执行其指令并退出。它没有中断程序，因为我们没有设置**断点**（breakpoint）。断点是一个指示符，它告诉 gdb 暂停程序执行并等待进一步的指令。你可以设置任意多的断点。

接下来，我们使用 b（或 break）命令在主函数中设置一个断点。设置断点后，当程序进入主函数时，gdb 暂停程序执行。下面的 Shell 框显示如何在 main 函数中设置断点：

```
(gdb) break main
Breakpoint 1 at 0x400555: file ExtremeC_examples_chapter5_1.c, line 4.
(gdb)
```

Shell 框 5-6：在 gdb 中为 main 函数设置断点

现在，再次运行程序。这将创建一个新进程，gdb 附加到该进程，结果如下：

```
(gdb) r
Starting program: .../extreme_c/5.1/ex5_1_dbg.out

Breakpoint 1,main(argc= 1,argv= 0x7fffffffcbd8) at ExtremeC_examples_chapter5
_1.c:3
3          int main(int argc, char* *  argv) {
(gdb)
```

Shell 框 5-7：设置断点后重新运行程序

如上所示，执行已经在第 3 行暂停，这一行就是 main 函数。然后，调试器等待下一个命令。现在，可以让 gdb 运行下一行代码并再次暂停。换句话说，我们一步一步逐行地运行程序。这样，就有足够的时间查看并检查内存中的变量及它们的值。事实上，这就是探测栈和堆段的方法。

在下面的 Shell 框给出的是使用 n（或 next）命令运行下一行代码：

```
(gdb) n
```

```
5        arr[0] = 'A';
(gdb) n
6        arr[1] = 'B';
(gdb) next
7        arr[2] = 'C';
(gdb) next
8        arr[3] = 'D';
(gdb) next
9        return 0;
(gdb)
```
Shell 框 5 - 8:使用 n(或 next)命令来执行下一行代码

现在,如果在调试器中使用 print arr 命令,它将以字符串的形式显示数组的内容:

```
(gdb) print arr
$1 = "ABCD"
(gdb)
```
Shell 框 5 - 9:使用 gdb 打印 arr 数组的内容

为了能够查看栈内存,我们引入了 gdb 命令。现在,我们可以查看了。目前有一个进程,它有栈段,而且它被暂停了,这样就可以用 gdb 命令行来探索栈内存。

现在就开始查看吧,先来打印分配给 arr 数组的内存:

```
(gdb) x/4b arr
0x7fffffffcae0:0x41    0x42    0x43    0x44
(gdb) x/8b arr
0x7fffffffcae0:0x41    0x42    0x43    0x44    0xff    0x7f    0x00    0x00
(gdb)
```
Shell 框 5 - 10:打印从 arr 数组开始的内存字节

第一个命令:x/4b 显示了从 arr 指向的位置开始的 4 个字节。记注,arr 是一个指针,指向数组第一个元素,所以可以通过它沿着内存移动。

第二个命令:x/8b,打印了 arr 之后的 8 个字节。根据例 5.1 中的代码(代码框 5 - 2),字符 A、B、C 和 D 被存储在数组 arr 中。你应该知道,数组中存储的是它们的 ASCII 码值,而不是真实的字符。'A'的 ASCII 值是十进制的 65,或十六进制的 0x41。字符'B'其值为十进制的 66 或十六进制的 0x42。可以看到:gdb 输出中打印的值就是存储在 arr 数组中的值。

那么第二个命令中的后 4 个字节是谁的值呢? 它们是栈的一部分,它们包含的数据可能是在调用 main 函数时放在最靠近栈顶部的栈帧中的数据。

注意,与其他段相比,栈段的填充方式是相反的。

在填充内存区域时,其他的区域都是低地址移动到高地址,但栈段不同。

栈段填充由高地址向低地址移动。这种设计背后的原因一部分在于现代计算机的发展历史,一部分在于栈段的功能。栈段的行为就像一个栈数据结构。

综上所述,如果你从低地址向高地址读取栈段,像在 Shell 框 5 - 10 中那样做,实际上是在读取压入栈中的内容。如果你试图改变这些字节,则是在更改栈,这是不明智的。我们将在后面的段落中说明为什么这是危险的举动以及如何做到这一点。

为什么看到的内容多于 arr 数组的大小?因为 gdb 遍历我们请求的字节数的内存。x 命令不关心数组的边界,它只需要一个起始地址和字节数来确定输出范围。

如果要更改栈中的值,则必须使用 set 命令。此命令允许修改现有的内存单元。在这种情况下,内存单元指的是 arr 数组中的单个字节:

```
(gdb) x/4b arr
0x7fffffffcae0:      0x41      0x42      0x43      0x44
(gdb) set arr[1] = 'F'
(gdb) x/4b arr
0x7fffffffcae0:      0x41      0x46      0x43      0x44
(gdb) print arr
$2 = "AFCD"
(gdb)
```

Shell 框 5 - 11:使用 set 命令更改数组中的单个字节

可见,使用 set 命令,我们已经将 arr 数组的第二个元素设置为 F。如果想要更改不在数组边界内的某地址上的数值,仍然可以通过 gdb 实现。

请仔细观察以下修改。现在,我们想要修改远大于 arr 地址的某位置上的字节,正如前面解释的,我们将修改已经压入栈的内容。记住,栈内存的填充方式与其他段是相反的:

```
(gdb) x/20x arr
0x7fffffffcae0:0x41    0x42    0x43    0x44    0xff    0x7f    0x000    x00
0x7fffffffcae8:0x00    0x96    0xea    0x5d    0xf0    0x31    0xea    0x73
0x7fffffffcaf0:0x90    0x05    0x40    0x00
(gdb) set * (0x7fffffffcaed) = 0xff
(gdb) x/20x arr
0x7fffffffcae0:0x41    0x42    0x43    0x44    0xff    0x7f    0x00    0x00
0x7fffffffcae8:0x00    0x96    0xea    0x5d    0xf0    0xff    0x00    0x00
```

```
0x7ffffffcaf0:0x00     0x05     0x40     0x00
(gdb)
```

Shell 框 5‑12：修改在数组边界之外的某单个字节

我们在地址 0x7ffffffcaed 中写入数值 0xff，这个地址是在 arr 数组边界之外的，且可能是在进入主函数之前压入的栈帧中的一个字节。

如果继续执行会发生什么？如果修改了栈中的一个关键字节，程序极有可能崩溃，我们期望至少有某种机制能检测到这种修改，并停止程序的执行。gdb 中 c（或 continue）命令将继续执行进程，如下图所示：

```
(gdb) c
Continuing.
*** stack smashing detected *** : .../extreme_c/5.1/ex5_1_dbg.out terminated
Program received signal SIGABRT, Aborted.
0x00007ffff7a42428 in __GI_raise (sig= sig@ entry= 6) at ../sysdeps/Unix/sysv/
linux/raise.c:54
54      ../sysdeps/Unix/sysv/linux/raise.c: No such file or directory.
(gdb)
```

Shell 框 5‑13：更改了栈中一个关键字节，终止了进程

正如 Shell 框所示，检测到栈粉碎！修改栈中的内容（栈不是由程序员分配的地址），即使只修改 1 个字节，也非常危险，通常会导致崩溃或突然终止。

正如前面所说的，大多数与程序执行有关的重要过程都是在栈内存中完成的。因此，在向栈写入变量时应该非常小心。不应该在变量和数组的边界之外写入任何值，因为栈内存中的地址是向后增长的，这可能会覆盖已经写入的字节。

当完成调试，准备离开 gdb 的时候，只需要使用 q（或 quit）命令。现在，你应该离开调试器，回到终端。

另一个注意事项是，将未检查的值写入栈顶部（而非堆）分配的**缓冲区**（buffer，字节或字符数组的另一个名称）被认为是一个漏洞。攻击者可以精心设计字节数组供程序使用，以便控制程序。由于这种攻击是源于**缓冲区溢出**（buffer overflow）这一漏洞，通常被称为**漏洞利用攻击**（exploit）。

以下程序显示了此漏洞：

```
int main(int argc, char* * argv) {
    char str[10];
    strcpy(str, argv[1]);
```

```
    printf("Hello % s! \n", str);
}
```

代码框 5-3：显示缓冲区溢出漏洞的程序

上述代码不检查 argv[1] 的内容和大小，并将其直接复制到 str 数组，而 str 数组是分配在栈顶部的。

如果情况不甚严重，会导致程序崩溃，但在一些罕见且危险的情况下，可能会导致漏洞利用攻击。

5.1.2 使用栈内存的要点

现在已经充分理解了栈段及其工作方式，那现在可以讨论使用栈的最佳做法和应该注意的要点。你应该熟悉"作用域"（scope）概念。每个栈变量都有自己的作用域，作用域决定了变量的生存期。这意味着栈变量在其作用域内开始其生存期，并在离开该作用域时终止。换句话说，作用域决定了栈变量的生存期。

栈变量的内存分配和释放是自动的，这个特点也只适用于栈变量。自动内存管理这个特点，来自栈段的特性。

无论何时声明一个栈变量，它都将被分配在栈段的顶部。分配是自动进行的，这可以被标记为它生存期的开始。在这之后，更多的变量和其他栈帧被分配在栈内正在它之上的位置中。只要该变量存在于栈中，并且在其之上还有其他变量，它就会保持生存状态。

然而，这些变量都最终会从栈中弹出，因为在未来的某个时刻程序必须结束，而此时栈应该是空的。因此，将来应该有一个时刻，变量被弹出栈。因此，释放内存，或弹出变量，会自动发生，这可以被标记为变量生存期的结束。这基本上就是为什么说栈变量是自动内存管理，而不是由程序员控制的原因。

假设在 main 函数中定义了一个变量，如下所示：

```
int main(int argc, char* *  argv) {
    int a;
    ...
    return 0;
}
```

代码框 5-4：在栈顶声明一个变量

这个变量将一直保存在栈中,直到 main 函数返回。换句话说,变量一直存在,只要其作用域(在 main 函数)是有效的。既然 main 函数是所有程序都要运行的函数,这个变量的生存期几乎类似于全局变量,其生存期贯穿程序运行全过程。

它类似于全局变量,但又不同于全局变量,因为总有一刻该变量会从栈中弹出,而全局变量即使是在主函数完成和程序结束时,都始终拥有自己的内存。注意,在 main 函数运行前后有两段代码在运行,分别是引导程序和结束程序。另一方面,全局变量是从 Data 段或 BSS 段中分配的,它们的行为方式与栈段不同。

现在我们来看一个常见的错误:返回函数内部的局部变量的地址。它通常发生在业余程序员身上。

下面的代码是例 5.2:

```
int* get_integer() {
    int var = 10;
    return &var;
}
int main(int argc, char* * argv) {
    int* ptr = get_integer();
    * ptr = 5;
    return 0;
}
```

代码框 5-5[ExtremeC_examples_chapter5_2.c]:在栈顶声明一个变量

函数 get_integer 返回局部变量 var 的地址,该变量是在 get_integer 函数中声明的。然后,main 函数试图对接收到的指针进行解引用,并访问其指向的内存区域。在 Linux 系统中使用 gcc 编译器编译上述代码,以下是输出:

```
$ gcc ExtremeC_examples_chapter5_2.c - o ex5_2.out
ExtremeC_examples_chapter5_2.c: In function 'get_integer':
ExtremeC_examples_chapter5_2.c:3:11: warning: function returns
address of local variable [- Wreturn- local- addr]
    return &var;
        ^~ ~ ~
$
```

Shell 框 5-14:在 Linux 下编译例 5.2

如你所见,我们收到了一条警告信息。由于返回局部变量的地址是一个常见的错误,编译器已经知道此错误,并给出了明确的警告,如:

警告:函数返回的是局部变量的地址。

以下是执行程序时的情况：

```
$ ./ex5_2.out
Segmentation fault (core dumped)
$
```

Shell 框 5 - 15：在 Linux 下执行例 5.2

从 Shell 框 5 - 15 中看到，这时发生了一个分段错误。它可以被解释为崩溃。该问题通常由对某个曾经分配的内存区域的无效访问引起，因为现在内存已经被释放了。

注：

有些警告应该被视为错误。例如，前面的问题通常会导致崩溃，应该被视为错误。如果你想让所有的警告都被当作错误来处理，那么把-Werror 选项传递给 gcc 编译器就足够了。如果你只想将一个特定的警告作为错误处理，例如前面的警告，那么传递-Werror＝return-local-addr 选项即可。

如果要使用 gdb 或其他调试工具（如 valgrind）调试程序，会得到更多关于程序崩溃的信息，但请务必使用 -g 选项编译源代码，否则使用 gdb 也不会有什么帮助。下面的 Shell 框演示了如何在调试器中编译和运行示例 5.2：

```
$ gcc - g ExtremeC_examples_chapter5_2.c - o ex5_2_dbg.out
ExtremeC_examples_chapter5_2.c: In function 'get_integer':
ExtremeC_examples_chapter5_2.c:3:11: warning: function returns address of
local variable [- Wreturn- local- addr]
    return &var;
            ^~ ~ ~
$ gdb ex5_2_dbg.out
GNU gdb (Ubuntu 8.1- 0ubuntu3) 8.1.0.20180409- git
...
Reading symbols from ex5_2_dbg.out...done.
(gdb) run
Starting program: .../extreme_c/5.2/ex5_2_dbg.out

Program received signal SIGSEGV, Segmentation fault.
0x00005555555546c4 in main (argc= 1, argv= 0x7fffffffdf88) at
ExtremeC_examples_chapter5_2.c:8
8        * ptr = 5;
(gdb) quit

$
```

Shell 框 5 - 16：在调试器中运行例 5.2

gdb 的输出显而易见,崩溃源位于 main 函数第 8 行,也就是程序试图通过对返回的指针的解引用将数值写入返回地址。但是,var 变量曾经是 get_integer 函数的局部变量,现在已经不复存在,这很显然是因为在第 8 行已经从 get_integer 函数返回,它的作用域和所有变量都消失了。因此,返回指针是一个**悬空指针**(dangling pointer)。

通常的做法是将当前作用域中的变量的指针传递给其他函数,而不是反过来,因为只要当前作用域有效,变量就存在。进一步的函数调用只会在栈段的顶部压入更多内容,而当前的作用域不会在他们被弹出之前结束。

请注意,对于并发程序,上述做法未必有效。因为在并发程序中可能有这样的情况,即另一个并发任务希望使用接收到的指针寻址当前作用域内的变量,而当前作用域可能已经消失。

用关于栈段的结论结束本节,以下几点是从已经解释过的内容中总结出的:

- 栈内存的大小是有限的,因此它不适于存放大对象。
- 栈段中的地址向后增长,因此在栈中向前移动读取意味着读取已经压入的字节。
- 栈具有自动的内存管理,用于分配和回收内存。
- 每个栈变量都有一个作用域,它决定变量的生存期。程序员无法控制生存期,因此应该根据生存期来设计逻辑。
- 指针应仅指向仍在作用域内的栈变量。
- 栈变量的内存回收在作用域即将结束时自动完成,程序员无法控制它。
- 在被调函数中的代码要使用某个变量的指针时,只有当前作用域仍然有效时,才能把指向当前作用域中的该变量的指针作为参数传递给其他函数。这个条件在并发逻辑下可能并不适用。

下一节,我们会讨论堆及其各种特性。

5.2 堆

几乎用任何编程语言编写的代码,都会以某种方式使用堆内存。这是因为堆有一些独特的优势,这是使用栈无法实现的。

另一方面,它也有一些缺点。例如,在堆中分配内存比在栈中分配类似区域要慢。

在本节中,我们将更多地讨论堆以及在使用堆内存时应该记住的指导原则。

堆内存非常重要,因为它具有一些特性。但并非所有的特性都是优点,事实上,一些特性被视作为风险,需要尽量避免。一个优秀的工具总是有优点和缺点,如果你想正确使用它,就需要对两个方面都非常了解。

这里列出这些特性,看看哪些是有益的,哪些是有风险的:

- **堆不会自动分配任何内存块。**相反,程序员必须使用 malloc 或类似的函数来逐个获得堆内存块。实际上,这可以被认为是栈内存的一个缺点,而堆内存解决了此缺点。栈内存包含栈帧,这些栈帧不是由程序员分配和压入的,而是函数调用以一种自动的方式实现的。

- **堆具有较大的内存。**栈的大小是有限的,它不是保存大对象的好选择,而堆允许存储非常大的对象,甚至可以达到几十 GB 的大小。随着堆的增长,分配器需要向操作系统请求更多的堆页,堆内存块分散分布在这些页。注意,与栈段不同的是,在堆中分配的内存的地址会向更大的地址方向移动。

- **堆内存中的内存分配和回收是由程序员管理的。**这意味着程序员是唯一负责分配内存并在不再需要时释放内存的负责人。在许多最近出现的编程语言中,释放堆内存块是由一个称为**垃圾收集器**(garbage collector)的并行组件自动完成的。但在 C 和 C++中没有这个概念,释放堆块应该手动完成。这确实是一个风险,C/C++程序员在使用堆内存时应该非常小心。未能释放已分配的堆内存块通常会导致**内存泄漏**(memory leaks),在大多数情况下这可能是致命的。

- **从堆中分配的变量没有任何作用域**,这与栈中的变量不同。堆内存分配使内存管理更加困难,带来了一定的风险。程序员不知道何时该释放变量。为了有效地进行内存管理,C 语言必须为内存块的**作用域**(scope)和**所有者**(owner)等管理策略给出新的定义。下面几节将给出介绍。

- **只能使用指针来寻址堆内存块。**换句话说,没有像堆变量这样的概念。堆区域是通过指针寻址的。

- **因为堆段是其所有者进程私有的,所以我们需要使用调试器来探测它。**幸运的是,C 指针对堆内存块的处理与对栈内存块的处理完全相同。C 语言很好地实现了这种抽象,正因为如此,我们可以使用相同的指针来寻址两种内存。因此,我们可以使用与探测栈的相同方法来探测堆内存。

在下一节中,我们将讨论如何分配和回收堆内存块。

5.2.1 堆内存的分配和回收

正如上一节所说,应该手动获取和释放堆内存。这意味着为了分配或释放堆内存块,程序员应该使用一组函数或 API(C 标准库的内存分配函数)。

这些函数确实存在,它们是在头文件 stdlib. h 中定义的。用于获取堆内存块的函数有 malloc、calloc 和 realloc,用于释放堆内存块的唯一函数是 free。例 5.3 演示了如何使用这些函数。

 注:

在某些文本中,动态内存被用来指代堆内存。**动态内存分配**(dynamic memory allocation)是堆内存分配的同义词。

下面的代码框是例 5.3 的源代码。它分配了两个堆内存块,然后打印内存映射:

```
# include < stdio.h>          //printf 函数所需头文件
# include < stdlib.h>         //用于 C 库的堆内存函数
void print_mem_maps() {
# ifdef __linux__
    FILE* fd = fopen("/proc/self/maps", "r");
    if (! fd) {
        printf("Could not open maps file.\n");
        exit(1);
    }
    char line[1024];
    while (! feof(fd)) {
        fgets(line, 1024, fd);
        printf("> % s", line);
    }
    fclose(fd);
# endif
}

int main(int argc, char* * argv) {
    //分配未初始化的 10 个字节
    char* ptr1 = (char* )malloc(10 * sizeof(char));
    printf("Address of ptr1: % p\n", (void* )&ptr1);
    printf("Memory allocated by malloc at % p: ", (void* )ptr1);
    for (int i = 0; i < 10; i+ + ) {
        printf("0x% 02x ", (unsigned char)ptr1[i]);
    }
```

```
        printf("\n");

        //分配10个字节,全部初始化为0
        char* ptr2 = (char* )calloc(10, sizeof(char));
        printf("Address of ptr2: % p\n", (void* )&ptr2);
        printf("Memory allocated by calloc at % p: ", (void* )ptr2);
        for (int i = 0; i < 10; i+ + ) {
            printf("0x% 02x ", (unsigned char)ptr2[i]);
        }
        printf("\n");

        print_mem_maps();

        free(ptr1);
        free(ptr2);

        return 0;
    }
```

代码框5-6[ExtremeC_examples_chapter5_3.c]:例5.3显示分配两个堆内存块后的内存映射

前面的代码是跨平台的,可以在大多数类 Unix 操作系统上编译。但是,print_mem_maps 函数只能在 Linux 中工作,因为只在 Linux 环境中定义过__linux__宏。因此,在 macOS 中可以编译代码,但是 print_mem_maps 函数无法执行。

下面的 Shell 框是在 Linux 环境下运行例子的结果:

```
$ gcc ExtremeC_examples_chapter5_3.c - o ex5_3.out
$ ./ex5_3.out
Address of ptr1: 0x7ffe0ad75c38
Memory allocated by malloc at 0x564c03977260: 0x00      0x00      0x00      0x00
0x00      0x00      0x00      0x00      0x00      0x00
Address of ptr2: 0x7ffe0ad75c40
Memory allocated by calloc at 0x564c03977690: 0x00      0x00      0x00      0x00
0x00      0x00      0x00      0x00      0x00      0x00
> 564c01978000- 564c01979000 r- xp 00000000      08:01      5898436
/home/kamranamini/extreme_c/5.3/ex5_3.out
> 564c01b79000- 564c01b7a000 r- - p  00001000     08:01      5898436
/home/kamranamini/extreme_c/5.3/ex5_3.out
> 564c01b7a000- 564c01b7b000 rw- p    00002000    08:01      5898436
/home/kamranamini/extreme_c/5.3/ex5_3.out
> 564c03977000- 564c03998000 rw- p 00000000       00:00 0                 [heap]
> 7f31978ec000- 7f3197ad3000 r- xp 00000000       08:01      5247803      /lib/
    x86_64- linux- gnu/libc- 2.27.so
    ...
> 7f3197eef000- 7f3197ef1000 rw- p     00000000 00:00 0
> 7f3197f04000- 7f3197f05000 r- - p 00027000       08:01      5247775      /lib/
```

```
     x86_64- linux- gnu/ld- 2.27.so
> 7f3197f05000- 7f3197f06000 rw- p 00028000        08:01    5247775/lib/
     x86_64- linux- gnu/ld- 2.27.so
> 7f3197f06000- 7f3197f07000 rw- p 00000000        00:00    0
> 7ffe0ad57000- 7ffe0ad78000 rw- p 00000000 00:00 0          [stack]
> 7ffe0adc2000- 7ffe0adc5000 r- p 00000000         00:00    0    [vvar]
> 7ffe0adc5000- 7ffe0adc7000 r- xp 00000000        00:00    0    [vdso]
> ffffffffff600000- ffffffffff601000 r- xp 00000000   00:00    0 [vsyscall]
$
```

Shell 框 5 - 17:例 5.3 在 Linux 下的输出

以上输出有很多需要说明的地方。程序打印了指针 ptr1 和 ptr2 的地址,如果你在打印的内容中找到了栈段的内存映射,会看到栈区域从 0x7ffe0ad57000 开始,到 0x7ffe0ad78000 结束。指针在这个范围内。

这意味着指针是从栈中分配的,但它们指向栈段之外的内存区域,在本例中是堆段。使用栈指针来寻址堆内存块是常见的事情。

请记住,指针 ptr1 和 ptr2 具有相同的作用域,当 main 函数返回,它们会被释放。但是从堆段获得的堆内存块没有作用域。它们会一直保持被分配的状态,直到程序手动释放它们。可以看到,在从 main 函数返回前,两个内存块都使用指向它们的指针和 free 函数来释放。

关于上述例子的进一步说明是,malloc 和 calloc 函数返回的地址位于堆段内。将返回的地址与描述为[heap]的内存映射作比较,可以发现这一点。标记为 heap 的区域的地址从 0x564c03977000 开始,到 0x564c03998000 结束。ptr1 指针指向地址 0x564c03977260,ptr2 指针指向地址 0x564c03977690,它们都在堆区域内。

至于堆分配函数,顾名思义,calloc 代表 **clear and allocate**,malloc 代表 **memory allocate**。因此,这意味着 calloc 在分配后清理内存块,但是 malloc 会让内存块保留未初始化状态,直到程序在必要时执行初始化。

 注:
在 C++中,关键词 new 和 delete 分别与 malloc 和 free 的作用相同。此外,new 操作符根据操作数类型推断分配内存块的大小,并自动将返回的指针类型转换为操作数类型。

但是如果你查看两个堆块中的字节,它们的值都是 0。所以,看来 malloc 函数也在分配后初始化了内存块。但是根据 C 规范中对 malloc 的描述, malloc 并不初始化已分配的内存块。那为什么会这样呢? 为了进一步讨论, 我们在 macOS 环境中运行这个例子:

```
$ clang ExtremeC_examples_chapter5_3.c - o ex5_3.out
$ ./ ex5_3.out
Address of ptr1:    0x7ffee66b2888
Memory allocated by malloc at 0x7fc628c00370:0x00    0x00    0x00    0x00
0x00    0x00    0x00    0x80    0x00    0x00
Address of ptr2:0x7ffee66b2878
Memory allocated by calloc at 0x7fc628c02740:0x00    0x00    0x00    0x00
0x00    0x00    0x00    0x00    0x00    0x00
$
```

Shell 框 5 - 18:例 5.3 在 macOS 上的输出

仔细查看输出结果, 你会发现由 malloc 分配的内存块中有一些非零字节, 但 calloc 函数分配的内存块中都是零。那么, 我们该怎么办呢? 我们是否应该假设在 Linux 中由 malloc 分配的内存块其值总是 0?

如果你打算写一个跨平台的程序, 一定要与 C 规范保持一致。规范指出 malloc 不初始化已分配的内存块。

即使你只是写一个在 Linux 平台上运行的程序, 也要注意, 编译器也会发展变化。因此, 根据 C 规范, 我们必须始终假定 malloc 分配的内存块没有初始化, 如果需要, 应该手动初始化它。

注意, 因为 malloc 不初始化分配的内存, 它通常比 calloc 速度快。在某些实现中, malloc 并不实际分配内存块, 而是将分配延迟到访问内存块(读或写)时。这样, 内存分配速度更快。

如果想要在 malloc 函数之后初始化内存, 可以使用 memset 函数。下面是一个例子:

```
# include < stdlib.h>                              //用于 malloc 函数
# include < string.h>                              //用于 memset 函数

int main(int argc, char* * argv) {
    char* ptr = (char* )malloc(16 * sizeof(char));
    memset(ptr, 0, 16 * sizeof(char));             //用 0 填充
    memset(ptr, 0xff, 16 * sizeof(char));          //用 0xff 填充
    ...
    free(ptr);
```

```
        return 0;
    }
```

代码框 5 - 7:使用 memset 函数初始化内存块

realloc 函数是另一个堆分配函数。例 5.3 没有使用它。实际上它是通过调整已经分配的内存块来重新分配内存的。下面是一个例子:

```
int main(int argc, char* * argv) {
    char* ptr = (char* )malloc(16 * sizeof(char));
    ...
    ptr = (char* )realloc(32 * sizeof(char));
    ...
    free(ptr);
    return 0;
}
```

代码框 5 - 8:使用 realloc 函数改变已经分配的内存块的大小

realloc 函数不改变原有块中的数据,只扩展已经分配的块。如果由于**碎片**(fragmentation)的原因无法扩展当前分配的块,它将另找到一个足够大的块,并将原内存块中的数据复制到新块。在这种情况下,它还将释放原有数据块。正如所见,在某些情况下 realloc 并不是一个低成本的操作,因为它涉及许多步骤,应该小心使用它。

关于例 5.3 最后要注意的事项是 free 函数。它通过存有块地址的指针来释放已经分配的堆内存块。如前所述,任何已分配的堆块都应该在不需要时被释放,否则将导致**内存泄漏**(memory leakage)。新例 5.4 将展示如何使用 valgrind 工具检测内存泄漏。

在例 5.4 中先制造一些内存泄漏:

```
# include < stdlib.h>              //用于堆内存函数
int main(int argc, char* * argv) {
    char* ptr = (char* )malloc(16 * sizeof(char));
    return 0;
}
```

代码框 5 - 9:从 main 函数返回时没有释放已分配的块,从而产生内存泄漏

上述程序存在内存泄漏,因为当程序结束时,还有 16 字节已分配但未释放的堆内存。这个例子非常简单,但是当源代码行数增加并且涉及更多的组件时,肉眼检测这个错误就非常困难甚至不可能了。

内存分析器可以检测正在运行的进程中的内存问题,是非常有用的程序。valgrind 是其

中最著名的工具之一。

为了使用 valgrind 分析例 5.4，首先要使用调试选项-g 构建示例。然后，用 valgrind 来运行它。当运行给定的可执行目标文件时，valgrind 记录所有的内存分配和回收。最后，当执行完成时或发生崩溃时，valgrind 给出分配和回收的摘要以及未释放的内存量。通过这种方式，它可以让你知道在执行给定程序时产生了多少内存泄漏。

下面的 Shell 框演示了如何编译例 5.4 以及使用 valgrind 分析它：

```
$ gcc - g ExtremeC_examples_chapter5_4.c - o ex5_4.out
$ valgrind ./ex5_4.out
= = 12022= = Memcheck, a memory error detector
= = 12022= = Copyright (C) 2002- 2017, and GNU GPL'd, by Julian Seward et al.
= = 12022 = =  Using Valgrind - 3. 13. 0 and LibVEX; rerun with - h for
copyright info
= = 12022= = Command: ./ex5_4.out
= = 12022= =
= = 12022= =
= = 12022= = HEAP SUMMARY:
= = 12022= = in use at exit: 16 bytes in 1 blocks
= = 12022= = total heap usage: 1 allocs, 0 frees, 16 bytes allocated
= = 12022= =
= = 12022= = LEAK SUMMARY:
= = 12022= = definitely lost:        16      bytes    in    1    blocks
= = 12022= = indirectly lost:        0       bytes    in    0    blocks
= = 12022= = possibly lost:          0       bytes    in    0    blocks
= = 12022= = still reachable:        0       bytes    in    0    blocks
= = 12022= = suppressed:             0       bytes    in    0    blocks
= = 12022= = Rerun with - - leak- chck= full to see details of leaked memory
= = 12022= =
= = 12022= = For counts of detected and suppressed errors, rerun with: - v
= = 12022= = ERROR SUMMARY: 0 errors from 0 contexts (suppressed: 0 from 0)
$
```

Shell 框 5 - 19：valgrind 的输出，显示了执行例 5.4 时产生的 16 字节内存泄漏

如果查看 Shell 框 5 - 19 的 HEAP SUMMARY 部分，可以看到有 1 次内存分配和 0 次内存释放，并且退出时仍有 16 个字节被分配。如果再查看 LEAK SUMMARY 部分，它指出肯定丢失了 16 字节，这意味着内存泄漏！

如果你想确切地知道在哪一行分配了所提到的泄漏内存块，可以使用 valgrind 为此设计的一个专门选项。在下面的 Shell 框中，你将看到如何使用 valgrind 找到负责实际分配

的行：

```
$ gcc - g ExtremeC_examples_chapter5_4.c - o ex5_4.out
$ valgrind - - leak- check= full ./ex5_4.out
== 12144= = Memcheck, a memory error detector
== 12144= Copyright (C) 2002- 2017, and GNU GPL'd, by Julian Seward et al.
== 12144 = =   Using Valgrind - 3. 13. 0 and LibVEX; rerun with - h for
copyright info
== 12144= = Command: ./ex5_4.out
== 12144= =
== 12144= =
== 12144= = HEAP SUMMARY:
== 12144= = in use at exit: 16 bytes in 1 blocks
== 12144= = total heap usage: 1 allocs, 0 frees, 16 bytes allocated
== 12144= =
== 12144= = 16 bytes in 1 blocks are definitely lost in loss record 1 of 1
== 12144 = = at 0x4C2FB0F: malloc (in /usr/lib/valgrind/vgpreload_memcheck-
amd64- linux.so)
== 12144= = by 0x108662: main (ExtremeC_examples_chapter5_4.c:4)
== 12144= =
== 12144= = LEAK SUMMARY:
== 12144= = definitely lost:      16      bytes     in     1      blocks
== 12144= = indirectly lost:      0       bytes     in     0      blocks
== 12144= = possibly lost:        0       bytes     in     0      blocks
== 12144= = still reachable:      0       bytes     in     0      blocks
== 12144= = suppressed:           0       bytes     in     0      blocks
== 12144= =
== 12144= = For counts of detected and suppressed errors, rerun with : - v
== 12144= = ERROR SUMMARY: 1 errors from 1 contexts (suppressed: 0 from 0)
$
```

Shell 框 5 - 20：valgrind 的输出，显示负责实际分配的行

如你所见，我们给 valgrind 指定了 --leak-check＝full 选项，现在它清楚地显示了导致堆内存泄漏的那行代码，在代码框 5 - 9 中的第 4 行，即 malloc 调用，是泄漏的内存块被分配的地方。这可以帮助你进一步跟踪代码，并找到应该释放上述泄漏块的正确位置。

好的，让我们修改前面的例子，在 return 语句之前添加 free(ptr) 指令，释放分配的内存。如下所示：

```
# include < stdlib.h>  //用于堆内存函数

int main(int argc, char* * argv) {
    char* ptr = (char* )malloc(16 * sizeof(char));
    free(ptr);
```

```
        return 0;
    }
```

代码框 5 - 10：释放示例 5.4 中分配的内存块

经过修改，代码释放了唯一分配的堆块。现在再次创建并运行 valgrind：

```
$ gcc - g ExtremeC_examples_chapter5_4.c - o ex5_4.out
$ valgrind - - leak- check= full ./ex5_4.out
= = 12175= = Memcheck, a memory error detector
= = 12175= = Copyright (C) 2002- 2017, and GNU GPL'd, by Julian Seward et al.
= = 12175= =  Using Valgrind - 3. 13. 0 and LibVEX; rerun with - h for
copyright info
= = 12175= = Command: ./ex5_4.out
= = 12175= =
= = 12175= =
= = 12175= = HEAP SUMMARY:
= = 12175= = in use at exit: 0 bytes in 0 blocks
= = 12175= = total heap usage: 1 allocs, 1 frees, 16 bytes allocated
= = 12175= =
= = 12175= = All heap blocks were freed - -  no leaks are possible
= = 12175= =
= = 12175= = For counts of detected and suppressed errors, rerun with - v
= = 12175= = ERROR SUMMARY: 0 errors from 0 contexts (suppressed: 0 from 0)
$
```

Shell 框 5 - 21①：释放分配的内存块后 valgrind 的输出

可见，valgrind 指出所有的堆内存块都被释放了，这实际上意味着程序中不再有内存泄漏。应用 valgrind 运行程序，会使运行速度降低 10 倍到 50 倍，但它可以帮助你很容易地发现内存问题。让程序在内存分析器中运行并尽快捕获内存泄漏是一种很好的做法。

当初始设计不佳造成这个泄漏时，内存泄漏可以被认为是**技术欠债**（technical debts），但如果已知存在泄漏，只是不知道当泄漏继续增加时，会发生什么，这种内存泄漏就要被视为**风险**（risks）。但在我看来，他们应该被视为**缺陷**（bugs），需要花时间来检查，并应尽快修复。

除 valgrind 之外还有其他的内存分析器：如 **LLVM Address Sanitizer**（**ASAN**）和 **MemProf** 都是著名的内存分析器。内存分析程序可以使用各种方法来分析内存的使用和分配。接下来，我们将讨论其中的一些：

---

① 译者注：原文重复使用 5 - 20 对 Shell 框编号，这里改为 5 - 21，后同理。

- 有些分析器可以像沙箱①一样，在内部运行目标程序，并监视所有的内存活动。我们已经在 valgrind 沙箱中运行了例 5.4。此方法不需要重新编译代码。

- 另一种方法是使用一些内存分析器提供的库，其中包装了与内存相关的系统调用。这样，最终的二进制文件将包含分析任务所需的所有逻辑。valgrind 和 ASAN 可以作为内存分析器库被链接到最终的可执行目标文件。此方法需要重新编译目标源代码，甚至还需要对源代码进行一些修改。

- 程序还可以**预加载**（preload）分析器的库，这些库不是默认的 C 标准库，它们对 C 库里的标准内存分配函数进行函数打桩（function interpositions）②。这样，就不需要编译目标源代码。你只需要在 LD_PRELOAD 环境变量中指定想要预加载的分析器的库，而不是默认的 libc 库。MemProf 使用这种方法。

注：
函数打桩是在目标动态库之前加载动态库中定义的包装函数，它将调用传导到目标函数。动态库可以使用 LD_PRELOAD 环境变量进行预加载。

5.2.2 堆内存的原则

正如前面所指出的，堆内存与栈内存在几个方面有所不同。因此，堆内存有自己的内存管理原则。在本节中，我们将重点关注这些差异，并提出在使用堆空间时的注意事项。

栈中的每个内存块（或变量）都有一个作用域。因此，基于内存块的作用域定义其生存期很容易。无论何时，只要超出作用域，该作用域中的所有变量就都消失了。但是堆内存与此不同，且复杂得多。

堆内存块没有任何作用域，因此它的生存期不清楚，应该重新定义。这就是在 JAVA 等现代语言中使用手动回收或**分代垃圾收集**（generational garbage collection）的原因。堆的生存期不能由程序本身或使用的 C 库决定，程序员是唯一决定堆内存块的生存期的人。

---

① 译者注：沙箱（英语：sandbox，又译为沙盒），计算机术语，在计算机安全领域中是一种安全机制，为运行中的程序提供的隔离环境。通常是作为一些来源不可信、具破坏力或无法判定程序意图的程序提供实验之用。

② 译者注：函数打桩（function interposition），拦截对系统标准库中某个目标函数的调用，取而代之执行自己的包装函数。它的用处一是通过添加某些语句，可以追踪程序对某些库函数的调用情况；二是可以在程序中将某些库函数替换成一个完全不同的实现。

当讨论涉及程序员的决策时,特别是在这种情况下,提出一个通用且极端有效的解决方案是非常复杂和困难的。每一种观点都是有争议的,都需要权衡。

为了克服堆生存期的复杂性,最佳策略之一是为内存块定义所有者(owner),而不是定义包含内存块的作用域,当然这不是一个完整的解决方案。所有者是负责管理堆内存块的生存期的唯一实体,是第一时间分配块并在不再需要块时释放块的实体。

关于如何使用这个策略有很多经典的例子。大多数著名的 C 库都使用这种策略来处理堆内存分配。例 5.5 是此方法的一个非常简单的实现,该方法用来管理用 C 编写的队列对象的生存期。下面的代码框演示所有权(ownership)策略:

```c
# include < stdio.h>  //用于 printf 函数
# include < stdlib.h>  //用于堆内存函数
# define QUEUE_MAX_SIZE 100

typedef struct {
    int front;
    int rear;
    double* arr;
}  queue_t;

void init(queue_t*  q) {
    q- > front =  q- > rear =  0;
    //此处分配的堆内存块归 queue 对象所有
    q- > arr =  (double* )malloc(QUEUE_MAX_SIZE *  sizeof(double));
}
void destroy(queue_t*  q) {
    free(q- > arr);
}
int size(queue_t*  q) {
    return q- > rear -  q- > front;
}

void enqueue(queue_t*  q, double item) {
    q- > arr[q- > rear] =  item;
    q- > rear+ + ;
}
double dequeue(queue_t*  q) {
    double item =  q- > arr[q- > front];
    q- > front+ + ;
    return item;
}

int main(int argc, char* *  argv) {
```

```
//此处分配的堆内存块归函数 main 所有
queue_t* q = (queue_t* )malloc(sizeof(queue_t));
//为 queue 对象分配所需的内存
init(q);
enqueue(q, 6.5);
enqueue(q, 1.3);
enqueue(q, 2.4);

printf("% f\n", dequeue(q));
printf("% f\n", dequeue(q));
printf("% f\n", dequeue(q));

//释放 queue 对象获得的内存资源
destroy(q);
//释放 main 函数为 queue 对象分配的内存
free(q);
return 0;
}
```

代码框 5 - 11[ExtremeC_examples_chapter5_5.c]:例 5.5 演示堆生存期管理的所有权策略

上述例子展示了两个不同的所有权情况,所有权的拥有者是不同的。第一个所有权属于 queue_t 类型的对象 q,它拥有的是由 queue_t 结构中的 arr 指针寻址的堆内存块。只要对象 q 存在,这个内存块就必须保持分配状态。

第二个所有权属于 main 函数本身,main 函数拥有存储对象 q 的堆内存块,q 由 main 函数创建并分配内存空间。区分对象 q 拥有的堆内存块和 main 函数拥有的堆内存块非常重要,因为释放其中一个堆内存块并不会释放另一个。

为展示上述代码中如何会发生内存泄漏,假设你忘记在对象 q 上调用 destroy 函数。无疑这样会导致内存泄漏,因为在 init 函数中获取的堆内存块仍然保持分配状态,没被释放。

注意,如果一个实体(对象、函数等)有一个堆内存块,应该在注释中说明。实体也不应该释放不属于它的堆内存块。

注意,多次释放同一个堆内存块会导致"双重释放"(double free)。"双重释放"是内存损坏问题,像任何其他内存损坏问题一样,应该在检测到后立即处理和解决。否则,它可能会造成严重的后果,比如突然崩溃。

除了所有权策略之外,还可以使用垃圾收集器。垃圾收集器是嵌入在程序中的一种自动机制,它试图收集没有指针寻址的内存块。Boehm-Demers-Weiser **保守垃圾收集器**

(Conservative Garbage Collector)是 C 的一个历史悠久的著名垃圾收集器,它提供了一组内存分配函数替代 malloc 和其他标准 C 内存分配函数。

进一步阅读:

更多关于 Boehm-Demers-Weiser 垃圾收集器的信息可以访问:http://www.hboehm.info/gc/。

另一种管理堆块生存期的技术是使用 RAII 对象。**RAII** 意为**"资源获取就是初始化"**(Resource Acquisition Is Initialization)。这意味着我们可以将资源(可能是堆分配的内存块)的生存期绑定到对象的生存期。换句话说,我们使用一个对象,它在构造时初始化资源,在析构时释放资源。不幸的是,这种技术不能在 C 中使用,因为 C 中没有这种机制。但是在 C++ 中,使用析构函数可以有效地使用 RAII 技术。在 RAII 对象中,在构造函数的时候初始化资源,析构函数中也集成了释放资源所需的代码。注意,在 C++ 中,当对象超出作用域或被删除时,会自动调用析构函数。

以下结论是处理堆内存时的准则:

• 堆内存分配不是免费的,它有自己的成本。并不是所有的内存分配函数都有相同的成本,通常,malloc 函数的成本是最低廉的。
• 所有从堆空间分配的内存块必须被释放,或者是在不需要它们的时候立即释放,或者在程序结束之前释放。
• 由于堆内存块没有作用域,程序必须能够管理内存,以避免任何可能的泄漏。
• 对每个堆内存块坚持选择一个内存管理策略是必要的。
• 所选择的策略及其假设应该记录在代码中,这样以后的程序员访问代码的时候就会知道。
• 在某些编程语言,如 C++ 中,我们可以使用 RAII 对象来管理资源,堆内存块也包括在内。

到目前为止,我们认为有足够的内存来存储大对象和运行任何类型的程序。但是在下一节中将对可用内存施加一些限制,并讨论内存不足的环境,或者(从资金、时间、性能等方面来看)增加内存会造成成本很高的环境。在这些情况下,我们需要以最有效的方式使用可用内存。

5.3 受限环境中的内存管理

在某些环境中,内存是一种有限的宝贵资源。还有一些环境中,性能是一个关键因素,不管我们有多少内存,程序都应该快速运行。关于内存管理,每种环境都需要一种特定的技术来克服内存短缺和性能下降的问题。首先,我们需要知道什么是受限的环境。

受限的环境不一定具有较低的内存容量。通常一些约束限制了程序对内存的使用。这些约束可以是客户关于内存使用的硬限制,也可以是硬件只提供了较低内存容量,或者是操作系统不支持更大的内存(例如 MS-DOS)。

即使没有约束或硬件限制,作为程序员也会尽最大努力使用尽可能少的内存,并以优化的方式使用它。内存消耗是项目中关键的**非功能性约束**(non-functional requirements)之一,应该仔细监控和调整。

在本节中,我们将首先介绍低内存环境中克服内存不足的技术,然后讨论在高性能环境中用于提高运行程序性能的通用内存技术。

5.3.1 内存受限的环境

在这样的环境中,内存是有限的,内存大小为几十到数百兆字节的嵌入式系统通常属于这类内存受限环境。在这类环境中,算法设计应该考虑到内存不足。有一些内存管理的技巧,但它们都不如经过良好调优的算法有效。在这种情况下,通常使用**空间复杂度**(memory complexity)较低的算法,而这些算法通常有较高的**时间复杂度**(time complexity),使用时应与其较低的内存使用率进行权衡。

更详细地说明这一点,每个算法都有特定的**时间**(time)和**空间**(memory)复杂度。时间复杂度描述了输入规模与完成算法所需时间之间的关系。类似的,空间复杂度描述了输入规模与完成算法所消耗的内存之间的关系。这些复杂度通常表示为大 **O 函数**(Big-O functions),我们只对复杂度做定性的讨论,因此本节中不需要任何数学来分析内存受限环境。

理想的算法应该同时具有较低的时间复杂度和较低的空间复杂度。换句话说,人们渴望拥有一个消耗少量内存的快速算法,但这种“两全其美”的情况并不常见。同样,我们也不愿意看到内存消耗很高,但性能却不好的算法。

大多数时候,我们需要在内存和速度(时间)之间权衡取舍。举个例子,两个排序算法做同样的工作,但是比较快的算法通常会比慢的消耗更多的内存。

为了减少内存消耗过多造成的风险,有一个很好但是有点保守的做法,就是即使知道在最终的生成环境中拥有足够的内存,也假设正在为一个内存受限的系统编写代码。

请注意,要合理控制内存受限的假设,对平均内存可用性(大小方面)做好相当准确的测算,然后据此来控制和调整编写代码的过程。为内存受限的环境设计的算法本质上比较慢,应该小心这个困境。

在下面一节中,我们将介绍一些技术,这些技术可以帮助我们在内存受限的环境中收集一些浪费的内存,或者使用更少的内存。

(1)打包的结构

为使用更少的内存,一个最简单的方法是使用打包的结构。打包的结构放弃了内存对齐,用更紧凑的内存布局来存储它们的域。

使用打包的结构实际上是一种权衡。放弃内存对齐,消耗的内存更少,但最终在加载结构变量时会消耗更多的内存读取时间,使程序变慢。

这种方法很简单,但不推荐用于所有程序。有关此方法的更多信息,请阅读第 1 章中的"结构"部分。

(2)压缩

压缩是一种有效的技术,特别是对于处理大量保存在内存中的文本数据的程序。与二进制数据相比,文本数据具有较高的**压缩比**(compression ratio)。这种技术允许程序存储压缩形式的数据,而不是占据大量内存的实际的文本数据。

然而,节省内存并不是毫无成本的,由于压缩算法受 **CPU 限制**(CPU-bound)且计算密集,程序最终的性能会更差。这种方法非常适合保存那些不经常用的文本数据的程序;否则,需要进行大量的压缩/解压缩操作,程序最终几乎无法使用。

(3)外部数据存储

使用外部数据存储,例如网络服务、云设施或只是一个简单的硬盘驱动器等形式,都是解决内存短缺问题的非常常见和有用的技术。由于通常认为程序可能在有限内存或低内存环境中运行,因此即使在有足够可用内存的环境中,很多实例也使用这种技术以消耗更少的内存。

这种技术通常假设内存不是主存,而是充当**缓存**(cache)。另一个假设是,在某一时刻,我们不能将全部数据保存在内存中,只有一部分数据或一页(page)数据可以加载到内存中。

这些算法并没有直接解决内存不足的问题,但它们试图解决另一个问题:缓慢的外部数据存储。与主存相比,外部数据存储总是太慢。因此,算法应该平衡外部数据存储和内存的读取。所有的数据库服务,如 PostgreSQL 和 Oracle,都使用这种技术。

在大多数项目中,从头开始设计和编写这些算法是不明智的,因为这些算法并不是那么简单。SQLite 等著名库背后的团队多年来一直在修复软件错误。

如果你需要访问外部数据存储,如文件、数据库或网络的主机,而内存占用率很低,那么总有一些选项供你选择。

5.3.2 高性能环境

正如上一节关于算法的时间和空间复杂度中解释的那样,当想要一个更快的算法时,通常需要消耗更多的内存。因此,在本节中,我们希望通过消耗更多的内存来提高性能。

这种说法的直观解释是使用缓存来提高性能。缓存数据意味着消耗更多内存,但如果缓存使用得当,可以期望获得更好的性能。

但是增加额外的内存并不总是提高性能的最佳方法。还有其他与内存直接或间接相关的方法,可以对算法的性能产生重大影响。在开始讨论这些方法之前,让我们先谈谈缓存。

(1) 缓存

在计算机系统中,当涉及两个具有不同读/写速度的数据存储器时,缓存可以指代所有用于处理这类问题的技术。例如,CPU 有许多内部寄存器,可以快速执行读写操作。另外,CPU 必须从主存获取数据,主存比寄存器慢很多倍。这里就需要缓存机制,否则,主存较低的速度将占主导地位,拖累了 CPU 较高的计算速度。

另一个例子是处理数据库文件。数据库文件通常存储在外部硬盘上,这比主存储器慢很多。毫无疑问,这里需要缓存机制,否则,最慢的速度占据主导地位,它决定了整个系统的速度。

缓存及其详细信息值得用一章来专门解释,因为需要解释抽象模型和专门术语。

使用这些模型,可以预测缓存的性能如何,以及引入缓存后可以预期获得多少**性能增益**(performance gain)。在这里,我们尝试用简单直观的方式解释缓存。

假设有一个慢速存储器,容量很大;同时还有一个快速存储器,但它只能存储有限量数据。很明显,这是一个权衡。我们可以把速度较快但容量较小的存储器称为**缓存**(cache)。如果你把数据从慢速存储器转移到快速存储器并在快速存储器中处理它们,这是合理的,因为快速存储器更快。

你不得不经常去慢速存储器拷贝数据。很明显,你不会只从慢速存储器中取出一项数据,因为这非常低效。相反,你会把**一批**(bucket)数据复制到快速存储器。通常的说法就是:数据被缓存在更快的存储器中。

假设你正在处理的一项数据要求从慢速存储器加载其他数据项。最先冲到你脑海的想法应该是:在最近复制到快速存储器的一批数据中搜索,即在缓存中搜索。

如果能在缓存中找到数据项,就不需要到慢速存储器中检索它,这被称为"**命中**"(hit)。如果在缓存中找不到该数据项,则必须到慢速存储器读取另一批数据到高速缓存中。这就是所谓的"**未命中**"(miss)。很明显,命中次数越多,性能就越好。

以上描述可以应用于 CPU 缓存和主存。由于主存比 CPU 缓存慢,CPU 缓存会存储从主存读取的最新指令和数据。

在下一节中,我们将讨论缓存友好代码,并观察为什么 CPU 可以更快地执行缓存友好代码。

缓存友好代码

当 CPU 执行一条指令时,它首先必须获取所有需要的数据。数据位于主存储器中由指令决定的特定地址中。

在进行任何计算之前,数据必须被传输到 CPU 寄存器中。但是,CPU 通常会取来比预期更多的数据块,并将它们放入缓存中。

下一次，如果所需的值就位于前一个值的地址附近，那么它应该已经存在于缓存中，CPU可以直接使用缓存而不是主存，这比从主存读取它快得多。正如在前一节中解释的那样，这是一个**"缓存命中"**（cache hit）。如果在 CPU 缓存中找不到地址，那就是**"缓存未命中"**（cache miss），CPU 必须访问主存来读取目标地址中的值，并取得所需数据，这是相当慢的。一般来说，更高的命中率会带来更快的执行。

但是为什么 CPU 会获取一个地址周围的相邻地址？这是由于**"局部性原则"**（principle of locality）。在计算机系统中，通常可以观察到位于同一邻域中的数据被更频繁地访问。因此，CPU 按照这个原理运行，并从某局部引用中获取更多数据。如果一个算法利用这种行为，那么 CPU 可以更快地执行它。这就是我们称这种算法为**缓存友好**（cache-friendly）算法的原因。

例 5.6 演示了缓存友好代码和非缓存友好代码的性能区别：

```c
# include < stdio.h>                  //用于 printf 函数
# include < stdlib.h>                 //用于堆内存函数
# include < string.h>                 //用于 strcmp 函数

void fill(int* matrix, int rows, int columns) {
    int counter = 1;
    for (int i = 0; i < rows; i+ + ) {
        for (int j = 0; j < columns; j+ + ) {
            * (matrix + i * columns + j) = counter;
        }
        counter+ + ;
    }
}

void print_matrix(int* matrix, int rows, int columns) {
    int counter = 1;
    printf("Matrix:\n");
    for (int i = 0; i < rows; i+ + ) {
        for (int j = 0; j < columns; j+ + ) {
            printf("% d ", * (matrix + i * columns + j));
        }
        printf("\n");
    }
}

void print_flat(int* matrix, int rows, int columns) {
    printf("Flat matrix: ");
    for (int i = 0; i < (rows * columns); i+ + ) {
        printf("% d ", * (matrix + i));
```

```
        }
        printf("\n");
}

int friendly_sum(int* matrix, int rows, int columns) {
        int sum = 0;
        for (int i = 0; i < rows; i++) {
                for (int j = 0; j < columns; j++) {
                        sum += *(matrix + i * columns + j);
                }
        }
        return sum;
}

int not_friendly_sum(int* matrix, int rows, int columns) {
        int sum = 0;
        for (int j = 0; j < columns; j++) {
                for (int i = 0; i < rows; i++) {
                        sum += *(matrix + i * columns + j);
                }
        }
        return sum;
}

int main(int argc, char** argv) {

        if (argc < 4) {
                printf("Usage: %s [print|friendly-sum|not-friendly-sum] ");
                printf("[number-of-rows] [number-of-columns]\n", argv[0]);
                exit(1);
        }
        char* operation = argv[1];
        int rows = atol(argv[2]);
        int columns = atol(argv[3]);

        int* matrix = (int*)malloc(rows * columns * sizeof(int));
        fill(matrix, rows, columns);

        if (strcmp(operation, "print") == 0) {
                print_matrix(matrix, rows, columns);
                print_flat(matrix, rows, columns);
        }
        else if (strcmp(operation, "friendly-sum") == 0) {
                int sum = friendly_sum(matrix, rows, columns);
                printf("Friendly sum: %d\n", sum);
        }
        else if (strcmp(operation, "not-friendly-sum") == 0) {
                int sum = not_friendly_sum(matrix, rows, columns);
```

```
        printf("Not friendly sum: % d\n", sum);
    }
    else {
        printf("FATAL: Not supported operation! \n");
        exit(1);
    }

    free(matrix);
    return 0;
}
```

代码框 5 - 12[ExtremeC_examples_chapter5_6.c]:例 5.6 展示缓存友好代码和非缓存友好代码的性能

前面的程序计算并输出矩阵中所有元素的和,但它的功能不止于此。

用户可以给该程序传递不同的选项①,从而改变其行为。假设我们想打印一个 2×3 的矩阵,该矩阵由 fill 函数中的算法初始化。用户必须传递 print 选项,以及所需的行数和列数。接下来可以看到,这些选项是如何被传递到最终的可执行二进制文件的:

```
$ gcc ExtremeC_examples_chapter5_6.c - o ex5_6.out
$ ./ex5_6.out print 2 3
Matrix:
1 1 1
2 2 2
Flat matrix: 1 1 1 2 2 2
$
```

Shell 框 5 - 22:例 5.6 的输出,显示一个 2×3 矩阵

输出的是矩阵的两种不同形式。第一个是矩阵的二维表示,第二个是同一个矩阵的平面 (flat)表示。可见,矩阵在内存中以**行主顺序**(row-major)存储。这意味着我们逐行存储它。因此,如果 CPU 从某一行中读取某个元素,那么该行中的所有元素也会被读取。因此,求和的时候最好按照行主序而不是**列主序**(column-major)。

再次查看代码,你会发现 friendly_sum 函数中的求和是按行主序进行的,而 not_friendly _sum 函数中的求和是按列主序进行的。接下来,我们比较两个函数分别执行 20 000 行和 20 000 列的矩阵求和所需的时间。差别非常明显:

```
$ time ./ex5_6.out friendly_sum 20000 20000
```

---

①　译者注:主函数是带参数的函数,可以传递给主函数三个参数,第 1 个参数有三个不同的选项:print、friendly-sum 和 not-friendly-sum。第 2 个和第 3 个参数分别是矩阵的行数和列数。

```
Friendly sum: 1585447424

real    0m5.192s
user    0m3.142s
sys     0m1.765s
$ time ./ex5_6.out not_friendly_sum 20000 20000
Not friendly sum: 1585447424
real    0m15.372s
user    0m14.031s
sys     0m0.791s
$
```

Shell 框 5 - 23：列主序和行主序矩阵求和算法的差别

两种算法的测量时间相差大约是 10 秒！程序是在 macOS 机器上使用 clang 编译器编译的。这一差别意味着，同一逻辑使用相同的内存量，仅仅是读取矩阵元素的顺序不同，程序执行会花费更长的时间！本例清楚地展示了缓存友好代码的效果。

注：
实用程序 time 在所有类 Unix 操作系统中都是可用的，它可以用来测量程序运行的时间。

在继续讨论下一项技术之前，我们应该多讨论一下分配和回收的成本。

（2）分配和回收的成本

在这里，我们想特别讨论一下堆内存分配和回收的成本。如果你意识到堆内存分配和回收操作既耗时又耗内存，而且通常成本很高，尤其是当需要每秒多次分配和释放堆内存块时，那么这可能有点令人吃惊。

栈分配相对较快，而且分配本身不需要更多的内存。而不同的是，堆分配则需要找到足够大的空闲内存块，这可能代价高昂。

为内存分配和回收设计有许多算法，它们在分配和回收操作之间总是有一个折中。如果你想快速分配，分配算法必须消耗更多内存，反之亦然，如果你想消耗更少的内存，则可以选择花更多的时间，分配算法更慢。

除了默认的 C 标准库提供的 malloc 和 free 函数之外，还有其他的 C 语言内存分配器。其中有 ptmalloc、tcmalloc、Haord 和 dlmalloc 等。

查看所有的分配器超出了本章的范围，但是你最好亲自查看并尝试使用它们。

怎么解决分配和回收的成本问题呢？很简单：减少分配和回收的频率。在一些需要频繁分配堆的程序中，这似乎不可能。这些程序通常会分配一大块堆内存，并尝试自己管理。它就像在一大块堆内存上拥有另一层分配和回收逻辑（可能比 malloc 和 free 实现简单）。

还有另一种方法，即使用内存池（memory pools）。在本章结束之前，我们来简要解释这种技术。

（3）内存池

正如前述，内存分配和回收的代价很高。使用内存池是减少分配次数并获得更高性能的有效方法。内存池是一组预先分配的若干个固定大小的堆内存块，池中的每个块通常都有一个标识符，可以通过为池管理而设计的 API 获取该标识符。此外，当不需要此内存块时，可以释放它。由于所分配的内存数量几乎是固定的，因此对于希望在内存受限的环境中具有确定性能的算法来说，它是一个很好的选择。

深入介绍内存池则超出了本书的范围，如果你想了解更多，网上有很多关于这个主题的资源。

5.4　总结

本章中，我们主要介绍了栈段和堆段以及它们的使用方法。此后，我们简要地讨论了内存受限环境，并了解了缓存和内存池等技术如何提高性能。

在这一章：

我们讨论了用于探查栈段和堆段的工具和技术。

- 介绍了调试器，并主要使用 gdb 调试器对内存相关问题进行故障排除。
- 讨论了内存分析器，并使用 valgrind 查找运行时发生的内存问题，如泄漏或悬空指针。
- 比较了栈变量和堆块的生存期，并解释了我们该如何判断这些内存块的生存期。
- 栈变量的内存管理是自动的，但是堆块的内存管理完全是手动的。
- 说明了在处理栈变量时发生的常见错误。
- 讨论了内存受限的环境，并了解了如何在这些环境中进行内存优化。
- 讨论了高性能环境，以及可以使用哪些技术来提高性能。

接下来的四章将讨论 C 中的面向对象内容。这可能乍一看似乎与 C 无关，但事实上，这是用 C 编写面向对象的代码的正确方法。这些章节中，将介绍以面向对象的方式设计和解决问题的正确方法，你会得到编写可读性强的正确 C 代码的指导。

下一章通过必要的理论讨论和示例来探讨所讨论的主题，涵盖了封装和面向对象编程的基础知识。

6

面向对象和封装

关于**面向对象编程**（Object-oriented programming，OOP），有许多有名的书籍和文章。但是这些文章中没有多少会使用像 C 这样的非 OOP 语言来解决 OOP 的问题。这怎么可能呢？我们怎么能够用不支持 OOP 的语言编写出 OOP 程序呢？确切地说，可以用 C 语言写出一个面向对象的程序吗？

对上述问题的简洁回答是：可以！但在解释如何实现之前，我们需要解释一下其中的道理。先将问题分解开来，看看 OOP 到底是什么意思。为什么可以用一种明确声明不支持面向对象的语言来编写面向对象程序呢？这似乎是一个悖论，但事实并非如此。本章中我们将努力解释为什么这种编程是可能的，以及应该如何来实现这种编程。

另一个可能令人困惑的问题是，当打算使用 C 语言作为主要编程语言时，进行上述讨论以及了解 OOP 到底有什么意义呢？看看现在几乎所有成熟的 C 代码库（如开源内核），HTTPD、Postfix、nfsd、ftpd 等服务的实现，以及许多其他 C 库（如 OpenSSL 和 OpenCV），它们都是以面向对象的方式编写的。这种现象并不意味着 C 是面向对象的，但是这些项目所采用的内部结构组织方法都来自面向对象的思维方式。

我强烈推荐阅读本章和后续三章以了解更多 OOP 的知识。原因如下：首先，它将使你像那些设计代码库的工程师一样思考和设计。其次，它将有助于阅读这些库的源代码。

C 语言在语法上不支持如类、继承和虚函数之类的面向对象概念。然而，它确实以一种间接的方式支持面向对象的概念。事实上，在 Smalltalk、C++ 和 Java 出现之前，历史上几乎所有的计算机语言本质上都支持 OOP。这是因为每一种通用编程语言都必须有一种方法来扩展其数据类型，这是面迈向 OOP 的第一步。

C 语言在语法上不能也**不应该**（should not）支持面向对象的特性；这不是因为年代的原因，而是有其他很充分的理由，我们将在本章讨论。简而言之，可以使用 C 语言编写面向对象的程序，但是需要一些额外的努力来解决复杂性问题。

有一些书籍和文章讨论了 C 语言中的 OOP，他们通常试图利用 C 创建一个**类型系统**（type system）来写出**类**（classes），实现继承、多态和其他 OOP 特性。这些书把增加 OOP 支持的内容看作是一组函数、宏和一个预处理器，当一起使用所有这些内容时，就可用 C 语言编写出面向对象的程序。这不会是我们在本章中采取的方法。我们不打算用 C 创建一个新的 C++；相反，我们想要推测一下 C 语言是如何有潜力用于 OOP 的。

人们常说，OOP 是与过程式、函数式相并列的另一种编程范式。但 OOP 远非如此。OOP 更像是一种思考和分析问题的方式。它是一种对宇宙和其中对象层次的认识态度，是人们在理解和分析周围物理实体和抽象实体时，所采用的古老、本质和延续至今的方法的组成部分，是理解自然的基础。

我们总是从面向对象的角度来考虑每个问题。OOP 只是应用了人类一直采用的相同视角，但这一次是使用编程语言来解决计算问题。所有这些都解释了为什么 OOP 是用于编写软件的最常见编程范式。

本章以及之后的三章内容将展示，OOP 中的任何概念都可以用 C 语言实现——尽管它可能很复杂。我们知道一定能用 C 语言实现 OOP，因为这一点已经被实现了，特别是在 C 语言之上创建了 C++ 之后，而且人们也已经利用 C 语言以面向对象的方式成功编写出了许多复杂程序。

这几章并不建议使用某个特定的库或者一组宏来声明类、建立继承关系或者处理其他 OOP 概念。此外，这里也不会强加特殊的命名约定之类的任何方法或规程。我们将只使用原始的 C 语言来实现 OOP 概念。

我们之所以用**整整四章的篇幅**来讲述利用 C 语言实现 OOP，是因为在面向对象背后有很多理论，为了演示所有这些理论，我们需要探讨各种各样的例子。本章将解释 OOP 的大部分基本理论，而接下来的章节中将讨论更实用的主题。对于大多数熟练的 C 程序员来说，即使他们拥有多年的经验，OOP 的概念通常也是比较生疏的，因此我们需要深入讨论。

接下来的四章将介绍在 OOP 中可能遇到的几乎所有内容。本章将先讨论以下内容：

- 首先，我们将定义在 OOP 文献中出现的最基本的术语。我们将定义**类**(classes)、**对象**(objects)、**属性**(attributes)、**行为**(behaviors)、**方法**(methods)、**域**(domains)等等。这些术语将在这四章中大量使用。同时它们对于理解其他与 OOP 相关的资源也至关重要，因为在公认的 OOP 语言中，它们是主要的部分。
- 本章的第一部分并不仅讨论术语，我们还将深入讨论面向对象的根源及其背后的哲学，探索面向对象思维的本质。
- 本章的第二部分专门介绍 C 语言，解释为什么它不是也不能是面向对象的一种语言。这是一个需要被提出的重要问题，也应该被恰当回答。这个主题将在第 10 章中进一步讨论，那时我们将探索 Unix 及其与 C 语言的密切关系。
- 本章的第三部分讨论**封装**(encapsulation)，它是 OOP 最基本的概念之一。简单地说，利用它可以创建和使用对象。例如，将变量和方法放在对象中，这种思路就是封装。第三部分将详细讨论这个内容，并给出几个示例。
- 本章还要介绍**信息隐藏**(information-hiding)，这是封装的一个副作用(虽然它非常重要)。如果没有信息隐藏，我们就无法隔离和解耦软件模块，也就无法有效地向客户端提供与实现无关的 API。这是我们在本章讨论的最后一项内容。

如前所述，整个主题将涵盖四章内容，以下各章将从**构成**(composition)关系上来组织内容。它们包括**聚合**(aggregation)、**继承**(inheritance)、**多态**(polymorphism)和**抽象**(abstraction)。

不过，在本章中，我们将从 OOP 背后的理论开始，看看该如何从软件组件的思维过程中抽取出对象模型。

6.1　面向对象思维

在本章引言中说过，用面向对象方法思考，就是我们日常分解和分析周围事物的方法。当你看着桌子上的花瓶时，不需要仔细分析，也能明白花瓶和桌子是分开的对象。

在不知不觉中，你意识到它们之间有一条界线。你能明白，可以改变花瓶的颜色而不会影响到桌子的颜色。

这些观察说明，我们是以面向对象的角度来看待环境的。换句话说，我们在头脑中创建了一个对周围现实的反射,这个现实就是面向对象的。我们在电脑游戏、3D 建模软件和工程软件中也经常看到这种情况,所有这些都涉及许多相互作用的对象。

OOP 把面向对象的思想引入到软件设计和开发中。面向对象的思维是我们处理环境的默认方式,这就是 OOP 已经成为编写软件最常用的范式的原因。

当然,如果采用面向对象的方法,有些问题将很难解决,而如果选择另一种范式,这些问题将会更容易分析和解决,但是这些问题相对罕见。

在下面几节中,我们将要了解将面向对象的思维转换为编写面向对象代码的更多内容。

6.1.1 思维概念

即使用 C 语言或其他非 OOP 语言来编写程序,也很难说程序中完全没有面向对象思维的痕迹。如果一个人写一个程序,它自然是面向对象的。这一点在变量名中很明显。看看下面的例子,它声明了能保存 10 个学生信息的变量:

```
char*     student_first_names[10];
char *    student_surnames[10];
int       student_ages[10];
double    student_marks[10];
```

代码框 6-1:四个以 student_为前缀的数组,根据命名约定,被设计用于保存 10 个学生的信息

代码框 6-1 中的声明展示了如何使用变量名将一些变量分组到同一个概念下,在本例中,这些变量就是学生(student)。我们必须这样做,否则,会被那些对面向对象思维没有任何意义的临时名称弄糊涂。假设按如下方式定义变量名:

```
char *    aaa[10];
char *    bbb[10];
int       ccc[10];
double    ddd[10];
```

代码框 6-2:四个具有临时名称的数组,用来保存 10 个学生的信息!

不管你有多少编程经验,你都得承认,在编写算法时使用代码框 6-2 中的变量名会遇到很多麻烦。变量命名非常重要,一直非常重要,因为名称会提醒我们注意其对应的概念以及数据和这些概念之间的关系。如果使用这种临时性的命名,代码就会失去这些概念以及概念与数据之间的关系。这可能不会对计算机造成问题,但它会使程序员分析和排除故障变得复杂,并增加了犯错误的可能性。

在当前的语境中,要进一步澄清一下我们所说的概念是什么意思。概念是作为思想或观念而存在于头脑中的精神或抽象形象。**概念**(concept)可以通过对现实世界实体的感知而形成,也可以完全是想象和抽象的。当你看到一棵树或想到一辆车时,它们对应的图像会在脑海中形成两个不同的概念。

要注意的是,有时我们在不同的上下文中使用术语"概念",例如在"面向对象的概念"中,显然,它与我们刚才给出的定义不同。当用于与技术相关的主题时,"概念"一词只是指和理解该主题相关的原则。现在,我们将使用这个与技术相关的定义。

概念对于面向对象的思维很重要,因为如果你不能在头脑中形成并保持对对象的理解,你就无法提取它们所代表的以及与之相关的细节,也无法理解它们的相互关系。

所以,面向对象的思维从概念和概念之间的关系出发来思考问题。因此,如果你想要编写一个合适的面向对象的程序,你需要在头脑中对所有相关的对象、与它们相对应的概念以及它们之间的关系有一个合适的理解。

当团队协作完成一项任务时,你在头脑中形成的面向对象的思维图可能包含了许多概念和相互关系,它们不太容易向他人表达清楚。除此之外,这些思维概念并不稳定、难以捉摸,很容易被遗忘。这也强调了一个事实,就是需要模型和其他表达工具,来将思维图转化为可传达的想法。

6.1.2　思维导图和对象模型

在本节中,我们将通过一个示例来进一步理解到目前为止所讨论的内容。假设我们用文字来描述一个场景。由于描述的目的是向受众传达相关的具体概念,因此可以想象:正在描述的人在脑海中绘制了一张导图,图中列出了各种概念以及它们之间的联接关系;他们的目的是将这张思维导图传达给受众。你可能会说,这几乎是所有艺术表达的目标;不论是看绘画作品、听音乐,或是读小说时,这种思维图的传递都在发生。

那么,我们看看如下一段文字描述。它描述了一间教室。放松你的大脑,试着跟随阅读进行想象。你的脑海中呈现的一切都是通过以下描述传达的概念:

我们的教室是一个旧房间,有着两扇大窗户。当你进入房间时,可以看到对面墙上的窗户。房间中间有许多棕色的木椅。五个学生坐在椅子上,其中两个是男孩。在你右边的墙上有一块绿色的木制黑板,老师正在和学生们谈话。他是一位穿着蓝色衬衫的老人。

现在,让我们来看看脑海中形成了什么概念。在我们这么做之前,请记住,你的想象力可以在不知不觉中溜走。所以,让我们尽最大努力将自己限制在描述的范围内。例如,可以想象更多内容,并说这些女孩是金发碧眼的。但这段描述并没有提到这些,所以我们不会考虑这种情况。在下一段中,我将解释在我脑海中形成了什么,在继续之前,你也应该试着这么做。

在我看来,这段描述中,有五个关于学生的概念(或思维图像,或对象),每个学生对应一个概念。另外,同样有五个和椅子对应的概念。木材和玻璃各对应一个概念。我知道每一把椅子都是木头做的,这就是木材的概念和椅子的概念之间的关系。此外,我知道每个学生都坐在椅子上。因此,椅子和学生之间有五个关系。如此,我们可以确定更多的概念,并将它们联系起来。很快,我们就会有一个用于描述数百个概念之间关系的图表,这个图巨大而复杂。

现在暂停一下,想想你提取概念和关系时有什么不同。这提醒我们,每个人都可以用不同的方式做到这一点。当你想要解决一个特定的问题时,这个过程也会发生。在解决问题之前,需要创建一个思维导图。这个阶段我们称之为**理解阶段**(understanding phase)。

在解决问题时,可以采用基于该问题中的概念及其概念间关系的方法。你用这些概念来解释解决方法,如果有人想理解你的解决方法,他们应该首先理解这些概念和它们的关系。

如果我告诉你,这就是尝试用计算机解决问题时所发生的事情,你应该会感到惊讶,但事实确实如此。你将问题分解为对象(等同于思维范畴中的概念)以及它们之间的关系,然后尝试基于这些对象编写程序,最终解决问题。

你所编写的程序模拟了你脑海中的概念以及它们之间的关系。计算机运行解决方案,你可以验证它是否有效。你仍然是那个解决问题的人,但现在计算机是你的同事,因为它可以执行你的解决方案,现在的解决方案是一串机器级别的指令,它们是从你脑海中的思维导图翻译而来的,不过速度更快,也更准确。

面向对象的程序依据对象来模拟概念,当我们在大脑中为一个问题创建思维导图时,程序在内存中创建一个对象模型。换句话说,如果我们将人类与面向对象的程序进行比较的话,**概念**(concept)、**大脑**(mind)和**思维导图**(mind map)这三个术语分别等同于**对象**(object)、**内存**(memory)和**对象模型**(object model)。这是本节给出的最重要的关联,它关系到我们思考面向对象程序的方式。

但是为什么要用计算机来模拟我们的思维导图呢？因为计算机在速度和精度方面性能很好。这是个非常经典的回答，但它仍然与我们的问题有关。一方面，创建和维护一个大的思维导图和相应的对象模型是一项复杂的任务，但计算机可以做得很好。另一方面，程序创建的对象模型可以存储在磁盘上，以后可以再次使用。

思维导图可能会受情绪影响而被遗忘或被改变，但计算机是没有情感的，而且对象模型比人类思想更加健壮。这就是为什么我们应该编写面向对象程序：因为它能够将我们头脑中的概念转化为有效的程序和软件。

注：
到目前为止，还没有人发明出可以从人的大脑中下载和存储思维导图的工具——但也许将来会有！

6.1.3　对象不在代码中

如果你查看正在运行的面向对象程序的内存，你会发现它充满了对象，所有的对象都是相互关联的。人类也是如此。如果把人看作一台机器，你可以说他们一直在开机运转，直到他们死去。这是一个很重要的类比。对象只能存在于运行的程序中，就像概念只能存在于活的头脑中一样。这意味着只有当程序在运行时才有对象。

这看起来可能有点矛盾，因为当你在编写一个程序（面向对象的程序）时，这个程序还不存在，所以也不能运行！那么，在没有正在运行的程序和对象时，我们如何编写面向对象的代码呢？

注：
当编写面向对象的代码时，没有对象存在。一旦将代码创建为可执行程序并运行它，就创建了对象。

OOP 实际上并不是关于创建对象的。它创建了一组指令，当程序运行时，这组指令可以产生一个完全动态的对象模型。一旦编译和运行后，面向对象的代码应该能够创建、修改、关联甚至删除对象。

因此，编写面向对象的代码是一项棘手的任务。你需要在对象存在之前就想象它们及其关系。这正是 OOP 复杂的原因，也是我们需要一种支持面向对象的编程语言的原因。

想象还没有创造出来的东西,描述或设计它的各种细节的艺术通常被称为设计(design)。因此在面向对象编程中,这个过程通常被称为**面向对象的设计**(object-oriented design, OOD)。

在面向对象的代码中,我们只计划创建对象。OOP 提供了一组指令,来确定何时以及如何创建对象。当然,这不仅仅关于创建。关于一个对象的所有操作都可以使用编程语言来细化。OOP 语言是由一组指令(和语法规则)构成的一种语言,允许编写和规划与对象相关的操作。

到目前为止,我们已经看到,人类头脑中的概念和程序内存中的对象之间存在着明显的对应关系。因此,关于概念和对象的各种操作之间也应该有对应关系。

每个对象都有一个专门的生命周期。这也适用于头脑中的概念。在某个时刻,一个想法浮现在脑海中,并形成一个作为概念的思维图像,而在另一个时刻,它又消失不见。对象也是如此。对象在一个时间点上被构造出来,在另一个时刻被解构。

最后要指出的是,一些思维概念是恒定不变的(而不是反复无常和短暂的概念)。这些概念似乎独立于任何头脑,甚至在没有头脑可以理解它们的时候就存在了。它们大多是数学概念。例如数字 2。在整个宇宙中只有一个数字 2! 太棒了! 这意味着你和我对数字 2 有相同的概念;如果我们试图改变它,它就不再是数字 2 了。这时我们就离开了面向对象的领域,进入**函数式编程**(functional programming)范式的领域,这个领域中充满了不可改变的对象。

6.1.4 对象属性

任何头脑中的每个概念都有一些与之相关的属性。如果你还记得,在先前对教室的描述中,我们有一把椅子,叫作 **chair1**,它是棕色的。换句话说,每个 chair 对象都有一个名为 color 的属性,而 **chair1** 对象的属性是棕色。教室里还有另外四把椅子,它们的颜色属性可以有不同的值。在我们的描述中,它们都是棕色的,但可能在另一种描述中,有一把或两把椅子是黄色的。

一个对象可以有多个属性或一组属性。我们把赋给这些属性的值统称为对象的状态(state)。状态可以被简单地看作是一组值的列表,每个值都属于一个对象中某个特定的属性。对象在其生命周期内可以被修改,这样的对象被称为可变的(mutable)。这仅仅意味着状态在其生命周期内可以更改。对象也可以是无状态的(stateless),这意味着它们不携带任何状态（或任何属性）。

对象也可以是**不可变的**（immutable），就像对应于数字 2 的概念（或对象）一样，不能被改变——不可变意味着状态在构造时就确定了，之后就不能被修改。

注：

无状态对象可以被视为不可变对象，因为它的状态在其生命周期内无法更改。事实上，它没有状态可以改变。

最后要注意的是，不可变对象特别重要。尤其是需要在多线程环境中共享它们时，它们的状态不能更改是一个优势。

6.1.5　领域

每个为解决特定问题而编写的程序，即使是非常小的程序，都有一个定义良好的领域。领域是软件工程文献中广泛使用的另一个重要术语。领域定义了软件展示其功能的边界。它还定义了软件应该处理的需求。

一个领域使用特定的和预先确定的术语（术语表）来表达它的任务，并可以让工程师在领域的边界内建模。每个参与软件项目的人都应该知道他们的项目定义在哪个领域中。

例如，银行软件通常是为定义非常明确的领域而构建的。它有一套众所周知的术语，包括"账户""信用""余额""转账""贷款""利息"等等。

领域的定义可以通过其术语表中的术语来明确，例如，在银行领域，你不会找到"病人""药物"和"剂量"等术语。

如果编程语言不提供处理某个特定领域的概念（例如医疗保健领域中的病人和药物的概念）的工具，那么就很难使用该编程语言为该领域编写软件——不是不可能，而是肯定很复杂。而且，软件越大，开发和维护起来就越困难。

6.1.6　对象之间的关系

对象可以是相互关联的，它们可以互相引用来表示关系。例如，在教室描述中，对象 **student4**（第四个学生）可能与对象 **chair3**（第三把椅子）相关，关系名为**"坐在"**（sitting on）。换句话说，**student4** 坐在 **chair3** 上。通过这种方式，系统中的所有对象相互引用，并形成了一个被称为对象模型的对象网络。我们之前说过，对象模型就是我们在头脑中形成的思维导图的对应。

当两个对象相关时,一个对象状态的改变可能会影响另一个对象的状态。举个例子来解释一下。假设我们有两个不相关的对象,p1 和 p2,表示两个像素。

对象 p1 有一组属性如下:{x:53, y:345, red:120, green:45, blue:178}。对象 p2 的属性如下:{x:53, y:346, red:79, green:162, blue:23}。

注:

我们使用的符号与 **JavaScript 对象符号(JSON)** 几乎相同,但不完全相同。在这种表示法中,单个对象的属性放置在两个花括号中,属性之间用逗号分隔。每个属性都有一个对应的值,用冒号将其与属性隔开。

现在,为了使它们相互关联,它们需要有一个额外的属性来表示它们之间的关系。对象 p1 的状态变为{x:53, y:345, red:120, green:45, blue:178, adjacent_down_ pixel:p2},p2 的状态变为{x:53, y:346, red:79, green:162, blue:23, adjacent_up_pixel:p1}。

属性 adjacent_down_pixel 和 adjacent_up_pixel 表明这些像素对象是相邻的;它们的 y 属性差值仅为 1。使用这些额外的属性,这些对象意识到它们与其他对象存在关系。例如,p1 知道它的相邻的下一个像素是 p2,p2 知道它的相邻的上一个像素是 p1。

因此,我们可以看到,如果两个对象之间形成了关系,那么这些对象的状态(或与它们的属性相对应的值的列表)就会改变。因此,对象之间的关系可以通过向它们添加新属性来创建,所以,这个关系就成为对象状态的一部分。当然,这对于这些对象的可变性或不变性有影响。

请注意,定义对象状态和不可变性的属性子集可以从一个域更改为另一个域,而且它不一定包含所有的属性。在一个域中,要表示对象的状态,我们可能只使用非引用属性(在上例中为 x, y, red, green, blue),而在另一个域中,则可能将它们与引用属性(上例中的 adjacent_up_pixel 和 adjacent_down_pixel)组合在一起使用。

6.1.7 面向对象操作

OOP 语言允许我们规划对象构造、析构,以及改变即将运行的程序中对象的状态。那么,先从对象构造开始。

注：

"构造"（construction）一词是精心挑选的。我们可以使用**创建**（creation）或**构建**（building），但这些术语在 OOP 文献中未被采纳为标准术语。创建是指为对象分配内存，而构造是指初始化其属性。

有两种方法来规划对象的构造：

- 第一种方法是构造一个空对象，即状态中**没有**（without）任何属性—或者，更常见的是，构造一个具有最少属性的对象。

- 当代码运行时，将确定并添加更多的属性。以这种方式，根据运行环境的变化，同一对象在同一程序的两次不同执行中可以具有不同的属性。

- 每个对象都被视为一个单独的实体。在程序继续运行期间，任何两个对象，即使由于他们拥有一个公共属性列表而看起来属于同一个组（或类），他们各自状态中的属性也不同。

- 举例来说，前面提到的对象 p1 和 p2 具有相同的属性—— x、y、red、green 和 blue，因此它们都是像素（或者它们都属于同一个名为 pixel 的类）。在建立关系后，因为它们有不同的新属性：p1 有 adjacent_down_pixel 属性，p2 具有 adjacent_up_pixel 属性，它们会有不同的状态。

- 这种方法在 JavaScript、Ruby、Python、Perl 和 PHP 等编程语言中使用。其中大多数都是**解释型编程语言**（interpreted programming languages）。属性在它们的内部数据结构中作为**映射**（map，或散列 hash）保存，这些数据结构在运行时很容易更改。这种技术通常称为**基于原型的 OOP**（prototype-based OOP）。

- 第二种方法可以构造一个对象，它的属性是预先确定的，并且在执行过程中不会改变。在运行时，不允许向这样的对象添加更多的属性，该对象将始终保持其结构。只允许修改属性的值，而且只有当对象是可变时才可能更改。

- 要应用这种方法，程序员应该创建一个预先设计好的**对象模板**（object template）或类（class），以便在运行时始终保持需要在对象中呈现出的所有属性。在运行时，编译该模板并将其输入到面向对象的语言中。

- 在很多编程语言中，对象模板被称为类。像 Java、C＋＋和 Python 这样的编程语言使用这个术语来表示它们的对象模板。这个技术通常称为**基于类的 OOP（class-based OOP）**。注意，Python 既支持基于原型的 OOP，也支持基于类的 OOP。

注：

一个类只确定了对象的属性列表，并没有确定实际的属性值，这些属性在运行时才被赋值。

请注意，对象和**实例**（instance）是相同的东西，它们可以互换使用。然而，在一些文章中，它们之间可能会有一些细微的差异。还有一个术语："**引用**"（reference）值得提及和解释。术语"对象"或"实例"用于表明内存中为该对象的值分配的实际位置，而"引用"类似于指向该对象的指针。所以，可以有很多引用指向同一个对象。一般来说，对象通常没有名字，但引用有名字。

注：

在 C 语言中，有指针作为引用的相应语法。同时还有**栈对象**（Stack objects）和**堆对象**（Heap objects）。堆对象没有名字，我们使用指针来引用它。与之相反，栈对象实际是一个变量，因此有自己的名字。

虽然前述的两种方法都可以使用，但是 C 和 C++语言，特别是 C++，它们的官方设计支持基于类的方法。因此，当程序员想要用 C 或 C++语言创建对象时，首先需要有一个类。我们将在后续章节中更多地讨论类及其在 OOP 中的作用。

下面的讨论可能看起来有点和主题并不相关，但实际上并非如此。关于人类一生中如何成长的问题，有两种思想流派，它们与我们之前谈到的对象构造方法非常吻合。其中一种思想认为，人在出生时是空的，没有本质（或状态）。

通过在生活中不断地生长，经历了或好或坏的不同事情，人们的本质才开始成长，并发展出独立和成熟的性格。**存在主义**（existentialism）就是提倡这一理念的哲学传统。

它的著名格言是"存在先于本质"。这个想法很简单，就是说的人类首先存在于世，然后通过生活经验获得他们的本质。这个想法非常接近基于原型的对象构造方法，在这种方法中，对象一开始被构造为空的，在运行时进行演化。

另一种思想更为古老，主要由宗教所推崇。在这个思想下，人类是基于某种形象（或本质）创造出来的，而这种形象在人类出现之前已经存在。这与基于模板或类构造对象的方式非常相似。作为对象创建者，我们先准备一个类，然后程序开始根据这个类创建对象。

注：

> 不论是小说，抑或是文献和史料中的故事中，人们克服某种困难所采用的方法，与计算机科学中用于解决类似问题的算法之间有很大的对应关系。我深信，人类的生活方式以及所经历的现实，与我们对计算机科学的算法和数据结构的理解和谐一致。前面的讨论就是一个极好的例子，OOP 和哲学之间有着高度的和谐。

像对象构造一样，对象析构也在运行时发生；我们只能通过代码来规划它。一个对象在其生命周期内分配的所有资源都应该在其被析构时被释放掉。当对象被析构时，所有其他相关的对象都应该被更改，从而使得它们不再引用被析构的对象。对象不应该具有引用不存在的对象的属性，否则将失去对象模型中的**引用完整性**（referential integrity）。失去完整性可能导致运行时错误，如内存损坏或分段错误，以及像错误计算之类的逻辑错误。

修改对象（或改变对象的状态）有两种不同的方式，可以直接更改现有的属性值，也可以在该对象的属性集中添加或删除属性。后者只有在选择了基于原型的方法来构建对象时才会发生。记住，改变不可变对象的状态是被禁止的，因此面向对象的语言不允许这种操作。

6.1.8　对象的行为

每个对象，连同它的属性，都有一个它可以执行的特定功能列表。例如，一个汽车能够加速、减速、转弯。在 OOP 中，这些功能总是和域的需求相匹配。例如，在银行对象模型中，客户可以开设一个新账户，但不能进食。当然，客户是人，肯定能吃东西，但只要吃东西的功能与银行领域无关，那它就不是客户对象的必要功能。

每个功能都可以通过改变对象属性的值来改变对象的状态。举个简单的例子，汽车对象可以加速，那么加速就是汽车对象的一个功能，通过加速，汽车的速度（它的属性之一）会发生变化。

总之，对象就是一组属性和功能。在后面的小节中，我们将更详细地讨论如何将在对象中集成属性和功能。

到目前为止，我们已经解释了学习和理解 OOP 所需的基本术语。下一步是解释封装的基本概念。作为中场休息，我们来看看为什么 C 语言不能成为 OOP 语言。

6.2　C 不是面向对象的，但是为什么呢？

C 不是面向对象的，但这并不是因为它的历史悠久。如果年龄是一个原因的话，那么我们现在就可以找到一种方法使它面向对象。但是，在第 12 章，可以看到，C 语言的最新标准 C18，并没有试图使 C 语言成为一个面向对象的语言。

另一方面，C＋＋可以看作是基于 C 语言而努力设计得到的一种 OOP 语言。对于 C 语言来说，如果它的命运就是被面向对象的语言取而代之，那么由于有了 C＋＋，今天对 C 语言就不会再有任何需求——但事实并非如此，当前对 C 语言工程师的需求依然广泛。

人的思维方式是面向对象的，但 CPU 执行的机器指令是程序性的。CPU 只是一个接一个地执行一组指令，它必须不停地从内存中的不同地址跳转、获取和执行其他指令；这与使用 C 这样的过程性编程语言编写的程序中的函数调用非常相似。

C 不能是面向对象的，因为它位于面向对象和过程性编程之间的边界上。面向对象是人类对问题的理解，过程执行是 CPU 所能做的。因此，我们需要一些东西位于这个位置上，形成这个边界。否则，通常以面向对象的方式编写成的高级程序无法直接转换成送入 CPU 的过程指令。

看看那些高级编程语言（Java、JavaScript、Python、Ruby 等等），它们的体系结构中都有一个组件或层，可以连接其运行环境和实际操作系统中的 C 语言库（类 Unix 系统中的标准 C 库和 Windows 系统中的 Win32 API）。例如，Java 平台中，**Java 虚拟机**（JVM）就实现了这一功能。虽然并非所有这些环境都必须是面向对象的（例如 JavaScript 或 Python 既可以是过程性的，也可以是面向对象的），但它们需要这一层来将其高级逻辑转换为低级过程性指令。

6.3　封装

在前面的几节中，我们看到每个对象都有一组属性和一组附加在其上的功能。本节我们将讨论如何将这些属性和功能放入名为对象的实体中。这个过程叫作**封装**（encapsulation）。

封装意味着将相关的东西放在一个代表对象的**胶囊**（capsule）中。封装过程首先在你的头脑中发生,然后被转变为代码。当你觉得一个对象需要一些属性和功能时,就会在脑海中进行封装,然后,将封装转变到代码级别。

能够在编程语言中进行封装是至关重要的,否则将相关变量放在一起将成为一项站不住脚的工作(我们先前提到过,可以使用命名约定来实现这一点)。

对象由一组属性和一组功能组成。不论是属性还是功能都应该封装到对象胶囊中。我们先讨论属性封装(attribute encapsulation)。

6.3.1 属性封装

如前所述,我们总是可以使用变量名进行封装,将不同的变量绑定在一起,并将它们分组在同一个对象中。可以看如下的例子:

```
int pixel_p1_x      = 56;
int pixel_p1_y      = 34;
int pixel_p1_red    = 123;
int pixel_p1_green  = 37;
int pixel_p1_blue   = 127;

int pixel_p2_x      = 212;
int pixel_p2_y      = 994;
int pixel_p2_red    = 127;
int pixel_p2_green  = 127;
int pixel_p2_blue   = 0;
```

代码框 6-3:用一些变量表示两个像素,变量按名称分组

这个例子清楚地展示了如何使用变量名将变量分组在 p1 和 p2 之下,在某种程度上这种变量可称为**隐式对象**(implicit objects)。隐式的意思是程序员是唯一知道这些对象存在的人,编程语言对它们一无所知。

编程语言只看到 10 个看似相互独立的变量。这是一个非常低级的封装,以至于它不被正式认为是封装。通过变量名实现封装在所有编程语言中都存在(因为可以命名变量),即使在汇编语言中也是如此。

我们需要的是提供**显式封装**(explicit encapsulation)的方法。显式的意思是程序员和编程语言都知道封装和胶囊(或对象)的存在。不提供**显式属性封装**(explicit attribute encapsulation)的编程语言很难使用。

幸运的是,C 语言提供了显式封装,这也是我们能够很容易地用它编写这么多本质上面

向对象的程序的原因之一。另一方面,C 语言不提供显式的行为封装,我们不得不采用隐式规则来支持这一点,我们会在下一节讨论这一点。

需要注意的是,编程语言总是需要显式特性,如封装。在这里,我们只讨论了封装,但是这可以扩展到许多其他面向对象的特性,比如继承和多态性。这样的显式特性允许编程语言在编译时就能捕获相关错误,而不要等到运行时。

在运行时解决错误是一场噩梦,因此我们始终应该在编译时去努力捕获错误。面向对象语言完全了解我们面向对象的思维方式,这是它的主要优势。面向对象的语言可以在编译时发现并报告设计中的错误和冲突,从而避免在运行时去解决许多严重的错误。事实上,这就是我们看到越来越多更复杂的编程语言的原因——让语言的一切都显式化。

不幸的是,在 C 语言中,并非所有面向对象的特性都是显式的。这就是为什么很难用 C 语言编写面向对象程序的原因。但 C++ 具有更多显式的特性,实际上这是为什么它被称为面向对象编程语言的原因。

在 C 语言中,结构提供封装。我们可以改变代码框 6-3 中的代码,并使用结构重写它:

```
typedef struct{
    int x, y;
    int red,green,blue;
} pixel_t;

pixel_t  p1, p2;

p1.x =  56;
p1.y =  34;
p1.red =  123;
p1.green =  37;
p1.blue =  127;

p2.x =  212;
p2.y =  994;
p2.red =  127
p2.green=  127;
p2.blue=  0;
```

代码框 6-4:pixel_t 结构,并声明两个 pixel_t 变量

关于代码框 6-4,有一些重要的事情需要注意:

- 当我们将 x、y、red、green 和 blue 属性加入到新类型 pixel_t 时,就进行了属性封装。
- 封装总会创建一个新类型,C 语言中的属性封装尤其如此。这一点非常重要。事实

上,这是使得封装显式的方式。请注意 pixel_t 结尾的后缀_t。在 C 语言中,通常都会在新类型名称的末尾加上后缀_t,但这不是强制性的。我们在整本书中都使用这个约定。

- 在代码执行时,p1 和 p2 是显式对象。它们两个都是 pixel_t 类型,并且它们只有由结构规定的属性。在 C 语言,特别是 C++中,类型规定了对象的属性。

- 新类型 pixel_t 仅是类(或对象模板)的属性。而"**类**"(class)这个词指的是同时包含属性和功能的对象模板。因为 C 结构只具有属性,所以它不能与类相对应。不幸的是,在 C 语言中没有与类对应的概念;属性和功能是分开存在的,我们在代码中隐式地将它们联系在一起。每个类对 C 都是隐式的,它指的是一个单个的结构和一系列 C 函数。在本章接下来的部分和后续章节中,会看到更多这样的例子。

- 可以看到,我们正在基于模板(这里是结构 pixel_t)构造对象,模板需要有预先确定的属性,对象在诞生时就应该具有该属性。如前所述,结构只存储属性而不存储功能。

- 对象构造和新变量的声明很相似。首先是类型名,然后是变量名(对象名)。当声明了一个对象后,两个事情几乎同时发生:首先是为对象分配内存(创建),然后用默认的值初始化属性(构造)。先前的例子中,由于所有的属性都是整数,因此将使用 C 语言中默认的整数值 0 进行初始化。

- 在 C 和其他很多的编程语言中,使用(.)来访问对象中的属性,或者使用(->)来通过存储在指针中的地址间接访问结构中的属性。表达式 p1. x(如果 p1 是指针,就是 p1 −>x)应该被读作 **p1 对象中的 x 属性**(the x attribute in the p1 object)。

正如你现在所知道的,属性当然不是唯一可以封装到对象中的东西。现在是时候看看如何封装功能了。

6.3.2　行为封装

对象只是属性和方法的胶囊。"方法"是另一个标准术语,通常用来表示保存在对象中的一段逻辑或功能。它可以被看作是一个具有名字、一系列参数和返回类型的 C 函数。属性传达的是**值**(values),而方法传达的是**行为**(behaviors)。因此,一个对象有一系列值,也可以在系统中执行某些行为。

在基于类的面向对象语言(如 C++)中,很容易将许多属性和方法组合在一个类中。在基于原型的语言(如 JavaScript)中,通常从一个空对象(例如"nihilo"或"from nothing")开始,或者克隆一个现有的对象。要使对象具有行为,需要为之添加方法。看看下面用

JavaScript 编写的例子,它可以帮助你深入了解基于原型的编程语言是如何工作的:

```
//构造一个空对象
var clientObj = { };
//设置属性
clientObj.name = "John";
clientObj.surname= "Doe";
//添加一个用于开设银行账户的方法
clientObj.orderBankAccount = function () {
...
}
...
//调用该方法
clientObj.orderBankAccount ();
```

代码框 6-5:在 JavaScript 中构造一个客户对象

在本例中可看到,在第二行中创建了一个空对象。在接下来的两行中,添加了两个新属性,name 和 surname 到对象中。接下来的一行中添加一个新方法 orderBankAccount,它指向一个函数定义。这行实际上是赋值。右边是一个**匿名函数**(anonymous function),它没有命名,并被赋给了左侧对象的 orderBankAccount 属性。换句话说,我们将一个函数存储到 orderBankAccount 属性中。最后一行,调用了对象的方法 orderBankAccount。这个例子很好地演示了基于原型的编程语言,它只依赖于最初的空对象。

在基于类的编程语言中,完成上述例子,其方法是不同的。在基于类的语言中,需要先编写类,因为没有类,就不能有任何对象。下面的代码框中包含了用 C++ 编写实现的相同例子:

```
class Client{
public:
    void orderBankAccount() {
        ...
    }
    std:: string name;
    std:: string surname;
};
...
Client clientObj;
clientObj.name = "John";
clientObj.surname= "Doe";
...
```

```
clientObj.orderBankAccount();
```

代码框 6 - 6:用 C++构造客户对象

可以看到,这里从声明一个新类 Client 开始。第一行声明了一个类,它立即成为一个新的 C++类型。它被花括号包围着,像一个胶囊。在声明了类之后,由 Client 类构造了对象 clientObj。

接下来的代码设置了属性,最后调用了 clientObj 对象的 orderBankAccount 方法。

注:
在 C++中,方法通常被叫作**成员函数**(member function),而属性被叫作**数据成员**(data member)。

如果观察一下一些有名的开源 C 项目为了封装某些内容而使用的技术,可以发现有一些共同的规则。本节下面内容将介绍行为封装的技术,它来自那些项目中相似的技术。

因为要经常回顾这个技术,这里给它起个名字,称其为**隐式封装**(implicit encapsulation)。它是隐式的,因为它并没有提供一个 C 语言能够了解的显式行为封装方法。基于目前从 ANSI C 标准中所了解的内容,C 语言不可能处理有关类操作。因此,所有尝试在 C 语言中解决面向对象的技术都不得不是隐式的。

隐式封装技术有如下建议:

- 使用 C 结构来为对象设置属性(显示属性封装)。这种结构称为**属性结构**(attribute structures)。
- 使用 C 函数实现行为封装。这些函数称为**行为函数**(behavior functions)。你应该知道,我们不能在 C 语言的结构中实现函数。因此这些函数必须位于属性结构的外面(隐式行为封装)。
- 行为函数必须采用结构指针作为参数(通常是第一个参数或是最后一个参数)。指针指向对象的属性结构。这是因为行为函数可能需要读取或修改对象的属性,这种操作非常常见。
- 行为函数必须具有合适的命名,以表明它们都和同一类的对象相关。因此在使用隐式封装技术时,需要坚持一致的命名约定。我们在这些章节中尽量坚持两个命名约定,这是其中之一,其目的就是为了有清晰的封装。另一个是在属性结构的名称中使用_t 后缀。不过,对于怎样命名我们当然并不强求,你可以使用自定义的命名约定。

- 通常,对行为函数的声明语句与属性结构的声明语句都放在同一个头文件中,这个头文件文件被称为声明头(declaration header)。
- 行为函数的定义通常放在一个或多个单独的源文件中,这些文件需要包含声明头文件。

注意,使用隐式封装,类确实存在,但它们是隐式的,只有程序员知道。下面的例 6.1 展示了如何在实际的 C 语言程序中使用这种技术。本例是关于一个汽车对象,它能够加速直到耗尽燃料时停止。

在例 6.1 中,下面的头文件包含了新类型 car_t 的声明,car_t 是 Car 类的属性结构。头文件还包含 Car 类的行为函数所需的声明。我们用短语"Car 类"来指代的是 C 代码中缺少的隐式类,它集合了属性结构和行为函数:

```
# ifndef EXTREME_C_EXAMPLES_CHAPTER_6_1_H
# define EXTREME_C_EXAMPLES_CHAPTER_6_1_H

//这个结构保持了和 car 对象相关的所有属性
typedef struct {
    char name[32];
    double speed;
    double fuel;
} car_t;

//这些函数声明是 car 对象的行为
void car_construct(car_t* , const char* );
void car_destruct(car_t* );
void car_accelerate(car_t* );
void car_brake(car_t* );
void car_refuel(car_t* , double);

# endif
```

代码框 6-7[ExtremeC_examples_chapter6_1.h]:Car 类的属性结构和行为函数的声明

可见,属性结构 car_t 有三个字段:name、speed 和 fuel,这些是 car 对象的属性。请注意,car_t 现在是 C 中的一种新类型,我们现在可以声明这种类型的变量。正如在前面的代码框中看到的那样,行为函数通常也在同一个头文件中声明。它们采用 car_ 前缀,强调它们都属于同一类。

关于隐式封装技术,有一点非常重要:每个对象都有自己独特的属性结构变量,但所有对象都共享相同的行为函数。换句话说,我们必须从属性结构类型为每个对象创建一个专用变量,但我们只编写一次行为函数,并为不同的对象调用它们。

请注意,car_t 属性结构本身不是一个类。它只包含了 Car 类的属性。这些声明一起构成隐式 Car 类。接下来还有更多的例子。

许多著名的开源项目都使用上述技术编写半面向对象的代码。libcurl 就是一个例子。如果你看一下它的源代码,就能看到许多以 curl_开头的结构和函数。你可以在这里找到这些函数的列表:https://curl.haxx.se/libcurl/c/allfuncs.html。

下面的源文件包含了示例 6.1 中行为函数的定义:

```c
# include < string.h>

# include "ExtremeC_examples_chapter6_1.h"

//上述函数的定义
void car_construct(car_t* car, const char* name) {
    strcpy(car- > name, name);
    car- > speed = 0.0;
    car- > fuel = 0.0;
}

void car_destruct(car_t* car) {
    //这里没什么可做的!
}

void car_accelerate(car_t* car) {
    car- > speed + = 0.05;
    car- > fuel - = 1.0;
    if (car- > fuel < 0.0) {
        car- > fuel = 0.0;
    }
}

void car_brake(car_t* car) {
    car- > speed - = 0.07;
    if (car- > speed < 0.0) {
        car- > speed = 0.0;
    }
    car- > fuel - = 2.0;
    if (car- > fuel < 0.0) {
        car- > fuel = 0.0;
    }
}

void car_refuel (car_t* car, double amount) {
    car- > fuel = amount;
}
```

代码框 6 - 8[ExtremeC_examples_chapter6_1.c]:Car 类中行为函数的定义

代码框 6 - 8 中定义了 Car 的行为函数。可以看到,所有函数都将 car_t 指针作为其第一个参数。这样允许函数读取和修改对象的属性。如果一个函数不具备指向属性结构的指针,那么它可以被认为是一个普通的 C 函数,它不代表对象的行为。

注意,行为函数的声明通常位于相应属性结构的声明旁边。这是因为程序员是唯一负责维护属性结构和行为函数对应关系的人,而且维护应该足够容易。因此将这两个集合保持在一起(通常在同一个头文件中),有助于维护类的整体结构,并为以后的工作减轻痛苦。

下面代码框中的源文件包含 main 函数,并执行主逻辑。所有的行为函数都被使用了:

```c
# include < stdio.>
# include "ExtremeC_examples_chapter6_1.h"
//Main 函数
int main(int argc, char* * argv) {
    //创建变量
    car_t  car;
    //构造对象
    car_construct(&car, "Renault");
    //主要算法
    car_refuel(&car, 100.0);
    printf("Car is refueled, the correct fuel level is % f\n",car.fuel);
    while (car.fuel > 0) {
        printf("Car fuel level: % f\n", car.fuel);
        if (car.speed < 80) {
            car_accelerate(&car);
            printf("Car has been accelerated to the speed: % f\n", car.speed);
        }  else {
            car_brake(&car);
            printf("Car has been slowed down to the speed: % f\n", car.speed);
        }
    }
    printf("Car ran out of the fuel! Slowing down ...\n");
    while (car.speed > 0) {
        car_brake(&car);
        printf("Car has been slowed down to the speed: % f\n", car.speed);
    }
    //析构对象
    car_destruct(&car);
```

```
    return 0;
}
```

代码框 6‑9［ExtremeC_examples_chapter6_1_main. c］：例 6.1 的主函数

main 函数中的第一条指令根据 car_t 类型声明了 car 变量，变量 car 是第一个 car 对象，这一行指令为对象的属性分配了内存。下一行指令构造了这个对象，初始化了它的属性。只有当为对象的属性分配了内存时，才可以初始化对象。在代码中，构造函数接受第二个参数作为汽车的名称。你可能已经注意到我们将 car 对象的地址传递给所有 car_t * 行为函数。

接下来在 while 循环中，main 函数读取 fuel 属性，并检查其值是否大于零。事实上，main 函数（不是行为函数）能够访问（读和写）car 的属性是一件很重要的事情。例如，fuel 和 speed 属性就是实际的公共（public）属性，除了行为函数之外，其他函数（外部代码）也可以访问它们。我们将在下一节中再回顾这一点。

在离开 main 函数并结束程序之前，我们已经析构了 car 对象。这仅意味着分配给对象的资源在这个阶段已经被释放了。本例中的 car 对象，不需要对其析构做任何操作，但并不总是这样，析构可能还会有一些后续步骤。我们将在接下来的例子中看到更多的讨论。析构阶段是强制性的，在堆分配的情况下可以防止内存泄漏。

如果能看看我们如何用 C++编写前面的例子，那就太好了。这将有助于深入了解 OOP 语言是如何理解类和对象的，以及在编写适当的面向对象代码时它是如何减少开销的。

例 6.2 就是用 C++语言再次编写前面的例子，下面的代码是声明 Car 类的头文件：

```
# ifndef EXTREME_C_EXAMPLES_CHAPTER_6_2_H
# define EXTREME_C_EXAMPLES_CHAPTER_6_2_H

class Car {
public:
    //构造函数数 Constructor
    Car(const char* );
    //析构函数 Destructor
    ~ Car();

    void Accelerate();
    void Brake();
    void Refuel(double);

    //数据成员（C 中的属性）
    char name[32];
```

```
    double speed;
    double fuel;
};

# endif
```

代码框 6 - 10〔ExtremeC_examples_chapter6_2. h〕:C++中 Car 类的声明

上述代码的主要特点是 C++知道类。因此,前面的代码演示了一种显式封装:同时包含属性封装和行为封装。不仅如此,C++还支持更多面向对象的概念,如构造函数和析构函数。

在 C++代码中,包括属性和行为在内的所有声明,都封装在类定义中。这就是显式封装。看看类中的前两个函数,它们是为类声明的构造函数和析构函数。C 语言不知道构造函数和析构函数;但是 C++有专门的符号来表示它们。例如,析构函数以"～"开头,并且它的名称与类相同。

此外,可以看到,行为函数没有第一个指针参数。这是因为它们都可以访问类中的属性。下一个代码框显示了源文件的内容,这个文件中定义了已声明的行为函数。

```cpp
# include < string.>

# include "ExtremeC_examples_chapter6_2.h"

Car::Car(const char* name) {
    strcpy(this- > name, name);
    this- > speed = 0.0;
    this- > fuel = 0.0;
}

Car::~ Car() {
    //什么也不做
}

void Car::Accelerate() {
    this- > speed + = 0.05;
    this- > fuel - = 1.0;
    if (this- > fuel < 0.0) {
        this- > fuel = 0.0;}
    }
}

void Car::Brake() {
    this- > speed - = 0.07;
    if (this- > speed < 0.0) {
        this- > speed = 0.0;
    }
```

```
        this- > fuel - = 2.0;
        if (this- > fuel <  0.0) {
            this- > fuel=  0.0;
        }
    }

void Car::Refuel(double amount) {
    this- > fuel =  amount;
}
```

代码框 6 - 11[ExtremeC_examples_chapter6_2. cpp]:C++中 Car 类的定义

如果仔细看,就会发现 C 代码中的 car 指针已被替换为 this 指针,它是 C++中的关键字。关键字 this 仅仅表示当前对象。我不打算在这里进一步解释它,但是使用它可以消除 C 中的指针参数并使行为函数更简单,这确实是一种聪明的解决办法。

最后,下面的代码框包含了使用前面那个类的 main 函数:

```
//文件名:ExtremeC_examples_chapter6_2_main.cpp
//描述:Main 函数

# include < iostream>

# include "ExtremeC_examples_chapter6_2.h"

//Main 函数
int main(int argc, char* *  argv) {
    //创建对象变量并调用构造函数
    Car car ("Renault");

    //主要算法
    car.Refuel (100.0);
    std::cout < < "Car is refueled, the correct fuel level is " < <  car.fuel < < std::endl;
    while (car.fuel> 0){
        std::cout < < "Car fuel level: " < < car.fuel < <  std:: endl;
        if (car.speed< 80){
            car.Accelerate ();
             std::cout < < "Car has been accelerated to the speed: " < < car.speed < < std:: endl;
        } else{
            car.Brake ();
            std::cout < <  "Car has been slowed down to the speed:"< < car.speed < < std:: endl;
        }
    }
    std::cout < < "Car ran out of the fuel! Slowing down..."< < std:: endl;
```

```
    while(car.speed> 0){
        car.Brake ();
        std::cout < <  "Car has been slowed down to the speed:" < < car.speed < <
std:: endl;
    }
    std::cout < <  "Car is stopped! " < <  std:: endl;
    //当离开函数时,对象'car'会自动被析构。
    return 0;
}
```

代码框 6 - 12[ExtremeC_examples_chapter6_2_main. cpp]:例 6.2 的主函数

用 C++编写的 main 函数与用 C 编写的函数非常相似,不同之处是它为类变量而不是结构变量分配内存。

在 C 语言中,我们不能把属性和行为函数捆绑在一起。相反,我们必须使用文件来对它们进行分组。但在 C++中,有一个语法可以完成捆绑,就是**类定义**(class definition)。它允许我们将数据成员(或属性)和成员函数(或行为函数)放在一起。

由于 C++知道封装,因此将指针参数传递给行为函数是多余的,可以看到,与 C 版本的 Car 类声明有所不同,在 C++中,成员函数的声明没有使用第一个指针参数。

所以这里发生了什么事? C 语言是一种过程性编程语言,而 C++是一种面向对象的语言,我们分别使用它们编写了面向对象的程序。二者之间最大的不同是 C++语言中使用 car. Accelerate()代替了 C 语言中的 car_accelerate(&car),用 car. Refuel(1000. 0)代替了 car_refuel(&car,1000. 0)。

换句话说,如果我们在过程式编程语言中按 func(obj,a,b,c,...)执行一个调用,那么也可以在面向对象的语言中执行 obj. func(a,b,c,...)。它们是等价的,只是编程范式不同。正如我们前面所说的,有许多 C 项目使用了这种技术。

注:
在第 9 章中,你将看到 C++使用与上述完全相同的技术来将高级 C++函数调用转换为低级 C 函数调用。

最后要注意的是,C 和 C++在对象析构方面有一个重要的区别。在 C++中,当在栈顶部给对象分配空间时,与其他栈变量一样,只要超出栈的范围,析构函数就会被自动调用。这是 C++内存管理的巨大进步,因为在 C 语言中,你可能很容易忘记调用析构函数,最终导致内存泄漏。

现在是讨论封装的其他内容的时候了。在下一节中,我们将讨论封装的结果:信息隐藏。

6.3.3　信息隐藏

到目前为止,我们已经解释了封装是如何将(表示值的)属性和(表示行为的)函数捆绑在一起形成对象的。但这并没有结束。

封装还有另一个重要的目的或结果,那就是**信息隐藏**(information-hiding)。信息隐藏保护(或隐藏)一些属性和行为,使得它们对外部世界不可见。所谓外部世界,指的是代码中所有不属于对象行为的部分。根据这个定义,如果一个对象的私有属性或行为不是类的公共接口的一部分,那么其他代码,或者简单地说,其他 C 函数,就不能访问该对象的私有属性或私有行为。

请注意来自同一类型的两个对象的行为,例如同样来自 Car 类的 car1 和 car2 对象,它们可以访问来自同一类型的任何对象的属性。这是因为我们为类中的所有对象只编写了一次行为函数。

在例 6.1 中,main 函数能轻松访问 car_t 属性结构中的 speed 和 fuel 属性。这意味着 car_t 类型中的所有属性都是公共的。拥有公共属性或行为可能是一件坏事,因为它可能带来一些长期的隐患。

因此,实现细节可能会泄露出来。假设你将使用一个 car 对象。对你来说,通常你关心的只是它有加速汽车的行为;而不好奇这是怎么做到的。尽管对象中可能有更多的内部属性来实现加速行为,但是没有充分的理由让它们对消费者可见。

例如,传送到引擎启动器的电流量可以是一个属性,但它应该只属于对象本身。这也适用于对象内部的某些行为。例如,将燃料注入燃烧室是一种内部行为,其他人不应该看到,也不应该接触到,否则可能会干扰或中断引擎的正常运行。

从另一个角度来看,(汽车如何工作的)实现细节因汽车制造商的不同而不同,但可以加速汽车是所有汽车制造商都能提供的行为。我们通常说,能够加速汽车是 Car 类公共 API(public API)或公共接口(public interface)的一部分。

使用对象的代码通常会依赖于该对象的公共属性和行为。这是一个严重的问题。一开始将内部属性声明为公共的,会泄露内部属性,然后再将其变为私有,这样会严重影响依赖代码的构建。可以预期,在更改之后,将该属性作为公共属性使用的代码部分不会被编译。

这意味着向后兼容性被破坏了。也正因为如此,我们才选择一种保守的方法,将每个属性默认为私有,直到我们找到合理的理由将其公开。

简单地说,公开类中的私有代码意味着,我们不是依赖于轻量级的公共接口,而是依赖于重量级的实现。这样做后果很严重,可能导致项目的大量返工。因此,尽可能保持属性和行为的私密性很重要。

作为例 6.3 的一部分,下面的代码框将演示我们如何在 C 语言中拥有私有属性和行为。本例子关于存储一些整数值的 List 类:

```
# ifndef EXTREME_C_EXAMPLES_CHAPTER_6_3_H
# define EXTREME_C_EXAMPLES_CHAPTER_6_3_H

# include < unistd.h>

//没有公开属性的属性结构
struct list_t;

//分配函数
struct list_t* list_malloc();

//构造函数和析构函数
void list_init(struct list_t* );
void list_destroy (struct list_t * );

//公共行为函数
int list_add(struct list_t* , int);
int list_get(struct list_t* , int, int* );
void list_clear (struct list_t * );
size_t list_size (struct list_t * );
void list_print (struct list_t * );

# endif
```

代码框 6-13[ExtremeC_examples_chapter6_3.h]:List 类的公共接口

前面的代码框展示的是将属性设置为私有的方法。如果另一个源文件,例如包含 main 函数源文件,包含了前面的头文件,那么它将不能访问 list_t 类型内的属性。原因很简单,list_t 只有结构声明,没有结构定义,这样就无法访问结构内的字段。你甚至不能由此声明变量。这样,我们保证了信息的隐藏。这实际上是一个巨大的成就。

同样,在创建和发布头文件之前,必须再次检查是否需要将某些内容公开为公共的。通过公开公共行为或公共属性,可以创建依赖关系,而这些依赖关系一旦被破坏,将消耗大量的时间、开发精力，最终消耗的是金钱。

下面的代码框演示了 list_t 属性结构的实际定义。注意，它是在源文件而不是头文件中定义的：

```c
# include < stdio.h>
# include < stdlib.h>

# define MAX_SIZE 10
//定义别名类型 bool_t
typedef int bool_t;

//定义类型 list_t
typedef struct {
    size_t size;
    int*  items;
} list_t;
//一个私有行为,检查列表是否为完整的
bool_t __list_is_full(list_t* list) {
    return (list- > size = = MAX_SIZE);
}

//另一个私有行为检查索引
bool_t __check_index(list_t* list, const int index) {
    return (index > =  0 && index < =  list- > size);
}

//为一个列表对象分配内存
list_t*  list_malloc() {
    return (list_t* )malloc(sizeof(list_t));
}

//列表对象的构造函数
void list_init(list_t*  list) {
    list- > size =  0;
    //从堆内存中分配
    list- > items =  (int* )malloc(MAX_SIZE *  sizeof(int));
}

//列表对象的析构函数
void list_destroy(list_t*  list) {
    //释放分配的内存
    free(list- > items);
}

int list_add(list_t*  list, const int item) {
    //私有行为的使用
```

```
        if (__list_is_full(list)) {
            return - 1;
        }
        list- > items[list- > size+ + ] = item;
        return 0;
    }

    int list_get(list_t* list, const int index, int* result) {
        if (__check_index(list, index)) {
            * result = list- > items[index];
            return 0;
        }
        return - 1;
    }

    void list_clear(list_t* list) {
        list- > size = 0;
    }

    size_t list_size(list_t* list) {
        return list- > size;
    }

    void list_print(list_t* list) {
        printf("[");
        for (size_t i = 0; i < list- > size; i+ + ) {
            printf("% d ", list- > items[i]);
        }
        printf("]\n");
    }
```

代码框 6 - 14[ExtremeC_examples_chapter6_3. c]：List 类的定义

在上述代码框中看到的所有定义都是私有的。使用 list_t 对象外部逻辑将对前面的实现一无所知，并且头文件是外部代码唯一依赖的一段代码。

注意，前面的文件甚至没有包含设计的头文件！只要定义和函数签名与头文件中的声明相匹配就够了。但我们建议这样做，这是因为这样可以保证声明及其对应定义之间的兼容性。在第 2 章中已经看到，源文件是分开编译的，最后链接在一起。

实际上，链接器将私有定义引入到公共声明中，并从中生成一个可运行的程序。

注：

可以使用不同的符号来记录私有行为函数。这里在名称中使用前缀__。例如，函数__check_index 就是一个私有函数。注意，私有函数在头文件里没有对应的声明。

下面的代码框中是例 6.3 的 main 函数,它创建了两个列表对象,填充第一个列表,并使用第二个列表逆序存储了第一个列表的内容。最后,将它们打印出来:

```
# include < stdlib.h>

# include "ExtremeC_examples_chapter6_3.h"

int reverse(struct list_t* source, struct list_t* dest) {
    list_clear(dest);
    for (size_t i; i = list_size(source)- 1;i> = 0;i - - ){
        int item;
        if(list_get(source, i,&item)) {
            return - 1;
        }
        list_add(dest, item);
    }
    return 0;
}

int main(int argc, char* * argv) {
    struct list_t* list1 = list_malloc();
    struct list_t* list2 = list_malloc();

    //构造
    list_init (list1);
    list_init(list2);

    list_add(list1,4);
    list_add(list1,6);
    list_add(list1,1);
    list_add(list1,5);

    list_add(list2,9);

    reverse(list1,list2);

    list_print (list1);
    list_print(list2);

    //析构
    list_destroy (list1);
    list_destroy(list2);

    free(list1);
    free(list2);
    return 0;
}
```

代码框 6 - 15［ExtremeC_examples_chapter6_3_main. c］:例 6. 3 的 main 函数

从前面的代码框中可以看到，我们编写了 main 和 reverse 函数，它们只基于头文件中声明的内容。换句话说，这些函数只使用 List 类的公共 API（或公共接口）：属性结构 list_t 及其行为函数的声明。这个示例很好地演示了如何打破依赖关系并对代码的其他部分隐藏实现细节。

注：
使用公共 API，你可以编写一个可编译的程序，但除非你提供私有部分的相应目标文件并将它们链接在一起，否则该程序无法转换为真正可运行的程序。

我们需要围绕前面的代码更详细地探讨一下。我们需要一个 list_malloc 函数来为 list_t 对象分配内存。然后，可以用函数 free 在处理完对象后释放分配的内存。

在前面的例子中不能直接使用 malloc。因为如果要在 main 函数中用 malloc，必须将 sizeof(list_t) 作为需要分配的字节数传递给 malloc。但是，sizeof 不能用于不完整的类型。

头文件中包含的类型 list_t 是一个不完整的类型，因为它只是一个声明，没有提供任何关于其内部字段的信息，在编译时也无法知道它的大小。只有当我们知道实现细节时，才会在链接时确定实际的大小。作为一种解决方案，我们必须定义 list_malloc 函数，并在可以确定 sizeof(list_t) 的地方使用 malloc。

为了创建示例 6.3，我们需要首先编译源代码。在链接前用以下命令生成必需的目标文件：

```
$ gcc - c ExtremeC_examples_chapter6_3.c - o private.o
$ gcc - c ExtremeC_examples_chapter6_3_main.c - o main.o
```
Shell 框 6 - 1：编译例 6.3

可以看到，我们已经将私有部分编译为 private.o，将 main 函数部分编译为 main.o。记住，我们不编译头文件。头文件中的公共声明包含在 main.o 目标文件中。

现在需要将前面的目标文件链接在一起，否则单独的 main.o 不能转换成可执行程序。如果试图仅使用 main.o 来创建可执行文件 main.o，会遇到以下错误：

```
$ gcc main.o - o ex6_3.out
main.o: In function 'reverse':
ExtremeC_examples_chapter6_3_main.c:(.text+ 0x27): undefined
reference to 'list_clear'
...
```

```
main.o: In function 'main':
ExtremeC_examples_chapter6_3_main.c:(.text+ 0xa5): undefined
reference to 'list_malloc'
...
collect2: error:ld returned 1 exit status
$
```

Shell 框 6-2:试图仅利用 main.o 来链接例 6.3

可以看到,链接器找不到头文件中声明的函数的定义。正确的链接方法如下:

```
$ gcc main.o private.o - o ex6_3.out
$ ./ex6_3.out
[4 6 1 5]
[5 1 6 4]
$
```

Shell 框 6-3:链接并运行例 6.3

如果更改 List 类内部的实现,会怎样呢?

比方说,不使用数组,而是使用链表。看来我们不需要再次生成 main.o,因为它完美地独立于它所使用的 list 的实现细节。因此,我们只需要编译新的实现,生成一个新的目标文件:例如,private2.o。然后,只需要重新链接这些目标文件就能得新的可执行文件:

```
$ gcc main.o private2.o - o ex6_3.out
$ ./ex6_3.out
[4 6 1 5]
[5 1 6 4]
$
```

Shell 框 6-4:例 6.3 中使用不同的方法实现 List 类,链接并运行

从用户的角度来看,两种方法没有任何改变,但是底层实现被替换了。这是一个巨大的成就,这种方法在 C 项目中被大量使用。

如果我们不想在新的 list 实现方案中重复链接步骤,该怎么办? 在这种情况下,我们可以使用共享库(或.so文件)来包含私有目标文件,然后,在运行时动态地加载它,以避免重新链接可执行文件。在第 3 章中我们已讨论了共享库。

本章到此先告一段落。在接下来的两章里我们将讨论两个类之间可能存在的关系。

6.4 总结

本章讨论了以下主题：

- 详细解释了面向对象的哲学思想，以及如何从思维导图中提取对象模型。
- 还介绍了域的概念，以及如何使用它来过滤思维导图，以保持相关的概念和想法。
- 还介绍了单个对象的属性和行为，以及提取它们的方法，来源可以是思维导图，也可以是领域描述中的相关要求。
- 解释了为什么 C 语言不能成为 OOP 语言的原因，并探索了 C 语言在将 OOP 程序转换为最终在 CPU 上运行的低级汇编指令中的作用。
- 封装是 OOP 的首要原则。我们使用封装来创建胶囊（或对象），对象包含一组属性（值的占位符）和一组行为（逻辑的占位符）。
- 还讨论了信息隐藏，包括它如何产生可用的接口（或 API），而不必依赖于底层实现。
- 在讨论信息隐藏时，我们演示了如何在 C 代码中使属性或方法私有。

下一章将开始讨论类之间可能的关系。首先从第 7 章开始，讨论组合关系，然后在第 8 章的部分内容中继续讨论继承和多态性。

7

组合和聚合

在前一章中,我们讨论了封装和信息隐藏。在本章中,我们继续学习 C 语言中的面向对象方法,并讨论两个类之间可能存在的各种关系。最终,我们可以扩展对象模型,并表达对象之间的关系。这也是后续章节的部分内容。

本章将讨论:

- 两个对象及其对应类之间的关系类型:我们将讨论"拥有"(to-have)和"是"(to-be)的关系,本章的重点将放在"拥有"(to-have)的关系上。
- 第一个拥有关系——"组合"(composition):这里将给出一个例子来演示两个类之间的真实组合关系。我们将使用该例子探索在组合情况下通常拥有的内存结构。
- 第二个拥有关系——"聚合"(aggregation):聚合和组合类似,都涉及"拥有"(to-have)关系。但它们是不同的。这里将给出一个独立但是完整的示例来介绍聚合情况。聚合和组合之间的差异凸显在与这些关系相应的内存布局上。

本书关于 C 语言中的 OOP 共有四章,本章是其中的第二章。对象间的"是"(to-be)关系,也称为"继承"(inheritance),将在下一章中讨论。

7.1　类之间的关系

对象模型是一组相关的对象。两个对象之间的关系的数量可以很多,但是关系类型只有几种。通常对象(或它们对应的类)之间的关系有两类:**拥有**(to-have)关系和**是**(to-be)关系。

本章我们将深入探索**拥有**(to-have)关系，下一章再讨论**是**(to-be)关系。此外，我们还将了解如何由对象之间的关系导出它们对应类之间的关系。在讨论之前，我们需要能够区分类和对象。

7.2　对象和类

回忆上一章的内容，那时我们介绍了两种构造对象的方法：一种方法是基于原型的(prototype-based)，另一种是基于类的(class-based)。

在基于原型的方法中，我们构造一个对象，要么为空(没有任何属性或行为)，要么从现有对象中克隆它。在这里，**实例**(instance)和**对象**(object)的意思是一样的。因此，基于原型的方法可以被理解为基于对象的方法；一种从空对象而不是类开始的方法。

在基于类的方法中，创建对象必须依赖一份蓝图，这个蓝图通常被称为"**类**"(class)。所以，我们必须从类开始，然后才可以从中实例化一个对象。前一章中，我们解释了隐式封装技术，它将类定义为一组声明，放在头文件中。我们还举了一些例子来说明这在 C 语言中是如何工作的。

现在，本节想更多地讨论类和对象之间的区别。虽然这些差异看起来微不足道，但我们还是想要深入研究。先从一个例子开始。

假设我们定义了一个类：Person。它具有以下属性：name、surname、age。我们不会讨论行为，因为类和对象的差异通常来自属性，而不是行为。

在 C 语言中，我们可以写出具有公共属性的 Person 类，如下所示：

```
typedef struct {
    char name[32];
    char surname[32];
    unsigned int age;
} person_t ;
```

代码框 7-1：C 语言中的 Person 属性结构

在 C++中：

```
class Person{
public:
    std::string name;
```

```
    std::string family;
    uint32_t age;
};
```

代码框 7 - 2:C++中的 Person 类

上述代码是相同的。事实上,当前的讨论适用于 C 和 C++,甚至对于其他 OOP 语言,如 JAVA 等也同样适用。类(或对象模板)是一个蓝图,它只确定需要在每个对象中呈现的属性,而**不是**(not)一个特定对象可能具有的属性值。事实上,只要从同一个类中实例化得到的对象都存在相同的属性;每个对象的属性都有自己特定的一组值。

当基于类创建对象时,首先给它分配内存。分配得到的内存就是属性值的占位符。之后,需要用一些值初始化属性值。这是一个重要的步骤,否则,对象创建后可能处于无效状态。先前已经看到,这个步骤被称为"**构造**"(construction)。

通常有一个专门的函数来执行构造步骤,称为"**构造函数**"(constructor)。上一章示例中的函数 list_init 和 car_construct 都是构造函数。很有可能,作为构造对象过程的一部分,我们可能需要为对象所需的所有资源,例如其他对象、缓冲区、数组、流等分配更多的内存。由对象所拥有的资源必须在释放这个所有者对象之前被释放。

还有另一个类似于构造函数的函数,负责释放所有已分配的资源。它被称为"**析构函数**"(destructor)。类似的,上一章中的函数 list_destroy 和 car_destruct 就是析构函数。在析构对象之后,其分配的内存就被释放了,但在此之前,对象拥有的所有资源及其对应的内存都要先被释放。

让我们总结一下目前已经解释过的内容:

- 类是一个蓝图,用来作为指导创建对象的参考。
- 可以由一个类创建许多对象。
- 类决定了未来基于这个类创建的每个对象中应该有哪些属性,但属性的值并不确定。
- 类本身不消耗任何内存(C 和 C++之外的一些编程语言例外),它只存在于源代码级别和编译阶段。但是对象在运行时存在并消耗内存。
- 当创建对象时,首先分配内存。此外,回收内存是对象的最后一个操作。
- 当创建对象时,应该分配内存后立即构造它。同样,在内存回收前它也应该被析构。
- 一个对象可能拥有一些资源,如流、缓冲区、数组等,这些资源也必须在对象析构之前被释放。

在了解了类和对象之间的区别之后,我们可以继续解释两个对象及其对应类之间可能存在的不同关系。我们将从组合开始。

7.3 组合

正如术语"组合"一词所暗示的那样,当一个对象包含或占有另一个对象时——换句话说,它是由另一个对象构成的——我们就说它们之间存在着组合关系。

例如,汽车有一个引擎,那么汽车就是包含引擎对象的对象。因此,汽车和引擎两个对象之间就具有组合关系。组合关系必须具备一个重要的条件:**被包含对象的生存期与容器对象的生存期绑定在一起。**

只要容器对象存在,被包含的对象就必须存在。但是当容器对象将要被销毁时,应首先析构被包含的对象。这个条件意味着被包含的对象通常是容器内部的私有对象。

有时,仍然可以通过容器类的公共接口(或行为函数)访问被包含对象的某些部分,但是被包含对象的生存期必须由容器对象在内部管理。如果一段代码可以在不破坏容器对象的情况下析构被包含的对象,这就违反了组合关系,而且该关系不再是组合。

下面的例 7.1 演示了汽车对象和引擎对象之间的组合关系。

本例由五个文件组成:两个头文件,声明了 Car 和 Engine 类的公共接口;两个源文件,包含了 Car 和 Engine 类的实现;最后一个源文件包含了 main 函数,并使用汽车及其引擎对象实现了一个简单的场景。

注意,在某些领域如机械工程 CAD 软件中,引擎对象可能在汽车对象之外设计。因此,不同对象之间的关系类型实际由问题域决定。在我们这个例子中,引擎对象不能存在于汽车对象之外。

下面的代码框显示了 Car 类的头文件:

```
# ifndef EXTREME_C_EXAMPLES_CHAPTER_7_1_CAR_H
# define EXTREME_C_EXAMPLES_CHAPTER_7_1_CAR_H

struct car_t;

//内存分配器
struct car_t* car_new();
```

```
//构造函数 Constructor
void car_ctor(struct car_t* );

//析构函数 Destructor
void car_dtor(struct car_t* );

//行为函数
void car_start(struct car_t* );
void car_stop(struct car_t* );
double car_get_engine_temperature(struct car_t* );

# endif
```

代码框 7-3[ExtremeC_examples_chapter7_1_car.h]：Car 类的公共接口

可以看到，前面的声明采用了与上一章的最后一个例子 6.3 中 List 类相似的方式。其中一个区别是，这里为构造函数选择了一个新的后缀，这里的命名是 car_new，而不是 car_construct。另一个区别是这里只声明了属性结构 car_t，还没有定义它的字段，这种方式称为**前向声明**（forward declaration）。结构 car_t 的定义将会在代码框 7-5 的源代码文件中给出。需要注意的是，在前面的头文件中，类型 car_t 会被认为是一个尚未定义的不完整类型。

下面的代码框给出了 Engine 类的头文件：

```
# ifndef EXTREME_C_EXAMPLES_CHAPTER_7_1_ENGINE_H
# define EXTREME_C_EXAMPLES_CHAPTER_7_1_ENGINE_H

struct engine_t;

//内存分配器
struct engine_t*  engine_new();

//构造函数
void engine_ctor(struct engine_t* );

//析构函数
void engine_dtor(struct engine_t* );

//行为函数
void engine_turn_on(struct engine_t* );
void engine_turn_off(struct engine_t* );
double engine_get_temperature(struct engine_t* );

# endif
```

代码框 7-4[ExtremeC_examples_chapter7_1_engine.h]：Engine 类的公共接口

下面的代码框包含了 Car 类和 Engine 类的实现。首先是 Car 类：

· 213 ·

```
# include < stdlib.h>
```

//Car 只能使用 Engine 的公共接口
```
# include "ExtremeC_examples_chapter7_1_engine.h"

typedef struct {
    //由于这个属性,组合关系成立
    struct engine_t*  engine;
}car_t;
car_t*  car_new() {
    return (car_t* )malloc(sizeof(car_t));
}

void car_ctor(car_t* car) {
    //为 engine 对象分配内存
    car- > engine =  engine_new();

    //构造 engine 对象
    engine_ctor(car- > engine);
}

void car_dtor(car_t*  car) {
    //析构 engine 对象
    engine_dtor(car- > engine);

    //释放为 engine 对象分配的内存
    free(car- > engine);
}

void car_start(car_t*  car) {
    engine_turn_on(car- > engine);
}

void car_stop(car_t*  car) {
    engine_turn_off(car- > engine);
}

double car_get_engine_temperature(car_t*  car) {
    return engine_get_temperature(car- > engine);
}
```

代码框 7 - 5[ExtremeC_examples_chapter7_1_car.c]:Car 类的定义

上述的代码框显示了汽车对象是如何包含引擎对象的。可以看到,我们为属性结构 car_t 定义了一个 struct engine_t * 类型的新属性。就是因为这个属性,二者间建立了组合关系。

虽然类型 struct engine_t * 在这个源文件中仍然是不完整的,但它可以在运行时指向一个完整的 engine_t 类型对象。这个属性将指向一个由 Car 类的构造函数创建,并在析构函数中被释放的对象。这两个地方都存在 car 对象,这意味着引擎的生存期包含在汽车的生存期中。

engine 指针是私有的,实现中不会将其泄漏出来。这是一个重要的提示。在实现组合关系时,不应泄漏任何指针,否则外部代码就能够更改所包含对象的状态。就像封装一样,当指针可以直接访问对象的私有部分时,这个指针不应该被泄漏出来。对象的私有部分应该总是要通过行为函数来间接访问。

代码框中的 car_get_engine_temperature 函数提供了访问引擎 temperature(温度)属性的功能。关于这个函数也有一个重要的注意事项。它使用了引擎的公共接口。如果注意的话,可以看到**汽车的私有实现**(car's private implementation)正在使用**引擎的公共接口**(engine's public interface)。这意味着汽车本身并不知道引擎的实现细节。事实也应该如此。

在大多数情况下,两个类型不同的对象不应该知道对方的实现细节。这就是信息隐藏的含义。记住,汽车的行为被认为是与引擎无关的外部行为。

这样,我们就可以替换引擎的实现代码。只要引擎新的实现代码提供了头文件中声明的公共函数的定义,它就应该可以工作。

现在,让我们看一下 Engine 类的实现代码:

```
# include < stdlib.h>

typedef enum {
    ON,
    OFF
}state_t;

typedef struct {
    state_t state;
    double temperature;
}engine_t;

//内存分配函数 engine_t*  engine_new() {
    return (engine_t* )malloc(sizeof(engine_t));
}

//构造函数
void engine_ctor(engine_t*  engine) {
    engine- > state =  OFF;
    engine- > temperature =  15;
```

```
}

//析构函数
void engine_dtor(engine_t* engine) {
    //什么也不做
}

//行为函数
void engine_turn_on(engine_t* engine) {
    if (engine- > state = = ON) {
        return;
    }
    engine- > state = ON;
    engine- > temperature = 75;
}

void engine_turn_off(engine_t* engine) {
    if (engine- > state = = OFF) {
        return;
    }
    engine- > state = OFF;
    engine- > temperature = 15;
}

double engine_get_temperature(engine_t* engine) {
    return engine- > temperature;
}
```

代码框 7 - 6［ExtremeC_examples_chapter7_1_engine. c］：Engine 类的定义

前面的代码使用隐式封装方法完成了私有实现,这个做法和以前的例子很像。但有一点需要注意。可以看到,engine 对象不知道外部对象会在组合关系中包含它。这与真实世界类似。当一家公司在制造引擎时,它不清楚哪种引擎会用于哪种汽车。当然,可以保留一个指向容器 car 对象的指针,但在本例中,我们不需要这样做。

下面的代码框展示了这样的一个场景,我们创建了一个 car 对象,并调用它的一些公共 API 来提取关于汽车引擎的信息：

```
# include < stdio.h >
# include < stdlib.h >

# include "ExtremeC_examples_chapter7_1_car.h"

int main(int argc, char* * argv) {
    //为 car 对象分配内存
    struct car_t * car = car_new();
```

```
    //构造 car 对象
    car_ctor(car);

    printf("Engine temperature before starting the car: % f\n",
           car_get_engine_temperature(car));
    car_start(car);
    printf("Engine temperature after starting the car: % f\n",car_get_engine_
temperature(car));
car_stop(car);
printf("Engine temperature after stopping the car: % f\n",
           car_get_engine_temperature(car));

    //析构 car 对象
    car_dtor(car);

    //释放为 car 对象分配的内存
    free(car);
    return 0;
}
```

代码框 7-7[ExtremeC_examples_chapter7_1_main. c]:例 7.1 的 main 函数

要构建前面的示例,首先需要编译前面的三个源文件。然后,需要将它们链接在一起以
生成最终的可执行目标文件。注意,主源文件(包含 main 函数的源文件)仅依赖于汽车
对象的公共接口。因此,当链接时,它只需要 car 对象的私有实现。然而,car 对象的私有
实现依赖于 engine 接口的公共接口;那么,在链接时,我们需要提供 engine 对象的私有
实现。因此,我们需要链接所有三个目标文件以获得最终的可执行文件。

下面的命令显示如何构建示例并运行可执行文件:

```
$ gcc - c ExtremeC_examples_chapter7_1_engine.c - o engine.o
$ gcc - c ExtremeC_examples_chapter7_1_car.c - o car.o
$ gcc - c ExtremeC_examples_chapter7_1_main.c - o main.o
$ gcc engine.o car.o main.o -  o ex7_1.out
$ / ex7_1.out
Engine temperature before starting the car: 15.000000
Engine temperature after starting the car: 75.000000
Engine temperature after stopping the car: 15.000000
$
```

Shell 框 7-1:例 7.1 的编译、链接和执行

在本节中,我们解释了两个对象之间的一种关系类型。在下一节中,我们将讨论另一种
关系。它与组合关系的概念相似,但也有一些显著的不同。

7.4 聚合

聚合也涉及包含另一个对象的容器对象。它与组合的主要区别在于,在聚合中被包含对象的生存期独立于容器对象的生存期。

在聚合中,被包含的对象可以在构造容器对象之前构造。这与组合方式相反,组合方式中被包含的对象的生存期应该短于或等于容器对象的生存期。

下面的示例 7.2 展示了聚合关系。它描述了一个非常简单的游戏场景,玩家拿起一把枪,射击多次,然后放下枪。

player 对象在一段时间内是一个容器对象,而当 player 对象拿起 gun 对象后,gun 对象就是一个被包含的对象。gun 对象的生存期独立于 player 对象的生存期。

下面的代码框给出了 Gun 类的头文件:

```
# ifndef EXTREME_C_EXAMPLES_CHAPTER_7_2_GUN_H
# define EXTREME_C_EXAMPLES_CHAPTER_7_2_GUN_H

typedef int bool_t;

//类型前向声明
struct gun_t;

//内存分配
struct gun_t* gun_new();

//构造函数
void gun_ctor(struct gun_t* , int);

//析构函数
void gun_dtor(struct gun_t* );

//行为函数
bool_t gun_has_bullets(struct gun_t* );
void gun_trigger(struct gun_t* );
void gun_refill(struct gun_t* );

# endif
```

代码框 7-8[ExtremeC_examples_chapter7_2_gun.h]:Gun 类的公共接口

可以看到,这里只声明了属性结构 gun_t,并没有定义它的字段。先前已解释过,这是前向声明,只能得到不能实例化的不完整的类型。

下面的代码框给出了 Player 类的头文件：

```
# ifndef EXTREME_C_EXAMPLES_CHAPTER_7_2_PLAYER_H
# define EXTREME_C_EXAMPLES_CHAPTER_7_2_PLAYER_H

//类型前向声明
struct player_t;
struct gun_t;

//内存分配函数
struct player_t* player_new();

//构造函数
void player_ctor(struct player_t* , const char* );

//析构函数
void player_dtor(struct player_t* );

//行为函数
void player_pickup_gun(struct player_t* , struct gun_t* );
void player_shoot (struct player_t * );
void player_drop_gun (struct player_t * );

# endif
```

代码框 7 - 9 [ExtremeC_examples_chapter7_2_player. h]：Player 类的公共接口

上述代码框定义了所有 player 对象的公共接口。也就是说，它定义了 Player 类的公共接口。

同样，我们必须前向声明 gun_t 和 player_t 结构。由于 Player 类的一些行为函数具有 gun_t 类型的参数，所以必须声明 gun_t 类型。

Player 类的实现代码如下：

```
# include < stdlib.h>
# include < string.h>
# include < stdio.h>

# include "ExtremeC_examples_chapter7_2_gun.h"

//属性结构
typedef struct {
    char* name;
    struct gun_t* gun;
} player_t;

//内存分配函数
player_t* player_new() {
```

```
    return (player_t* )malloc(sizeof(player_t));
}

//构造函数
void player_ctor(player_t* player, const char* name) {
    player- > name = (char* )malloc((strlen(name) + 1) * sizeof(char));
    strcpy(player- > name, name);
//这一点很重要。如果不打算在构造函数中设置聚合指针,需要使其置空。
    player- > gun = NULL;
}

//析构函数
void player_dtor(player_t* player) {
    free(player- > name);
}

//行为函数
void player_pickup_gun(player_t* player, struct gun_t* gun){
//在下行之后开始聚合关系。
    player- > gun = gun;
}
void player_shoot(player_t* player) {
    //我们需要检查玩家是否拿起了枪,否则射击毫无意义
    if (player- > gun) {
        gun_trigger(player- > gun);
    }
        else {
        printf("Player wants to shoot but he doesn't have a gun!");
        exit(1);
    }
}

void player_drop_gun(player_t* player) {
    //在下一行之后,两个对象之间的聚合关系结束。注意,gun 对象不应该被释放,
    //因为与组合关系不同,palyer 对象不是 gun 对象的拥有者。
    player- > gun = NULL;
}
```

代码框 7 - 10[ExtremeC_examples_chapter7_2_player. c]:Player 类的定义

在 player_t 结构中,我们声明了指针属性 gun,这个指针很快就指向一个 gun 对象。在构造函数中需要先使其置空,因为与组合不同,这个属性不需要设置为构造函数的一部分。

如果需要在构造时设置聚合指针,则应该将目标对象的地址作为参数传递给构造函数。那么,这种情况称为**强制聚合**(mandatory aggregation)。

如果在构造函数中可以将聚合指针保留为空,那么它就是一个**可选聚合**(optional aggregation)，如前面的代码所示。在构造函数中将可选聚合指针置空非常重要。

聚合关系由函数 player_pickup_gun 开始，并在函数 player_drop_gun 中，当玩家放下枪时结束。

注意，在聚合关系结束之后应该置空指针 gun。与组合不同，容器对象不是被包含对象的所有者，所以它无法控制被包含对象的生存期。因此，我们不应该在 player 实现代码中去释放 gun 对象。

在可选聚合关系中，在程序的某个时刻可能还没有设置所包含的对象。因此，在使用聚合指针时应该小心，因为访问没有设置的指针或是等于 NULL 的指针，都会导致**分段错误**（segmentation fault）。这就是为什么在函数 player_shoot 中要检查指针 gun 是否有效。如果聚合指针为空，则意味着使用 player 对象的代码误用了它。如果是这种情况，则中止执行，返回 1 作为处理过程的退出码。

下面的代码是 Gun 类的实现代码：

```
# include < stdlib.h>
typedef int bool_t;
//属性结构
typedef struct {
    int bullets;
} gun_t;
//内存分配函数
gun_t* gun_new() {
    return (gun_t* )malloc(sizeof(gun_t));
}
//构造函数
void gun_ctor(gun_t* gun, int initial_bullets) {
    gun- > bullets = 0;
    if (initial_bullets > 0) {
        gun- > bullets = initial_bullets;
    }
}
//析构函数
void gun_dtor(gun_t* gun) {
    //什么也不做
}
//行为函数
```

```
bool_t gun_has_bullets(gun_t* gun) {
    return (gun-> bullets > 0);
}

void gun_trigger(gun_t* gun) {
    gun-> bullets--;
}

void gun_refill(gun_t* gun) {
    gun-> bullets = 7;
}
```

代码框 7-11〔ExtremeC_examples_chapter7_2_gun.c〕:Gun 类的定义

前面的代码很简单,它的编写方式使 gun 对象不知道它将被包含在任何对象中。

最后,在接下来的代码框给出一个简短的场景,首先创建了一个 player 对象和一个 gun 对象。然后,player 拿起 gun 并开火,直到弹药耗尽。在此之后,player 将重新填满枪支并执行同样的操作。最后,他们放下了枪:

```
# include < stdio.h>
# include < stdlib.h>

# include "ExtremeC_examples_chapter7_2_player.h"
# include "ExtremeC_examples_chapter7_2_gun.h"

int main(int argc, char** argv) {
    //创建并构造 gun 对象
    struct gun_t* gun = gun_new();
    gun_ctor(gun, 3);

    //创建并构造 player 对象
    struct player_t* player = player_new();
    player_ctor(player, "Billy");

    //开始聚合关系。
    player_pickup_gun(player, gun);

    //开火,直到子弹都不剩为止。
    while (gun_has_bullets(gun)) {
        player_shoot(player);
    }

    //重装弹
    gun_refill(gun);

    //开火,直到子弹都不剩为止。
    while (gun_has_bullets(gun)) {
        player_shoot(player);
```

```
    }
    //结束聚合关系
    player_drop_gun(player);
    //析构并释放 player 对象
    player_dtor(player);
    free(player);

    //析构并释放 gun 对象
    gun_dtor(gun);
    free(gun);

    return 0;
}
```

代码框 7-12[ExtremeC_examples_chapter7_2_main.c]：例 7.2 的 main 函数

可以看到，gun 和 player 对象是相互独立的。负责创建和销毁这些对象的逻辑是 main 函数。在执行的某个环节，它们形成一个聚合关系并执行它们的角色，然后在另一个环节中，它们分离开。聚合中最重要的一点是，容器对象不应该改变被包含对象的生存期，而且只要遵循此规则，就不会出现内存问题。

下面的 Shell 框给出了如何构建示例并运行可执行文件。可以看到，代码框 7-12 中的 main 函数不产生任何输出：

```
$ gcc -c ExtremeC_examples_chapter7_2_gun.c -o gun.o
$ gcc -c ExtremeC_examples_chapter7_2_player.c -o player.o
$ gcc -c ExtremeC_examples_chapter7_2_main.c -o main.o
$ gcc gun.o player.o main.o -o ex7_2.out
$ ./ex7_2.out
$
```

Shell 框 7-2：例 7.2 的编译、链接和执行

在为实际项目创建的对象模型中，聚合关系的数量通常大于组合关系的数量。此外，聚合关系在外部可见，因为为了创建聚合关系，至少在容器对象的公共接口中需要一些专门的行为函数来设置和复位所包含的对象。

在前面的示例中可以看到，gun 和 player 对象从一开始就是分开的。它们在短时间内相互联系，然后又分开。这意味着聚合关系是暂时的，而组合关系是永久的。这表明组合是对象之间较强的"拥有"(possession，to-have)关系形式，而聚合则表现出较弱的关系。

现在，自然会出现一个问题。如果两个对象之间的聚合关系是临时的，那么它们对应的

类之间的聚合关系也是临时的吗？答案是否定的。类型之间的聚合关系是永久的。如果将来两个不同类型的对象可能存在聚合关系，那么它们的类型应该永久地具有了聚合关系。这也适用于组合关系。

即使存在聚合关系的可能性很低，我们也应该在容器对象的属性结构中声明一些指针，这意味着属性结构还是永久地改变了。当然，这只适用于基于类的编程语言。

组合和聚合都描述对某些对象的占有。换句话说，这些关系描述了**"拥有"**（to-have）或**"有"**（has-a）情况；player **拥有** gun，或者 car **有** engine。每当你认为一个对象占有另一个对象时，它们（及其对应的类）之间就应该存在组合关系或聚合关系。

在下一章中，我们将继续讨论其他关系类型：**继承**（inheritance）或**扩展**（extension）关系。

7.5 总结

本章讨论了以下主题：

- 类之间、对象之间可能的关系类型。
- 类、对象、实例和引用之间的异同。
- 组合：要求一个被包含的对象完全依赖于它的容器对象。
- 聚合：其中被包含的对象可以自由生存，而不依赖于它的容器对象。
- 对象间的聚合可以是临时的，但它们的类型（或类）之间聚合关系是永久的。

在下一章中，我们将继续探索 OOP，主要进一步讨论它所基于的两个支柱：继承和多态性。

8

继承和多态

本章是前两章的延续，在前两章中，我们介绍了如何用 C 语言进行 OOP，并了解了组合和聚合的概念。本章主要继续讨论对象及其对应类之间的关系，涵盖继承和多态。我们将在本章结束这个主题，并在下一章讨论抽象。

在前两章中我们讨论了类之间可能的关系，本章在很大程度上依赖于前两章解释的理论基础。我们已经解释了**组合**（composition）和**聚合**（aggregation）关系，本章将讨论**扩展**（extension）或**继承**（inheritance）关系，以及其他一些主题。

以下是本章将解释的主题：

- 第一个主题是**继承**关系。本章将介绍在 C 语言中实现继承关系的各种方法，并对它们进行比较。
- 下一个关键主题是**多态**（polymorphism）。在各类之间具有继承关系的情况下，多态允许我们在子类中拥有关于相同行为（函数）的不同版本。我们将讨论在 C 语言中拥有多态函数的方法，这将是我们理解 C＋＋如何提供多态的第一步。

让我们从继承关系开始讨论。

8.1　继承

在上一章中，我们讨论了"拥有"（to-have）关系，最终得到了组合和聚合关系。在本节中，我们将讨论"是"（to-be）或"是一个"（is-a）关系。继承关系是"是"（to-be）的关系。

继承关系也可以称为扩展关系(extension relationship),因为它只向已存在的对象或类中添加额外的属性和行为。在下面几节中,我们将解释继承的含义以及如何用 C 语言实现继承。

在某些情况下,一个对象需要具有与另一个对象相同的属性。换句话说,新对象是对老对象的扩展。

例如,一个学生具有一个人的所有属性,但也可能有额外的属性。见代码框 8-1:

```
typedef struct {
    char first_name[32];
    char last_name[32];
    unsigned int birth_year;
} person_t;

typedef struct {
    char first_name[32];
    char last_name[32];
    unsigned int birth_year;
    char student_number[16];            //额外属性
    unsigned int passed_credits;        //额外属性
}student_t;
```

代码框 8-1:Person 类和 Student 类的属性结构

这个例子清楚地说明了,student_t 扩展了 person_t,有了新的属性:student_number 和 passed_credits,这是学生特有的属性。

前面曾经指出,继承(或扩展)关系与组合和聚合那种"拥有"关系不同,它是一种"是"的关系。因此,对于前面的例子,我们可以说"一个学生是一个人",这在教育软件领域似乎是正确的。只要在一个领域中存在"是"的关系时,它就可能是继承关系。在前面的例子中,person_t 通常称为超类型(supertype)、基类型(base)或简单地说,就是父类型(parent),student_t 通常称为子类型(child)或继承的子类型(inherited subtype)。

继承的本质

如果要深入挖掘并了解继承关系到底是什么,就会发现它本质上确实是一个组合关系。例如,我们可以说一个学生具有人的本性。换句话说,我们可以假设在 Student 类的属性结构中存在一个私有的 person 对象。也就是说,继承关系可以等价于一对一的组合关系。

因此,代码框 8-1 中的结构可以写成:

```
typedef struct {
    char first_name[32];
    char last_name[32];
    unsigned int birth_year;
} person_t;

typedef struct {
  person_t person;
  char student_number[16];          //额外属性
  unsigned int passed_credits;      //额外属性
} student_t;
```

代码框 8-2:Person 和 Student 类的属性结构,但这里进行了嵌套

这种语法在 C 语言中完全有效,实际上,使用结构变量(而不是指针)进行结构嵌套的设置方法功能很强大。它允许在新的结构中加入一个结构变量,这个新结构实际是对原有结构的扩展。

在前面结构类型的设置中,需要将 person_t 类型的字段作为第一个字段,这样指向 student_t 类型的指针可以很容易地转换为指向 person_t 类型的指针,它们都可以指向内存中的相同地址。

这种情况被称为向上**转换**(upcasting)。换句话说,将子类的属性结构的指针转换为父类的属性结构的指针就是向上转换。但是注意,结构变量不具有此性能。

例 8.1 演示如下:

```
# include < stdio.h>
typedef struct {
    char first_name[32];
    char last_name[32];
    unsigned int birth_year;
}   person_t;

typedef struct {
    person_t person;
    char student_number[16];          //额外属性
    unsigned int passed_credits;      //额外属性
}   student_t;

int main(int argc, char* *  argv) {
    student_t s;
```

```
    student_t*  s_ptr =  &s;
    person_t*  p_ptr =  (person_t* )&s;
    printf("Student pointer points to % p\n",(void* )s_ptr);
    printf("Person pointer points to % p\n",(void* )p_ptr);
    return 0;
}
```

代码框 8 - 3[ExtremeC_examples_chapter8_1.c]：例 8.1，显示了 Student 和 Person 对象指针

之间的向上转换

可以看到，我们期望 s_ptr 和 p_ptr 指针指向内存中相同的地址。构建并运行例 8.1 后的
输出如下：

```
$ gcc ExtremeC_examples_chapter8_1.c - o ex8_1.out
$ ./ex8_1.out
Student pointer points to 0x7ffeecd41810
Person pointer points to 0x7ffeecd41810
$
```

Shell 框 8 - 1：例 8.1 的输出

他们确实指向同一个地址。注意，每次运行时显示的地址可能不同，但关键是两个指针
指向的是相同的地址。这意味着 student_t 类型的结构变量在内存分布上确实继承了
person_t 结构。这也意味着，我们可以使用指向 student 对象的指针来使用 Person 类的
行为函数。换句话说，Person 类的行为函数可以被 student 对象重用，这是一个巨大的
进步。

请注意，下面的代码是错误的，不能编译：

```
struct person_t;

typedef struct {
    struct person_t person;         //产生一个错误！
    char student_number[16];        //额外属性
    unsigned int passed_credits;    //额外属性
}   student_t;
```

代码框 8 - 4：建立一个不能编译的继承关系！

声明 person 字段时产生了错误，因为不能由**不完整的类型**(incomplete type)创建变量。
应该记住，结构的前向声明(类似于代码框 8 - 4 中的第一行)会得到一个不完整的类型声
明。只能有不完整类型的指针，而**不能**(not)有不完整类型的变量。之前已经看到，对不
完整类型，甚至无法为其分配堆内存。

这是什么意思呢？这意味着，如果打算使用嵌套结构变量来实现继承，则 student_t 结构应该看到 person_t 结构的实际定义，根据我们对封装的了解，person_t 应该是私有的，对任何其他类都不可见。

因此，有两种方法来实现继承关系：
- 使子类能够访问基类的私有实现（实际定义）。
- 使子类只能访问基类的公共接口。

(1) C 语言中实现继承的第一种方法

我们将在下面的例 8.2 中演示第一种方法，在下一节的例 8.3 中介绍第二种方法。它们都用一些行为函数表示了相同的类：Student 和 Person。在 main 函数中构造了这些类的对象，并在一个简单的场景中运行。

先来看例 8.2，其中 Student 类需要能访问实际的 Person 类属性结构的私有定义。如下代码框给出了 Student 和 Person 类的头文件、源文件以及 main 函数。先从声明 Person 类的头文件开始：

```
# ifndef EXTREME_C_EXAMPLES_CHAPTER_8_2_PERSON_H
# define EXTREME_C_EXAMPLES_CHAPTER_8_2_PERSON_H

//前向声明
struct person_t;

//内存分配函数
struct person_t * person_new ();

//构造函数
void person_ctor (struct person_t * ,
            const char *              /* 名* /,
            const char *              /* 姓* /,
            unsigned int              /* 出生年份* /);

//析构函数
void person_dtor (struct person_t * );

//行为函数
void person_get_first_name(struct person_t* ,  char* );
void person_get_last_name(struct person_t* ,  char* );
unsigned int person_get_birth_year(struct person_t* );

# endif
```

　　代码框 8-5〔ExtremeC_examples_chapter8_2_person. h〕：例 8.2，Person 类的公共接口

查看代码框 8-5 中的构造函数。它接受创建 person 对象所需的所有值：first_name、second_name 和 birth_year。可以看到，属性结构 person_t 是不完整的，因此 Student 类不能使用前面的头文件来建立继承关系，这与在前一节中演示的情况类似。

另一方面，前面的头文件不能包含 person_t 属性结构的实际定义，因为该头文件将被代码的其他部分使用，这部分代码不应该知道 Person 内部的任何情形。那么，该怎么办呢？我们希望逻辑的某个部分知道一个结构定义，而其他部分不能知道。这就是**私有头文件**（private header file）的切入点。

私有头文件是一个普通的头文件，它应该被实际需要它的特定代码部分或特定类所包含和使用。对于例 8.2，person_t 的实际定义应该是私有头文件中的一部分。在下面的代码框中，可以看到一个私有头文件的例子：

```
# ifndef EXTREME_C_EXAMPLES_CHAPTER_8_2_PERSON_P_H
# define EXTREME_C_EXAMPLES_CHAPTER_8_2_PERSON_P_H

//私有定义
typedef struct {
    char first_name[32];
    char last_name[32];
    unsigned int birth_year;
} person_t;

# endif
```

代码框 8-6〔ExtremeC_examples_chapter8_2_person_p.h〕：私有头文件，其中包含 person_t 的实际定义

可以看到，它只包含了 person_t 结构的定义，仅此而已。这是 Person 类中应该保持私有的一部分，但它需要对 Student 类公开。这时，需要这个定义来定义 student_t 属性结构。下面的代码框展示了 Person 类属性的私有实现：

```
# include < stdlib.h>
# include < string.h>

//person_t 在下面的头文件中定义
# include "ExtremeC_examples_chapter8_2_person_p.h"
//内存分配函数
person_t * person_new () {
    return (person_t * ) malloc (sizeof (person_t));
}
//构造函数
void person_ctor (person_t * person,const char*  first_name,
```

```
                  const char* last_name,unsigned int birth_year) {
    strcpy(person- > first_name, first_name);
    strcpy(person- > last_name, last_name);
    person- > birth_year = birth_year;
}

//析构函数
void person_dtor(person_t* person){
    //无事可做
}

//行为函数
void person_get_first_name(person_t* person, char* buffer) {
    strcpy(buffer, person- > first_name);
}

void person_get_last_name(person_t* person, char* buffer) {
    strcpy(buffer, person- > last_name);
}

unsigned int person_get_birth_year(person_t* person) {
    return person- > birth_year;
}
```

代码框 8 - 7[ExtremeC_examples_chapter8_2_person. c]：Person 类的定义

与前面的所有例子一样，这里对 Person 类定义没有什么特别的。下面的代码框显示了
Student 类的公共接口：

```
# ifndef EXTREME_C_EXAMPLES_CHAPTER_8_2_STUDENT_H
# define EXTREME_C_EXAMPLES_CHAPTER_8_2_STUDENT_H

//前向声明
struct student_t;

//内存分配函数
struct student_t * student_new ();

//构造函数
void student_ctor ( struct student_t * ,const char* /* 名 * /,
          const char* /* 姓 * /, unsigned int /* 出生年份 * /,
          const char* /* 学号 * /,unsigned int /* 通过学分 * / );

//析构函数
void  student_dtor (struct student_t * );

//行为函数
void student_get_student_number(struct student_t* , char* );
unsigned int student_get_passed_credits(struct student_t* );
```

```
# endif
```

代码框 8 - 8[ExtremeC_examples_chapter8_2_student. h]：Student 类的公共接口

可以看到，Student 类的构造函数接受与 Person 类的构造函数相类似的参数。这是因为 student 对象实际上包含 person 对象，它需要这些值来填充其组合的 person 对象。这意味着 student 构造函数需要为 student 对象中的 person 部分设置属性。

注意，我们只为 Student 类增加了两个额外的行为函数，因为我们可以对 student 对象使用 Person 类的行为函数。

Student 类的私有实现如下所示：

```
# include < stdlib.h>
# include < string.h>

# include "ExtremeC_examples_chapter8_2_person.h"
```

//person_t 在下面的头文件中定义，我们在这里使用它。
```
# include "ExtremeC_examples_chapter8_2_person_p.h"
```

//前向声明
```
typedef struct {
//这里继承 person 类的所有属性，并且由于采用嵌套，还可以使用它的所有行为函数。
    person_t person;
    char * student_number;
    unsigned int passed_credits;
}   student_t;
```

//内存分配函数
```
student_t * student_new () {
    return (student_t * ) malloc (sizeof (student_t));
}
```

//构造函数
```
void student_ctor (student_t * student,const char* first_name,
        const char* last_name,unsigned int birth_year,
        const char* student_number,unsigned int passed_credits) {
    //调用父类的构造函数
    person_ctor((struct person_t* )student,
        first_name,last_name,birth_year);
    student- > student_number = (char* )malloc(16 * sizeof(char));
    strcpy(student- > student_number, student_number);
    student- > passed_credits = passed_credits;
}
```

//析构函数

```
void student_dtor(student_t* student) {
    //首先需要销毁子对象。
    free(student- > student_number);
    //然后,我们需要调用父类的析构函数
    person_dtor ((struct person_t * )student);
}

//行为函数
void student_get_student_number(student_t* student, char* buffer) {
    strcpy(buffer,student- > student_number);
}

unsigned int student_get_passed_credits(student_t* student) {
    return student- > passed_credits;
}
```

代码框 8‐9[ExtremeC_examples_chapter8_2_student.c]:Student 类的私有定义

上述代码框包含有关继承关系的最重要代码。首先,我们需要包含 Person 类的私有头文件,因为在定义 student_t 结构类型时,需要使用 person_t 类型来定义第一个字段。而且,因为这个字段是一个实际的变量而不是一个指针,它要求 person_t 是预先定义好的。注意,这个变量必须是结构中的**第一个字段**(first field)。否则,就不可能使用 Person 类的行为函数。

同样,在 Student 类的构造函数中,调用了父类的构造函数来初始化父辈(组合)对象的属性。看看在将指向 student_t 类型的指针传递给 person_ctor 函数时,是如何将 student_t 指针转换为 person_t 指针的。之所以可以这样做,是因为 person 字段是 student_t 的第一个成员。

同样,在 Student 类的析构函数中,也调用了父类的析构函数。这种析构应该首先发生在子级,然后是父级,和构造顺序相反。下一个代码框包含例 8.2 的主要场景,它将使用 Student 类并创建一个 Student 类型的对象:

```
# include< stdio.h>
# include< stdlib.h>
# include "ExtremeC_examples_chapter8_2_person.h"
# include "ExtremeC_examples_chapter8_2_student.h"

int main(int argc, char* * argv) {
    //创建并构造学生对象
    struct student_t* student = student_new();
    student_ctor(student, "John", "Doe",1987, "TA5667", 134);
```

```
//现在我们使用 person 的行为函数从 student 对象的中读取 person 的属性
    char buffer[32];
```

//向上转换为父类型的指针
struct person_t* person_ptr = (struct person_t*) student;
```
    person_get_first_name (person_ptr,buffer);
    printf(" First name: % s\n", buffer);

    person_get_last_name (person_ptr, buffer);
    printf("Last name: % s\n", buffer);

    printf("Birth year:% d\n", person_get_birth_year(person_ptr));

    //现在,读取专属于 student 对象的属性。
    student_get_student_number(student, buffer);
    printf("Student number: % s\n", buffer);

    printf("Passed credits:% d \n", student_get_passed_credits(student));

    //析构并释放学生对象
    student_dtor(student);
    free(student);

    return 0;
}
```

代码框 8 - 10[ExtremeC_examples_chapter8_2_main. c]:例 8.2 的主场景

在这个主要场景中可以看到,我们已经包含了 Person 和 Student 两个类的公共接口(不是私有头文件),但是只创建了一个 student 对象。可以看到,student 对象继承了其内部 person 对象的所有属性,可以通过 person 类的行为函数读取这些属性。

下面的 Shell 框显示了如何编译和运行例 8.2:

```
$ gcc - c ExtremeC_examples_chapter8_2_person.c - o person.o
$ gcc - c ExtremeC_examples_chapter8_2_student.c - o student.o
$ gcc - c ExtremeC_examples_chapter8_2_main.c - o main.o
$ gcc person.o student.o main.o - o ex8_2.out
$ ./ex8_2.out
First name: John
Last name: Doe
Birth year: 1987
Student number: TA5667
Passed credits: 134
$
```

Shell 框 8 - 2:构建和运行例 8.2

下面的例 8.3 将介绍 C 语言中实现继承关系的第二种方法。它的输出应该与例 8.2 非常相似。

（2）C 语言中实现继承的第二种方法

第一种方法将父类的结构变量作为其子类属性结构中的第一个字段。现在，第二种方法将使用一个指向父类结构变量的指针。这样，子类就可以独立于父类的实现。这样做对信息隐藏来说是件好事。

选择第二种方法，有得有失。在例 8.3 之后，我们将对这两种方法进行比较，可以看到使用这两种技术的优缺点。

下面的例 8.3 与例 8.2 非常相似，特别是在输出和最终结果方面。然而，主要的区别还在于例 8.3 中 Student 类仅依赖于 Person 类的公共接口，而不是其私有定义。这样做将类解耦，允许我们轻松地更改父类的实现，而无需更改子类的实现，所以很炫。

在先前的例子中，Student 类并没有严格违反信息隐藏原则，但它可以这样做，因为它可以访问 person_t 的实际定义和它的字段。因此，它可以在不使用 Person 行为函数的情况下读取或修改它的字段。

如前所述，例 8.3 与例 8.2 非常相似，但是它有一些根本的区别。在例 8.3 中，Person 类的公共接口保持不变。但是 Student 类及其公共接口必须改变。下面的代码框显示 Student 类的新公共接口：

```
# ifndef EXTREME_C_EXAMPLES_CHAPTER_8_3_STUDENT_H
# define EXTREME_C_EXAMPLES_CHAPTER_8_3_STUDENT_H

//前向声明
struct student_t;

//内存分配函数
struct student_t *  student_new ();

//构造函数
void student_ctor (struct student_t * ,const char*        /* 名 * /,
          const char* /* 姓 * /,unsigned int        /* 出生年份 * /,
          const char* /* 学号 * /,unsigned int        /* 通过学分 * /);

//析构函数
void student_dtor (struct student_t * );

//行为函数
void student_get_first_name(struct student_t* , char* );
void student_get_last_name(struct student_t* , char* );
```

```
unsigned int student_get_birth_year(struct student_t* );
void student_get_student_number(struct student_t* , char* );
unsigned int student_get_passed_credits(struct student_t* );

# endif
```

代码框 8 - 11[ExtremeC_examples_chapter8_3_student. h]：Student 类的新公共接口

原因很快就会明了：Student 类必须重复声明 Person 类中已经声明过的行为函数，因为我们不能再将 student_t 指针转换为 person_t 指针。换句话说，Student 和 Person 指针间的向上转换不再起作用了。虽然 Person 类的公共接口和例8.2一样没有更改，但它的实现已经改变。例8.3 中 Person 类的实现如下所示：

```
# include < stdlib.h>
# include < string.h>

//私有定义
typedef struct {
    char first_name[32];
    char last_name[32];
    unsigned int birth_year;
}  person_t;

//内存分配函数
person_t *  person_new () {
    return (person_t * ) malloc (sizeof (person_t));
}

//构造函数
void person_ctor (person_t * person,const char*  first_name,
                const char*  last_name, unsigned int birth_year) {
    strcpy(person- > first_name,first_name);
    strcpy(person- > last_name, last_name);
    person- > birth_year = birth_year;
}

//析构函数
void person_dtor(person_t*  person){
    //无事可做
}

//行为函数
void person_get_first_name(person_t*  person, char*  buffer) {
    strcpy(buffer,person- > first_name);
}

void person_get_last_name(person_t*  person, char*  buffer) {
    strcpy(buffer, person- > last_name);
```

```
}

unsigned int person_get_birth_year(person_t* person) {
    return person- > birth_year;
}
```

代码框 8 - 12[ExtremeC_examples_chapter8_3_person. c]：Person 类的新实现

可以看到，person_t 的私有定义被放置在源文件中，这里不再使用私有头文件。这意味着我们不会与其他如 Student 的类共享定义。我们想为 Person 类实现一个完整的封装并隐藏其所有实现细节。

Student 类的私有实现如下所示：

```
# include< stdlib.h>
# include< string.h>

//person 类的公共接口
# include "ExtremeC_examples_chapter8_3_person.h"

//前置声明
typedef struct {
    char* student_number;
    unsigned int passed_credits;
    //我们必须在这里使用一个指针，因为 person_t 类型是不完整的。
    struct person_t* person;
} student_t;

//内存分配函数
student_t* student_new() {
    return (student_t* )malloc(sizeof(student_t));
}

//构造函数
void student_ctor(student_t* student, const char* first_name,
                const char* last_name,unsigned int birth_year,
                const char* student_number,unsigned int passed_credits) {
    //为父对象分配内存
    student- > person = person_new();
    person_ctor(student- > person, first_name,last_name, birth_year);
    student- > student_number = (char* )malloc(16 * sizeof(char));
    strcpy(student- > student_number, student_number);
    student- > passed_credits = passed_credits;
}

//析构函数
void student_dtor(student_t* student) {
    //先析构子对象
```

· 237 ·

```
        free(student- > student_number);
        //然后,调用父类的析构函数
        person_dtor(student- > person);
        //释放父对象分配的内存
        free(student- > person);
    }

    //行为函数
    void student_get_first_name(student_t* student, char* buffer) {
        //我们必须使用 person 的行为函数
        person_get_first_name(student- > person, buffer);
    }

    void student_get_last_name(student_t* student, char* buffer) {
        //我们必须使用 person 的行为函数
        person_get_last_name(student- > person, buffer);
    }

    unsigned int student_get_birth_year(student_t* student) {
        //我们必须使用 person 的行为函数
        return person_get_birth_year(student- > person);
    }

    void student_get_student_number(student_t* student, char* buffer) {
        strcpy(buffer, student- > student_number);
    }

    unsigned int student_get_passed_credits(student_t* student) {
        return student- > passed_credits;
    }
```

代码框 8 - 13[ExtremeC_examples_chapter8_3_student. c]:Student 类的新实现

前面的代码框展示了通过包含头文件来使用 Person 类公共接口的方法。另外,在 student_t 的定义中添加了一个指针字段来指向 Person 父对象。这应该会让你想起在前一章中实现的组合关系。

注意,不需要将此指针字段作为属性结构中的第一项,这与我们在第一种方法中看到的情况相反。student_t 和 person_t 类型的指针不再是可以相互转换的,并且它们指向内存中的地址不一定相邻,这再次与前面的方法形成对比。

在 Student 类的构造函数中,我们实例化父对象,然后,通过调用 Person 类的构造函数并传递所需的参数来构造父对象。析构函数也是一样的,在 Student 类的析构函数中最后析构父对象。

因为不能使用 Person 类的行为函数来读取继承的属性,所以 Student 类需要提供其自己的一组行为函数来公开那些继承的和私有的属性。

换句话说,Student 类必须提供一些包装器函数(wrapper function)来公开其内部父对象 person 的私有属性。请注意,Student 对象本身对 Person 对象的私有属性一无所知,这与我们在第一种方法中的情形是相反的。

下面的代码框给出的主要场景也非常类似于例 8.2 中的场景,如下所示:

```c
# include < stdio.h >
# include < stdlib.h >

# include "ExtremeC_examples_chapter8_3_student.h"

int main(int argc, char* * argv) {
    //创建并构造学生对象
    struct student_t* student = student_new();
    student_ctor(student, "John", "Doe", 1987, "TA5667", 134);
//我们必须使用 student 的行为函数,因为 student 指针不是 person 指针,我们不能
//在 student 对象中访问私有 parent 指针。
    char buffer[32];
    student_get_first_name(student, buffer);
    printf("First name: % s\n", buffer);

    student_get_last_name(student, buffer);
    printf("Last name: % s\n", buffer);

    printf("Birth year: % d\n", student_get_birth_year(student));

    student_get_student_number(student, buffer);
    printf("Student number: % s\n", buffer);

    printf("Passed credits: % d\n", student_get_passed_credits(student));

    //析构并释放学生对象
    student_dtor(student);
    free(student);

    return 0;
}
```

代码框 8 - 14[ExtremeC_examples_chapter8_3_main. c]:例 8.3 的主要场景

与例 8.2 中的 main 函数相比,这里没有包含 Person 类的公共接口。我们还需要使用 Student 类的行为函数,因为 student_t 和 person_t 指针不再能互相转换。

下面的 Shell 框演示了如何编译和运行例 8.3。你可能已经猜到,它们输出是相同的:

```
$ gcc - c ExtremeC_examples_chapter8_3_person.c - o person.o
$ gcc - c ExtremeC_examples_chapter8_3_student.c - o student.o
$ gcc - c ExtremeC_examples_chapter8_3_main.c - o main.o
$ gcc person.o student.o main.o - o ex8_3.out
$ ./ex8_3.out
First name: John
Last name: Doe
Birth year: 1987
Student number: TA5667
Passed credits: 134
$
```

Shell 框 8 - 3：构建并运行例 8.3

在下一节中，我们将比较已经提到的在 C 语言中实现继承关系的两种方法。

（3）两种方法的比较

我们已经看到了在 C 语言中实现继承的两种不同方法，现在对它们进行比较。以下是两种方法的异同点：

- 这两种方法本质上都是组合关系。
- 第一种方法在子类的属性结构中使用结构变量，并依赖于对父类私有实现的访问。然而，第二种方法使用了结构指针来指向不完整的父类属性结构类型，因此，它不依赖于父类的私有实现。
- 在第一种方法中，父类型和子类型是强依赖的。在第二种方法中，类是相互独立的，父类实现中的所有内容都对子类隐藏。
- 在第一种方法中，只能有一个父类。换句话说，这是在 C 语言中实现单继承（single inheritance）的一种方法。然而，在第二种方法中，可以拥有任意多的父类，从而演示了多重继承（multiple inheritance）的概念。
- 在第一种方法中，父类的结构变量必须是子类属性结构的第一个字段，但在第二种方法中，指向父对象的指针可以放在结构的任何地方。
- 在第一种方法中，没有两个单独的父对象和子对象。父对象包含在子对象中，指向子对象的指针实际上也是指向父对象的指针。
- 在第一种方法中，可以使用父类的行为函数，但在第二种方法中，需要通过子类中的新的行为函数来使用父类的行为函数。

到目前为止，我们只讨论了继承本身，还没有讨论它的用法。继承最重要的用途之一是在对象模型中实现多态(polymorphism)。在下一节中,我们将讨论多态以及如何用 C 语言实现它。

8.2　多态

多态实际上并不是两个类之间的关系。它主要是一种在保持相同代码的同时实现不同行为的技术。它允许我们扩展代码或添加功能,而不必重新编译整个代码库。

在本节中,我们将讨论什么是多态,以及如何在 C 语言中使用它。这也让我们更好地了解诸如 C++等现代编程语言是如何实现多态的。我们将从定义多态开始。

8.2.1　什么是多态?

简单地说,多态通过使用相同的公共接口(或一组行为函数)来实现不同的行为。

假设我们有两个类:Cat 和 Duck,它们各有一个行为函数 sound,用以输出它们各自的声音。解释多态并非易事,我们将尝试采用自顶向下的方法来解释它。首先,我们会给出多态代码的直观映像,并解释它是如何工作的,然后再深入研究如何用 C 语言来实现它。一旦建立了基本概念,实现起来就会更容易。在下面的代码框中,我们首先创建一些对象,然后看看如果已经实现多态,那么多态函数应该如何工作。首先,我们创建三个对象。假设 Cat 和 Duck 类都是 Animal 类的子类:

```
struct animal_t* animal = animal_malloc();
animal_ctor(animal);

struct cat_t* cat = cat_malloc();
cat_ctor(cat);

struct duck_t* duck = duck_malloc();
duck_ctor(duck);
```

代码框 8 - 15:创建 animal、cat 和 duck 类的三个对象

如果没有多态,我们就会调用每个对象的 sound 行为函数,如下所示:

```
//这不是一个多态
animal_sound(animal);
cat_sound(cat);
duck_sound(duck);
```

代码框 8 - 16:调用每个对象的 sound 行为函数

输出结果如下：

```
Animal: Beeeep
Cat: Meow
Duck: Quack
```

Shell 框 8-4：函数调用的输出

前面的代码框没有演示多态，因为它使用了不同的函数 cat_sound 和 duck_sound 来调用 Cat 和 Duck 对象的特定行为。然而，下面的代码框显示了我们期望的多态函数的行为，它实现了一个多态的完美例子：

```
//这是多态
animal_sound(animal);
animal_sound((struct animal_t* )cat);
animal_sound((struct animal_t* )duck);
```

代码框 8-17：在三个对象上调用相同的 sound 行为函数

尽管三次调用了相同的函数，我们还是希望看到不同的行为。看起来，传递不同的对象指针，会改变 animal_sound 背后的实际行为。如果 animal_sound 是多态代码，那么代码框 8-17 的输出如下所示：

```
Animal: Beeeep
Cat: Meow
Duck: Quack
```

Shell 框 8-5：函数调用的输出

从代码框 8-17 中可以看到，我们使用了相同的函数 animal_sound，但是使用了不同的指针，因此，在函数的内部调用了不同的函数。

注：
如果不能理解上述代码，请不要继续阅读；请再次阅读上节内容。

前面的多态代码暗示，在 Cat 和 Duck 与第三个类 Animal 之间应该有继承关系，因为我们希望能够将 duck_t 和 cat_t 指针转换为 animal_t 指针。这还意味着：为了能够从多态机制中获益，我们不得不使用 C 语言中实现继承的第一种方法。

你可能还记得，在实现继承的第一种方法中，子类可以访问父类的私有实现，animal_t 类的结构变量必须是 duck_t 和 cat_t 属性结构定义中的第一个字段。下面的代码显示了这三个类之间的关系：

```
typedef struct{
    ...
} animal_t;
typedef struct {
    animal_t animal;
    ...
} cat_t;
typedef struct{
    animal_t animal;
    ...
} duck_t;
```

代码框 8 - 18：类 Animal、Cat 和 Duck 的属性结构的定义

通过这个设置，我们可以强制转换 duck_t 和 cat_t 指针为 animal_t 指针，然后我们可以对两个子类使用相同的行为函数。

到目前为止，我们已经展示了一个多态函数应该具有的行为，以及如何定义类之间的继承关系，但还没有展示的是这种多态行为是如何实现的。换句话说，我们还没有讨论多态背后的实际机制。

假设行为函数 animal_sound 定义如代码框 8 - 19 所示。无论你传递了什么样的指针参数，我们总能得到一个行为，并且如果没有底层机制，函数调用将不会是多态的。该机制将紧接着在例 8.4 中进行解释：

```
void animal_sound(animal_t* ptr) {
    printf("Animal: Beeeep");
}

//这可能是一个多态，但它不是！
animal_sound(animal);
animal_sound( (struct animal_t * )cat);
animal_sound((struct animal_t * )duck);
```

代码框 8 - 19：animal_sound 函数还不是多态的！

马上可以看到，调用行为函数 animal_sound 时传递各种指针并不会改变行为函数的逻辑；换句话说，它不是多态的。在下一个例子 8.4 中，我们将使这个函数多态化：

```
Animal: Beeeep
Animal: Beeeep
```

```
Animal: Beeeep
```

那么,实现多态行为函数的底层机制到底是什么呢? 我们将在下一节中回答这个问题,但在此之前,首先需要回答的问题是:为什么我们想要有多态。

8.2.2 为什么我们需要多态?

在进一步讨论在 C 语言中实现多态的方式之前,我们应该花些时间讨论一下为什么需要多态。之所以需要多态,其主要原因是,我们希望保持一段代码"原样",即使在与基类型的各种子类型一起使用时也是如此。在示例中很快就会看到这方面的演示。

当我们向系统添加新的子类型,或者当一个子类型的行为要改变时,我们不想因此频繁修改当前的逻辑。在添加新特性时没有任何变化是不现实的——总是会有一些变化——但是使用多态,我们可以显著减少所需更改的数量。

需要多态的另一个动机是**抽象**(abstraction)的概念。当我们拥有抽象类型(或类)时,它们通常有一些模糊的,或者还未实现的行为函数,需要在子类中**重载**(overridden),而多态是实现这一点的关键方法。

因为我们想要使用抽象类型来编写逻辑,所以在处理非常抽象的类型指针时,需要一种方法来调用适合的实现代码。这是需要多态的另一种场景。举例而言,当我们要在代码中添加一个新的子类型时,无论使用什么语言,我们都需要一种方法来实现多态行为,否则维护一个大型项目的成本会快速增长。

既然我们已经明确了多态的重要性,现在是时候解释如何在 C 语言中实现它了。

8.2.3 如何在 C 语言中实现多态行为

如果想在 C 语言中实现多态,我们需要使用第一种在 C 语言中实现继承的方法。为了实现多态行为,我们可以使用**函数指针**(function pointer)。但是,这一次,这些函数指针需要作为属性结构中的一些字段保存。我们继续使用动物声音的例子来说明这一点。

我们有三类:Animal、Cat 和 Duck,其中 Cat 和 Duck 是 Animal 的子类。每个类都有一个头文件和一个源文件。Animal 类有一个额外的私有头文件,包含了其属性结构的实际定义。因为我们采用了第一种方法来实现继承,这个私有头文件是必需的。私有头文件会被 Cat 和 Duck 类使用。

Animal 类的公共接口如下面的代码框所示:

```
# ifndef extreme_c_examplees_chapter_8_4_animal_h
# define extreme_c_examplees_chapter_8_4_animal_h

//前向声明
struct animal_t;

//内存分配函数
struct animal_t *  animal_new ();

//构造函数
void animal_ctor (struct animal_t * );

//析构函数
void animal_dtor (struct animal_t * );

//行为函数
void animal_get_name(struct animal_t* , char* );
void animal_sound (struct animal_t * );

# endif
```

代码框 8 - 20〔ExtremeC_examples_chapter8_4_animal. h〕:Animal 类的公共接口

Animal 类有两个行为函数。animal_sound 函数应该是多态的,可以被子类重载,而另一个行为函数 animal_get_name 不是多态的,并且子类不能重载它。

animal_t 属性结构的私有定义如下:

```
# ifndef EXTREME_C_EXAMPLES_CHAPTER_8_4_ANIMAL_P_H
# define EXTREME_C_EXAMPLES_CHAPTER_8_4_ANIMAL_P_H

//指向 animal_sound 的不同形态的函数指针类型
typedef void(*  sound_func_t) (void * );

//前向声明
typedef struct {
    char * 名称;
    //该成员是一个指向函数的指针,执行实际的声音行为
    sound_func_t sound_func;
} animal_t;

# endif
```

代码框 8 - 21〔ExtremeC_examples_chapter8_4_animal_p. h〕:Animal 类的私有头文件

在多态中,每个子类都可以提供它自己的 animal_sound 函数版本。换句话说,每个子类都可以重载从父类继承的函数。因此,要为每个想要重载的子类提供不同的函数。这意味着,如果子类重载了 animal_sound,那就应该调用它自己的重载函数。

这就是为什么我们在这里使用函数指针的原因。animal_t 的每个实例都将有一个函数指针专用于 animal_sound 行为,该指针指向类内部多态函数的实际定义。

对于每个多态行为函数,都有一个专用的函数指针。在这里,你将看到如何使用这个函数指针在每个子类中执行正确的函数调用。换句话说,我们展示了多态实际上是如何工作的。

Animal 类的定义如下所示:

```c
# include < stdlib.h>
# include < string.h>
# include < stdio.h>
# include "ExtremeC_examples_chapter8_4_animal_p.h"
//在父类层级上,animal_sound 的默认定义
void __animal_sound(void* this_ptr) {
    animal_t* animal = (animal_t* )this_ptr;
    printf (" % s: Beeeep \ n",animal- > name);
}
//内存分配函数
animal_t * animal_new () {
    return(animal_t * ) malloc (sizeof (animal_t));
}
//构造函数
void animal_ctor(animal_t* animal) {
    animal- > name = (char* )malloc(10 * sizeof(char));
    strcpy(animal- > name, "Animal");
    //将函数指针设置为指向默认的定义
    animal- > sound_func = __animal_sound;
}
//析构函数
void animal_dtor(animal_t* animal) {
    free(animal- > name);
}
//行为函数
void animal_get_name(animal_t* animal, char* buffer) {
    strcpy(buffer, animal- > name);
```

```
}
void animal_sound(animal_t*  animal) {
    //调用函数指针所指向的函数。
    animal- > sound_func(animal);
}
```

代码框 8 - 22[ExtremeC_examples_chapter8_4_animal. c]：Animal 类的定义

实际的多态行为出现在代码框 8 - 22 中的函数 animal_sound 内部。当子类决定不重载私有函数__animal_sound 时,它应该是 animal_sound 函数的默认行为。在下一章将看到,多态行为函数有一个默认定义,如果子类没有提供重载版本,它将被继承和使用。

进一步,我们在构造函数 animal_ctor 中,将_animal_sound 的地址输入到 animal 对象的 sound_func 字段。记住,sound_func 是函数指针。在这个设置中,每个子对象都继承这个函数指针,该指针指向默认定义__animal_sound。

最后,在行为函数 animal_sound 内部,我们只调用 sound_func 字段指向的函数。同样,sound_func 是指向声音行为实际定义的函数指针字段,在前面的例子中是__animal_sound。请注意,animal_sound 函数的行为更像是实际行为函数的中继。

继续使用这个设置,如果 sound_func 字段指向另一个函数,那么在 animal_sound 被调用时,那个函数将被调用。这就是我们在 Cat 和 Duck 类中重载 sound 行为的默认定义的技巧。

现在是时候展示 Cat 和 Duck 类了。下面的代码框将显示 Cat 类的公共接口和私有实现。首先,展示 Cat 类的公共接口：

```
# ifndef EXTREME_C_EXAMPLES_CHAPTER_8_4_CAT_H
# define EXTREME_C_EXAMPLES_CHAPTER_8_4_CAT_H

//前向声明
struct cat_t;

//内存分配函数
struct cat_t*  cat_new();

//构造函数
void cat_ctor(struct cat_t* );

//析构函数
void cat_dtor(struct cat_t* );

//所有的行为函数都继承自 animal 类。
```

```
# endif
```

代码框 8 - 23[ExtremeC_examples_chapter8_4_cat. h]：Cat 类的公共接口

接下来就会看到，它将继承它的父类 Animal 中的 sound 行为。

Cat 类的定义如下所示：

```
# include < stdio.h>
# include < stdlib.h>
# include < string.h>

# include "ExtremeC_examples_chapter8_4_animal.h"
# include "ExtremeC_examples_chapter8_4_animal_p.h"

typedef struct {
    animal_t animal;
}   cat_t;
//为猫的声音定义一个新的行为
void __cat_sound(void* ptr) {
    animal_t* animal = (animal_t* )ptr;
    printf (" % s:Meow\ n",animal- > name);
}
//内存分配函数
cat_t *  cat_new () {
return (cat_t * ) malloc (sizeof (cat_t));
}
//构造函数
void cat_ctor(cat_t* cat) {
    animal_ctor((struct animal_t * )cat);
    strcpy(cat- >  animal.name, "Cat");
    //指向新的行为函数。实际上在这里发生了重载。
    cat- > animal.sound_func = __cat_sound;
}
//析构函数
void cat_dtor(cat_t* cat) {
    animal_dtor((struct animal_t * ))cat;
}
```

代码框 8 - 24[ExtremeC_examples_chapter8_4_cat. c]：Cat 类的私有实现

从前面的代码框中看到，我们为猫的声音定义了一个新函数：__cat_sound。然后在构造函数中，使 sound_func 指针指向这个函数。

现在，重载发生了，并且从现在起，所有 cat 对象实际上都会调用__cat_sound,而不是__

animal_sound。同样的技巧也用于 Duck 类。

Duck 类公共接口如下代码框所示：

```
# ifndef EXTREME_C_EXAMPLES_CHAPTER_8_4_DUCK_H
# define EXTREME_C_EXAMPLES_CHAPTER_8_4_DUCK_H

//前向声明
struct duck_t;

//内存分配函数
struct duck_t * duck_new ();

//构造函数
void duck_ctor (struct duck_t * );

//析构函数
void duck_dtor (struct duck_t * );

//所有的行为函数都继承自 animal 类。

# endif
```
代码框 8 - 25 [ExtremeC_examples_chapter8_4_duck. h]：Duck 类的公共接口

可以看到，Duck 类的公共接口非常类似于 Cat 类。让我们接着看 Duck 类的私有定义：

```
# include < stdio.h>
# include < stdlib.h>
# include < string.h>

# include "ExtremeC_examples_chapter8_4_animal.h"
# include "ExtremeC_examples_chapter8_4_animal_p.h"

typedef struct {
    animal_t animal;
}   duck_t;
//为 duck 的声音定义一个新的行为
void __duck_sound(void* ptr) {
    animal_t* animal = (animal_t* )ptr;
    printf("% s: Quacks\n", animal- > name);
}
//内存分配函数
duck_t* duck_new() {
    return (duck_t* )malloc(sizeof(duck_t));
}
//构造函数
void duck_ctor(duck_t* duck) {
```

```
    animal_ctor((struct animal_t* )duck);
    strcpy(duck- > animal.name, "Duck");
    //指向新的行为函数,实际这里发生了重载
    duck- > animal.sound_func = __duck_sound;
}

//析构函数
void duck_dtor(duck_t*  duck) {
    animal_dtor((struct animal_t* )duck);
}
```

代码框 8 - 26[ExtremeC_examples_chapter8_4_duck.c]:Duck 类的私有实现

可以看到,该技术已用于重载 sound 行为的默认定义。新定义的私有行为函数__duck_sound 用于发出鸭子特有的声音,sound_func 指针也被更新,指向这个函数。这基本上就是多态在 C++中的方式。我们将在下一章详细讨论这个问题。

最后,下面的代码框给出了例 8.4 的主要场景:

```
# include < stdio.h>
# include < stdlib.h>
# include < string.h>

//只有公共接口
# include "ExtremeC_examples_chapter8_4_animal.h"
# include "ExtremeC_examples_chapter8_4_cat.h"
# include "ExtremeC_examples_chapter8_4_duck.h"

int main(int argc, char* * argv) {
    struct animal_t* animal = animal_new();
    struct cat_t* cat = cat_new();
    struct duck_t* duck = duck_new();

    animal_ctor(animal);
    cat_ctor(cat);
    duck_ctor(duck);

    animal_sound(animal);
    animal_sound((struct animal_t * )cat);
    animal_sound((struct animal_t * )duck);

    animal_dtor(animal);
    cat_dtor(cat);
    duck_dtor(duck);

    free(duck);
    free(cat);
    free(animal);
```

```
        return 0;
    }
```

代码框 8 - 27[ExtremeC_examples_chapter8_4_main. c]:例 8.4 的主要场景

在前面的代码框中看到,我们只使用了 Animal、Cat 和 Duck 类的公共接口。所以,main 函数对类的内部实现一无所知。通过传递不同的指针调用 animal_sound 函数演示了多态行为工作的机制。现在来看一下示例的输出。

下面的 Shell 框显示了例 8.4 的编译和运行:

```
$ gcc - c ExtremeC_examples_chapter8_4_animal.c - o animal.o
$ gcc - c ExtremeC_examples_chapter8_4_cat.c - o cat.o
$ gcc - c ExtremeC_examples_chapter8_4_duck.c - o duck.o
$ gcc - c ExtremeC_examples_chapter8_4_main.c - o main.o
$ gcc animal.o cat.o duck.o main.o - o ex8_4.out
$ ./ ex8_4.out
Animal: Beeeep
Cat: Meow
Duck: Quake
$
```

Shell 框 8 - 7:例 8.4 的编译、运行和输出

在例 8.4 中看到,在基于类的编程语言中,需要特别注意想要实现多态的行为函数,它们应该被区别对待。否则,如果没有我们在例 8.4 中讨论过的底层机制的支持,简单行为函数不可能是多态的。正因为此,在 C++这样的语言中,需要给这些行为函数特殊的名称,并使用特定的关键字来表示一个函数是多态的。这些函数被称为**虚函数**(virtual function)。虚函数是可以被子类重载的行为函数。编译器需要跟踪虚函数,并且在重载时,应该在相应的对象中放置适当的指针,以便指向实际的定义。在运行时这些指针用于执行函数的正确版本。

在下一章中,我们将看到 C++是如何处理类之间面向对象的关系的。此外,我们将了解 C++是如何实现多态的。我们还将讨论抽象(abstraction),它是多态的直接结果。

8.3　总结

在本章中,我们接着上一章探索了 OOP 主题。这些主题包括:

• 解释了继承的工作机制,并研究了在 C 语言中可以实现继承的两种方法。

- 第一种方法允许直接访问父类的所有私有属性,但第二种方法更保守,隐藏父类的私有属性。
- 比较了这些方法,并且发现每一种方法都有适用的场景。
- 多态是本章探讨的第二个主题。简单地说,它允许我们为相同行为实现不同的版本,并使用一个抽象的超类型公共 API 来调用正确的行为。
- 本章给出了如何用 C 语言编写多态代码的例子,也指出了在运行时为特定行为选择正确的版本中函数指针所发挥的作用。

下一章将是有关面向对象的最后一章,我们将探索 C++如何处理封装、继承和多态。不仅如此,我们还将讨论抽象这个主题,以及它如何导致一种奇怪的类,即抽象类(abstract class)。奇特之处在于,我们不能从这些抽象类中创建对象!

9

C++中的抽象和 OOP

本章是 C 语言 OOP 的最后一章。在这一章中,我们将讨论未尽的主题,并介绍一个新的编程范式。此外,我们还将探索 C++是如何实现面向对象的概念的。

本章将讨论以下主题:

- 首先将讨论**抽象**(abstraction)。这将继续我们关于继承和多态的讨论,这也是 C 语言 OOP 这部分内容的最后一个主题。我们会展示抽象如何帮助我们设计对象模型,使得模型的不同组件之间的扩展性最大,依赖性最小。
- 然后讨论在著名的 C++编译器——g++中如何实现面向对象概念。我们将看到,我们迄今为止所讨论的方法与 g++提供相同概念时采用的方法是非常接近的。

让我们从讨论抽象开始本章。

9.1 抽象

抽象在科学和工程的各个领域都有非常普遍的含义。但在编程中,尤其是在 OOP 中,抽象本质上是处理**抽象数据类型**(abstract data type)。在基于类的面向对象中,抽象数据类型与**抽象类**(abstract class)相同。抽象类是特殊的类,因为它们还不够完备,不能用于创建对象。那么,为什么我们需要这样的类或数据类型呢? 这是因为当我们处理抽象和一般的数据类型时,要避免在代码的不同部分之间产生强依赖性。

例如,我们可以在 Human 和 Apple 类之间建立以下关系:

Human 类的对象吃掉 **Apple** 类的对象。
Human 类的对象吃掉了 **Orange** 类的对象。

如果 Human 类中的对象可以吃的不仅仅是 Apple 和 Orange 类，还能被扩展到更多的类，那么我们需要向 Human 类添加更多的关系。而如果，我们可以创建一个名为 Fruit 的抽象类，它是 Apple 和 Orange 类的父类，那么我们可以只在 Human 和 Fruit 类之间设置关系。因此，我们可以将前面的两条表述变为一条：

Human 类的对象吃掉了 **Fruit** 类的子类型中的对象。

水果类是抽象的，因为它缺乏关于特定水果的形状、味道、气味、颜色和许多其他属性的信息。只有当我们有一个苹果或一个橘子时，才知道这些属性的确切值。Apple 和 Orange 类被称为**具体类型**（concrete type）。

我们甚至可以添加更多的抽象。人类也可以吃沙拉（Salad）或巧克力（Chocolate）。因此，可以说：

Human 类的对象从 **Eatable**（可食用）类的子类型中吃掉一个对象。

可以看到，Eatable 类的抽象级别甚至高于 Fruit 类。抽象是一种非常棒的设计对象模型的技术，用它设计出来的模型对具体类型的依赖最小，并且在系统引入更多具体类型时，允许对对象模型进行最大限度的扩展。

对于前面的例子，我们还可以进一步抽象：如人类是食者（Eater）。这样表述就更加抽象：

来自 **Eater** 类子类型的对象吃掉了来自 **Eatable** 类子类型的对象。

我们可以继续抽象对象模型的所有内容，并找到比解决问题所需的层次更抽象的抽象数据类型。这通常被称为**过度抽象**（over-abstraction）。无论是出于当前的还是未来的需求，只要在没有实际应用程序需求而创建的抽象数据类型时，就会发生这种情况。我们应该不惜一切代价避免这一点，因为尽管抽象提供了非常多的好处，但它也会导致问题。

我们可以在**抽象原则**（abstraction principle）中找到关于所需要的抽象程度的通用规则。其维基百科页面的链接地址如下：

https://en.wikipedia.org/wiki/Abstraction_principle_(computer_programming) 该页面上的阐述很简单：

程序中的每个重要功能都应该只在源代码中的一个地方实现。如果类似的函数是由不同的代码
片段执行的,那么抽象出不同的部分,将它们组合成一个函数通常是有益的。

乍一看,这条话中没有任何面向对象或继承的迹象,但进一步思考后,你会注意到,我们
是基于这个原则处理继承的。因此,作为通用规则,只要你不期望在特定逻辑中有变化,
都没有必要引入抽象。

在编程语言中,继承和多态是创建抽象所必需的两种能力。像 Eatable 这样的抽象类与
它的具体类(比如 Apple)相比是超类,这种关系通过继承来实现。

多态也起着重要作用。抽象类型中的某些行为不能在抽象级别上具有默认实现。例如,
当我们讨论一个 Eatable 对象时,虽然 eatable_get_taste 这样的行为函数是 Eatable 类的
一部分,但使用它们却不能得到确切的 taste 属性值。换句话说,如果不知道如何定义
eatable_get_taste 行为函数,就不能从 Eatable 类中直接创建对象。

只有在子类足够具体时,前面的函数才能被定义。例如,我们知道 Apple 对象应该根据
其口味返回 sweet(在这里假设所有的苹果都是甜的)。这就是多态的作用所在。例如,
它允许子类重载父类的行为并返回适当的口味。

上一章中提到,可以被子类重载的行为函数称为**虚函数**(virtual function)。注意,虚函数
可能根本没有任何定义。当然,这会使主类变得抽象。

通过添加越来越多的抽象,在某种程度上,我们会得到没有属性、只包含没有默认定义的
虚函数的类。这些类被称为**接口**(interface)。换句话说,它们只公开功能,但根本不提供
任何实现,而且它们通常用于创建软件项目中各种组件之间的依赖关系。例如,在前面
的示例中,Eater 和 Eatable 类都是接口。注意,就像抽象类一样,不能从接口创建对象。
下面的例子说明了这为什么不能在 C 代码中实现。

下面的代码框给出了在 C 中为 Eatable 接口编写的等价代码,其中使用了在前一章中介
绍的实现继承和多态的技术:

```c
typedef enum{SWEET,SOUR} taste_t;

//函数指针类型
typedef taste_t (* get_taste_func_t) (void * );

typedef struct {
    //指向虚函数定义的指针
    get_taste_func_t get_taste_func;
```

```
}    eatable_t;

eatable_t* eatable_new() { ... }

void eatable_ctor(eatable_t* eatable) {
    //虚函数 eatable 没有任何默认定义
    eatable- > get_taste_func = NULL;
}

//虚拟行为函数
taste_t eatable_get_taste(eatable_t* eatable) {
    return eatable- > get_taste_func(eatable);
}
```

代码框 9 - 1:C 语言中的 Eatable 接口

可以看到,在构造函数中,我们将 get_taste_func 指针设置为 NULL。因此,调用 eatable_get_taste 虚函数可能导致分段错误。这就是从编码的角度来看,为什么我们不能从 Eatable 接口创建对象的基本原因,这不同于从接口定义以及设计的角度来分析的原因。

下面的代码框演示了如何从 Eatable 接口创建对象。虽然从 C 语言的观点来看这是完全可能的,也是允许的,但这可能会导致崩溃,因此绝不能这样做:

```
eatable_t * eatable = eatable_new();
eatable_ctor(eatable);
taste_t taste = eatable_get_taste(eatable);//段错误!
free(eatable);
```

代码框 9 - 2:从 Eatable 接口创建对象并调用纯虚函数时的分段错误

为了防止从抽象类型中创建对象,我们可以从类的公共接口中删除内存**分配函数**(allocator function)。如果还记得在上一章中用 C 语言实现继承的方法,那么通过删除 allocator 函数后,就只有子类能够从父类的属性结构中创建对象。

外部代码不再能够这样做。例如,在前面的例子中,我们不希望任何外部代码能够从结构 eatable_t 中创建任何对象。为了做到这一点,我们需要前向声明属性结构使其成为一个不完整的类型。然后,我们需要从类中删除公共内存分配函数 eatable_new。

这里总结一下为了在 C 语言中拥有一个抽象类需要做的工作:你需要置空虚函数指针,这些虚函数指针在抽象级别上没有默认定义。在一个非常高的抽象级别上,我们会有一个所有函数指针都为空的接口。为了防止任何外部代码利用抽象类型创建对象,我们应该从公共接口中删除 allocator 函数。

在下一节中,我们将比较 C 和 C++中类似的面向对象特性。这可以让我们了解 C++
是如何从纯 C 发展而来的。

9.2　C++中面向对象的构造

在这一节中,我们将比较为了支持封装、继承、多态性和抽象,我们已经在 C 语言中做的
工作,以及著名的 C++编译器 g++所采用的底层机制。

我们想要表明,在 C 和 C++中实现面向对象概念的方法之间存在着密切的一致性。注
意,从现在开始,每当论及 C++时,我们不是在讨论 C++的标准,而是讨论 g++的实
现版本,它只是众多 C++编译器中的一种。当然,不同的编译器其底层实现是不同的,
但是这里不想更多地讨论差异。我们还将继续在 64 位 Linux 中使用 g++。

我们计划使用前面讨论过的技术,先用 C 语言来编写面向对象的代码,然后再用 C++
编写相同的程序,然后得到最终结论。

9.2.1　封装

深入研究 C++编译器,并了解它使用那些我们已经讨论过的技术来生成最终可执行文
件的过程,这个工作很困难。但我们可以使用一个聪明的技巧来做到这一点。这就是比
较两个相似的 C 和 C++程序所生成的汇编指令。

而这正是我们将要做的,我们将展示:C++编译器最终生成的汇编指令,与使用先前介
绍的 OOP 技术的 C 程序生成的汇编指令是一样的。

例 9.1 给出了两个程序,分别用 C 和 C++语言处理相同的面向对象的简单逻辑。在这
个例子中有一个 Rectangle 类,它有一个用于计算其面积的行为函数。我们希望比较两
个程序中为相同的行为函数生成的汇编代码。下面的代码框展示的是 C 语言版本的
程序:

```
# include < stdio.h>

typedef struct {
    int width;
    int length;
} rect_t;

int rect_area(rect_t*  rect) {
```

```
            return rect- > width *  rect- > length;
    }
    int main(int argc, char* *  argv) {
        rect_t r;
        r.width=  10;
        r.length=  25;
        int area =  rect_area(&r);
        printf("Area:%  d \ n",area);
        return 0;
    }
```

代码框 9 - 3〔ExtremeC_examples_chapter9_1. c〕:C 语言实现的封装示例

下面的代码框展示的是上述程序的 C＋＋版本:

```
    # include < iostream>
    class Rect{
    public:
        int Area(){
            return width* length;
        }
        int width;
        int length;
    };

    int main(int argc, char* *  argv) {
        Rect r;
        r.width =  10;
        r.length =  25;
        int area =  r.Area();
        std::cout < <  "Area: " < <  area < <  std::endl;
        return 0;
    }
```

代码框 9 - 4〔ExtremeC_examples_chapter9_1. cpp〕:C＋＋实现的封装示例

那么,让我们为前面的 C 和 C＋＋程序生成汇编代码:

```
$ gcc - S ExtremeC_examples_chapter9_1.c - o ex9_1_c.s
$ g++  - S ExtremeC_examples_chapter9_1.cpp - o ex9_1_cpp.s
$
```

Shell 框 9 - 1:生成 C 和 C＋＋代码对应的汇编输出

现在,打开 ex9_1_c. s 和 ex9_1_cpp. s 文件并寻找行为函数的定义。在 ex9_1_c. s 中,应该寻找符号 rect_area,而在 ex9_1_cpp. s 中,应该查找 _ZN4Rect4AreaEv 符号。注意

C++会对符号名称进行改编,因此需要搜索这个奇怪的符号。在第 2 章中讨论过 C++中的名字改编。

C 程序中 rect_area 函数生成的汇编代码如下所示:

```
$ cat ex9_1_c.s
...
rect_area:
.LFB0:
    .cfi_startproc
    pushq    %rbp
    .cfi_def_cfa_offset 16
    .cfi_offset 6, - 16
    movq    %rsp, %rbp
    .cfi_def_cfa_register 6
    movq    %rdi, -8(%rbp)
    movq    -8(%rbp), %rax
    movl    (%rax), %edx
    movq    -8(%rbp), %rax
    movl    4(%rax), %eax
    imull    %edx, %eax
    popq    %rbp
    .cfi_def_cfa 7, 8
    Ret
    .cfi_endproc
...
$
```

Shell 框 9 - 2:由 rect_area 函数生成的汇编代码

下面是由函数 Rect::Area 生成的汇编指令:

```
$ cat ex9_1_cpp.s
...
_ZN4Rect4AreaEv:
.LFB1493:
    .cfi_startproc
    pushq    %rbp
    .cfi_def_cfa_offset 16
    .cfi_offset 6, - 16
    movq %rsp, %rbp
    .cfi_def_cfa_register 6
    movq    %rdi, -8(%rbp)
    movq    -8(% rbp), %rax
    movl    (%rax), %edx
```

```
movq    -8(%rbp),%rax
movl    4(%rax),%eax
imull   %edx,%eax
popq    %rbp
.cfi_def_cfa 7, 8
Ret
.cfi_endproc
...
$
```

Shell 框 9 - 3：由 Rect::Area 函数生成的汇编代码

令人难以置信的是，它们完全一样！我不确定 C++代码是如何转换成汇编代码的，但可以肯定的是，由 C 函数生成的汇编代码与由 C++函数生成的汇编代码以极高的精度相互等价。

由此可以得出结论，C++编译器使用的方法与我们在 C 语言中使用的方法类似，都采用了第 6 章中介绍的**隐式封装**（implicit encapsulation）来实现封装。就像我们使用隐式封装所做的那样，在代码框 9 - 3 中，一个指向属性结构的指针作为第一个参数被传递给了 rect_area 函数。

两个 Shell 框中以粗体显示的汇编指令中，通过传递第一个参数的内存地址读取了 width 和 length 变量的值。根据 **System V ABI**，第一个指针参数可以在％rdi 寄存器中找到。因此，可以推断 C++已经改变了 Area 函数，可以接受一个指向对象本身的指针参数作为它的第一个参数。

关于封装，最后再说一句：C 和 C++在封装方面紧密相关，至少在这个简单例子中是这样的。现在让我们看看在继承方面是否也如此。

9.2.2 继承

研究继承比封装更容易。在 C++中，子类的指针可以赋值给父类的指针。同样，子类应该能够访问父类的私有定义。

这两种行为都表明 C++使用的是第一种方法来实现继承，它和第二种方法都在先前第 8 章中讨论过。如果你需要回忆这两种方法，请参阅前一章。

然而，C++继承似乎更复杂，因为 C++支持第一种方法中无法支持的多重继承。在本节中，我们将分别用 C 和 C++中相似的类来实例化两个对象，并检查这两个对象的内存布局,如示例 9.2 所示。

例 9.2 中一个简单类继承了另一个简单类,这两个类都没有行为函数。C语言版本如下:

```c
# include < string.h>
typedef struct {
    char c;
    char d;
} a_t;

typedef struct {
    a_t parent;
    char str[5];
} b_t;

int main(int argc, char* * argv) {
    b_t b;
    b.parent.c = 'A';
    b.parent.d = 'B';
    strcpy(b.str, "1234");

    //我们需要在这一行设置断点来查看内存布局。
    return 0;
}
```

代码框 9 - 5[ExtremeC_examples_chapter9_2.c]:C语言实现的继承示例

以下代码框包含 C++版本:

```cpp
# include < string.h>
class A{
public:
    char c;
    char d;
};

class B: public A {
public:
    char str[5];
};

int main(int argc, char* * argv) {
    B b;
    b.c= 'A';
    b.d = 'B';
    strcpy (b.str, "1234");
    //我们需要在这一行设置断点来查看内存布局。
    return 0;
```

```
}
```

代码框 9 - 6[ExtremeC_examples_chapter9_2.cpp]：C＋＋实现的继承示例

首先，我们需要编译 C 程序并使用 gdb 在 main 函数的最后一行设置断点。当执行暂停时，我们可以检查内存布局以及当前的值：

```
$ gcc - g ExtremeC_examples_chapter9_2.c - o ex9_2_c.out
$ gdb ./ex9_2_c.out
...
(gdb) b ExtremeC_examples_chapter9_2.c:19
Breakpoint 1 at 0x69e: file ExtremeC_examples_chapter9_2.c, line 19.
(gdb) r
Starting program: .../ex9_2_c.out

Breakpoint 1, main (argc= 1, argv= 0x7ffffffe358) at ExtremeC_examples_chap-
ter9_2.c:20
20 return 0;
(gdb) x/7c &b
0x7ffffffe261: 65 'A' 66 'B' 49 '1' 50 '2' 51 '3' 52 '4' 0 '\000'
(gdb) c
[Inferior 1 (process 3759) exited normally]
(gdb) q

$
```

Shell 框 9 - 4：在 gdb 中运行例 9.2 的 C 版本程序

可以看到，从 b 对象的地址开始，我们打印了 7 个字符，依次为：'A'、'B'、'1'、'2'、'3'、'4'、'\0'。让我们对 C＋＋代码做同样的处理：

```
$ g++ - g ExtremeC_examples_chapter9_2.cpp - o ex9_2_cpp.out
$ gdb ./ex9_2_cpp.out
...
(gdb) b ExtremeC_examples_chapter9_2.cpp:20
Breakpoint 1 at 0x69b: file ExtremeC_examples_chapter9_2.cpp, line 20.
(gdb) r
Starting program: .../ex9_2_cpp.out

Breakpoint 1, main (argc= 1, argv= 0x7ffffffe358) at ExtremeC_examples_chap-
ter9_2.cpp:21
21 return 0;
(gdb) x/7c &b
0x7ffffffe251: 65 'A' 66 'B' 49 '1' 50 '2' 51 '3' 52 '4' 0 '\000'
(gdb) c
[Inferior 1 (process 3804) exited normally]
(gdb) q
```

```
$
```

Shell 框 9 - 5：在 gdb 中运行例 9.2 的 C++版本程序

从前面两个 Shell 框中看到,内存布局和存储在属性中的值是相同的。你不应该因为在
C++中将行为函数和属性放在一个类中而感到困惑;它们在类中也是被区别对待的。
在 C++中,不管你将属性放在类的什么地方,对一个特定对象来说,属性总是会被存储
在同一块内存块中,而函数总是独立于属性的。这一点就像我们在第 6 章里看到的隐式
封装(implicit encapsulation)一样。

前面的示例演示了**单继承**(single inheritance)。那么,**多重继承**(multiple inheritance)
呢? 在前一章中,我们解释了为什么 C 语言中实现继承的第一种方法不能支持多重继
承。我们在下面的代码框中再次说明这个原因:

```
typedef struct{...} a_t;
typedef struct{...} b_t;

typedef struct {
    a_t a;
    b_t b;
...
}c_t;

c_t c_obj;
a_t* a_ptr = (a_ptr*)&c_obj;
b_t* b_ptr = (b_ptr*)&c_obj;
c_t* c_ptr = &c_obj;
```

代码框 9 - 7:演示为什么 C 语言中实现继承的第一种方法不能支持多重继承

在上述代码框中,c_t 类希望继承 a_t 和 b_t 类。在类声明之后,创建了 c_obj 对象。接下
来的几行中,创建了不同的指针。

这里需要重点提醒,**所有这些指针都必须指向同一个地址**。a_t 和 c_t 类的任何行为函数
都可以安全地使用 a_ptr 和 c_ptr 指针,但使用 b_ptr 指针是危险的,因为它指向的是 c_t 类
的 a 字段,这是一个 a_t 对象。试图通过 b_ptr 访问 b_t 内部的字段会导致未定义的行为。

下面的代码是前面代码的正确版本,所有的指针都可以安全地使用:

```
c_t c_obj;
a_t* a_ptr = (a_ptr*)&c_obj;
b_t* b_ptr = (b_ptr*)(&c_obj + sizeof(a_t));
c_t* c_ptr = &c_obj;
```

代码框 9 - 8:将类型转换更新为指向正确的字段的演示

从代码框 9-8 中的第三行可以看到，我们在 c_obj 的地址上添加了一个 a_t 对象的大小；这最终使得指针指向 c_t 中的字段 b。注意，在 C 语言中强制类型转换不是什么**魔法**，它只用来转换类型，而不会修改传输的值，即内存地址。最终，在赋值之后，赋值符号右边的地址值将被复制到左边。

现在，让我们看一下 C++中相同的例子，如例 9.3。假设我们有一个类 D，继承自三个不同的类 A、B 和 C。下面是为例 9.3 编写的代码：

```cpp
# include < string.h>
class A {
public:
    char a;
    char b[4];
};

class B {
public:
    char c;
    char d;
};

class C {
public:
    char e;
    char f;
};

class D : public A, public B, public C {
public:
    char str[5];
};

int main(int argc, char* *  argv) {
    D d;
    d.a = 'A';
    strcpy(d.b, "BBB");
    d.c = 'C';
    d.d = 'D';
    d.e = 'E';
    d.f = 'F';
    strcpy(d.str, "1234");
    A*  ap = &d;
    B*  bp = &d;
    C*  cp = &d;
    D*  dp = &d;
```

```
        //我们需要在这一行设置断点.
        return 0;
    }
```

代码框 9 - 9[ExtremeC_examples_chapter9_3.cpp]:C++中的多继承

用 gdb 编译这个例子并运行它：

```
$ g+ + - g ExtremeC_examples_chapter9_3.cpp - o ex9_3.out
$ gdb ./ex9_3.out
...
(gdb) b ExtremeC_examples_chapter9_3.cpp:40
Breakpoint 1 at 0x100000f78: file ExtremeC_examples_chapter9_3.cpp, line 40.
(gdb) r
Starting program: .../ex9_3.out

Breakpoint 1, main (argc= 1, argv= 0x7fffffffe358) at ExtremeC_examples_chap-
ter9_3.cpp:41
41      return 0;
(gdb) x/14c &d
0x7fffffffe25a: 65 'A' 66 'B' 66 'B' 66 'B' 0 '\000' 67 'C'68 'D' 69 'E'
0x7fffffffe262: 70 'F' 49 '1' 50 '2' 51 '3' 52 '4' 0 '\000'
(gdb)
$
```

Shell 框 9 - 6:在 gdb 中编译和运行示例 9.3

可以看到,属性彼此相邻。这个结果展示了父类的多个对象都被保存在了与对象 d 相同的内存布局中。指针 ap、bp、cp 和 dp 怎样呢? 可以看到,在 C++中,当将子指针赋值给父指针(向上强制转换)时,可以隐式强制转换。

让我们检查一下这些指针在当前执行中的值：

```
(gdb) print ap
$ 1 = (A * ) 0x7fffffffe25a
(gdb) print bp
$ 2 = (B * ) 0x7fffffffe25f
(gdb) print cp
$ 3 = (C * ) 0x7fffffffe261
(gdb) print dp
$ 4 = (D * ) 0x7fffffffe25a
(gdb)
```

Shell 框 9 - 7:示例 9.3 的一部分,打印存储在指针中的地址

前面的 Shell 框显示了对象 d 的起始地址($4 所示)与 ap 所指向的地址($1)相同。这

• 265 •

清楚地表明 C++将类型 A 的对象作为 D 类的相应属性结构的第一个字段。根据这些指针的地址,以及利用 x 命令得到的结果,可以判定,一个 B 类型的对象和一个 C 类型的对象,会被放入属于对象 d 的相同内存布局中。

此外,前面的地址表明 C++中的强制转换不是被动操作,它可以在类型转换时对传输地址执行一些指针运算。例如,在代码框 9-9 中,当在 main 函数中分配指针 bp 时,5 个字节或 sizeof(A)被添加到 d 的地址上。这样做是为了克服在 C 语言中实现多重继承时发现的问题。现在,这些指针可以很容易地在所有行为函数中使用,而不需要自己做算术计算。需要重点注意,C 类型强制转换和 C++类型强制转换是不同的,如果你认为 C++类型强制转换和 C 类型强制转换一样被动,你可能会看到不同的行为。

现在,我们来看看 C 和 C++在多态方面的相似之处。

9.2.3　多态

比较 C 和 C++中多态机制的底层技术着实不是一项容易的任务。在前一章中,C 使用一种简单方法实现多态行为函数,但是 C++使用了一个更复杂的机制来实现多态,尽管二者基本的底层思想是相同的。如果我们想推广在 C 中实现多态的方法,可以用如下代码框中的伪代码来实现:

```
//函数指针的类型定义
typedef void*  (* func_1_t)(void* , ...);
typedef void*  (* func_2_t)(void* , ...);
...

typedef void*  (* func_n_t)(void* , ...);

//父类的属性结构
typedef struct {
    //属性
    ...
    //函数指针
    func_1_t func_1;
    func_2_t func_2;
    ...
    func_n_t func_n;
}parent_t;

//虚行为函数的默认私有定义
void* __default_func_1(void* parent,...){  //默认定义
}
```

```
void* __default_func_2(void* parent,...){ //默认定义
}
...
void* __default_func_n(void* parent,...){ //默认定义
}
//构造函数
void parent_ctor(parent_t * parent) {
    //初始化属性
    ...
    //设置虚行为函数的默认定义
    parent-> func_1 = __default_func_1;
    parent-> func_2 = __default_func_2;
    ...
    parent-> func_n = __default_func_n;
}

//公共和非虚行为函数
void* parent_non_virt_func_1(parent_t* parent,...){//代码
}
void* parent_non_virt_func_2(parent_t* parent,...){//代码
}
...
void* parent_non_virt_func_m(parent_t* parent,...){//代码
}

//实际的公共虚行为函数
void* parent_func_1(parent_t* parent,...){
    return parent-> func_1(parent,...);
}
void* parent_func_2(parent_t* parent,...){
    return parent-> func_2(parent,...);
}
...
void* parent_func_n(parent_t* parent,...){
    return parent-> func_n(parent,...);
}
```

代码框 9-10:伪代码,演示了如何在 C 代码中声明和定义虚函数

从这些伪代码中可以看到,父类必须在其属性结构中维护一个函数指针列表。这些(父类中的)函数指针要么指向虚函数的默认定义,要么为空。代码框 9-10 中定义的伪类有 m 个非虚行为函数和 n 个虚行为函数。

注:
不是所有的行为函数都是多态的。多态行为函数被称为虚行为函数或简称为虚函数。在某些语言中(如 Java),它们被称为**虚方法**(virtual methods)。

非虚函数不是多态的,调用它们永远不会得到不同的行为。换句话说,对非虚函数的调用是一个简单的函数调用,它只执行定义中的逻辑,而不将调用传递给另一个函数。然而,虚函数需要将调用重定向到正确的函数,该重定向由父类构造函数或子类构造函数来设置。如果一个子类想要重载一些继承的虚函数,它应该更新虚函数指针。

注:
输出变量的 void * 类型可以被任何其他指针类型替换。我在伪代码中使用了通用指针来说明函数可以返回任何结果。

下面的伪代码展示了一个子类如何重载代码框 9 - 10 中的一些虚函数:

```
//包括所有与父类相关的东西...

typedef struct {
    parent_t parent;
    //子属性
    ...
}child_t;

void* __child_func_4(void* parent, ...) { //定义重载
}
void* __child_func_7(void* parent, ...) { //定义重载
}

void child_ctor(child_t* child) {
    parent_ctor((parent_t* )child);
    //初始化子属性
    ...
    //更新指向子函数的指针
    child- > parent.func_4 = __child_func_4;
    child- > parent.func_7 = __child_func_7;
}

//子类的行为函数

...
```

代码框 9 - 11:C 语言中的伪代码,演示了一个子类如何重载从父类继承的一些虚函数

从代码框 9 - 11 中可以看到,子类只需要更新父类属性结构中的几个指针。C++采用类似的方法。当你将一个行为函数声明为虚函数时(使用 virtual 关键字),C++创建一个函数指针数组,非常类似于代码框 9 - 10 中的方式。

可以看到,我们为每个虚函数添加了一个函数指针属性,而 C++有一种更聪明的方法来

保存这些指针。它使用了一个叫作**虚拟表**（virtual table 或 vtable）的数组。虚拟表是在将要创建对象时创建的，并且在调用基类的构造函数时首次填入内容，然后在子类构造函数中进一步填充，正如代码框 9-10 和 9-11 所示。

由于虚表只在构造函数中填充，所以无论是在父类还是在子类中，都应该避免在构造函数中调用多态方法，因为它的指针可能还没有更新，因此可能指向错误的定义。

下面我们将讨论抽象，这是关于 C 和 C++中使用的各种面向对象概念的底层机制的最后部分。

9.2.4 抽象类

使用纯虚函数（pure virtual function）可以实现 C++中的抽象。在 C++中，如果将成员函数定义为虚函数并将其设为 0，则声明的就是纯虚函数。请看下面的例子：

```
enum class Taste { Sweet, Sour };

//这是接口
class Eatable {
public:
    virtual Taste GetTaste() = 0;
};
```

代码框 9-12:C++中的 Eatable 接口

在类 Eatable 的内部，有一个 GetTaste 的虚函数被设为 0。GetTaste 是一个纯虚函数，同时也使整个类抽象化。不能再从类 Eatable 创建对象了，C++也不允许这样做。此外，Eatable 是一个接口，因为它的所有成员函数都是纯虚函数。函数可以在子类中重载。

下面显示了一个重载 GetTaste 函数的类：

```
enum class Taste { Sweet, Sour };

//这是一个接口
class Eatable {
public:
    virtual Taste GetTaste() = 0;
};

class Apple : public Eatable {
public:
    Taste GetTaste() override {
```

```
    return Taste::Sweet;
    }
};
```

代码框 9－13：实现 Eatable 接口的子类①

纯虚函数与虚函数非常相似。在虚表中纯虚函数实际定义的地址保存方法与保存虚函数的方法相同,但有一点不同。纯虚函数指针的初始值为 null,这与普通虚函数的指针不同,普通虚函数在构造过程中需要指向默认定义。

C 编译器不了解抽象类型,但 C＋＋编译器知道抽象类型。因此,在从抽象类型创建对象时,C＋＋编译器可以生成编译错误。

在本节中,我们比较了 C 和 C＋＋中的各种面向对象的概念,在 C 语言中使用了前三章中介绍的技术,在 C＋＋中使用了 g＋＋编译器。结果显示,在大多数情况下,我们所采用的方法与 g＋＋这样的编译器所使用的技术是一致的。

9.3 总结

在本章中,我们总结了关于 OOP 的研究。从抽象开始,通过展示 C 和 C＋＋在面向对象概念方面的相似之处不断深入。

本章讨论了下列主题:

- 最初讨论了抽象类和接口。使用它们,我们可以拥有一个接口或一个部分抽象的类,这些类可以用来创建具有多态和不同行为的具体子类。
- 然后我们比较了在 C 语言中引入一些 OOP 特性的技术的输出,以及 g＋＋产生的输出。这是为了展示它们的结果极其相似。结论是,我们所采用的技术在结果上非常相似。
- 我们更深入地讨论了虚拟表。
- 我们展示了如何使用纯虚函数(这是一个 C＋＋的概念,但也有 C 的对应概念)来声明没有默认定义的虚行为。

下一章将讨论 Unix 及其与 C 的对应关系。我将回顾 Unix 的历史和 C 的发明,并解释 Unix 系统的分层架构。

---

① 原文中为"Two child classes implementing the Eatable interface",实际在代码框 9－13 中只有一个子类

10

Unix 历史及其体系结构

没准你已经在想,在专业级 C 语言的书中,为什么要有关于 Unix 的一章。如果还没想过的话,也建议你琢磨一下,在本应讨论 C 语言的书里,干吗要专门拿出连续两章(本章与下一章)来讨论 C 和 Unix 呢?

答案很简单:如果认为两者无关,那你就犯了一个大错。这两者之间的关系很简单:Unix 是第一个使用(相当高级的)编程语言 C 来实现的操作系统,C 正是为此目的而设计的,它的名声与力量都来自 Unix。当然,关于 C 是高级编程语言的说法也不再正确了,现在 C 不再被认为有那么高级了。

回到 20 世纪 70 年代和 80 年代,假如贝尔实验室的 Unix 工程师们决定使用另一种编程语言——而不是 C 语言——来开发 Unix 的新版本,那么我们今天讨论的就会是那种语言,而这本书也不再叫作"极致 C 语言"了。让我们暂停一下,来读一读 C 语言先驱之一 Dennis M. Ritchie 是如何描述 Unix 对 C 语言的成功所起的作用的:

"毫无疑问,Unix 系统本身的大获成功是无比重要的原因,它使成千上万的人知晓了 C 语言;当然,另一方面,使用 C 语言编写 Unix 系统,使其能够在各种机器上方便地进行移植,这也是 Unix 能够成功的重要因素。"

——Dennis M. Ritchie《C 语言的发展》

通过以下网址可以查看:

https://www.bell-labs.com/usr/dmr/www/chist.html

本章将讨论以下主题：

- 简要介绍 Unix 历史以及 C 语言是如何发明的。
- 解释 C 是如何基于 B 和 BCPL 开发的。
- 讨论 Unix 的洋葱架构，以及它是如何基于 Unix 理念设计的。
- 描述用户应用层与 shell 层，以及程序如何使用通过 shell 层提供的 API。本节还将对 SUS 和 POSIX 标准进行解释。
- 讨论内核层，以及 Unix 内核应该提供哪些特性和功能。
- 讨论 Unix 设备及其在 Unix 系统中的使用。

让我们从 Unix 历史开始本章。

10.1　Unix 的历史

本节介绍 Unix 的一些历史。本书不是一本历史书，因此我们只简要而又直接地拾取某些历史片段，来建立起 Unix 与 C 紧密相连这一基本概念。

10.1.1　Multics 操作系统与 Unix

Multics OS(Multics 操作系统)的出现早于 Unix，它是由麻省理工学院、通用电气和贝尔实验室于 1964 年发起的一个合作项目。Multics OS 取得了巨大的成功，它为全世界带来了一个真正实用与安全的操作系统。从大学到政府网站，到处都安装了 Multics。时间快进到 2019 年，今天的每个操作系统都间接通过 Unix，或多或少地借鉴了 Multics 的思想。

1969 年，由于各种各样的原因（我们稍后会讲到），贝尔实验室的一些人，特别是 Unix 的先驱（如 Ken Thompson 和 Dennis Ritchie）放弃了 Multics，随后贝尔实验室也退出了 Multics 项目。但贝尔实验室并没有止步于此，而是设计了更简单、更高效的操作系统，这个系统就是 Unix。

在 https://multicians.org/history.html 可以读到更多关于 Multics 及其历史的内容，其中有对 Multics 历史的详细分析。

https://www.quora.com/Why-did-Unix-succeed-and-not-Multics 链接中解释了为什么 Unix 仍然存在，而 Multics 却无以为继的原因。

有必要来比较一下 Multics 和 Unix 操作系统。在下面的列表中,你会看到两者之间的相似与差异之处:

- **两者的内部结构都采用了洋葱架构**。它们的洋葱架构中存在着或多或少相同的层,特别是内核层和 shell 层。因此,程序员可以在 shell 层的基础上编写自己的程序。此外,Unix 和 Multics 公开了一系列实用程序,例如 ls 和 pwd。下面几节中我们将解释 Unix 体系结构中的各层。
- **Multics 需要昂贵的资源和机器才能工作**,在普通的机器上安装它是不可能的。这是 Mutics 的主要缺点之一,Unix 也因此得以蓬勃发展并在大约 30 年后最终淘汰 Multics。
- **Multics 的设计很复杂**。如我们之前所说的,这就是贝尔实验室员工受挫,及离开这个项目的原因。但是 Unix 试图保持简洁的风格。在第一个版本中,它甚至没有多任务或多用户!

你可以在线阅读更多有关 Unix 和 Multics 的信息,并跟踪那个时代发生的事件。这两个项目都是成功的,但只有 Unix 蓬勃发展并存活到今天。

值得一说的是,贝尔实验室正在开发一种名为 Plan 9 的新型分布式操作系统,它基于 Unix 项目。你可以在维基百科上了解更多信息:https://en.wikipedia.org/wiki/Plan_9 _from_Bell_Labs

图 10-1　Bell 实验室的 Plan 9(来自维基百科)

我认为,知道 Unix 是对 Multics 的想法及创新的简化就够了。这不是什么新生事物,所以,后面我们也不再谈论 Unix 与 Multics 的历史。

至此,历史上还没有 C 语言的痕迹,因为它还没有被发明出来。Unix 的第一个版本完全是用汇编语言编写的。直到 1973 年,第 4 版 Unix 才使用 C 语言编写。

现在,我们即将讨论 C 语言本身。但在此之前,我们还要先讨论 BCPL 和 B 语言,因为它们是通向 C 语言的必经之路。

10.1.2 BCPL 和 B

BCPL 是 Martin Richards 为了编写编译器而创建的一种编程语言。贝尔实验室的人们在参与 Multics 项目时接触到了这门语言。在退出 Multics 项目后,贝尔实验室首先使用汇编语言编写 Unix。因为在当时,使用汇编以外的编程语言来开发操作系统是一种叛逆的行为!

例如,Multics 项目的人员使用 PL/1 来开发 Multics 就显得很奇怪。但如此一来,他们也证明了使用汇编以外的高级编程语言可以成功地编写操作系统。因此,Multics 成为使用另一种语言来开发 Unix 的主要灵感来源。

贝尔实验室的 Ken Thompson 和 Dennis Ritchie 一直在尝试用汇编以外的编程语言来编写操作系统模块。他们试图使用 BCPL,但实际上他们需要对这种语言进行一些修改,以便能够在诸如 DEC PDP-7 这样的小型计算机上使用。这些修改导致了 B 语言的诞生。

在这里,我们将避免过于深入地讨论 B 语言的属性,在以下链接中你可以阅读到更多关于 B 语言及其开发方式的内容:

- B 语言:https://en.wikipedia.org/wiki/B_(programming_language)
- C 语言的发展:https://www.bell-labs.com/usr/dmr/www/chist.html

后一篇文章是 Dennis Ritchie 自己撰写的,他在分享关于 B 语言及其特性的宝贵信息的同时,也很好地解释了 C 语言的发展过程。

作为一种系统编程语言,B 语言是有缺点的。B 语言没有数据类型,其每一步操作都只能使用一个字(而不是一个字节)。这使得在不同字长的机器上使用该语言很困难。

因此,随着时间的推移,人们不断地对语言进行修改,直到发展出 **NB**(新 B)语言,并随后从 B 语言中派生出了结构。在 B 语言中这些结构是无类型的,但在 C 语言中却进行了类型定义。最后,到了 1973 年,可以用 C 语言来开发 Unix 第四版了,但在其中仍然使用了许多汇编代码。

下一节将讨论 B 语言和 C 语言之间的区别,以及为什么 C 语言是用于编写现代操作系统的顶级编程语言。

10.1.3 C 的诞生之路

我认为找不到比 Dennis Ritchie 更合适的人来解释这件事：为什么 C 语言是在 B 语言遇到困难之后发明的。在本节中，我们将列出促使 Dennis Ritchie、Ken Thompson 和其他人创建一种新的编程语言，而不是继续使用 B 语言来编写 Unix 的原因。

以下是 B 语言的一系列缺陷，这些缺陷促进了 C 语言的产生：

- **B 语言在内存中只能按字操作**：每一步操作都必须按照字来执行。当时，拥有一种能够按照字节进行操作的编程语言是一个梦想。因为当时可用的硬件都是以基于字的方式寻址内存。
- **B 语言没有数据类型**：更准确地说，B 语言是一种单类型（single-type）语言。所有变量都是同一类型：word。因此，如果你有一个包含 20 个字符的字符串（加上末尾的空字符，共有 21 个字符），必须按字对其划分，并将其存储在多个变量中。假设 1 个字是 4 个字节，那就共需使用 6 个变量来存储该字符串的 21 个字符。
- **无数据类型意味着无法使用 B 语言编写高效的面向多字节的算法（如字符串操作算法）**：这是因为 B 语言使用的是内存中的字而非字节，它们无法高效管理多字节的数据类型，如整数和字符串。
- **B 语言不支持浮点运算**：在当时，新硬件逐渐可以支持浮点运算，但 B 语言不支持浮点运算。
- **PDP-1 等小型机已经能够以字节为单位寻址内存，这反衬出 B 语言在寻址内存字节方面效率低下**：具体到 B 语言的指针，这变得更加明显，B 语言指针只能按照字来寻址内存而不是按照字节访问。换句话说，一个程序如果想要访问内存中一个特定字节或是某个字节范围时，需要进行更多的计算来得到相应的字索引。

使用 B 语言面临种种困难，特别是在当时可用的机器上进行开发与运行特别缓慢，这种困境迫使 Dennis Ritchie 去创造一种新的语言。这种新的语言最初被称为 NB，或者 new B，但最终发展成为 C 语言。

这种新开发的 C 语言试图克服 B 语言的困难和缺陷，以代替汇编语言成为**事实上的**（de facto）系统开发编程语言。在不到 10 年的时间里，新版本的 Unix 完全用 C 语言来编写，所有基于 Unix 的新操作系统都与 C 语言密不可分，C 语言在系统中有着至关重要的地位。

可以看到,C 语言并不是作为一种普通的编程语言而诞生的,相反,它是在一整套需求基础上被设计出来的,直到现在都没有竞争对手。你可以将诸如 Java、Python 和 Ruby 之类的语言视为高级语言,但它们不能被视为直接竞争对手,因为它们是不同的,服务于不同的目的。例如,你无法用 Java 或 Python 编写设备驱动程序或内核模块,它们本身是建立在用 C 语言编写的层之上的。

与许多编程语言不同,C 语言由 ISO 标准化,如果未来需要某种特性,可以通过修改标准来支持这个新特性。

在下一节中,我们将讨论 Unix 体系结构。这是理解 Unix 环境如何执行程序的一个基本概念。

10.2　Unix 架构

本节我们将探索 Unix 创建者在创建体系结构时的指导思想,以及他们的期望。

我们前面已经介绍过,贝尔实验室中参与 Unix 项目的人员曾为 Multics 项目工作。Multics 是一个大项目,所提出的体系结构很复杂,并针对在昂贵硬件上的使用进行了优化。应该看到,尽管 Multics 困难重重,但其目标远大。Multics 项目背后的理念彻底改变了我们对操作系统的看法。

尽管面临种种挑战和困难,但项目的理念是成功的,Multics 成功地存活了大约 40 年,直到 2000 年。不仅如此,该项目还为其母公司带来了巨额收益。

尽管最初只想设计简单的操作系统,Ken Thompson 和他的同事们还是把 Multics 的理念带入了 Unix。Multics 和 Unix 都试图引入相似的体系结构,但它们的命运截然不同。自世纪之交以来,人们逐渐遗忘了 Multics,而 Unix 和基于它的操作系统家族,如 BSD,则从此逐渐兴旺发达起来。

我们将继续讨论 Unix 的指导思想。它只是 Unix 设计所基于的一组高级需求。之后,我们将讨论 Unix 多层洋葱式体系结构,以及每个层在系统整体性能中的作用。

10.2.1　指导思想

Unix 的创始人已经多次解释了 Unix 的指导思想。对这个问题的彻底剖析超出了本书的范围。我们要做的是总结所有的主要观点。

在此之前,我在下面列出了一些很棒的文献,可以帮助我们了解 Unix 的指导思想:

- Wikipedia,Unix philosophy:https://en. wikipedia. org/wiki/Unix_philosophy
- The Unix Philosophy:A Brief Introduction:http://www. linfo. org/unix_philosophy. html
- Eric Steven Raymond,The Art of Unix Programming:
https://homepage. cs. uri. edu/~thenry/resources/unix_art/ch01s06. html

同时,下面的链接给出的是与 Unix 指导思想截然相反的观点。之所以提到这一点,是因为了解事情的两面总是件好事,因为从本质上讲,没有什么是完美的:

- The Collapse of Unix Philosophy:
https://kukuruku. co/post/the-collapse-of-the-unix-philosophy/

为了总结这些观点,我将主要的 Unix 指导思想归纳如下:

- **Unix 主要是为程序员而不是普通终端用户设计开发的**:因此,Unix 体系结构中并不考虑解决用户界面和用户体验需求。
- **一个 Unix 系统是由许多小而简单的程序组成的**:每个程序都设计用于执行一个小而简单的任务。有很多类似例子,比如 ls、mkdir、ifconfig、grep 和 sed。
- **复杂任务可以通过一系列简短程序的链式执行来完成**:这意味着在大而复杂的任务中包含多个程序,而为了完成任务,可以多次执行各个程序。一个最好的例子是使用 shell 脚本来代替详尽的编程。值得注意的是,shell 脚本通常可以方便地在不同 Unix 系统之间移植,为此 Unix 系统倾向于鼓励程序员将大型复杂程序分解为简短的程序。
- **每个简短的程序都应该能够将其输出传递给另一个简短程序做输入,这种传递应能够继续**:通过这种方式,就能够通过简短程序组成的链来执行复杂任务。在这链条上的每个程序都可被视为转换器:接收前一个程序的输出,根据一定逻辑对其进行转换,然后传递给链中的下一个程序。最好的例子是 Unix 命令之间用竖线表示的管道,如 ls -l | grep a. out。
- **Unix 更面向文本**:所有配置都是文本文件,并且它采用文本命令行。Shell 脚本也是文本文件,它使用简单的语法编写执行其他 Unix Shell 程序的算法。

- **Unix 建议选择简单而不是完美**:例如,如果一个简单的解决方案在大多数情况下都能工作,那就不要设计一个性能只稍微好一点但却更复杂的解决方案。
- **为特定 Unix 兼容操作系统编写的程序应该很容易在其他 Unix 系统中使用**:这主要是通过一个可以在各种 Unix 兼容系统上构建和执行的代码库来实现的。

我们刚刚列出的这些观点是由不同的人提炼和解释的,但总的来说,它们都被认为是驱动 Unix 指导思想的主要原则,并因此塑造了 Unix 的设计。

如果你有使用类 Unix 操作系统(例如 Linux)的经验,那么就能够将你的经验与上述观点结合起来。正如我们在前一节中解释过的 Unix 历史那样,它被认为是一个比 Multics 简单的版本,Unix 创始人在 Multics 方面的经验指引他们凝练了上述指导思想。

但回到 C 语言的话题,你可能会问 C 语言对前面的指导思想有何贡献? 要知道,前面论述中提到的几乎所有的重要内容都是用 C 语言编写的。换句话说,上面提到的驱动 Unix 的简短程序都是用 C 语言编写的。

口说无凭,例子更有说服力。让我们来看一个例子。在以下网址可以找到 NetBSD 中 ls 命令的 C 源代码:http://cvsweb.netbsd.org/bsdweb.cgi/~checkout~/src/bin/ls/ls.c? rev=1.67。

如你所知,ls 命令用于列出目录中的内容,除此之外什么也不做。在链接中可以看到,这个简单的逻辑是用 C 语言编写的。但这并不是 C 语言在 Unix 中唯一的贡献。我们将在以后讨论 C 标准库时对此进行更多的解释。

10.2.2　Unix 洋葱

现在是探索 Unix 体系结构的时候了。正如前面简要提过的,可以用**洋葱模型**(onion model)来形象地描述 Unix 的体系结构,因为它由几层(rings)组成,每个外层都相当于内层的包装器,所以像洋葱一样。

图 10-2 展示了 Unix 体系结构中提出的著名的洋葱模型:

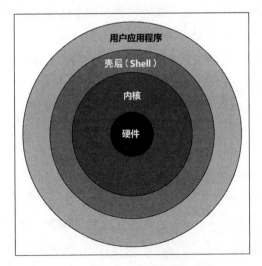

图 10－2　Unix 架构的洋葱模型

这个模型乍一看很简单，但只有在 Unix 中编写一些程序后，你才能完全理解它，才能理解每层的真正作用。我们先试着尽可能简单地解释这个模型，以便为后续的例程编写打下初步基础。

让我们从最内层来解释洋葱模型。

上述模型的核心是**硬件**（Hardware）。众所周知，操作系统的主要任务是允许用户与硬件进行交互并使用它们。这就是为什么硬件位于图 10－2 中模型的核心位置。这表明 Unix 的主要目标之一是要让硬件为需要访问它的程序做好准备。在上一节中所有有关 Unix 指导思想的内容都聚焦于以最佳方式提供这些服务上。

围绕硬件的层是**内核**（Kernel）。内核是操作系统中最重要的部分。因为它是最靠近硬件的层，相当于一个包装器，向其他层提供所连接的硬件的功能。由于内核层可以直接访问硬件，它拥有系统中所有可用资源的最高使用权限。内核层具有无限访问权限，其他层不具备这种无限访问权限。事实上，将**内核空间**（kernel space）和用户空间（user space）分隔开有其原因，我们将在本章和下一章中进一步详细讨论这一点。

请注意，在编写新的类 Unix 操作系统时，编写内核需要花费大部分精力，而且可以看到，内核层比其他层画得更厚。在 Unix 内核中有许多不同的单元，每个单元都在 Unix 生态系统中发挥着至关重要的作用。在本章后面，我们将对 Unix 内核的内部结构进行更多的探讨。

再向外一层叫作壳层(Shell)。这是围绕内核层的一个外壳,允许用户应用程序与内核进行交互,使用内核的诸多服务。请注意,shell 层本身就须面对绝大多数由 Unix 指导思想带来的需求。我们将在接下来的段落中对此进行更详细的阐述。

shell 层由许多小程序组成,它们共同构成一组工具,使得用户或应用程序可以使用内核服务。它还包含一组用 C 语言编写的库,程序员可以使用这些库为 Unix 编写新的应用程序。

shell 层必须基于**单一 Unix 规范**(Single Unix Specification,SUS)[①]中的库,为程序员提供标准和精准定义的接口。这种标准化将使得 Unix 程序在各种 Unix 版本之间都可移植,或至少可编译。在后续章节中,我们将揭示关于本层的一些惊天秘密!

最后,最外层是**用户应用程序**(User Applications),包括了所有应用在 Unix 系统上的实际应用程序,例如数据库服务、web 服务、邮件服务、web 浏览器、工作表程序和文本编辑程序,等等。

这些应用程序不能直接访问内核,只能使用 shell 层提供的 API 和工具(通过**系统调用** system calls,我们将稍后讨论)来完成其任务。这样做是遵循 Unix 指导思想中的可移植性原则。注意,在我们当前的上下文中,用户(user)这个术语通常指的是用户应用程序,而不一定是使用这些应用程序的人。

限制应用程序仅使用 shell 层,还有助于这些应用程序兼容于各种类 Unix 操作系统,即使这些操作系统并不是真正的 Unix 兼容操作系统。最好的例子是各种 Linux 发行版,它们只是类 Unix 系统。我们希望,大型软件只需要一个代码库就都能在兼容 Unix 和类 Unix 操作系统上使用。随着后续展开,你将了解更多关于类 Unix 系统和兼容 Unix 系统之间的区别。

Unix 洋葱架构的一个通则是,内层应该为外层提供接口,以便它们使用自己的服务。事实上,这些层之间的接口比层本身更重要。例如,相比于深入挖掘内核,我们更感兴趣的是了解如何使用现有的内核服务,因为不同 Unix 版本的这个部分也是不同的。

对于 shell 层及其向用户应用程序公开的接口来说也是如此。事实上,我们在这两章讨论 Unix 时,主要关注的就是这些接口。在后续小节中,我们将对每层的公开接口分别进

[①]　译者注:原文有误,原文是 Simple Unix Specification,应该是 Single Unix Specification。

行详细讨论。

10.3　Shell 层为用户应用程序层提供的接口

人类用户(human user)可以通过终端或特定的 GUI 程序(如 web 浏览器)来使用 Unix
系统上的功能。以上两者都被称为用户应用程序,或简称为应用或程序,它们通过 shell
层来使用硬件。大多数 Unix 程序通过 shell 层提供的 API 来使用硬件,典型硬件包括内
存、CPU、网络适配器和硬盘驱动器等。这些公开的 API 是我们将要讨论的主题之一。

　　从开发人员的角度来看,应用与程序之间没有太大区别。但从人类用户的角度
来看,应用是一个程序,它具有**图形用户界面**(Graphical User interface,GUI)或**命令
行界面**(Command-Line Interface,CLI)等与用户交互的手段;但程序是在机器上运行
的、没有**用户界面**(UI)的软件,例如运行服务。本书中不区分程序和应用,会互换地
使用这些术语。

现在已经使用 C 语言为 Unix 开发了各种各样的程序。Unix 环境中存在各种类型的程
序,如数据库服务、web 服务器、邮件服务器、游戏、办公应用程序以及其他许多程序等。
这些应用程序有一个共同的特性,那就是只需要对代码稍做改动,它们在大多数 Unix 和
类 Unix 操作系统上就都可以移植。但这怎么可能呢? 如何用 C 语言来编写可以在不同
版本的 Unix 上和不同类型的硬件上进行构建的程序呢?

答案很简单:所有 Unix 系统依托其 shell 层公开相同的**应用程序编程接口**(API)。仅使
用标准接口的 C 源代码就可以在所有 Unix 系统中构建并运行。

但是,我们说的公开一个 API 到底是什么意思呢? 正如之前所解释的,API 是一堆头文
件,其中包含一组声明。在 Unix 中,这些头文件以及其中声明的函数在所有 Unix 系统
中都是相同的,但这些函数的实现(换句话说,为每个兼容 Unix 系统编写的静态和动态
库)可能是特定的,是不同于其他系统的。

请注意,我们将 Unix 视为一个标准,而不是一个操作系统。有些系统在构建时完全兼容
Unix 标准,我们称其为 **Unix 兼容系统**(Unix-compliant systems),如 BSD Unix,而有些
系统部分符合 Unix 标准,被称为**类 Unix 系统**(Unix-like systems),如 Linux。

在所有 Unix 系统中,shell 层都或多或少公开了相同的 API。例如,printf 函数必须总是
在 stdio.h 头文件中声明,这是由 Unix 标准指定的。在兼容 Unix 的系统中,无论你何时

想要将一些东西打印到标准输出，都应该使用 stdio.h 头文件中的 printf 或 fprintf 函数。

尽管所有关于 C 语言的书籍都解释了 stdio.h 头文件和其中声明的函数，实际上 stdio.h 不是 C 语言的一部分。它是 SUS 标准中指定的 C 标准库的一部分。为 Unix 编写的 C 程序并不关心特定函数的实际实现，比如 printf 或 fopen。换句话说，外层中的程序将 shell 层看作是一个黑盒子。

Shell 层公开的各种 API 都收集在 SUS 标准中。该标准由 **The Open Group** 联盟维护，自 Unix 创建以来已经多次迭代。最新的版本是 2008 年出版的 SUS 版本 4。该最新版本在 2013 年、2016 年和 2018 年进行了一些修订。

以下链接提供的文档解释了 SUS 版本 4 中公开的接口：http://www.unix.org/version4/GS5_APIs.pdf，在链接中可以看到，shell 层公开了不同种类的 API。其中一些是强制性的，其他则是可选的。以下是在 SUS v4 中提供的 API 列表：

- **系统接口**（System interfaces）：这是任何 C 程序都可使用的函数列表。SUS v4 有 1191 个需要由 Unix 系统实现的函数。该表还描述了一个事实：对于特定的 C 版本，某个函数要么是强制性的，要么是可选的。请注意，我们感兴趣的版本是 C99。

- **头文件接口**（Header interfaces）：这是在兼容 SUS v4 的 Unix 系统中使用的头文件列表。在这个版本 SUS 中，有 82 个头文件可供所有 C 程序访问。浏览这个列表，你会发现许多著名的头文件，如 stdio.h、stdlib.h、math.h、string.h。针对所用的 Unix 版本和 C 版本，其中一些头文件是必需的，而另一些头文件是可选的。Unix 系统中可能没有可选的头文件，但是文件系统中肯定存在强制性的头文件。

- **实用程序接口**（Utility interfaces）：这是在兼容 SUS v4 的 Unix 系统中可用的实用程序或命令行程序列表。浏览这些表格，你会看到很多熟悉的命令，如 mkdir、ls、cp、df、bc 等等，它们构成了多达 160 个实用程序。请注意，在作为安装包的一部分发布之前，这些程序已经由特定的 Unix 供应商编写完成。

这些实用程序大多在终端或 shell 脚本中使用，通常不会被其他 C 程序调用。这些实用程序使用的系统接口通常与用户应用程序层中为普通 C 程序公开的系统接口相同。

例如，以下链接中是为 macOS High Sierra 10.13.6 编写的 mkdir 实用程序的源代码。macOS High Sierra 10.13.6 是基于伯克利软件发行版（Berkeley Software Distribution，BSD）的 Unix 系统。这个源代码发布在苹果的开源网站 macOS High Sierra（10.13.6）

上，可以在以下网址获得：https://opensource.apple.com/source/file_cmds/file_cmds—272/mkdir/mkdir.c，查看该源代码，会看到它使用的是作为系统接口声明的 mkdir 和 umask 函数。

- **脚本接口**(Scripting interface)：该接口是一种用于编写 shell 脚本的语言。它主要用于编写使用实用程序的自动化任务。此接口通常表示为 shell 脚本语言或 shell 命令语言。
- **XCURSES** 接口：XCURSES 是一组接口，允许 C 程序在基于文本的极简 GUI 中与用户交互。

在下面的屏幕截图中，可以看到一个使用 ncurses 编写的 GUI 示例，ncurses 是 XCURSES 的一个实现。

在 SUS v4 中，XCURSES 接口包含了 379 个函数，它们位于 3 个头文件中；除此之外还有 4 个实用程序。

如今，许多程序仍在通过更好的界面使用 XCURSES 来与用户交互。值得注意的是，使用基于 XCURSES 的界面，不需要图形引擎。同样，它也可以通过**安全外壳协议**(Secure Shell,SSH①)等远程连接来使用它。

图 10-3　基于 ncurses 的配置菜单(维基百科)

可见，SUS 没有讨论文件系统的层次结构，以及头文件被放置在哪里。它只声明系统中有哪些可用的头文件。惯例是，标准头文件一般存放在/usr/include 或/usr/local/include 路径中，这是头文件的默认路径，但最终放置在哪里仍然取决于操作系统和用户所

---

① 　译者注：Secure Shell：安全外壳协议，简称 SSH，是一种加密的网络传输协议，可在不安全的网络中为网络服务提供安全的传输环境。

做出的决定，系统可以为其配置其他路径，而不是默认路径。

如果我们将系统接口、头文件接口和公开函数的实现（在不同 Unix 中其实现不同）放在一起，就可以得到 **C 标准库**（C Standard Library）或**函数库**（libc）。换句话说，函数库（libc）是一组放置在特定头文件中的函数（全部根据 SUS），以及包含公开函数实现的静态库和共享库。

libc 的定义与 Unix 系统的标准化紧密联系在一起。在 Unix 系统中开发的每个 C 程序都使用 libc 来与内核层和硬件层进行通信。

重要的是要记住，并非所有操作系统都是与 Unix 完全兼容的，比如：微软的 Windows 和使用 Linux 内核的操作系统（如 Android）。它们不是与 Unix 兼容的系统，但它们是类 Unix 操作系统。在前面的章节中，我们使用了"Unix 兼容"（Unix-compliant）和"类 Unix"（Unix-like）这两个术语，但没有解释其真正含义，现在我们将对它们进行详细的定义。

Unix 兼容系统完全符合 SUS 标准，但对于类 Unix 系统来说则并非如此，类 Unix 系统仅部分符合 SUS 标准。也就是说类 Unix 系统只符合 SUS 标准的特定子集，而不是全部 SUS 标准。这意味着从理论上讲，为 Unix 兼容系统开发的程序应该可以移植到其他 Unix 兼容系统中，但可能不能移植到类 Unix 操作系统中。对于在 Linux 和其他 Unix 兼容系统之间的程序移植来说，情况尤其如此。

大量的类 Unix 操作系统的开发（特别是 Linux 的诞生），导致这种 SUS 标准子集被赋予了特定的名称，即**可移植操作系统接口**（POSIX）。可以说，POSIX 是 SUS 标准的子集，类 Unix 系统选择遵守的就是 POSIX 标准。

以下链接提供了在 POSIX 系统中应该公开的所有不同的接口：http://pubs.opengroup.org/onlinepubs/9699919799/

在这个链接中能看到，POSIX 中也有与 SUS 中一样的接口。这些标准非常相似，但 POSIX 使得 Unix 标准能够适用于更广泛的操作系统。

类 Unix 操作系统，比如大多数 Linux 发行版，从一开始就与 POSIX 兼容。这就是为什么如果你用过 Ubuntu，你就可以以同样的方式使用 FreeBSD Unix。

但另一些操作系统，如微软 Windows，情况有所不同。微软的 Windows 不能被视作

POSIX 兼容的,但是可以安装更多的工具以成为 POSIX 操作系统,比如 Cygwin 工具。这是一个在 Windows 操作系统上可以本地运行的 POSIX 兼容环境。

这再次表明,POSIX 兼容性是关于拥有一个标准的 shell 层的,和内核无关。

稍稍插入一个小话题,当时的情况是这样的,微软的 Windows 在 20 世纪 90 年代兼容 POSIX。但随着时间推移,这种支持逐渐被终止。[①]

SUS 和 POSIX 标准都规定了接口。它们都说明了应该提供什么,但并没有讨论应该如何提供。每个 Unix 系统都有自己的 POSIX 实现或 SUS 实现。然后,这些实现被放入 libc 库中,成为 shell 层的一部分。换句话说,在 Unix 系统中,shell 层包含一个以标准方式公开的 libc 实现。相应的,shell 层将把请求进一步传递到内核层进行处理。

10.4　内核为 Shell 层提供的接口

在上一节中我们解释了,Unix 系统中的 shell 层公开了 SUS 或 POSIX 标准中定义的接口。在 shell 层中,主要有两种方式来调用某个逻辑,要么通过 libc,要么使用 shell 实用程序。用户应用程序应链接到 libc 库以执行 shell 例程,或者应执行系统中现有可用的实用程序。

注意,现有的实用程序本身就在使用 libc 库。因此我们可以广而论之,认为所有 shell 例程都可以在 libc 库中找到,这使得标准 C 库更加重要。如果想从头创建一个新的 Unix 系统,你必须在准备好内核之后编写自己的 libc。

如果你已经逐章阅读了前面的内容,你将会看到各个部分都指向同一个方向。我们需要有一个编译管道和一个链接机制,以便能够设计一个操作系统,该系统提供已使用一组库文件实现的接口。现在,你可以看到 C 的每个特性都有利于 Unix。对 C 和 Unix 之间的关系了解得越多,就越觉得它们紧密地联系在一起。

现在用户应用程序层和 shell 层之间的关系已经清楚了,我们需要看看 shell 层(或 libc)是如何与内核层通信的。在进一步讨论之前,请注意,本节不打算解释内核是什么。相反,我们将把它看作是一个公布了某些功能的黑盒。

---

　　① 译者注:Win10 在 2017 年推出了 Windows Subsystem for Linux(WSL,Windows 下的 Linux 子系统),而 Linux 系统强制符合 POSIX,因此,windows 10 只要启用了 WSL 就等同支持 POSIX。

libc(或 shell 层中的函数)通过使用**系统调用**(system calls)这一机制来实现对内核功能的使用。为了解释这个机制,我们需要一个例子来跟踪洋葱模型的每一层,以便找到执行系统调用的地方。

我们还需要选择一个真正的 libc 实现,这样我们就可以跟踪源代码,找到系统调用。我们选择 FreeBSD 进行进一步的研究。FreeBSD 是从 BSD Unix 分支发展出来的类 Unix 操作系统。

注:

FreeBSD 的 Git 存储库可以在以下位置找到:https://github.com/freebsd/freebsd,此存储库包含了 FreeBSD 的内核和 shell 层的源代码。FreeBSD libc 的源代码可以在 lib/libc 目录中找到。

从下面的例子开始。例 10.1 是一个简单程序,其功能是等待一秒钟。该程序同样被认为是处于应用程序层中,这意味着尽管它非常简单,它仍然是一个用户应用程序。

先来看看例 10.1 的源代码:

```
# include < unistd.h>
int main(int argc, char* *  argv) {
    sleep(1);
    return0;
}
```

　代码框 10-1[ExtremeC_examples_chapter10_1.c]:例 10.1 调用 shell 层中的 sleep 函数

如上所见,代码包含 unistd.h 头文件并调用了 sleep 函数,两者都是 SUS 公开接口的一部分。但是接下来会发生什么,尤其是在 sleep 函数中? 作为一名 C 程序员,你可能从来没有问过自己这个问题,但了解这一点可以加深你对 Unix 系统的理解。

我们一直在使用 sleep、printf、malloc 等函数,却不知道它们内部是如何工作的,但现在我们想要大胆探索一下 libc 用来与内核通信的机制。

我们知道,**系统调用**(system calls,或英文简写为 syscalls)是由 libc 实现中的代码触发的。事实上,这就是触发内核例程的方式。在 SUS 中,以及在兼容 POSIX 的系统中,有一个程序用于在程序运行时跟踪系统调用。

几乎可以肯定的是,一个不调用系统调用的程序实际上什么也做不了。因此,我们编写的每个程序都必须通过调用 libc 函数来使用系统调用。

编译前面的例子,并找出它触发的系统调用。我们可以运行以下命令来启动这个进程:

```
$ cc ExtremeC_examples_chapter10_1.c - lc - o ex10_1.out
$ truss ./ex10_1.out
...
$
```

Shell 框 10 - 1:构建并运行例 10.1,使用 truss 来跟踪它调用的系统调用

正如在 Shell 框 10 - 1 中所看到的,我们使用了一个名为 truss 的实用程序。以下内容摘自 FreeBSD 手册的 truss 页:

"Truss 实用程序用于跟踪由指定进程或程序调用的系统调用。默认情况下,输出到指定的输出文件或标准错误。它通过停止和重启由 ptrace(2) 监视的进程来实现此操作。"

正如描述所指出的,truss 是一个用于查看程序在执行过程中调用的所有系统调用的程序。在大多数类 Unix 系统中都有与 truss 类似的实用程序。例如,Linux 系统中使用 strace。

下面的 Shell 框显示了使用 truss 监视上述例子调用的系统调用的输出:

```
$ truss ./ex10_1.out
mmap(0x0,32768,PROT_READ|PROT_WRITE,MAP_PRIVATE|MAP_ANON,- 1,0x0) =
34366160896 (0x800620000)
issetugid()                                                    = 0 (0x0)
lstat("/etc",{mode= drwxr- xr- x ,inode= 3129984,size= 2560,blksize= 32768 })
= 0 (0x0)
lstat("/etc/libmap.conf",{mode= - rw- r- - r- - ,inode= 3129991,size= 109,
blksize= 32768}) = 0 (0x0)
openat(AT_FDCWD,"/etc/libmap.conf",O_RDONLY|O_CLOEXEC,00) = 3 (0x3)
fstat(3,{ mode= - rw- r- - r- - ,inode= 3129991,size= 109,blksize= 32768 })
= 0 (0x0)
...
openat(AT_FDCWD,"/var/run/ld- elf.
so.hints",O_RDONLY|O_CLOEXEC,00) = 3 (0x3)
read(3,"Ehnt\^A\0\0\0\M^@ \0\0\0Q\0\0\0\0"...,128) = 128 (0x80)
fstat(3,{ mode= - r- - r- - r- - ,inode= 7705382,size= 209,blksize= 32768 })
= 0 (0x0)
lseek(3,0x80,SEEK_SET)                                         = 128 (0x80)
read(3,"/lib:/usr/lib:/usr/lib/compat:/u"...,81) = 81 (0x51)
close(3)                                                       = 0 (0x0)
access("/lib/libc.so.7",F_OK) = 0 (0x0)
```

```
openat(AT_FDCWD,"/lib/libc.so.7",O_RDONLY|O_CLOEXEC|O_VERIFY,00) =  3 (0x3)
...
sigprocmask(SIG_BLOCK,{ SIGHUP|SIGINT|SIGQUIT|SIGKILL|SIGPIPE|SIGA
LRM|SIGTERM|SIGURG|SIGSTOP|SIGTSTP|SIGCONT|SIGCHLD|SIGTTIN|SIGTTOU
|SIGIO|SIGXCPU|SIGXFSZ|SIGVTALRM|SIGPROF|SIGWINCH|SIGINFO|SIGUSR1|
SIGUSR2 },{ }) =  0 (0x0)
sigprocmask(SIG_SETMASK,{ },0x0)                         =  0 (0x0)
sigprocmask(SIG_BLOCK,{ SIGHUP|SIGINT|SIGQUIT|SIGKILL|SIGPIPE|SIGA
LRM|SIGTERM|SIGURG|SIGSTOP|SIGTSTP|SIGCONT|SIGCHLD|SIGTTIN|SIGTTOU
|SIGIO|SIGXCPU|SIGXFSZ|SIGVTALRM|SIGPROF|SIGWINCH|SIGINFO|SIGUSR1|
SIGUSR2 },{ }) =  0 (0x0)
sigprocmask(SIG_SETMASK,{ },0x0)                         =  0 (0x0)
nanosleep({ 1.000000000 })                              =  0 (0x0)
sigprocmask(SIG_BLOCK,{ SIGHUP|SIGINT|SIGQUIT|SIGKILL|SIGPIPE|SIGA
LRM|SIGTERM|SIGURG|SIGSTOP|SIGTSTP|SIGCONT|SIGCHLD|SIGTTIN|SIGTTOU
|SIGIO|SIGXCPU|SIGXFSZ|SIGVTALRM|SIGPROF|SIGWINCH|SIGINFO|SIGUSR1|
SIGUSR2 },{ }) =  0 (0x0)
...
sigprocmask(SIG_SETMASK,{ },0x0) =  0 (0x0)
exit(0x0)

process exit, rval =  0
$
```

Shell 框 10 - 2：truss 的输出，显示了例 10.1 调用的系统调用

在上面的输出中可以看到，该简单例子发起了许多系统调用，其中一些是关于加载共享目标库的，特别是在初始化进程时。以粗体显示的第一个系统调用打开 libc.so.7 共享目标库文件。这个共享目标库包含了 FreeBSD 的 libc 的实际实现。

在以上输出中还可以看到，程序正在调用 nanosleep 系统调用。传递给这个系统调用的值是 1000000000 纳秒，相当于 1 秒。

系统调用类似于函数调用。请注意，每个系统调用都有一个专用的、预先设定的常量，还有一个特定的名称和一个参数列表。每个系统调用执行一个特定的任务。在本例中，nanosleep 让调用线程休眠指定的纳秒数。

关于系统调用的更多信息可以查阅 **FreeBSD 系统调用手册**。下面的 Shell 框显示了手册中专门介绍 nanosleep 系统调用的页面：

```
$ man nanosleep
NANOSLEEP(2)                    FreeBSD System Calls Manual
NANOSLEEP(2)
```

```
NAME
    nanosleep - high resolution sleep
LIBRARY
    Standard C Library  (libc, - lc)
SYNOPSIS
    # include < time.h>

    Int
    clock_nanosleep(clockkid_t clock_id, int flags,
                const struct timepec * rqtp, struct timepec * rmtp);

    int
    nanosleep(const struct timespec * rqtp, struct timespec *  rmtp);

DESCRIPTION
     If the TIMER_ABSTIME flag is not set in the flags argument, then clock_
    nanosleep() suspends execution of the calling thread until either the time in-
    terval specified by the rqtp argument has elapsed, or a signal is delivered to the
    calling process and its action is to invoke a signal- catching function or to
    terminate the process. The clock used to measure the time is specified by the
    clock_id argument
    ...
    ...
    $
```

Shell 框 10-3:专门介绍 nanosleep 系统调用的手册页

此手册页介绍了以下内容:

- nanosleep 是一个系统调用。
- 可以在 shell 层调用 time. h 中定义的 nanosleep 和 clock_nanosleep 函数来访问系统调用。注意,我们使用了 unitsd. h 里的 sleep 函数。我们也可以使用前面 time. h 里的两个函数。值得注意的是,两个头文件和前面的所有函数,以及实际使用的函数,都是 SUS 和 POSIX 的一部分。
- 如果想要调用这些函数,需要传递-lc 选项给链接器,将可执行文件与 libc 链接起来。这可能只针对 FreeBSD。
- 本手册页没有讨论系统调用本身,但它讨论了从 shell 层公布的标准 C 的 API。这些手册是为应用程序开发人员编写的,因此不会过多讨论系统调用和内核内部,而是关注于由 shell 层公开的 API。

现在,让我们找到 libc 中实际调用系统调用的位置。我们将使用 GitHub 上的 FreeBSD 源代码。我们使用的提交散列是来自 master 分支的 bf78455d496。为了从存储库中克

隆和使用正确的提交,运行以下命令:

```
$ git clone https://github.com/freebsd/freebsd
...
$ cd freebsd
$ git reset - - hard bf78455d496
...
$
```

Shell 框 10-4:克隆 FreeBSD 项目并转到特定的提交

也可以使用以下链接在 GitHub 网站上浏览这个 FreeBSD 项目:https://github.com/freebsd/freebsd/tree/bf78455d496,无论使用什么方法浏览该项目,都应该能找到以下代码行。

如果进入 lib/libc 目录并为 sys_nanosleep 执行 grep 命令,会发现以下文件项:

```
$ cd lib/libc
$ grep sys_nanosleep . - R
./include/libc_private.h:int__sys_nanosleep(const struct timespec * , struct
timespec * );
./sys/Symbol.map:__sys_nanosleep;
./sys/nanosleep.c:__weak_reference(__sys_nanosleep, __nanosleep);
./sys/interposing_table.c:SLOT(nanosleep, __sys_nanosleep),
$
```

Shell 框 10-5:在 FreeBSD libc 文件中找到与 nanosleep 系统调用相关的条目

在 lib/libc/sys/interposing_table.c 文件中可以看到,nanosleep 函数被映射到了__sys_nanosleep 函数中。因此,任何针对 nanosleep 函数的调用都会导致__sys_nanosleep 被调用。

以__sys 开始的函数是 FreeBSD 约定的实际系统调用函数。请注意,这是 libc 实现的一部分,使用的命名约定和其他与实现相关的配置都是特定于 FreeBSD 的。

说到这里,上面的 Shell 框中还有一个有趣的地方:lib/libc/include/libc_private.h 文件中包含了系统调用周边的封装函数所需的私有和内部函数声明。

到目前为止,我们已经了解了 shell 层是如何通过使用系统调用将对 libc 的函数调用指引到内层的。但是为什么我们首先需要系统调用呢?为什么称之为系统调用而不是函数调用?当查看一个用户应用程序或 libc 中的普通函数时,它与内核中的系统调用有何不同?在第 11 章中,我们将进一步讨论这个问题,给出系统调用的一个更具体的定义。

下一节讨论内核及其内部单元,这些内部单元在大多数 Unix 兼容系统和类 Unix 系统的内核中很常见。

10.5 内核

内核层的主要目的是管理系统中的硬件,并以系统调用的方式公开硬件提供的功能。图 10-4 显示了在用户应用程序最终使用一个特定的硬件功能之前,是如何通过不同的层公开该硬件的功能的:

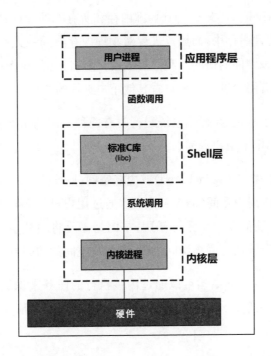

图 10-4 为了提供硬件功能,在 Unix 各层之间进行的函数调用和系统调用

图 10-4 给出了到目前为止所解释内容的摘要。在本节中,我们将关注内核本身,了解内核是什么。内核是一个进程,像我们知道的任何其他进程一样,它执行一系列指令。但是**内核进程**(kernel process)与普通进程有本质上的不同,普通进程就是我们所知道的**用户进程**(user process)。

下面来比较内核进程和用户进程。注意,我们偏向于比较单内核,比如 Linux。在下一章中我们将解释不同类型的内核。

- 内核进程要做的第一件事就是加载和执行,而用户进程需要在生成之前加载并运行内核进程。

- 我们只有一个内核进程,但多个用户进程可以同时工作。

- 内核进程是通过引导加载程序将内核映象复制到主存中来创建的,但是用户进程是使用 exec 或 fork 系统调用创建的。大多数 Unix 系统都具备这些系统调用。

- 内核进程处理并执行系统调用,但是用户进程调用系统调用并等待内核进程处理系统调用的执行。这意味着,当用户进程要求执行系统调用时,执行流被转移到内核进程,内核本身代表用户进程执行系统调用的逻辑。我们将在第 11 章中阐明这一点。

- 内核进程以**特权**(privileged)模式看到物理内存和所有硬件,但用户进程看到的是虚拟内存,它被映射到物理内存中,而用户进程对物理内存布局一无所知。同样,用户进程控制并监督对资源和硬件的访问。我们可以说,用户进程是在操作系统模拟的沙箱中执行的。这也意味着用户进程无法查看其他用户进程的内存。

从前面的比较中可以了解到,在操作系统运行时有两种不同的工作状态。其中一个专用于内核进程,另一个专用于用户进程。

前一种工作状态称为**内核域**(kernel land)或**内核空间**(kernel space),后一种工作状态称为**用户域**(user land)或**用户空间**(user space)。通过用户进程调用系统调用将这两个域结合在一起。基本上,我们发明了系统调用,是因为需要将内核空间和用户空间彼此隔离。内核空间对系统资源拥有最高访问权限,而用户空间的访问权限和监督权限最低。

一个典型的 Unix 内核的内部结构可以通过内核执行的任务来识别。事实上,管理硬件并不是内核执行的唯一任务。下面列出了 Unix 内核的职能。请注意,其中也包含了硬件管理任务:

- **进程管理**(Process management):用户进程是由内核通过系统调用创建的。为一个新进程分配内存,加载它的指令,是所有操作中应该在进程运行之前就执行的一些操作。

- **进程间通信**(Inter-Process Communication,IPC):同一台机器上的用户进程可以使用不同的方法交换数据。其中一些方法是共享内存、管道和 Unix 域套接字。这些方法应该由内核来使用,其中一些方法需要内核来控制数据交换。我们将在第 19 章中解释这些方法,同时讨论 IPC 技术。

- **调度**(Scheduling):Unix 一直被认为是多任务操作系统。内核管理对 CPU 内核的访问,并试图平衡对它们的访问。调度是一个任务的名称,它根据进程的优先级和重要性处理它们分享 CPU 的时间。我们将在接下来的章节中解释更多关于多任务、多线程和多进程的内容。

- **内存管理**（Memory management）：毫无疑问，这是内核的关键任务之一。内核是唯一能够看到整个物理内存并拥有超级用户访问权限的进程。因此，应该由内核执行和管理与内存相关的任务，如在堆分配时将内存分解为可分配页面、为进程分配新页面，释放内存以及更多的任务。
- **系统启动**（System startup）：一旦内核镜像加载到主存，启动了内核进程，它就应该初始化用户空间。这通常是通过创建第一个用户进程来实现的，该用户进程的进程标识符为 1（Process Identifier，PID）。在某些 Unix 系统（如 Linux）中，这个过程称为初始化（init）。在这个进程启动之后，它将启动更多的服务和守护进程。
- **设备管理**（Device management）：除了 CPU 和内存之外，内核应该能够通过抽象的方式来管理硬件。**设备**（device）是连接到 Unix 系统的真实或虚拟硬件。典型的 Unix 系统使用路径/dev 存放映射的设备文件。所有连接的硬盘驱动器、网络适配器、USB 设备等都映射为/dev 路径下的文件。用户进程可以使用这些设备文件与这些设备通信。

基于上述功能分解，图 10－5 显示了 Unix 内核最常见的内部结构：

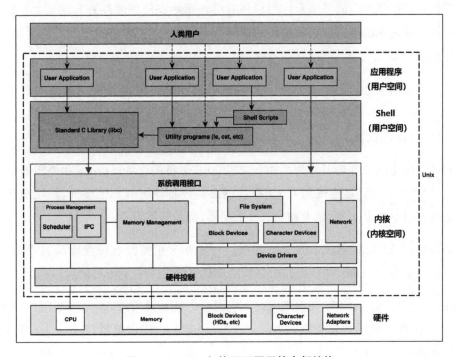

图 10－5　Unix 架构下不同层的内部结构

图 10-5 是 Unix 层的详细说明。它清楚地表明,在 shell 层中,有三个部分向用户应用程序层公开。它还显示了内核的详细内部结构。

在内核的顶部是系统调用接口。如图 10-5 所示,用户空间中的所有单元都只能通过系统调用接口与底层单元通信。这个接口就像是用户空间和内核空间之间的门或屏障。

在内核中有各种单元,比如管理可用物理内存的**内存管理单元**(Memory Management unit,MMU)。**进程管理单元**(Process Management unit)在用户空间中创建进程并为它们分配资源,它还使 IPC 对进程可用。图 10-5 还显示了由**设备驱动程序**提供的**字符设备和块设备**,以提供各种 I/O 功能。我们将在下一节中解释字符设备和块设备。**文件系统**单元是内核的重要组成部分,它是块设备和字符设备的抽象,并允许进程和内核本身使用相同的共享文件层次结构。

在下一节中,我们将讨论硬件。

10.6　硬件

每个操作系统的最终目的都是允许用户和应用程序能够使用硬件并与之交互。Unix 还旨在以抽象和透明的方式提供对硬件的访问,在所有现有和未来的平台上使用相同的实用程序和命令集。

由于具有这种透明性和抽象性,Unix 可将所有的硬件抽象为连接到系统的多个设备。因此,在 Unix 中,术语**"设备"**(device)是一个中心词汇,每个连接到 Unix 系统的硬件都被认为是 Unix 的设备。

连接到计算机上的硬件可以分为两种不同的类别:**必备的**(mandatory)和**外围的**(peripheral)。CPU 和主内存是连接到 Unix 系统的必备设备。所有其他硬件,如硬盘驱动器、网络适配器、鼠标、显示器、显卡和 Wi-Fi 适配器,都是外围设备。

没有必备硬件,Unix 机器就不能工作,但是一台 Unix 机器没有硬盘驱动器或网络适配器也可以。请注意,Unix 内核操作所必需的文件系统并不一定需要硬盘!

Unix 内核完全隐藏了 CPU 和物理内存。它们由内核直接管理,不允许从用户空间进行访问。Unix 内核中的**内存管理**(Memory Management)和**调度器**(Scheduler)单元分别负责管理物理内存和 CPU。

但对于连接到 Unix 系统的其他外围设备,情况是不同的。它们通过一种称为设备文件 (device files)的机制公开。可以在 Unix 系统的/dev 路径中看到这些文件。

以下是可以在普通 Linux 机器上找到的设备文件列表:

```
$ ls - l /dev
total 0
crw- r- - r- -      1    root root    10,235    Oct 14 16:55 autofs
drwxr- xr- x        2    root root      280    Oct 14 16:55 block
drwxr- xr- x        2    root root       80    Oct 14 16:55 bsg
crw- rw- - - -      1    root disk    10, 234   Oct 14 16:55 btrfs- control
drwxr- xr- x        3    root root       60    Oct 14 17:02 bus
lrwxrwxrwx          1    root root        3    Oct 14 16:55 cdrom - > sr0
drwxr- xr- x        2    root root     3500    Oct 14 16:55 char
crw- - - - - - -    1    root root      5, 1    Oct 14 16:55 console
lrwxrwxrwx          1    root root       11    Oct 14 16:55 core - > /proc/kcore
crw- - - - - - -    1    root root    10, 59    Oct 14 16:55 cpu_dma_latency
crw- - - - - - -    1    root root    10, 203   Oct 14 16:55 cuse
drwxr- xr- x        6    root root      120    Oct 14 16:55 disk
drwxr- xr- x        3    root root       80    Oct 14 16:55 dri
lrwxrwxrwx          1    root root        3    Oct 14 16:55 dvd - > sr0
crw- - - - - - -    1    root root    10, 61    Oct 14 16:55 ecryptfs
crw- rw- - - -      1    root video    29,0    Oct 14 16:55 fb0
lrwxrwxrwx          1    root root       13    Oct 14 16:55 fd - > /proc/self/fd
crw- rw- rw-        1    root root      1, 7    Oct 14 16:55 full
crw- rw- rw-        1    root root    10, 229   Oct 14 16:55 fuse
crw- - - - - - -    1    root root    245, 0    Oct 14 16:55 hidraw0
crw- - - - - - -    1    root root    10, 228   Oct 14 16:55 hpet
drwxr- xr- x        2    root root        0    Oct 14 16:55 hugepages
crw- - - - - - -    1    root root    10, 183   Oct 14 16:55 hwrng
crw- - - - - - -    1    root root     89, 0    Oct 14 16:55 i2c- 0...
crw- rw- r- -       1    root root    10, 62    Oct 14 16:55 rfkill
lrwxrwxrwx          1    root root        4    Oct 14 16:55 rtc - > rtc0
crw- - - - - - -    1    root root    249, 0    Oct 14 16:55 rtc0
brw- rw- - - -      1    root disk     8, 0    Oct 14 16:55 sda
brw- rw- - - -      1    root disk     8, 1    Oct 14 16:55 sda1
brw- rw- - - -      1    root disk     8, 2    Oct 14 16:55 sda2
crw- rw- - - - +    1    root cdrom   21, 0    Oct 14 16:55 sg0
crw- rw- - - -      1    root disk    21, 1    Oct 14 16:55 sg1
drwxrwxrwt          2    root root       40    Oct 14 16:55 shm
crw- - - - - - -    1    root root    10, 231   Oct 14 16:55 snapshot
drwxr- xr- x        3    root root      180    Oct 14 16:55 snd
brw- rw- - - - +    1    root cdrom   11, 0    Oct 14 16:55 sr0
lrwxrwxrwx          1    root root       15    Oct 14 16:55 stderr - > /proc/self/fd/2
lrwxrwxrwx          1    root root       15    Oct 14 16:55 stdin - > /proc/self/fd/0
```

```
lrwxrwxrwx        1    root root       15  Oct 14 16:55 stdout- > /proc/self/fd/1
crw- rw- rw-      1    root tty      5, 0  Oct 14 16:55 tty
crw- - w- - - -   1    root tty      4, 0  Oct 14 16:55 tty0
...
$
```

Shell 框 10 - 6：列出 Linux 机器中/dev 目录下的文件

可以看到，相当多的设备连接到机器上。当然，并非所有的设备都是真实的硬件。Unix 中对硬件设备的抽象使它能够拥有**虚拟设备**（virtual devices）。

例如，你可以拥有一个虚拟网络适配器，它没有物理实体对等物，但是可以对网络数据执行额外的操作。在基于 Unix 的环境中使用 VPN 就是这种方式。物理网络适配器提供真实的网络功能，而虚拟网络适配器提供了通过安全隧道传输数据的能力。

从前面的输出中可以清楚地看到，每个设备在/dev 目录中有其对应的文件。以"c"或"b"开头的行对应的分别是表示字符设备和块设备的设备文件。字符设备应该逐个字节地传送和使用数据，比如串行口和并行口。块设备则是传送和使用多个字节的数据块的设备，如硬盘、网络适配器、摄像机等都是块设备。在前面的 Shell 框中，以"l"开头的行是指向其他设备的符号链接，以"d"开头的行表示可能包含其他设备文件的目录。

用户进程使用这些设备文件来访问相应的硬件。向设备发送或接收数据都依赖于对文件写入或读取。

在本书中，我们不会继续深入讨论设备和设备驱动程序，如果你对此感兴趣，可以去阅读更多关于这个主题的内容。在下一章中，我们将更详细地讨论系统调用，并在现有的 Unix 内核中添加新的系统调用。

10. 7　总结

在本章中，我们开始讨论 Unix 以及它与 C 的关系。即使在非 Unix 操作系统中，你也可以看到一些与 Unix 系统类似的设计痕迹。

本章中，我们回顾了 20 世纪 70 年代早期的历史，并解释了 Unix 是如何从 Multics 起源的，以及 C 语言是如何从 B 语言中派生出来的。在此之后，我们讨论了 Unix 体系结构，这是一种类似洋葱的体系结构，由四层组成：用户应用程序、shell、内核和硬件。

我们简要介绍了 Unix 洋葱模型中的各个层，并详细解释了 shell 层。我们介绍了 C 标准库,以及如何通过 POSIX 和 SUS 标准使用它,使程序员能够编写可在各种 Unix 系统上构建的程序。

第 11 章是我们研究 Unix 的第二部分内容。在那一章中,我们将继续讨论 Unix 及其体系结构,并更深入地解释内核和围绕它的系统调用接口。

11

系统调用和内核

在前一章中,我们讨论了 Unix 的历史及其类似洋葱形状的体系结构。我们还介绍并讨论了 Unix 中管理 shell 层的 POSIX 和 SUS 标准,然后解释了 C 标准库是如何给 Unix 兼容系统提供常见功能的。

在这一章中,我们将继续讨论**系统调用接口**(system call interface)和 Unix **内核**(kernel)。这将使我们对 Unix 系统的工作方式有一个完整的了解。

在阅读本章之后,你将能够分析程序所调用的系统调用,能够解释进程如何在 Unix 环境中生存和发展,并且能够直接或通过 libc 使用系统调用。我们还将讨论 Unix 内核开发,并展示如何向 Linux 内核添加新的系统调用,以及如何从 shell 层调用系统调用。

在本章最后,我们将讨论**单内核**(monolithic kernel)和**微内核**(microkernel)以及它们的区别。我们将介绍 Linux 内核,它是一个单内核,并为它编写一个可以动态加载和卸载的**内核模块**(kernel module)。

让我们从讨论系统调用开始这一章吧。

11.1 系统调用

在前一章中,我们简要解释了什么是系统调用。在本节中,我们希望深入了解并解释,在系统调用的背后,从用户进程转移到内核进程的执行机制。

然而,在此之前,我们需要进一步解释一下内核空间和用户空间,这将有助于我们理解系统调用在幕后是如何工作的。我们还将编写一个简单的系统调用,以获得一些关于内核开发的思路。

当你希望能够编写一个新的系统调用,为内核添加以前没有的新功能时,我们将要做的事情就至关重要了。这件事情还有助于更好地理解内核空间以及它与用户空间的区别,因为这两个空间实际上差别很大。

11.1.1　系统调用详究

我们前一章讨论过,当从 shell 层移动到内核环时会发生分离。你会发现,驻留在前两层(用户应用程序和 shell)中的任何东西都属于用户空间。同样,出现在内核层或硬件层中的任何东西都属于内核空间。

关于这种分离有一条规则,即用户空间不能直接访问两个最内层(内核和硬件)中的任何内容。换句话说,用户空间中的任何进程都不能直接访问硬件、内部内核数据结构和算法。相反,应该通过系统调用访问它们。

这样你可能会认为这与你所了解和使用过的类 Unix 操作系统(如 Linux)有点矛盾。如果你不明白这个问题,我来给你解释一下。这似乎有些绕,举例来说,当程序从网络套接字中读取一些字节时,实际上并不是程序从网络适配器上读取这些字节,而是内核读取这些字节并将它们复制到用户空间的,之后程序就可以提取并使用它们了。

我们可以通过一个例子中从用户空间到内核空间的所有步骤,或者从内核空间到用户空间的所有步骤来阐明这一点。当想从硬盘驱动器上读取文件时,你要在用户应用程序层中编写程序。你的程序使用 libc 中一个名为 fread 的 I/O 函数(或另一个类似的函数),并最终作为一个进程在用户空间中运行。当程序调用 fread 函数时,将触发 libc 中的具体实现。

到目前为止,一切都还在用户进程中。然后,fread 的实现最终调用了一个系统调用,而 fread 把接收到的一个已经打开的**文件描述符**(file descriptor)作为第一个参数,把在(用户空间的)进程内存中分配的缓冲区地址作为第二个参数,把缓冲区的长度作为第三个参数。

当系统调用被 libc 的实现触发时,内核代表用户进程控制执行。它从用户空间接收参数,并将它们保存在内核空间中。然后,还是内核通过访问内核内部的**文件系统**(filesystem)单元来读取文件(如图 10 - 5 所示)。

当内核层中的 read 操作完成后,读取的数据将被复制到用户空间的缓冲区中,该缓冲区由调用 fread 函数时的第二个参数指定,系统调用将执行的控制权返回给用户进程。同时,在系统调用忙于操作时,用户进程通常需要等待。这种情况下,系统调用被阻塞了。

关于这个场景,有一些重要的事情需要注意:

- 我们只有一个内核来执行系统调用背后的所有逻辑。
- 如果系统调用处于阻塞(blocking)状态,当该系统调用正在进行时,发起调用的用户进程必须等到系统调用结束。相反,如果系统调用是非阻塞(non-blocking)的,则系统调用返回得非常快,但是用户进程还得使用额外的系统调用来检查结果是否可用。
- 参数连同输入和输出的数据将从用户空间中复制出来,或者复制到用户空间中。因为复制的是实际值,所以系统调用的设计应该是这样的:它们接受小变量和指针作为输入参数。
- 内核拥有对系统所有资源的完全访问权。因此,应该有一种机制来检查用户进程是否有权进行这样的系统调用。在这个场景中,如果用户不是文件的所有者,fread 应该失败,并返回一个缺乏所需权限的错误提示。
- 在用户空间和内核空间的内存之间也存在类似的分离。用户进程只能访问用户空间内存。为了完成某个系统调用,可能需要多次传输。

在进入下一节之前,我想问一个问题。系统调用如何将执行的控制转移到内核? 花点时间想想这个问题,在下一节我们将会解答它。

11.1.2 绕过标准 C 直接调用系统调用

在回答前面的问题之前,让我们先看一个例子,它绕过标准 C 库并直接调用系统调用。换句话说,程序调用系统调用时不需要经过 shell 层。前面提到过,这个过程被认为是一种反模式,但即使某些系统调用没有通过 libc 公开,用户应用程序也可以直接调用这些系统调用。

在每个 Unix 系统中,都有一个用于直接调用系统调用的特定方法。例如,在 Linux 中,有一个称为"syscall"的函数,它位于<sys/syscall.h>头文件中,可用于实现此目的。

下面代码框中的例 11.1 是一个与既往不同的 Hello World 示例,它没有使用 libc 打印到标准输出。换句话说,这个例子没有使用 shell 层和 POSIX 标准中的 printf 函数。相反,它直接调用特定的系统调用,因此代码只能在 Linux 机器上编译,而不能在其他 Unix 系统上编译。换句话说,代码在不同的 Unix 版本之间是不可移植的:

```
//为了使用非 POSIX 的内容,需要如下的预定义
# define _GNU_SOURCE

# include < unistd.h>

//这不是 POSIX 的一部分!
# include < sys/syscall.h>

int main(int argc, char* * argv) {
    char message[20] = "Hello World! \n";
    //激活系统调用"write"向标准输出写一些字节
    syscall(__NR_write, 1, message, 13);
    return 0;
}
```

代码框 11-1[ExtremeC_examples_chapter11_1.c]:一个不同的 Hello World,直接调用 write 系统调用

在上面代码框的第一个语句中,我们必须定义_GNU_SOURCE 来表明我们将使用 GNU C 库(GNU C Library,glibc)中不属于 POSIX 或 SUS 标准的部分。这破坏了程序的可移植性,因此,你可能无法在另一台 Unix 机器上编译你的代码。在第二条 include 语句中,包含了一个 glibc 中特有的头文件。在不使用 glibc 实现作为其 libc 主体的 POSIX 系统中,该头文件是不存在的。

在 main 函数中,通过调用 syscall 函数进行系统调用。首先,我们必须向 syscall 函数传递一个数字来指定系统调用。这个整数能表示特定的系统调用。在 Linux 中,每个系统调用都有自己特定的**系统调用号**(system call number)。

在示例代码中,传递的是 __NR_write[①] 常量,而不是系统调用号,而且我们也不知道其系统调用号的确切数值。在查找 unistd.h 头文件后,可以知道,系统调用 write 对应的系统调用号是 64。

在传递系统调用号之后,我们应该传递系统调用所需的参数。

请注意,尽管前面的代码非常简单,只包含了一个简单的函数调用,但我们应该知道,syscall 不是一个普通的函数。它是一个汇编过程,填充了一些 CPU 寄存器,并实际上将执

---

①　译者注:原文中是"__R_write",原文有误,应为"__NR_write"。

行控制从用户空间转移到内核空间中。我们很快就会讲到这点。

对于 write,我们需要传递三个参数:第一个参数是文件描述符,这里是 1,表示标准输出;第二个参数是指向在用户空间中分配的缓冲区的指针(pointer to a buffer);最后一个参数是应该从缓冲区中复制的字节长度(length of bytes)。

下面是在 Ubuntu 18.04.1 中用 gcc 编译并运行例 11.1 的输出结果:

```
$ gcc ExtremeC_examples_chapter11_1.c - o ex11_1.out
$ ./ex11_1.out
Hello World!
$
```

Shell 框 11 - 1:例 11.1 的输出

在上一章介绍过 strace 命令,现在是时候使用它来查看例 11.1 实际调用的系统调用了。strace 的输出如下所示,展示出程序已经调用了所需的系统调用:

```
$ strace ./ex11_1.out
execve("./ex11_1.out", ["./ex11_1.out"], 0x7ffcb94306b0 /*  22 vars * /) =  0
brk(NULL)                            =  0x55ebc30fb000
access("/etc/ld.so.nohwcap", F_OK)    = - 1 ENOENT (No such file or directory)
access("/etc/ld.so.preload", R_OK)    = - 1 ENOENT (No such file or directory)
openat(AT_FDCWD, "/etc/ld.so.cache", O_RDONLY|O_CLOEXEC) =  3
...
...
arch_prctl(ARCH_SET_FS, 0x7f24aa5624c0)    =  0
mprotect(0x7f24aa339000, 16384, PROT_READ) =  0
mprotect(0x55ebc1e04000, 4096, PROT_READ)  =  0
mprotect(0x7f24aa56a000, 4096, PROT_READ)  =  0
munmap(0x7f24aa563000, 26144)              =  0
write(1, "Hello World! \n", 13Hello World!) =  13
exit_group(0)                              =  ?
+ + +  exited with 0 + + +
$
```

Shell 框 11 - 2:运行例 11.1 时,strace 的输出

在 Shell 框 11 - 2 中的粗体可以看到,strace 已记录下系统调用,它的返回值是 13。这意味着系统调用已经成功地将 13 个字节写入给定文件,在本例中这个文件是标准输出。

注:
用户应用程序绝不应该尝试直接使用系统调用。通常在调用系统调用之前和之后,都应该采取一些步骤。libc 实现执行了这些步骤。如果你不打算使用 libc,则必须自己执行这些步骤,并且必须知道这些步骤在不同的 Unix 系统之间是不同的。

11.1.3　在系统调用函数的内部

然而,在 syscall 函数中发生了什么? 请注意,当前的讨论只适用于 glibc,而不适用于 libc 的其他实现。首先,我们需要在 glibc 中找到 syscall。下面是 syscall 定义的链接:https://github.com/lattera/glibc/blob/master/sysdeps/unix/sysv/linux/x86_64/sycall.S。

如果在浏览器中打开上述链接,则会看到该函数是用汇编语言编写的。

　　注:
　　在 C 源文件中,汇编语言可以与 C 语句一起使用。事实上,这是 C 语言的一大特性,使之适合编写操作系统。对于 syscall 函数,其声明是用 C 语言写的,但其定义是用汇编语言写的。

以下是 syscall.S 中的部分源代码:

```
/*  Copyright (C) 2001- 2018 Free Software Foundation, Inc.
    This file is part of the GNU C Library.
...
    < http://www.gnu.org/licenses/> . * /

# include < sysdep.h>

/* Please consult the file sysdeps/unix/sysv/linux/x86- 64/sysdep.h for
    more information about the value - 4095 used below. * /

/*  Usage: long syscall (syscall_number, arg1, arg2, arg3, arg4, arg5, arg6)
    We need to do some arg shifting, the syscall_number will be in rax. * /

    .text
ENTRY (syscall)
    movq % rdi, % rax               /*  Syscall number - >  rax. * /
    movq % rsi, % rdi               /*  shift arg1 -  arg5. * /
    movq % rdx, % rsi
    movq % rcx, % rdx
    movq % r8, % r10
    movq % r9, % r8
    movq 8(% rsp),% r9             /*  arg6 is on the stack. * /
    syscall                        /*  Do the system call. * /
    cmpq $ - 4095, % rax           /*  Check % rax for error. * /
    jae SYSCALL_ERROR_LABEL        /*  Jump to error handler if error. * /
    ret                            /*  Return to caller. * /

PSEUDO_END (syscall)
```

代码框 11 - 2:glibc 中 syscall 函数的定义

这些指令短小简单,但以这种方式进行系统调用似乎更为复杂。代码中的用法注释标明,glibc 中的系统调用在每次调用中最多可以接受 6 个参数。

这意味着,如果底层内核支持带有 6 个以上参数的系统调用,glibc 就不能提供某些内核功能,要支持这些功能就需要对 glibc 进行修改。幸运的是,在大多数情况下,6 个参数已经够用了,对于需要 6 个以上参数的系统调用,我们可以向其传递指针,该指针指向分配在用户空间内存中的结构变量。

在上述代码框中,在 movq 指令之后,汇编代码调用 syscall 子程序。它只是生成一个中断(interrupt),允许正在等待此类中断的内核特定部分被唤醒并处理该中断。

在 syscall 过程的第一行中可以看到,系统调用号被传送到%rax 寄存器。下面几行将其他参数复制到不同的寄存器中。当系统调用中断被触发时,内核的中断处理程序单元将接收该调用并收集系统调用号和参数,然后搜索它的**系统调用表**(system call table),以找到一个应该在内核侧调用的合适的函数。

有趣的一点是,当中断处理程序在 CPU 中执行时,发起系统调用的用户代码已经离开了 CPU,而内核正在完成这项工作。这是系统调用背后的主要机制。当你发起一个系统调用时,CPU 改变了它的模式,内核指令被取到 CPU 中,用户空间中的应用程序不再被执行。这就是为什么我们会说,内核代表用户应用程序执行系统调用背后的逻辑。

在下一节中,我们将编写一个打印 hello 消息的系统调用,以此来为上述说法给出一个示例。它可以被视为例 11.1 的演进版本,这个版本可以接受输入字符串并返回问候字符串。

11.1.4　向 Linux 添加一个系统调用

在这一节中,我们将向现有类 Unix 内核的系统调用表中添加一个新的系统调用。这可能是大多数阅读本书的读者第一次编写可以在内核空间内运行的 C 代码。我们在之前章节中编写的所有例子,以及在以后的章节中编写的几乎所有代码,都是运行在用户空间中的。

事实上,我们编写的大多数程序都是在用户空间中运行的。这也就是我们所说的 **C 编程**(C programming)或 **C 开发**(C development)。然而,如果我们要写一个应该在内核空间运行的 C 程序,我们会使用一个不同的名称:**内核开发**(kernel development)。

我们将讨论下一个例11.2,但在此之前,我们需要研究内核环境,看看它与用户空间有什么不同。

(1) 内核开发

本节对那些想成为操作系统领域的内核开发人员或安全研究人员的读者有帮助。在第一部分中,在介绍系统调用本身之前,我们想解释一下内核开发和普通 C 程序开发之间的区别。

内核开发与普通 C 程序的开发有许多不同之处。在查看它们的区别之前,我们应该注意一件事,即 C 开发通常发生在用户空间中。

在下面的列表中,我们提供了内核和用户空间开发工作之间的六个关键区别:

- 只有一个内核进程运行所有程序。这意味着,如果代码导致内核崩溃,你可能需要重新启动机器,让内核再次被初始化。不重新启动机器就无法尝试各种解决方案,因此,内核进程的开发成本非常高,而开发用户空间程序则无需这样做,相对容易很多。当内核发生崩溃时,会生成一个内核崩溃转储(kernel crash dump),可用于诊断原因。
- 在内核层中,没有像 glibc 这样的 C 标准库! 换句话说,在这个领域中,SUS 和 POSIX 标准不再有效。因此,不能包含任何 libc 头文件,例如 stdio. h 或 string. h。在这种情况下,有一组专门用于各种操作的函数,这些函数通常位于内核头文件(kernel headers)中。由于在这一领域没有标准化,因此不同 Unix 版本中的函数通常是不同的。
  例如,如果在 Linux 中进行内核开发,可以使用 printk 将一条消息写入内核的**消息缓冲区**(message buffer)。然而,在 FreeBSD 中,需要使用 printf 函数族,它们不同于 libc 中的 printf 函数。这些 printf 函数在 FreeBSD 系统中的<sys/system. h>头文件中。在 XNU 内核开发时,使用的等效函数是 os_log。注意,XNU 是 macOS 的内核。
- 你可以读取或修改内核中的文件,但不能使用 libc 函数。每个 Unix 内核都有自己访问内核层文件的方法。这对于所有通过 libc 公开的函数都是一样的。
- 在内核层中你可以全权访问物理内存和许多其他服务。因此,编写安全可靠的代码是非常重要的。
- 在内核中没有系统调用机制。系统调用是用户空间中允许用户进程与内核层通信的主要机制。所以,一旦你进入了内核,就不需要它了。
- 通过将内核映象复制到物理内存中来创建内核进程,这个过程由**引导加载程序**(boot loader)执行。如果不从头创建内核映象,并通过重启系统重新加载它,就不能添加新的系统调用。在支持**内核模块**(kernel modules)的内核中,当内核启动并运行时,可以很容易地添加或删除一个模块,但在系统调用中不能这么做。

从我们刚刚列出的要点可以看出,与普通的 C 开发相比,内核开发的流程是不同的。测试编写的逻辑也不是一项容易的任务,并且有 bug 的代码可能会导致系统崩溃。

在下一节中,我们将首次进行内核开发,具体工作是添加一个新的系统调用。这样做不是因为当你想在内核中引入新功能时,添加一个系统调用很常见,而是为了熟悉内核开发,我们想尝试着这么做。

(2) 为 Linux 编写一个 Hello World 系统调用

在本节中,我们将为 Linux 编写一个新的系统调用。互联网上有许多优秀的资源来解释如何在现有的 Linux 内核中添加一个系统调用,但本节以以下论坛帖子的内容为基础在 Linux 中构建自己的系统调用:

Adding a Hello World System Call to Linux Kernel

https://medium. com/anubhav-shrimal/adding-a-hello-world-system-call-to-linux-kernel-dad32875872

例 11.2 是例 11.1 的高级版本,它使用了一个不同的自定义系统调用,即我们本节中要编写的调用。新的系统调用接收四个参数。前两个用于输入名称,后两个用于输出问候字符串。前两个参数中,一个是 char 指针,指向在用户空间中已经分配的缓冲区,另一个是整型数,记录缓冲区的长度。后两个参数中,一个是指针,它也在用户空间中分配,但它不同于输入缓冲区的指针,另一个是整型数,作为其长度使用。

警告:

请不要在用于工作或家庭的 Linux 机器中执行这个实验。强烈建议用虚拟机作为实验用机,并在其上运行以下命令。可以使用 VirtualBox 或 VMware 等仿真程序轻松创建虚拟机。

如果使用不当或顺序错误,以下这些指令可能会破坏你的系统,并使你丢失部分(不是全部)的数据。如果要在一台非实验用机上运行以下命令,请一定考虑备份方案,确保数据安全。

首先,我们需要下载 Linux 内核的最新源代码。我们将使用 Linux GitHub 存储库来克隆它的源代码,然后选择一个特定的版本。版本 5.3 是在 2019 年 9 月 15 日发布的,我们将在本例中使用这个版本。

注：

Linux 是一个内核。这意味着它只能安装在 Unix 类操作系统的内核层中,但 **Linux 发行版**(Linux distribution)是另一回事。Linux 发行版在其内核层中有一个特定版本的 Linux 内核,在其 shell 层中有一个特定版本的 GNU libc 和 Bash(或 GNU shell)。

每个 Linux 发行版通常都附带一个完整的用户应用程序列表。因此,可以说 Linux 发行版是一个完整的操作系统。注意,英文术语 **Linux distribution**、**Linux distro** 和 **Linux flavor** 都指的是同一件事。

在本例中,将在 64 位机器上使用 Ubuntu 18.04.1 Linux 发行版。

开始之前,务必通过运行以下命令来安装必备软件包：

```
$ sudo apt- get update
$ sudo apt- get install - y build- essential autoconf libncurses5- dev
libssl- dev bison flex libelf- dev git
...
...
$
```

Shell 框 11 - 3:安装例 11.2 所需的必备包

有关上述指令的说明:apt 是基于 Debian 的 Linux 发行版中的主要包管理器,而 sudo 是一个实用程序,用于在**超级用户**(superuser)模式下运行命令。它可以在几乎所有类 Unix 操作系统上使用。

下一步是克隆 Linux GitHub 存储库。在克隆存储库之后,我们还需要检验发行版本号 5.3。这个版本号可以通过使用发布标记名(release tag name)来检验,如以下命令所示：

```
$ git clone https://github.com/torvalds/linux
$ cd linux
$ git checkout v5.3
$
```

Shell 框 11 - 4:克隆 Linux 内核并检验 version 5.3

现在,如果查看根目录中的文件,可以看到许多文件和目录,它们组成了 Linux 内核代码库：

```
$ ls
total 760K
drwxrwxr- x    33    kamran kamran    4.0K    Jan 28 2018    arch
drwxrwxr- x     3    kamran kamran    4.0K    Oct 16 22:11   block
drwxrwxr- x     2    kamran kamran    4.0K    Oct 16 22:11   certs
...
drwxrwxr- x   125    kamran kamran    12K     Oct 16 22:11   Documentation
drwxrwxr- x   132    kamran kamran    4.0K    Oct 16 22:11   drivers
- rw- rw- r—     1    kamran kamran    3.4K    Oct 16 22:11   dropped.txt
drwxrwxr- x     2    kamran kamran    4.0K    Jan 28 2018    firmare
drwxrwxr- x    75    kamraln kamran   4.0K    Oct 16 22:11   fs
drwxrwxr- x    27    kamran kamran    4.0K    Jan 28 2018    include
...
- rw- rw- r- -   1    kamran kamran    287     Jan 28 2018    Kconfig
drwxrwxr- x    17    kamran kamran    4.0K    Oct 16 22:11   kernel
drwxrwxr- x    13    kamran kamran    12K     Oct 16 22:11   lib
- rw- rw- r- -   1    kamran kamran    429K    Oct 16 22:11   MAINTAINERS
- rw- rw- r- -   1    kamran kamran    61K     Oct 16 22:11   Makefile
drwxrwxr- x     3    kamran kamran    4.0K    Oct 16 22:11   mm
drwxrwxr- x    69    kamran kamran    4.0K    Jan 28 2018    net
- rw- rw- r- -   1    kamran kamran    722     Jan 28 2018    README
drwxrwxr- x    28    kamran kamran    4.0K    Jan 28 2018    samples
drwxrwxr- x    14    kamran kamran    4.0K    Oct 16 22:11   scripts
...
drwxrwxr- x     4    kamran kamran    4.0K    Jan 28 2018    virt
drwxrwxr- x     5    kamran kamran    4.0K    Oct 16 22:11   zfs
$
```

Shell 框 11-5：Linux 内核代码库的内容

这些目录有的看起来很熟悉：fs、mm、net、arch 等等。需要指出的是，我们不打算详细介绍每个目录，因为不同内核的目录差异很大，但是它们有一个共同的特性，就是所有内核都遵循几乎相同的内部结构。

现在有了内核源代码，应该开始添加新的 Hello World 系统调用了。但在此之前，我们需要为系统调用选择一个唯一的数字标识符；在本例中，我给它命名 hello_world，并选择 999 作为它的系统调用号。

首先，我们需要将系统调用函数的声明添加到 include/linux/syscalls. h 头文件的末尾。修改后的文件应该是这样的：

```
/*
 * syscalls.h - Linux syscall interfaces (non- arch- specific)
```

```
 *
 * Copyright (c) 2004 Randy Dunlap
 * Copyright (c) 2004 Open Source Development Labs
 *
 * This file is released under the GPLv2.
 * See the file COPYING for more details.
 * /
# ifndef _LINUX_SYSCALLS_H
# define _LINUX_SYSCALLS_H
struct epoll_event;
struct iattr;
struct inode;
...
asmlinkage long sys_statx(int dfd, const char __user * path, unsigned flags,
           unsigned mask, struct statx __user * buffer);

asmlinkage long sys_hello_world(const char __user * str, const size_t str_len,
char __user * buf, size_t buf_len);
# endif
```

代码框 11 - 3[include/linux/syscalls. h]：新的 Hello World 系统调用声明

上面注释说明，这是一个头文件，包含了 Linux syscall 的接口，这些接口不是**特定于体系结构**（architecture specific）的。这意味着在所有架构上，Linux 都公开相同的一组系统调用。

在文件的末尾，我们声明了系统调用函数，该函数接受四个参数。如前所述，前两个参数是输入字符串及其长度，后两个参数是输出字符串及其长度。

注意，输入参数是 const，但输出参数不是。此外，__user 标识符意味着指针指向用户空间内的内存地址。可以在函数签名中看到，每个系统调用都返回一个整数值，这实际上就是它的执行结果。不同的系统调用，返回值的范围及其含义是不同的。在我们的系统调用中，0 表示成功，其他任何数字都表示失败。

现在需要定义我们的系统调用。要做到这一点，必须首先在根目录下创建一个名为 hello _world 的文件夹，使用以下命令来完成：

```
$ mkdir hello_world
$ cd hello_world
$
```

Shell 框 11 - 6：创建 hello_world 目录

接下来,我们在 hello_world 目录中创建一个名为 sys_hello_world. c 的文件。这个文件的内容应该如下:

```
# include < linux/kernel.h>          // For printk
# include < linux/string.h>          // For strcpy, strcat, strlen
# include < linux/slab.h>            // For kmalloc, kfree
# include< linux/uaccess.h>          // For copy_from_user, copy_to_user
# include < linux/syscalls.h>        // For SYSCALL_DEFINE4

//系统调用的定义
SYSCALL_DEFINE4(hello_world,
        const char __user * , str,        //输入名称
        const unsigned int, str_len,      //输入名称的长度
        char __user * , buf,              //输出缓冲区
        unsigned int, buf_len) {          //输出缓冲区的长度
    //内核栈变量应该用于保存输入缓存的内容
    char name[64];
    // 内核栈变量应该用于保存最终输出消息
    char message[96];
    printk("System call fired! \n");
    if (str_len > =  64) {
        printk("Too long input string.\n");
        return - 1;
    }

    //从用户空间复制数据到内核空间
    if (copy_from_user(name, str, str_len)) {
        printk("Copy from user space failed.\n");
        return - 2;
    }

    //构建最终消息
    strcpy(message, "Hello ");
    strcat(message, name);
    strcat(message, "!");

    //检查最终的消息的大小是否适合输出缓冲区
    if (strlen(message) > =  (buf_len - 1)) {
        printk("Too small output buffer.\n");
        return - 3;
    }

    //从内核空间复制消息回用户空间
    if (copy_to_user(buf, message, strlen(message) + 1)) {
        printk("Copy to user space failed.\n");
        return - 4;
    }
```

```
//将发送的消息打印到内核日志中
printk("Message: % s\n", message);
return 0;
}
```

代码框 11 - 4：Hello World 系统调用的定义

在代码框 11 - 4 中，我们使用 SYSCALL_DEFINE4 宏来定义函数，使用 DEFINE4 后缀表示它接受四个参数。

在函数体的开头，我们在内核栈的顶部声明了两个字符数组。与普通进程非常相似，内核进程有一个包含栈的地址空间。完成这一步之后，我们将数据从用户空间复制到内核空间。接下来，我们将一些字符串连接起来创建问候消息。这个字符串仍然在内核内存中。最后，我们将消息复制回用户空间，并使其可供调用进程使用。

如果出现错误，将返回相应的错误号，以便让调用方进程知道系统调用的结果。

为使系统调用生效，下一步工作是再更新一个表。对于 x86 和 x64 架构，只有一个系统调用表，新添加的系统调用应该添加到这个表中，这样这个调用就能对外公开了。

只有在此步骤之后，新添加的系统调用在 x86 和 x64 机器上才可使用。要向表中添加这个系统调用，我们需要添加 hello_word 及其函数名 sys_hello_world。

为此，打开 arch/x86/entry/syscalls/syscall_64. tbl 文件，并在文件末尾添加以下一行：

```
999     64      hello_world      __x64_sys_hello_world
```

代码框 11 - 5：添加新的 Hello World 系统调用到系统调用表

修改后的文件应该是这样的：

```
$ cat arch/x86/entry/syscalls/syscall_64.tbl
...
...
546     x32     preadv2      __x32_compat_sys_preadv64v2
547     x32     pwritev2     __x32_compat_sys_pwritev64v2
999     64      hello_world     __x64_sys_hello_world
$
```

Shell 框 11 - 7：Hello World 系统调用被添加到系统调用表中

注意这个系统调用名称中的前缀 __x64_。它表明这个系统调用只在 x64 系统中公开。

Linux 内核使用 Make 构建系统来编译所有源文件并构建最终的内核映象。接下来，必

须在 hello_world 目录中创建一个 Makefile 文件。它的内容只有一行文字,应该是以下内容:

```
obj- y := sys_hello_world.o
```
代码框 11 - 6:Hello World 系统调用的 Makefile 文件

然后,需要将 hello_world 目录添加到根目录下的主 Makefile 文件中。切换到内核的根目录,打开 Makefile 文件,找到以下一行:

```
core- y + = kernel/certs/mm/fs/ipc/security/crypto/block
```
代码框 11 - 7:在根 Makefile 中需要修改的目标行

添加 hello_world/到这个列表中。所有这些目录都应该作为内核的一部分被构建。

我们需要添加 Hello World 系统调用的目录,以便将其包含在构建过程中,并将其包含在最终的内核映象中。此行修改后如下所示:

```
core- y + = kernel/certs/mm/fs/hello_world/ipc/security/crypto/block
```
代码框 11 - 8:修改后的目标行

下一步是构建内核。

(3) 构建内核

要构建内核,我们必须首先返回内核的根目录,因为在开始构建内核之前,需要提供一个配置。这个配置有一个特性和单元列表,它们应该作为构建过程的一部分被构建出来。

下面的命令尝试基于当前 Linux 内核的配置来实现目标配置。它使用内核中现有的值,并询问你是否确认正在构建的内核中存在更新的配置值。如果存在,只需按下 Enter 键就可以接受所有更新的版本:

```
$ make localmodconfig
...
...
#
# configuration written to .config
#
$
```
Shell 框 11 - 8:基于当前运行的内核创建内核配置

现在可以启动构建过程了。因为 Linux 内核包含了很多源文件，构建可能需要几个小时才能完成。因此，我们需要并行地运行编译。

如果你正在使用虚拟机，请配置你的机器以使用多个内核，这样在构建过程中能有效提升速度：

```
$ make - j4
SYSHDR        arch/x86/include/generated/asm/unistd_32_ia32.h
SYSTBL        arch/x86/include/generated/asm/syscalls_32.h
HOSTCC        scripts/basic/bin2c
SYSHDR        arch/x86/include/generated/asm/unistd_64_x32.h
...
...
UPD           include/generated/compile.h
CC            init/main.o
CC            hello_world/sys_hello_world.o
CC            arch/x86/crypto/crc32c- intel_glue.o
...
...
LD[M]         net/netfilter/x_tables.ko
LD[M]         net/netfilter/xt_tcpudp.ko
LD[M]         net/sched/sch_fq_codel.ko
LD[M]         sound/ac97_bus.ko
LD[M]         sound/core/snd- pcm.ko
LD[M]         sound/core/snd.ko
LD[M]         sound/core/snd- timer.ko
LD[M]         sound/pci/ac97/snd- ac97- codec.ko
LD[M]         sound/pci/snd- intel8x0.ko
LD[M]         sound/soundcore.ko
$
```

Shell 框 11 - 9：内核创建的输出。请注意指示编译 Hello World 系统调用的那一行

注：
需要确保已经安装了本节最开始时介绍的必备包；否则，将出现编译错误。

可以看到，构建过程启动了四个任务，试图并行编译 C 文件。你需要等待它完成。当它完成后，你可以很容易地安装新的内核并重启机器：

```
$ sudo make modules_install install
INSTALL arch/x86/crypto/aes- x86_64.ko
INSTALL arch/x86/crypto/aesni- intel.ko
```

```
INSTALL arch/x86/crypto/crc32- pclmul.ko
INSTALL arch/x86/crypto/crct10dif- pclmul.ko
...
...
run- parts: executing /et/knel/postinst.d/initam- tools 5.3.0+  /boot/vmlinuz
- 5.3.0+
update- iniras: Generating /boot/initrd.img- 5.3.0+
run- parts: executing /etc/keneostinst.d/unattende- urades 5.3.0+  /boot/vm-
linuz- 5.3.0+
...
...
Found initrd image: /boot/initrd.img- 4.15.0- 36- generic
Found linux image: /boot/vmlinuz- 4.15.0- 29- generic
Found initrd image: /boot/initrd.img- 4.15.0- 29- generic
done.
$
```

Shell 框 11－10：创建和安装新的内核映象

可以看到，已经创建并安装了 5.3.0 版本的新内核映象。现在我们准备重新启动系统。如果不知道当前内核的版本，不要忘记在重启之前检查它。在这个例子中，使用的版本是 4.15.0-36-generic。我已经使用以下命令来找出它：

```
$ uname - r
4.15.0- 36- generic
$
```

Shell 框 11－11：检查当前安装的内核版本

使用以下命令重新启动系统：

```
$ sudo reboot
```

Shell 框 11－12：重启系统

当系统启动时，新的内核映象将被获取使用。请注意，引导加载程序不会选择旧的内核；因此，如果使用的内核版本在 5.3 以上，那么就需要手动加载构建的内核映象。该过程可以参考以下链接：https://askubuntu.com/questions/82140/how-can-i-boot-with-an-older-kernel-version。

当操作系统引导完成后，应该运行新内核。检查版本。它必须是这样的：

```
$ uname - r
5.3.0+
$
```

Shell 框 11 - 13：重启后检查内核版本

如果一切进展顺利，新内核应该已经就位。现在，我们可以编写一个 C 程序，调用新添加的 Hello World 系统调用。它将非常类似于例 11.1 中的 write 系统调用。例 11.2 如下所示：

```
//为了使用非 POSIX 的内容，需要如下的预定义
# define _GNU_SOURCE

# include < stdio.h>
# include < unistd.h>

//这不是 POSIX 的一部分！
# include < sys/syscall.h>

int main(int argc, char* *  argv) {
    char str[20] =  "Kam";
    char message[64] =  "";

    //调用 hello world 系统调用
    int ret_val =  syscall(999, str, 4, message, 64);
    if (ret_val <  0) {
        printf("[ERR] Ret val: % d\n", ret_val);
        return 1;
    }
    printf("Message: % s\n", message);
    return 0;
}
```

代码框 11 - 9[ExtremeC_examples_chapter11_2.c]例 11.2 调用新添加的 Hello World 系统调用

可以看到，我们已经用数字 999 激活了系统调用。我们将 Kam 作为输入，并期望收到的问候信息是"Hello Kam!"。程序等待结果，并在内核空间中打印由系统调用填充的消息缓冲区。

下面的代码构建并运行这个例子：

```
$ gcc ExtremeC_examples_chapter11_2.c - o ex11_2.out
$  ./ex11_2.out
Message: Hello Kam!
$
```

Shell 框 11 - 14：编译和运行例 11.2

在运行例 11.2 之后，如果使用 dmesg 命令查看内核日志，可以看到使用 printk 生成的日志：

```
$ dmesg
...
...
[ 112.273783] System call fired!
[ 112.273786] Message: Hello Kam!
$
```

Shell 框 11-15：使用 dmesg 查看 Hello World 系统调用产生的日志

如果使用 strace 运行例 11.2，可以看到它实际上调用了系统调用 999。你可以在以 syscall_0x3e7(...) 为起始的那一行看到它。请注意，0x3e7 为 999 的十六进制值：

```
$ strace ./ex11_2.out
...
...
mprotect(0x557266020000, 4096, PROT_READ) = 0
mprotect(0x7f8dd6d2d000, 4096, PROT_READ) = 0
munmap(0x7f8dd6d26000, 27048) = 0
syscall _ 0x3e7 ( 0x7fffe7d2af30, 0x4, 0x7fffe7d2af50, 0x40，0x7f8dd6b01d80,
0x7fffe7d2b088) = 0
fstat(1,{st_mode= S_IFCHR|0620, st_rdev= makedev(136,0),...})= 0
brk(NULL)              = 0x5572674f2000]
brk(0x557267513000)
...
...
exit_group(0) = ?
+ + + exited with 0 + + +
$
```

Shell 框 11-16：监视例 11.2 所做的系统调用

在 Shell 框 11-16 中，可以看到 syscall_0x3e7 已经被调用，并且返回了 0。如果更改例 11.2 中的代码以传递一个超过 64 字节的名字，就将收到一个错误。让我们改变这个例子并再次运行它：

```
int main(int argc, char* * argv) {
    char name[84] = "A very very long message! It is really hard to produce a big
string!";
    char message[64] = "";
    ...
    return 0;
}
```

代码框 11-10：传递一个长消息（超过 64 字节）到 Hello World 系统调用

让我们再次编译并运行它：

```
$ gcc ExtremeC_examples_chapter11_2.c - o ex11_2.out
$  ./ex11_2.out
[ERR] Retval: - 1
$
```

Shell 框 11 - 17：编译运行修改后的例 11.2

可以看到，系统调用按照我们编写的逻辑返回了-1。使用 strace 运行，也显示系统调用返回-1：

```
$ strace ./ex11_2.out
...
...
munmap(0x7f1a900a5000, 27048) =  0
syscall_0x3e7(0x7ffdf74e10f0, 0x54, 0x7ffdf74e1110, 0x40,
0x7f1a8fe80d80, 0x7ffdf74e1248) = - 1 (errno 1)
fstat(1, {st_mode= S_IFCHR|0620, st_rdev= makedev(136, 0), ...}) = 0
brk(NULL)                = 0x5646802e2000
...
...
exit_group(1) =  ?
+ + + exited with 1 + + +
$
```

Shell 框 11 - 18：监控修改后的例 11.2 所做的系统调用

在下一节中，我们将讨论在设计内核时可以采用的方法。作为讨论的一部分，我们将介绍内核模块并探讨如何在内核开发中使用它们。

11.2 Unix 内核

在本节中，我们将讨论过去 30 年来开发的 Unix 内核的体系结构。在讨论不同类型的内核之前（内核的种类并不多），我们应该知道，关于内核的设计方式并没有被标准化。

我们取得的最佳成果基于多年的经验，它们使我们对 Unix 内核中的内部单元有了一个高层次的了解，得到了如前一章中图 10 - 5 所示的结构图。尽管每种内核与其他内核相比都有些不同，它们的主要共同点是，应该通过系统调用接口来公开其功能。然而，每种内核都有自己处理系统调用的方式。

内核的多样性以及围绕它展开的辩论,使其成为 1990 年代和计算机架构有关的最热门话题之一,大批学者参加了这些辩论——Tanenbaum-Torvalds 辩论被认为是其中最著名的一个。

我们不打算深入讨论这些辩论的细节,但是我们想稍微讨论一下设计 Unix 内核的两种主要架构:**单片**(monolithic)和**微内核**(microkernel)。还有其他一些体系结构,比如**混合内核**(hybrid kernels)、**纳米内核**(nanokernels)和**外内核**(exokernels),它们都有自己特定的用途。

我们将通过对单内核(单片内核)和微内核的比较,来了解它们的特性。

11. 2. 1　单内核与微内核

在上一章中,我们研究了 Unix 体系结构,将内核描述为一个包含许多单元的单个进程。但实际上我们讨论的是一个单内核。

一个单内核由一个内核进程构成,这个内核进程有一个地址空间,在这个进程中包含了多个更小的单元。微内核采取了相反的方法。微内核是一种最小的内核进程,它试图将文件系统、设备驱动程序和进程管理等服务推到用户空间,以便使内核进程更小、更薄。

这两种体系结构各有优缺点,因此,它们一直是操作系统历史上最著名的争论主题之一。这要追溯到 1992 年,就在 Linux 的第一个版本发布之后。**Andrew S. Tanenbaum** 撰写的帖子在 Usenet 上引发了一场辩论。这场辩论被称为 Tanenbaum-Torvalds 辩论。你可以在 https://en. wikipedia. org/wiki/Tanenbaum-Torvalds_debate 上阅读更多内容。

这篇帖子挑起了 Linux 开发者 Linus Torvalds 和 Tanenbaum 以及其他一群狂热者之间的激烈争论战,他们后来成了第一批 Linux 开发人员。在这场论战中,他们争论单内核和微内核的本质,涉及了内核设计的许多不同方面,以及硬件体系结构对内核设计的影响。

关于上述争论和主题的进一步讨论将是冗长而复杂的,也超出了本书的范围,但我们希望比较这两种方法,以便熟悉每种方法的优缺点。

下面列出了单内核和微内核之间的区别:

- 单内核由单个进程组成,它包含内核提供的所有服务。大多数早期的 Unix 内核都按这种方式开发,它被认为是一种古老的方法。微内核与之不同,因为其内核提供的每个服务都有单独的进程。

- 单内核进程位于内核空间,而微内核中的**服务器进程**(server processes)通常位于用户空间。服务器进程是那些提供内核功能的进程,比如内存管理、文件系统等等。微内核的不同之处在于它们让服务器进程处于用户空间中。这意味着这样的操作系统比其他操作系统更像微内核。

- 单内核通常更快。这是因为所有内核服务都是在内核进程内部执行的,但是微内核需要在用户空间和内核空间之间进行**消息传递**(message passing),因此需要更多的系统调用和上下文切换。

- 在单内核中,所有的设备驱动程序都被加载到内核中。因此,由第三方厂商编写的设备驱动程序将作为内核的一部分运行。任何设备驱动程序或内核内任何其他单元的缺陷都可能导致内核崩溃。微内核不是这样的,其所有的设备驱动程序和许多其他单元都在用户空间中运行。我们可以假设这就是为什么单内核没有被用于关键任务项目的原因。

- 在单内核中,注入一小段恶意代码就足以危及整个内核,进而危及整个系统。然而,这在微内核中并不容易发生,因为许多服务器进程都在用户空间中,只有一小部分关键功能集中在内核空间中。

- 在一个单内核中,即使是对内核源代码的简单更改,也需要重新编译整个内核,并生成一个新的内核映象。加载新映像还需要重新启动计算机。但是更改微内核可能只需要重新编译特定的服务器进程,并且在不重新启动系统的情况下就可以加载新功能。在单内核中,使用内核模块可以在一定程度上获得类似的功能。

MINIX 是微内核最著名的例子之一。它由 Andrew S. Tanenbaum 编写,最初是用于操作系统教学而编写的小型操作系统。1991 年,Linus Torvalds 使用 MINIX 作为他的开发环境,为 80386 微处理器编写了自己的内核,称为 Linux。

由于近 30 年来 Linux 一直是单内核最大和最成功的捍卫者,我们将在下一节中更多地讨论 Linux。

11.2.2 Linux

在本章的前一节,当我们为 Linux 内核开发一个新的系统调用时,已经介绍了 Linux 内核。在本节中,我们将更多地关注这样一个事实:Linux 是单内核的,每个内核功能都在其内核中。

但是,应该有一种方法向内核添加新功能,而不需要重新编译。新的功能不能作为新的系统调用添加到内核中,这是因为,添加新的系统调用后,许多基本文件需要更改,这意味着我们需要重新编译内核以获得新的功能。

新的方法是不同的。在这种技术中,内核模块是动态编写并插入到内核中的。我们将在第一部分中讨论这一点,然后继续为 Linux 编写内核模块。

11.2.3　内核模块

单内核通常配备了另一种工具,允许内核开发人员将新功能热插到正在运行的内核中。这些可插入单元称为内核模块。它们与微内核中的服务器进程不同。

微内核中的服务器进程实际上是使用 IPC 技术相互通信的独立进程。而内核模块与之不同,它们是已经编译好的**内核目标文件**(kernel object files),可以动态加载到内核进程中。这些内核目标文件可以作为内核映象的一部分静态构建得到,也可以在内核启动并运行时动态加载。

注意,内核目标文件与 C 开发中生成的普通目标文件是孪生概念。

值得再次注意的是,如果内核模块出现问题或使用不当,会发生**内核崩溃**(kernel crash)。

内核模块通信的方式不同于系统调用,不能通过调用函数或使用给定的 API 来使用它们。一般来说,在 Linux 和一些类似的操作系统中,有三种与内核模块通信的方式:

- **/dev 目录下的设备文件**:开发出来主要供设备驱动程序使用的内核模块,这就是为什么设备最常见与内核模块通信的原因。前一章中已做解释,可以通过位于/dev 目录中的设备文件来访问设备。可以对这些文件进行读写操作,也可以使用它们向模块发送和接收数据。
- **procfs 中的条目**:可以用/proc 目录中的条目来读取特定内核模块的元信息。这些文件还可以用来向内核模块传递元信息或控制命令。我们将在下一节的下一个例子(例11.3)中简要演示 procfs 的用法。
- **sysfs 中的条目**:这是 Linux 中的另一个文件系统,允许脚本和用户来控制用户进程和其他与内核相关的单元,例如内核模块。它可以被看作是 procfs 的一个新版本。

实际上,了解内核模块的最佳方式是编写一个内核模块,这就是我们在下一节将要做的,即为 Linux 编写一个 Hello World 内核模块。注意,内核模块并不局限于 Linux;像

FreeBSD 这样的单内核也受益于内核模块机制。

向 Linux 添加内核模块

在本节中，我们将为 Linux 编写一个新的内核模块。这是 Hello World 内核模块，它在 procfs 中创建一个条目。然后，我们使用这个条目读取问候字符串。

在本节中，你将熟悉内核模块的编写和编译、内核模块加载到内核和从内核中卸载的过程，以及从 procfs 条目中读取数据的方法。这个例子的主要目的就是要亲自动手编写内核模块，从而让自己可以胜任更多的开发工作。

注：

内核模块被编译成内核目标文件后，可以在运行时直接加载到内核中。在加载内核模块对象文件后，只要它没有导致内核崩溃，就不需要重新启动系统。对于卸载内核模块也是如此。

第一步是创建一个目录，该目录应该包含与内核模块相关的所有文件。我们把它命名为 ex11_3，因为这是本章的第三个例子：

```
$ mkdir ex11_3
$ cd ex11_3
$
```
Shell 框 11 - 19：为例 11.3 创建根目录

然后，新建一个名为 hwkm. c 的文件，它是由"Hello World Kernel Module"的首字母组成的缩写，包含以下内容：

```
# include < linux/module.h>
# include < linux/kernel.h>
# include < linux/init.h>
# include < linux/proc_fs.h>

//指向 proc 文件的结构
struct proc_dir_entry * proc_file;

//读的回调函数
ssize_t proc_file_read(struct file * file, char __user * ubuf, size_t count,
loff_t * ppos) {
    int copied = 0;
    if (* ppos > 0) {
        return 0;
    }
```

```
        copied =  sprintf(ubuf, "Hello World From Kernel Module! \n");
        * ppos =  copied;
        return copied;
    }

    static const struct file_operations proc_file_fops =  {
        .owner =  THIS_MODULE,
        .read =  proc_file_read
    };

    //模块的初始化回调
    static int __init hwkm_init(void) {
        proc_file =  proc_create("hwkm", 0, NULL, &proc_file_fops);
        if (! proc_file) {
            return - ENOMEM;
        }
        printk("Hello World module is loaded.\n");
        return 0;
    }

    //模块退出回调
    static void __exit hkwm_exit(void) {
        proc_remove(proc_file);
        printk("Goodbye World! \n");
    }

    //定义模块回调
    module_init(hwkm_init);
    module_exit(hkwm_exit);
```

代码框 11 - 11[ex11_3/hwkm. c]：Hello World 内核模块

通过使用代码框 11 - 11 中的最后两个语句，我们已经注册了模块的初始化和退出回调。这些函数分别在加载和卸载模块时被调用。

初始化回调是要执行的第一个代码。在 hwkm_init 函数中可以看到，它在/proc 目录中创建了一个名为 hwkm 的文件。还有一个退出回调。在 hwkm_exit 函数中，它从/proc 路径中删除了 hwkm 文件。/proc/hwkm 文件是用户空间能够与内核模块通信的连接点。

proc_file_read 函数是读回调函数。当用户空间试图读取/proc/hwkm 文件时，会调用这个函数。很快就会看到，我们使用 cat 实用程序来读取文件。它只是简单地把 Hello World From Kernel Module! 字符串复制到用户空间中。

注意，在这个阶段中，内核模块中编写的代码可以访问内核中的几乎所有内容，它可以向用户空间泄漏任何类型的信息。这是一个重要的安全问题,应该进一步阅读有关内容来了解编写安全内核模块的最佳做法。

我们需要使用适当的编译器来编译上述代码,可能也需要使用适当的库对其进行链接。为了简化工作,我们创建了 Makefile 文件,它将触发必要的构建工具,以构建内核模块。

下面的代码框显示了 Makefile 的内容:

```
obj- m + = hwkm.o
all:
    make - C /lib/modules/$ (shell uname - r)/build M= $ (PWD) modules
clean:
    make - C /lib/modules/$ (shell uname - r)/build M= $ (PWD) clean
```
代码框 11-12:Hello World 内核模块的 Makefile

然后,可以运行 make 命令。下面的 Shell 框演示了这一点:

```
$ make
make - C /lib/modules/54.318.0+ /build M= /home/kamran/extreme_c/
ch11/codes/ex11_3 modules
make[1]: Entering directory '/home/kamran/linux'
  CC [M] /home/kamran/extreme_c/ch11/codes/ex11_3/hwkm.o
  Building modules, stage 2.
  MODPOST 1 modules
WARNING: modpost: missing MODULE_LICENSE() in /home/kamran/
extreme_c/ch11/codes/ex11_3/hwkm.o
see include/linux/module.h for more information
  CC /home/kamran/extreme_c/ch11/codes/ex11_3/hwkm.mod.o
  LD [M] /home/kamran/extreme_c/ch11/codes/ex11_3/hwkm.ko
make[1]: Leaving directory '/home/kamran/linux'
$
```
Shell 框 11-20:构建 Hello World 内核模块

可以看到,编译器编译代码并生成一个目标文件。然后,继续将目标文件与其他库链接以创建一个 .ko 文件。现在,如果查看生成的文件,可以发现一个名为 hwkm.ko 的文件。

注意 .ko 扩展名意味着输出文件是一个内核目标文件。它类似于一个共享库,可以动态地加载到内核中并运行。

请注意,在 Shell 框 11-20 中,构建过程产生了一个警告消息。它表示模块没有与其关联的许可证。强烈推荐在测试和生产环境中开发或部署内核模块时生成许可模块。

下面的 Shell 框显示了构建内核模块后的文件列表：

```
$ ls - l
total 556
- rw- rw- r- - 1 kamran Kamran     154        Oct 19 00:36Makefile
- rw- rw- r- - 1 kamran kamran     0          Oct 19 08:15Module.symvers
- rw- rw- r- - 1 kamran kamran     1104       Oct 19 08:05hwkm.c
- rw- rw- r- - 1 kamran kamran     272280     Oct 19 08:15hwkm.ko
- rw- rw- r- - 1 kamran kamran     596        Oct 19 08:15hwkm.mod.c
- rw- rw- r- - 1 kamran kamran     104488     Oct 19 08:15hwkm.mod.o
- rw- rw- r- - 1 kamran kamran     169272     Oct 19 08:15hwkm.o
- rw- rw- r- - 1 kamran kamran     54         Oct 19 08:15modules.order
$
```

Shell 框 11 - 21:构建 Hello World 内核模块后文件列表

注:

这里使用的模块构建工具来源于 Linux 内核 5.3.0 版本。如果使用低于 3.10 的内核版本来编译这个例子,你可能会得到一个编译错误。

为了加载 hwkm 内核模块,我们在 Linux 中使用 insmod 命令,它只是简单地加载和安装内核模块,就像我们在下面的 Shell 框中所做的那样:

```
$ sudo insmod hwkm.ko
$
```

Shell 框 11 - 22:加载和安装 Hello World 内核模块

现在,如果查看内核日志,可以看到由初始化器(initializer)函数产生的那些行代码。接下来我们只使用 dmesg 命令来查看最新的内核日志:

```
$ dmesg
...
...
[ 7411.519575] Hello World module is loaded.
$
```

Shell 框 11 - 23:安装内核模块后检查内核日志信息

现在,已经加载了模块,并且应该已经创建了/proc/hwkm 文件。我们可以用 cat 命令读取它：

```
$ cat /proc/hwkm
Hello World From Kernel Module!
$ cat /proc /hwkm
Hello World From Kernel Module!
$
```

Shell 框 11 - 24：使用 cat 读取/proc/hwkm 文件

在前面的 Shell 框中可以看到，我们两次读取了该文件，两次都从内核模块返回了相同的 Hello World From Kernel Module! 字符串。注意，字符串是由内核模块复制到用户空间的，而 cat 程序只是将它打印到标准输出。

当卸载模块时，我们可以使用 Linux 中的 rmmod 命令，做法如下：

```
$ sudo rmmod hwkm
$
```

Shell 框 11 - 25：卸载 Hello World 内核模块

现在模块已经被卸载，再次查看内核日志来观察再见消息：

```
$ dmesg
...
...
[ 7411.519575] Hello World module is loaded.
[ 7648.950639] Goodbye World!
$
```

Shell 框 11 - 26：查看卸载内核模块后的内核日志消息

通过前面的示例可以看到，在编写内核代码时，内核模块非常方便。

本章即将结束，我相信，总结一下迄今为止了解到的关于内核模块的特性会很有帮助：

- 无需重启机器就可以加载和卸载内核模块。
- 加载后，它们成为内核的一部分，可以访问内核中的任何单元或结构。这可能被认为是一个漏洞，但是 Linux 内核可以防范安装不需要的模块。
- 对于内核模块，你只需要编译它们的源代码。但是对于系统调用，必须编译整个内核，这动不动就会花费一个小时的时间。

最后，当要开发的代码需要在内核中作为系统调用的后续工作运行时，使用内核模块是很方便的。原本要使用系统调用公开的逻辑,可以首先利用内核模块加载到内核中,在适当地开发和测试之后,该逻辑就可以在真正的系统调用之后进行。

从头开始开发系统调用可能是一项乏味的工作,因为必须无数次重启机器。先按内核模块的方式来编写和测试逻辑,可以减轻内核开发的痛苦。请注意,如果你的代码可能导致内核崩溃,那么它是在内核模块中还是在系统调用后就都不重要了,无论怎样你都必须重新启动机器。

在本节中,我们讨论了各种类型的内核。我们还展示了如何在单内核中使用内核模块,以便通过对其的动态加载和卸载来拥有临时的内核逻辑。

11.3　总结

现在,我们已经花了两章来讨论 Unix。在本章中,我们学习了以下内容:

- 什么是系统调用,它如何提供某些功能。
- 调用系统调用后发生了什么。
- 如何从 C 代码直接调用某个系统调用。
- 如何向现有的类 Unix 内核(Linux)添加一个新的系统调用,以及如何重新编译内核。
- 什么是单内核,以及它与微内核的区别。
- 内核模块如何在单内核中工作,以及如何为 Linux 编写一个新的内核模块。

下一章中我们将讨论 C 标准和 C 的最新版本 C18,你将能够熟悉其中引入的新特性。

12

最新的 C 语言

变革是永恒的主旋律，C 语言也不例外。C 编程语言已成为 ISO 的标准，专家组一直持续对其进行修订，以使其更好并为其带来新的特性。然而，这并不意味着 C 语言一定会变得更容易；相反，随着新内容的增加，C 语言可能会出现新奇而复杂的特征。

在本章中，我们将简要介绍 C11 的特性。你可能知道 C11 已经取代了旧的 C99 标准，且它自己也已经被 C18 标准取代。换句话说，C18 是 C 标准的最新版本，在此之前是 C11。

有趣的是，C18 没有提供任何新特性，只是修复了在 C11 中发现的问题。因此，谈论 C11 和谈论 C18 基本上是一样的，都可以让我们了解最新的 C 标准。有一种观点认为 C 语言早已消亡，其实正相反，我们看到，C 语言正在不断改进……

本章将简要概述以下主题：

- 如何检测 C 版本，如何写一段与各种 C 版本兼容的代码。
- 为编写优化和安全的代码而引入的新特性，如无返回值（no-return）函数和边界检查（bounds-checking）函数。
- 新的数据类型和内存对齐技术。
- 泛型（Type-generic）函数。
- C11 对 Unicode 的支持，这在旧的语言标准中是缺失的。
- 匿名结构和联合。
- C11 对多线程和同步技术的标准支持。

让我们从 C11 及其新特性开始本章。

12.1　C11

为一项已经使用了 30 多年的技术制定新标准并非易事。对于已存在的数百万（如果不是数亿的话）行 C 代码，如果你打算引入新特性，也必须在保持以前的代码或功能不变的情况下进行。新特性不应该给现有的程序带来新问题，而且它们应该是没有 bug 的。虽然这种观点似乎是理想化的，但我们应该致力于此。

下面的 PDF 文档位于开放标准（Open Standards）网站上，包含了 C 社区的人们在塑造 C11 之前的担忧和想法：http://www. open-std. org/JTC1/SC22/wg14/www/docs/n1250. pdf，阅读这篇文档会很有帮助，因为 C 语言已被用于构建数千个软件，而它介绍了为这样一种编程语言编写新标准的经验。

最后，带着这些想法，我们来看看 C11 的发布。当 C11 问世时，它并没有达到理想的状态，实际上存在着一些严重的缺陷。你可以在以下网址看到缺陷列表：http://www. open-std. org/jtc1/sc/wg14/www/docs/n2244. htm，在 C11 发布 7 年后，C18 问世以修复 C11 中的缺陷。请注意，C18 也被非正式地（informally）称为 C17，C17 和 C18 指的都是同一个 C 标准。如果打开前面的链接，你将看到列出的缺陷及它们当前的状态。如果某个缺陷的状态是"C17"，则表明该缺陷在 C18 中得到了解决。这表明：构建一个像 C 语言那样拥有众多用户的标准是一个多么困难和微妙的过程。

在下面的章节中，我们将讨论 C11 的新特性。然而，在讨论它们之前，我们需要确保确实是在编写 C11 代码，并且使用的是兼容的编译器。下一节将解决这个要求。

12.2　寻找被支持的 C 标准版本

在本书写作的时候，C11 已经问世近 8 年了。因此，许多编译器都应该支持该标准，这是意料之中的事，事实也确实如此。gcc 和 clang 等开源编译器都完美地支持 C11，如果需要，它们可以切换回 C99，甚至更旧的 C 版本。本节将展示如何使用特定的宏来检测 C 版本，以及如何根据版本来使用所支持的特性。

当使用一个可以支持不同 C 标准版本的编译器时，首先需要做的是能够识别当前使用的是哪个 C 标准版本。每个 C 标准都定义了一个特殊的宏，用来确定使用的是哪个版本。目前，我们在 Linux 系统中使用 gcc，在 macOS 系统中使用 clang。从 4. 7 版本开始，gcc

将 C11 作为其支持的标准之一。

通过以下例子可以看到,在运行时如何使用已经定义好的宏检测 C 标准的当前版本:

```
# include < stdio.h>

int main(int argc, char* * argv) {
# if __STDC_VERSION__ > = 201710L
    printf("Hello World from C18! \n");
# elif __STDC_VERSION__ > = 201112L
    printf("Hello World from C11! \n");
# elif __STDC_VERSION__ > = 199901L
    printf("Hello World from C99! \n");
# else
    printf("Hello World from C89/C90! \n");
# endif
    return 0;
}
```

代码框 12 - 1[ExtremeC_examples_chapter12_1.c]:检测 C 标准的版本

可以看到,前面的代码可以区分 C 标准的不同版本。为了了解不同的 C 版本会得到怎样不同的打印结果,我们必须依据编译器支持的不同 C 标准版本,多次编译前面的源代码。

为了让编译器使用特定版本的 C 标准,我们必须将-std= CXX 选项传递给 C 编译器。查看以下命令和生成的输出:

```
$ gcc ExtremeC_examples_chapter12_1.c - o ex12_1.out
$ ./ex12_1.out
Hello World from C11!
$ gcc ExtremeC_examples_chapter12_1.c - o ex12_1.out - std= c11
$ ./ex12_1.out
Hello World from C11!
$ gcc ExtremeC_examples_chapter12_1.c - o ex12_1.out - std= c99
$ ./ex12_1.out
Hello World from C99!
$ gcc ExtremeC_examples_chapter12_1.c - o ex12_1.out - std= c90
$ ./ex12_1.out
Hello World from C89/C90!
$ gcc ExtremeC_examples_chapter12_1.c - o ex12_1.out - std= c89
$ ./ex12_1.out
Hello World from C89/C90!
$
```

Shell 框 12 - 1:用不同版本的 C 标准编译例 12.1

从输出可以见到,在较新的编译器中,默认的 C 标准版本是 C11。对于旧版本,如果要启用 C11,必须使用-std 选项指定版本。注意文件开头的注释,我使用了/ ∗ . . . ∗ /注释(多行注释)代替//注释(单行注释)①,这是因为 C99 之前的标准不支持单行注释。因此,为了支持所有 C 版本的编译器都能够编译上述代码,我们不得不使用多行注释。

12. 3 删除 gets 函数

在 C11 中,著名的 gets 函数被删除了。gets 函数受到缓冲区溢出(buffer overflow)攻击的影响,在旧版本中就已经遭到**强烈反对**(deprecated)。后来,C11 标准删除了它。因此,使用 C11 编译器不能编译使用 gets 函数的源代码。

可以使用 fgets 函数代替 gets 函数。以下摘录自 macOS 中 gets 的手册页:

安全性考虑

无法安全地使用 gets( )函数。由于该函数缺乏边界检查,且调用程序无法可靠地确定传入行的长度,使用该函数可以使恶意用户通过缓冲区溢出攻击,任意更改正在运行的程序的功能。强烈建议在所有情况下都使用 fgets( )函数。(参见 FSA.)

12. 4 对 fopen 函数的修改

fopen 函数通常用于打开一个文件并返回该文件的文件描述符。在 Unix 中,文件的概念非常通用,而使用"文件"(file)这个术语,并不一定是指位于文件系统上的文件。fopen 函数有以下形式:

```
FILE* fopen(const char * pathname, const char * mode);
FILE* fdopen(int fd, const char * mode);
FILE* freopen(const char * pathname, const char * mode, FILE*  stream);
```

代码框 12‑2:fopen 函数族的各种签名

可见,上面所有的形式都接受 mode 输入。此输入参数是一个字符串,它决定了打开文件的方式。Shell6 框 12‑2 中关于 fopen 函数说明来自 FreeBSD 手册,它解释了如何使用

---

① 　 译者注:在 Shell 框 12‑1 中,并没有注释。

mode：

Shell 框 12－2：摘自 FreeBSD 的 fopen 手册页

以上 fopen 手册页中的摘录解释了打开方式 x，该方式已经被引入到 C11 中。如果是为了写文件而打开它，应提供 w 或 w＋方式给 fopen 函数。问题是，如果这个文件已经存在，则 w 或 w＋将删节（清空）原文件。

因此，如果程序员想要保留文件当前内容并向文件添加新内容，就必须使用不同的打开方式 a。为此，在调用 fopen 函数之前，他们必须使用诸如 stat 之类的文件系统 API 来检查文件是否存在，然后根据结果选择适当的打开方式。但是现在，有了新的打开方式 x，程序员应首先尝试使用 wx 或 w＋x 打开方式，如果文件已经存在，fopen 调用将会失败。然后程序员就可以继续使用 a 打开方式。

因此，在不使用文件系统 API 检查文件是否存在的情况下，为打开文件而要编写的样板代码更少。从现在开始，fopen 足以以任何需要的方式打开文件。

C11 的另一个变化是引入了 fopen_s API。此函数用作安全的 fopen 函数。根据 https://en. cppreference. com/w/c/io/fopen 提供的文档，fopen_s 对提供的缓冲区及其

边界执行附加的检查,以检测其中的任何缺陷。

12.5　越界检查功能

在处理字符串和字节数组时,C 程序的一个严重问题是,它很容易超出为缓冲区或字节数组定义的边界。

提醒一下,缓冲区是内存中的一个区域,用作字节数组或字符串变量的占位符。超出缓冲区的边界会导致**缓冲区溢出**(buffer overflow),恶意实体可以据此组织攻击(通常称为**缓冲区溢出攻击** buffer overflow attack)。这种类型的攻击要么导致**拒绝服务**(denial of service,DOS),要么导致受攻击的 C 程序被利用(exploitation)。

大多数此类攻击通常始于字符或字节数组的操作函数。由于缺乏防止缓冲区溢出攻击的边界检查机制,string. h 文件中的字符串操作函数,如 strcpy 和 strcat,都是**脆弱**(vulnerable)函数。

但是,C11 引入了一组新的函数。**边界检查**(Bounds-checking)函数借用了字符串操作函数的名称,但在最后带有一个_s。利用后缀_s,这些函数变为了原函数的安全(secure 或 safe)版本,在运行时进行更多的检查以消灭漏洞。strcpy_s 和 strcat_s 这些函数就是 C11 中这样的边界检查函数。

这些函数为输入缓冲区接收一些额外的参数,以限制它们执行危险的操作。例如,strcpy_s 函数的签名如下:

```
errno_t strcpy_s(char * restrict dest, rsize_t destsz, const char * restrict
src);
```

代码框 12 - 3:strcpy_s 函数的签名

可见,第二个参数是 dest 缓冲区的长度。使用它,函数会执行一些运行检查,例如确保 src 字符串小于或等于 dest 缓冲区的大小,以防止写入未分配的内存。

12.6　无返回值函数

函数调用的结束,要么是使用 return 关键字,要么是到达函数块的末尾。但也有一种情况,就是函数调用永远不会结束,这通常是故意设置的。请看代码框 12 - 4 中的例子:

```
void main_loop () {
    while(1){
        ...
    }
}

int main(int argc, char* * argv){
    ...
    main_loop ();
    return 0;
}
```

代码框 12-4:永不返回的函数示例

可见,函数 main_loop 执行程序的主要任务,如果从函数返回,则可以认为程序已经结束。在这种特殊情况下,编译器可以执行更多优化,但它得通过某种方式知道函数 main_loop 从来没有返回。

在 C11 中,可以将函数标记为**无返回函数**(no-return function)。stdnoreturn. h 头文件中的关键字_Noreturn 可以用来指定一个函数永远不退出。因此,代码框 12-4 中的代码依据 C11 标准可以修改如下:

```
_Noreturn void main_loop() {
    while (true) {
        ...
    }
}
```

代码框 12-5:使用_Noreturn 关键字将 main_loop 标记为一个永不结束的函数

还有其他一些函数,比如 exit、quick_exit(最近加入 C11,以快速终止程序),以及 abort,都被认为是无返回函数。此外,知晓无返回函数可以让编译器识别那些意外不会返回的函数调用,并产生适当的警告,因为它们可能是逻辑错误。注意,如果一个标记为_Noreturn 的函数返回了值,那么这种行为是未定义的行为(undefined behavior),强烈不建议这样做。

12.7　泛型宏

在 C11 中,引入了一个新的关键字:_Generic。它可以用来编写宏,这些宏可在编译时进行类型感知。换句话说,这种宏可以根据参数类型更改其值。这通常被称为泛型选择

(generic selection)。代码框 12 - 6 中的代码示例如下：

```
# include < stdio.h>
# define abs(x) _Generic((x), \
                int: absi ,\
                double: absd) (x)
int absi(int a) {
    return a >  0 ? a : - a;
}
double absd (double a) {
    return a >  0 ? a : - a;
}
int main (int argc, char* *  argv) {
    printf ("abs(- 2): % d\n",absi(2));
    printf (" abs(2.5): % f\n",absd(2.5));
    return 0;
}
```

代码框 12 - 6：泛型宏的示例

在宏定义中可以看到，我们根据实参 x 的类型使用了不同的表达式。如果 x 是整数，使用 absi；如果 x 是双精度数据，则使用 absd。这个特性不是在 C11 中首次使用，在旧的 C 编译器中也使用过，但它不是 C 标准的一部分。从 C11 开始，它被纳入了标准，可以使用该语法来编写能对类型感知的宏。

12.8　Unicode

C11 标准中增加的几大特性之一就是支持**统一码**（Unicode）编码，包括 UTF - 8、UTF - 16 和 UTF - 32 等编码方案。C 语言在很长一段时间里都没有这个特性，因此 C 程序员不得不使用 IBM 为 Unicode 开发的**国际组件库**（IBM International Components for Unicode，ICU）等第三方库来满足他们的需求。

在 C11 之前，只有 char 和 unsigned char 类型，它们是 8 比特的变量，用于存储 ASCII 和扩展 ASCII 字符。通过创建这些 ASCII 字符的数组，我们可以创建 ASCII 字符串。

注：

ASCII 标准有 128 个字符，使用 7 个比特存储。扩展 ASCII 是对 ASCII 的扩展，它再增加 128 个字符，总共有 256 个字符。因此，8 比特或者一个字节的变量就足以存储所有字符。在接下来的文本中，我们将只使用术语 ASCII，不区分标准 ASCII 和扩展 ASCII。

注意,编程语言对 ASCII 字符和字符串的支持起到基础作用,C 语言永远不会弃用 ASCII 编码方案。因此,我们可以相信,C 语言将始终支持 ASCII。从 C11 开始,C 语言增加对新字符的支持,因此新的字符串会使用不同的字节数,而不再是每个字符使用一个字节。

更进一步地说,在 ASCII 中,每个字符都使用一个字节来存储。因此,字节和字符可以互换使用,但这在通常情况下不成立。不同的编码方案制定了新的方法,来使用多个字节存储更大范围的字符。

在 ASCII 中,总共有 256 个字符。因此,一个单字节(8 个比特)字符就足以存储所有字符。但是,如果要使用超过 256 个字符,则必须使用多个字节来存储 255 之后的数值。需要一个以上字节来存储值的字符通常称为**宽字符**(wide character)。根据这个定义,ASCII 字符不被视为宽字符。

Unicode 标准引入了多种方法,通过使用多个字节对 ASCII、扩展 ASCII 和宽字符中的所有字符进行编码。这些方法被称为**编码**(encoding)。Unicode 中有三种广为人知的编码:UTF-8、UTF-16 和 UTF-32。UTF-8 使用第一个字节存储标准 ASCII 字符集,然后使用后面的字节存储扩展 ASCII 字符和所有其他宽字符。UTF-8 通常最多使用 4 个字节。因此,UTF-8 被认为是一种可变长度的编码。它使用第一个字节中的某些位来表示需要读取的实际字节数,以保证读取完整的字符。UTF-8 被认为是 ASCII 的超集,因为对于 ASCII 字符(非扩展 ASCII 字符)来说,UTF-8 的表示方式是相同的。

和 UTF-8 一样,UTF-16 使用一个或两个字(word)(每个字占 16 位)来存储所有字符;因此也是一个可变长度的编码。UTF-32 使用确定的 4 个字节来存储所有字符的值,因此是一种固定长度的编码。UTF-8,以及之后的 UTF-16,都适合于那些需要用较少字节来表示更加频繁使用字符的应用场合。

UTF-32 甚至对 ASCII 字符也使用固定的字节数。因此,与其他编码相比,使用这种编码存储字符串会消耗更多的存储空间,但是当使用 UTF-32 编码时,它对计算能力的需求更少。UTF-8 和 UTF-16 可以看作是压缩编码,但是它们需要更多的计算才能返回字符的实际值。

注：

更多关于 UTF-8、UTF-16 和 UTF-32 字符串以及它们解码方式的信息可以在维基百科或其他网址找到,如：

https：//unicodebook. readthedocs. io/unicode_encodings. html

https：//javarevisited. blogspot. com/2015/02/difference-between-utf-8-utf-16-and-utf. html

C11 中支持以上所有的 Unicode 编码。下面的示例 12.3 定义了各种 ASCII、UTF - 8、UTF - 16 和 UTF - 32 字符串,并计算用于存储这些字符串的实际字节数以及在这些字符串中的字符数。我们将分多个步骤展示代码,以便对代码进行额外的解释。以下代码框展示的是所需的包含和声明：

```
# include < stdlib.h>
# include < stdio.h>
# include < string.h>

# ifdef __APPLE__

# include < stdint.h>

typedef uint16_t char16_t;
typedef uint32_t char32_t;

# else
# include < uchar.h>              // char16_t and char32_t 类型需要此头文件
# endif
```

代码框 12 - 7[ExtremeC_examples_chapter12_3. c]：构建例 12.3 所需的包含和声明

前面的代码是例 12.3 所需的 include 语句。可以看到,在 macOS 中没有 uchar. h 头文件,我们必须为 char16_t 和 char32_t 定义新类型。但是,Unicode 字符串的全部功能都受支持。在 Linux 上,C11 中对 Unicode 的支持没有任何问题。

下一部分代码将演示用于计算各种 Unicode 字符串中字节和字符数量的函数。注意,C11 没有提供任何对 Unicode 字符串进行操作的实用工具函数,因此我们必须为它们编写一个新的 strlen 函数。事实上,我们新编的 strlen 函数不仅仅返回字符数,还返回所占用的字节数。这里不描述实现细节,但强烈建议你阅读一下：

```
typedef struct {
    long num_chars;
    long num_bytes;
} unicode_len_t;
```

```
unicode_len_t strlen_ascii(char* str) {
    unicode_len_t res;
    res.num_chars = 0;
    res.num_bytes = 0;
    if (! str) {
        return res;
    }
    res.num_chars = strlen(str) + 1;
    res.num_bytes = strlen(str) + 1;
    return res;
}

unicode_len_t strlen_u8(char* str) {
    unicode_len_t res;
    res.num_chars = 0;
    res.num_bytes = 0;
    if (! str) {
        return res;
    }
    //最后的 null 字符
    res.num_chars = 1;
    res.num_bytes = 1;
    while (* str) {
        if ((* str | 0x7f) == 0x7f) { // 0x7f = 0b01111111
            res.num_chars++;
            res.num_bytes++;
            str++;
        } else if ((* str & 0xc0) == 0xc0) { // 0xc0 = 0b11000000
            res.num_chars++;
            res.num_bytes += 2;
            str += 2;
        } else if ((* str & 0xe0) == 0xe0) { // 0xe0 = 0b11100000
            res.num_chars++;
            res.num_bytes += 3;
            str += 3;
        } else if ((* str & 0xf0) == 0xf0) { // 0xf0 = 0b11110000
            res.num_chars++;
            res.num_bytes += 4;
            str += 4;
        } else {
            fprintf(stderr, "UTF-8 string is not valid! \n");
            exit(1);
        }
    }
    return res;
}
```

```
unicode_len_t strlen_u16(char16_t* str) {
    unicode_len_t res;
    res.num_chars = 0;
    res.num_bytes = 0;
    if (! str) {
        return res;
    }
    // 最后的 null 字符
    res.num_chars = 1;
    res.num_bytes = 2;
    while (* str) {
        if (* str < 0xdc00 || * str > 0xdfff) {
            res.num_chars++ ;
            res.num_bytes += 2;
            str++ ;
        } else {
            res.num_chars++ ;
            res.num_bytes += 4;
            str += 2;
        }
    }
    return res;
}

unicode_len_t strlen_u32(char32_t* str) {
    unicode_len_t res;
    res.num_chars = 0;
    res.num_bytes = 0;
    if (! str) {
        return res;
    }
    //最后的 null 字符
    res.num_chars = 1;
    res.num_bytes = 4;
    while (* str) {
        res.num_chars++ ;
        res.num_bytes += 4;
        str++ ;
    }
    return res;
}
```

代码框 12 - 8[ExtremeC_examples_chapter12_3. c]：例 12.3 中使用的函数的定义

最后一部分是 main 函数，它声明了一些字符数组，分别存储了英语、波斯语和外星文等字符串，来评估前面的函数：

```c
int main(int argc, char* * argv) {

    char ascii_string[32] = "Hello World!";

    char utf8_string[32] = u8"Hello World!";
    char utf8_string_2[32] = u8"درود دنیا!";

    char16_t utf16_string[32] = u"Hello World!";
    char16_t utf16_string_2[32] = u"درود دنیا!";
    char16_t utf16_string_3[32] = u"हिंदी!";

    char32_t utf32_string[32] = U"Hello World!";
    char32_t utf32_string_2[32] = U"درود دنیا!";
    char32_t utf32_string_3[32] = U"हिंदी!";

    unicode_len_t len = strlen_ascii(ascii_string);
    printf("Length of ASCII string:\t\t\t % ld chars, % ld bytes\n\n", len.num_chars, len.num_bytes);

    len = strlen_u8(utf8_string);
    printf("Length of UTF-8 English string:\t\t % ld chars, % ld bytes\n", len.num_chars, len.num_bytes);

    len = strlen_u16(utf16_string);
    printf("Length of UTF-16 english string:\t % ld chars, % ld bytes\n", len.num_chars, len.num_bytes);

    len = strlen_u32(utf32_string);
    printf("Length of UTF-32 english string:\t % ld chars, % ld bytes\n\n", len.num_chars, len.num_bytes);

    len = strlen_u8(utf8_string_2);
    printf("Length of UTF-8 Persian string:\t\t % ld chars, % ld bytes\n", len.num_chars, len.num_bytes);

    len = strlen_u16(utf16_string_2);
    printf("Length of UTF-16 persian string:\t % ld chars, % ld bytes\n", len.num_chars, len.num_bytes);

    len = strlen_u32(utf32_string_2);
    printf("Length of UTF-32 persian string:\t % ld chars, % ld bytes\n\n", len.num_chars, len.num_bytes);

    len = strlen_u16(utf16_string_3);
    printf("Length of UTF-16 alien string:\t\t % ld chars, % ld bytes\n", len.num_chars, len.num_bytes);

    len = strlen_u32(utf32_string_3);
    printf("Length of UTF-32 alien string:\t\t % ld chars, % ld bytes\n", len.num_chars, len.num_bytes);

    return 0;
```

```
        }
```

代码框 12 − 9[ExtremeC_examples_chapter12_3.c]：例 12.3 的主函数

现在，我们来编译前面的例子。注意，该例只能使用 C11 编译器进行编译。你可以尝试使用旧的编译器，并查看产生的错误。下面的命令编译并运行上述程序：

```
$ gcc ExtremeC_examples_chapter12_3.c - std= c11 - o ex12_3.out
$ ./ex12_3.out
Length of ASCII string:              13 chars, 13 bytes

Length of UTF - 8 english string:    13 chars, 13 bytes
Length of UTF - 16 english string:   13 chars, 26 bytes
Length of UTF - 32 english string:   13 chars, 52 bytes

Length of UTF - 8 persian string:    11 chars, 19 bytes
Length of UTF - 16 persian string:   11 chars, 22 bytes
Length of UTF - 32 persian string:   11 chars, 44 bytes

Length of UTF - 16 alien string:     5 chars, 14 bytes
Length of UTF - 32 alien string:     5 chars, 20 bytes
$
```

Shell 框 12 − 3：编译和运行例 12.3

可以看到，不同的编码方式对同一个字符串使用不同的字节数来编码和存储。UTF − 8 使用的字节数最少，特别是当文本中的大量字符是 ASCII 字符时，因为其中大多数字符只使用一个字节。

当我们研究与拉丁字符差异较大的字符时，例如亚洲语言中的字符，UTF − 16 在字符数和所使用的字节数之间有更好的平衡，因为大多数字符最多使用两个字节。

UTF − 32 很少被使用，但是当某些系统中需要采用固定长度的代码打印（code print）字符时，UTF − 32 可以使用。例如，如果系统的计算能力较低，或者受益于一些并行处理过程。因此，在字符到任何类型数据的映射中，UTF − 32 字符的使用是关键。换句话说，它们可以用来建立一些索引，以快速地查找数据。

12.9 匿名结构和匿名联合

匿名结构和匿名联合是没有名称的类型定义，它们通常作为嵌套类型在其他类型中使用。用一个例子来解释比较容易。在代码框 12 − 10 中显示的是一个同时拥有匿名结构和匿名联合的类型：

```
typedef struct {
    union {
        struct {
            int x;
            int y;
        };
        int data[2];
    };
} point_t;
```

代码框 12 - 10:匿名结构和匿名联合的示例

上述类型对匿名结构和数组字段 data 使用同一块内存。下面的代码框展示了如何在实际的例子中使用它:

```
# include < stdio.h>

typedef struct {
    union {
        struct {
            int x;
            int y;
        };
        int data[2];
    };
} point_t;

int main(int argc, char* *  argv) {
    point_t p;
    p.x = 10;
    p.data[1] = - 5;
    printf("Point (% d,% d) using an anonymous structure inside an anonymous u-
nion.\n", p.x, p.y);
    printf("Point (% d,% d) using byte array inside an anonymous union.\n", p.
data[0], p.data[1]);
    return 0;
}
```

代码框 12 - 11[ExtremeC_examples_chapter12_4.c]:使用匿名结构和匿名联合的 main 函数

在这个例子中,我们创建了一个匿名联合,其中有一个匿名结构。因此,存储匿名结构和存储两个元素的整数数组使用相同的内存区域。接下来,是前面程序的输出:

```
$ gcc ExtremeC_examples_chapter12_4.c - std= c11 - o ex12_4.out
$ ./ex12_4.out
Point (10, - 5) using anonymous structure.
```

```
Point (10, - 5) using anonymous byte array.
$
```

Shell 框 12 - 4:编译和运行例 12.4

可见,对两元素整数数组的任何更改都可以在结构变量中看到,反之亦然。

12. 10　多线程

利用 POSIX 线程函数或 pthreads 库,C 语言早已实现对多线程的支持。我们将在第 15 章和第 16 章中详细介绍多线程。

顾名思义,POSIX 线程库仅适用于兼容 POSIX 的系统,如 Linux 和其他类 Unix 系统。因此,如果你使用的是不兼容 POSIX 的操作系统(如 Microsoft Windows),则必须使用该操作系统提供的库。C11 提供了一个标准的线程库,可以在所有使用标准 C 的系统上使用,不管它是否兼容 POSIX。这是我们在 C11 标准中看到的最大变化。

遗憾的是,C11 线程并没有针对 Linux 和 macOS 的实现。因此,在这里我们无法提供示例。

12. 11　了解一下 C18

正如在前几节提到的,C18 标准包含了对 C11 所做的所有修复,但没有引入任何新特性。在下面的链接页面上,可以看到为 C11 创建和跟踪的问题以及围绕这些问题进行的讨论:http://www. open—std. org/jtc1/sc22/wg14/www/docs/n2244. htm。

12. 12　总结

在本章中,我们介绍了 C11、C18 和最新的 C 标准,重点考察了 C11 的各种新特性。支持 Unicode、匿名结构和联合、新标准线程库(尽管在最新的编译器和平台上还不可用)是在现代 C 语言中引入的诸多最重要的特性。我们期待将来能看到更新版本的 C 标准。

从下一章起的六章中,我们将讨论并发性和并发系统背后的理论。这将是一个漫长的过程,在那里我们将介绍多线程和多进程,以实现我们能够编写并发系统的目的。

13

并发

下面两章主要讨论并发（concurrency），以及使用 C 语言或其他语言开发并发程序所需的理论背景。因此，这两章不会包含任何 C 语言代码，而是使用伪代码来表示并发系统及其本质属性。

并发所需篇幅较长，因此我们将其分为两章。本章主要讨论并发的基本概念，然后第 14 章主要讨论并发引起的问题，以及解决这些问题的同步机制。这两章最终目标是提供足够多的理论知识，以便在后续章节中讨论多线程和多进程主题。

本章建立的背景知识在使用 **POSIX 线程库**（POSIX threading library）时也很有用，这个库在本书中一直使用。

通过本章学习，我们将理解：

- 并行系统与并发系统有何不同
- 何时需要并发
- 什么是任务调度器（task scheduler），以及广泛使用的调度算法是什么
- 并发程序是如何运行的，以及什么是交错
- 什么是共享状态，以及各种任务是怎么访问它的

首先介绍并发概念，初步理解它的意义。

13.1　引入并发

并发是指在一个程序中同时执行多条逻辑。现代软件系统通常都是并发的,因为程序需要同时运行各种逻辑。因此,现如今程序或多或少都用到了并发。

可以说,并发是一个非常强大的工具,它可以让程序在同一时刻管理不同的任务,这个功能通常是由操作系统内核提供的。

一个普通程序同时管理多个任务的例子有很多。例如,你可以在下载文件的同时上网冲浪。这时多个任务是在浏览器进程中同时执行的。另一个典型例子是看**视频流**(video streaming)时的场景,比如,你正在 YouKu 上观看一个视频。视频播放器正在播放以前下载好的部分,同时,可能也正在下载后续的视频片段。

即使是简单的文字处理软件也有几个任务在后台并发运行。当我在微软的 Word 上编辑本章文字时,一个拼写检查器和一个格式化器正在后台运行。假设你要在 iPad 的 Kindle 程序上阅读本章,你觉得 Kindle 程序中还可能有哪些程序在同时运行呢?

让多个程序同时运行听起来很神奇,但与大多数技术一样,并发除了优点之外也有一些缺点。实际上,并发带来了计算机科学史上一些最令人头痛的问题! 这些问题(我们将在后面讨论)可能会隐藏很长的时间,甚至在发布后几个月才会显现,而且通常很难发现、复现和解决。

本节开始时,将并发描述为同时执行或者并发执行多个任务。这种描述意味着任务是并行运行的,但严格来说并不是这样。这样的描述过于简单,也不准确,因为并发与并行是不同的(being concurrent is different from being parallel),我们还没有解释两者之间的区别。两个并发程序与两个并行程序是不同的,本章的目标之一就是阐明这些区别,并给出这一领域官方文献所使用的一些定义。

下面的内容将解释一些与并发有关的基本概念,如**任务**(tasks)、**调度**(scheduling)、**交错**(interleavings)、**状态**(state)和**共享状态**(shared state)等,这些都是本书中经常出现的一些术语。值得指出的是,这些概念大多是抽象的,可以应用于任何并发系统,而不仅仅是 C 语言。

为了理解并行和并发之间的区别,这里先简要讨论一下并行系统。

注意,本章坚持使用简单的定义,唯一目的是对并发系统是如何工作的这个问题,给出基本的概念,超出这个范围就超出了这本 C 语言书的范围了。

13.2 并行

并行简单来说就是同时运行两个任务,或者说是并行运行(in parallel)。"并行"这个词是区分并行和并发的关键。为什么这样说呢? 因为并行表明两件事同时发生。其实在并发系统中不是这样的:在并发系统中,首先需要暂停一个任务,然后才能让另一个任务继续执行。注意,对于现代并发系统来说,这个定义可能过于简单和不完整,但它足以给出一个基本的概念。

我们在日常生活中经常遇到并行现象。当你和朋友同时做两个独立的任务时,这些任务就是并行完成的。为了并行执行一些任务,需给每个独立的、隔离的**处理单元**(processing units)分配特定的任务。例如,在计算机系统中,每个 CPU **核心**(CPU core)是一个处理器单元,它可以一次处理一项任务。

假设现在你是这本书的唯一读者,你不能同时读两本书;如果你想读另一本书,那么必须暂停阅读其中一本,然后才能阅读另外一本。然而,如果你把你的朋友也加进来,那么你们就可以同时读两本书。

如果需要阅读第三本书,会发生什么? 由于你们两个人都不能同时读两本书,那么其中一人就需要暂停阅读当前书籍,才能去读第三本。这表明,你和你的朋友需要合理分配时间来读这三本书。

在计算机系统中,必须至少有两个独立的处理单元,才能在该系统上并行执行两个任务。现代的 CPU 内部有多个**核心**(cores),这些核心就是实际的处理单元。例如,一个 4 核 CPU 有 4 个处理单元,因此可以支持 4 个并行任务同时运行。为简单起见,在本章中我们假设虚构的 CPU 内部只有一个核心,因此不能执行并行任务。稍后将在相关章节中讨论多核 CPU。

假设你有两台笔记本电脑都装有虚构的 CPU,其中一台在播放音乐,另一台在求解微分方程。两者都在并行运行中,但如果你想让一台只有单个 CPU(只有一个核心)的笔记本电脑做这两件事情,那么这种情况就**不可能**(cannot)是并行的运行方式,事实上这是并发的运行方式。

并行是指可以并行化的任务。这表明实际的算法可以分割并在多个处理器单元上运行。但是,如今我们编写的大多数算法本质上都是**顺序的**(sequential),而不是并行的。即使在多线程中,每个线程都有一些顺序指令,这些指令不能分解成一些并行的**执行流**(execution flows)。

换句话说,一个顺序的算法不容易被操作系统自动分解成一些并行的执行流,这需要程序员来完成。因此,在拥有多核 CPU 的情况下,仍然需要将每个执行流分配给特定的 CPU 核心,如果给某个核心中分配了一个以上的执行流,同样它们是不能并行运行的,而是会以并发的方式运行。

简而言之,如果将两个执行流分配给了不同的核心,那么最终会形成两个并行的执行流,但如果将它们分配给一个核心,最终就会产生两个并发的执行流。在多核 CPU 中,最常见到的是并行和并发的混合行为,即不同核心之间的并行和同一核心上的并发。

尽管并行的含义很简单,而且有许多日常的例子,但在计算机体系结构中,它是一个复杂而棘手的话题。实际上,它是一个独立于并发的学术课题,有自己的理论、书籍和文献。如何让操作系统将一个顺序的算法分解成一些并行的执行流是一个开放的研究领域,目前的操作系统尚不能做到这一点。

如前所述,本章的目的不是要深入讨论并行,而只是为这个概念提供一个初步的定义。既然对并行的进一步深入讨论超出了本书的范围,我们还是开始讨论并发的概念吧。

首先讨论一下并发系统以及它与并行系统相比真正的含义。

13.3　并发

你可能听说过**多任务**(multitasking),其实并发也是多任务。如果系统同时管理着多个任务,你需要了解,这并不一定表明这些任务是并行运行的。实际情况是,内核中可以有一个**任务调度器**(task scheduler),在不同的任务之间快速切换,并在相当短的时间内执行每个任务的一小部分。

当你只有一个处理器单元时,这种情况是必然会发生的。本节的其余讨论都建立在只有一个处理器单元的假设上。

如果任务调度器足够**快速**(fast)和**公平**(fair),你就不会注意到任务之间的切换(switching),从你的角度看,它们似乎是并行运行的。这就是并发的魔力,也是它被大多数操作系统(包括 Linux、macOS 和 Windows)采用的原因。

并发可以看作是使用单个处理器单元对并行运行方式的模拟。实际上,整个想法可以被认为是一种人工的并行。对于只有单个 CPU 和单个核心的旧系统来说,当人们能够以多任务的方式使用这个单核心时,就是一个巨大的进步。

顺便提一下,Multics 是最早设计用于多任务和管理同步进程的操作系统之一。记得在第 10 章中提过,Unix 就是基于从 Multics 项目中获得的思想而构建的。

如上所述,几乎所有的操作系统都可以通过多任务处理来执行并发任务,特别是兼容 POSIX 标准的操作系统,因为 POSIX 标准中明确公开了这种能力。

13.4 任务调度器单元

前面说过,所有的多任务操作系统都需要在其内核中设置一个**任务调度器**(task scheduler)单元,或者简称为**调度器单元**(scheduler unit)。在本节中,我们将了解任务调度器单元是如何工作的,以及它在并发任务的无缝执行中的作用。

下面介绍一下任务调度器单元:

- 调度器有一个等待执行的任务**队列**(queue)。**任务**(tasks)或**作业**(jobs)只是在不同执行流程中的工作片段。
- 这个队列通常是**划分优先顺序的**(prioritized),高优先级的任务优先启动。
- 处理器单元由任务调度器管理并在所有任务之间共享。当处理器单元空闲时(没有任务在使用它),要使用它,必须由任务调度器从队列中选择一个任务。当任务完成后,任务调度器释放处理器单元,使得它再次可用,然后任务调度器选择另一个任务。这个连续循环被称为**任务调度**(task scheduling),由任务调度器全权负责。
- 有许多**任务调度算法**(scheduling algorithms),但它们都应该满足特定的需求。例如,所有算法都应该是公平的,任何任务都不应该因为长时间没被选中而在队列中饿死。
- 在使用处理器单元时,调度器会根据所选择的**调度策略**(scheduling strategy),或者为任务分配特定的**时间片**(time slice)或**时间量**(time quantum),或者必须等待上一个任务释放处理器单元。
- 如果调度策略是**抢占式的**(preemptive),那么调度器可以从正在运行的任务中强行收回 CPU 核心,以便将其交给下一个任务。这称为**抢占式调度**(preemptive scheduling)。还有一种方案是任务自愿释放 CPU,称为**协作调度**(cooperative scheduling)。

- 抢占式调度算法试图在不同的任务之间平均和公平地分享时间片(time slices)。处理器单元可能会被更频繁地分配给高优先级的任务,或者给它们更长的时间片,这取决于调度器的具体实现。

任务是一个抽象概念,用来表示并发系统(不一定是计算机系统)中完成的任何工作。我们很快就会了解到这些非计算机系统到底是什么。同样,CPU 也不是任务之间可以共享的唯一资源类型。自从人类存在以来,当面临无法同时完成的任务时,我们就一直在安排任务和确定优先次序。接下来的几个段落将举例说明这种情况,以便更好地理解调度。

假设这是在 20 世纪初,街上只有一个电话亭,有 10 个人在等待使用电话。在这种情况下,为了公平地使用这个电话,这 10 个人应该遵循一个调度算法。

首先,他们需要排队。这是在此情况下文明人头脑中的最基本决定——排队等待轮到自己。然而,仅凭这一点是不够的,还需要制定一些规则来支持这种方法。当有另外 9 个人在排队等待时,正在使用电话的第一个人不能随心所欲地长时间打电话,他必须在一定时间后离开电话亭,以便可以轮到排队的其他人。

在极少数情况下,即使前一个人还没打完电话,也必须在一定时间后停止使用电话,离开电话亭,并回到队伍末尾继续排队等待,直到下一次轮到才能继续交谈。这样一来,10 个人循环进入电话亭,直到他们完成谈话。

这只是一个例子。我们每天都会遇到一些消费者之间共享资源的例子,而人类已经发明了许多方法,在人性允许的范围内公平地共享资源! 下一节将回到计算机系统中来考虑调度问题。

13.5 进程和线程

本书主要关注的是计算机系统中的任务调度。在操作系统中,任务要么是**进程**(processes),要么是**线程**(threads)。后续章节将解释它们以及它们之间的区别,但现在,你只需知道,大多数操作系统对待这两者的方式基本一致:即一些需要并发执行的任务。

操作系统需要使用任务调度器,在要使用 CPU 的多个任务(无论是进程还是线程)之间分享 CPU 核心。当创建了一个新的进程或新的线程时,它作为一个新任务进入调度器队列,等待获得 CPU 核心以便开始运行。

在**分时**(time-sharing)或**抢占式调度器**(preemptive scheduler)的情况下,如果不能在一定时间内完成任务,那么 CPU 核心将被任务调度器强行收回,任务再次进入队列,就像电话亭的情况一样。

这种情况下,任务在队列中等待,直到它再次获得 CPU 核心才能继续运行。如果它不能在第二轮中完成其逻辑,则重复同样的过程,直到完成任务。

每当抢占式调度器停止一个正在运行的进程,并将另一个进程置于运行状态时,就表明发生了上下文切换。上下文切换的速度越快,用户就越觉得任务是在并行运行。有趣的是,今天大多数操作系统都使用了抢占式调度器,这将是本章其余部分的重点。

注:
从现在开始,所有的调度器默认都是抢占式的,如果不属于这种情况,我会明确指出。

一个任务从运行到最终完成之前,可能会经历数百甚至数千次的上下文切换。然而,上下文切换有一个非常奇怪和独特的特点——它们是不可**预测**(predictable)的。换句话说,我们无法预测何时、甚至哪条指令会发生上下文切换。即使同一程序在同一平台上连续运行两次,上下文切换的情况也会有所不同。

这一点的重要性,以及它所产生的影响,怎么强调都不为过:上下文切换是无法预测的!后续,通过所给的例子,你将亲自观察到这个问题的后果。

上下文切换是高度不可预测的,因此,处理这种不确定性的最好方法就是:假设在特定指令上出现上下文切换的概率对所有指令都是一样的。换句话说,你应该预计到,所有的指令在任何给定的运行中都有可能经历上下文切换。简单地说,这表明在任意两个相邻指令的执行之间都可能存在间隙。

话虽如此,并发环境中确实还存在有唯一确定性,让我们继续阅读下面的内容。

13.6　依赖约束

上一节明确了,上下文切换是不可预测的;在程序中发生切换的时间也是不确定的。尽管如此,并发执行的指令还是有一些方面是确定的。

来看一个简单的例子,它类似于代码框 13－1 中的任务,其中包括 5 条指令。注意,这些指令是抽象的,它们并不代表任何像 C 指令或机器指令那样的真实指令。

```
Task P {
    1.  num =  5
    2.  num+ +
    3.  num =  num － 2
    4.  x =  10
    5.  num =  num + x
}
```

代码框 13－1:一个只有 5 条指令的简单任务

显然这些指令是有序的,这表明它们必须(must)按照指定的顺序执行,以达到任务目的,我们对此深信不疑。用技术术语来说,在每两条相邻的指令之间有一个依赖的约束条件(happens-before constraint)。指令 num＋＋必须发生在 num＝num－2 之前,而且无论上下文如何切换,这个约束条件都必须满足。

注意,我们仍然不确定何时会发生上下文切换,关键是要记住,它们可能发生在指令之间的任何地方。

下面将介绍该任务执行时两种不同的上下文切换方式:

```
Run 1:
    1.num =  5
    2. num+ +
> > > > >  Context Switch < < < < <
    3. num =  num － 2
    4. x =  10
> > > > >  Context Switch < < < < <
    5. num =  num + x
```

代码框 13－2:上述任务运行时的一种上下文切换方式

而对于第二次运行,它的执行方式如下:

```
Run 2:
   num =  5
   > > Context Switch < <
   num+ +
   num =  num -  2
   > > Context Switch < <
   x =  10
   > > Context Switch < <
   num =  num +  x
```
代码框 13 - 3：另一种可能的上下文切换方式

如代码框 13 - 2 所示，在每次运行中，上下文切换的次数和发生的位置都可能改变。然而，正如之前所述，应该遵循某些依赖约束规则。

这就是特定任务能够有整体确定性行为的原因。无论上下文在不同的运行中如何切换，任务的**整体状态**（overall state）都是相同的。任务的整体状态是指在执行该任务中的最后一条指令之后的一组变量及其对应的值。例如，无论上下文如何切换，上述任务的最终状态总是，变量 num 的值为 14，变量 x 的值为 10。

了解到单个任务的整体状态不会在不同次运行中发生变化，我们可能很容易得出这样的结论：由于必须遵循执行顺序和依赖约束，并发不能影响任务的整体状态。然而，我们应该谨慎对待这个结论。

假设我们有一个并发任务系统，所有任务都对**共享资源**（shared resource）（比如某个变量）有读/写权限。如果所有的任务都只读取这个共享变量，而没有任何一个任务要写入它（改变它的值），可以说无论上下文如何切换、运行多少次任务，得到的结果总是相同的。注意，对于没有共享变量的并发任务系统也是如此。

但是，只要有一个任务要写入共享变量，那么任务调度器单元施加的上下文切换将影响所有任务的整体状态。这意味着，不同的运行过程产生的结果可能并不相同！因此，需要采用适当的控制机制来避免任何不必要的结果。这都是由于上下文切换无法预测导致的，而且不同次的运行中，任务的**中间状态**（intermediate states）是有所变化的。中间状态是相对于整体状态而言的，中间状态是一组变量以及它们在某一指令下的值。每个任务只有一个整体状态，这个状态在它完成时才能确定，但它还有许多中间状态，对应于执行某个指令后的变量和它们的值。

综上所述，如果一个并发系统包含多个具有共享资源的任务，并且其共享资源可以被其中任何一个任务写入,那么系统的不同运行将产生不同的结果。因此,需要使用适当的同步(synchronization)方法来消除上下文切换的影响,使不同次运行能获得相同的确定性结果。

并发是本章的主题,现在我们对并发已经有了一些基本概念。这里解释的概念将是理解后续许多主题的基础,在接下来的章节中会反复听到它们。

你应该还记得,我们也说过并发有可能带来问题,反而会让事情变得更加复杂。所以,你可能会问,我们什么时候需要它?下一节将回答这个问题。

13.7　何时使用并发

根据我们目前给出的解释,似乎利用单个任务来做一件事,比多个任务并发做同一件事情带来的问题要小,事实确实是这样。如果你能编写一个运行良好而不引入并发的程序,那强烈建议你这样做。有一些通用模式可以帮助我们了解何时必须使用并发。

本节将介绍这些通用模式,以及如何使用它们将程序拆分为并发流。

无论使用何种编程语言,一个程序都只是一组应按顺序执行的指令。换句话说,只有给定指令的前一条指令执行之后,该指令才会执行。我们把这个概念称为**顺序执行**(sequential execution.)。当前指令需要多长时间完成并不重要,下一条指令必须等到当前指令完成后才能执行。通常说,当前指令**阻塞了**(blocking)下一条指令,当前指令称为**阻塞指令**(blocking instruction)。

在每个程序中,所有的指令都是阻塞的,在每个执行流中,执行流都是顺序的。如果每条指令阻塞下一条指令的时间相对较短,以几毫秒计算,那么我们只能说程序运行得很快。然而,如果一条阻塞指令花费了太多的时间(例如 2 秒或 2000 毫秒),或者它所花费的时间无法确定,会发生什么呢?这两种模式都告诉我们需要有一个并发的程序。

进一步来说,每执行完一条阻塞指令都会消耗一定的时间。对我们来说,最好的情况是,一条给定的指令只需要相对较短的时间就能完成,之后可以立即执行下一条指令。然而,我们并不总是那么幸运。

在某些情况下,我们无法确定一条阻塞指令完成的时间。这通常发生在阻塞指令在等待某个事件发生或者某些数据可用的时候。

举例来说,假设一个服务器程序正在为一些客户端程序提供服务。在服务器程序中有一条指令,等待客户端发起连接。从服务器程序的角度来看,无法确定何时会有一个新的客户端连过来。因此,服务器端不能执行下一条指令,因为无法确定何时会完成当前这条指令。这完全取决于新客户尝试连接的时间。

一个更简单的例子是,当程序需要从用户那里读取字符串,从程序的角度来看,没有谁能够确定用户何时会输入,因此,无法执行下一条指令。这就是需要任务并发系统的**第一个模式**(first pattern)。

那么,并发的第一种模式是:当一条指令以不确定的时间阻塞执行流时,你需要把现有的执行流分成两个独立的执行流或任务。如果你需要执行后面的指令,而又不能等待当前指令先完成,你就可以这样做。更重要的是,在这种情况下,我们假设后面的指令不依赖于当前指令的执行结果。

通过将上述执行流拆分成两个并发任务,其中一个任务在等待阻塞指令完成,另一个任务可以继续执行在非并发设置中被阻塞的指令。

下面将通过举例重点讨论第一种模式形成的并发任务系统。我们使用伪代码来表示每个任务中的指令。

注:
理解下面的例子不需要计算机网络的先验知识。

接下来要关注的例子是关于服务器程序的,它有三个目标:

- 它从客户端读取两个数字,计算二者的和,并将结果返回给客户端。
- 它定期将已服务的客户数量写入文件,而不管是否有客户正在接受服务。
- 它还必须能够同时为多个客户提供服务。

在讨论最终满足前面目标的并发系统之前,让我们首先假设本例中只使用一个任务(或流程),然后再证明单个任务不能完成上述所有目标。代码框 13-4 中是单任务模式下的服务器程序的伪代码。

```
Calculator Server {
    Task T1 {
        1. N = 0
```

```
2. Prepare Server
3. Do Forever {
4.      Wait for a client C
5.      N = N + 1
6.      Read the first number from C and store it in X
7.      Read the second number from C and store it in Y
8.      Z = X + Y
9.      Write Z to C
10.     Close the connection to C
11.     Write N to file
        }
    }
}
```

代码框 13-4:使用单任务模式运行的服务器程序

显然,单执行流等待网络上的客户端连接。然后,它从客户端读取两个数字,计算它们的和并将结果返回给客户端。最后,它关闭客户端连接,将已服务的客户数量写入一个文件,并继续等待下一个客户端的连接。很快,我们就会发现上述代码不能完全满足前面提到的三个目标。

这个伪代码只包含一个任务 T1,它有 12 行指令。之前说过,它们是按顺序执行且所有指令都是阻塞的。那么,这段代码到底展示了什么? 让我们来看看:

- 第一条指令,N=0,很简单,很快就完成了。
- 第二条指令"Prepare Server"(服务器初始化)预计将在一个合理的时间内完成,它不会阻塞服务器程序的执行。
- 第三条指令只是开始主循环,当进入循环时,它就执行完毕了。
- 第四条指令,"Wait for a client C"(等待客户 C 连接)是一条阻塞指令,其完成时间未知。因此,第 5、6 和其他的指令将不会执行,它们必须等待新客户连接之后才能继续执行。

如前所述,指令 5 到 10 必须等待新客户端。换句话说,这些指令依赖于指令 4 的输出,如果没有客户端连接,它们就不能执行。然而,无论是否有客户,指令 11(把 N 写到文件)都必须执行。这是由本例的第二个目标决定的。根据上述设定,只有在有客户的情况下才会把 N 写到文件,这与我们最初的要求相悖,即无论是否有客户,都要把 N 写到文件。

上述代码在指令流方面还有另一个问题:指令 6 和 7 都有可能阻塞执行流。这些指令等待客户输入两个数字,这取决于客户何时输入,因此我们无法准确预测这些指令何时完成。这将阻塞程序继续执行。

不止如此,这些指令有可能阻塞程序接受新的客户。这是因为,如果要花很长时间来完成指令 6 和 7,那么执行的流程就不会再到达指令 4。因此,服务器程序不能同时为多个客户提供服务,这同样不符合我们定义的目标。

为了解决上述问题,需要将单个任务分解成三个并发任务,它们共同满足我们对服务器程序的要求。

在代码框 13-5 的伪代码中,有三个执行流程,T1、T2 和 T3,它们满足基于并发解决方案定义的目标:

```
Calculator Server {
    Shared Variable: N

    Task T1 {
        1. N =  0
        2. Prepare Server
        3. Spawn task T2
        4. Do Forever {
        5.     Write N to file
        6.     Wait for 30 seconds
           }
    }
    Task T2 {
        1. Do Forever {
        2.     Wait for a client C
        3.     N =  N +  1
        4.     Spawn task T3 for C
           }
    }
    Task T3 {
        1. Read first number from C and store it in X
        2. Read first number from C and store it in Y
        3. Z =  X +  Y
        4. Write Z to C
        5. Close the connection to C
       }
    }
}
```

代码框 13-5:使用三个并发任务运行的服务器程序

程序从执行任务 T1 开始。T1 是程序的主任务,因为它是第一个执行的任务。注意,每个程序至少有一个任务,所有其他任务都由这个任务直接或间接启动。

在上述代码框中,主任务 T1 启动了两个其他任务。还有一个共享变量 N,它存储了服务客户的数量,所有的任务都可以访问(读或写)它。

程序从任务 T1 的第一条指令开始运行,首先将变量 N 初始化为零。然后第二条指令为服务器初始化。本指令执行一些初始化操作,以使服务器程序能够接受传入的连接。注意,到目前为止,还没有任何其他任务与 T1 并发运行。

任务 T1 的第三条指令创建了一个任务 T2 的新**实例**(instance)。新任务通常创建的很快,不需要花费太多时间。因此,任务 T1 在创建任务 T2 后立即进入无限循环,然后每过 30 秒将共享变量 N 的值写入文件中。这是我们为服务器程序定义的第一个目标,现在已经实现。如果没有任何其他指令的干扰或阻碍,任务 T1 会定期将 N 的值写入文件,直到程序结束。

让我们来谈谈创建的任务。任务 T2 的唯一职责是在客户发送连接请求后立即接受客户。值得一提的是,任务 T2 中的所有指令都是在一个无限循环内运行的。任务 T2 中的第二条指令是等待新的客户,它在此处阻塞了任务 T2 中其他指令的执行,但阻塞指令的作用范围仅限于任务 T2 中。注意,如果我们生成了两个任务 T2 的实例,那么其中一个实例中的指令阻塞并不会阻塞另一个实例中的指令。

其他并发任务(本例中只有 T1)继续无阻塞的执行后续指令。这就是并发所带来的好处:当一些任务因为某个事件而被阻塞时,其他任务可以不受任何干扰的继续工作。正如之前所述,这有一个非常重要的核心设计原则:**如果一个阻塞操作完成时间未知或需要很长时间才能完成,那么需要把这个任务分成两个并发的任务。**

现在,假设有一个新客户连接。在服务器程序的非并发版本中(代码框 13 - 4),读操作可能会阻塞对新客户的连接。根据上述设计原则,由于读指令是阻塞的,我们需要将此任务分成两个并发任务,这就是引入任务 T3 的原因。

每当有新的客户连接,任务 T2 就会产生一个新的任务 T3 实例,用于和新连接的客户通信。这是由任务 T2 中的指令 4 完成的,指令如下:

```
4. Spawn task T3 for C
```

代码框 13 - 6:任务 T2 中的指令 4

注意,在创建一个新任务之前,任务 T2 会将变量 N 的值加 1,表明有新的客户连接。同样,创建任务的指令执行相当快,并不会阻碍接受新的客户。

在任务 T2 中,当指令 4 完成后,循环继续执行,它会回到指令 2 等待另一个客户的连接。注意,虽然伪代码中只有一个任务 T1 实例和一个任务 T2 实例,但我们可以为每个客户都创建多个任务 T3 实例。

任务 T3 唯一的任务就是与客户通信并读取输入的数字,然后计算所有数字之和,并将其发回给客户端。如上所述,任务 T3 内部的阻塞指令不能阻塞其他任务,其阻塞行为仅限于 T3 的同一实例。某一 T3 任务实例中的阻塞指令也不能阻塞另一 T3 任务实例的指令。因此,服务器程序就能以并发的方式满足我们所有的预期目标。

那下一个问题就是:任务何时完成? 通常,当一个任务内所有指令都执行完,该任务就结束了。也就是说,当我们用一个无限循环包裹任务内的所有指令时,这个任务就不会结束,它的生存周期取决于创建它的父任务(parent task)。我们将在后续有关进程和线程的章节中再具体讨论这个问题。就本例而言,在上述并发程序中,任务 T2 实例是所有 T3 实例的父任务。可见,任务 T3 的实例在执行两条阻塞读指令并关闭与客户端的连接时,或在任务 T2 的唯一实例完成时,都会结束。

一个极端的情况是,如果所有的读取操作都需要太多时间来完成(有意或无意地),而且接入的客户数量迅速增加,那么就会有一个时刻运行了太多的任务 T3 实例,而且所有的实例都在等待客户输入数字。这种情况会消耗大量系统资源。一段时间后,随着越来越多的输入连接,要么服务器程序被操作系统终止,要么它根本无法再为任何客户提供服务。

无论发生了上述哪种情况,服务器程序都会停止为客户提供服务。这种情况称为**拒绝服务**(denial of service,DoS)。应合理设计并发任务系统来克服这些极端情况。

注:

当受到 DoS 攻击时,服务器上的资源会发生拥塞,从而使其停机并无法响应。DoS 攻击属于一种阻止用户使用某种服务的网络攻击。它们涵盖的范围很广,包括意图瘫痪服务的**漏洞利用**(exploits),甚至包括消耗网络带宽的网络洪泛(flooding)。

以上服务器程序的例子描述了一种情况,即存在一个无法确定完成时间的阻塞指令,这就是使用并发的第一个模式。还有一种模式与这个相似,但略有不同。

新模式为:如果一条指令或一组指令需要太多的时间来完成,那么我们可以把它们放在一个单独的任务中,并在运行主任务的同时并发地运行新任务。这与第一种模式不同,因为我们对完成时间有一个估计,尽管不是很准确,但我们确实知道它不会很快。

需特别注意上面例子中的共享变量 N,任务 T2 的实例可以改变它的值。根据本章讨论,这个并发任务系统很容易出现并发问题,因为它有一个可被任务修改的共享变量。

注意,我们为服务器程序提出的解决方案远非完美。下一章将介绍并发引起的问题,从中可以了解到上述例子在共享变量 N 上存在严重的**数据竞争**(data race)问题,因此,需要采用适当的控制机制来解决并发造成的问题。

本章最后一节讨论并发任务之间的共享**状态**(states),以及**交错**(interleaving)的概念及其对可修改共享状态并发系统的重要影响。

13.8　共享状态

上一节讨论了需要并发任务系统的模式。在此之前,我们还简要解释了,在一些并发任务的执行过程中,上下文切换模式的不确定性,以及具有可修改的共享状态,会导致所有任务的整体状态发生不确定性。本节用一个例子来证明这种不确定性在一个简单的程序中是如何产生问题的。

本节我们将继续讨论和引入**共享状态**(shared states),看看它们是如何导致不确定性的。作为一个程序员,"**状态**"(state)这个词会让你想起一组变量和它们在特定时间的对应值。因此,当谈论一个任务的**整体状态**(overall state,第 1 节①中定义的)时,指的是在任务的最后一条指令执行后,所有非共享变量集合及它们的值。

同样,一个任务的**中间状态**(intermediate state)是指执行某条指令后,所有非共享变量及其值。因此,在一个任务中,每条指令都对应一个中间状态,中间状态的数量等于指令的数量。根据定义,最后的中间状态等同于任务的整体状态。

共享状态也是一组变量及其在特定时间的值,它可以被并发任务读取或修改。共享状态不属于单独某个任务(对任务来说,它不是局部的),它可以被系统中运行的任何任务在任何时候读取或修改。

通常,我们对那些只读的共享状态不感兴趣。它们通常可以安全地被多个并发任务读

---

① 在第 6 节中定义了"整体状态"。

取,而且不会产生任何问题。然而,如果不仔细保护可修改的共享状态,通常会产生一些严重的问题。因此,我们认为本节涉及的共享状态都至少可以被一个任务修改。

思考这个问题:如果一个共享状态被系统中的某个并发任务修改了,会出什么问题? 为了回答这个问题,我们先举个例子:系统中的两个并发任务共同访问一个共享变量(一个简单的整型变量)。

假设系统如代码框 13 - 7 所示:

```
Concurrent System {
    Shared State {
        X : Integer =  0
    }
    Task P {
        A : Integer
           1. A =  X
           2. A =  A +  1
           3. X =  A
           4. print X
    }
    Task Q {
        B : Integer
           1. B =  X
           2. B =  B +  2
           3. X =  B
           4. print X
    }
}
```

代码框 13 - 7:包含两个并发任务的系统,具有可修改的共享状态

假设上述系统中的任务 P 和 Q 没有并发运行,那么它们就变成了顺序执行。如果 P 先运行,然后 Q 再运行,那么不管任何单个任务的整体状态如何,整个系统的整体状态将是共享变量 X 的值为 3。

如果以相反的顺序运行系统,即先执行 Q 中的指令,再执行 P 中的指令,得到的整体状态是相同的。然而,情况通常不是这样的,以相反的顺序运行两个不同的任务可能会导致不同的整体状态。

显然,顺序运行这些任务会产生一个确定性的结果,而不用担心上下文切换。

现在,假设它们在一个 CPU 核心上并发运行。考虑在不同指令上可能发生的各种上下文切换,P 和 Q 的指令执行情况可能有很多种。下面是一种可能的执行情况:

Task P	Task Scheduler	Task Q
	Context Switch	
		B = X
	Context Switch	
		B = B + 2
A = X		
	Context Switch	
		X = B
	Context Switch	
A = A + 1		
X = A		
	Context Switch	
		print X
	Context Switch	
print X		
	Context Switch	

代码框 13-8:并发运行任务 P 和 Q 时可能的交错方式

上下文切换可能发生在任何指令之间,上述情况只是多种可能的场景之一。每种情况都称为一个**交错**(interleaving)。因此,对于一个并发任务系统来说,根据上下文切换发生的地方不同,有许多可能的交错,且每次运行,只会发生一种交错。因此,这就使得它们是不可预测的。

在上面交错中,从第一列和最后一列可以看到,指令的顺序和依赖约束都被保留了下来,但是指令执行之间可能有**空隙**(gaps)。这些空隙是不可预测的,当我们追踪执行时,上述交错导致了一个令人惊讶的结果:任务 P 打印值 1,任务 Q 打印值 2,然而我们期望的是这两个进程最终都应该打印 3。

注意,上述例子对最终结果的约束条件应该是这样的:程序打印两个3。此约束也可以是独立于程序可见的输出。不仅如此,还存在其他的关键约束,这些约束在不可预测的上下文切换时应该保持**不变**(invariant),其中包括没有任何**数据竞争**(data race)或**竞态条件**(race condition),完全没有内存泄漏,甚至不崩溃。这些约束都比程序的可见输出重要得多。在许多实际应用中,程序甚至根本没有输出。

下面的代码框13-9是另一个具有不同结果的交错:

Task P	Task Scheduler	Task Q
	Context Switch	B = X
		B = B + 2
	Context Switch	X = B
A = X		
A = A + 1		
	Context Switch	
		print X
	Context Switch	
X = A		
print X		
	Context Switch	

代码框13-9:并发任务P和Q时另一种可能的交错方式

在这个交错中,任务P打印了3,但任务Q打印了2。这是因为任务P不够幸运,没能在第三次上下文切换之前更新共享变量X的值。因此,任务Q仅仅打印了X在那一刻的值,也就是2。这种情况称为对变量X的**数据竞争**(data race),后续章节将进一步解释。

真正的C语言程序通常会写X++或X=X+1,而不是先将X复制到A中,然后将A递增,最后再放回X中。在第15章中,会讨论一个相关的例子。

这表明,在C语言中,一个简单的X++语句由三条较小的指令组成,它们不会在一个时间片中执行。换句话说,X++语句不是一个**原子指令**(atomic instruction),而是由三个较小的原子指令组成的。一个原子指令不能被分解成更小的操作,也不能被上下文切换所打断。我们将在后续关于多线程的章节中看到更多与之相关的内容。

关于上述例子,还有一件事需要考虑,就是任务 P 和 Q 并不是系统中唯一正在运行的任务,还有其他任务与任务 P 和 Q 同时执行,但我们在分析中没有考虑它们,只讨论这两个任务。这是为什么呢?

这个问题的答案依赖于这样一个事实,即这两个任务中的任何一个与系统中的其他任务之间的不同交错都不可能改变任务 P 或 Q 的中间状态。换句话说,其他任务与 P 和 Q 没有共享状态。如上所述,当任务之间没有共享资源时,交错就无关紧要了,正如本例中的情况。因此可以假定,这个系统除了 P 和 Q 之外,没有其他任务。

其他任务对 P 和 Q 的唯一影响是,如果有太多的任务,它们会使 P 或 Q 的两个连续指令之间有很长的空隙,使得 P 和 Q 的执行速度变慢。也就是说,CPU 核心需要被更多的任务分享。因此,任务 P 和 Q 需要比正常情况下更频繁地在队列中等待,执行有延迟。

通过这个例子可以看到,即使只有两个并发任务,只要存在一个共享状态就会导致整体结果缺乏确定性。前面已经展示了不确定性相关的问题:我们不希望程序每次运行产生不同的结果。这个例子的任务相对简单,只包含四条简单指令,但在生产环境中真正的并发应用要比这复杂得多。

不仅如此,还有各种不一定驻留在内存中的共享资源,例如网络上的文件或服务等。

同样,试图访问共享资源的任务数量可能会很高,因此需要更深入地研究并发问题,并找出保证确定性的机制。下一章将继续讨论并发问题和解决这些问题的方法。

本章结束之前,让我们简单谈谈任务调度器以及它是如何工作的。如果只有一个 CPU 核心,那么任何时候,只能有一个任务可以使用该 CPU 核心。

我们也知道,任务调度器本身是一个程序,需要 CPU 核心的时间片来执行。那么,当另一个任务正在使用 CPU 核心时,它是如何管理不同的任务,以使用 CPU 核心呢?假设任务调度器本身正在使用 CPU 核心。首先,它从队列中选择一个任务,然后设置一个定时器,以触发**定时器中断**(timer interrupt),然后将 CPU 核心和资源交给被选中的任务。

现在假设任务调度器会给每个任务固定的执行时间,超过这个时间,中断就会触发,CPU 核心会停止执行当前任务,并立即将任务调度器加载回 CPU 中。此时,调度器储存上一个任务的最后状态,并从队列中加载下一个任务。所有这些工作可以一直工作到内核启动并运行时结束。如果一台主机拥有多个 CPU 核心,那么情况可能有所变化,内核可以使用多个核心调度任务。

本节简单地介绍了共享状态的概念以及共享状态在并发系统中工作的方式。下一章将继续讨论并发问题和同步技术。

13.9　总结

本章回顾了并发的基础知识,以及相关的基本概念和术语,为后续将要讨论的多线程和多进程主题打好基础。

具体讨论内容如下:

- 定义了并发和并行——实际上,每个并行任务需要有自己的处理器单元,而并发任务可以共享一个处理器。
- 并发任务使用单个处理器单元,而任务调度器用于管理处理器时间,并在不同的任务之间调度。这将导致任务之间大量的上下文切换和不同的交错。
- 介绍了阻塞指令,还解释了何时需要并发模式,以及将一个任务分成两个或三个并发任务的方式。
- 描述了共享状态,还展示了当多个任务试图读写同一个共享状态时,所导致的严重的并发问题(如数据竞争)。

下一章将完成并发主题的讨论,并将解释在并发环境中会遇到的几类问题,以及相应的解决方案。

14

同步

上一章我们了解了并发的基本概念和广泛使用的术语。本章将重点讨论在程序中使用并发时可能出现的问题。与上一章类似,我们不会处理任何 C 源代码;相反,我们将只关注与并发问题有关的概念和理论背景,并解决这些问题。

本章主要包括以下内容:

- **并发相关的问题,即竞态条件和数据竞争**:我们将讨论在多个任务之间共享状态的影响,以及同时访问共享变量会如何导致并发问题出现。
- **用来同步访问共享状态的并发控制技术**:我们将主要从理论的角度来谈论这些技术,并解释可以采取哪些方法来解决并发有关的问题。
- **POSIX 中的并发**:本章将讨论 POSIX 规范开发并发程序的方式。我们将简要地解释和比较多线程和多进程程序。

第一节将进一步讨论并发环境的不确定性会如何导致并发问题。我们还将谈论如何对这类问题进行分类。

14.1 并发问题

在上一章中,我们看到当某些并发任务能够修改共享状态的值时,被修改共享状态可能会导致问题。进一步探讨这个问题,我们可能会问,到底会发生什么样的问题? 问题出现的主要原因是什么? 我们将在本节中回答这些问题。

首先需要区分不同类型的并发问题。有些并发问题只在没有并发控制机制的情况下存在，有些则是使用并发控制技术后引入的。对于第一类问题，它们发生在由不同交错导致不同的**整体状态**（overall states）时。一旦发现这些问题，下一步当然是考虑一个合适的修复方法来解决上述问题。

对于第二类问题，它们只在修复并发问题后出现。这表明当你修复一个并发问题时，可能会引入一个新的问题，其性质完全不同，根源也不同，这就是使并发程序难以处理的原因。

例如，假设你有许多任务，它们都对同一个共享数据源具有读/写权限。在多次运行这些任务后，你会发现为不同任务编写的算法并没有发挥它们应有的作用。这将导致意外的崩溃或随机发生逻辑错误。由于崩溃和错误结果是随机发生的，难以预测，你可以合理地推测，这可能就是并发问题。

你开始一遍又一遍的分析算法，最后找到了问题所在：在共享数据源上存在着**数据竞争**（data race）。现在你需要想出一个解决方案，试图控制对共享数据源的访问。在实现了一个解决方案之后，再次运行系统，可意外地发现，有时一些任务永远没有机会访问数据源。从技术上说，这些任务**饿死**（starved）了。这个新问题与第一个问题的性质完全不同，这是由于你的改变而引入的新问题。

因此，现在有两类不同的并发问题：

- 并发系统中没有控制（同步）机制时出现的问题。称为**内在并发问题**（intrinsic concurrency issues）。
- 试图解决第一类问题时出现的问题。称为**后同步问题**（post-synchronization issues）。

第一类问题被称为**内在**（intrinsic）并发问题的原因是由于这些问题在所有并发系统中都是存在的。此类问题是无法避免的，必须使用控制机制来处理它们。在某种程度上，它们可以看作是并发系统的一种属性，而不是问题。尽管如此，我们还是把它们当作问题，因为它们的不确定性本质干扰了我们开发确定性程序的能力。

第二类问题只发生在你误用控制机制的时候。注意，控制机制本身没有问题，而且确实可以为我们的程序带来确定性。然而，如果以错误的方式使用它们，则会引入二次并发问题。这些二次问题（或者说后并发问题）是程序员引入的新错误，而不是并发系统的内在属性。下面将介绍这两组的问题。首先从内在问题开始，然后讨论并发环境中存在这些内在问题背后的原因。

14.2　内在并发问题

每个多任务并发系统都可以有许多可能的交错,这是系统的一个内在属性。从我们目前所学到的知识来看,这个属性具有不确定性本质,它导致不同任务的指令在每次运行中以混乱的顺序执行,同时仍然满足依赖约束(happens-before constraints)。注意,这一点在上一章已经解释过了。

交错本身并没有什么问题,它是一个并发系统的内在属性。但是在某些情况下,这个特性不满足一些本应遵循的约束条件。这时就产生了交错问题。

在一些任务并发执行的情况下,可能出现许多交错。然而,只有当系统的一个本应满足的约束条件恰好被另一个运行的交错改变时,才会出现问题。因此,我们的目标是采用一些控制机制(有时称为**同步机制**,synchronization mechanisms),以保持该约束不变。

这种约束通常通过一组条件和标准来表达,从现在开始我们将其称为**不变约束**(invariant constraints)。这些约束涉及并发系统中的几乎所有内容。

不变约束可以是非常简单的东西,比如我们在前几章举的例子,程序原本应该在输出中打印两个 3。它们也可以非常复杂,就如在一个巨大的并发软件程序中保持所有外部数据源的**数据完整性**(data integrity)一样。

注:

很难产生所有可能的交错。在某些情况下,一个特定的交错发生的概率极低(比如一百万次中发生一次)。

这是并发开发的另一个危险方面。虽然有些交错可能只有百万分之一的概率,但当它们出错时,它们导致很严重的后果。例如,它们可能会导致飞机失事或脑部手术期间严重的设备故障。

每个并发系统都有一些定义明确的不变约束。随着本章的进展,我们将举出一些例子,对于每一个例子,我们都将讨论其不变约束条件。这是因为我们需要这些约束来设计一个特定的并发系统,以满足这些约束并让它们保持不变。

并发系统中发生的交错需要满足已经定义的不变约束。如果它们不满足,系统就会出问题。这就是不变约束为什么重要的原因。每当出现不满足系统不变约束的交错时,我们就说系统中出现了**竞态条件**(race condition)。

竞态条件是一个由并发系统内在属性引起的问题,或者换句话说,交错造成的问题。每当发生一个竞态条件,系统的不变约束就有失效的风险。

未能满足不变约束的后果要么是逻辑错误,要么是突然崩溃。有许多例子表明,存储在共享变量中的值没有反映真实的状态。这主要是因为有不同的交错,破坏了共享变量的**数据完整性**(data integrity)。

我们将在本章后面解释数据完整性相关的问题,但现在,让我们看看下面这个例子。在开始这个新例子之前,我们必须先定义该例子的不变约束。代码框中的例 14.1 只有一个不变约束,即共享变量 Counter 最终正确的值应该是 3。本例有三个并发任务,每个任务都应将 Counter 递增 1,这就是我们在下面代码框中所要求的逻辑:

```
Concurrent System {

    Shared State {
        Counter : Integer =  0
    }

    Task T1 {
        A : Integer
            1.1. A =  Counter
            1.2. A =  A +  1
            1.2. Counter =  A
    }

    Task T2 {
        B : Integer
            2.1. B =  Counter
            2.2. B =  B +  1
            2.2. Counter =  B
    }

    Task T3 {
        A : Integer
            3.1. A =  Counter
            3.2. A =  A +  1
            3.2. Counter =  A
    }
}
```

代码框 14 - 1:三个并发任务组成的系统同时操作一个共享变量

在上述代码框中,你看到一个用伪代码编写的并发系统。在这个并发系统中有三个任务。还有一个部分是共享状态。在上述系统中，Counter 是唯一的共享变量，可以被所有三个任务访问。

每个任务都有一些局部变量，这些局部变量对任务来说是私有的，其他任务不能看到它们。这就是为什么可以有两个同样名为 A 的局部变量，但每一个都是不同的，都是其所有者任务的局部变量。

注意，任务不能直接操作共享变量，它们只能读取其值或改变其值。这就是为什么需要一些局部变量的原因。显然，这些任务只能给一个局部变量增一，而不能直接对共享变量进行增一操作。这与我们在多线程和多进程系统中看到的情况非常一致，这就是我们选择上述配置来代表一个并发系统的原因。

代码框 14-1 中的例子向我们展示了竞态条件如何导致逻辑错误。我们很容易找到一种交错方式，导致共享的 Counter 变量出现数值 2。请看代码框 14-2 中的交错：

Task Scheduler	Task T1	Task T2	Task T3
Context Switch	A = Counter		
	A = A + 1		
Context Switch	Counter = A		
		B = Counter	
		B = B + 1	
Context Switch			
			A = Counter
Context Switch			
		Counter = B	
Context Switch			
			A = A + 1
			Counter = A

代码框 14-2：违反代码框 14.1 不变约束的交错

这里我们很容易追踪到交错的情况。指令 2.3 和 3.3（如代码框 14-1 所示）都在共享的 Counter 变量中存储数值 2。上述情况称为**数据竞争**（data race），这一点我们在本节后面会详细解释。

下个例子(如代码框 14-3 所示)展示了一个竞态条件是如何导致崩溃的。

注:

下一节将使用一个 C 语言伪代码的例子。这是因为我们还没有引入 POSIX API,而在编写创建和管理线程或进程的 C 代码时,POSIX API 是必需的。

如果下面的代码用 C 语言编写,那就会导致段错误:

```
Concurrent System {

    Shared State {
        char * ptr = NULL;          //共享字符指针变量;
                                    //指向堆空间中的某内存地址,其值默认为 NULL
    }

    Task P {
        1.1. ptr = (char* )malloc(10 * sizeof(char));
        1.2. strcpy(ptr, "Hello!");
        1.3. printf("% s\n", ptr);
    }

    Task Q {
        2.1. free(ptr);
        2.2. ptr = NULL;
    }
}
```

代码框 14-3:违反代码框 14-1 不变约束的交错

本例中,我们所关心一个很显然的不变约束是不要让任务崩溃,这点**隐含**(implicitly)在我们的不变约束中。如果一个任务不能活着完成工作,那么拥有不变约束首先就是矛盾的。

有一些交错在一起的情况会导致上述任务崩溃。下面我们解释其中两个:

• 首先,假设指令 2.1 首先执行。由于 ptr 是空指针,那么任务 Q 将崩溃,而任务 P 继续。这两个任务(线程)都属于同一进程,结果这包含两个任务的整个程序都将崩溃。崩溃的主要原因是删除一个空指针。

• 另一种交错是当指令 2.2 在 1.1 之后、1.2 之前执行时。此时,任务 Q 正常结束,任务 P 会崩溃。崩溃的主要原因是解引用了一个空指针。

因此，可以看到，在一个并发系统中出现竞态条件会导致不同问题，比如逻辑错误或突然崩溃。显然需要妥善解决这两种情况。

注意，并发系统中并不是所有的竞态条件都能被轻易识别出来，有些竞态条件相当隐蔽，直到很久以后才显现出来。这就是为什么我在本章开头说并发程序难以处理的原因。

说到这里，有时我们会使用**竞争检测器**（race detector）来发现那些执行次数较少的代码分支中存在的竞态条件。实际上，它们可以用来识别导致竞态条件的交错。

注：

竞态条件可以通过一种称为**竞争检测器**（race detectors）的程序检测到。它们可以分成静态或动态两大类。

静态竞争检测器（static race detectors）将遍历源代码，并尝试根据遍历的指令生成所有交错，而**动态竞争检测器**（dynamic race detectors）首先运行程序，然后等待可能是竞态条件的代码执行。两者结合使用，以减少出现竞态条件的风险。

现在需要思考这么一个问题，是不是所有竞态条件背后都隐含一个主要原因？我们需要回答这个问题，才能找到消除竞态条件的解决方案。只要交错不满足不变约束，就会发生竞态条件。因此，为了回答这个问题，我们需要对可能的不变约束进行更深入的分析，看看它们是如何被忽略的。

根据我们在各种并发系统中的观察，为了满足不变约束，在不同的任务中总有一些指令应该在所有交错中以严格的顺序执行。

因此，那些按照这个顺序进行的交错并不违反不变约束。这些交错满足了我们的需求，而且我们观察到了期望的输出。不严格遵守顺序的交错将不满足不变约束，因此可以视为有问题的交错。

对于这些交错，我们需要使用机制来恢复顺序，并确保不变约束总能得到满足。代码框 14-4 中是例 14.2。它的不变约束是打印 1。虽然这个约束有点不成熟，而且你不会在真正的并发应用中看到它，但它可以帮助我们理解正在讨论的概念：

```
Concurrent System {

    Shared State {
        X : Integer = 0
    }

    Task P {
```

```
        1.1. X = 1
    }
    Task Q {
        2.1. print X
    }
}
```

代码框 14 - 4:一个非常简单的受到竞态条件影响的并发系统

上述例子根据它的交错,可以有两种不同的输出。如果我们想满足不变约束在输出中打印 1,那么需要为两个不同任务中的指令定义一个严格的顺序。为此,必须在指令 1.1 之后执行打印指令 2.1。由于存在另一个容易违反这种顺序的交错,那么就会产生一个竞态条件。我们需要这些指令之间有一个严格的顺序。然而恢复顺序并不是一件容易的事。我们将在本章后面讨论恢复这种顺序的方法。

下面示例 14.3 展现了一个由三个任务组成的系统。我们注意到,这个系统中没有共享状态。然而,如前所述,这里有一个竞态条件。让我们把下面这个系统的不变约束定义为:**总是先打印 1,然后打印 2,最后打印 3。**

```
Concurrent System {
    Shared State {
    }
    Task P {
        1.1. print 3
    }
    Task Q {
        2.1. print 1
    }
    Task R {
        3.1. print 2
    }
}
```

代码框 14 - 5:另一个非常简单的受到竞态条件影响的并发系统,但它没有共享任何状态

即使在这个非常简单的系统中,你也不能保证哪个任务会先开始,因此,这里存在一个竞态条件。为了满足不变约束,我们需要按以下顺序执行指令:2.1,3.1,1.1。在所有交错中都必须保持这个顺序。

上述例子揭示了竞态条件一个重要的特征,那就是并发系统发生竞争并不需要有共享状

态。相反,为了避免出现竞态条件,我们需要一直保持某些指令有严格的执行顺序。我们注意到,竞态条件的发生只是因为一小部分指令(通常称为**临界区**,critical section)不按顺序执行,而其他指令可以按任何顺序执行。同时拥有可写的共享状态和与共享状态相关的特定不变约束,可以对该共享状态的读写指令施加严格的顺序。关于可写共享状态,最重要的一个约束就是数据完整性。这表明所有任务在继续执行自己修改共享状态的指令前,除了知道对共享状态的任何更新之外,还能够读取共享状态的最新值。

代码框 14-6 中的例 14.4 展示了数据完整性约束,更重要的是,展示了它是如何被轻易违背的:

```
Concurrent System {

    Shared State {
        X : Integer = 2
    }

    Task P {
        A : Integer
            1.1. A = X
            1.2. A = A + 1
            1.3. X = A
    }

    Task Q {
        B : Integer
            2.1. B = X
            2.2. B = B + 3
            2.3. X = B
    }
}
```

代码框 14-6:一个在共享变量 X 上发生了数据竞争的并发系统

考虑以下交错方式。首先执行指令 1.1,X 的值被复制到局部变量 A。然而任务 P 发生了上下文切换,CPU 被赋给了任务 Q。Q 执行指令 2.1,X 的值被复制到局部变量 B。因此,A 和 B 的值都是 2。

现在,任务 Q 继续执行,指令 2.2 执行后 B 变成了 5。任务 Q 继续运行并将 5 写到共享状态 X 中。此时,X 也是 5。

这时,下一个上下文切换发生了,CPU 被交还给任务 P。继续执行指令 1.2。这就是完整性约束被忽略的地方。共享状态 X 已经被任务 Q 更新了,但是任务 P 在其剩余的计算中仍然使用旧值 2。最终，它将 X 的值重置为 3，这不是程序员希望的结果。为了保持数据完整性需要满足的约束，我们必须确保指令 1.1 只在指令 2.3 之后执行，或者指令 2.1 只在指令 1.3 之后执行，否则数据的完整性就有可能受到影响。

注：

你可能会问自己，当我们可以很容易的写成 X＝X＋1 或 X＝X＋3 时，为什么我们要使用局部变量 A 和 B。

如前所述，指令 X＝X＋1（在 C 语言中被写成 X＋＋）并不是一个原子指令，它需要多条而不是一条指令来完成操作。因为在操作内存中的变量时，我们不能直接访问它。

我们总是使用一个临时变量或 CPU 寄存器来保存最新值，并在临时变量或寄存器上执行操作，然后将结果写回内存。因此，无论你如何编写，总有一个与任务局部关联的临时变量。

你会发现，在多 CPU 核心的系统中，情况甚至更糟。因为 CPU 缓存会暂存变量，并不会立即将结果写回到主内存的变量中去。

让我们来谈谈另一个定义。每当一些交错使与共享状态相关的数据完整性约束失效时，我们就说在该共享状态上有一个数据竞争。

数据竞争非常类似于竞态条件，但是要产生数据竞争，需要在不同任务之间共享状态，并且至少有一个任务可以修改（写）该共享状态。换句话说，共享状态不应该对所有任务都是只读的，至少应该有一个任务可以根据其逻辑写入共享状态。

如上所述，对于一个只读共享状态，**不可能**有数据竞争。由于共享状态的值不能被修改，因此程序不能破坏只读共享状态的数据完整性。

代码框 14-7 中的例 14.5 展示了一个竞态条件，然而同时在一个只读的共享状态上不可能产生数据竞争。

```
Concurrent System {

    Shared State {
        X : Integer (read- only) =  5
    }

    Task P {
        A : Integer
            1.1. A =  X
            1.2. A =  A + 1
```

```
            1.2. print A
    }
    Task Q {
        2.1. print X
    }
    Task R {
        B : Integer
            3.1. B = X + 1
            3.2. B = B + 1
            3.3. print B
    }
}
```

代码框 14 - 7:一个具有只读共享状态的并发系统

假设上面例子的不变约束是**保持 X 的数据完整性,并首先打印 5,然后是 6,最后是 7**。这样就产生了一个竞态条件,因为不同的 print 指令之间需要一个严格的顺序。

然而,由于共享变量是只读的,所以不存在数据竞争。注意,指令 1.2 和 3.2 只修改了它们的局部变量,因此不能认为修改了共享状态。

本节最后一点需要注意的是:不要指望能够轻易解决竞态条件。你必须采用一些同步机制,以使不同任务的某些指令之间建立必要的顺序。这将强制所有可能的交错遵循给定的顺序。实际上,下一节必须引入一些符合所需顺序的新交错。

我们将在本章的后面谈论这些机制,在此之前需要解释一下使用一些同步方法后发生的并发问题。下一节讨论**后同步问题**(post-synchronization),以及它们与内在问题的区别。

14.3 后同步问题

接下来讨论由于滥用控制机制而可能会出现的三个关键问题。因为它们根源不同,你可能会遇到一个甚至同时遇到所有问题:

• **新内在问题**(New intrinsic issues):应用控制机制可能会导致不同的竞态条件或数据竞争。控制机制是为了严格控制执行指令之间的顺序,这可能会导致新内在问题。控制机制引入新交错是产生新的并发行为和问题的根源。由于有了新的竞态条件和新的数据竞争,可能会发生新的逻辑错误和崩溃。你必须采用同步技术,并根据程序逻辑对其进行调整,以解决这些新问题。

- **饿死**（Starvation）：如果采用了特定的控制机制后，并发系统中的一个任务在很长一段时间内不能访问共享资源，就可以说这个任务已经饿死。饥饿的任务不能访问共享资源，因此它不能有效地执行逻辑。如果还有其他任务依赖于与饥饿任务的合作，它们也可能饿死。
- **死锁**（Deadlock）：当一个并发系统中的所有任务都在互相等待，而没有一个任务可以继续运行，可以说形成了死锁。这主要是由于控制机制误用，导致任务进入无限循环，等待其他任务释放共享资源或解锁对象。这通常称为**循环等待**（circular wait）。当任务等待时，没有一个任务能够继续执行，最终系统会进入类似昏迷的状态。维基百科上有一些描述死锁情况的图解：https://en.wikipedia.org/wiki/Deadlock。

在死锁的情况下，所有任务都被卡住并互相等待。但也有一些情况：只有一部分（比如一两个）任务被卡住，其余的可以继续。我们称它们为**半死锁情况**（semi deadlock）。接下来的章节将会出现更多这样半死锁的情况。

优先级反转。在有些情况下，采用同步技术后，使用共享资源的高优先级任务被挡在了低优先级任务的后面，这样一来，它们的优先级被颠倒了。这是由于同步技术误用而导致的另一类次生问题。并发系统中默认不存在饥饿，当操作系统的任务调度器没有使用同步技术时，系统是公平的，不允许任何任务饥饿。只有程序员使用一些控制机制才会导致饥饿。同样，在程序员介入之前，并发系统中也不会出现死锁。如果使用锁同步技术后，并发系统中的所有任务都在等待对方释放锁，这就是大多数死锁问题的原因。通常，死锁在并发系统中比饥饿更常见。

我们继续讨论控制机制。下一节将讨论各种同步技术，它们可以用来解决竞态条件。

14.4　同步技术

这一节将讨论同步技术（也称并发控制技术，并发控制机制）来克服内在的并发相关问题。回顾我们目前为止解释的内容，可知，控制机制试图克服系统中一部分交错引起的问题。

每个并发系统都有自己的不变约束，并不是所有交错都满足所有约束。对于那些不满足系统不变约束的交错，需要发明一种强制约束指令满足特定顺序的方法。换句话说，我们需要创造出满足不变约束的新交错方式，并用这些交错方式取代错误的交错方式。使用某种同步技术之后,就会产生一个全新的并发系统,同时会有一些新的交错方式,我们希望新系统既能满足不变约束,又不会产生任何同步后的问题。

注意,要运用同步技术,需要编写新的代码、更改现有代码。更改现有代码实际上是改变了指令顺序,因此也改变了交错。因此,更改代码会创建一个带有新交错的新并发系统。

那么,新交错如何解决并发问题呢?通过引入新增加的交错,我们在不同任务不同指令之间施加了一些额外的依赖约束,用来满足不变约束。注意,在一个单独的任务中,相邻两条指令之间总存在依赖约束,但并发系统中两个不同任务的指令之间没有这种约束。我们通过同步技术定义一些新的依赖约束来管理两个任务之间的执行顺序。

一个新的并发系统可能会产生不同的新问题。前一个并发系统是一个原始系统,其中任务调度器是实施上下文切换的唯一实体。但后一个系统是一个人工设计的并发系统,任务调度器不是唯一有效实体。为保持系统的不变约束而采用的并发控制机制成为了另一个重要的因素。因此,上节中讨论的后同步(post-synchronization issues)新问题将会逐步显现。

采用哪种控制技术同步多个任务,使它们依序执行,取决于原始的并发环境。例如,多进程程序中使用的控制机制可能与多线程程序使用的方法不同。

因此,如果不使用真正的 C 代码,就无法详细讨论控制机制。我们将以一种适用于所有并发系统的抽象方式来讨论它们,而不考虑它们的实现方法。下面介绍的技术和概念在所有的并发系统中都是有效的,但它们的具体实现取决于运行环境和系统本身。

14.4.1　忙-等待和自旋锁

作为一个通用的解决方案,为了迫使任务 1 的指令在任务 2 的某条指令之后执行,任务 1 应该等待任务 2 先执行其指令。在此期间,任务 1 可能会因为上下文切换而获得 CPU,但它不会继续执行,而是继续等待。换句话说,任务 1 将暂停并等待任务 2 执行完它的指令。

当任务 2 能够执行完其指令时,就有两个选择。一个是任务 1 本身再次检查,发现任务 2 已经完成了它的工作,另一个是任务 2 有办法通知任务 1,让它知道可以继续执行它的指令。这里所描述的情况类似于两个人试图按照规定的顺序做某件事情。其中一个人必须等待另一个人完成他的工作,只有这样另一个人才能继续做自己的工作。可以说,几乎所有的控制机制都使用了与此类似的方法,但其实现方式是多样的,它们大多取决于特定环境中的可用机制。我们将在本章最后一节中解释其中一个环境（即兼容 POSIX 标准的系统）以及其中的可用机制。

让我们用一个例子来解释上述控制技术，它是所有其他技术的核心。代码框 14－8 中例 14.6 是一个由两个并发任务组成的系统，我们定义的不变约束为**输出时先打印 A，然后再打印 B**。在没有任何控制机制的情况下，它的代码如下：

```
Concurrent System {

    Task P {
        1.1. print 'A'
    }

    Task Q {
        2.1. print 'B'
    }
}
```

代码框 14－8：例 14.6，未引入控制机制之前的并发系统

显然，根据定义的不变约束存在一个竞态条件。交错{2.1,1.1}先打印 B，然后打印 A，这违反了不变约束。因此，需要使用一个控制机制来保持上面指令之间的特定顺序。

我们希望执行完指令 1.1 后再执行 2.1。代码框 14－9 中的伪代码展示了如何设计和采用上述方法来恢复指令之间的顺序：

```
Concurrent System {

    Shared State {
        Done : Boolean =  False
    }

    Task P {
        1.1. print 'A'
        1.2. Done =  True
    }

    Task Q {
        2.1. While Not Done Do Nothing
        2.2. print 'B'
    }
}
```

代码框 14－9：例 14.6，在使用忙-等待方式之后的解决方案

显然我们必须添加更多指令来同步任务。因此，我们增加了一堆新交错。更准确地说，

与以前的系统相比,我们面对的是一个全新的并发系统。这个新系统有它自己的一套交错,与旧系统中的交错完全不同。

这些新的交错有一个共同点,那就是指令 1.1 总发生在指令 2.2 之前,这就是我们的目的。无论选择哪种交错方式,也无论上下文切换如何发生,我们在指令 1.1 和 2.2 之间强制执行了一个依赖约束。

这是怎么实现的? 上述系统中引入了一个新共享状态 Done,它是一个布尔变量,最初设置为 False。每当任务 P 打印了 A,它就把 Done 设置为 True。然后,等待 Done 变成 True 的任务 Q 就会在 2.1 行退出 while 循环,打印 B。换句话说,任务 Q 在一个 while 循环中等待,直到共享状态 Done 变成 True(这表明任务 P 已经完成了它的 print 命令)。所提出的解决方案似乎一切正常,事实上它只是看起来工作得很好。

试着想象一下下面的交错情况。当任务 P 失去 CPU 核心且任务 Q 获得 CPU 核心时,如果 Done 不成立,那么任务 Q 就会留在循环中,直到它再次失去 CPU 核心。这表明,当任务 Q 拥有 CPU 核时,如果所需的条件还没有满足,它就会一直循环,这段时间它除了**轮询**(polling)和检查条件外,做不了其他任何事情。它一直这样做,直到 CPU 核被收回。换句话说,任务 Q 一直在等待和**浪费**时间,直到把 CPU 核心分给任务 P 来打印 A。

从技术上来说,任务 Q 处于**忙-等待**(busy-wait)状态,直到满足一个特定的条件。它在忙-等待状态中不断地监测(或轮询)一个条件,直到这个条件成真才退出忙-等待。尽管上述解决方案完美地解决了我们的问题,但不管怎么说,任务 Q 这种处理方式都浪费了 CPU 的宝贵时间。

注:

忙-等待是一种简单却并不高效的解决方法。因为在忙-等待中,任务不能做任何别的事情,它完全浪费了给定的时间片。在长时间等待时需要避免忙-等待。浪费的 CPU 时间可以分配给其他任务来完成部分工作。然而,在某些情况下,如果预计等待时间很短,此时就可以使用忙-等待。

在真正的 C 语言和其他编程语言中,通常用锁(lock)来规范执行顺序。锁只是一个对象或变量,我们用它来等待条件满足或事件发生。注意,在上述例子中,Done 不是锁,而是一个标志。

为了理解锁这个术语,我们可以想象,在执行指令 2.2 之前试图获得一个锁。只有获取锁后,才能继续执行并退出循环。在循环内部,我们等待锁可用。锁的类型有很多,这一点我们会在后续章节中解释。

下一节接着讨论之前的场景,但这次使用了一种更为有效的方法,不会浪费 CPU 核的时间。它有很多名称,但我们可以称它为**等待/通知**(wait/notify)或**睡眠/唤醒**(sleep/notify)机制。

14.4.2 睡眠/唤醒机制

与上一节讨论的使用忙-等待循环不同,还可以想象另外一个不同的场景。任务 Q 可以进入睡眠状态,而不是循环等待 Done 标志,任务 P 可以在把标志置为 true 时通知 Q。

换句话说,任务 Q 一旦发现标志不为 true 就会进入睡眠状态,让任务 P 更快地获得CPU核心并执行其逻辑。相应的,任务 P 会在将标志修改为 True 后唤醒任务 Q。实际上,这是现有操作系统主流的实现方式,以此来避免忙-等待,让控制机制更高效地发挥作用。

我们使用这种方法重写了上一节示例,伪代码如下:

```
Concurrent System {

    Task P {
        1.1. print 'A'
        1.2. Notify Task Q
    }

    Task Q {
        2.1. Go To Sleep Mode
        2.2. print 'B'
    }
}
```

代码框 14 - 10:例 14.6,在使用睡眠/唤醒之后的解决方案

为了能解释上述伪代码,我们需要了解一些新概念。首先是一个任务如何睡眠(sleep)。只要一个任务处于睡眠状态,它就不会得到任何 CPU 份额。当一个任务让自己进入睡眠模式时,任务调度器就会知晓这一情况。此后,任务调度器就不会给睡眠中的任务提供任何时间片。

任务进入睡眠状态有什么好处呢?进入睡眠状态的任务不会因为进入忙-等待而浪费CPU 时间。任务进入睡眠状态,并在条件得到满足时得到唤醒,而不是一开始就忙着轮询等待条件。这将大大增加 **CPU 的利用效率**(CPU utilization),让真正需要 CPU 份额

的任务获得执行时间。

当任务进入睡眠模式后，需要某种机制来唤醒它。这种机制一般是使用**唤醒**（notifying）或向休眠任务发出**信号**（signaling）来实现的。一个任务可以在收到通知后离开睡眠模式，一旦醒来，任务调度器就会把它放回队列中，并再次分给它 CPU 核心。然后，该任务将继续执行进入睡眠模式时的那一条指令。

在我们的代码中，任务 Q 一开始执行就进入了睡眠模式。当它进入睡眠模式后，不会分到任何 CPU 份额，直到它被任务 P 的通知唤醒。任务 P 只有在打印完 A 后才会通知任务 Q。然后，任务 Q 被唤醒，获得 CPU 后继续打印 B。

使用这种方法，没有忙-等待，也没有浪费 CPU 时间。注意，当进入睡眠模式和唤醒睡眠任务时，都有特定的系统调用，并且大多数操作系统（特别是兼容 POSIX 的操作系统）都支持它们。乍一看，上面方案似乎已经解决了我们的问题，而且是以一种有效的方式——确实如此！然而，当上述系统按如下执行方式产生交错时，就会发生一个后同步问题：

```
1.1 print 'A'
1.2. Notify Task Q
2.1. Go To Sleep Mode
2.2.print 'B'
```

代码框 14 - 11：将代码框 14 - 10 中的并发系统置于半死锁状态的交错

在上述交错过程中，任务 P 已经打印了 A，然后唤醒任务 Q，而任务 Q 还没有休眠，因为它还没有获得 CPU。当任务 Q 获得 CPU 时，它立即进入睡眠模式。然而，已经没有其他运行的任务来唤醒它了。因此，任务 Q 不会再获得 CPU，因为任务调度器不会把 CPU 核心给一个睡着的任务。这就是采用同步技术后，我们观察到的第一个后同步问题示例。

为了解决这个问题，我们再次需要使用一个布尔标志。现在，任务 Q 应该在睡眠前检查这个标志。我们的最终解决方案如下：

```
Concurrent System {

    Shared State {
        Done : Boolean =  False
    }

    Task P {
```

```
    1.1. print 'A'
    1.2. Done =  True
    1.3. Notify Task Q
  }

Task Q {
    2.1. While Not Done {
    2.2. Go To Sleep Mode If Done is False (Atomic)
    2.3. }
    2.4. print 'B'
  }
}
```

代码框 14 - 12：例 14.6，基于睡眠/唤醒方式的改进方案

如上面伪代码所示，如果标志 Done 没有被设置为 True，任务 Q 就会睡眠。指令 2.2 在一个循环中，它只是简单地检查标志，只有当 Done 为假时才进入睡眠。注意，指令 2.2 必须是一个原子指令，否则解决方案就不完全，而且还会出现同样的问题。

注：
对于有一定并发系统经验的人来说，将这条指令声明为原子指令可能有点令人惊讶。这背后的主要原因是，针对上述例子，只有当我们定义了一个明确的临界区并使用互斥锁来保护它时，才会发生真正的同步。随着我们深入讨论，这一点变得更加明显，在介绍更多的概念主题之后，我们将可以最终提出一个切实可行的解决方案。

循环是必要的，因为一个处于休眠状态的任务可以被系统中任何东西唤醒，而不仅仅是任务 P。在真实的系统中，操作系统和其他任务可以唤醒一个任务，但在这里，我们只对从任务 P 那里收到的唤醒通知感兴趣。

因此，当任务收到通知并唤醒时，它应该再次检查该标志，如果该标志还没有被设置，则继续睡眠。如上所述，根据目前给出的解释，这个解决方案似乎可行，但这并不是一个完整的解决方案，因为它会在多 CPU 核心主机上产生半死锁的情况。我们在多处理器单元一节中进一步解释这个问题。

注：
基于等待/通知机制的解决方案通常使用条件变量来开发。在 POSIX API 中也有条件变量这部分内容，我们将在接下来的后续专门章节中介绍它们的概念。

所有的同步机制都涉及某种等待。这是保持多个任务同步的唯一方法。在某些时候，有

· 381 ·

些任务应该等待,而有些任务应该继续。这就是我们需要引入**信号量**(semaphores)的原因,它们是并发环境下使一段代码逻辑等待或继续的标准工具。下一节重点讨论这个问题。

14.4.3 信号量和互斥锁

1960 年代,荷兰著名的计算机科学家、数学家 Edsger Dijkstra 与他的团队一起为 Electrologica X8 计算机设计了一个新的名为 THE Multiprogramming System 或 THE OS 的操作系统。当时,Electrologica X8 计算机有自己独特的架构。

不到 10 年之内,贝尔实验室就发明了 Unix 和后来的 C 语言。当时,他们使用汇编为 THE OS 操作系统编程。该操作系统是一个多任务操作系统,它有一个多层次的架构。最高层是用户,最底层是任务调度器。在 Unix 的术语中,最底层相当于内核环中的**任务调度器**(task scheduler)和**进程管理单元**(process management unit)。Dijkstra 和他的团队为了克服某些并发问题,以及在不同任务之间共享资源,发明了**信号量**(semaphores)的概念。

简单地说,信号量就是用来同步访问共享资源的变量或对象。本节将对它们进行详细的解释,并介绍一种特定类型的信号量,即互斥量。它广泛地应用于并发程序中,并且存在于当今几乎所有的编程语言中。

当一个任务要访问一个共享资源(可以是一个简单的变量,也可以是一个共享文件)时,这个任务应该先检查一个预定义的信号量,然后请求权限去继续访问共享资源。我们可以用一个类似的例子来解释信号量及其作用。

想象一下,有一个医生和一些希望看病的病人。如果没有预约机制,病人可以随时去看医生。这位医生有一个秘书来管理病人,让他们排队,病人经过允许后才能进入医生房间。

假设医生可以一次看多个病人(最多一定数量),根据日常经验,这有点不寻常,但你可以假设我们的医生异乎常人,可以一次治疗多个病人,也许多个病人很乐意在一次会诊内坐在一起。在某些真实程序中,信号量可以用来保护多个消费者使用的资源。所以,现在请先接受前面的假设。

每个新病人来到医生办公室时,都应该先去找秘书登记。秘书有一份写在纸上的名单,他们会把新病人的名字写在上面。现在,病人等待秘书传唤后方可进入医生的房间。另一方面,每当病人离开医生的房间,秘书接收到这些信息就会把该病人的名字从名单上删除。每时每刻,秘书的名单反映了医生房间内正在就诊的病人,以及那些正在排队等待的病人。当一个病人离开医生的房间时,名单上等待的新病人可以进入医生的房间。这个过程一直持续到所有病人看完病为止。

现在,让我们把它映射到一个并发的计算机系统中,看看信号量是如何发挥与秘书相同的作用的。

本例中,医生是一个共享资源,可以被许多病人访问,这类似于希望访问共享资源的任务。秘书是一个信号量。就像秘书有一张表一样,每个信号量都有一个待办任务队列,这些任务都在等待获得对共享资源的访问。医生的房间可以被看作是一个临界区(critical section)。

一个临界区只是一组受信号量保护的指令。如果不在信号量后面等待,任务就不能进去。另一方面,信号量的工作就是保护临界区。每当一个任务试图进入一个临界区时,它应该通知一个特定的信号量。

同样的,当一个任务完成后想退出临界区时,它应该通知同一个信号量。显然,在医生例子和信号量之间存在着非常好的对应关系。让我们继续看一个更加程序化的示例,并尝试找到其中的信号量和其他元素。

注:
临界区应当满足某些条件。这些条件将在后续章节中得到解释。

下面代码框 14 - 13 中的例 14.7,还是关于两个任务试图对同一个共享计数器增一。我们在前面已经多次讨论过这个例子,但这次,我们要给出一个基于信号量的解决方案:

```
Concurrent System {

    Shared State {
        S : Semaphore which allows only 1 task at a time
        Counter: Integer =  0
    }

    Task P {
        A : Local Integer
            1.1. EnterCriticalSection(S)
```

```
            1.2. A = Counter
            1.3. A = A + 1
            1.4. Counter = A
            1.5. LeaveCriticalSection(S)
    }

    Task Q {
        B : Local Integer
            2.1. EnterCriticalSection(S)
            2.2. B = Counter
            2.3. B = B + 2
            2.4. Counter = B
            2.5. LeaveCriticalSection(S)
    }
}
```

代码框 14-13:使用信号量来同步两个任务

上述系统有两个不同的共享状态:一个共享信号量 S,用于保护另一个对共享变量 Counter 的访问。S 每次只允许一个任务进入被它保护的临界区。临界区是指令 Enter-CriticalSection(S)和 LeaveCriticalSection(S)之间的指令,显然每个任务都有一个由 S 保护的临界区。

一个任务要进入临界区必须执行 EnterCriticalSection(S)指令。如果另一个任务已经处于该临界区,EnterCriticalSection(S)指令就会阻塞且无法完成,所以当前任务继续等待,直到信号量允许它通过并进入该临界区。

EnterCriticalSection(S)指令根据不同的情况可以有不同的实现方式。它可以是一个简单的忙-等待,也可以只是让等待的任务进入睡眠模式。后一种方法更常见,等待进入临界区的任务通常会进入睡眠状态。

在上述例子中,信号量 S 的使用方式是只有一个任务可以进入其临界区。但是信号量是比较通用的,它们可以允许多个任务(在创建信号量时定义的特定数量)进入其临界区。一次只允许一个任务进入临界区的信号量通常称为**二值信号量**(binary semaphore)或**互斥锁**(mutex)。互斥锁比信号量要更常见,你总能在并发代码中看到它们。POSIX API 同时实现了信号量和互斥锁,你可以根据情况使用它们。

• 术语**互斥锁**(mutex)代表相互排斥(mutual exclusion)。假设我们有两个任务,每个任务都有一个访问相同共享资源的临界区。为了得到一个基于互斥的无竞态条件的解决方案,应该满足以下条件:任何时候都只有一个任务可以进入临界区,其他任务必须等待这个任务离开才能进入临界区。

- 该解决方案应该是无死锁的。每个在临界区前等待的任务最终都能够进入临界区。在某些情况下，会设定最长等待时间（争用时间，contention time）。
- 临界区中的任务不能因为要让其他任务进入而被抢占（preemption）。换句话说，解决方案应该是无抢占（preemption free）和协作（collaborative）的。

互斥锁进一步发展了这种基于互斥的解决方案。注意，临界区也应该遵循类似的条件。它们应该只允许一个任务在里面，而且它们应该是无死锁的。注意，信号量也满足最后两个条件，但它可以允许多个任务同时进入该临界区。

可以说，互斥是并发中最重要的概念，是各种控制机制中的主导因素。换句话说，在你可能知道的每一种同步技术中，你都会看到通过使用信号量和互斥锁（但主要是互斥锁）来实现相互排斥的现象。

信号量和互斥锁称为**可锁对象**（lockable objects）。在另一个不同但更正式的术语中，等待信号量并进入临界区的行为与**锁定**（locking）信号量是一样的。同样的，离开临界区并更新信号量的行为与**解锁**（unlocking）信号量是一样的。

因此，锁定和解锁信号量可视为两种算法，分别用于等待和获得对临界区的访问以及释放临界区。例如，自旋锁（spin locking）通过在信号量上的忙-等待来获得对临界区的访问，当然，我们也可以有其他类型的锁定和解锁算法。当在第 16 章中使用 POSIX API 开发并发程序时，我们将解释这些不同的锁定算法。

根据锁定和解锁的术语实现的解决方案如下：

```
Concurrent System {

    Shared State {
        S : Semaphore which allows only 1 task at a time
        Counter: Integer =  0
    }

    Task P {
        A : Local Integer
        1.1. Lock(S)
        1.2. A =  Counter
        1.3. A =  A +  1
        1.4. Counter =  A
        1.5. Unlock(S)
    }
```

```
Task Q {
    B : Local Integer
    2.1. Lock(S)
    2.2. B =  Counter
    2.3. B =  B +  2
    2.4. Counter =  B
    2.5. Unlock(S)
}
}
```

代码框 14 - 14：使用锁定和解锁操作来处理信号量

从现在开始，我们将在伪代码片段中使用锁定和解锁术语，这个术语也在整个 POSIX API 中使用。

我们将通过给出最后的定义来结束本节。当许多任务希望进入同一个临界区时，它们试图锁定一个信号量，但是只有一定数量的任务（取决于信号量）可以获得锁并进入临界区。其他任务将等待获取锁。等待获取信号锁的行为称为**争用**（contention）。更多的任务产生更多的争用，争用时间是衡量任务执行速度减慢程度的一个标准。

显然，争用中的任务需要一些时间来获得锁，而且随着我们获得的任务越多，它们在进入临界区时等待的时间也就越多。一个任务在争用状态下等待的时间通常称为争用时间（contention time）。争用时间可以是一个并发系统的非功能需求，应该对其进行仔细监视，防止性能下降。

现在可以得出结论，互斥锁是我们同步一些并发任务的主要工具。POSIX 线程 API 和几乎所有支持并发的编程语言都有互斥锁。除了互斥锁，当需要等待某个条件满足的时间不确定时，**条件变量**（condition variables）也发挥了重要作用。接下来讨论条件变量，但在此之前，我们需要谈谈多处理器单元（即多个 CPU 或多核 CPU）的内存屏障和并发环境问题。下一节将专门讨论这个话题。

14.4.4　多处理器单元

当计算机系统中只有一个处理器单元，只有一个 CPU 核心时，即使主内存中的某特定地址缓存在 CPU 核心中，试图访问该地址的任务总是可以读取最新值。通常的做法是将某些内存地址的值缓存在 CPU 核心内，作为 CPU **本地缓存**（local cache）的一部分，甚至将对这些值的修改也保留在缓存内。这将减少对主内存的读写操作，显著提高性能。在某些情况下，CPU 核心会将其本地缓存中的变化写回主内存，以保持其缓存和主内存的同步。

当有一个以上的处理器单元时,这些本地缓存仍然存在。这里多处理器单元指的是具有多个核心的一个 CPU 或具有任意多个核心的多个 CPU。注意,每个 CPU 核都有自己的本地缓存。

因此,当两个不同的任务在两个不同的 CPU 核心上执行时,如果它们需要处理主内存中同一个地址上的值,那么每个 CPU 核心都在自己的本地缓存中缓存此内存地址的值。这意味着,如果其中一个 CPU 试图改变该内存地址中的值,它只是修改了其本地缓存中的值,而没有修改主内存和其他 CPU 核心的本地缓存中的值。

这样做会导致许多问题,因为当运行在另一个 CPU 核中的任务试图读取主存中的最新值时,它无法获取最新值,因为实际上它将从其本地缓存中读取,而本地缓存中没有最新的变化。

这个问题来自于每个 CPU 核心都有自己的本地缓存,需要通过引入 CPU 核心之间的**内存一致性协议**(memory coherence protocol)来解决。因此,通过遵循一致性协议,当其中一个 CPU 核心缓存上的值发生变化时,所有运行在其他 CPU 核心上的任务都会在其本地缓存中看到这个值。换句话说,内存地址对所有其他处理器都是可见的。

遵循内存一致性协议可以为在不同处理器单元上运行的所有任务带来内存可见性(memory visibility)。缓存一致性和内存可见性是在多处理器单元上运行并发系统中应该考虑的两个重要因素。

让我们回到第一个基于睡眠/唤醒的解决方案(例 14.6)。例 14.6 的不变约束是**先输出 A,然后输出 B。**

下面是最终解决方案的伪代码,使用了睡眠/唤醒机制来约束 print 指令的执行顺序。我们说过,这个解决方案并不是没有错误,它也可能产生后同步问题。下一段中将解释这个问题是如何出现的:

```
Concurrent System {
    Shared State {
        Done : Boolean =  False
    }
    Task P {
        1.1. print 'A'
```

```
    1.2. Done = True
    1.3. Notify Task Q
  }

  Task Q {
    2.1. While Not Done {
    2.2. Go To Sleep Mode If Done is False (Atomic)
    2.3. }
    2.4. print 'B'
  }
}
```

代码框 14 - 15：例 14.6 基于睡眠/唤醒技术的解决方案

假设任务 P 和 Q 在不同的 CPU 核心上运行。在这种情况下，每个 CPU 核在其本地缓存中都有一个共享变量条目 Done。注意，我们再次声明指令 2.2 是原子操作，需要强调，在我们想出一个合适的互斥方案来解决这个问题之前，这是一个基本的假设。假设在一个交错中，任务 P 执行指令 1.2 并唤醒任务 Q，而任务 Q 可能正在休眠。因此，任务 P 在其本地缓存中更新了 Done 的值，但这并不表明它将其写回主内存，或者更新其他 CPU 核的本地缓存了。

既然如此，我们就不能保证在主内存和任务 Q 的本地缓存中看到 Done 的变化。因此，当任务 Q 获得 CPU 并读取其本地缓存时，它看到的 Done 值有可能还是 False，并进入睡眠模式，而任务 P 已经完成并在不久前发出了唤醒信号，它不会再发出唤醒信号了。最终，任务 Q 永远进入睡眠模式，半死锁现象因此就发生了。

为了解决这个问题，我们需要使用内存屏障或内存围栏。它们是像屏障一样的指令，一旦执行（传递）它们，所有在本地缓存中更新的值都会被传递到主内存和其他本地缓存中。它们对在其他 CPU 核中执行的所有任务都可见。换句话说，内存屏障同步了所有 CPU 内核的本地缓存和主存。

最后，完整的解决方案如下。注意，我们再次声明指令 2.3 是原子的，这是一个基本假设：

```
Concurrent System {

  Shared State {
    Done : Boolean = False
  }

  Task P {
```

```
        1.1. print 'A'
        1.2. Done = True
        1.3. Memory Barrier
        1.4. Notify Task Q
    }

Task Q {
    2.1. Do {
    2.2. Memory Barrier
    2.3. Go To Sleep Mode If Done is False (Atomic)
    2.4. } While Not Done
    2.5. print 'B'
    }
}
```

代码框 14-16：例 14.6 基于内存屏障的改进方案

通过在上述伪代码中采用内存屏障，我们可以确定对共享变量 Done 的任何更新都可以让任务 Q 看到。这样的处理不失为一种好想法：通过不同的可能交错方式，观察内存屏障如何使共享变量 Done 对任务 Q 可见，从而防止任何不必要的半死锁情况。

注意，创建任务、锁定信号量和解锁信号量是内存屏障的三个基本操作，可以让所有 CPU 核的本地缓存与主内存同步，并传播最近的共享状态变化。

下面的伪代码与上述解决方案相同，但这次使用了互斥锁。它使用互斥锁并保证了指令 Go To Sleep Mode If Done is False 的原子性。不过要注意的是，互斥锁是信号量，每次只允许一个任务在临界区，而且和信号量一样，锁定和解锁互斥锁可以充当内存屏障：

```
Concurrent System {

    Shared State {
        Done : Boolean = False
        M : Mutex
    }

    Task P {
        1.1. print 'A'
        1.2. Lock(M)
        1.3. Done = True
        1.4. Unlock(M)
        1.5. Notify Task Q
    }

    Task Q {
        2.1. Lock(M)
```

```
2.2. While Not Done {
2.3. Go To Sleep Mode And Unlock(M) (Atomic)
2.4. Lock(M)
2.5. }
2.6. Unlock(M)
2.7. print 'B'
    }
}
```

代码框 14 - 17:例 14.6 基于互斥锁的改进方案

指令 Lock(M) 和 Unlock(M)作为内存屏障,保证了所有任务中内存的可见性。提醒一下,Lock(M)和 Unlock(M)之间的指令是每个任务的临界区。

注意,当一个任务锁定互斥锁(或信号量)时,以下三种情况互斥锁会自动解锁:

• 任务使用 Unlock 命令解锁互斥锁。

• 当一个任务完成后,所有锁定的互斥锁都会解锁。

• 当一个任务进入睡眠模式时,锁定的互斥锁就会解锁。

注:

上述列表中的第三个要点通常并不正确。如果一个任务想要在一个被互斥锁保护的临界区内休眠一段时间,那么当然可以在不需要解锁互斥锁的情况下休眠。这就是为什么我们将指令 2.3 声明为原子的,并为其添加 Unlock(M)的原因。为了完全理解这些场景,我们需要接触**条件变量**(condition variable),这将在接下来的小节中介绍。

因此,当指令 2.3 作为一个原子指令执行时,已经锁定的互斥锁 M 就会解锁。当任务再次被唤醒时,它将使用指令 2.4 重新获得锁,然后它可以再次进入其临界区。

最后,当任务锁定了互斥锁后,它不能再次锁定它,试图进一步锁定它通常会导致死锁。只有递归**互斥锁**(recursive mutex)可以被一个任务多次锁定。注意,当一个递归互斥锁被锁定时(无论多少次),所有其他任务试图锁定它都会被阻塞。锁定和解锁操作总是成对进行的,因此如果一个任务两次锁定了一个递归互斥锁,它也应该解锁两次。

到目前为止,我们已经在一些例子中讨论并使用了睡眠/唤醒技术。但只有当你接触到一个新的概念:条件变量,这时你才会对睡眠/唤醒技术有充分的了解。条件变量和互斥锁一起为实现控制技术奠定了基础,它可以有效地同步单个共享资源上的多个任务。但在此之前,让我们来谈谈例 14.6 另一个可能的解决方案。

14.5 自旋锁

在开始讨论条件变量和睡眠/唤醒技术的真正实现方式之前,让我们回过头用忙-等待和互斥锁为例 14.6 写一个新的解决方案。提醒一下,这个例子**先在标准输出中打印 A,而后打印 B**。

下面是参考解决方案,它使用了一个带有自旋锁算法的互斥锁。互斥锁作为一个内存屏障,不存在任何内存可见性的问题,它可以让任务 P 和 Q 同步地使用 Done 共享标志。

```
Concurrent System {
    Shared State {
        Done : Boolean =  False
        M : Mutex
    }

    Task P {
        1.1. print 'A'
        1.2. SpinLock(M)
        1.2. Done =  True
        1.3. SpinUnlock(M)
    }

    Task Q {
        2.1 SpinLock(M)
        2.2. While Not Done {
        2.3. SpinUnlock(M)
        2.4. SpinLock(M)
        2.5. }
        2.6. SpinUnlock(M)
        2.4. print 'B'
    }
}
```

代码框 14 - 18:例 14.6 使用互斥锁和自旋锁算法的解决方案

上述 C 伪代码是使用 POSIX 线程 API 来实现的第一个解决方案。之前给出的伪代码都不能写成真正的程序,因为它们要么太抽象而无法实现,要么在某些情况下(比如在多处理器系统中运行)有问题。但是上述伪代码可以被翻译成任何支持并发的编程语言。

上述代码使用的是**自旋锁**(spinlocks),它是简单的忙-等待算法。无论何时锁定自旋锁的互斥锁,它都会进入忙-等待循环,直到互斥锁可用才能继续执行。

我认为上述伪代码都很容易理解,除了指令 2.3 和 2.4,在循环内连续锁定和解锁操作很奇怪! 实际上,这是代码中最优雅的部分。当任务 Q 获得 CPU 核心后,它执行了一系列锁定和解锁自旋锁 M 的操作。

如果我们没有指令 2.3 和 2.4 呢? 那么在指令 2.1 中的锁会一直锁住互斥锁直到指令 2.6,这表明任务 P 永远无法访问共享标志 Done。这些锁定和解锁指令允许任务 P 找到机会并通过指令 1.2 更新标志 Done。否则,互斥锁将一直被任务 Q 持有,任务 P 永远无法执行指令 1.2。换句话说,系统会进入一个半死锁状态。这个伪代码展示了锁/解锁操作的完美和谐,它很好地解决了自旋锁的问题。

注意,在高性能系统中,与系统中发生事件的速度相比,将任务置于睡眠模式其代价是非常昂贵的,因此自旋锁很常见。当使用自旋锁时,任务的编写方式应使其能够尽快解锁互斥锁。为了做到这一点,临界区应该足够小。后续代码中你会看到临界区只有一个布尔检查(循环条件)。

下一节将探讨条件变量及其属性。

条件变量

前几节中为解决例 14.6 问题而提出的方案不能用编程语言来实现,因为我们不知道如何让一个任务进入睡眠模式,也不知道如何通过编程的方式唤醒另一个任务。本节将引入条件变量这个新概念,通过它可以让任务等待并得到相应的通知。

条件变量是简单变量(或对象),可以用来让任务进入睡眠模式或通知其他睡眠任务并唤醒它们。注意,这里讨论的休眠模式和为了延迟而休眠几秒或几毫秒不同,它特指任务不想再接受任何 CPU 时间片。就像用互斥锁来保护临界区一样,条件变量用来实现不同任务之间的信号**传递**(signaling)。

互斥锁有**锁定**(lock)和**解锁**(unlock)操作,同样的,条件变量有**睡眠**(sleep)和**唤醒**(notify)操作。然而,每一种编程语言在这里都有自己的术语,在一些语言中是**等待**(wait)和**信令**(signal),而不是睡眠和唤醒,但它们背后的逻辑是一样的。

条件变量必须与互斥锁一起使用。使用条件变量而不使用互斥锁的解决方案缺乏互斥(mutual exclusion)特性。请记住,条件变量必须在多个任务之间共享才有用,这种共享资源在访问过程中需要同步。这通常都是用一个保护临界区的互斥锁来实现的。下面的伪代码展示了在例 14.6 中,我们如何使用条件变量和互斥锁来等待某个条件或事件,以及如何等待共享标志 Done 变成 True。

```
Concurrent System {
    Shared State {
        Done : Boolean = False
        CV : Condition Variable
        M : Mutex
    }

    Task P {
        1.1. print 'A'
        1.2. Lock(M)
        1.3. Done = True
        1.4. Notify(CV)
        1.5. Unlock(M)
    }

    Task Q {
        2.1. Lock(M)
        2.2. While Not Done {
        2.3. Sleep(M, CV)
        2.4. }
        2.5. Unlock(M)
        2.6. print 'B'
    }
}
```

代码框 14-19:示例 14.6 使用条件变量的解决方案

在并发系统中,上述解决方案是使用条件变量来实现两条指令之间严格排序最真实的方法。指令 1.4 和 2.3 正在使用条件变量 CV。Sleep 操作需要同时知道互斥锁 M 和条件变量 CV,因为它需要任务 Q 进入睡眠状态时解锁 M,并在得到通知后重新锁定 M。

注意,任务 Q 收到通知后会继续 Sleep 操作,而再次锁定 M。指令 1.4 也只有在锁定 M 后才会起作用,否则就会发生竞态条件。仔细研究可能的交错,看看上述互斥锁和条件变量是如何规范 1.1 和 2.6 指令之间的执行顺序,将是一件很有益的尝试。

本节最后的定义中,互斥锁对象和条件变量通常称为**监控对象**(monitor object)。我们还有一个与并发相关的设计模式,也叫作**监控对象**,它使用上述技术来重新排列并发任务中的指令。

前几节展示了如何使用信号量、互斥锁、条件变量以及锁定、解锁、睡眠和通知算法来实现控制机制,这些机制用来限定并发任务中一些指令的执行顺序,并保护临界区。这些概念都将在后续章节中使用,以便用 C 语言编写多线程和多进程程序。下一节将讨论 POSIX 标准中的并发支持,该标准已由许多类 Unix 的操作系统实现和提供。

14.6　POSIX 中的并发

如上所述,并发或多任务是由操作系统内核提供的一种功能。并非所有的内核从一问世就是并发的,但是今天大多数的内核都支持并发。Unix 第一个版本不是并发的,但是它后续版本很快就添加了这个功能。在第 10 章中,我们讨论了 Unix 规范和 POSIX 是如何标准化类 Unix 操作系统中由 Shell 层公开的 API。很长时间内,并发已经成为这些标准的一部分,到目前为止,它已经允许许多开发者为兼容 POSIX 的操作系统编写并发程序。POSIX 并发支持在许多操作系统(如 Linux 和 macOS)中得到了广泛的应用和实现。

在兼容 POSIX 标准的操作系统中,通常有两种方式实现并发。你可以让一个并发程序作为一些不同的进程执行,这称为**多进程**(multi-processing),或者你可以让你的并发程序作为同一进程的一些不同线程运行,这称为**多线程**(multithreading)。本节将讨论这两种方法,并从程序员的角度对它们进行比较。但是在这之前,我们需要了解更多支持并发特性内核的内部情况。下一节就将简要地解释在这样的内核中你会发现什么。

支持并发的内核

如今几乎所有开发和维护的内核都是多任务的。众所周知,每个内核都有一个**任务调度器单元**(task scheduler unit),用于在多个进程和线程之间共享 CPU 核心,这些进程和线程在本章和上一章中通常称为任务。

接下来我们需要描述进程和线程,以及它们在并发方面的区别。只要运行一个程序,就会创建一个新的进程,程序的逻辑就在这个进程中运行。进程之间是相互隔离的,一个进程不能访问另一个进程的内部结构,比如它的内存。

线程与进程非常相似,但它们是属于特定进程的。它们通过让多个执行线程以并发的方式执行多个指令,从而将并发性引入单个进程。单个线程不能在两个进程之间共享,它是局部的,与它的所有者进程绑定。一个进程中的所有线程都能够共享访问其所有者进程的内存,而每个线程都有自己的栈区域,当然,这个堆栈区域可以被同一进程中的其他线程访问。此外,进程和线程都可以使用 CPU 共享,大多数内核中的任务调度器使用相同的**调度**(scheduling)算法在它们之间共享 CPU 核心。

注意,我们在内核层面更愿意使用**任务**(task)这个术语,而不是**线程**或**进程**这些术语。从内核的角度来看,任务队列等待 CPU 核心来执行它们的指令,任务调度器单元的职责就是以公平的方式为所有的任务提供执行调度。

注:

　　类 Unix 内核通常用**任务**(task)这个词来表示进程和线程。实际上,线程或进程这些术语是**用户空间**(userspace)术语,它们不能在内核术语中使用。因此,类 Unix 的内核有任务调度器单元,它试图在各种任务之间公平地管理对 CPU 核心的访问。

在不同的内核中,任务调度器使用不同的策略和算法来进行调度。但是,多数调度算法可以分为以下两类:

- 合作式调度(cooperative scheduling)
- 抢占式调度(preemptive scheduling)

合作式调度是指将 CPU 核心授予一个任务,并等待任务自愿释放 CPU 核心。这种方法不是抢占式(preemptive)的,因为在大多数正常情况下,没有采用任何力量能从这个任务中夺回 CPU 核心。应该设置一个高优先级抢占信号(preemptive signal)来让调度器通过抢占夺回 CPU 核心。否则,调度器和系统中的所有任务会一直等待,直到这个活跃的任务自愿释放 CPU 核心。现代内核通常不是这样设计的,但有些特定应用(如实时处理,real-time processing)仍然采用合作调度内核。早期版本的 macOS 和 Windows 使用合作调度,但现在它们使用抢占式调度方式。

抢占式调度与合作式调度相反。在抢占式调度中,一个任务仅允许使用一个 CPU 核,直到它被调度器收回。在一种特定的抢占式调度中,一个任务只允许在一定时间内使用给定的 CPU 核心。这种类型的抢占式调度称为时间共享(time sharing),它是目前内核中采用最多的调度策略。被赋给 CPU 去执行任务的时间间隔有不同的名称,在不同的学术资料中,它可以称为**时间片**(time slice)、**时间槽**(time slot)或**量子**(quantum)。

根据使用的算法,也有各种类型的分时调度。**轮询**(round robin)是最广泛使用的分时算法,已经被各种内核所采用,当然也做了一些修改。轮询算法允许公平和**无饥饿地**(starvation-free)访问共享资源(在本例中是 CPU 核心)。尽管轮询算法很简单,而且没有优先级,但它可以被修改以允许任务有多个优先级。拥有不同的优先级是现代内核的要求,因为有某些类型的任务是由内核本身或内核内其他重要单元发起的,这些任务应该在其他普通任务之前得到处理。

如上所述,有两种为软件引入并发的方式。第一种方法是多进程,它使用**用户进程**(user process)在多任务环境中做并行任务。第二种方法是多线程,它使用**用户线程**(user thread)将任务分成单个进程内的并行执行流。在一个大的软件项目中,使用这两种技术的组合也是很常见的。尽管这两种技术都给软件带来了并发,但其本质上有根本区别。

接下来将更详细地讨论多进程和多线程。之后两章将介绍如何用 C 语言开发多线程,而再往后的两章将讨论多进程。

14.7　多进程

多进程即使用进程来做并发任务。一个很好的例子就是 Web 服务器中的**通用网关接口**(**Common Gateway Interface,CGI**)标准。采用这种技术的 Web 服务器为每个 HTTP 请求启动一个新的**解释器进程**(interpreter process)。通过这种方式,它们可以同时服务多个请求。

在这样高吞吐量请求的 Web 服务器上,你会看到许多解释器进程生成并同时运行,其中每个进程都在处理不同的 HTTP 请求。由于它们是不同的进程,因此互相之间内存隔离,互相看不到各自的内存区域。幸运的是,在 CGI 用例中,解释器进程不需要相互通信或共享数据。但情况并非总是如此。

这种例子很多,其中多进程正在做一些并发任务,它们需要共享关键信息,以便让软件继续运行。例如,我们可以参考 Hadoop 基础设施。在 Hadoop 集群中有许多节点,每个节点都有多进程来维持集群运行。

这些进程需要持续不断地共享信息片段,以保持集群的运行。还有很多这种多节点分布式系统的例子,比如 Gluster、Kafka 和加密货币网络。所有这些都需要位于不同节点上的进程之间进行大量的通信和信息传递,以保持正常运行。只要进程或线程在运行中没有中间共享状态,那多进程和多线程之间就没有太大区别。你可以用进程代替线程,反之亦然。但随着共享状态的引入,使用进程或线程,甚至两者的组合之间就存在着巨大的差异。一个区别是在可用的同步技术上。虽然使用这些机制所实现的 API 大致相同,但在多进程环境中工作的复杂性要高得多,底层实现也不同。多进程和多线程的另一个区别在于使用的共享状态技术。虽然线程能够使用进程可用的所有技术，但很难使用同一内存区域来共享状态。后续章节你会看到这有很大的不同。

更详细地说，一个进程有一个私有内存，其他进程不能读取或修改它，所以使用进程内存与其他进程共享一些东西并不那么容易。但对于线程来说，这就简单多了。同一进程中的所有线程都可以访问同一进程的内存，因此它们可以用它来存储共享状态。

接下来可以看到，可以让进程使用以下这些技术来访问它们之间的共享状态：

- **文件系统**：这是在多进程之间共享数据最简单的方法。这种方法非常古老，几乎所有操作系统都支持。一个例子就是软件项目中多个进程读取配置文件。如果文件由其中一个进程来写，那么应该采用同步技术来防止数据竞争以及其他与并发有关的问题。

- **内存映射文件**：所有兼容 POSIX 标准的操作系统和微软 Windows，都可以用内存区域映射磁盘文件。这些内存区域可以在多个进程之间共享，以便读取和修改。
  这种技术与文件系统的方法非常相似，但它减少了使用文件 API 通过文件描述符读写数据引起的麻烦。如果映射区域的内容可以被任何访问它的进程修改，就应该采用适当的同步机制。

- **网络**：对于位于不同计算机上的进程来说，唯一的通信方式是使用网络基础设施和套接字编程 API。套接字编程 API 是 SUS 和 POSIX 标准的重要组成部分，它几乎存在于每个操作系统中。这种技术的细节非常多，许多书籍专门介绍这种技术。各种协议、体系结构、处理数据流的方法以及更多的细节构成了这项专门的技术。在第 20 章中我们试图介绍其中的一部分，但想全面介绍网络 IPC 可能需要一整本书。

- **信号**：运行在同一个操作系统中的进程可以相互发送信号。虽然这更多的是用于传递命令信号，但它也可以用于共享小的状态信息（有效载荷）。共享状态的值可以在信号中携带，并被目标进程截获。

- **共享内存**：兼容 POSIX 标准的操作系统和微软 Windows 可以在多进程之间共享一个内存区域。因此，可以使用这个共享区域来存储变量和共享一些值。共享内存对数据竞争没有保护，所以使用它作为共享状态的进程需要采用适当的同步机制，以避免发生并发问题。一个共享内存可以被许多进程同时使用。

- **管道**：在兼容 POSIX 标准的操作系统和微软 Windows 中，管道是单向的通信通道。它可以用来在两个进程之间传输共享状态，一个进程向管道写入，而另一个进程从管道中读取。

一个管道可以是命名的，也可以是匿名的，每一种都有其特定的使用情况。在第 19 章讨论单台主机上的各种可用 IPC 技术时，我们将为它们给出更多细节和例子。

- **Unix 域套接字**：兼容 POSIX 的操作系统和最近的 Windows10 都可以使用 **Unix 套接字**实现全双工通信。在同一台机器、同一个操作系统上运行的进程可以使用 **Unix 域套接字**（Unix domain sockets）在一个全双工信道上传输信息。Unix 域套接字与网络套接字非常相似，但所有数据都是通过内核传输的，因此它提供了一种非常快速的数据传输方式。多个进程可以使用同一个 Unix 域套接字来通信和共享数据。Unix 域套接字也可用于特殊情况，例如在同一台主机上的进程之间传输文件描述符。使用 Unix 域套接字的好处是可以像网络套接字一样使用其 API。

- **消息队列**：几乎每个操作系统都存在消息队列。内核会维护一个消息队列，各种进程可以使用它来发送和接收大量消息。进程之间不需要知道彼此的情况，只需要访问消息队列就足够了。
  这种技术只用于同一台主机进程之间的通信。

- **环境变量**：类 Unix 操作系统和微软 Windows 提供了一组保存在操作系统本身中的变量。
  这些变量称为环境变量，它们可以被系统内的进程访问。

例如，这种方法在 CGI 中广泛使用，特别是当主 Web 服务器进程想把 HTTP 请求数据传输给生成的解释器进程时。

关于多线程/进程同步控制技术，你会发现 POSIX 标准提供的 API 非常相似。但在多线程和多进程应用中，互斥锁或条件变量的底层实现可能是不同的。我们将在接下来的章节中给出例子。

14.8　多线程

多线程是指在并发环境中使用用户线程（user threads）来执行并行任务。很难找到只有一个线程的简单程序了，你现在遇到的程序几乎都是多线程的。线程只能存在于进程内部，线程不能独立于进程而存在。每个进程至少有一个线程，它通常称为**主线程**（main thread)。使用单个线程来执行其所有任务的程序称为**单线程程序**(single-threaded program)。一个进程中的所有线程都可以访问相同的内存区域,这表明我们不必像多进程那样使用复杂的方案来共享数据。

由于线程与进程非常相似,它们可以使用进程共享或传输状态的所有技术。因此,上一节中解释的所有技术都可以被线程用来访问共享状态或传输数据。但线程比进程还有一个优势,那就是可以访问相同的内存区域。因此,在多个线程之间共享数据的一种常见方法就是在共享内存里面声明一些变量。由于每个线程都有自己的栈内存,它可以用于保持共享状态。一个线程可以向另一个线程传递一个指向其栈内部某处空间的地址,这样这个地址就可以很容易地被另一个线程访问,因为所有这些内存地址都属于进程的栈段。这些线程也可以很容易地访问进程所拥有的堆空间,可以用来存放其共享状态的空间。我们将在下一章给出几个使用栈和堆区域作为共享状态存储空间的例子。

同步技术也与进程使用的技术非常相似。甚至 POSIX API 在进程和线程之间也保持一致。这可能是由于兼容 POSIX 标准的操作系统以几乎相同的方式对待进程和线程。下一章将解释如何在多线程程序中使用 POSIX API 来声明信号量、互斥锁和条件变量等。

最后说明一点,微软 Windows 并不支持 POSIX 线程 API(pthreads)。它使用自己的 API 来创建和管理线程。这个 API 是 Win32 本地库的一部分,本书不会具体介绍,你可以在网上找到许多相关资源。

14.9　总结

本章我们讨论了在开发一个并发程序时可能会遇到的问题,以及我们应该采取的解决方案。涉及的主要内容如下:

- 讨论了并发问题。当交错不满足系统不变约束时,所有的并发系统都存在这个内在的问题。
- 讨论了后同步问题,这些问题只有在误用同步技术后才会发生。
- 探讨了为满足不变约束条件而采取的控制机制。
- 信号量是实现控制机制的关键工具。互斥锁(mutexes)是一种特殊的信号量,它允许一次只有一个任务进入临界区。
- 监控对象封装了一个互斥锁和一个条件变量,它可以在任务等待条件得到满足的情况下使用。

- 通过引入 POSIX 标准中的多进程和多线程，迈出了并发开发的第一步。

下两章（第 15 章和第 16 章）主要讨论兼容 POSIX 操作系统的多线程开发。第 15 章主要讨论线程以及它们的执行过程。第 16 章主要介绍多线程环境下可用的并发控制机制。这两章一起涵盖了编写多线程程序所需的内容。

15

线程执行

如上所述,在一个兼容 POSIX 标准的系统中,只能使用**多线程**(multithreading)或**多进程**(multi-processing)来实现并发。这两种方法都是很大的讨论主题,因此我们把它们分成四个独立章节,覆盖不同的内容:

- **多线程方法**将在本章和下一章中讨论。
- **多进程方法**将在第 17 章和第 18 章中介绍。

本章将剖析线程以及用来创建和管理线程的 API。下一章(即第 16 章)将通过多线程环境下的并发控制机制来研究它们应该如何解决与并发有关的问题。

多进程是指通过将软件的逻辑分解成多个进程来并发处理的想法。由于多线程和多进程之间存在明显差异,我们决定将多进程的讨论拆分到两个独立的章节。

相比之下,前两章的重点关注多线程,它只局限在单进程系统中。这是关于线程的最基本事实,也是我们首先关注它的原因。

上一章简要介绍了多线程和多进程的异同。本章将重点讨论多线程,同时探讨它们的使用方法,以便在单个进程中完美的执行多个线程。

本章涉及以下主题:

- 首先讨论线程。这一部分解释了 user threads 和内核线程(kernel threads),并讨论了线程的一些最重要的属性。这些属性有助于我们更好地理解多线程环境。
- 然后进入下一节,专门讨论使用 **POSIX 线程库**(POSIX threading,简称 pthread 库)进

行基本编程的内容。这个库是允许我们在 POSIX 系统上开发并发程序的主要标准库,但这并不表明不兼容 POSIX 的操作系统就不支持并发。对于像微软 Windows 这样的不兼容的操作系统,它们仍然能够利用自定义的 API 来开发并发程序。POSIX 线程库对线程和进程都提供支持。然而,本章的重点是线程部分,我们要看 pthread 库是如何创建线程并进一步管理它的。

• 最后演示了在一些使用 pthread 库的 C 代码中产生的竞态条件和数据竞争的例子。这为下一章继续讨论**线程同步**(thread synchronization)问题奠定了基础。

注:
为了能够完全掌握将要讨论的多线程方法,强烈建议你在进入第 16 章之前读完本章。这是因为本章主题贯穿了下一章线程同步相关的内容。

在进一步讨论之前,请记住,本章中只介绍 POSIX 线程库的基本使用方法。深入研究 POSIX 线程库的多种迷人的元素已经超出了本书的范围,因此,建议你花一些时间来探索 pthread 库中更多的细节,并通过编写例子来熟悉它。POSIX 线程库更高级的用法将在本书其余章节展示。

不过现在,让我们首先从概览开始逐步深入研究线程的概念。这是理解它的关键因素,我们将在本章余下内容中介绍其他的关键概念。

15.1 线程

上一章将线程作为多线程方法的一部分进行了讨论,当你想在兼容 POSIX 的操作系统上编写并发程序时,可以使用线程。

本节会对前面讲过的线程相关内容进行回顾,然后再带来一些与以后要讨论的主题有关的新信息。记住,所有这些信息是继续开发多线程程序的基础。

每个线程都是由进程发起的,它将永远属于该进程。不可能共享线程或将线程的所有权转移给另一个进程。每个进程至少有一个主线程。在 C 语言程序中,main 函数作为主线程执行过程中的一部分。

所有线程都共享同一个**进程 ID**(Process ID,PID)。如果你使用 top 或 htop 这样的工具,就可以很容易地看到线程共享同一个进程 ID,并在该 ID 下分组。不仅如此,所有者进程的所有属性都被其所有线程继承，例如，组 ID、用户 ID、当前工作目录和信号处理程序等。举例来说，一个线程的当前工作目录与它的所有者进程相同。

每个线程都有一个唯一专用的**线程 ID**(Thread ID, TID)。这个 ID 可以用来向该线程传递信号或在调试时跟踪它。你会看到，在 POSIX 线程中，线程 ID 可以通过 pthread_t 变量访问。此外，每个线程也有一个专用的信号掩码，可以用来过滤收到的信号。

同一进程中的所有线程都可以访问该进程中其他线程所打开的所有**文件描述符**(file descriptors)。因此，所有的线程都可以读取或修改这些文件描述符背后的资源。关于**套接字描述符**(socket descriptors)和打开的**套接字**(sockets)也是如此。在接下来的章节中，你将学习更多关于文件描述符和套接字的知识。

线程可以使用 14 章中介绍的进程相关技术来共享或传输状态。注意，举例来说，在共享位置（如数据库）中拥有共享状态，与在网络上传输该状态是不同的，这就导致了两类不同的 IPC 技术。我们将在后续章节中讨论这一点。

以下是兼容 POSIX 标准的系统中线程可以用来共享或传输状态的方法列表：

- 所有者进程内存（数据、栈和堆段）。这种方法仅(only)适用于线程而非进程。
- 文件系统。
- 内存映射文件。
- 网络（使用套接字）。
- 线程间信号传递。
- 共享内存。
- POSIX 管道。
- Unix 域套接字。
- POSIX 消息队列。
- 环境变量。

为了处理线程属性，同一个进程中的所有线程可以使用同一进程的内存空间来存储和维护共享状态。这是多线程之间最常见的共享状态方式。进程的堆段通常用于这个目的。

线程的生存周期取决于其所有者进程的生存周期。当一个进程被**杀死**(killed)或**终止**(terminated)时，该进程的所有线程也将终止。

当主线程结束时，该进程立即退出。但是，如果还有其他**分离**(detached)的线程在运行，进程会等待所有线程都结束后再终止。分离的线程将在 POSIX 线程创建部分解释。

创建线程的进程可以是内核进程,也可以是一个在用户空间的进程。如果该进程是内核,则该线程称为**内核级线程**(kernel-level thread),或者简称**内核线程**(kernel thread),否则,该线程称为**用户级线程**(user-level thread)。内核线程通常执行重要的逻辑,因此它们的优先级比用户线程高。例如,一个设备驱动可能使用一个内核线程来等待一个硬件信号。

与访问同一内存区域的用户线程类似,内核线程也可以访问内核的内存空间,也可以访问内核内的所有过程和单元。

本书主要讨论用户线程,而不是内核线程。这是因为 POSIX 标准定义了处理用户线程所需的 API,但并没有定义用于创建和管理内核线程的标准接口,每个内核不尽相同。

创建和管理内核线程已经超出了本书的范围。因此,从现在开始,当我们使用**线程**(thread)这个术语时,指的是用户线程而不是内核线程。

用户不能直接创建线程。用户需要先生成一个进程,因为只有这样,该进程的主线程才能启动另一个线程。注意,只有线程可以创建线程。

线程内存布局方面,每个线程都有自己的栈内存区域,这个区域可以视为该线程的私有内存区域。然而,在实践中,当有一个指向它的指针时,这块区域可以被同一个进程中的其他线程访问。

你应该牢记,所有这些栈区域都是同一进程内存空间的一部分,可以被同一进程中任何线程访问。

关于同步技术,用于同步进程的控制机制也可用于同步多个线程。信号量、互斥锁和条件变量是可用于同步线程的工具的一部分,这和进程一样。

当它的线程是同步的并且没有数据竞争或竞态条件时,一个程序通常称为**线程安全**(thread-safe)程序。同样,一个库或一组函数可以很容易地在多线程程序中使用,而不引入任何新的并发问题,称为**线程安全库**(thread-safe library)。作为程序员,我们的目标就是生成一段线程安全的代码。

注：

在下面的链接中，你可以找到更多关于 POSIX 线程及其共享属性的信息。下面的链接是关于 POSIX 线程接口的 NTPL 实现的内容。这是专门针对 Linux 环境的，但大部分内容也适用于其他类 Unix 操作系统。http://man7.org/linux/man-pages/man7/pthreads.7.html

本节我们介绍了一些线程的基础概念和属性，以便更好地理解接下来的章节。后面将讨论各种多线程的例子，你会看到许多这些属性的实际应用。

下一节将向你介绍如何创建 POSIX 线程的第一个代码示例。这一节将非常简单，因为它只讨论 POSIX 中线程的基本知识。这些基础知识将引导我们进入之后更高级的话题。

15.2　POSIX 线程

本节专门介绍 POSIX 线程 API，也就是我们常说的 pthread 库(pthread library)。这个 API 非常重要，因为它是在 POSIX 兼容操作系统中用于创建和管理线程的主要 API。

在不兼容 POSIX 标准的操作系统(如微软 Windows)中，通常有另一个为此目的设计的 API，它可以在该操作系统的文档中找到。例如，在微软 Windows 操作系统中，线程 API 是作为 Windows API(称为 Win32 API)的一部分提供的。微软关于 Windows 线程 API 的文档链接如下：https://docs.microsoft.com/en-us/windows/desktop/procthread/process-and-thread-functions。

然而，在 C11 中，我们希望有一个统一的 API 来处理线程问题。换句话说，无论是 POSIX 系统还是非 POSIX 系统，你都可以使用 C11 提供的相同 API 来编写程序。虽然这是非常理想的，但目前在各种 C 标准实现(如 glibc)中对这种通用 API 的支持并不多。

继续讨论这个话题，pthread 库只是一组**头文件**(headers)和**函数**(functions)，可以用来在兼容 POSIX 的操作系统中编写多线程程序。每个操作系统都有自己的 pthread 库的实现，这些实现可能与另一个兼容 POSIX 标准的操作系统的实现完全不同，但在最后，它们都公开了相同的接口(API)。

一个著名的例子是 **Native POSIX Threading Library**，简称 **NPTL**，它是 Linux 操作系统中 pthread 库的主要实现。

正如 pthread API 所描述的那样,所有的线程功能都可以通过包含头文件 pthread. h 来实现。还有一些对 pthread 库的扩展仅在包含 semaphore. h 时才可以使用。例如,其中一个扩展涉及信号量特有的操作(创建、初始化和销毁等)。

POSIX 线程库公开了以下功能。这些功能你应该很熟悉,因为我们已经在上述章节中对它们进行了详细的解释:

- 线程管理,包括创建线程、加入线程和分离线程
- 互斥锁
- 信号量
- 条件变量
- 各种类型的锁,如自旋锁和递归锁

为解释上述功能,我们必须从 pthread_前缀开始。除了信号量相关函数,所有的 pthread 函数都以这个前缀开头。这是因为信号量并不是初始 POSIX 线程库的一部分,而是后来作为一种扩展加入的。信号量函数以 sem_前缀开头。

在本章接下来的部分,我们将看到在编写多线程程序时如何使用上述的一些功能。首先,我们将学习如何创建 POSIX 线程,以便运行与主线程并发的代码。这里,我们将学习 pthread_create 和 pthread_join 函数,它们分别是创建(creating)和加入(joining)线程的主要 API。

15.3　生成 POSIX 线程

前几章已经学习了所有的基本概念,如交错、锁、互斥和条件变量,并在本章中介绍了 POSIX 线程的概念,现在是编写一些代码的时候了。

第一步是创建一个 POSIX 线程。本节将演示如何使用 POSIX 线程 API 在一个进程中创建新的线程。下面例 15.1 描述了如何创建一个线程来执行一个简单的任务,比如打印一个字符串:

```
# include < stdio.h>
# include < stdlib.h>

//使用 pthread 库需要包含的 POSIX 标准头文件
# include < pthread.h>
```

```
//此函数包含应作为独立线程主体运行的逻辑
void* thread_body(void* arg) {
    printf("Hello from first thread! \n");
    return NULL;
}

int main(int argc, char** argv) {

    //线程句柄
    pthread_t thread;

    //创建新线程
    int result = pthread_create(&thread, NULL, thread_body, NULL);
    //如果线程创建不成功
    if (result) {
        printf("Thread could not be created. Error number: % d\n",result);
        exit(1);
    }

    //等待线程创建结束
    result = pthread_join(thread, NULL);
    //如果加入线程不成功
    if (result) {
        printf("The thread could not be joined. Error number: % d\n",result);
        exit(2);
    }
    return 0;
}
```

代码框 15－1［ExtremeC_examples_chapter15_1.c］:生成一个新的 POSIX 线程

代码框 15－1 中的示例代码创建了一个新的 POSIX 线程。这是本书中第一个有两个线程的例子,之前所有的例子都是单线程的,代码一直在主线程内运行。

我们来解释一下上述代码。开头包含了一个新的头文件:pthread.h。这是一个标准头文件,包含所有 pthread 的功能。我们通过这个头文件把 pthread_create 和 pthread_join 两个函数的声明包含进来。

main 函数之前声明了一个新函数:thread_body。这个函数遵循特定签名。它接受一个 void * 指针,并返回另一个 void * 指针。注意,void * 是一个通用的指针类型,可以表示任何指针类型,如 int * 或 double * 。

因此,这个签名是一个 C 函数可以拥有的最通用的签名。POSIX 标准规定,所有线程的**伴生函数**(companion function,用作线程逻辑)都应该遵循这个通用签名。这就是为什么这样定义 thread_body 函数的原因。

注：

main 函数是主线程逻辑的一部分。当主线程被创建时,它执行 main 函数作为其逻辑的一部分。这表明在 main 函数之前和之后可能会执行其他代码。

回到代码中,main 函数的第一条指令声明了一个 pthread_t 类型的变量。这是一个线程句柄变量,在声明它时,它并没有指向任何特定的线程。换句话说,这个变量还没有包含任何有效的线程 ID。只有在成功创建了一个线程之后,这个变量才会包含这个新创建线程的有效句柄。

在创建线程后,线程句柄实际上引用的是最近创建的线程 ID。线程 ID 是操作系统中的线程标识符,而线程句柄是程序中的线程的代表。大多数情况下,存储在线程句柄中的值与线程 ID 相同。每个线程都能够通过获得一个指代自己的 pthread_t 变量来访问其线程 ID。一个线程可以使用 pthread_self 函数来获得一个指向自己的句柄。我们将在后续的例子中演示这些函数的用法。

线程创建发生在调用 pthread_create 函数的时候。显然我们将线程句柄变量的地址传递给了 pthread_create 函数,即使用适当的句柄(或线程 ID)来填充它,指代新创建的线程。

第二个参数决定了线程的属性。每个线程都有一些属性,比如**栈大小**(stack size)、**栈地址**(stack address)和**分离**(detach)状态,这些属性可以在创建线程之前配置。

我们将使用更多例子来展示,如何配置这些属性以及它们如何影响线程行为方式。如果第二个参数传递的是 NULL,这表明新线程使用其属性的默认值。因此,上述代码已经创建了一个具有默认值属性的线程。

传给 pthread_create 的第三个参数是一个函数指针。它指向线程的**伴生函数**(companion function,),其中包含线程的逻辑。在上述代码中,线程的逻辑定义在 thread_body 函数中。因此,应该传递它的地址,以便与句柄变量 thread 绑定。

第四个也是最后一个参数是线程逻辑的输入参数,在我们的例子中是 NULL。这表明我们不希望向函数传递任何参数。因此,thread_body 函数中的参数 arg 在线程执行时将是 NULL。下一节的例子中,我们将看看如何向这个函数传递一个值而不是 NULL。

所有的 pthread 函数,包括 pthread_create,成功执行后都应该返回 0。因此,如果返回的是除 0 以外的任何数字,那么就表明该函数执行失败,并且返回了一个**错误数字**(error number)。注意,使用 pthread_create 创建一个线程并不表明线程逻辑会立即执行。这是一个调度的问题,新线程何时获得 CPU 核心并开始执行是无法预测的。

创建完线程后,就要加入新创建的线程,但这到底意味着什么呢? 如上所述,每个进程都从一个线程开始,这就是**主线程**(main thread)。除了主线程(其父线程是所属进程)之外,其他线程都有一个**父线程**(parent thread)。在默认情况下,如果主线程结束,进程也会结束。当进程被终止时,所有其他正在运行或正在睡眠的线程也将立即终止。

因此,如果创建了一个新线程,而它还没有运行(因为它还没有获得 CPU 的使用权),同时,父进程被终止(无论什么原因),该线程甚至在执行其第一条指令之前就会终止。因此,主线程需要加入第二个线程,才能让第二个线程执行并结束。

只有当伴生函数返回时,线程才会结束。在上述例子中,当 thread_body 伴生函数返回 NULL 时,创建的线程就会结束。当新生成的线程完成后,在调用 pthread_join 之后被阻塞的主线程释放出来并继续进行,最后程序成功终止。

如果主线程没有加入新创建的线程,那么新创建的线程根本不可能执行,因为主线程在被创建的线程进入执行阶段之前就退出了。

我们还应该记住,要执行一个线程,光创建它是不够的。创建的线程可能需要一段时间来获得对 CPU 核心的访问权,并最终开始运行。如果在此期间进程被终止了,那么新创建的线程就没有成功运行的机会。

现在我们已经谈完了代码的设计,Shell 框 15 - 1 展示了运行例 15.1 的输出:

```
$ gcc ExtremeC_examples_chapter15_1.c - o ex15_1.out - lpthread
$ ./ex15_1.out
Hello from first thread!

$
```

Shell 框 15 - 1:构建并运行例 15.1

如上面 Shell 框所示,我们需要在编译命令中添加-lpthread 选项。这是因为需要将我们的程序与现有的 pthread 库的实现链接起来。在一些平台上,比如 macOS,你的程序链接时可以没有-lpthread 选项。但是,强烈建议在使用 pthread 库的时候使用这个选项。该选项的重要性在于可以让**构建脚本**(build scripts)在任何平台上工作,并防止在构建 C 项目时出现任何交叉兼容性问题。

可以被加入的线程称为**可加入线程**（joinable）。默认情况下，线程是可加入的。与之相反，还存在**分离线程**（detached）。分离线程不能被加入。

在例 15.1 中，主线程可以分离新产生的线程，而不是加入它。通过这种方式，我们可以让进程知道，它必须等待分离线程完成后才能终止。注意，在这种情况下，主线程可以在父进程未终止的情况下退出。

在下面的代码中，我们想用分离线程重写上述例子。主线程不加入新创建的线程，而是使其分离，然后退出。这样一来，尽管主线程已经退出，但在第二个线程完成之前，该进程仍然在运行：

```c
# include < stdio.h>
# include < stdlib.h>

//使用 pthread 库需要包含的 POSIX 标准头文件
# include < pthread.h>

//此函数包含应作为单独线程主体运行的逻辑
void*  thread_body(void*  arg) {
    printf("Hello from first thread! \n");
    return NULL;
}

int main(int argc, char* *  argv) {

    //线程句柄
    pthread_t thread;

    //创建新线程
    int result =  pthread_create(&thread, NULL, thread_body, NULL);
    //如果线程创建不成功
    if (result) {
        printf("Thread could not be created. Error number: % d\n", result);
        exit(1);
    }

    //分离线程
    result =  pthread_detach(thread);
    //如果分离线程不成功
    if (result) {
        printf("Thread could not be detached. Error number: % d\n",result);
        exit(2);
    }
```

```
//退出主线程
pthread_exit(NULL);

return 0;
}
```

代码框 15 - 2[ExtremeC_examples_chapter15_1_2.c]：例 15.1 生成一个分离的线程

上述代码的输出与之前使用可加入线程编写的代码完全相同。唯一的区别是管理新创建线程的方式。

在新线程创建之后，主线程已经将其分离。然后，主线程退出。pthread_exit(NULL)指令是必要的，以便让进程知道它应该等待其他分离的线程完成。如果这些线程没有被分离，进程就会在主线程退出时被终止。

注：

分离状态(detach state)是线程属性之一，可以在创建新线程之前设置，以便让它分离。这是另一种创建新的分离线程的方法，而不是在可加入线程上调用 pthread_detach。不同的是，这种方式中，新创建的线程从一开始就被分离了。

下一节将介绍第一个演示竞态条件的例子。我们将使用本节中介绍的所有函数来编写这个例子。因此，你将有第二次机会在不同的情况下再次重温它们。

15.4　竞态条件示例

在第二个例子中，我们将研究一个问题更多的场景。代码框 15 - 3 中的例 15.2 显示了交错是如何发生的，以及为何在实践中我们不能可靠地预测例子的最终输出，这主要是因为并发系统的不确定性。这个示例程序同时创建了三个线程，每个线程都打印不同的字符串。

以下代码的最终输出包含三个不同线程打印的字符串，但顺序不可预测。如果以下示例的不变约束(在前一章中介绍过)是要以特定顺序输出字符串，那么下面的代码将无法满足该约束，主要是因为不可预测的交错。让我们看看下面的代码：

```
# include < stdio.h>
# include < stdlib.h>

//使用 pthread 库需要包含的 POSIX 标准头文件
# include < pthread.h>
```

```
void* thread_body(void* arg) {
    char* str = (char* )arg;
    printf("% s\n", str);
    return NULL;
}
int main(int argc, char* * argv) {
    //线程句柄
    pthread_t thread1;
    pthread_t thread2;
    pthread_t thread3;

    //创建新线程
    int result1 = pthread_create(&thread1, NULL, thread_body, "Apple");
    int result2 = pthread_create(&thread2, NULL, thread_body, "Orange");
    int result3 = pthread_create(&thread3, NULL, thread_body, "Lemon");

    if (result1 || result2 || result3) {
        printf("The threads could not be created.\n");
        exit(1);
    }

    //等待线程结束
    result1 = pthread_join(thread1, NULL);
    result2 = pthread_join(thread2, NULL);
    result3 = pthread_join(thread3, NULL);

    if (result1 || result2 || result3) {
        printf("The threads could not be joined.\n");
        exit(2);
    }
    return 0;
}
```

代码框 15-3[ExtremeC_examples_chapter15_2.c]：例 15.2 打印三个不同的字符串

我们刚才看的代码与为例 15.1 编写的代码非常相似，但它创建了三个线程而不是一个。本例对所有三个线程使用同一个伴生函数。

如上面代码所示，我们向 pthread_create 函数传递了第四个参数，而在之前的例 15.1 中，这个参数是 NULL。线程 thread_body 的伴生函数可以通过通用指针 arg 访问这些参数。

在 thread_body 函数中，线程将通用指针 arg 转换为 char * 指针，并使用 printf 函数打印出从该地址开始的字符串。这就是我们能够向线程传递参数的方式。同样，它们的大小也无关紧要，因为我们只传递了一个指针。

如果在线程创建时需要传给线程多个值，则可以先用结构来包含这些值，并传递一个指向这个结构变量的指针。我们将在下一章中演示如何做到这一点。

注：
　　我们可以向线程传递一个指针，这表明新的线程可以访问主线程能够访问的内存区域。然而，能访问的区域并不局限于其进程内存中的特定段或区域，所有线程都可以完全访问进程中的栈、堆、文本和数据段。

如果多次运行例 15.2，你就会发现打印的字符串内容相同，但打印的顺序有所不同。

Shell 框 15-2 显示了例 15.2 的编译过程以及连续运行三次后的输出：

```
$ gcc ExtremeC_examples_chapter15_2.c - o ex15_2.out - lpthread
$ ./ex15_2.out
Apple
Orange
Lemon
$ ./ex15_2.out
Orange
Apple
Lemon
$ ./ex15_2.out
Apple
Orange
Lemon
$
```

Shell 框 15-2：运行例 15.2 三次后观察到的竞态条件和各种交错情况

第一和第二线程在第三线程之前打印字符串的交错很容易产生，但第三线程在第一个或第二个线程之前打印字符串的交错就很难产生。但运行足够多次后，这种情况一定会出现。你需要更多地去运行这个例子才能产生这种交错，这可能需要一些耐心。

上述代码也称为不是线程安全的。这是一个重要的定义：当且仅当，根据定义的不变约束，没有产生竞态条件，才能说一个多线程程序是线程安全的。因此，由于上述代码有一个竞态条件，它不是线程安全的。我们的工作是通过使用适当的控制机制使上述代码线程安全，这些机制将在下一章介绍。

如上面例子输出所示，在 Apple 或 Orange 的字符之间没有任何交错。例如，不会有以下输出：

```
$ ./ex15_2.out
AppOrle
Ange
Lemon
$
```

Shell 框 15 - 3：上述例子中并没有发生的一个假想输出

这表明了 printf 函数是**线程安全**(thread safe)的，即无论交错如何发生，在其中一个线程打印字符串的过程中，其他线程中的 printf 不会打印任何东西。

此外，在上述代码中，thread_body 伴生函数在三个不同线程的上下文中被运行了三次。在前面的章节和给出多线程例子之前，所有的函数都是在主线程的上下文中执行的。从现在开始，每个函数调用都发生在特定的线程（不一定是主线程）的上下文中。

两个线程不可能发起同一个函数调用。原因很明显，因为每个函数调用都需要创建一个**栈框架**(stack frame)，这个框架要位于一个线程的栈顶，而两个不同的线程有两个不同的栈区域。因此，函数调用只能由一个线程发起。换句话说，两个线程可以分别调用同一个函数，它的结果是两个独立的函数调用，但它们不能共享同一个函数调用。

注意，传递给线程的指针不能是**悬空指针**(dangling pointer)。因为悬空指针会导致一些难以追踪的严重内存问题。提醒一下，悬空指针指向内存中没有分配变量的地址。更确切地说，这种情况是指在某个时刻，那里原本可能有一个变量或一个数组，但当使用悬空指针时，它已经被释放了。

上述代码向每个线程传递了三个字符串。由于这些字符串所需的内存是从数据段分配的，而不是从堆段或栈段分配的，所以它们的地址永远不会被释放，参数指针也不会悬空。

上述代码很容易写成指针悬空的情形。下面是有悬空指针的代码，并且导致了糟糕的内存行为：

```c
# include < stdio.h>
# include < stdlib.h>
# include < string.h>

//使用 pthread 库需要包含的 POSIX 标准头文件
# include < pthread.h>

void* thread_body(void* arg) {
    char* str = (char* )arg;
```

```
        printf("% s\n", str);
        return NULL;
    }

int main(int argc, char* * argv) {
    //线程句柄
    pthread_t thread1;
    pthread_t thread2;
    pthread_t thread3;

    char str1[8], str2[8], str3[8];
    strcpy(str1, "Apple");
    strcpy(str2, "Orange");
    strcpy(str3, "Lemon");

    //创建新线程
    int result1 = pthread_create(&thread1, NULL, thread_body, str1);
    int result2 = pthread_create(&thread2, NULL, thread_body, str2);
    int result3 = pthread_create(&thread3, NULL, thread_body, str3);

    if (result1 || result2 || result3) {
        printf("The threads could not be created.\n");
        exit(1);
    }

    //分离线程
    result1 = pthread_detach(thread1);
    result2 = pthread_detach(thread2);
    result3 = pthread_detach(thread3);

    if (result1 || result2 || result3) {
        printf("The threads could not be detached.\n");
        exit(2);
    }
    //现在,字符串被释放
    pthread_exit(NULL);

    return 0;
}
```

代码框 15 – 4[ExtremeC_examples_chapter15_2_1. c]:从主线程栈区域分配内存的例 15.2

上述代码与例 15.2 中给出的代码几乎相同,但有两点不同。

首先,传递给线程的指针不是指向驻留在数据段的字符串,而是指向主线程栈区域分配的字符数组。作为 main 函数的一部分,这些数组已经声明,并且在下面几行中被一些字符串填充。

我们需要记住,字符串仍然在数据段中,但是声明的数组在使用 strcpy 函数填充后,其值与字符串内容相同。

第二个区别是关于主线程的行为方式。在之前的代码中,它加入了线程,但在这段代码中,它分离了线程并立即退出。这将释放在主线程栈顶区域声明的数组,而在一些交错中,其他线程可能试图读取这些被释放的区域。因此,在某些交错中,传递给线程的指针可能会变得悬空。

注:

有些约束条件,比如没有崩溃、没有悬空指针,以及一般没有内存相关问题,是程序不变约束的一部分。因此,一个在某些交错中产生悬空指针问题的并发系统,肯定是受到了严重的竞态条件的影响。

为了能够检测到悬空指针,你需要使用一个**内存分析器**(memory profiler)。一个更简单的方法是,你可以多次运行该程序,并等待崩溃的发生。然而,这种情况并不是总能够发生。我们也不足够幸运,本例也没看到崩溃。

为了检测本例中糟糕的内存行为,我们将使用 valgrind。还记得我们在第 4 章和第 5 章中介绍过这个内存分析器,用于查找**内存泄漏**(memory leaks)。在这个例子中,我们想用它来确定是在哪里发生了糟糕的内存访问。

值得记住的是,使用悬空指针并访问其内容并不一定会导致崩溃。在上述代码中尤其如此,这里字符串被放置在了主线程的栈顶。

当其他线程在运行时,栈段仍然和主线程退出时相同,因此即使 str1、str2 和 str3 数组在离开 main 函数时被释放了,你还可以访问字符串。换句话说,在 C 或 C++中,运行环境并不检查指针是否悬空,它只是按照语句的顺序进行。

如果一个指针是悬空的,而它的底层内存被改变了,就会发生像崩溃或逻辑错误这样的糟糕情况。但只要底层内存不变(untouched),那么使用悬空指针就可能不会导致崩溃,因此这是非常危险和难以追踪的。

简而言之,仅仅因为可以通过悬空指针访问某内存区域,并不意味着允许访问该区域。这就是为什么我们需要使用像 valgrind 这样的内存分析器的原因,它将报告这些无效的内存访问。

在下面的 Shell 框中,我们编译了这个程序,并用 valgrind 运行了两次。在第一次运行中,没有发生任何糟糕情况,但在第二次运行中,valgrind 报告了一个错误的内存访问。

Shell 框 15 - 4 展示了第一次运行:

```
$ gcc - g ExtremeC_examples_chapter15_2_1.c - o ex15_2_1.out - lpthread
$ valgrind ./ex15_2_1.out
= = 1842= = Memcheck, a memory error detector
= = 1842= = Copyright (C) 2002- 2017, and GNUGPL'd, by Julian Seward et al.
= = 1842= = Using Valgrind- 3.13.0 andLibVEX; rerun with - h for copyright info
= = 1842= = Command: ./ex15_2_1.out
= = 1842= =
Orange
Apple
Lemon
= = 1842= =
= = 1842= = HEAP SUMMARY:
= = 1842= = in use at exit: 0 bytes in 0 blocks
= = 1842= = total heap usage: 9allocs, 9 frees, 3,534 bytes allocated
= = 1842= =
= = 1842= = All heap blocks were freed - -  no leaks are possible
= = 1842= =
= = 1842= = For counts of detected and suppressed errors, rerun with:- v
= = 1842= = ERROR SUMMARY: 0 errors from 0 contexts (suppressed: 0from 0)
$
```

Shell 框 15 - 4:第一次使用 valgrind 运行例 15.2

在第二次运行中,valgrind 报告了一些内存访问问题(注意,运行它可以看到完整输出,但考虑到篇幅,我们省略了部分内容)。

```
$ valgrind ./ex15_2_1.out
= = 1854= = Memcheck, a memory error detector
= = 1854= = Copyright (C) 2002- 2017, and GNUGPL'd, by Julian Seward et al.
= = 1854= = Using Valgrind- 3.13.0 andLibVEX; rerun with - h for copyright info
= = 1854= = Command: ./ex15_2_1.out
= = 1854= =
Apple
Lemon
= = 1854= = Thread 4:
= = 1854= = Conditional jump or move depends onuninitialized value(s)
= = 1854= = at 0x50E6A65: _IO_file_xsputn@ @ GLIBC_2.2.5 (fileops.c:1241)
= = 1854= = by 0x50DBA8E: puts (ioputs.c:40)
= = 1854= = by 0x1087C9:thread_body (ExtremeC_examples_chapter15_2_1.c:17)
= = 1854= = by 0x4E436DA:start_thread (pthread_create.c:463)
= = 1854= = by 0x517C88E: clone (clone.S:95)
```

```
= = 1854= =
...
= = 1854= =
= = 1854= = Syscall param write (buf) points to uninitialised byte (s)
= = 1854= = at 0x516B187: write (write.c:27)
= = 1854= = by 0x50E61BC: _IO_file_write@ @ GLIBC_2.2.5 (fileops.c:1203)
= = 1854= = by 0x50E7F50:new_do_write (fileops.c:457)
= = 1854= = by 0x50E7F50: _IO_do_write@ @ GLIBC_2.2.5(fileops.c:433)
= = 1854= = by 0x50E8402: _IO_file_overflow@ @ GLIBC_2.2.5 (fileops.c:798)
= = 1854= = by 0x50DBB61: puts (ioputs.c:41)
= = 1854= = by 0x1087C9:thread_body (ExtremeC_examples_chapter15_2_1.c:17)
= = 1854= = by 0x4E436DA:start_thread (pthread_create.c:463)
= = 1854= = by 0x517C88E: clone (clone.S:95)
...
= = 1854= =
Orange
= = 1854= =
= = 1854= = HEAP SUMMARY:
= = 1854= = in use at exit: 272 bytes in 1 blocks
= = 1854= = total heap usage: 9allocs, 8 frees, 3,534 bytes allocated
= = 1854= =
= = 1854= = LEAK SUMMARY:
= = 1854= = definitely lost: 0 bytes in 0 blocks
= = 1854= = indirectly lost: 0 bytes in 0 blocks
= = 1854= = possibly lost: 272 bytes in 1 blocks
= = 1854= = still reachable: 0 bytes in 0 blocks
= = 1854= = suppressed: 0 bytes in 0 blocks
= = 1854= = Rerun with - - leak- check= full to see details of leaked memory
= = 1854= =
= = 1854= = For counts of detected and suppressed errors, rerun with:- v
= = 1854 = = Use - - track- origins = yes to see whereuninitialised values
come from
= = 1854= = ERROR SUMMARY: 13 errors from 3 contexts (suppressed: 0 from 0)
$
```

Shell 框 15 - 5:第二次使用 valgrind 运行例 15.2

显然,尽管前面提到的竞态条件仍然存在,但是第一次运行很顺利,没有内存访问问题。然而,在第二次运行中,当其中一个线程试图访问 str2 所指向的 Orange 字符串时出了问题。

这表明传递给第二个线程的指针已经悬空了。在上述输出中,你可以清楚地看到栈跟踪指向 thread_body 函数中 printf 语句那行。注意,栈跟踪实际上指的是 puts 函数,因为 C 编译器已经用等价的 puts 语句替换了 printf 语句。上述输出还显示,write 系统调用正在使用一个名为 buf 的指针,该指针指向一个**未初始化或分配的内存区域**(not initialized or allocated)。

上述例子中 valgrind 并没有得出指针是否悬空的结论。它只是报告无效的内存访问。

尽管读取 Orange 字符串的访问是无效的,但在关于糟糕内存访问的错误信息出现之前,Orange 字符串已经被打印出来。这只是表明当代码以并发方式运行时,事情会变得很复杂。

这一节,我们已经迈出了重要的一步,看到了编写非线程安全的代码是多么容易。接下来演示另一个产生数据竞争的有趣例子,我们将看到对 pthread 库及其各种函数更复杂的用法。

15.5 数据竞争示例

例 15.3 展示了一个数据竞争的例子。前面的例子没有共享状态,但本例中,两个线程之间共享了一个变量。

本例的不变约束是保护共享状态的数据完整性(data integrity),以及其他所有显然的约束,如没有崩溃、没有错误的内存访问等。换句话说,输出结果并不重要,但一个线程不能在共享变量的值被其他线程改变,而自己却不知道最新值的情况下写入新值。这就是我们所说的"数据完整性":

```
# include < stdio.h>
# include < stdlib.h>

//使用 pthread 库需要包含的 POSIX 标准头文件
# include < pthread.h>

void* thread_body_1(void* arg) {
    //获得指向共享变量的指针
    int* shared_var_ptr = (int* )arg;
    //通过共享变量的内存地址直接对其值增 1
    (* shared_var_ptr)+ + ;
    printf("% d\n", * shared_var_ptr);
    return NULL;
}

void* thread_body_2(void* arg) {
    //获得指向共享变量的指针
```

```
        int*  shared_var_ptr =  (int* )arg;
        //通过共享变量的内存地址直接对其值增 2
        * shared_var_ptr + =  2;
        printf("% d\n", * shared_var_ptr);
        return NULL;
    }

int main(int argc, char* *  argv) {

    //共享变量
    int shared_var =  0;

    //线程句柄
    pthread_t thread1;
    pthread_t thread2;

    //创建新线程
    int result1 =  pthread_create(&thread1, NULL, thread_body_1, &shared_var);
    int result2 =  pthread_create(&thread2, NULL, thread_body_2, &shared_var);
    if (result1 || result2) {
        printf("The threads could not be created.\n");
        exit(1);
    }

    //等待线程结束
    result1 =  pthread_join(thread1, NULL);
    result2 =  pthread_join(thread2, NULL);

    if (result1 || result2) {
        printf("The threads could not be joined.\n");
        exit(2);
    }
    return 0;
}
```

代码框 15 - 5[ExtremeC_examples_chapter15_3. c]：例 15.3 中两个线程操作同一个共享变量

在 main 函数第一行声明了共享状态。本例中，我们处理的是一个从主线程的栈区域中分配的单一整数变量，但在实际应用中，它可能要复杂得多。整数变量的初始值是 0，每个线程通过向其内存位置写入数据直接增加它的值。

本例中，各个线程都没有在局部变量中保存共享变量值的副本。然而，你应该小心线程中的增量操作，因为它们不是原子操作，因此可能会经历不同的交错。我们在上一章中已经详细解释了这一点。

每个线程都能够通过使用指针来改变共享变量的值，该指针是通过其伴生函数的参数

arg 接收到的。显然在对 pthread_create 的两次调用中,我们都将变量 shared_var 的地址作为第四个参数来传递。

注意,指针永远不会在线程中悬空,因为主线程并没有退出,它通过加入线程来等待线程的结束。

Shell 框 15 - 6 中多次运行上面代码,以产生不同的交错,并展示了输出结果。请记住,我们希望共享变量 shared_var 的数据完整性得到保留。

因此,基于 thread_body_1 和 thread_body_2 中定义的逻辑,我们只能接受 1 3 和 2 3 这样的输出:

```
$ gcc ExtremeC_examples_chapter15_3.c - o ex15_3.out - lpthread
$ ./ex15_3.out
1
3
$
...
...
...
$ ./ex15_3.out
3
1
$
...
...
...
$ ./ex15_3.out
1
2
$
```

Shell 框 15 - 6:多次运行例 15.3,共享变量的数据完整性没有得到保证

显然最后一次运行显示,共享变量的数据完整性条件没有得到满足。

在最后一次运行中,以 thread_body_1 为伴生函数创建的第一个线程,已经读取了共享变量的值,结果为 0。而以 thread_body_2 为伴生函数创建的第二个线程,也已经读取了共享值,并且它的结果也是 0。在这之后,两个线程都试图增加共享变量的值,并立即打印。这是一个违反数据完整性的行为,因为当一个线程在操作一个共享状态时,另一个线程不能向其写入。

如上所述,本例中对共享变量 shared_var 有一个明显的数据竞争。

 注:

当执行例 15.3 时,请耐心等待输出 1 2。它可能会在运行可执行文件 100 次后发生!在 macOS 和 Linux 上都可以观察到数据竞争。

为了解决上述数据竞争问题,我们需要使用一种控制机制,比如信号量或互斥锁,来同步对共享变量的访问。下一章将在上述代码中引入一个互斥锁来实现这一点。

15.6 总结

本章是我们使用 C 语言 POSIX 线程库编写多线程程序的第一步。在本章中:

- 学习了 POSIX 线程库的基础知识,它是在 POSIX 兼容系统中编写多线程应用程序的主要工具。
- 探索了线程的各种属性和它们的内存结构。
- 给出了一些关于线程通信和共享状态的可用机制的见解。
- 解释了在同一进程中所有线程可用内存区域是共享数据和通信的最佳方式。
- 讨论了内核线程和用户级线程以及它们的区别。
- 解释了可加入线程和分离线程,以及从执行的角度看它们的区别。
- 演示了如何使用 pthread_create 和 pthread_join 函数以及参数。
- 使用实际的 C 语言代码演示了竞态条件和数据竞争的例子,使用悬空指针如何导致严重的内存问题,最终可能发生崩溃或逻辑错误。

下一章将继续讨论多线程问题,看看与并发有关的问题以及防止和解决这些问题的可用机制。

16

线程同步

上一章解释了如何创建和管理一个 POSIX 线程。我们还演示了两个最常见的并发问题：竞态条件和数据竞争。

本章将讨论如何使用 POSIX 线程库进行多线程编程，以及掌握控制多个线程的必要技能。

第 14 章的内容表明并发相关问题实际上不是问题，相反，它们都是并发系统基本性质的结果。因此，在任何并发系统中都可能会遇到它们。

前一章中使用 POSIX 线程库确实产生了这样的问题，例 15.2 和 15.3 分别演示了竞态条件和数据竞争问题。因此，它们将是我们使用 pthread 库同步机制来同步多个线程的起点。

本章我们将讨论以下主题：

- 使用 POSIX 互斥锁来保护访问共享资源的临界区。
- 使用 POSIX 条件变量来等待特定条件。
- 使用各种类型的锁、互斥锁和条件变量。
- 使用 POSIX 同步屏障以及它们可以帮助同步一些线程的方式。
- 信号量的概念及其 pthread 库中对应的对象：POSIX 信号量。你会发现互斥锁只是二值信号量。
- 线程内存结构及其这种结构影响多核系统中内存可见性的方式。

本章开头简单讨论并发控制。后续几节将为编写良好的多线程程序提供必要的工具和结构。

16.1 POSIX 并发控制

本节将了解 pthread 库所提供的可能控制机制。信号量、互斥锁、条件变量以及不同类型的锁都可以通过不同的组合方式为多线程程序带来确定性。首先,我们从 POSIX 互斥锁开始。

16.1.1 POSIX 互斥锁

pthread 库中引入的互斥锁可以用来同步进程和线程。这一节将在多线程 C 程序中使用它们来同步多个线程。

需要注意的是,互斥锁是一种信号量,每次只允许一个线程进入临界区。通常,一个信号量有可能让多个线程进入其临界区。

注:

互斥锁也称为**二值信号量**(binary semaphores),因为它们是只接受两种状态的信号量。

本节使用 POSIX 互斥锁来解决上一章例 15.3 中观察到的数据竞争问题。这个互斥锁一次只允许一个线程进入临界区对共享变量进行读写操作。这样就保证了共享变量的数据完整性。下面的代码框提供了数据竞争问题的解决方案:

```
# include < stdio.h>
# include < stdlib.h>

//使用 pthread 库需要包含的 POSIX 标准头文件
# include < pthread.h>

//声明对访问共享状态进行同步的互斥锁对象
pthread_mutex_t mtx;

void* thread_body_1(void* arg) {
    //获得指向共享变量的指针
    int* shared_var_ptr = (int* )arg;

    //临界区
    pthread_mutex_lock(&mtx);
    (* shared_var_ptr)+ + ;
    printf("% d\n", * shared_var_ptr);
```

```
        pthread_mutex_unlock(&mtx);
        return NULL;
}

void* thread_body_2(void* arg) {
        int* shared_var_ptr = (int* )arg;

        //临界区
        pthread_mutex_lock(&mtx);
        * shared_var_ptr += 2;
        printf("% d\n", * shared_var_ptr);
        pthread_mutex_unlock(&mtx);

        return NULL;
}

int main(int argc, char* * argv) {

        //共享变量

        int shared_var = 0;

        //线程句柄
        pthread_t thread1;
        pthread_t thread2;

        //初始化互斥锁和其底层资源
        pthread_mutex_init(&mtx, NULL);

        //创建新线程
        int result1 = pthread_create(&thread1, NULL,
            thread_body_1, &shared_var);
        int result2 = pthread_create(&thread2, NULL,
            thread_body_2, &shared_var);

        if (result1 || result2) {
            printf("The threads could not be created.\n");
            exit(1);
        }

        //等待线程结束
        result1 = pthread_join(thread1, NULL);
        result2 = pthread_join(thread2, NULL);

        if (result1 || result2) {
            printf("The threads could not be joined.\n");
            exit(2);
        }

        pthread_mutex_destroy(&mtx);

        return 0;
```

　　}

　　　　代码框 16－1〔ExtremeC_examples_chapter15_3_mutex. c〕：使用 POSIX 互
　　斥锁解决例 15.3 中的数据竞争问题

如果编译上述代码并多次运行，将会看到输出中只有１３或２３。这是因为上述代码使用了一个 POSIX 互斥锁对象来同步临界区。

程序开头声明了一个全局的 POSIX 互斥锁对象 mtx。然后在 main 函数中，使用 pthread_mutex_init 函数的默认属性初始化了互斥锁。第二个参数是 NULL，也可以是程序员自定义的属性。我们将在接下来的内容中通过一个例子来说明如何设置这些属性。

两个线程都通过使用这个互斥锁来保护 pthread_mutex_lock(&mtx)和 pthread_mutex_unlock(&mtx)语句之间的临界区。

最后，在离开 main 函数之前，我们销毁了互斥锁对象。

伴生函数 thread_body_1 中的第一对语句 pthread_mutex_lock(&mtx)和 pthread_mutex_unlock(&mtx)构成了第一个线程的临界区。此外，伴生函数 thread_body_2 中的第二对语句组成了第二个线程的临界区。这两个临界区都受到互斥锁的保护，每次只有一个线程可以进入临界区，另一个线程应该在其临界区之外等待，直到进入的线程离开。

一旦一个线程进入临界区，它就会锁定互斥锁，而其他线程在 pthread_mutex_lock(&mtx)语句之后等待互斥锁解锁。

默认情况下，等待互斥锁解锁的线程会进入睡眠模式，而不会执行忙-等待（busy-waiting）。但如果我们想进行忙-等待而不是进入睡眠状态呢？可以使用自旋锁（spinlock）。此时，无需使用上面所有与互斥锁相关的函数，只要使用下面的函数就足够了。幸运的是，pthread 在命名这些函数时使用了一致的约定。

与自旋锁相关的类型和功能如下：

• pthread_spin_t：用于创建自旋锁对象的类型。与 pthread_mutex_t 类似。

• pthread_spin_init：初始化自旋锁对象。与 pthread_mutex_init 类似。

• pthread_spin_destroy：与 pthread_mutex_destory 类似。

• pthread_spin_lock：与 pthread_mutex_lock 类似。

• pthread_spin_unlock：与 pthread_mutex_unlock 类似。

只需用自旋锁类型和函数替换前面的互斥锁类型和函数，就可以获得不同的行为，在本例中是忙-等待，同时等待互斥锁对象被释放。

本节介绍了 POSIX 互斥锁，以及如何使用它们来解决数据竞争问题。下一节将演示如何使用一个条件变量来等待某个事件的发生。我们将处理例 15.2 中发生的竞争问题，但需要对原始示例做一些修改。

16.1.2　POSIX 条件变量

我们在上一章的例 15.2 中遇到了一个竞态条件问题。现在看一个新例子，它与例 15.2 非常相似，但用条件变量会更简单。例 16.1 有两个线程而不是三个线程（就是例 15.2 的情况），它们需要将字符 A 和 B 打印到输出端，但我们希望它们总是按照特定的顺序：**先打印 A，然后打印 B**。

这个例子的不变约束是在**输出中首先看到 A，然后是 B**（加上所有共享状态的数据完整性、没有错误的内存访问、没有悬空指针、没有崩溃和其他明显的约束）。下面的代码演示了如何使用一个条件变量来为这个例子提供一个 C 语言解决方案：

```c
# include < stdio.h>
# include < stdlib.h>

//使用 pthread 库需要包含的 POSIX 标准头文件
# include < pthread.h>

# define TRUE 1
# define FALSE 0
typedef unsigned int bool_t;

//存有所有与共享状态相关的变量的结构
typedef struct {
    //指示是否已打印"A"的标志
    bool_t done;
    //保护临界区的互斥锁
    pthread_mutex_t mtx;
    //用于同步两个线程的条件变量
    pthread_cond_t cv;
} shared_state_t;

//初始化 shared_state_t 对象的成员
void shared_state_init(shared_state_t * shared_state) {
    shared_state- > done =  FALSE;
    pthread_mutex_init(&shared_state- > mtx, NULL);
    pthread_cond_init(&shared_state- > cv, NULL);
```

```
    }
    //销毁 shared_state_t 对象的成员
    void shared_state_destroy(shared_state_t * shared_state) {
        pthread_mutex_destroy(&shared_state- > mtx);
        pthread_cond_destroy(&shared_state- > cv);
    }

    void*  thread_body_1(void*  arg) {
        shared_state_t*  ss =  (shared_state_t* )arg;
        pthread_mutex_lock(&ss- > mtx);
        printf("A\n");
        ss- > done =  TRUE;
        //向等待条件变量的线程发送信号
        pthread_cond_signal(&ss- > cv);
        pthread_mutex_unlock(&ss- > mtx);
        return NULL;
    }

    void*  thread_body_2(void*  arg) {
        shared_state_t*  ss =  (shared_state_t* )arg;
        pthread_mutex_lock(&ss- > mtx);
        //等待，直到标志变为 TRUE
        while (! ss- > done) {
            //等待条件变量
            pthread_cond_wait(&ss- > cv, &ss- > mtx);
        }
        printf("B\n");
        pthread_mutex_unlock(&ss- > mtx);
        return NULL;
    }

    int main(int argc, char* *  argv) {

        //共享状态
        shared_state_t shared_state;

        //初始化共享状态
        shared_state_init(&shared_state);

        //线程句柄
        pthread_t thread1;
        pthread_t thread2;

        //创建新线程
        int result1 =
            pthread_create(&thread1, NULL, thread_body_1, &shared_state);
        int result2 =
            pthread_create(&thread2, NULL, thread_body_2, &shared_state);
```

```
    if (result1 || result2) {
        printf("The threads could not be created.\n");
        exit(1);
    }

    //等待线程结束
    result1 = pthread_join(thread1, NULL);
    result2 = pthread_join(thread2, NULL);

    if (result1 || result2) {
        printf("The threads could not be joined.\n");
        exit(2);
    }

    //销毁共享状态,释放互斥锁和条件变量对象
    shared_state_destroy(&shared_state);

    return 0;
}
```

代码框 16 - 2[ExtremeC_examples_chapter16_1_cv. c]:使用 POSIX 条件变量
来指定两个线程之间的特定顺序

在上述代码中,为了将共享互斥锁、共享条件变量和共享标志封装成一个实体,最好使用一个结构。注意,我们只能向每个线程传递一个指针。因此,必须将所需的共享变量封装到一个结构变量中。

我们定义了一个新的类型 shared_state_t,它是本例定义的第二个类型(在 bool_t 之后),具体代码如下:

```
typedef struct {
    bool_t done;
    pthread_mutex_t mtx;
    pthread_cond_t cv;
}  shared_state_t;
```

代码框 16 - 3:将例 16.1 中所需的所有共享变量放入一个结构中

在类型定义之后,我们又定义了两个函数来初始化和销毁 shared_state_t 实例。它们是 shared_state_t 类型的构造(constructor)和析构(destructor)函数。要阅读更多关于构造和析构函数的内容,请参考第 6 章。

这就是我们使用条件变量的方式。一个线程可以在一个条件变量上**等待**(或睡眠),然后在将来某个时刻被通知唤醒。不仅如此,一个线程可以**通知**(或**唤醒**)所有其他在条件变量上等待(或睡眠)的线程。所有这些操作都必须由一个互斥锁来保护,这就是为什么需

要把条件变量和互斥锁一起使用的原因。

我们在上述代码中也是这样做的。共享状态对象包括一个条件变量以及一个用来保护条件变量的互斥锁。再次强调,条件变量只在受其同伴互斥锁保护的临界区中使用。

那么,在上述代码中发生了什么?在负责打印 A 的线程中,它试图用一个指向共享状态对象的指针来锁定互斥锁 mtx。当获得锁后,线程打印 A,它设置了标志 done,最后通过调用 pthread_cond_signal 函数通知其他线程,这些线程可能正在等待条件变量 cv。

另一方面,如果在此期间第二个线程变成活动状态,而第一个线程还没有打印 A,那么第二个线程就会尝试获取互斥锁 mtx。如果它成功了,它就会检查标志 done,如果标志为 false,则表明第一个线程还没有进入其临界区(否则该标志应该是 true)。因此,第二个线程等待条件变量,并通过调用 pthread_cond_wait 函数立即释放 CPU。

需要注意的是,在等待一个条件变量时,相关的互斥锁会被释放,而其他线程可以继续执行。另外,在处于活动状态并退出等待状态时,需要再次获取相关的互斥锁。合理使用条件变量,你可以进行其他可能的交错处理。

注:

pthread_cond_signal 函数只能用来通知单个线程。如果你需要通知等待同一个条件变量的所有线程,你必须使用 pthread_cond_broadcast 函数。我们很快就会给出一个例子。

但是,为什么我们要用一个 while 循环而不是一个简单的 if 语句来检查标志 done 呢?这是因为第二个线程除了接收第一个线程的通知,还可以接收其他来源的通知。在这些情况下,如果线程在退出等待时能获得互斥锁并再次变得活跃,它就可以检查循环的条件,如果还没有满足,它需要再次等待。在一个循环中等待一个条件变量,直到它的条件与我们所等待的条件匹配为止,这是一种公认的技术。

上述解决方案也满足了内存可见性的约束。正如我们在前几章所解释的,所有的锁定和解锁操作都有责任在不同的 CPU 核心之间触发内存一致性。因此,在不同的缓存版本中看到的标志值 done 应该是最新并且相等的。

在例 15.2 和 16.1 中观察到的竞态条件问题(在没有适当控制机制的情况下)也可以用 POSIX 同步屏障来解决。下一节将讨论它们,并使用不同的方法重写例 16.1。

16.1.3　POSIX 同步屏障

POSIX 同步屏障使用不同的方法来同步多个线程。就像一群人打算并行地做一些任务，在某些时候需要会合、重组，然后继续。同样的事情也会发生在线程（甚至是进程）上。一些线程做任务速度比较快，而另一些速度却比较慢。但是可以设一个检查点（或会合点），在这个检查点上，所有线程都必须停下来，等待其他线程加入。这些检查点可以通过使用 POSIX **同步屏障**（POSIX barriers）来模拟。

以下代码使用同步屏障，给出了一个方法来解决例 16.1 中的问题。提醒一下，例 16.1 有两个线程。其中一个线程打印 A，另一个线程打印 B。不管如何交错，我们希望在输出中总是先看到 A，然后再看到 B。

```c
# include < stdio.h>
# include < stdlib.h>
# include < pthread.h>
//屏障对象
pthread_barrier_t barrier;

void* thread_body_1(void* arg) {
    printf("A\n");
    //等待另一个线程加入
    pthread_barrier_wait(&barrier);
    return NULL;
}
void* thread_body_2(void* arg) {
    //等待另一个线程加入
    pthread_barrier_wait(&barrier);
    printf("B\n");
    return NULL;
}
int main(int argc, char* * argv) {

    //初始化屏障对象
    pthread_barrier_init(&barrier, NULL, 2);

    //线程句柄
    pthread_t thread1;
    pthread_t thread2;

    //创建新线程
    int result1 = pthread_create(&thread1, NULL,thread_body_1, NULL);
    int result2 = pthread_create(&thread2, NULL,thread_body_2, NULL);
```

```
    if (result1 || result2) {
        printf("The threads could not be created.\n");
        exit(1);
    }

    //等待线程结束
    result1 = pthread_join(thread1, NULL);
    result2 = pthread_join(thread2, NULL);

    if (result1 || result2) {
        printf("The threads could not be joined.\n");
        exit(2);
    }

    //销毁屏障
    pthread_barrier_destroy(&barrier);

    return 0;
}
```

代码框 16-4[ExtremeC_examples_chapter16_1_barrier.c]：例 16.1 使用 POSIX 同步屏障的解决方案

显然上述代码量比我们用条件变量写的代码要少得多。使用 POSIX 同步屏障,可以很容易地使多个线程在某些执行的特定点上同步。

首先,我们声明了一个 pthread_barrier_t 类型的全局屏障对象。然后,main 函数使用 pthread_barrier_init 函数初始化了这个屏障对象。

第一个参数是一个指向屏障对象的指针。第二个参数是屏障对象的自定义属性。由于传递的是 NULL,这表明屏障对象将使用其属性的默认值进行初始化。第三个参数很重要,它是调用 pthread_barrier_wait 函数后在同一个屏障对象上等待线程的数量,只有初始化了这个屏障对象,所有的线程才会被释放并允许继续工作。

上面的例子中,我们设定了该值为 2。因此,只有当有两个线程在等待屏障对象时,它们才会被解开,并继续执行。其余代码与上述例子类似,前一节已经解释过。

一个屏障对象可以使用一个互斥锁和一个条件变量来实现,类似于我们在上一节中所做的。实际上,兼容 POSIX 标准的操作系统在其系统调用接口中并没有提供屏障这样的东西,大多数都是使用一个互斥锁和一个条件变量实现的。

这就是为什么一些操作系统如 macOS 不提供 POSIX 同步屏障的实现的基本原因。上述代码不能在 macOS 主机上编译,因为 macOS 没有定义 POSIX 同步屏障函数。上述代码在 Linux 和 FreeBSD 中都进行了测试,并且在这两个系统中都能工作。因此,在使用同步屏障时要小心,因为使用同步屏障会使代码的可移植性降低。

注:

macOS 不提供 POSIX 同步屏障函数表明它只是部分兼容 POSIX 标准,使用屏障的程序(当然是标准的)不能在 macOS 主机上编译。这违背了 C 语言的哲学,即一次编写,到处编译。

本节最后要注意的是,POSIX 同步屏障保证了内存的可见性。与锁定和解锁操作类似,在同步屏障上等待,可以确保多个线程离开同步屏障点时同一变量的所有缓存版本是同步的。

下一节将给出一个信号量的例子。在并发开发中并不经常使用它们,但是它们有自己的特殊用途。

通常会使用一种特定类型的信号量,即二进制信号量(可以互换地称为互斥锁),你已经在上述章节中看到了一些与此相关的例子。

16. 1. 4   POSIX 信号量

大多数情况下**互斥锁**(或**二值信号量**,binary semaphores)足以同步大量访问共享资源的线程。这是因为,为了按顺序进行读写操作,每次只有一个线程能够进入临界区。这就是所谓的互斥(mutual exclusion)。

然而,在某些情况下,你可能希望有一个以上的线程进入临界区并对共享资源进行操作。在这种情况下,你需要使用**通用信号量**(general semaphores)。

在讨论通用信号量的例子之前,让我们举一个关于二值信号量(或者说是互斥锁)的例子。本例不会使用 pthread_mutex_ ∗ 函数,而是使用 sem_ ∗ 函数,这些函数与信号量功能有关。

二值信号量

下面是例 15.3 使用信号量的解决方案。提醒一下,它涉及两个线程,每个线程给共享整数增加不同的值。我们想保护共享变量的数据完整性。注意,下面的代码中不会使用 POSIX 互斥锁:

```
# include < stdio.h>
```

```
# include < stdlib.h>
```

//使用 pthread 库需要包含的 POSIX 标准头文件

```
# include < pthread.h>
```

//没有通过 pthread.h 发布的信号量

```
# include < semaphore.h>
```

//指向信号量对象的主指针,用于同步对共享状态的访问。

```
sem_t * semaphore;

void* thread_body_1(void* arg) {
    //获得指向共享变量的指针
    int* shared_var_ptr = (int* )arg;
    //等待信号量
    sem_wait(semaphore);
    //通过内存地址直接将共享变量增 1
    (* shared_var_ptr)+ + ;
    printf("% d\n", * shared_var_ptr);
    //释放信号量
    sem_post(semaphore);
    return NULL;
}

void* thread_body_2(void* arg) {
    //获得指向共享变量的指针
    int* shared_var_ptr = (int* )arg;
    //等待信号量
    sem_wait(semaphore);
    //通过内存地址直接将共享变量增 2
    (* shared_var_ptr) + = 2;
    printf("% d\n", * shared_var_ptr);
    //释放信号量
    sem_post(semaphore);
    return NULL;
}

int main(int argc, char* * argv) {

    //共享变量
    int shared_var = 0;

    //线程句柄
    pthread_t thread1;
    pthread_t thread2;

# ifdef __APPLE__
    // OS/X 中不支持未命名的信号量。因此,我们需要使用 sem_open 函数将信号量初始化为
命名的信号量。
    semaphore = sem_open("sem0", O_CREAT | O_EXCL, 0644, 1);
```

```
# else
    sem_t local_semaphore;
    semaphore = &local_semaphore;
    //将信号量初始化为互斥锁(二进制信号量)
    sem_init(semaphore, 0, 1);
# endif

    //创建新线程
    int result1 = pthread_create(&thread1, NULL,
        thread_body_1, &shared_var);
    int result2 = pthread_create(&thread2, NULL,
        thread_body_2, &shared_var);

    if (result1 || result2) {
        printf("The threads could not be created.\n");
        exit(1);
    }

    //等待线程结束
    result1 = pthread_join(thread1, NULL);
    result2 = pthread_join(thread2, NULL);

    if (result1 || result2) {
        printf("The threads could not be joined.\n");
        exit(2);
    }

# ifdef __APPLE__
    sem_close(semaphore);
# else
    sem_destroy(semaphore);
# endif

    return 0;
}
```

代码框 16-5[ExtremeC_examples_chapter15_3_sem.c]：例 15.3 使用 POSIX 信号量的解决方案

在上述代码中，你可能注意到的第一件事是我们在 Apple 系统中使用了不同的信号量函数。在 Apple 操作系统（macOS、OSX 和 iOS）中，不支持**匿名信号量**（unnamed semaphores）。因此，不能只使用 sem_init 和 sem_destroy 函数。令人惊讶的是匿名信号量没有名称，它们只能在进程内部被多个线程使用。另一方面，命名的信号量是全系统的，可以被系统中的各个进程看到和使用。

在 Apple 系统中，创建匿名信号量所需的函数被标记为废弃，并且信号量对象不会被 sem_init 初始化。因此，必须使用 sem_open 和 sem_close 函数来定义命名信号量。

命名信号量是用来同步进程的，我们将在第 18 章中解释它们。在其他兼容 POSIX 标准的操作系统（特别是 Linux）中，我们仍然可以使用匿名信号量，并通过使用 sem_init 和 sem_destroy 函数分别初始化和销毁它们。

上述代码包含了一个额外的头文件：semaphore. h。如上所述，信号量是作为 POSIX 线程库的扩展而加入的，因此，它们没有在 pthread. h 头文件中公开。

在头文件包含的语句之后，我们已经声明了一个指向信号量对象的全局指针。这个指针将指向一个适当的地址，来处理实际的信号量对象。这里必须使用一个指针，因为在 Apple 系统中，我们必须使用 sem_open 函数，它返回一个指针。

然后，main 函数里，如果是 Apple 系统，那么创建一个命名信号量 sem0；如果是在其他兼容 POSIX 标准的操作系统里，那么使用 sem_init 来初始化这个信号量。注意，在这种情况下，信号量指针 semaphore 指向位于主线程栈顶部的变量 local_sempahore。主线程等待加入的线程完成后才会退出，因此指针 semaphore 不会成为悬空的指针。

注意，我们可以通过使用宏__APPLE__来区分 Apple 和非 Apple 系统。这是一个在 Apple 系统中使用 C 语言预处理程序时默认定义的宏。因此，我们可以通过这个宏排除那些不该在 Apple 系统上编译的代码。

让我们来看看线程的内部。在伴生函数中，临界区由 sem_wait 和 sem_post 函数保护，它们分别对应于 POSIX 互斥锁 API 中的 pthread_mutex_lock 和 pthread_mutex_unlock 函数。注意，sem_wait 可允许多个线程进入临界区。

在初始化信号量对象时，临界区允许的最大线程数是确定的。我们把 sem_open 和 sem_init 函数最后一个参数（最大线程数）设置为 1，因此，这个信号量更像一个互斥锁。

为了更好地理解信号量，让我们再深入了解一下细节。每个信号量对象都对应一个整数值。每当一个线程通过调用 sem_wait 函数来等待一个信号量时，如果信号量的值大于 0，那么该值就会减 1，该线程就被允许进入临界区。如果信号量的值为 0，那么线程必须等待，直到信号量的值再次变为正值。当一个线程通过调用 sem_post 函数退出临界区时，信号量的值就会增加 1。因此，通过指定初始值 1，我们最终会得到一个二值信号量。

我们通过调用 sem_destroy（或者在 Apple 系统中的 sem_close）来结束上述代码，这将有效的释放信号量对象及其所有的底层资源。关于命名信号量，由于它们可以在多个进程中共享，所以关闭信号量时可能会出现更复杂的情况。我们将在第 18 章中介绍这些情况。

通用信号量

现在,是时候给出一个使用通用信号量的经典示例了。语法与上述代码类似,但允许多个线程进入临界区的场景可能会很有趣。

这个经典的例子涉及 50 个水分子的产生。对于 50 个水分子,你需要有 50 个氧原子和 100 个氢原子。如果我们用一个线程来模拟一个原子,那么我们需要两个氢线程、一个氧线程进入临界区来产生一个水分子并对其进行计数。

下面的代码首先创建了 50 个氧线程和 100 个氢线程。为了保护氧线程的临界区,我们使用了一个互斥锁,但对于氢线程的临界区,我们使用了一个通用信号量,允许两个线程同时进入临界区。

出于信号指示目的,我们使用 POSIX 同步屏障,但由于同步屏障在 Apple 系统中没有实现,我们需要使用互斥锁和条件变量来实现它们。下面的代码框包含了这些代码:

```
# include < stdio.h>
# include < stdlib.h>
# include < string.h>
# include < limits.h>
# include < errno.h>  //使用 errno 和 strerror 函数需要此头文件

//使用 pthread 库需要包含的 POSIX 标准头文件
# include < pthread.h>
//没有通过 pthread.h 发布的信号量需要此头文件
# include < semaphore.h>

# ifdef __APPLE__
//在 Apple 系统中,必须模拟屏障功能。
pthread_mutex_t     barrier_mutex;
pthread_cond_t      barrier_cv;
unsigned int        barrier_thread_count;
unsigned int        barrier_round;
unsigned int        barrier_thread_limit;

void barrier_wait() {
    pthread_mutex_lock(&barrier_mutex);
    barrier_thread_count+ + ;
    if (barrier_thread_count > = barrier_thread_limit) {
        barrier_thread_count = 0;
        barrier_round+ + ;
```

```
            pthread_cond_broadcast(&barrier_cv);
        } else {
            unsigned int my_round = barrier_round;
            do {
                pthread_cond_wait(&barrier_cv, &barrier_mutex);
            } while (my_round == barrier_round);
        }
        pthread_mutex_unlock(&barrier_mutex);
    }

# else
//使氢和氧线程同步的屏障
pthread_barrier_t water_barrier;
# endif

//用于同步氧线程的互斥锁
pthread_mutex_t oxygen_mutex;

//使氢线程同步的通用信号量
sem_t* hydrogen_sem;
//共享整数记录制造的水分子数
unsigned int num_of_water_molecules;

void* hydrogen_thread_body(void* arg) {
    //两个氢线程可以进入临界区
    sem_wait(hydrogen_sem);
    //等待其他氢线程加入
# ifdef __APPLE__
    barrier_wait();
# else
    pthread_barrier_wait(&water_barrier);
# endif
    sem_post(hydrogen_sem);
    return NULL;
}

void* oxygen_thread_body(void* arg) {
    pthread_mutex_lock(&oxygen_mutex);
    //等待氢线程加入
# ifdef __APPLE__
    barrier_wait();
# else
    pthread_barrier_wait(&water_barrier);
# endif
    num_of_water_molecules++;
    pthread_mutex_unlock(&oxygen_mutex);
    return NULL;
}
```

```
int main(int argc, char* * argv) {
    num_of_water_molecules = 0;

    // 初始化氧互斥锁
    pthread_mutex_init(&oxygen_mutex, NULL);

    //初始化氢信号量
# ifdef __APPLE__
    hydrogen_sem = sem_open("hydrogen_sem",O_CREAT | O_EXCL, 0644, 2);
# else
    sem_t local_sem;
    hydrogen_sem = &local_sem;
    sem_init(hydrogen_sem, 0, 2);
# endif

    //初始化水屏障
# ifdef __APPLE__
    pthread_mutex_init(&barrier_mutex, NULL);
    pthread_cond_init(&barrier_cv, NULL);
    barrier_thread_count = 0;
    barrier_thread_limit = 0;
    barrier_round = 0;
# else
    pthread_barrier_init(&water_barrier, NULL, 3);
# endif

    //为了制造 50 个水分子,我们需要 50 个氧原子和 100 个氢原子
    pthread_t thread[150];

    //创建氧线程
    for (int i = 0; i < 50; i++ ) {
        if (pthread_create(thread + i, NULL,oxygen_thread_body, NULL)) {
            printf("Couldn't create an oxygen thread.\n");
            exit(1);
        }
    }

    //创建氢线程
    for (int i = 50; i < 150; i++ ) {
        if (pthread_create(thread + i, NULL,hydrogen_thread_body, NULL)) {
            printf("Couldn't create an hydrogen thread.\n");
            exit(2);
        }
    }

    printf("Waiting for hydrogen and oxygen atoms to react ...\n");
    //等待所有线程结束
    for (int i = 0; i < 150; i++ ) {
```

```
        if (pthread_join(thread[i], NULL)) {
            printf("The thread could not be joined.\n");
            exit(3);
        }
    }

    printf("Number of made water molecules: % d\n",num_of_water_molecules);
# ifdef __APPLE__
    sem_close(hydrogen_sem);
# else
    sem_destroy(hydrogen_sem);
# endif

    return 0;
}
```

代码框 16-6[ExtremeC_examples_chapter16_2.c]:使用通用信号量模拟用 50 个
氧原子和 100 个氢原子生成 50 个水分子的过程

代码开头,有许多 #ifdef__APPLE__ 和 #endif 包围的行。这些行只在 Apple 系统中编译,主要包括模拟 POSIX 同步屏障行为所需的过程和变量。Apple 以外的其他兼容 POSIX 的系统使用普通的 POSIX 同步屏障。我们不会在这里讨论 Apple 系统上的屏障实现的细节,但值得阅读代码并彻底理解它。

Oxygen_mutex 是上面代码中定义的众多全局变量之一,它用来保护氧线程的临界区。每次,只有一个氧线程(或氧原子)可以进入临界区。

然后在其临界区中,一个氧线程等待其他两个氢线程加入,然后它继续增加水分子计数。递增发生在氧的临界区。

为了详细说明临界区内发生的事情,我们需要解释通用信号量的作用。上述代码也声明了普通 hydrogen_sem,它是用来保护氢线程临界区的。每次,最多只有两个氢线程可以进入它们的临界区,它们在氧线程和氢线程共享的屏障对象上等待。

当共享屏障对象上等待的线程达到两个时,表明我们已经得到了一个氧原子和两个氢原子,然后一个水分子就形成了,所有等待的线程都可以继续。氢线程立即退出,但氧线程只有在增加了水分子计数器后才会退出。

例 16.2 中为 Apple 系统实现屏障时,我们使用了 pthread_cond_broadcast 函数向所有在屏障条件变量上等待的线程发出信号,这些线程在有其他线程加入后继续运行。

下一节将讨论 POSIX 线程背后的内存模型,以及它们如何与所有者进程内存进行交互。我们还将查看关于使用栈和堆段的示例,以及它们如何导致一些严重的内存相关问题。

16.2　POSIX 线程和内存

本节将讨论线程和进程内存之间的交互。众所周知,一个进程内存布局有多个段。文本段、栈段、数据段和堆段都是这个内存布局的一部分,我们在第 4 章中介绍了它们。线程与这些内存段的交互方式各不相同。本节中,我们只讨论栈和堆内存区域,因为它们是编写多线程程序时最常用和最容易出问题的区域。

此外,我们还将讨论线程同步和对线程背后的内存模型的理解是如何帮助我们开发更好的并发程序的。这些概念在堆内存方面更加明显,因为那里的内存管理是手动的,并且在并发系统中,线程负责分配和释放堆块。一个微不足道的竞态条件会导致严重的内存问题,因此应适当地进行同步,以避免此类灾难。

下一小节将解释不同线程是如何访问栈段的,以及需要采取什么预防措施。

16.2.1　栈内存

每个线程都有自己私有的栈区域。线程的栈区域是所有者进程栈段的一部分,默认情况下,所有线程都应当从栈段中分配它们的栈区域。当然,线程也可以从堆段分配栈区域。我们将在以后的例子中展示如何做到这一点,但现在假设线程的栈是进程栈段的一部分。

由于同一进程中的所有线程都可以读取和修改该进程的栈段,因此它们可以有效地读取和修改彼此的栈区域,但它们不该这么做。注意,使用其他线程的栈区域这种行为非常危险,因为定义在各种栈区域顶端的变量在任何时候都会被释放,特别是当一个线程退出或一个函数返回时。

这就是我们为何假设栈区域只能被其所有者线程访问,而不能被其他线程访问的原因。所以,局部变量(那些在栈顶端声明的变量)是线程的私有变量,不该被其他线程访问。

单线程应用程序总有一个线程,即主线程。因此,它的栈区域使用方法和进程的栈段使用方法一致。这是因为,在单线程程序中,主线程和进程本身之间没有边界。但是对于多线程程序来说,情况就不同了。每个线程都有自己的栈区域,与其他线程的栈区域不同。

当创建一个新的线程时,将为栈区域分配一个内存块。如果程序员在创建时没有指定,栈区域将有一个默认的大小,并且它将从进程的栈段中分配。默认的栈大小与平台有关,在不同的体系结构中是不同的。你可以使用 ulimit -s 命令来查询兼容 POSIX 标准的系统中的默认栈大小。

在目前我正在使用的平台上,也就是英特尔 64 位主机上的 macOS 操作系统中,默认栈大小是 8MB。

```
$ ulimit - s
8192
$
```

Shell 框 16-1:读取系统默认栈的大小

POSIX 线程 API 允许你为新线程设置栈区域。下面的例 16.3 创建了两个线程。其中一个线程使用默认栈设置,而另一个线程将从堆段中分配一个缓冲区,并将其设置为该线程的栈区域。注意,在设置栈区域时,分配的缓冲区有一个最小的空间,否则它不能被用作栈区域。

```
# include < stdio.h>
# include < stdlib.h>
# include < limits.h>

# include < pthread.h>

void*  thread_body_1(void*  arg) {
    int local_var = 0;
    printf("Thread1 > Stack Address: % p\n", (void* )&local_var);
    return 0;
}

void*  thread_body_2(void*  arg) {
    int local_var = 0;
    printf("Thread2 > Stack Address: % p\n", (void* )&local_var);
    return 0;
}

int main(int argc, char* * argv) {

    size_t buffer_len = PTHREAD_STACK_MIN + 100;
    //从堆中分配缓冲区,用作线程的栈区域
    char * buffer = (char* )malloc(buffer_len * sizeof(char));
```

```
    //线程句柄
    pthread_t thread1;
    pthread_t thread2;

    //用默认栈设置创建第一个线程
    int result1 = pthread_create(&thread1, NULL, thread_body_1, NULL);

    //使用自定义栈区域创建新线程 pthread_attr_t attr;
    pthread_attr_init(&attr);
    //设定栈地址和大小
    if (pthread_attr_setstack(&attr, buffer, buffer_len)) {
        printf("Failed while setting the stack attributes.\n");
        exit(1);
    }
    int result2 = pthread_create(&thread2, &attr,thread_body_2, NULL);

    if (result1 || result2) {
        printf("The threads could not be created.\n");
        exit(2);
    }

    printf("Main Thread >  Heap Address: % p\n", (void* )buffer);
    printf("Main Thread >  Stack Address: % p\n", (void* )&buffer_len);

    //等待线程结束
    result1 = pthread_join(thread1, NULL);
    result2 = pthread_join(thread2, NULL);

    if (result1 || result2) {
        printf("The threads could not be joined.\n");
        exit(3);
    }

    free(buffer);

    return 0;
}
```

代码框 16 - 7[ExtremeC_examples_chapter16_3. c]:将一个堆块设置为线程的栈区域

为了启动程序,我们用默认栈设置创建第一个线程。因此,它的栈是从进程栈段中分配的。之后通过指定一个缓冲区的内存地址来创建第二个线程,这个缓冲区是该线程的栈区域。

注意,指定的大小比已经定义的最小栈空间(由 PTHREAD_STACK_MIN 宏定义的常数)多 100 个字节。这个常数在不同的平台上有不同的值,它被包含在头文件 limit. h 中。

如果你构建了上述程序并在 Linux 设备上运行,你会看到类似以下的内容:

```
$ gcc ExtremeC_examples_chapter16_3.c - o ex16_3.out - lpthread
$ ./ex16_3.out
Main Thread > Heap Address: 0x55a86a251260
Main Thread > Stack Address: 0x7ffcb5794d50
Thread2 > Stack Address: 0x55a86a2541a4
Thread1 > Stack Address: 0x7fa3e9216ee4
$
```

Shell 框 16 - 2:构建并运行例 16.3

从 Shell 框 16 - 2 的输出可以看出,分配在第二个线程栈顶端的局部变量 local_var 地址属于不同的地址范围(堆空间的范围)。这表明第二个线程的栈区域在堆内。然而,第一个线程并非如此。

如输出所示,第一个线程中局部变量的地址落在进程栈段的地址范围内。因此,我们可以成功地为新创建的线程在堆段中设置一个栈区域。

设置线程栈区域的能力在某些用例中至关重要。例如,在内存受限的环境中,内存总量很小难以拥有大的堆栈空间,或者在高性能环境中,很难为每个线程都分配栈,使用一些预分配的缓冲区可能是有用的,可以采用上述程序来设置预分配缓冲区作为新创建线程的栈区域。

下面的例子演示了在一个线程的栈中共享一个地址会导致一些内存问题。当一个线程的地址被共享时,该线程需保持活动,否则所有保存该地址的指针都会变成悬空指针。

下面的代码不是线程安全的,因此我们预计在连续的运行中会不时地看到崩溃的情况。这些线程也有默认的栈设置,这表明它们的栈区域是从进程的栈段中分配的。

```
# include < stdio.h>
# include < stdlib.h>
# include < unistd.h>

# include < pthread.h>

int*  shared_int;

void*  t1_body(void*  arg) {
    int local_var =  100;
    shared_int =  &local_var;
    // 等待其他线程打印共享整数
    usleep(10);
    return NULL;
}
```

```
void* t2_body(void* arg) {
    printf("% d\n", * shared_int);
    return NULL;
}

int main(int argc, char* * argv) {

    shared_int = NULL;

    pthread_t t1;
    pthread_t t2;
    pthread_create(&t1, NULL, t1_body, NULL);
    pthread_create(&t2, NULL, t2_body, NULL);

    pthread_join(t1, NULL);
    pthread_join(t2, NULL);

    return 0;
}
```

代码框 16-8[ExtremeC_examples_chapter16_4.c]：试图从另一个线程的栈区域读取变量

开始时，我们已经声明了一个全局共享指针。由于它是一个指针，因此可以接受任何地址，而不管这个地址在进程的内存布局中的哪个位置。它可以来自栈段或堆段，甚至是数据段。

上述代码 t1_body 的伴生函数将局部变量的地址存储在共享指针中。这个变量属于第一个线程，并分配在第一个线程的栈顶部。

从现在开始，如果第一个线程退出，共享指针就会变成悬空指针，即使在最不易引起问题的交错情况下，任何解引用都可能导致崩溃、逻辑错误，或隐藏的内存问题。在一些交错中，这种情况会发生，如果你多次运行上述程序，则时常会看到崩溃。

值得注意的是，如果一个线程需要使用在另一个线程栈区域分配的变量，那么需要采用适当的同步技术。由于栈变量的生存周期与它的作用域有关，同步的目的是保持作用域处于活动状态，直到使用者线程完成对该变量的处理。

注意，为了简单起见，我们没有检查 pthread 函数的结果。我们建议你检查返回值，因为不是所有的 pthread 函数在不同平台上表现都相同；如果出现错误，你可以通过检查返回值来了解原因。

这一节展示了为什么不应该共享栈区域地址，以及为什么共享状态最好不要从栈区域分配。下一节将讨论堆内存，它是用于存储共享状态的最常见的地方。如你所想，处理堆也很棘手,你应该小心内存泄漏。

16.2.2 堆内存

所有线程都可以访问堆段和数据段。与数据段在编译时生成不同,堆段是动态的,在运行时创建。线程可以读取和修改堆的内容。此外,只要进程存在,堆的内容就可以一直存在,并且与单个线程的生存周期无关。另外,占内存空间较大的对象可以放在堆内。所有这些因素加在一起,使堆成了一个储存状态的好地方,这些状态用于在多个线程之间共享。

当涉及堆分配时,内存管理就变成了噩梦,这是因为已经分配的内存应该在某个时间点由一个正在运行的线程释放,否则就会导致内存泄漏。

对于并发环境,交错很容易产生悬空指针,因此会导致进程崩溃。同步的关键在于让程序按照特定的顺序进行,这样就不会产生悬空指针,而这是最难的部分。

让我们来看看下面的例 16.5。本例有五个线程,第一个线程从堆中分配了一个数组,第二个和第三个线程填充此数组。第二个线程用大写字母填充数组中的偶数索引,从 Z 到 A,第三个线程用小写字母填充奇数索引,从 a 到 z。第四个线程打印数组。最后,第五个线程释放数组并回收堆内存。

为了防止这些线程在堆内发生错误行为,需要采用前面几节中描述的所有关于 POSIX 并发控制的技术。下面的代码没有控制机制,显然,它不是线程安全的。注意,这段代码并不完整。下一个代码框中提供具有并发控制机制的完整版本:

```c
# include < stdio.h>
# include < stdlib.h>
# include < unistd.h>

# include < pthread.h>

# define CHECK_RESULT(result) \
    if (result) { \
        printf("A pthread error happened.\n"); \
        exit(1); \
    }

int TRUE = 1;
int FALSE = 0;

//指向共享数组的指针
```

```
char* shared_array;
//共享数组的大小
unsigned int shared_array_len;

void* alloc_thread_body(void* arg) {
    shared_array_len = 20;
    shared_array = (char* )malloc(shared_array_len * sizeof(char* ));
    return NULL;
}

void* filler_thread_body(void* arg) {
    int even = * ((int* )arg);
    char c = 'a';
    size_t start_index = 1;
    if (even) {
        c = 'Z';
        start_index = 0;
    }
    for (size_t i = start_index; i < shared_array_len; i += 2) {
        shared_array[i] = even ? c-- : c++;
    }
    shared_array[shared_array_len - 1] = '\0';
    return NULL;
}

void* printer_thread_body(void* arg) {
    printf(">> % s\n", shared_array);
    return NULL;
}

void* dealloc_thread_body(void* arg) {
    free(shared_array);
    return NULL;
}

int main(int argc, char* * argv) {
    ...Create threads...
}
```

代码框 16-9 [ExtremeC_examples_chapter16_5_raw. c]：没有使用任何同步机制的例 16.5

不难看出，上述代码并不是线程安全的，由于释放线程在释放数组时产生了干扰，导致了严重的崩溃。

每当释放线程获得 CPU，它就会立即释放堆分配的缓冲区，之后指针 shared_array 就会变成悬空指针，其他线程就会开始崩溃。因此，需要使用适当的同步技术，以确保最后释放线程，并且不同线程的逻辑运行顺序适当。

我们使用 POSIX 并发控制对象来改造上述代码,使其线程安全,改造后代码如下:

```c
# include < stdio.h>
# include < stdlib.h>
# include < unistd.h>

# include < pthread.h>
# define CHECK_RESULT(result) \
    if (result) { \
        printf("A pthread error happened.\n"); \
        exit(1); \
    }

int TRUE = 1;
int FALSE = 0;

//指向共享数组的指针
char* shared_array;
//共享数组的大小
size_t shared_array_len;

pthread_barrier_t alloc_barrier;
pthread_barrier_t fill_barrier;
pthread_barrier_t done_barrier;

void* alloc_thread_body(void* arg) {
    shared_array_len = 20;
    shared_array = (char* )malloc(shared_array_len * sizeof(char* ));
    pthread_barrier_wait(&alloc_barrier);
    return NULL;
}

void* filler_thread_body(void* arg) {
    pthread_barrier_wait(&alloc_barrier);
    int even = * ((int* )arg);
    char c = 'a';
    size_t start_index = 1;
    if (even) {
        c = 'Z';
        start_index = 0;
    }
    for (size_t i = start_index; i < shared_array_len; i + = 2) {
        shared_array[i] = even ? c- - : c+ + ;
    }
    shared_array[shared_array_len - 1] = '\0';
    pthread_barrier_wait(&fill_barrier);
    return NULL;
}
```

```
void* printer_thread_body(void* arg) {
    pthread_barrier_wait(&fill_barrier);
    printf("> > % s\n", shared_array);
    pthread_barrier_wait(&done_barrier);
    return NULL;
}

void* dealloc_thread_body(void* arg) {
    pthread_barrier_wait(&done_barrier);
    free(shared_array);
    pthread_barrier_destroy(&alloc_barrier);
    pthread_barrier_destroy(&fill_barrier);
    pthread_barrier_destroy(&done_barrier);
    return NULL;
}

int main(int argc, char* * argv) {

    shared_array = NULL;

    pthread_barrier_init(&alloc_barrier, NULL, 3);
    pthread_barrier_init(&fill_barrier, NULL, 3);
    pthread_barrier_init(&done_barrier, NULL, 2);

    pthread_t alloc_thread;
    pthread_t even_filler_thread;
    pthread_t odd_filler_thread;
    pthread_t printer_thread;
    pthread_t dealloc_thread;

    pthread_attr_t attr;
    pthread_attr_init(&attr);
    int res = pthread_attr_setdetachstate(&attr, PTHREAD_CREATE_DETACHED);
    CHECK_RESULT(res);

    res = pthread_create(&alloc_thread, &attr, alloc_thread_body, NULL);
    CHECK_RESULT(res);

    res = pthread_create (&even_filler_thread, &attr, filler_thread_body,
&TRUE);
    CHECK_RESULT(res);

    res = pthread_create (&odd_filler_thread, &attr, filler_thread_body,
&FALSE);
    CHECK_RESULT(res);

    res = pthread_create(&printer_thread, &attr, printer_thread_body, NULL);
    CHECK_RESULT(res);

    res = pthread_create(&dealloc_thread, &attr, dealloc_thread_body, NULL);
    CHECK_RESULT(res);
```

```
    pthread_exit(NULL);

    return 0;
}
```

代码框 16 - 10[ExtremeC_examples_chapter16_5.c]:使用了同步机制的例 16.5

为了使代码框 16 - 9 中的代码线程安全,我们在新代码中使用了 POSIX 同步屏障。这是在多个线程之间形成序列执行顺序最简单的方法。

如果比较一下代码框 16 - 9 和 16 - 10,就会发现如何使用 POSIX 同步屏障在不同线程之间施加执行顺序的。唯一例外的是两个填充线程。填充线程可以独立运行而不互相阻塞,而且由于它们分别更改奇数和偶数索引,所以不会产生并发问题。注意,上面的代码不能在 Apple 系统上编译。你需要在这些系统中使用互斥锁和条件变量来模拟屏障行为(就像我们在例 16.2 中做的那样)。

上述代码的输出如下。无论你运行该程序多少次,它都不会崩溃。换句话说,上述代码对各种交错的情况进行了防范,它是线程安全的:

```
$ gcc ExtremeC_examples_chapter16_5.c - o ex16_5 - lpthread
$ ./ex16_5
> > ZaYbXcWdVeUfTgShRiQ
$ ./ex16_5
> > ZaYbXcWdVeUfTgShRiQ
$
```

Shell 框 16 - 3:构建并运行例 16.5

本节我们给出了一个使用堆空间共享状态的例子。栈内存空间的释放是自动发生的,而堆空间的释放应该显式执行,否则会产生内存泄漏。

对于程序员来说,当考虑内存管理时,保存共享状态最简单有效的地方是数据段,它的分配和释放都是自动进行的。驻留在数据段中的变量是全局的,并且具有最长的生存周期:从进程诞生到消亡。但在某些情况下,这种长生存周期可能会带来负面效果,特别是当你要在数据段中保留一个非常大的对象时。

下一节将讨论内存的可见性以及 POSIX 函数如何保证这一点。

16.2.3　内存可见性

我们在上述章节中已经解释了在有一个以上 CPU 核心的系统中,**内存的可见性**(memory visibility)和**缓存的一致性**(cache coherency)。本节将讨论 pthread 库是如何保证内存可见性的。

众所周知,CPU 核心之间的缓存一致性协议确保了,所有 CPU 核心中的单个内存地址的所有缓存版本都保持同步,并可根据其中一个 CPU 核心的最新变化进行更新。但是这个协议需要以某种方式触发。

在系统调用接口中,有一些 API 可以触发缓存一致性协议,并使内存对所有 CPU 核心可见。在 pthread 中,也有许多在执行前保证内存可见性的函数。

你以前可能遇到过其中的一些函数。相关列表如下:

- pthread_barrier_wait
- pthread_cond_broadcast
- pthread_cond_signal
- pthread_cond_timedwait
- pthread_cond_wait
- pthread_create
- pthread_join
- pthread_mutex_lock
- pthread_mutex_timedlock
- pthread_mutex_trylock
- pthread_mutex_unlock
- pthread_spin_lock
- pthread_spin_trylock
- pthread_spin_unlock
- pthread_rwlock_rdlock
- pthread_rwlock_timedrdlock
- pthread_rwlock_timedwrlock
- pthread_rwlock_tryrdlock
- pthread_rwlock_trywrlock
- pthread_rwlock_unlock
- pthread_rwlock_wrlock

- sem_post
- sem_timedwait
- sem_trywait
- sem_wait
- semctl
- semop

除了 CPU 核心中的本地缓存外,编译器还可以为经常使用的变量引入缓存机制。要实现这一点,编译器需要分析并优化代码,即把经常读写的变量放入编译器缓存中。这些是软件缓存,编译器为了优化和提高程序执行,把它们放在最终的二进制文件中。

虽然这些缓存可能是有益的,但在编写多线程代码时,它们可能会增加另一个令人头痛的问题,并引发一些内存可见性问题。因此,有时必须为特定的变量禁用这些缓存。

那些不想被编译器缓存优化的变量可以声明为**易变型**(volatile)。注意,一个易变型变量仍然可以在 CPU 级别被缓存,但编译器不会通过将其保留在编译器缓存中来优化它。可以用关键字 volatile 来声明一个变量为易变型变量。下面是一个易变型整数的声明:

```
volatile int number;
```
代码框 16‑11:声明一个 volatile 整数变量

关于 volatile 变量的重要之处在于,它们并不能解决多线程系统中的内存可见性问题。为了解决这个问题,你需要在适当的地方使用上述 POSIX 函数,以确保内存可见性。

16.3 总结

本章中介绍了由 POSIX 线程 API 提供的并发控制机制。我们已经讨论了:

- POSIX 互斥锁及其使用方法
- POSIX 条件变量和同步屏障以及它们的使用方法
- POSIX 信号量,以及二值信号量和通用信号量的区别
- 线程如何与栈区域交互
- 如何使用堆为线程定义一个新的栈分配区域

- 线程如何与堆空间交互
- 内存可见性和保证内存可见性的 POSIX 函数
- Volatile 变量和编译器缓存

下一章将继续讨论另一种在软件系统中拥有并发的方法：多进程。我们将讨论如何执行一个进程，以及它与线程有什么不同。

17

进程执行

接下来讨论整体结构中包含多个进程的软件系统。这些系统通常称为多进程或多进程系统。本章与下一章将尝试介绍多进程的概念，并对其进行优缺点分析，以便与第 15 章和第 16 章中介绍的多线程进行比较。

本章关注的重点是启动新进程所要使用的 API 和相应技术，以及进程是如何执行的，下一章将介绍包含多个进程的并发环境。我们将解释如何在多个进程之间共享各种状态，以及在多进程环境中访问共享状态的常见方式。

本章还有一部分内容是多进程和多线程环境的比较。此外，简要介绍了单主机多进程系统和分布式多进程系统。

17.1 进程执行 API

每个程序都作为一个进程来执行。在创建一个进程之前，我们只有一个可执行的二进制文件，它包含一些内存段和许多机器指令。与之对应，每个进程都是一个程序正在被执行的单个实例。因此，一个编译好的程序（或一个可执行二进制文件）可以通过不同的进程执行多次。因此，本章将把重点放在进程上，而不是程序本身。

前两章我们讨论了单进程软件中的线程，为了遵循本章的目标，我们将讨论多进程软件。首先，我们需要知道如何创建一个新进程，以及通过哪个 API 创建进程。

注意，我们主要关注类 Unix 操作系统上执行的进程，因为它们都遵循类 Unix 操作系统，并公开了知名和相似的 API。其他操作系统可以有自己执行进程的方法，但由于这些操作系统中的大多数，或多或少都遵循了类 Unix 操作系统，我们希望它们以类似的方法执行进程。

在类 Unix 操作系统中，系统调用层面执行一个进程的方法并不多。第 11 章中提及的**内核层**(kernel ring)是仅次于**硬件层**(hardware ring)的最内层环，它为外层、**shell 层和用户**(user)层提供**系统调用接口**(system call interface)，以便执行各种内核特定功能。这些公开出来的系统调用中有两个是专门用于创建和执行进程的，它们分别是：fork 和 exec（在 Linux 中是 execve）。**进程创建**(process creation)生成一个新的进程，但在**进程执行**(process execution)过程中，我们使用一个现有的进程作为宿主，并用一个新的程序取代它，因此，在进程执行过程中并没有产生新的进程。

使用这些系统调用的结果是：程序总是作为新进程执行，但这个进程并不总是新产生的。fork 系统调用会产生一个新的进程，而 exec 系统调用则用一个新的进程取代了调用者（宿主）进程。稍后我们将讨论 fork 和 exec 系统调用之间的区别。在此之前，让我们看看这些系统调用是如何公开给外层的。

第 10 章已经解释，shell 层中公开的接口遵循两个类 Unix 操作系统标准，它们是：**Single Unix Specification（单一 Unix 规范，SUS）**和 **POSIX**。关于这些标准的更多信息以及差异，请参考第 10 章。

POSIX 接口规范中详细规定了 shell 层应该公开的接口，实际上，标准中还有进程执行和进程管理的部分。

因此，我们希望在 POSIX 中找到用于创建进程和执行进程的头文件和函数。这样的函数确实存在，它们包含在不同的头文件中，提供了所需的功能。下面是负责创建和执行进程的 POSIX 函数列表。

- unistd. h 头文件中定义的 fork 函数负责创建进程。
- spawn. h 头文件中定义的 posix_spawn 和 posix_spawnp 函数负责创建进程。
- unistd. h 头文件中定义的一组 exec * 函数（例如 execl 和 execlp）负责执行进程。

注意，上述函数不应该被误认为是 fork 和 exec 系统调用。这些函数是从 shell 层公开的部分 POSIX 接口，而系统调用是从内核层公开的。虽然大多数类 Unix 操作系统都兼容 POSIX 标准，但也存在兼容 POSIX 标准的非 Unix 系统。虽然这种系统存在上述函数，但是生成进程的底层机制在系统调用层面上可能并不同。

一个具体的例子是在微软 Windows 上使用 Cygwin 或 MinGW 来兼容 POSIX 标准。通过安装这些程序,你可以编写和编译使用 POSIX 接口的标准 C 程序,微软 Windows 将部分兼容 POSIX 标准,但在微软 Windows 中并没有 fork 或 exec 系统调用!这实际上是非常令人困惑的,但同时也是非常重要的,你应该知道 shell 层并不一定要与内核层公开相同的接口。

注:

你可以在如下链接中找到 Cygwin 中 fork 函数的实现细节:https://github.com/openunix/cygwin/blob/master/winsup/cygwin/fork.cc

注意,它没有调用通常存在于类 Unix 内核中的 fork 系统调用,相反,它包含了来自 Win32 API 的头文件,并调用了进程创建和进程管理相关的函数。

根据 POSIX 标准,C 标准库并不是唯一从类 Unix 系统的 shell 层中公开出来的内容。当使用终端(Terminal)时,有一些预先编写好的 shell 实用程序用以提供 C 标准 API 的复杂用法,每当用户在终端中输入一个命令,就会创建一个新的进程。

就是一个简单的 ls 或 sed 命令,也会产生一个新的进程,即使进程可能只持续不到一秒钟。你应该知道,这些实用程序大多是用 C 语言编写的,它们使用的 POSIX 接口与你在编写程序时使用的 POSIX 接口完全相同。

Shell 脚本也是在一个单独的进程中执行的,但方式略有不同。我们将在后面关于类 Unix 系统中如何执行进程的章节中讨论它们。

进程创建发生在内核中,特别是在单内核中。每当用户进程产生一个新的进程,甚至是一个新的线程时,请求就会被系统调用接口接收,并传递到内核层。在那里,将为传入的请求创建一个新**任务**(task),该任务可以是一个进程,也可以是一个线程。

像 Linux 或 FreeBSD 这样的单内核会跟踪内核中的任务(进程和线程),因此在内核中创建进程是合理的。

注意,每当在内核中创建一个新的任务时,它就会被放到**任务调度器单元**(task scheduler unit)的队列中,它可能需要一点时间才能获得 CPU 并开始执行。

为了创建一个新的进程,需要一个父进程。这就是为什么每个进程都有一个父进程。实际上,每个进程只能有一个父进程。父辈和祖辈的链条可以追溯到第一个用户进程,它通常称为初始化(init),而内核进程是其父进程。

init 是类 Unix 系统中所有其他进程的祖先,一直存活到系统关闭。**孤儿进程**(orphan processes)是那些父进程已经终止的进程,通常情况下,init 进程会成为所有孤儿进程的父进程,这样就保证了所有进程都有父进程。

这种父子关系最终会形成一个巨大的进程树。通过命令工具 pstree 可以来检查这棵树。在下面的例子中将会展示如何使用这个工具。

现在,知道了可以执行新进程的 API,我们需要一些真实的 C 语言例子,来展示这些方法实际工作的过程。我们从 fork API 开始,它最终调用 fork 系统调用。

17.1.1 进程创建

如前所述,fork API 可以用来生成一个新的进程。我们也解释了,一个新的进程只能作为正在运行的进程的子进程来创建。下面的几个例子将说明一个进程如何使用 fork API 生成一个新的子进程。

为了产生一个新的子进程,父进程需要调用 fork 函数。fork 函数在 unistd. h 头文件中声明,这个文件是 POSIX 头文件的一部分。

调用 fork 函数后,调用者进程(称为父进程)创建一个自身的精确副本,并且两个进程从 fork 调用语句后的下一条指令开始并发运行。注意,子进程(或复制进程)继承了父进程的许多东西,包括所有的内存段以及内容。因此,它可以访问数据、栈和堆段中的相同变量,也可以访问文本段中的程序指令。在讨论完本例后,我们将在接下来的段落中讨论其他继承的东西。

我们现在有了两个不同的进程,因此 fork 函数返回两次:一次在父进程中,另一次在子进程中。此外,fork 函数在每个进程中返回的值是不同的。它在子进程中返回 0,在父进程返回复制(或子)进程的 PID。例 17.1 展示了 fork 一种最简单的用法:

```
# include < stdio.h>
# include < unistd.h>

int main(int argc, char* *  argv) {
    printf("This is the parent process with process ID: % d\n",getpid());
    printf("Before calling fork() ...\n");
    pid_t ret =  fork();
```

```
    if (ret) {
        printf("The child process is spawned with PID: % d\n", ret);
    }
        else {
        printf("This is the child process with PID: % d\n", getpid());
    }
    printf("Type CTRL+ C to exit ...\n");
    while (1);
    return 0;
}
```

代码框 17 - 1[ExtremeC_examples_chapter17_1. c]：使用 fork API 创建一个子进程

上述代码框使用 printf 来打印一些日志，以便跟踪进程的活动。我们调用了 fork 函数来生成一个新的进程。显然，它不接受任何参数，因此，它的用法非常简单直接。

调用 fork 函数后，调用者进程（现在是父进程）复制（或克隆）出来一个新的进程，之后它们作为两个不同的进程继续并发工作。

当然，对 fork 函数的调用将引起系统调用层面的进一步调用，只有这样，内核中的相应负责逻辑才能创建一个新的复制进程。

在 return 语句之前，我们使用了一个无限循环来保持两个进程的运行，防止它们退出。注意，这两个进程最终应该达到这个无限循环的状态，因为它们的文本段中有完全相同的指令。

我们有意地保持进程的运行，以便能够在 pstree 和 top 命令显示的进程列表中看到它们。在此之前，我们需要编译上述代码，看看新进程是如何 fork 的，如 Shell 框 17 - 1 所示：

```
$ gcc ExtremeC_examples_chapter17_1.c - o ex17_1.out
$ ./ex17_1.out
This is the parent process with process ID: 10852
Before callingfork() ...
The child process is spawned with PID: 10853
This is the child process with PID: 10853
Type CTRL+ C to exit ...
$
```

Shell 框 17 - 1：构建并运行例 17.1

显然父进程打印了它的 PID：10852。注意，PID 每次运行都会改变。在复制子进程后，父进程打印了 fork 函数返回的 PID,它是 10853。

在下一行,子进程打印了它的 PID,也是 10853,它与父进程从 fork 函数中得到的内容一致。最后,两个进程都进入了无限循环,这样我们就有时间在探测工具中观察它们了。

如 Shell 框 17 - 1 所示,复制的进程从其父进程那里继承了相同的 stdout 文件描述符和相同的终端。因此,它可以向父进程的终端输出内容。复制进程在调用 fork 函数时继承了其父进程的所有打开的文件描述符。

此外,其他继承的属性可以参考 fork 手册页。Linux 的 fork 手册页可以在以下链接处找到:http://man7.org/linux/man-pages/man2/fork.2.html。

如果打开链接并查看属性,你就会发现父进程和复制进程之间共享了一些属性,还有其他不同的且特定于某个进程的属性,例如,PID、父进程 PID 和线程等。

使用 pstree 这样的实用程序可以很容易地看到进程之间的父子关系。每个进程都有一个父进程,所有的进程组成了一棵大树。请记住,每个进程只有一个父进程,一个进程不能有两个父进程。

当例子中的进程卡在无限循环中时,我们可以使用 pstree 实用程序命令来查看系统中所有进程的列表,并用树状显示。下面是在 Linux 主机上使用 pstree 的输出结果。注意,Linux 系统默认安装 pstree 命令,但其他类 Unix 操作系统中可能需要安装后才能使用。

```
$ pstree - p
systemd(1)─┬─accounts- daemon(877)─┬─{accounts- daemon}(960)
           │                       └─{accounts- daemon}(997)
...
...
...
           ├──systemd- logind(819)
           ├──systemd- network(673)
           ├──systemd- resolve(701)
           ├──systemd- timesyn(500)─{systemd- timesyn}(550)
           ├──systemd- udevd(446)
           └──tmux: server(2083)─┬─bash(2084)─pstree(13559)
                                 └─bash(2337)─ex17_1.
out(10852)─ex17_1.out(10853)
$
```

Shell 框 17 - 2:使用 pstree 查找例 17.1 创建的进程

从 Shell 框 17-2 最后一行可以看出，我们有 PID 分别为 10852 和 10853 的两个进程，它们是父子关系。注意，进程 10852 有一个 PID 为 2337 的父进程，它是一个 bash 进程。

有趣的是，在最后一行之前的那一行中，可以看到 pstree 进程本身是 PID 为 2084 的 bash 进程的子进程。这两个 bash 进程都属于同一个 PID 为 2083 的 tmux 终端仿真器。

在 Linux 中，第一个进程是**调度器**（scheduler）进程，它的 PID 为 0，是内核镜像的一部分。第二个进程通常称为 init，它的 PID 为 1，是由调度器进程创建的第一个用户进程。它从系统启动开始就存在，直到系统关闭。其他所有用户进程都直接或间接的是 init 进程的子进程。失去父进程的进程会成为孤儿进程，它们被 init 进程接管，成为其直接子进程。

然而，在 Linux 几乎所有的著名新发行版本中，init 进程都已经被 systemd daemo 进程取代，这就是在 Shell 框 17-2 的第一行看到 systemd(1) 的原因。阅读以下链接可以了解更多 init 和 systemd 的区别，以及 Linux 发行版开发者做出这个决定的原因：

https://www.tecmint.com/systemd-replaces-init-in-linux。

当使用 fork API 时，父进程和复制进程是同时执行的。这意味着我们能够检测到并发系统的一些行为。可以观察到的最熟知的行为是一些交错。如果你不熟悉这个术语，或者你以前没有听说过这个术语，强烈建议你阅读一下第 13 章和第 14 章。

下面例 17.2 展示了父进程和复制进程是如何产生不确定性交错的。我们将打印一些字符串，并观察连续运行两次的不同交错结果。

```c
# include < stdio.h>
# include < unistd.h>

int main(int argc, char* * argv) {
    pid_t ret = fork();
    if (ret) {
        for (size_t i = 0; i < 5; i++ ) {
            printf("AAA\n");
            usleep(1);
        }
    } else {
        for (size_t i = 0; i < 5; i++ ) {
            printf("BBBBBB\n");
            usleep(1);
        }
    }
```

```
    }
    return 0;
}
```

代码框 17 - 2[ExtremeC_examples_chapter17_2.c]:输出一些内容的两个进程

上述代码与例 17.1 非常相似。它创建了一个复制进程,然后,父进程和复制进程打印一些文本行到标准输出。父进程打印了 5 次 AAA,复制进程打印了 5 次 BBBBBB。下面是编译好的可执行文件连续运行两次后的输出结果:

```
$ gcc ExtremeC_examples_chapter17_2.c - o ex17_2.out
$ ./ex17_2.out
AAA
AAA
AAA
AAA
AAA
BBBBBB
BBBBBB
BBBBBB
BBBBBB
BBBBBB
$ ./ex17_2.out
AAA
AAA
BBBBBB
AAA
AAA
BBBBBB
BBBBBB
BBBBBB
AAA
BBBBBB
$
```

Shell 框 17 - 3:例 17.2 连续运行两次后输出的结果

从上述输出可以清楚看到,产生了不同的交错方式。这意味着,如果我们根据标准输出情况来定义不变约束,那么就有可能受到竞态条件的潜在影响。这最终会导致我们在编写多线程代码时遇到各种问题,因此需要使用类似的方法来克服这些问题。下一章将更详细的讨论此类解决方案。

下一节将讨论进程的执行,以及如何使用 exec * 函数来实现它。

17.1.2　进程执行

另一种执行新进程的方法是使用 exec * 系列函数。与 fork API 相比,这组函数采取了一种不同的方法来执行一个新的进程。exec * 函数背后的原理是首先创建一个简单的基进程,然后在某个时刻加载目标可执行文件,并将其作为一个新的**进程映像**(process image)替换基进程。进程映像是一个可执行文件的加载版本,它分配了内存段,可以随时执行。后续章节将讨论加载可执行文件的步骤,并更深入地解释进程映像。

因此,使用 exec * 函数不会创建新的进程,而是会发生进程替换。这就是 fork 和 exec * 函数之间最重要的区别。与复刻一个新的进程不同,exec * 函数用一组新的内存段和代码指令完全替代基进程。

代码框 17 - 3 中的例 17.3 展示了如何调用 execvp 函数(exec * 函数家族一员)来启动一个回显进程。execvp 函数从父进程继承环境变量 PATH,并像父进程那样搜索可执行文件:

```
# include < stdio.h>
# include < unistd.h>
# include < string.h>
# include < errno.h>

int main(int argc, char* * argv) {
    char * args[] = {"echo", "Hello", "World!", 0};
    execvp("echo", args);
    printf("execvp() failed. Error: % s\n", strerror(errno));
    return 0;
}
```
代码框 17 - 3[ExtremeC_examples_chapter17_3. c]:演示如何调用 execvp 函数

如上面代码框所示,我们已经调用了 execvp 函数。execvp 函数继承了环境变量 PATH,并同时继承了从基进程中查找现有可执行文件的方式。它接受两个参数:第一个是加载和执行的可执行文件或脚本的名称;第二个是传递给可执行文件的参数列表。

注意,我们传递的是 echo,而不是一个绝对路径。因此,execvp 首先定位 echo 的可执行文件路径。这些可执行文件可以在类 Unix 操作系统的任何地方,从/usr/bin 到/usr/local/bin 甚至其他地方。echo 的绝对位置可以通过翻阅 PATH 环境变量中的所有目录路径来查找。[①]

注：

exec＊函数可以执行一系列的可执行文件。下面是一些可以被 exec＊函数 执行的文件格式：

- ELF 可执行文件
- 带有 shebang 行指示脚本**解释器**(interpreter)的脚本文件
- 传统 a.out 格式的二进制文件
- ELF FDPIC 可执行文件

找到 echo 的可执行文件后，execvp 会做剩下的事情。它用一组准备好的参数调用 exec (Linux 中的 execve)系统调用，随后，内核给找到的可执行文件准备了一个进程映像。当一切准备就绪后，内核用准备好的进程映像替换当前的进程映像，基进程就永远消失了。现在，控制权返回到新的进程，它开始从其 main 函数中执行，就像正常执行一样。

这个进程的结果是：如果 execvp 函数调用语句已经成功，那么 execvp 之后的 printf 语句就不能被执行，因为现在我们有一个全新的进程，它有着新的内存段和新的指令；如果 execvp 语句没有成功，那么会执行 printf，这是 execvp 函数调用失败的标志。

如前所述，我们有一组 exec＊函数，execvp 函数只是其中之一。虽然它们的行为都很相似，但也有细微的差别。以下是这些函数的比较：

- execl(const char ＊ path, const char ＊ arg0, ..., NULL)。接受一个可执行文件的绝对路径和一系列传递给新进程的参数。它们必须以空字符串(0 或 NULL)结束。如果想用 execl 重写例 17.3，需使用 execl("/usr/bin/echo", "echo", "Hello", "World", NULL)。

- execlp(const char ＊ file, const char ＊ arg0, ..., NULL)。接受一个相对路径作为它的第一个参数，但由于它可以访问 PATH 环境变量，所以可以很容易地找到可执行文件。然后，它接受一系列要传递给新进程的参数。它们必须以空字符串(0 或 NULL)结尾。如果想用 execlp 重写例 17.3，需使用 execlp("echo", "echo", "Hello", "World", NULL)。

- excele(const char ＊ path, const char ＊ arg0, ..., NULL, const char ＊ env0, ...,

---

① 译者注：由井号♯和叹号！开头，构成的字符序列♯！xx/xx/x，就叫作 Shebang Line，一般出现在脚本文件的第一行，用于指定程序版本或运行环境。

NULL)。接受一个可执行文件的绝对路径作为它的第一个参数。然后,它接受一系列传递给新进程的参数,这些参数的后面是一个空字符串。在这之后,它接受一系列代表环境变量的字符串,它们也必须以一个空字符串结束。如果想用 execle 重写例17.3,我们需使用 execle("/usr/bin/echo", "echo", "Hello", "World", NULL, "A=1", "B=2", NULL)。注意,在这个调用中,我们向新进程传递了两个新的环境变量:A 和 B。

- execv(const char * path, const char * args[])。接受一个可执行文件的绝对路径和一个传递给新进程的参数数组。数组中的最后一个元素必须是一个空字符串(0 或 NULL)。如果想用 execl 重写例 17.3,我们需使用 execl("/usr/bin/echo", args),其中 args 这样声明:char * args[]={"echo", "Hello", "World", NULL}。

- execvp(constchar * file,constchar * args[])。它接受一个相对路径作为它的第一个参数,但由于它可以访问 PATH 环境变量,它可以很容易地找到可执行文件。然后,它接受一个参数数组,这些参数传递给新进程。数组中的最后一个元素必须是一个空字符串(0 或 NULL)。这就是我们在例 17.3 中使用的函数。

当 exec * 函数成功时,以前的进程就消失了,取而代之的是一个新创建的进程。因此,根本就不存在第二个进程。由于这个原因,我们不能像为 fork API 所做的那样演示交错。下一节将比较 fork API 和 exec * 函数执行新程序的区别。

17.1.3　比较进程创建和执行

根据前面的讨论和前几节给出的例子,我们可以对执行新程序的两种方法做如下比较:

- 成功调用 fork 函数会产生两个独立的进程:一个是调用 fork 函数的父进程,一个是复制(或子)进程。但是,成功调用 exec * 函数会使调用者进程被一个新的进程映像所取代,没有创建新的进程。
- 调用 fork 函数会复制父进程的所有内存内容,复制的进程会获得相同的内存内容和变量。但是调用 exec * 函数会破坏基进程的内存布局,并根据加载的可执行文件创建一个新的内存布局。
- 复制进程可以访问父进程的某些属性,例如,打开的文件描述符,但使用 exec * 函数创建的新进程对此一无所知,它也不继承基进程的任何东西。
- 使用这两个 API 最终得到的是一个只有主线程的新进程。使用 fork API 也没有复制父进程中的线程。

- exec＊API 可以用来运行脚本和外部可执行文件，但 fork API 只能用来创建一个新的进程，这个进程实际上是同一个 C 程序。

下一节将讨论大多数内核在加载和执行一个新进程时所采取的步骤。这些步骤和它们的细节因内核不同而有所差异，但我们试图介绍大多数已知内核执行进程的通用步骤。

17.2　进程执行步骤

大多数操作系统中，用户空间和内核空间会采取类似的步骤，通过执行可执行文件来获得进程。如上节所述，可执行文件大多是可执行的目标文件，例如 ELF、Mach 或需要解释器来执行的脚本文件。

从用户层的角度来看，应该调用 exec 这样的系统调用。注意，我们在这里没有解释 fork 系统调用，因为它实际上不是一个执行操作，它更像是对当前运行进程的克隆操作。

当用户空间调用 exec 系统调用时，内核中创建了执行这个可执行文件的新请求。内核试图根据指定的可执行文件的类型找到一个处理程序，并根据该处理程序，它使用一个**加载器程序**（loader program）来加载可执行文件的内容。

注意，对于脚本文件，通常在脚本第一行，即 shebang line 中指定解释器程序的可执行二进制。为了执行一个进程，加载器程序有以下职责：

- 它检查执行环境和请求执行的用户权限。
- 它从主内存中为新进程分配内存。
- 它将可执行文件的二进制内容复制到分配的内存中。这主要涉及数据段和文本段。
- 它为栈段分配了一个内存区域，并准备了初始内存映射。
- 创建主线程和它的栈区域。
- 它把命令行参数作为栈帧（stack frame）复制到主线程栈区域的顶端。
- 它初始化了执行所需的重要寄存器。
- 它执行程序入口点的第一条指令。

在脚本文件的情况下，脚本文件的路径被复制为解释器进程的命令行参数。大多数内核都采取了类似的步骤，但不同内核的实现细节可能有很大的不同。

要想了解某个特定操作系统的更多信息，你需要访问其文档或直接在 Google 上搜索。

对于那些想了解更多有关 Linux 进程执行细节的读者而言,LWN 中的这些文章是一个很好的引子:https://lwn.net/Articles/631631/和 https://lwn.net/Articles/630727/。

下一节将开始讨论与并发有关的话题。本章将深入讨论多进程的具体同步技术,为下一章做准备。我们从讨论共享状态开始,它可以用于多进程软件系统。

17.3　共享状态

与线程一样,我们可以在进程之间有一些共享状态。唯一区别是线程能够访问其所有者进程所拥有的相同的内存空间,但进程不能这么奢侈。因此,需要采用其他机制在多进程之间共享状态。

本章研究的重点在于具有存储功能的这部分技术。本节首先将讨论这些不同类别的技术,并试图根据它们的性质来分类。

17.3.1　共享技术

两个进程之间共享一个状态(一个变量或一个数组)的方法是有限的。理论上将这些方法分为两大类,但在真正的计算机系统中,每一类又有一些子类。

你必须把状态放在一个可以被许多进程访问的"地方",或者必须把状态作为一个消息、信号或事件**发送**(sent)或**传输**(transferred)给其他进程。同样的,你要么从一个"地方"**拉**(pull)或**查询**(retrieve)一个现有的状态,要么以消息、信号或事件的形式**接收**(receive)它。第一种方法需要存储或**介质**(medium),比如内存缓冲区或文件系统,而第二种方法需要在进程之间有一个消息传递机制或**通道**(channel)。

如果采用第一种方法,我们可以把一个共享内存区域作为介质,里面有一个数组,可以被多进程访问,它们可以读取和修改该数组。如果采用第二种方法,我们可以把计算机网络作为通道,在不同主机的多进程之间传输一些信息。

我们现在关于如何在多进程之间共享状态的讨论,事实上并不仅仅限于进程,它也可以应用于线程。线程之间也可以通过信号来共享状态或传播事件。

用不同的术语来说,第一种技术需要存储**介质**(medium)来共享状态,它们称为**基于拉**(pull-based)的技术。这是因为进程必须从存储中拉出状态,才能读取它们。第二种技术需要**通道**(channel)来传输状态,它们称为**基于推**(push-based)的技术。这是因为状态是通过信道推送(或交付)给接收进程的,它不需要从介质中提取。从现在开始,我们将使用这些术语来指代这些技术。

基于推的技术非常多,也导致了现代软件行业中各种分布式的架构。与基于推的技术相比,基于拉的技术非常古老,你可以在许多企业应用中看到它,在这些应用中,单一的中央数据库用来在整个系统中共享各种状态。

然而,基于推的方法最近势头很猛,并产生了诸如**事件源**(event sourcing)和其他一些类似的分布式方法,这些方法用于保证在一个庞大的软件系统中所有部分都相互一致,而不需要将所有数据存储在一个中心位置。

本章对第一种方法特别感兴趣。我们将在第 19 章和第 20 章中更加关注第二种方法,在那里将介绍用于进程间传输消息的各种通道,它们是进程间通信(IPC)技术的一部分。只有在那里,我们才能探索各种基于推的技术,并为观察到的并发问题和采用的控制机制给出一些真实案例。

下面是基于拉技术的一个列表,其中的这些技术得到了 POSIX 标准的支持,可以在所有兼容 POSIX 的操作系统中广泛使用:

- **共享内存**:这只是主内存中一块可以被多进程共享和访问的区域,它们可以像普通内存块一样用来存储变量和数组。共享内存对象不是磁盘上的一个文件,它是实际的内存。即使没有进程使用它,它也可以作为操作系统中的独立对象存在。共享内存对象可以在不再需要时被进程删除,也可以通过重启系统删除。因此,在重启之后,共享内存对象是临时对象。
- **文件系统**:进程可以使用文件共享状态。这是一种最古老的可在整个软件系统多进程之间共享状态的方式。最终,由于同步访问共享文件比较困难,以及许多其他原因,导致了**数据库管理系统**(Database Management Systems,DBMS)的发明,但共享文件仍然被用于某些用例。
- **网络服务**:一旦网络存储或网络服务对所有进程可用,进程可以使用它们来存储和检索共享状态。在这种情况下,进程并不确切知道后台发生了什么。它们只是通过一个定义明确的 API 使用网络服务,允许它们在共享状态下进行某些操作。比如,**网络文件系统**(Network Filesystems,NFS)或 DBMS。它们提供了网络服务,允许通过一个明确定义的模型和一套配套的操作来维护状态。给出一个更具体的例子,例如**关系型**

数据库管理系统（Relational DBMSes），它允许使用 SQL 命令将状态保存在关系模型中。

下面的各小节将讨论上述各种方法，它们都是 POSIX 接口的一部分。我们从 POSIX 共享内存开始，展示它如何造成第 16 章中熟悉的数据竞争。

17.3.2　POSIX 共享内存

在 POSIX 标准的支持下，共享内存是一种广泛使用的技术，它可以用来在多进程之间共享一个信息。与可以访问同一内存空间的线程不同，进程没有这种能力，操作系统禁止它访问其他进程的内存。因此，需要一种在两个进程之间共享一部分内存的机制，而共享内存正是这种技术。

下面的例子将详细介绍创建和使用共享内存对象的细节，我们从创建一个共享内存开始讨论。下面的代码展示了如何在兼容 POSIX 系统中创建和填充一个共享内存对象。

```c
# include < stdio.h>
# include < unistd.h>
# include < fcntl.h>
# include < errno.h>
# include < string.h>
# include < sys/mman.h>

# define SH_SIZE 16

int main(int argc, char* * argv) {
    int shm_fd = shm_open("/shm0", O_CREAT | O_RDWR, 0600);
    if (shm_fd < 0){
        fprintf(stderr, "ERROR: Failed to create shared memory: % s \n", strer-
ror(errno));
        return 1;
    }
    fprintf(stdout, "Shared memory is created with fd: % d\n",shm_fd);
    if (ftruncate(shm_fd, SH_SIZE * sizeof(char)) < 0){
        fprintf(stderr, "ERROR: Truncation failed: % s \n",strerror(errno));
        return 1;
    }
    fprintf(stdout, "The memory region is truncated.\n");
    void* map = mmap(0, SH_SIZE, PROT_WRITE, MAP_SHARED, shm_fd, 0);
    if (map = = MAP_FAILED){
        fprintf(stderr, "ERROR: Mapping failed: % s\n",strerror(errno));
        return 1;
```

```
    }
    char* ptr = (char* )map;
    ptr[0] = 'A';
    ptr[1] = 'B';
    ptr[2] = 'C';
    ptr[3] = '\n';
    ptr[4] = '\0';
    while(1);
    fprintf(stdout, "Data is written to the shared memory.\n");
    if (munmap(ptr, SH_SIZE) < 0){
        fprintf(stderr, "ERROR: Unmapping failed: % s\n",strerror(errno));
        return 1;
    }
    if (close(shm_fd) < 0) {
        fprintf(stderr, "ERROR: Closing shared memory failed: % s\n",strerror
(errno));
        return 1;
    }
    return 0;
}
```

代码框 17 - 4[ExtremeC_examples_chapter17_4. c]：创建并写入 POSIX 共享内存对象

上述代码首先创建了一个名为/shm0 的共享内存对象，大小为 16 字节；然后，它用"ABC
\n"字符串填充了共享内存；最后，它解除了共享内存的映射并退出。注意，即使进程退
出了，共享内存对象仍然存在。后来创建的进程可以一次又一次地打开和读取这个共享
内存对象。共享内存对象只有通过重新启动系统或由进程**解除链接**（unlinked）才能
销毁。

注：

在 FreeBSD 中，共享内存对象的名称必须以'/'开头。这在 Linux 或 macOS 中
不是必需的，但是为了保持与 FreeBSD 的兼容，我们对它们都做了同样的处理。

上述代码首先使用 shm_open 函数创建了一个共享内存对象。它接收的参数是创建共享
内存对象所需的名称和模式，O_CREAT 和 O_RDWR 表明创建一个新的可读写共享
内存。

注意，如果共享内存对象已经存在，创建并不会失败。最后一个参数表示共享内存对象
的权限，0600 表明它仅可被共享内存对象所有者启动的进程读写。

接下来的几行使用 ftruncate 函数来定义共享内存的大小。注意，如果你要创建一个新的

共享内存对象，这是必要步骤。对于上述共享内存对象，我们定义了要分配的 16 个字节。

接下来，我们使用 mmap 函数将共享内存对象映射到进程可访问的区域。最终，我们获得了一个指向映射内存的指针，后面可以用来访问共享内存。这也是使 C 程序可以访问共享内存的必要步骤。

mmap 函数通常用于将一个文件或一个共享内存（最初从内核内存空间分配）映射到一个可被调用者进程访问的地址空间。然后，这个映射空间作为普通内存区域，可以被普通指针访问。

显然 PROT_WRITE 参数表明该内存区域可写，MAP_SHARED 参数表明映射区域的任何改变，对于映射到同一块区域的其他进程来说都是可见的。

我们也可以使用 MAP_PRIVATE 代替 MAP_SHARED 参数，这表明对映射区域的改变不会传播给其他进程，即映射的内存区域对映射进程来说是私有的。这种用法并不常见，除非你只想在一个进程内使用共享内存。

映射共享内存后，上述代码将一个字符串"ABC\n"写入共享内存中。注意字符串结尾处的换行字符。最后一步，进程通过调用 munmap 函数来解除共享内存映射，然后关闭分配给共享内存对象的文件描述符。

注：

每个操作系统都提供了不同的方法来创建一个**未命名的或匿名的共享内存**（unnamed or anonymous shared memory）对象。在 FreeBSD 中，只需将 SHM_A-NON 作为共享内存对象的路径传递给 shm_open 函数就可以了。在 Linux 中，可以使用 memfd_create 函数来创建一个匿名文件，而不是创建一个共享内存对象，并使用返回的文件描述符来创建映射区域。匿名的共享内存对所有者进程来说是私有的，不能用于在多进程之间共享状态。

上述代码可以在 macOS、FreeBSD 和 Linux 系统上编译。在 Linux 系统中，共享内存对象可以在/dev/shm 目录内看到。注意，这个目录不是常规文件系统，你看到的那些文件不是磁盘设备上的文件。相反，/dev/shm 使用 shmfs 文件系统。它的目的是通过一个挂载的目录来公开内存里面创建的临时对象，而且它只在 Linux 中可用。

让我们在 Linux 上编译并运行例 17.4，然后检查/dev/shm 目录的内容。在 Linux 中，为

了使用共享内存,必须将最终的二进制文件与 rt 库连接起来,这就是为什么你在下面的
Shell 框中看到了-lrt 选项:

```
$ ls /dev/shm
$ gcc ExtremeC_examples_chapter17_4.c - lrt - o ex17_4.out
$ ./ex17_4.out
Shared memory is created withfd: 3
The memory region is truncated.
Data is written to the shared memory.
$ ls /dev/shm
shm0
$
```

Shell 框 17-4:构建和运行例 17.4 并检查是否创建了共享内存对象

第一行,我们发现/dev/shm 目录下没有共享内存对象;第二行,我们构建了例 17.4;第三
行,我们执行了产生的可执行文件;然后,我们检查/dev/shm 发现产生了一个新的共享
内存对象:shm0。

该输出确认创建了共享内存对象,Shell 框中另一个重要的输出是分配给共享内存对象
的文件描述符,它的值为 3。

对于每一个打开的文件,在每个进程中都会打开一个对应的新文件描述符。这个文件不
一定在磁盘上,它可以是共享内存对象、标准输出等。在每个进程中,文件描述符从 0 开
始,一直到允许的最大数量。

注意,在每个进程中,文件描述符 0、1 和 2 分别被预先分配给 stdout、stdin 和 stderr 流。
这些文件描述符在每个新进程的 main 函数运行前打开。这就是前面例子中共享内存对
象的文件描述符是 3 的基本原因。

注:
　　在 macOS 系统上,你可以使用 pics 工具来检查系统中活动的 IPC 对象。它可以
显示活动的消息队列和共享内存。它也能显示活动的信号量。

/dev/shm 目录有另一个有趣的属性:你可以使用 cat 工具来查看共享内存对象的内容,
但这也只在 Linux 中可用。让我们在创建的 shm0 对象上使用它。下面对话框中显示了
共享内存对象的内容,它是字符串 ABC 加上一个换行字符\n。

```
$ cat /dev/shm/shm0
ABC
```

$

如上所述，一个共享内存对象只要被至少一个进程使用就会存在。即使其中一个进程已经要求操作系统删除（或解除链接）共享内存，直到最后一个进程使用完它，它也不会被真正删除。即使没有进程解除共享内存对象的链接，它也会在重启发生时被删除。共享内存对象不能在重启后存活，进程需要再次创建它们，以便使用它们进行通信。

下面的例子展示了，进程是如何打开一个已经存在的共享内存对象并读取它的内容，最后又如何解除链接的。例 17.5 可以从例 17.4 中创建的共享内存对象读取内容。因此，它可被看作例 17.4 工作的补充。

```c
# include < stdio.h>
# include < unistd.h>
# include < fcntl.h>
# include < errno.h>
# include < string.h>
# include < sys/mman.h>

# define SH_SIZE 16
int main(int argc, char* *  argv){
    int shm_fd =  shm_open("/shm0", O_RDONLY, 0600);
    if (shm_fd <  0) {
        fprintf(stderr, "ERROR: Failed to open shared memory: % s\n",strerror(errno));
        return 1;
    }
    fprintf(stdout, "Shared memory is opened with fd: % d\n", shm_fd);
    void*  map = mmap(0, SH_SIZE, PROT_READ, MAP_SHARED, shm_fd, 0);
    if (map = =  MAP_FAILED) {
        fprintf(stderr, "ERROR: Mapping failed: % s\n",strerror(errno));
        return 1;
    }
    char*  ptr =  (char* )map;
    fprintf(stdout, "The contents of shared memory object: % s\n",ptr);
    if (munmap(ptr, SH_SIZE) <  0){
        fprintf(stderr, "ERROR: Unmapping failed: % s\n",strerror(errno));
        return 1;
    }
    if (close(shm_fd) <  0) {
        fprintf(stderr, "ERROR: Closing shared memory fd filed: % s\n",strerror(errno));
        return 1;
```

```
    }
    if (shm_unlink("/shm0") < 0) {
        fprintf(stderr, "ERROR: Unlinking shared memory failed: % s\n",strer-
ror(errno));
        return 1;
    }
    return 0;
}
```

代码框 17-5[ExtremeC_examples_chapter17_5.c]:从例17.4创建的共享内存对象中读取内容

main 函数第一条语句打开了一个名为/shm0 的已有共享内存对象。如果没有这样的共享内存对象,那么将产生一个错误。显然我们使用只读方式打开共享内存对象,这表明我们不会向共享内存写入任何东西。

在下面几行中,我们映射了共享内存。同样,PROT_READ 参数表明映射的区域是只读的。最终,我们得到一个指向共享内存的指针,并通过它来打印内容。当使用完共享内存后,我们解除了该区域的映射。随后,关闭对应的文件描述符,最后,使用 shm_unlink 函数解除链接,共享内存对象被登记为删除。

在这之后,当所有使用这块共享内存的其他进程都运行完后,该共享内存对象就会从系统中被删除。注意,只要有进程在使用它,共享内存对象就会一直存在。

上面代码的输出如下。注意运行前后/dev/shm 内容的区别:

```
$ ls /dev/shm
shm0
$ gcc ExtremeC_examples_chapter17_5.c - lrt - o ex17_5.out
$ ./ex17_5.out
Shared memory is opened withfd: 3
The contents of the shared memory object: ABC

$ ls /dev/shm
$
```

Shell框 17-6:读取例17.4中共享内存对象的内容并最终删除它

使用共享内存的数据竞争示例

现在,是时候使用 fork API 和共享内存的组合来演示数据竞争了。这个例子与第15章中给出的例子类似,演示了多个线程之间的数据竞争。

例17.6中有一个放在共享内存内的计数器变量。这个例子从主进程中分出一个子进程，它们都试图增加共享计数器。最后输出显示了共享计数器上存在明显的数据竞争。

```c
# include < stdio.h>
# include < stdint.h>
# include < stdlib.h>
# include < unistd.h>
# include < fcntl.h>
# include < errno.h>
# include < string.h>
# include < sys/mman.h>
# include < sys/wait.h>

# define SH_SIZE 4

//用于引用共享内存对象的共享文件描述符
int shared_fd = - 1;

//指向共享计数器的指针
int32_t* counter = NULL;

void init_shared_resource() {
    //打开共享内存对象
    shared_fd = shm_open("/shm0", O_CREAT | O_RDWR, 0600);
    if (shared_fd < 0) {
        fprintf(stderr, "ERROR: Failed to create shared memory: % s\n",strerror
(errno));
        exit(1);
    }
    fprintf(stdout, "Shared memory is created with fd: % d\n",shared_fd);
}

void shutdown_shared_resource() {
    if (shm_unlink("/shm0") < 0) {
        fprintf(stderr, "ERROR: Unlinking shared memory failed: % s\n",strer-
ror(errno));
        exit(1);
    }
}

void inc_counter() {
    usleep(1);
    int32_t temp = * counter;
    usleep(1);
    temp+ + ;
    usleep(1);
    * counter = temp;
    usleep(1);
}
```

```
int main(int argc, char* * argv) {
    //父进程需要初始化共享资源
    init_shared_resource();

    //分配并截断共享内存区域
    if (ftruncate(shared_fd, SH_SIZE * sizeof(char)) < 0) {
        fprintf(stderr, "ERROR: Truncation failed: % s\n",strerror(errno));
        return 1;
    }
    fprintf(stdout, "The memory region is truncated.\n");

    //映射共享内存并初始化计数器
    void* map = mmap(0, SH_SIZE, PROT_WRITE,MAP_SHARED, shared_fd, 0);
    if (map == MAP_FAILED) {
        fprintf(stderr, "ERROR: Mapping failed: % s\n",strerror(errno));
        return 1;
    }
    counter = (int32_t* )map;
    * counter = 0;

    //创建新的进程
    pid_t pid = fork();
    if (pid) {
        // 父进程
        // 计数器递增
        inc_counter();
        fprintf(stdout, "The parent process sees the counter as % d.\n",* counter);

        // 等待子进程退出
        int status = - 1;
        wait(&status);
        fprintf(stdout, "The child process finished with status % d.\n",status);
    }
    else {
        // 子进程
        //计数器递增
        inc_counter();
        fprintf(stdout, "The child process sees the counter as % d.\n",* counter);
    }

    //两个进程都应该取消共享内存区域映射并关闭其文件描述符
    if (munmap(counter, SH_SIZE) < 0) {
        fprintf(stderr, "ERROR: Unmapping failed: % s\n",strerror(errno));
        return 1;
    }
```

```
        if (close(shared_fd) < 0) {
            fprintf(stderr, "ERROR: Closing shared memory fd filed: % s\n",strerror
(errno));
            return 1;
        }
        //只有父进程需要关闭共享资源
        if (pid) {
            shutdown_shared_resource();
        }
        return 0;
    }
```

代码框 17 - 6［ExtremeC_examples_chapter17_6.c］：使用 POSIX 共享内存和 fork API 演示数据竞争

上述代码中除了 main 函数外，还有其他三个函数。init_shared_resource 函数用于创建共享内存对象。这个函数命名为 init_shared_resource 而不是 init_shared_memory 的原因，是因为在上述例子使用了另一种基于拉的技术，给这个函数起一个通用的名称可以使 main 函数在以后的例子中保持不变。

shutdown_shared_resource 函数用于销毁共享内存并解除它的链接。inc_counter 函数用于将共享计数器增加 1。

main 函数映射共享内存，就像我们在例 17.4 中所做的那样。在映射了共享内存后，复制逻辑开始了。通过调用 fork 函数，生成了一个新的进程，这两个进程（被复制的进程和复制进程）都试图通过调用 inc_counter 函数增加计数器。

当父进程写入共享计数器时，它等待子进程完成，之后才尝试解除映射、关闭和解除共享内存对象的链接。注意，解除映射和关闭文件描述符在这两个进程中都会发生，但只有父进程才解除对共享内存对象的链接。

在代码框 17 - 6 中，可以看到我们在 inc_counter 函数中使用了一些不寻常的 usleep 调用。这是为了强迫调度器从一个进程中取回 CPU 核心，并把它交给另一个进程。如果没有这些 usleep 函数的调用，CPU 核通常不会在进程之间转移，而且你也不能经常看到不同交错的效果。

产生这种效果的一个原因就是每个进程的指令数量太少。如果每个进程的指令数量显著增加，即使没有调用 sleep，也可以看到交错的不确定性行为。例如，每个进程中有一个 10 000 次的循环，每次循环中增加共享计数器，就很有可能产生数据竞争的情况。你可以自己尝试一下。

作为对上述代码的最后说明,父进程在复制子进程之前创建并打开共享内存对象,并为其分配一个文件描述符。被复制的进程并没有打开共享内存对象,但它可以使用同一个文件描述符。所有打开的文件描述符都是从父进程继承的,这一事实有助于子进程继续使用该文件描述符来引用同一个共享内存对象。

下面的 Shell 框 17-7 是多次运行例 17.6 后的输出结果。显然我们在共享计数器上有一个明显的数据竞争。有时,父进程或子进程在更新计数器时并没有获得最新的修改值,这导致两个进程都打印 1:

```
$ gcc ExtremeC_examples_chapter17_6 - o ex17_6.out
$ ./ex17_6.out
Shared memory is created withfd: 3
The memory region is truncated.
The parent process sees the counter as 1.
The child process sees the counter as 2.
The child process finished with status 0.
$ ./ex17_6
...
...
...
$ ./ex17_6.out
Shared memory is created withfd: 3
The memory region is truncated.
The parent process sees the counter as 1.
The child process sees the counter as 1.
The child process finished with status 0.
$
```

Shell 框 17-7:运行例 17.6 并演示在共享计数器上发生的数据竞争

本节我们展示了如何创建和使用共享内存。我们还演示了一个数据竞争的例子以及并发进程在访问共享内存时的行为方式。下一节将讨论文件系统,它是另一种广泛使用的基于拉的多进程状态共享方法。

17.3.3　文件系统

POSIX 提供了一个类似的 API,用于处理在文件系统中的文件。只要涉及文件描述符,并且它们被用来引用各种系统对象,就可以使用与处理共享内存相同的 API。

我们使用文件描述符来引用 ext4 这样文件系统中的实际文件,以及共享内存、管道等。因此,打开、读取、写入、映射本地内存这些操作,都可以采用相同的语义。因此,我们期望看到关于文件系统的讨论，或者 C 代码，与应用共享内存时是类似的。例 17.7 展示了这一点。

注：

我们通常映射文件描述符。然而，在一些特殊情况下，可以对**套接字描述符**（socket descriptors）进行映射。套接字描述符与文件描述符类似，但用于网络或 Unix 套接字。以下链接提供了一个有趣的用例，用于映射 TCP 套接字背后的内核缓冲区，此模式称为**零拷贝接收机制**（zero-copy receive mechanism）：https://lwn.net/Articles/752188/.

注意，这个文件系统所采用的 API 与共享内存的 API 非常相似，但这并不表明它们的实现也是相似的。实际上，由硬盘支持的文件系统中的文件对象与共享内存对象有着本质上的区别。让我们简单讨论一下：

- 共享内存对象基本上位于内核进程的内存空间中，而文件系统中的文件则位于磁盘上。这样的文件最多有一些用于读写操作的缓冲区。
- 写入共享内存的状态会因重启系统而被清除，但写入共享文件的状态（如果有硬盘或永久存储的支持）可以在重启后保留。
- 通常访问共享内存要比访问文件系统快得多。

下面的代码与上一节中共享内存数据竞争例子相同。由于文件系统的 API 与共享内存的 API 非常相似，因此我们只需要改变例 17.6 中的两个函数：init_shared_resource 和 shutdown_shared_resource，其余的完全一样。通过使用相同的 POSIX API 就能对文件描述符进行操作，这是一个了不起的实现。让我们看一下代码：

```
# include < stdio.h>
# include < stdint.h>
# include < stdlib.h>
# include < unistd.h>
# include < fcntl.h>
# include < errno.h>
# include < string.h>
# include < sys/mman.h>
# include < sys/wait.h>

# define SH_SIZE 4

//用于引用共享文件的共享文件描述符
int shared_fd = - 1;
```

```
//指向共享计数器的指针
int32_t* counter = NULL;

void init_shared_resource() {
    //打开文件
    shared_fd = open("data.bin", O_CREAT | O_RDWR, 0600);
    if (shared_fd < 0) {
        fprintf(stderr, "ERROR: Failed to create the file: % s\n",strerror(er-
rno));
        exit(1);
    }
    fprintf(stdout, "File is created and opened with fd: % d\n",shared_fd);
}

    void shutdown_shared_resource() {
        if (remove("data.bin") < 0) {
            fprintf(stderr, "ERROR: Removing the file failed: % s\n",strerror
(errno));
            exit(1);
        }
    }

    void inc_counter() {
        ...同例 17.6...
    }

    int main(int argc, char* * argv) {
        ...同例 17.6...
    }
```

代码框 17 - 7[ExtremeC_examples_chapter17_7.c]:使用普通文件和 fork API 演示数据竞争

显然上面大部分代码来自例 17.6,其余部分用 open 和 remove 函数代替了 shm_open 和 shm_unlink 函数。

注意,data. bin 文件是在当前目录下创建的,因为我们没有给 open 函数一个绝对路径。运行上述代码也会在共享计数器上产生同样的数据竞争。可以用类似于例 17.6 的方法来检查它。

到目前为止,我们已经看到可以使用共享内存和共享文件来存储一个状态,并让多个进程并发地访问它。现在,是时候从宏观上更充分地讨论和比较多线程和多进程了。

17.4　多线程与多进程

在第 14 章中已经讨论了多线程和多进程,再加上最近几章的讨论,我们现在可以对它们进行比较,并对每种方法都采用的情况进行高层描述。假设我们要设计一个软件,目标是并发地处理多个输入请求。我们将分三种不同的情况讨论。让我们从第一种情况开始。

17.4.1　多线程

第一种情况是编写一个只有单个进程的软件,所有请求都由这个进程处理。所有的逻辑都是这个进程的一部分,最终你得到了一个所有逻辑的大进程。由于这是个单进程软件,如果需要处理大量并发请求,你需要创建多个线程,用多线程方式处理它们。此外,选择一个拥有有限多个线程的线程池(thread pool)可能是一个更好的设计决策。

关于并发和同步,还需要注意以下几点。这里,我们没有讨论使用事件循环或异步 I/O 的方法,虽然它们是多线程有效的替代方案。

如果请求的数量显著增加,那么需要增加线程池的线程数量来解决问题。从字面上看,这表明需要升级主进程主机上的硬件和资源。这称为向上扩展(scaling up)或垂直扩展(vertical scaling),它表明需要升级单一主机的硬件来满足更多的请求。除了客户升级新硬件时可能需要停机(虽然可以避免)之外,升级的成本也很高,而且当请求数量再次增长时,你必须再做一次扩展。

如果处理请求的进程最终是操纵共享状态或数据存储,那么通过了解线程对同一内存空间的访问,可以很容易地实现同步技术。当然,无论它们是有一个应该被维护的共享数据结构,还是需要对非事务性的远程数据存储进行访问,都需要这样做。

所有线程都运行在同一台主机上,因此可以使用目前讨论过的所有共享状态的技术,这些技术线程和进程都可用。这是一个很好的特性,它减轻了线程同步的许多痛苦。

让我们来谈谈下一种情况,即可以有多个进程,但所有这些进程都运行在同一台主机上的情况。

17.4.2　单主机多进程

在这种情况下,我们编写了一个多进程软件,但这些进程都部署在一台主机上。所有这些进程可以是单线程的,也可以在内部有一个线程池,允许每个进程同时处理多个请求。

当请求的数量增加时,可以创建新的进程,而不是创建更多的线程。这通常称为向外扩展(scaling out)或水平扩展(horizontal scaling)。然而,当你只有一台主机的时候,你必须扩大它的规模,或者换句话说,你必须升级它的硬件。这可能同样会导致我们在前一小节中提到的多线程程序扩展问题。

进程是在并发环境中执行的,它们只能使用多进程方式共享状态或同步进程。当然,这并不像编写多线程代码那样方便。此外,进程可以使用基于拉或基于推的技术来共享状态。

在一台主机上进行多进程的效果并不理想,多线程在编码方面似乎更方便。

下一小节将讨论分布式多进程环境,这是创建现代软件的最佳设计。

17.4.3　分布式多进程

在最后的情况下,我们写了一个程序,它是运行在多个主机上的多个进程,主机之间通过网络相互连接,而且一个主机上可以运行多个进程。这样的部署有以下特点:

当面临的请求数量大幅增加时,这个系统可以无限制的扩展。使用普通硬件即可处理高峰值请求是一个很棒的特性。谷歌能够在主机集群上实现**页面排名**(Page Rank)和**映射规约**(Map Reduce)算法,其核心思想之一就是使用普通硬件集群而不是强大的服务器。

本章讨论的技术对分布式多进程情况几乎没有帮助,因为它们都有一个重要的前提条件:所有进程都在同一台主机上运行。因此,需要采用一套完全不同的算法和技术来同步进程,并使系统内的所有进程都能获得共享状态。对于这样的分布式系统,需要研究**时延**(latency)、**容错率**(fault tolerance)、**可用性**(availability)和**数据一致性**(data consistency)等诸多因素。

不同主机上的进程使用网络套接字以推送方式进行通信,但同一主机上的进程可以使用本地 IPC 技术(例如消息队列、共享内存、管道等)来传输消息和共享状态。

本节的最后需要指出，在现代软件产业中，我们倾向于水平扩展，而不是垂直扩展。这将为数据存储、同步、消息传递等带来许多新的思想和技术。它甚至会对硬件设计产生影响，让其更便于水平扩展。

17.5　总结

本章探讨了多进程系统以及可用于在多个进程之间共享状态的各种技术。本章涵盖了以下主题：

- 介绍了用于进程执行的 POSIX API，解释了 fork API 和 exec * 函数的工作原理。
- 解释了内核执行进程的步骤。
- 讨论了在多进程之间共享状态的方法。
- 介绍了基于拉和基于推的技术，它们是两类最基本的共享状态技术。
- 介绍了两种最常见的基于拉的共享状态技术——共享内存和文件系统上的共享文件。
- 解释了多线程和多进程部署的异同，以及分布式软件系统中垂直和水平扩展的概念。

下一章将讨论单主机多进程环境中的并发问题。它将包括对并发问题的讨论，以及为保护共享资源而采用的同步多个进程的方法。这些主题与第 16 章的内容非常相似，只不过它们关注的是进程而不是线程。

18

进程同步

本章继续前一章中的讨论,但本章主要的关注点将放到进程同步上。多进程程序中的控制机制不同于多线程程序中用到的控制技术。它们的不同不仅仅在于内存,还有多线程程序中无法发现的因素,因为它们只存在于多进程环境中。

尽管线程必须绑定到一个进程上,但进程可以自由地运行在互联网的任何主机和操作系统之上。正如你想象的,事情变得复杂了。在这样一个分布式系统中,同步多个子进程并不容易。

本章专门讨论一台主机上的进程同步问题。换句话说,本章主要讨论单主机同步及其相关技术。我们会简要地讨论分布式系统中的进程同步,而不深究细节。

本章包括以下主题:

- 首先描述单主机环境下的多进程软件。介绍单主机环境下用到的技术,并使用前一章的知识举例演示这些技术。
- 在第一次尝试同步多进程的时候,我们使用了命名 POSIX 信号量,解释了使用它们的方法,然后通过举例来解决前面章节中遇到的竞态条件问题。
- 然后讨论命名 POSIX 互斥锁,并展示使用共享内存让命名互斥锁工作的方法。例如,使用了命名互斥锁代替信号量解决同样的竞态条件问题。
- 作为同步多进程的最后一种技术,我们讨论了命名 POSIX 条件变量。与命名互斥锁一样,需要将它们放在共享内存里,以便多个进程能够访问到它们。我们通过详细举例展示了这项技术,并说明了使用命名 POSIX 条件变量来同步一个多进程系统的

　方法。

- 本章最后简要讨论了网络上的分布式多进程系统,包括它们的特点以及与单主机多进程系统之间存在的差异。

让我们从讨论单主机并发控制及其可用技术来开始本章。

18.1　单主机并发控制

一台主机上运行着许多进程,在同一时刻中这些进程需要访问同一个共享资源的情况非常常见。因为所有的进程都在同一个操作系统中运行,所以它们可以访问操作系统提供的所有功能。

本节将展示如何使用其中的一些功能来创建一个同步这些进程的控制机制。共享内存在大多数这些控制机制中起着关键作用;因此,我们在很大程度上依赖于前一章中对共享内存的解释。

当所有进程都运行在一台兼容 POSIX 标准的主机上时,可以采取以下 POSIX 提供的控制机制:

- 命名 POSIX 信号量。与第 16 章中介绍的 POSIX 信号量基本相同,但有一点不同:它们现在有了一个名称,可以在整个系统中使用。换句话说,它们不再是匿名(anonymous)或私有(private)的信号量了。
- 命名互斥锁。同样,与第 16 章中介绍的 POSIX 互斥锁基本相同,但现在被命名了,可以在整个系统中使用。这些互斥锁需要放在一个共享内存中,方便多个进程使用。
- 命名条件变量。与第 16 章中介绍的 POSIX 条件变量基本相同,但与互斥锁一样,它们需要放在一个共享内存对象中,方便多个进程使用。

接下来将讨论上述所有的技术,并举例说明它们是如何工作的。下一节将讨论命名 POSIX 信号量。

18.2　命名 POSIX 信号量

第 16 章讲到了信号量是同步大量并发任务的主要工具。在多线程程序中,已经看到它们是如何帮助克服并发问题的了。

这一节将展示如何在多进程中使用它们。例 18.1 展示了如何使用 POSIX 信号量来解决在例 17.6 和例 17.7 中遇到的数据竞争问题。这个例子与例 17.6 非常相似,它再次使用了一个共享内存来存储共享计数器变量。但是这里它使用了命名信号量来同步对共享计数器的访问。

下面的几个代码框展示了在访问共享变量时使用命名信号量来同步两个进程的方法。代码框 18-1 展示了例 18.1 的全局声明:

```
# include < stdio.h>
...
# include < semaphore.h> //为了使用信号量,包含此头文件
# define SHARED_MEM_SIZE 4
//用于引用共享内存对象的共享文件描述符
int shared_fd = - 1;
//指向共享计数器的指针
int32_t* counter = NULL;
//指向共享信号量的指针
sem_t* semaphore = NULL;
```

代码框 18-1[ExtremeC_examples_chapter18_1.c]:例 18.1 的全局声明

代码框 18-1 声明了一个全局计数器和一个指向信号量对象的全局指针,稍后将对其进行赋值。父进程和子进程都使用这个指针来同步访问共享计数器。

下面的代码定义了实际执行进程同步的函数。其中一些定义与例 17.6 中的定义相同,相同部分已经从下面的代码框中删除:

```
void init_control_mechanism() {
    semaphore = sem_open("/sem0", O_CREAT | O_EXCL, 0600, 1);
    if (semaphore = = SEM_FAILED) {
        fprintf(stderr, "ERROR: Opening the semaphore failed: % s\n",strerror
(errno));
        exit(1);
    }
}
void shutdown_control_mechanism() {
    if (sem_close(semaphore) < 0) {
        fprintf(stderr, "ERROR: Closing the semaphore failed: % s\n",strerror
(errno));
        exit(1);
    }
```

```
        if (sem_unlink("/sem0") < 0) {
            fprintf(stderr, "ERROR: Unlinking failed: % s\n",strerror(errno));
            exit(1);
        }
    }
    void init_shared_resource() {
        ...同例 17.6 ...
    }
    void shutdown_shared_resource() {
        ...同例 17.6 ...
    }
```

代码框 18 - 2〔ExtremeC_examples_chapter18_1. c〕：同步函数的定义

与例 17.6 相比，我们增加了两个新函数：init_control_mechanism 和 shutdown_control_mechanism。我们还对 inc_counter 函数（如代码框 18 - 3 所示）做了一些修改，使用信号量在里面创建了一个临界区。

init_control_mechanism 和 shutdown_control_mechanism 函数里使用了一个与共享内存 API 类似的 API 来打开、关闭和解除命名信号量。

sem_open、sem_close 和 sem_unlink 看上去与 shm_open、shm_close 和 shm_unlink 等函数类似。有一个区别就是 sem_open 函数返回的是一个信号量指针而不是一个文件描述符。

注意，这个例子里处理信号量的 API 与我们先前看到的一样，因此其余代码和例 17.6 保持不变。本例中，信号量的初始值为 1，这让它等价于一个互斥锁。下面的代码框展示了临界区，以及如何在共享计数器上使用信号量来同步执行读写操作：

```
    void inc_counter() {
        usleep(1);
        sem_wait(semaphore);//应检查返回值.
        int32_t temp = * counter;
        usleep(1);
        temp+ + ;
        usleep(1);
        * counter = temp;
        sem_post(semaphore);//应检查返回值.
        usleep(1);
    }
```

代码框 18 - 3〔ExtremeC_examples_chapter18_1. c〕：递增共享计数器的临界区

与例 17.6 相比,inc_counter 函数分别使用 sem_wait 和 sem_post 函数进入和退出临界区。

下面的代码框中的 main 函数与例 17.6 几乎相同,只有初始部分和最终部分有一些不同,这与代码框 18-2 中增加了两个新函数是一致的:

```
int main(int argc, char* * argv) {
    //父进程需要初始化共享资源
    init_shared_resource();

    //父进程需要初始化控制机制
    init_control_mechanism();

    ...同例 17.6...

    //只有父进程需要关闭共享资源与使用的控制机制
    if (pid) {
        shutdown_shared_resource();
        shutdown_control_mechanism();
    }

    return 0;
}
```

代码框 18-4[ExtremeC_examples_chapter18_1.c]:例 18.1 的 main 函数

在下面的 Shell 框中,你可以看到连续两次运行例 18.1 的输出结果:

```
$ gcc ExtremeC_examples_chapter18_1.c - lrt - lpthread - o ex18_1.out
$ ./ex18_1.out
Shared memory is created with fd: 3
The memory region is truncated.
The child process sees the counter as 1.
The parent process sees the counter as 2.
The child process finished with status 0.
$ ./ex18_1.out
Shared memory is created with fd: 3
The memory region is truncated.
The parent process sees the counter as 1.
The child process sees the counter as 2.
The child process finished with status 0.
$
```

Shell 框 18-1:在 Linux 中构建并连续两次运行例 18.1 后的结果

注意,因为程序中使用 POSIX 信号量,所以我们需要将上述代码与 pthread 库链接起来。

为了使用共享内存,我们还需要将其与 Linux 中的 rt 库链接。

上述输出很清楚。有时子进程会先获取 CPU 并增加计数器,有时却是父进程先这样做。由于两者不可能同时进入临界区,因此它们满足共享计数器的数据完整性。

注意,使用命名信号量并不需要使用 fork API。即使运行在同一台主机和操作系统上,完全分离的进程(不是父进程和子进程)仍然可以打开和使用相同的信号量。我们将在例 18.3 中展示如何做到这一点。

本节最后介绍一下类 Unix 操作系统中的两种命名信号量:一种是 **System V 信号量**,另一种是 **POSIX 信号量**。本节解释了 POSIX 信号量,因为它们的 API 和性能更好。下面的链接是 Stack Overflow 网站上一个问题,很好地解释了 System V 信号量和 POSIX 信号量之间的区别:https://stackoverflow. com/questions/368322/differences-between-system-v-and-posix-semaphores。

注:

微软 Windows 在使用信号量方面不兼容 POSIX 标准,它用自己的一套 API 来创建和管理信号量。

下一节将讨论命名互斥锁。简而言之,命名互斥锁是放置在共享内存区域中的普通互斥对象。

18.3　命名互斥锁

POSIX 互斥锁在多线程程序中工作起来很简单,我们已经在第 16 章中演示过了。但是,对于多进程环境来说情况就不是这样了。为了让互斥锁可以在多个进程之间工作,需要把它定义在一个所有进程都可以访问的地方。

这种共享空间最佳的选择就是共享内存。因此,要让互斥锁工作在多进程环境中,需要将它放置在一个共享内存区域里。

18.3.1　第一个例子

下面的例 18.2 与例 18.1 高度相似,但它使用命名互斥锁而不是命名信号量来解决潜在的竞态条件问题。它还展示了如何建立一个共享内存区域,并用它来存储共享的互斥锁。

由于每个共享内存对象都有一个全局名称,因此存储在共享内存里的互斥锁也是有名字的(named),并且可以被整个系统中的其他进程访问。

下面的代码框展示了例18.2所需的声明,用来表明创建共享互斥锁需要做什么:

```
# include < stdio.h>
...
# include < pthread.h> //为使用 pthread_mutex_* 函数包含此头文件
# define SHARED_MEM_SIZE 4
//用于引用共享内存对象的共享文件描述符
int shared_fd = - 1;
//用于引用互斥锁的共享内存对象的共享文件描述符
int mutex_shm_fd = - 1;
//指向共享计数器的指针
int32_t* counter = NULL;
//指向共享互斥锁的指针
pthread_mutex_t* mutex = NULL;
```

代码框18-5[ExtremeC_examples_chapter18_2.c]:例18.2的全局声明

如上所示,我们已经声明了:

- 一个全局文件描述符,指向用于存储共享计数器变量的共享内存
- 一个全局文件描述符,指向用于存储共享互斥锁的共享内存
- 一个指向共享计数器的指针
- 一个指向共享互斥锁的指针

这些变量将由后续逻辑填充。

下面的代码框展示了例18.1中的所有函数,但显然我们使用命名互斥锁替换了命名信号量:

```
void init_control_mechanism() {
    //打开互斥锁共享内存
    mutex_shm_fd = shm_open("/mutex0", O_CREAT | O_RDWR, 0600);
    if (mutex_shm_fd < 0) {
        fprintf(stderr, "ERROR: Failed to create shared memory: % s\n", strer-
ror(errno));
```

```
        exit(1);
    }
    //分配并截断互斥锁的共享内存区域
    if (ftruncate(mutex_shm_fd, sizeof(pthread_mutex_t)) < 0) {
        fprintf(stderr, "ERROR: Truncation of mutex failed: % s\n", strerror
(errno));
        exit(1);
    }
    //映射互斥锁的共享内存
    void* map = mmap(0, sizeof(pthread_mutex_t),PROT_READ | PROT_WRITE, MAP_
SHARED, mutex_shm_fd, 0);
    if (map == MAP_FAILED) {
        fprintf(stderr, "ERROR: Mapping failed: % s\n", strerror(errno));
        exit(1);
    }
    mutex = (pthread_mutex_t* )map;
    //初始化互斥锁对象
    int ret = - 1;
    pthread_mutexattr_t attr;
    if ((ret = pthread_mutexattr_init(&attr))) {
        fprintf(stderr, "ERROR: Failed to init mutex attrs: % s\n", strerror
(ret));
        exit(1);
    }
    if ((ret = pthread_mutexattr_setpshared(&attr, PTHREAD_PROCESS_
SHARED))) {
        fprintf(stderr, "ERROR: Failed to set the mutex attr: % s\n", strerror
(ret));
        exit(1);
    }
    if ((ret = pthread_mutex_init(mutex, &attr))) {
        fprintf(stderr, "ERROR: Initializing the mutex failed: % s\n", strerror
(ret));
        exit(1);
    }
    if ((ret = pthread_mutexattr_destroy(&attr))){
        fprintf(stderr, "ERROR: Failed to destroy mutex attrs : % s\n", strerror
(ret));
        exit(1);
    }
}
```

代码框 18 - 6[ExtremeC_examples_chapter18_2. c]：例 18.2 中的 init_control_mechanism 函数

在 init_control_mechanism 函数中创建了一个新的名为/mutex0 的共享内存对象。共享内存的大小初始化为 sizeof(pthread_mutex_t)，这表明我们打算在这里共享一个 POSIX 互斥锁对象。

此后，我们得到一个指向共享内存区域的指针。现在我们有了一个从共享内存中分配的互斥锁，但使用它之前仍然需要初始化。因此，下一步是使用 pthread_mutex_init 函数初始化这个互斥锁对象，它的属性表明互斥锁对象是多进程共享的。这一点尤其重要，否则，即使互斥锁放置在共享内存，它在多进程环境中也不能正常工作。如上面代码框所示，在 init_control_mechanism 函数中，我们通过设置 PTHREAD_PROCESS_SHARED 属性来标记互斥锁为共享。来看下一个函数：

```
void shutdown_control_mechanism() {
    int ret = - 1;
    if ((ret = pthread_mutex_destroy(mutex))) {
        fprintf(stderr, "ERROR: Failed to destroy mutex: % s\n",strerror(ret));
        exit(1);
    }
    if (munmap(mutex, sizeof(pthread_mutex_t)) < 0) {
        fprintf(stderr, "ERROR: Unmapping the mutex failed: % s\n", strerror
(errno));
        exit(1);
    }
    if (close(mutex_shm_fd) < 0) {
        fprintf(stderr, "ERROR: Closing the mutex failed: % s\n",strerror(er-
rno));
        exit(1);
    }
    if (shm_unlink("/mutex0") < 0) {
        fprintf(stderr, "ERROR: Unlinking the mutex failed: % s\n",strerror
(errno));
        exit(1);
    }
}
```

代码框 18 - 7[ExtremeC_examples_chapter18_2. c]：例 18.2 中的 destroy_control_mechanism 函数

在 destroy_control_mechanism 函数中，我们首先销毁了互斥锁对象，然后关闭并解除其底层共享内存区域的链接。这与销毁普通共享内存对象的方法相同。接下来看示例中的其他代码：

```
void init_shared_resource() {
    ...同例 18.1 ...
}
```

```
void shutdown_shared_resource(){
    ...同例 18.1 ...
}
```

代码框 18-8[ExtremeC_examples_chapter18_2.c]:这些函数与例 18.1 相同

显然上述函数没有任何变化,它和例 18.1 中的函数一样。让我们看看 inc_counter 函数里面的临界区,它现在使用了一个命名互斥锁而不是一个命名信号量。

```
void inc_counter() {
    usleep(1);
    pthread_mutex_lock(mutex);//应检查返回值
    int32_t temp = * counter;
    usleep(1);
    temp++ ;
    usleep(1);
    * counter = temp;
    pthread_mutex_unlock(mutex);//应检查返回值
    usleep(1);
}

int main(int argc, char* * argv) {
    ...同例 18.1 ...
}
```

代码框 18-9[ExtremeC_examples_chapter18_2.c]:临界区使用一个命名互斥锁来保护共享计数器

上面代码与例 18.1 大部分相同,只有三个函数有很大的改动。例如,main 函数完全没有变化,和例 18.1 中的一样。这是因为与例 18.1 相比,我们只是使用了不同的控制机制,而其余的逻辑是相同的。

对代码框 18-9,最后说明一点,在 inc_counter 函数中,我们完全按照多线程程序的方式使用了互斥锁对象。这是它们的设计方式:使用相同的 API 在多线程和多进程环境中使用互斥对象。这是 POSIX 互斥锁一个很大的特点,因为我们可以在多线程和多进程环境下编写相同的代码——当然,初始化和销毁方式可以不同。

上面代码的输出与例 18.1 的非常相似。这个例子里,共享计数器是由互斥锁保护的,而在前面的例子中,它是由信号量保护的。前面示例中使用的信号量实际上是一个二值信号量,如第 16 章中所述,二值信号量可以模拟互斥锁。因此,例 18.2 中除了用互斥锁代替二值信号量外,并没有太多新内容。

18.3.2 第二个例子

命名共享内存和互斥锁可以被系统中任何进程使用,而不是一定要复刻一个新进程才能使用这些对象。下面的例18.3演示了如何使用共享互斥锁和共享内存来同时终止多个同时运行的进程,我们希望在任何一个进程中,只要按下 Ctrl+C 组合键就能终止所有进程。

注意,下面将分多个步骤提供代码,与每个步骤相关的注释则紧随其后。让我们介绍第一个步骤。

第1步——全局声明

在本例中,我们编写了一个可以多次编译和执行的源文件,用来创建多个进程。这些进程使用共享内存区域来使执行同步。其中一个进程作为共享内存区域的所有者,负责它们的创建和销毁工作。其他进程只是使用创建好的共享内存。

首先需要声明整个代码需要用到的一些全局对象,我们将在后面的代码中初始化它们。注意,在下面的代码框中定义的全局变量,如 mutex,实际上并不是进程之间共享的。这些进程在自己的内存空间中有自己的变量,但每个进程都将自己的全局变量映射到共享内存中的变量或对象上。

```
# include < stdio.h>
...
# include < pthread.h>  //为使用 pthread_mutex_* 函数包含此头文件

typedef uint16_t bool_t;

# define TRUE 1
# define FALSE 0

# define MUTEX_SHM_NAME "/mutex0"
# define SHM_NAME "/shm0"
//共享文件描述符,用于引用包含取消标志的共享内存对象
int cancel_flag_shm_fd = - 1;

//指示当前进程是否拥有共享内存对象的标志
bool_t cancel_flag_shm_owner = FALSE;

//用于引用互斥锁的共享内存对象的共享文件描述符
int mutex_shm_fd = - 1;

//共享互斥锁
```

```
pthread_mutex_t* mutex = NULL;

//指示当前进程是否拥有共享内存对象的标志
bool_t mutex_owner = FALSE;

//指向存储在共享内存中的取消标志的指针
bool_t* cancel_flag = NULL;
```

代码框 18 - 10[ExtremeC_examples_chapter18_3.c]：例 18.3 中的全局声明

可以从上述代码中看到所有的全局声明。其中使用共享标志来让所有进程知道取消标志信号。注意，本例采用忙-等待的方式来等待取消标志变为 true。

我们为取消标志声明了一个专门的共享内存对象，并为互斥锁声明了另一个共享内存对象以保护该标志，这和例 18.2 类似。注意，我们可以构建一个单一结构，并将取消标志和互斥锁对象定义为其字段，然后使用一个单一的共享内存来存储它们。但是我们选择了使用分离的共享内存区域来实现这个目的。

本例中需注意，共享内存对象的清理工作应该由首先创建和初始化它们的进程来进行。由于所有进程都使用了相同的代码，所以需要知道哪个进程创建了这个共享内存对象，并让该进程成为该对象的所有者。然后，在清理对象时，只有所有者进程可以继续进行，并做实际的清理工作。因此，必须为此声明两个布尔变量：mutex_owner 和 cancel_flag_shm_owner。

第 2 步——取消标志的共享内存

下面的代码框展示了对取消标志共享内存进行初始化的代码：

```
void init_shared_resource() {
    //打开共享内存对象
    cancel_flag_shm_fd = shm_open(SHM_NAME, O_RDWR, 0600);
    if (cancel_flag_shm_fd >= 0) {
        cancel_flag_shm_owner = FALSE;
        fprintf(stdout, "The shared memory object is opened.\n");
    }
    else if (errno == ENOENT) {
        fprintf(stderr,"WARN: The shared memory object doesn't exist.\n");
        fprintf(stdout, "Creating the shared memory object ...\n");
        cancel_flag_shm_fd = shm_open(SHM_NAME, O_CREAT | O_EXCL | O_RDWR,
0600);
        if (cancel_flag_shm_fd >= 0){
            cancel_flag_shm_owner = TRUE;
```

```
            fprintf(stdout, "The shared memory object is created.\n");
        }
        else {
            fprintf(stderr,"ERROR: Failed to create shared memory: % s\n",strerror
(errno));
            exit(1);
        }
    }
    else {
        fprintf(stderr,"ERROR: Failed to create shared memory: % s\n",strerror(er-
rno));
        exit(1);
    }
    if (cancel_flag_shm_owner){
        //分配并截断共享内存区域
        if (ftruncate(cancel_flag_shm_fd, sizeof(bool_t)) < 0) {
            fprintf(stderr, "ERROR: Truncation failed: % s\n",strerror(errno));
            exit(1);
        }
        fprintf(stdout, "The memory region is truncated.\n");
    }
    //映射共享内存并初始化取消标志
    void* map = mmap(0, sizeof(bool_t), PROT_WRITE, MAP_SHARED,
                    cancel_flag_shm_fd, 0);
    if (map = = MAP_FAILED) {
        fprintf(stderr, "ERROR: Mapping failed: % s\n",strerror(errno));
        exit(1);
    }
    cancel_flag = (bool_t* )map;
    if (cancel_flag_shm_owner) {
        * cancel_flag = FALSE;
    }
}
```

代码框 18-11[ExtremeC_examples_chapter18_3.c]：初始化取消标志共享内存

我们采取的方法与例 18.2 中不同。这是因为每当运行一个新进程时，它都应该检查共享内存对象是否已经被另一个进程创建。注意，本例中我们没有使用 fork API 来创建新的进程，用户可以使用 shell 随意启动一个新进程。

由于这个原因，一个新的进程首先尝试通过只提供标志 O_RDWR 打开共享内存。如果成功，则表明当前进程不是该共享内存的所有者，它将继续对共享内存进行映射。如果失败，则表明共享内存不存在，表明当前进程应该创建该区域并成为其所有者。因此，它继续尝试用不同的标志(O_CREAT 和 O_EXCL)打开该区域。如果共享内存对象不存在,这些标志将创建一个共享内存对象。

如果创建成功,当前进程就是所有者,它将继续映射共享内存。

有这样一个小概率事件,就是在上述场景中,连续两次调用 shm_open 函数之间,另一个进程创建了相同的共享内存,那么第二次 shm_open 就会失败。标志 O_EXCL 防止当前进程创建一个已经存在的对象。如果对象已经存在,那么它就会显示错误信息并退出。如果这种情况发生(这种情况非常罕见),那么可以尝试再次运行该进程,第二次运行时通常不会遇到同样的问题。

下面的代码是与之相对应的释放取消标志及其共享内存的操作。

```
void shutdown_shared_resource() {
    if (munmap(cancel_flag, sizeof(bool_t)) < 0) {
        fprintf(stderr, "ERROR: Unmapping failed: % s\n",strerror(errno));
        exit(1);
    }
    if (close(cancel_flag_shm_fd) < 0) {
        fprintf(stderr,"ERROR: Closing the shared memory fd filed: % s\n",str-error(errno));
        exit(1);
    }
    if (cancel_flag_shm_owner) {
        sleep(1);
        if (shm_unlink(SHM_NAME) < 0) {
            fprintf(stderr,"ERROR: Unlinking the shared memory failed: % s\n",
                strerror(errno));
            exit(1);
        }
    }
}
```

代码框 18-12[ExtremeC_examples_chapter18_3.c]:释放分配给取消标志的共享内存的资源

如代码框 18-12 所示,代码的逻辑与我们到目前为止所看到的(以前例子中的一部分)关于释放共享内存对象的逻辑非常相似。但这里有一个区别,那就是只有所有者进程可以解除共享内存对象的链接。注意,在解除共享内存对象的链接之前,所有者进程会等待 1 秒钟,以便让其他进程使用完资源。这种等待通常不是必要的,因为在大多数兼容 POSIX 标准的系统中,共享内存对象一直保留到所有相关进程退出。

第 3 步——命名互斥锁的共享内存

下面的代码框展示了如何初始化共享互斥锁及其关联的共享内存对象：

```
void init_control_mechanism() {
        //打开互斥锁共享内存
        mutex_shm_fd = shm_open(MUTEX_SHM_NAME, O_RDWR, 0600);
        if (mutex_shm_fd > = 0) {
        //存在互斥锁的共享对象,其所有者是我。
        mutex_owner = FALSE;
        fprintf(stdout,"The mutex's shared memory object is opened.\n");
        }
    else if (errno = = ENOENT) {
        fprintf(stderr,"WARN: Mutex's shared memory doesn't exist.\n");
        fprintf(stdout,"Creating the mutex's shared memory object ...\n");
        mutex_shm_fd = shm_open(MUTEX_SHM_NAME, O_CREAT | O_EXCL | O_RDWR,
0600);
        if (mutex_shm_fd > = 0) {
            mutex_owner = TRUE;
            fprintf(stdout,"The mutex's shared memory object is created.\n");
        }
        else {
        fprintf(stderr,"ERROR: Failed to create mutex's shared memory: % s\n",
            strerror(errno));
        exit(1);
        }
    }
    else {
        fprintf(stderr,"ERROR: Failed to create mutex's shared memory: % s\n",
            strerror(errno));
        exit(1);
    }
    if (mutex_owner) {
        //分配并截断互斥锁的共享内存区域
        if (ftruncate(mutex_shm_fd, sizeof(pthread_mutex_t)) < 0){
            fprintf(stderr,"ERROR: Truncation of the mutex failed: % s\n",str-
error(errno));
            exit(1);
        }
    }
    //映射互斥锁的共享内存
    void* map = mmap(0, sizeof(pthread_mutex_t),PROT_READ | PROT_WRITE, MAP_
SHARED, mutex_shm_fd, 0);
    if (map = = MAP_FAILED) {
        fprintf(stderr, "ERROR: Mapping failed: % s\n",strerror(errno));
```

```
            exit(1);
        }
    mutex = (pthread_mutex_t* )map;
    if (mutex_owner) {
        int ret = - 1;
        pthread_mutexattr_t attr;
        if ((ret = pthread_mutexattr_init(&attr))){
         fprintf(stderr,"ERROR: Initializing mutex attributes failed: % s\n",
strerror(ret));
            exit(1);
        }
        if ((ret = pthread_mutexattr_setpshared
            (&attr,PTHREAD_PROCESS_SHARED))) {
        fprintf(stderr,"ERROR: Setting the mutex attribute failed: % s\n",str-
error(ret));
            exit(1);
        }
    if ((ret = pthread_mutex_init(mutex, &attr))) {
        fprintf(stderr,"ERROR: Initializing the mutex failed: % s\n",strerror
(ret));
        exit(1);
    }
    if ((ret = pthread_mutexattr_destroy(&attr))) {
        fprintf(stderr,"ERROR: Destruction of mutex attributes failed: % s\n",
            strerror(ret));
        exit(1);
        }
    }
}
```

代码框 18 - 13[ExtremeC_examples_chapter18_3. c]:初始化共享互斥锁及其底层共享内存

与创建和取消标志相关联的共享内存时的工作类似,我们来创建和初始化共享互斥锁的共享内存。注意,与例 18.2 一样,互斥锁标记为 PTHREAD_PROCESS_SHARED,允许多个进程使用它。

下面的代码框展示了如何确定共享互斥锁:

```
void shutdown_control_mechanism() {
    sleep(1);
    if (mutex_owner) {
        int ret = - 1;
        if ((ret = pthread_mutex_destroy(mutex))){
            fprintf(stderr,"WARN: Destruction of the mutex failed: % s\n",str-
error(ret));
```

```
            }
        }
        if (munmap(mutex, sizeof(pthread_mutex_t)) < 0) {
            fprintf(stderr, "ERROR: Unmapping the mutex failed: % s \n", strerror
(errno));
            exit(1);
        }
        if (close(mutex_shm_fd) < 0) {
            fprintf(stderr, "ERROR: Closing the mutex failed: % s \n", strerror(er-
rno));
            exit(1);
        }
        if (mutex_owner) {
            if (shm_unlink(MUTEX_SHM_NAME) < 0){
                fprintf(stderr, "ERROR: Unlinking the mutex failed: % s \n", strerror
(errno));
                exit(1);
            }
        }
    }
```

代码框 18 - 14[ExtremeC_examples_chapter18_3. c]:关闭共享的互斥锁和与其关联的共享存储区域

同样,只有所有者进程才能解除共享互斥锁的共享内存对象链接。

第 4 步——设置取消标志

下面的代码框展示了允许进程读取和设置取消标志的函数代码:

```
bool_t is_canceled() {
    pthread_mutex_lock(mutex); //应检查返回值
    bool_t temp = * cancel_flag;
    pthread_mutex_unlock(mutex); //应检查返回值
    return temp;
}
void cancel() {
    pthread_mutex_lock(mutex); //应检查返回值
    * cancel_flag = TRUE;
    pthread_mutex_unlock(mutex); //应检查返回值
}
```

代码框 18 - 15[ExtremeC_examples_chapter18_3. c]:读取和设置被共享互斥锁保护的
取消标志的同步函数

上述两个函数允许我们对共享的取消标志进行同步访问。is_canceled 函数用于检查该标志的值,而 cancel 函数则用于设置该标志。显然这两个函数都受到同一个共享互斥锁的保护。

第 5 步——主要功能

最后,下面的代码框展示了 main 函数和一个信号处理程序(signal handler):

```
void sigint_handler(int signo) {
    fprintf(stdout, "\nHandling INT signal: % d ...\n", signo);
    cancel();
}

int main(int argc, char* * argv) {

    signal(SIGINT, sigint_handler);

    //父进程需要初始化共享资源
    init_shared_resource();

    //父进程需要初始化控制机制
    init_control_mechanism();

    while(! is_canceled()) {
        fprintf(stdout, "Working ...\n");
        sleep(1);
    }

    fprintf(stdout, "Cancel signal is received.\n");

    shutdown_shared_resource();
    shutdown_control_mechanism();

    return 0;
}
```

代码框 18-16[ExtremeC_examples_chapter18_3.c]:例 18.3 的 main 函数和信号处理函数

main 函数内部逻辑清晰明了。它初始化共享标志和互斥锁,然后进入忙-等待状态,直到取消标志变为 true。最后,它关闭所有的共享资源并终止。

这里出现的新事物是 signal 函数的使用,它将一组特定的**信号**(signals)指定给一个信号处理器。信号是所有兼容 POSIX 标准的操作系统所提供的功能之一,系统内的进程可以利用它互相发送信号。**终端**(terminal)只是用户与之交互的一个普通进程,它可以向其他进程发送信号。同时按下 Ctrl+C 是一种方便的向终端前台进程发送 SIGINT 信号的方法。

SIGINT 是一个可以被进程接收到的**中断信号**(interrupt signal)。上述代码指定 sigint_handler 函数为 SIGINT 信号的处理程序。换句话说,每当进程收到 SIGINT 信号时,sigint_handler 函数都会被调用。如果 SIGINT 信号没有被处理,默认处理是终止进程,但可以使用如上信号处理程序来重载。

向进程发送 SIGINT 信号的方法有许多,最简单的一种方法就是在键盘上按下 Ctrl+C 键。这时,该进程会立即收到 SIGINT 信号。显然在信号处理程序中,我们将共享的取消标志设置为 true,之后所有的进程开始退出它们的忙-等待循环。

下面演示代码是如何编译和运行的。让我们构建上述代码并运行第一个进程:

```
$ gcc ExtremeC_examples_chapter18_3.c - lpthread - lrt - o ex18_3.out
$ ./ex18_3.out
WARN: The shared memory object doesn't exist.
Creating a shared memory object ...
The shared memory object is created.
The memory region is truncated.
WARN: Mutex's shared memory object doesn't exist.
Creating the mutex's shared memory object ...
The mutex's shared memory object is created.
Working ...
Working ...
Working ...
```

Shell 框 18 - 2:编译例 18.3 并运行第一个进程

显然上面的进程第一个运行,它是互斥锁和取消标志的所有者。下面是第二个进程运行的情况。

```
$  ./ex18_3.out
The shared memory object is opened.
The mutex's shared memory object is opened.
Working ...
Working ...
Working ...
```

Shell 框 18 - 3:运行第二个进程

第二个进程只打开了共享内存对象,它并不是所有者。当在第一个进程上按下 Ctrl+C 时,输出如下所示:

```
...
Working ...
```

```
Working ...
^C
Handling INT signal: 2 ...
Cancel signal is received.
$
```

Shell 框 18-4:按下 Ctrl+C 后第一个进程的输出

可以看到,第一个进程打印出它正在处理一个数值为 2 的信号,这是 SIGINT 的标准信号。它设置取消标志,并立即退出。然后,第二个进程也退出了。第二个过程的输出内容如下:

```
...
Working ...
Working ...
Working ...
Cancel signal is received.
$
```

Shell 框 18-5:第二个进程看到取消标志被设置时的输出结果

另外,你可以向第二个进程发送 SIGINT,最终结果也一样:两个进程都会收到信号并退出。你还可以创建两个以上的进程,当使用相同的共享内存和互斥锁时,它们都将同步退出。

下一节将演示如何像使用命名互斥锁一样使用条件变量。如果你把一个条件变量放在共享内存中,那么多个进程就可以使用共享内存的名称来访问和使用它。

18.4　命名条件变量

与命名 POSIX 互斥锁类似,我们需要在共享内存中分配一个 POSIX 条件变量,以便在多进程系统中使用它。下面的例 18.4 展示了如何做到这一点,以便让多进程按特定顺序计数。如第 16 章中所述,每个条件变量都应该和一个保护它的配套互斥锁对象一起使用。因此,例 18.4 中有三个共享内存区域:一个用于共享计数器,一个用于共享的**命名条件变量**(named condition variable),最后一个用于保护共享条件变量的共享**命名互斥锁**(named mutex)。

注意,我们也可以使用一个共享内存,而不是三个不同的共享内存。这可以通过定义一个包含所有所需对象的结构来实现。本例不打算采取这种方法,我们为每个对象定义一个单独的共享内存。

例 18.4 包含了一系列按升序排序的进程。每个进程都有一个数字，从 1 开始一直到进程的总数，给定的数字表示该进程的等级。进程必须等数字(等级)较小的进程先计数，然后才能轮到自己计数并退出。当然，分配到 1 号的进程会先计数，即使它是最新产生的进程。

由于我们有三个不同的共享内存，每个区域都需要自己的步骤来获得初始化和最终结果，因此如果采取与上述例子中相同的方法，就会有大量的重复代码。为了减少代码量，同时让代码更有条理，我们将重复的代码封装成一些函数。根据第 6 章、第 7 章以及第 8 章中所讨论的主题，我们采用面向对象的方式编写例 18.4，并使用继承来减少其中的重复代码。

我们为所有需要在共享内存上创建的类定义一个父类。因此，有了这个共享内存父类后，我们需要分别为共享计数器、共享命名互斥锁和共享命名条件变量定义子类。每个类都有自己的头文件和源文件，所有这些文件最后都会在示例的 main 函数中使用。

下面的章节将逐一介绍上述类。首先从父类开始：共享内存。

18.4.1 第 1 步——共享内存类

下面的代码框展示了共享内存类的声明：

```
struct shared_mem_t;

typedef int32_t bool_t;

struct shared_mem_t* shared_mem_new();
void shared_mem_delete(struct shared_mem_t* obj);

void shared_mem_ctor(struct shared_mem_t* obj,const char* name,size_t size);
void shared_mem_dtor(struct shared_mem_t* obj);

char* shared_mem_getptr(struct shared_mem_t* obj);
bool_t shared_mem_isowner(struct shared_mem_t* obj);
void shared_mem_setowner(struct shared_mem_t* obj, bool_t is_owner);
```

代码框 18-17[ExtremeC_examples_chapter18_4_shared_mem. h]:共享内存类的公共接口

上述代码包含了使用共享内存对象所需的声明(公共 API)。函数 shared_mem_getptr,shared_mem_isowner 和 shared_mem_setowner 是这个类的行为。

如果你对这种语法不熟悉，请阅读第 6 章、第 7 章和第 8 章。

代码框 18-18 展示了一部分类公共接口（代码框 18-17 所声明的）函数的定义：

```c
# include < stdio.h>
# include < stdlib.h>
# include < string.h>
# include < unistd.h>
# include < errno.h>
# include < fcntl.h>
# include < sys/mman.h>

# define TRUE 1
# define FALSE 0

typedef int32_t bool_t;

bool_t owner_process_set = FALSE;
bool_t owner_process = FALSE;

typedef struct {
    char* name;
    int shm_fd;
    void* map_ptr;
    char* ptr;
    size_t size;
} shared_mem_t;

shared_mem_t* shared_mem_new() {
    return (shared_mem_t* )malloc(sizeof(shared_mem_t));
}
void shared_mem_delete(shared_mem_t* obj) {
    free(obj- > name);
    free(obj);
}
void shared_mem_ctor(shared_mem_t* obj, const char* name,size_t size) {
    obj- > size = size;
    obj- > name = (char* )malloc(strlen(name) + 1);
    strcpy(obj- > name, name);
    obj- > shm_fd = shm_open(obj- > name, O_RDWR, 0600);
    if (obj- > shm_fd > = 0) {
        if (! owner_process_set) {
            owner_process = FALSE;
            owner_process_set = TRUE;
        }
        printf("The shared memory % s is opened.\n", obj- > name);
    }
```

```
    else if (errno == ENOENT) {
        printf("WARN: The shared memory %s does not exist.\n",obj->name);
        obj->shm_fd = shm_open(obj->name,O_CREAT | O_RDWR, 0600);
        if (obj->shm_fd >= 0) {
            if (!owner_process_set) {
                owner_process = TRUE;
                owner_process_set = TRUE;
            }
            printf("The shared memory %s is created and opened.\n",obj->
name);
            if (ftruncate(obj->shm_fd, obj->size) < 0) {
                fprintf(stderr, "ERROR(%s): Truncation failed: %s\n",obj->
name, strerror(errno));
                exit(1);
            }
        } else {
            fprintf(stderr,"ERROR(%s): Failed to create shared memory: %s\n",
obj->name, strerror(errno));
            exit(1);
        }
    } else {
        fprintf(stderr,"ERROR(%s): Failed to create shared memory: %s\n",obj
->name,strerror(errno));
        exit(1);
    }
    obj->map_ptr = mmap(0, obj->size, PROT_READ | PROT_WRITE,MAP_SHARED,
obj->shm_fd, 0);
    if (obj->map_ptr == MAP_FAILED) {
        fprintf(stderr, "ERROR(%s): Mapping failed: %s\n",name, strerror(er-
rno));
        exit(1);
    }
    obj->ptr = (char*)obj->map_ptr;
}
void shared_mem_dtor(shared_mem_t* obj) {
    if (munmap(obj->map_ptr, obj->size) < 0) {
        fprintf(stderr, "ERROR(%s): Unmapping failed: %s\n",obj->name,
strerror(errno));
        exit(1);
    }
    printf("The shared memory %s is unmapped.\n", obj->name);
    if (close(obj->shm_fd) < 0) {
        fprintf(stderr,"ERROR(%s): Closing the shared memory fd failed: %
s\n",obj->name,strerror(errno));
        exit(1);
```

```
        }
        printf("The shared memory % s is closed.\n", obj- > name);
        if (owner_process) {
            if (shm_unlink(obj- > name) < 0) {
                fprintf(stderr,"ERROR(% s): Unlinking the shared memory failed:
% s\n",
                        obj- > name, strerror(errno));
                exit(1);
            }
            printf("The shared memory % s is deleted.\n", obj- > name);
        }
    }
char* shared_mem_getptr(shared_mem_t*  obj) {
        return obj- > ptr;
    }

    bool_t shared_mem_isowner(shared_mem_t*  obj) {
        return owner_process;
    }

    void shared_mem_setowner(shared_mem_t*  obj, bool_t is_owner) {
        owner_process =  is_owner;
    }
```

代码框 18 - 18〔ExtremeC_examples_chapter18_4_shared_mem. c〕:共享内存类中所有函数的定义

我们只是复制了前面例子中为共享内存写的代码。结构 shared_mem_t 封装了对 POSIX
共享内存对象寻址的所有内容。注意全局布尔变量 process_owner,它表明当前进程是
不是共享内存的所有者。它只设置一次。

18.4.2 第 2 步——共享 32 位整数计数器类

下面的代码框是共享计数器类的声明,它是一个 32 位的整数计数器。这个类继承自共
享内存类。你可能已经注意到,我们正在使用第 8 章中描述的第二种方法来实现继承
关系:

```
struct shared_int32_t;

struct shared_int32_t* shared_int32_new();
void shared_int32_delete(struct shared_int32_t*  obj);

void shared_int32_ctor(struct shared_int32_t*  obj,const char*  name);
void shared_int32_dtor(struct shared_int32_t*  obj);
void shared_int32_setvalue(struct shared_int32_t*  obj,int32_t value);
void shared_int32_setvalue_ifowner(struct shared_int32_t*  obj,int32_t val-
```

```
ue);
int32_t shared_int32_getvalue(struct shared_int32_t* obj);
```

代码框 18 - 19[ExtremeC_examples_chapter18_4_shared_int32. h]:共享计数器类的公共接口

下面的代码框展示了前面声明函数的具体实现：

```
# include "ExtremeC_examples_chapter18_4_shared_mem.h"

typedef struct {
    struct shared_mem_t* shm;
    int32_t* ptr;
} shared_int32_t;

shared_int32_t* shared_int32_new(const char* name) {
    shared_int32_t* obj = (shared_int32_t* )malloc(sizeof(shared_int32_t));
    obj- > shm = shared_mem_new();
    return obj;
}

void shared_int32_delete(shared_int32_t* obj) {
    shared_mem_delete(obj- > shm);
    free(obj);
}

void shared_int32_ctor(shared_int32_t* obj, const char* name) {
    shared_mem_ctor(obj- > shm, name, sizeof(int32_t));
    obj- > ptr = (int32_t* )shared_mem_getptr(obj- > shm);
}

void shared_int32_dtor(shared_int32_t* obj) {
    shared_mem_dtor(obj- > shm);
}

void shared_int32_setvalue(shared_int32_t* obj, int32_t value) {
    * (obj- > ptr) = value;
}

void shared_int32_setvalue_ifowner(shared_int32_t* obj, int32_t value) {

    if (shared_mem_isowner(obj- > shm)){
        * (obj- > ptr) = value;
    }
}

int32_t shared_int32_getvalue(shared_int32_t* obj) {
    return * (obj- > ptr);
}
```

代码框 18 - 20[ExtremeC_examples_chapter18_4_shared_int32. c]:共享计数器类中所有函数的定义

由于使用了继承,代码量显著减少。用于管理相关共享内存对象的代码都是由 shared_int32_t 结构中 shm 字段引入的。

18.4.3　第3步——共享互斥锁类

下面的代码框是共享互斥锁类的声明:

```
# include < pthread.h>

struct shared_mutex_t;

struct shared_mutex_t* shared_mutex_new();
void shared_mutex_delete(struct shared_mutex_t* obj);

void shared_mutex_ctor(struct shared_mutex_t* obj,const char* name);
void shared_mutex_dtor(struct shared_mutex_t* obj);

pthread_mutex_t* shared_mutex_getptr(struct shared_mutex_t* obj);

void shared_mutex_lock(struct shared_mutex_t* obj);
void shared_mutex_unlock(struct shared_mutex_t* obj);

# if ! defined(__APPLE__)
void shared_mutex_make_consistent(struct shared_mutex_t* obj);
# endif
```

代码框 18-21[ExtremeC_examples_chapter18_4_shared_mutex.h]:共享互斥锁类的公共接口

可见,上述类符合预期,公开了三种行为:shared_mutex_lock、shared_mutex_unlock 和 andshared_mutex_make_consistent。但有一个例外,那就是 shared_mutex_make_consistent 行为只在非 MacOS(苹果)的 POSIX 系统中可用。这是因为苹果系统不支持**健壮的互斥锁**(robust mutexes)。我们将在接下来的段落中讨论什么是健壮的互斥锁。注意,我们使用了宏__APPLE__来检测是否在苹果系统上进行编译。

下面的代码框展示了上述类的具体实现:

```
# include "ExtremeC_examples_chapter18_4_shared_mem.h"

typedef struct {
    struct shared_mem_t* shm;
    pthread_mutex_t* ptr;
} shared_mutex_t;

shared_mutex_t* shared_mutex_new() {
    shared_mutex_t* obj = (shared_mutex_t* )malloc(sizeof(shared_mutex_t));
    obj-> shm = shared_mem_new();
    return obj;
```

```
}
void shared_mutex_delete(shared_mutex_t* obj) {
    shared_mem_delete(obj- > shm);
    free(obj);
}
void shared_mutex_ctor(shared_mutex_t* obj, const char* name) {
    shared_mem_ctor(obj- > shm, name, sizeof(pthread_mutex_t));
    obj- > ptr = (pthread_mutex_t* )shared_mem_getptr(obj- > shm);
    if (shared_mem_isowner(obj- > shm)) {
        pthread_mutexattr_t mutex_attr;
        int ret = - 1;
        if ((ret = pthread_mutexattr_init(&mutex_attr))) {
            fprintf(stderr,"ERROR(% s): Initializing mutex attrs failed: % s\
n",name, strerror(ret));
            exit(1);
        }
# if ! defined(__APPLE__)
    if ((ret = pthread_mutexattr_setrobust(&mutex_attr, PTHREAD_MUTEX_RO-
BUST))) {
        fprintf(stderr,"ERROR(% s): Setting the mutex as robust failed: % s\n",
name, strerror(ret));
        exit(1);
    }
# endif
    if ((ret = pthread_mutexattr_setpshared(&mutex_attr, PTHREAD_PROCESS_
SHARED))){
        fprintf(stderr,"ERROR(% s): Failed to set as process- shared: % s\n",
name, strerror(ret));
        exit(1);
    }
    if ((ret = pthread_mutex_init(obj- > ptr, &mutex_attr))) {
        fprintf(stderr,"ERROR(% s): Initializing the mutex failed: % s\n",
name, strerror(ret));
        exit(1);
    }
    if ((ret = pthread_mutexattr_destroy(&mutex_attr))) {
        fprintf(stderr,"ERROR(% s): Destruction of mutex attrs failed: % s\n",
name, strerror(ret));
        exit(1);
        }
    }
}
void shared_mutex_dtor(shared_mutex_t* obj) {
    if (shared_mem_isowner(obj- > shm)) {
        int ret = - 1;
        if ((ret = pthread_mutex_destroy(obj- > ptr))) {
```

```
                fprintf(stderr,"WARN: Destruction of the mutex failed: % s\n",str-
    error(ret));
            }
        }
        shared_mem_dtor(obj- > shm);
    }

    pthread_mutex_t* shared_mutex_getptr(shared_mutex_t* obj) {
        return obj- > ptr;
    }

    # if ! defined(__APPLE__)
    void shared_mutex_make_consistent(shared_mutex_t* obj) {
        int ret = - 1;
        if ((ret = pthread_mutex_consistent(obj- > ptr))) {
            fprintf(stderr,"ERROR: Making the mutex consistent failed: % s\n",str-
    error(ret));
            exit(1);
        }
    }
    # endif

    void shared_mutex_lock(shared_mutex_t* obj) {
        int ret = - 1;
        if ((ret = pthread_mutex_lock(obj- > ptr))) {
    # if ! defined(__APPLE__)
            if (ret == EOWNERDEAD){
                fprintf(stderr,"WARN: The owner of the mutex is dead ...\n");
                shared_mutex_make_consistent(obj);
                fprintf(stdout, "INFO: I'm the new owner! \n");
                shared_mem_setowner(obj- > shm, TRUE);
                return;
            }
    # endif
        fprintf(stderr, "ERROR: Locking the mutex failed: % s\n",strerror(ret));
        exit(1);
        }
    }

    void shared_mutex_unlock(shared_mutex_t* obj) {
        int ret = - 1;
        if ((ret = pthread_mutex_unlock(obj- > ptr))) {
            fprintf(stderr, "ERROR: Unlocking the mutex failed: % s \n",strerror
    (ret));
            exit(1);
        }
    }
```

代码框 18－22［ExtremeC_examples_chapter18_4_shared_mutex. c］：共享命名互斥锁类中所有函数的定义

上述代码只做了 POSIX 互斥锁的初始化、销毁和一些琐碎的行为,如锁定和解锁。共享内存对象的其他操作都在共享内存类中处理。这就是使用继承的好处。

注意,在构造函数 shared_mutex_ctor 中,我们将互斥锁设置为**共享进程**(shared process)互斥锁,以便能让所有进程都能访问。这对多进程软件来说是绝对必要的。注意,在不是基于苹果的系统中,我们进一步将互斥锁配置为一个**健壮的互斥锁**(robust mutex)。

对于被进程锁定的普通互斥锁,如果该进程突然死亡,那么互斥锁就会进入不一致状态。而对于一个健壮的互斥锁,如果发生这种情况,互斥锁可以回滚到一致状态。下一个进程通常在等待该互斥锁,只有使互斥锁保持一致,才能锁定该互斥锁。你可以在 shared_mutex_lock 函数中看到它是如何实现的。注意,在 Apple 系统中不存在这个功能。

18.4.4　第 4 步——共享条件变量类

下面的代码框展示了共享条件变量类的声明:

```
struct shared_cond_t;
struct shared_mutex_t;

struct shared_cond_t* shared_cond_new();
void shared_cond_delete(struct shared_cond_t* obj);

void shared_cond_ctor(struct shared_cond_t* obj,const char* name);
void shared_cond_dtor(struct shared_cond_t* obj);

void shared_cond_wait(struct shared_cond_t* obj,struct shared_mutex_t* mu-
tex);
void shared_cond_timedwait(struct shared_cond_t* obj,struct shared_mutex_t*
mutex, long int time_nanosec);
void shared_cond_broadcast(struct shared_cond_t* obj);
```

代码框 18 - 23[ExtremeC_examples_chapter18_4_shared_cond.h]:共享条件变量类的公共接口

公开了三种行为:shared_cond_wait、shared_cond_timedwait 和 shared_cond_broadcast。第 16 章已介绍,shared_cond_wait 行为是在条件变量上等待信号的功能。

上面添加了一个新版本的等待行为:share_cond_timedwait。它在指定的时间内等待信号,如果条件变量没有收到信号,它就会超时。另一方面,shared_cond_wait 在收到某种信号之前是不会退出的。例 18.4 使用了定时版本的等待操作。注意,这两种等待行为函数都会收到一个指向共享互斥锁的指针,就像我们在多线程环境中看到的那样。

下面的代码框是共享条件变量类的具体实现:

```
# include "ExtremeC_examples_chapter18_4_shared_mem.h"
# include "ExtremeC_examples_chapter18_4_shared_mutex.h"

typedef struct {
    struct shared_mem_t*  shm;
    pthread_cond_t*  ptr;
}  shared_cond_t;

shared_cond_t* shared_cond_new() {
    shared_cond_t* obj = (shared_cond_t* )malloc(sizeof(shared_cond_t));
    obj- > shm =  shared_mem_new();
    return obj;
}

void shared_cond_delete(shared_cond_t*  obj) {
    shared_mem_delete(obj- > shm);
    free(obj);
}
void shared_cond_ctor(shared_cond_t*  obj, const char*  name) {
    shared_mem_ctor(obj- > shm, name, sizeof(pthread_cond_t));
    obj- > ptr =  (pthread_cond_t* )shared_mem_getptr(obj- > shm);
    if (shared_mem_isowner(obj- > shm)){
        pthread_condattr_t cond_attr;
        int ret = - 1;
        if ((ret = pthread_condattr_init(&cond_attr))) {
            fprintf(stderr,"ERROR(% s): Initializing cv attrs failed: % s\n",
name,strerror(ret));
            exit(1);
        }
        if((ret= pthread_condattr_setpshared(&cond_attr,HREAD_PROCESS_
SHARED))){
            fprintf(stderr,"ERROR(% s): Setting as process shared failed: % s\
n",name, strerror(ret));
            exit(1);
        }
        if ((ret = pthread_cond_init(obj- > ptr, &cond_attr))) {
            fprintf(stderr,"ERROR(% s): Initializing the cv failed: % s\n",
name,strerror(ret));
            exit(1);
        }
        if ((ret = pthread_condattr_destroy(&cond_attr))) {
            fprintf(stderr,"ERROR(% s): Destruction of cond attrs failed: % s\
n",name, strerror(ret));
            exit(1);
        }
    }
}
```

```
void shared_cond_dtor(shared_cond_t* obj) {
    if (shared_mem_isowner(obj- > shm)) {
        int ret = - 1;
        if ((ret = pthread_cond_destroy(obj- > ptr))) {
            fprintf(stderr, "WARN: Destruction of the cv failed: % s\n",strer-
ror(ret));
        }
    }
    shared_mem_dtor(obj- > shm);
}
void shared_cond_wait(shared_cond_t* obj,struct shared_mutex_t* mutex) {
    int ret = - 1;
    if ((ret = pthread_cond_wait(obj- > ptr,shared_mutex_getptr(mutex)))) {
        fprintf(stderr, "ERROR: Waiting on the cv failed: % s \n", strerror
(ret));
        exit(1);
    }
}

void shared_cond_timedwait(shared_cond_t* obj,struct shared_mutex_t* mutex,
long int time_nanosec) {
    int ret = - 1;

    struct timespec ts;
    ts.tv_sec = ts.tv_nsec = 0;
    if ((ret = clock_gettime(CLOCK_REALTIME, &ts))) {
        fprintf(stderr,"ERROR: Failed at reading current time: % s\n",strerror
(errno));
        exit(1);
    }
    ts.tv_sec + = (int)(time_nanosec / (1000L * 1000 * 1000));
    ts.tv_nsec + = time_nanosec % (1000L * 1000 * 1000);

    if ((ret = pthread_cond_timedwait(obj- > ptr,shared_mutex_getptr(mutex),
&ts))) {
# if ! defined(__APPLE__)
        if (ret = = EOWNERDEAD) {
            fprintf(stderr,"WARN: The owner of the cv's mutex is dead ...\n");
            shared_mutex_make_consistent(mutex);
            fprintf(stdout, "INFO: I'm the new owner! \n");
            shared_mem_setowner(obj- > shm, TRUE);
            return;
        } else if (ret = = ETIMEDOUT) {
# else
        if (ret = = ETIMEDOUT) {
# endif
            return;
```

```
        }
            fprintf(stderr, "ERROR: Waiting on the cv failed: % s \n", strerror
(ret));
        exit(1);
    }
}

void shared_cond_broadcast(shared_cond_t* obj) {
    int ret = - 1;
    if ((ret = pthread_cond_broadcast(obj- > ptr))) {
        fprintf(stderr, "ERROR: Broadcasting on the cv failed: % s\n", strerror
(ret));
        exit(1);
    }
}
```

代码框 18‐24[ExtremeC_examples_chapter18_4_shared_cond. c]:共享条件变量类中所有函数的定义

在共享条件变量类中,我们只公开了**广播**(broadcasting)行为。我们也可以公开**信号**(signaling)行为。你可能还记得第 16 章,对条件变量发出的信号只能唤醒众多等待进程中的一个,而无法指定或预测哪个进程。相反,广播将唤醒所有等待的进程。例 18.4 只使用了广播,因此我们只公开了该函数。

注意,由于每个条件变量都有一个配套的互斥锁,共享互斥锁类能够使用共享互斥锁类的实例,这就是我们在开始部分声明 shared_mutex_t 的原因。

18.4.5　第 5 步——主要逻辑

下面的代码框包含了示例的主要逻辑:

```
# include "ExtremeC_examples_chapter18_4_shared_int32.h"
# include "ExtremeC_examples_chapter18_4_shared_mutex.h"
# include "ExtremeC_examples_chapter18_4_shared_cond.h"

int int_received = 0;
struct shared_cond_t* cond = NULL;
struct shared_mutex_t* mutex = NULL;

void sigint_handler(int signo) {
    fprintf(stdout, "\nHandling INT signal: % d ...\n", signo);
    int_received = 1;
}

int main(int argc, char* * argv) {
    signal(SIGINT, sigint_handler);
```

```
    if (argc < 2) {
        fprintf(stderr,"ERROR: You have to provide the process number.\n");
        exit(1);
    }

    int my_number = atol(argv[1]);
    printf("My number is % d! \n", my_number);

    struct shared_int32_t* counter = shared_int32_new();
    shared_int32_ctor(counter, "/counter0");
    shared_int32_setvalue_ifowner(counter, 1);

    mutex = shared_mutex_new();
    shared_mutex_ctor(mutex, "/mutex0");

    cond = shared_cond_new();
    shared_cond_ctor(cond, "/cond0");

    shared_mutex_lock(mutex);
    while (shared_int32_getvalue(counter) < my_number) {
        if (int_received) {
            break;
        }
        printf("Waiting for the signal, just for 5 seconds ...\n");
        shared_cond_timedwait(cond, mutex, 5L * 1000 * 1000 * 1000);
        if (int_received) {
            break;
        }
        printf("Checking condition ...\n");
    }
    if (int_received) {
        printf("Exiting ...\n");
        shared_mutex_unlock(mutex);
        goto destroy;
    }
    shared_int32_setvalue(counter, my_number + 1);
    printf("My turn! % d ...\n", my_number);
    shared_mutex_unlock(mutex);
    sleep(1);
    //注意：解锁互斥锁后可以进行广播
    shared_cond_broadcast(cond);

destroy:
    shared_cond_dtor(cond);
    shared_cond_delete(cond);

    shared_mutex_dtor(mutex);
    shared_mutex_delete(mutex);
```

```
        shared_int32_dtor(counter);
        shared_int32_delete(counter);

        return 0;
    }
```

代码框 18-25[ExtremeC_examples_chapter18_4_main.c]:例 18.4 的 main 函数

可以看到,程序接受了一个表明其编号的参数。一旦进程知道了它的编号,它就开始初始化共享计数器、共享互斥锁和共享条件变量。然后,进入一个由共享互斥锁保护的临界区。

进程在循环中等待计数器与其编号相等。在等待时间超过 5 秒后,它就会超时,离开 shared_cond_timedwait 函数。这可以表明,条件变量在 5 秒之内没有接到通知。然后进程再次检查该条件,并继续休眠 5 秒。这个过程一直持续,直到它得到通知。

当这种情况发生时,该进程打印其编号,共享计数器增一,并通过在共享条件变量对象上广播一个信号,通知其他等待的进程修改共享计数器。只有到那时,它才开始退出。

同时,如果用户按下 Ctrl+C 键,主逻辑中定义的信号处理程序就会设置本地标志 int_received,一旦当进程在主循环内离开 shared_mutex_timedwait 函数时,它会收到中断信号并退出循环。

下面的 Shell 框展示了如何在 Linux 中编译例 18.4:

```
$ gcc - c ExtremeC_examples_chapter18_4_shared_mem.c - o shared_mem.o
$ gcc - c ExtremeC_examples_chapter18_4_shared_int32.c - o shared_int32.o
$ gcc - c ExtremeC_examples_chapter18_4_shared_mutex.c - o shared_mutex.o
$ gcc - c ExtremeC_examples_chapter18_4_shared_cond.c - o shared_cond.o
$ gcc - c ExtremeC_examples_chapter18_4_main.c - o main.o
$ gcc shared_mem.o shared_int32.o shared_mutex.o shared_cond.o \main.o -
lpthread - lrt - o ex18_4.out
$
```

Shell 框 18-6:编译例 18.4 的源文件并生成最终的可执行文件

现在已经得到了最终的可执行文件 ex18_4.out,我们可以运行三个进程,看看不论如何给它们编号,或者采用什么顺序来执行它们,这些进程是如何依次计数的。我们先运行第一个进程,将编号 3 作为参数传递给可执行文件:

```
$  ./ex18_4.out 3
My number is 3!
```

WARN: The shared memory /counter0 does not exist.
The shared memory /counter0 is created and opened.
WARN: The shared memory /mutex0 does not exist.
The shared memory /mutex0 is created and opened.
WARN: The shared memory /cond0 does not exist.
The shared memory /cond0 is created and opened.
Waiting for the signal, just for 5 seconds ...
Checking condition ...
Waiting for the signal, just for 5 seconds ...
Checking condition ...
Waiting for the signal, just for 5 seconds ...

Shell 框 18 - 7:使用编号 3 运行第一个进程

如上面输出所示,第一个进程创建了所有必需的共享对象,并成为共享资源的所有者。
现在,让我们在一个单独的终端中运行第二个进程。它使用编号 2:

$ ./ex18_4.out 2
My number is 2!
The shared memory /counter0 is opened.
The shared memory /mutex0 is opened.
The shared memory /cond0 is opened.
Waiting for the signal, just for 5 seconds .
Checking condition ...
Waiting for the signal, just for 5 seconds ...

Shell 框 18 - 8:使用编号 2 运行第二个进程

最后一个进程使用编号 1。由于这个进程被分配了数字 1,因此它立即打印出它的数字,
共享计数器增一,并通知其他进程:

$ ./ex18_4.out 1
My number is 1!
The shared memory /counter0 is opened.
The shared memory /mutex0 is opened.
The shared memory /cond0 is opened.
My turn! 1 ...
The shared memory /cond0 is unmapped.
The shared memory /cond0 is closed.
The shared memory /mutex0 is unmapped.
The shared memory /mutex0 is closed.
The shared memory /counter0 is unmapped.
The shared memory /counter0 is closed.
$

Shell 框 18 - 9:使用编号 1 运行第三个进程后,这个进程将立即退出,因为它有编号 1。

现在回到第二个进程,它会打印出它的编号,共享计数器增一,并将此消息通知编号为 3 的第一个进程:

```
...
Waiting for the signal, just for 5 seconds ...
Checking condition ...
My turn! 2 ...
The shared memory /cond0 is unmapped.
The shared memory /cond0 is closed.
The shared memory /mutex0 is unmapped.
The shared memory /mutex0 is closed.
The shared memory /counter0 is unmapped.
The shared memory /counter0 is closed.
$
```

Shell 框 18 - 10:第二个进程打印其编号并退出

最后,回到第一个进程,它得到了第二个进程的通知,然后它打印出它的编号并退出:

```
...
Waiting for the signal, just for 5 seconds ...
Checking condition ...
My turn! 3 ...
The shared memory /cond0 is unmapped.
The shared memory /cond0 is closed.
The shared memory /cond0 is deleted.
The shared memory /mutex0 is unmapped.
The shared memory /mutex0 is closed.
The shared memory /mutex0 is deleted.
The shared memory /counter0 is unmapped.
The shared memory /counter0 is closed.
The shared memory /counter0 is deleted.
$
```

Shell 框 18 - 11:第一个进程打印了它的编号、删除了所有共享内存条目并退出

由于第一个进程是所有共享内存的所有者,它需要在退出时删除它们。在多进程环境中释放分配的资源可能非常棘手和复杂,因为一个简单的错误就可以导致所有进程崩溃。当要从系统中删除一个共享资源时,需要进一步的同步。

在上述例子中,假设我们用编号 2 运行第一个进程,用编号 3 运行第二个进程。因此,第一个进程应该在第二个进程之前打印其编号。当第一个进程退出时,因为它是所有共享资源的创建者,它删除了共享对象,第二个进程一旦想访问这些对象就会崩溃。

这只是一个简单的例子,说明在多进程系统中,终结是多么棘手的问题。为了减轻这种崩溃的风险,我们需要在进程之间进一步引入同步。

前几节介绍了所有进程都运行在同一台主机上时,可以采用哪些机制来同步多进程。下一节将简要地讨论分布式并发控制机制及其特点。

18.5　分布式并发控制

到目前为止,本章假设所有的进程都运行在同一台主机的同一个操作系统上,即我们一直在谈论单主机软件系统。

但真正的软件系统通常会超出这个范围。与单主机软件系统相反,分布式软件系统的进程分布在整个网络中,它们通过网络通信来运行。

关于分布式系统中的进程,我们可以在某些方面看到更多的挑战,这些挑战在集中式或单主机系统中是不存在。接下来简要讨论其部分内容:

- **在分布式软件系统中,你遇到的可能是并行而不是并发。** 由于每个进程都在独立的主机上运行,而且每个进程都有自己特定的处理器,所以我们将观察到并行而不是并发。并发通常限制在一台主机上。注意,交错仍然存在,我们可能会遇到与在并发系统中相同的不确定性现象。

- **在分布式软件系统中,并非所有的进程都是用一种编程语言编写的。** 在分布式软件系统中使用不同的编程语言很常见。在单主机软件系统的进程中看到同样的多样性也很常见。尽管我们对一个系统内的进程有一个隐含的假设,即所有的进程都是用 C 语言编写的,但我们可以用任何其他语言编写进程。不同的语言提供了不同的并发控制机制方式。因此举例而言,在某些语言中,你可能很难使用命名互斥锁。在一个使用多种技术和编程语言的软件系统(单主机或分布式)中,我们必须使用足够抽象的并发控制机制,来保证这些机制在这些技术和语言中都有作用。这可能会限制我们使用某种技术或编程语言的一些特定同步技术。

- **在分布式系统中,网络是不同主机上两个进程之间通信的渠道。** 这与我们在单主机系统下的隐含假设相反。在单主机系统中,所有进程都在同一操作系统中运行,它们使用消息传递机制来相互通信。

- **使用网络会带来延迟。** 单主机系统中也有轻微的延迟,但它是确定的和可管理的,也比网络时延低得多。延迟表明一个进程可能不会立即收到一个消息，这可能会由与网络基础结构有关的原因引起。在这些系统中，消息不应该被认为是即时的。

- **使用网络也会带来安全问题。** 当你在一个系统中拥有所有进程，并且所有进程都在同一边界内使用延迟极低的机制进行通信时，安全问题就大为不同。为了攻击系统，攻击者必须首先访问系统本身，但在一个分布式系统中，所有的消息传递都是通过网络完成。**窃听者**（eavesdropper）可以在网络中间嗅探，甚至更糟糕的是直接改变消息本身。针对分布式系统同步问题的讨论，也适用于分布式系统中进程间的消息同步。

- 除了延迟和安全问题外，还可能发生交付问题，这些问题在单主机多进程系统中发生的频率要低得多。消息应该被传递出去以便处理。当一个进程向系统中另一个进程发送消息时，发送方进程应当存在某种方式确保消息被另一端收到。存在**某些交付保证机制**（delivery guarantee mechanisms），但它们的成本很高，而且在某些情况下，根本就不可用。在这些情况下，会出现一种特殊的消息传递问题，通常基于著名的**两将军问题**[①]（Two Generals Problem）。

上述差异和可能出现的问题足以迫使我们发明新的方式来实现大型分布式系统中的进程和各种组件之间的同步。通常，有两种方法来实现分布式系统的事务性和同步性：

- **集中式进程同步**（centralized process synchronization）：这些技术需要一个中心进程（或节点）来管理这些进程。系统内的所有其他进程都与这个中心节点保持沟通，它们需要得到中心进程的批准才能进入其临界区。

- **分布式（或点对点）进程同步**（distributed（or peer-to-peer）process synchronization）：实现一个没有中心节点的进程同步机制并不是一件容易的事。这实际上是一个活跃的研究领域，有一些特别的算法可用。

本节我们试图对分布式多进程系统中并发控制的复杂性做一些简单介绍。关于分布式并发控制的进一步讨论超出了本书的范围。

[①]　译者注：两个将军决定共同攻打同一个敌人，敌军正好位于两个将军之间，意味着任何一方派出的信使可能会被敌军抓住。不管双方试图确认多少次，都不能最终确认跟彼此达成了共识。每个将军都会怀疑最后给对方发的那条信息是否送到了，两军问题又被称为"两军悖论"，是一个无解问题。

18.6 总结

本章讨论了多进程环境,具体内容如下:

- 解释了什么是命名信号量,以及如何在多进程中创建和使用它。
- 解释了什么是命名互斥锁,以及如何在共享内存中使用它。
- 给出了一个关于终止协调的示例。这个例子中,多个进程等待一个信号量终止,这个信号量被其中一个进程接收并处理,然后传递给其他进程。我们使用共享互斥锁实现了这个例子。
- 解释了什么是命名条件变量,以及如何使用共享内存来共享和命名它。
- 演示了另一个计数进程的例子。其中使用继承减少了共享内存互斥锁和条件变量对象中重复代码的数量。
- 简要地探讨了分布式系统中遇到的差异和挑战。
- 简要地讨论了将并发控制引入分布式软件的方法。

后续章节将讨论进程间通信(Inter-Process Communication ,IPC)技术,这部分内容将横跨两章,涵盖计算机网络、传输协议、套接字编程等更多有用的主题。

19

单主机进程间通信和套接字

上一章中，我们讨论了两个进程以同步方式在同一共享资源上并发运行的技术。本章，我们将对这些技术进行扩展，并介绍一类新方法，这些方法支持两个进程间的数据传输。前一章所介绍的技术和本章将要讨论的技术，统称为**进程间通信**（Inter-Process Communication，IPC）技术。

与上一章中方法不同，在本章和下一章中，我们讨论的 IPC 技术涉及两个进程间**消息**（message passing）或**信号的传递**（signaling），这些传输的消息没有存储在诸如文件或共享内存等这些共享位置，只是通过进程进行发送和接收。

本章我们讨论两个主题：一、我们巩固一下 IPC 技术，讨论单主机 IPC 和 POSIX API。二、介绍套接字编程及其相关知识点，这些知识点包括计算机网络、监听-连接模型以及为两个进程建立连接而进行的一系列操作。

本章我们将讨论以下话题：

- 各种各样的 IPC 技术。我们分别介绍**基于推**的 IPC 技术和**基于拉**的 IPC 技术，并将上一章中讨论的技术定义为**基于拉**的 IPC 技术。
- 通信协议及其一般特征。我们将介绍序列化和反序列化的含义及其它们对实现 IPC 技术的作用。
- 文件描述符以及它们是如何在建立 IPC 通道时发挥关键作用的。
- 用于 POSIX 信号、POSIX 管道和 POSIX 消息队列的公开 API。对于每种 API，都会提供一个示例来演示其基本用法。

- 计算机网络及两个进程是如何在已有网络上进行通信的。
- 监听–连接模型，以及两个进程是如何在多个网络上建立传输连接的。这是后续我们讨论套接字编程的基础。
- 套接字编程和套接字对象。
- 在每个进程中，参与监听–连接的序列，以及它们必须使用的 POSIX 套接字库中的 API。

首先回顾 IPC 技术。

19.1 IPC 技术

IPC 技术通常指进程间用于通信和传输数据的方法。上一章中，我们讨论了最初用于两个进程间共享数据的方法，即文件系统和共享内存。虽然当时没有使用术语"IPC"来描述这些技术，但实际上它们就是 IPC 技术！本章将在此基础上进一步介绍一些 IPC 技术，但是请注意，这些技术与之前的方法有许多不同之处。我们先列举一些 IPC 技术，而后讨论这些 IPC 技术间的差异并对其进行分类。IPC 技术主要有以下几种：

- 共享内存
- 文件系统（包括硬盘上的和内存中的）
- POSIX 信号
- POSIX 管道
- POSIX 消息队列
- Unix 域套接字
- 互联网（或网络）套接字

从编程的角度来看，共享内存和文件系统在某些方面是相似的，因此它们可以归为同一类，此类技术被称为**基于拉**（pull-based）的 IPC 技术。上文列出的其他技术，我们将其归为**基于推**（push-based）的 IPC 技术。本章和下一章将着重讨论多种基于推的 IPC 技术。

请注意，IPC 技术负责在两个进程间传输大量消息。由于在接下来的内容中会大量使用**"消息"**（message）这一术语，所以首先对其进行定义。

消息由一系列字节组成，这些字节根据定义好的接口、协议或标准进行组合。处理该消息的两个进程都应该知道消息的结构，消息的结构通常是通信协议的一部分。

基于拉和基于推的 IPC 技术的区别如下:

- 在基于拉的技术中,在两个进程之外有一个共享的资源或**媒介**(medium),并且在用户空间中可用。文件、共享内存,甚至像**网络文件系统**(Network Filesystem,NFS)服务器这样的网络服务都可以是共享资源。这些媒介是进程创建和使用消息的主要场所。而在**基于推**的技术中,没有这样的共享资源或媒介,取而代之的是**通道**(channel)。进程通过这个通道发送和接收消息,这些消息不存储在任何中间媒介中。

- 在基于拉的技术中,每个进程都必须从媒介中**拉出**(pull)可用的消息。而在**基于推**的技术中,传入的消息被**推送**(pushed)、**发送**(delivered)到接收端。

- 在基于拉的技术中,由于存在共享资源或媒介,对媒介的并发访问必须同步。这就是为什么我们在上一章中探讨了多种 IPC 同步技术的原因。请注意,对于**基于推**的技术,情况并非如此,它们不需要同步。

- 在基于拉的技术中,进程可以独立运行。这是因为消息可以存储在共享资源中,可以稍后获取。也就是说,这些进程可以以**异步**(async)方式运行。相反,在**基于推**的 IPC 技术中,两个进程应该同时启动并运行,因为消息是立即推送的,如果接收进程处于**关闭**(down)状态,它可能会丢失一些传入的消息。也就是说,这些进程以**同步**(sync)方式运行。

注:

在基于推的技术中,每个进程都有一个临时的消息缓冲区来保存传入的推送消息。这个消息缓冲区驻留在内核中,并且在进程运行期间一直存在。消息缓冲区可被并发访问,但同步必须由内核保证。

无论是使用基于推的技术在 IPC 通道中传输的消息,还是使用基于拉的技术存储在 IPC 媒介中的消息,其内容都应能被接收进程所理解。这意味着两个进程——发送端和接收端,都必须知道如何创建和解析消息。由于消息是由字节组成的,这意味着两个进程必须知道如何将对象(文本或视频)转换为一系列字节,以及如何从接收的字节中恢复出同一对象。我们很快就会看到,进程的互操作性一般由双方都采用的通信协议(communication protocol)保证。

下一节深入讨论通信协议。

19.2　通信协议

只有一个通信通道或媒介是不够的，意图通过共享通道进行通信的双方还需要相互理解！举个非常简单的例子：当两个人想要沟通时，他们需要使用同一种语言，比如中文或英语。在这里，语言可以被认为是双方通信时使用的协议。

在 IPC 中，进程也不例外，它们也需要一种共同的语言才能通信。从技术上讲，使用术语**"协议"**（protocol）来指代双方间的这种共同语言。在本节中，我们将讨论通信协议及它们的各种特性，例如**消息长度**（message length）和**消息内容**（message content）。在讨论这些特性之前，我们需要更深入地描述通信协议。请注意，本章的重点是 IPC 技术，因此，我们只讨论两个进程之间的通信协议。除了进程间的通信之外，其他通信类型都不在本章的讨论范围内。

进程只能传输字节，这意味着，在使用某种 IPC 技术进行传输之前，每条信息都必须转换成一系列字节。该过程称为**序列化**（serialization）或**编集**（marshalling，**编组**）。一段文本、一段音频、一首音乐或任何其他类型的对象在通过 IPC 通道发送或存储在 IPC 媒介之前都必须进行序列化。因此，对于 IPC 通信协议来说，这意味着进程之间传输的消息是一系列定义好的、按特定顺序排列的字节。

相反，当进程从 IPC 通道接收到一系列字节时，它应该能够利用这些字节重建原始对象。该过程称为**反序列化**（deserialization）或**反编集**（unmarshaling，**反编组**）。

序列化和反序列化是同一流程中的两个互逆过程，当一个进程希望通过任一已经建立的 IPC 通道将对象发送给另一个进程时，发送端进程首先将该对象序列化为字节序列，然后将字节序列发送给接收端。接收端进程对传入的字节进行反序列化，恢复出发送对象。这些操作互为逆操作，收发两端都要进行，以便利用面向字节的 IPC 通道传输信息。这是无法回避的问题，每一种基于 IPC 的技术（RPC、RMI 等）都严重依赖于对各种对象的序列化和反序列化。从现在开始，我们就使用一个术语**"序列化"**来指代序列化和反序列化这两项操作。

请注意，序列化并不局限于我们目前讨论的基于推的 IPC 技术。在文件系统或共享内存等基于拉的 IPC 技术中，也需要序列化。这是因为这些技术中的底层媒介能够存储一系列字节，如果一个进程想要在共享文件中存储一个对象，它必须在存储之前对对象进行序列化。因此,所有 IPC 技术都需要序列化,无论使用哪种 IPC 技术,在使用底层通道或媒介时,都必须处理大量的序列化和反序列化。

通信协议一旦选定,序列化的方式也就隐含地被指定了,因为在通信协议中已经严格定义了字节顺序。这是至关重要的,因为被序列化的对象必须在接收端通过反序列化恢复为同一对象。因此,序列化程序和反序列化程序必须遵循通信协议规定的相同规则。收发两端的序列化程序和反序列化程序不兼容,则意味着根本没有通信,这个原因很简单,就是因为接收端不能重构传输的对象。

注:
有时,我们使用术语"**解析**"(parsing)作为**反序列化**(deserialization)的同义词,但实际上它们是不同的。

为了使讨论更具体,我们列举一些实际案例。比如,Web 服务器和 Web 客户端使用**超文本传输协议(Hyper Text Transfer Protocol,HTTP)**进行通信。因此,双方都需要使用兼容的 HTTP 序列化程序和反序列化程序来进行通信。又比如,在**域名服务(Domain Name Service,DNS)**协议中,DNS 客户端和服务器必须使用兼容的序列化程序和反序列化程序,这样它们才能进行通信。请注意,DNS 与传送文本内容的 HTTP 不同,它是一种二进制协议,我们将在接下来的小节中对此进行简要讨论。

由于序列化操作可以在软件项目的各种组件中使用,所以它们通常以库的形式出现,可以被添加到任何想使用它们的组件中。对于 HTTP、DNS 和 FTP 等著名协议,有一些众所周知的第三方库可以调用。但是对于专门为某个项目设计的定制化协议,序列化库必须由团队自己编写。

注:
HTTP、FTP 和 DNS 等著名协议都是标准协议,它们在 RFC 官方公开文档中(**请求评论,request for comments**)定义。例如,RFC-2616 详细阐述了 HTTP/1.1 协议。谷歌搜索即可访问 RFC 页面。

关于**序列化库**(serialization libraries),需要进一步说明的是:应该能够用各种编程语言进行编写。请注意:序列化本身并不依赖于编程语言,因为它只讨论字节的顺序以及如何去解释字节。因此,可以使用任意编程语言来开发序列化和反序列化算法,这是一个至关重要的需求。在一个大型软件项目中,可能存在多个用不同编程语言编写的组件,且在某些情况下,这些组件之间需要进行信息的传输,因此,我们需要用不同的语言编写相同的序列化算法。例如，HTTP 序列化程序就有用 C、C＋＋、Java、Python 等语言编写的不同版本。

小结下本节的要点：为了使双方能够通信，需要定义良好的协议。IPC 协议是一种标准，它规定了整个通信必须如何进行，以及必须遵守的一些细节，其中包括字节顺序及其在各种消息中的含义。为了使用面向字节的 IPC 通道来传输对象，我们必须使用一些序列化算法。

下一节将介绍 IPC 协议的特性。

协议特性

IPC 协议各有不同的特性。简而言之，为了通过 IPC 通道传输消息，每个协议都可以指定不同的内容类型。消息的长度可以是固定的，也可以是可变的。有些协议规定必须以同步方式进行操作，而有些协议则支持以异步方式进行操作。在下面的几小节中，我们将讨论这些差异。请注意：现有的协议可以根据上述特性进行分类。

（1）内容类型

在 IPC 通道上发送的消息可以包含**文本**（textual）内容或**二进制**（binary）内容，或者两者的组合。二进制内容是字节，它们的值是 0 到 255 之间所有可能的数值。而文本内容只包含在文本中使用的字符。也就是说，文本内容只允许使用字母、数字和一些符号。

虽然文本内容可作为二进制内容的一种特例，但我们此处将它们分开并区别对待。例如，文本消息很适合在发送之前进行压缩，而二进制消息的**压缩率**（compression ratio，实际大小除以压缩大小）很差。知道协议的内容类型，对我们很有帮助。一些协议是针对纯文本消息的，例如 JSON；一些协议是针对纯二进制消息的，例如 DNS；还有一些协议允许消息内容同时包含文本和二进制数据，例如 BSON 和 HTTP，在这些协议中，原始字节可以与文本混合形成最终消息。

请注意：二进制内容可以作为文本来发送。有多种编码支持使用文本字符来表示二进制内容。**Base64** 是支持这种转换的最有名的**二进制至文本的编码**（binary-to-text encoding）算法之一。这些编码算法广泛应用于纯文本协议，例如 JSON，以便发送二进制数据。

(2) 消息长度

根据 IPC 协议产生的消息可以是**定长消息**(fixed-length),也可以是**变长消息**(variable-length)。所谓固定长度,是指所有消息都具有相同的长度;相反,可变长度,是指产生的消息可以有不同的长度。在对接收的消息内容进行反序列化时,长度是否固定,会对接收方产生直接影响。使用总是产生固定长度消息的协议,可以降低解析接收消息的负担,因为接收方已经知道了它应该从通道读取的字节数,而且长度相同的消息通常(不总是)具有相同的结构。当从 IPC 通道中读取固定长度的消息时,如果所有消息都遵循相同的结构,则非常适合使用 C 语言的结构体,通过结构体中已定义的字段来引用消息中的字节,这类似于我们在前一章中对存储在共享内存中的对象所做的操作。

如果协议产生的是可变长度消息,那就不容易查找单个消息的结束位置了,接收方应该以某种方式(稍后解释)确定它是否已读取完整消息,还是必须要从通道中读取更多字节。请注意:在读取完整消息之前,接收方可能会从通道中读取多个块,块中可能包含两个相邻消息的数据。我们将在下一章中举例说明。

由于大多数协议产生的消息都是可变长度的,我们处理固定长度消息的机会很少,因此,为了分离可变长度的消息,各种协议采用了各种方法,讨论这些方法是非常值得的。也就是说,这些协议使用某种机制来标记消息的结束,接收方通过结束标记来表明它已经读取了完整的消息。通常有以下方法:

- **使用定界符或分隔符**:定界符或分隔符是用来指示消息结束的一串字节(在二进制消息中)或字符(在文本消息中)。应根据消息的内容来选择分隔符,因为必须要能从实际内容中很容易区分分隔符。
- **长度前缀帧**:在这些协议中,每个消息都有一个固定长度的前缀(通常是 4 个字节或更多),该前缀携带了接收方为了获得完整的消息而应该读取的字节数。很多协议,例如所有的标签−长度−值(Tag-Length-Value, TLV)[①]协议,如**抽象语法标记**(Abstract Syntax Notation, ASN),都使用这种技术。
- **使用有限状态机**:这些协议遵循可由**有限状态机**(finite-state machine)建模的正则文法(regular grammar)。接收方应了解协议所遵循的文法,并使用适当的基于有限状态机的反序列化程序从 IPC 通道中读取完整的消息。

---

① 译者注:TLV 分别指类型标识符域(Tag),数据长度域(Length)和数据域(Value)字段。

（3）顺序性

在大多数协议中，两个进程之间遵循**请求-响应**（request-response）模式进行对话（conver-sation），一方发送请求，另一方进行应答。该模式通常应用于客户端-服务器场景。监听进程（通常是服务器进程）等待消息，当接收到消息时，它会进行相应的答复。

如果协议是同步的或顺序的，发送方（客户端）将等待监听方（服务器）完成请求并返回应答。也就是说，在监听方应答之前，发送方一直处于**阻塞**（blocking）状态。在异步协议中，发送方进程不会被阻塞，它可以在监听方处理请求时执行另一个任务。也就是说，在准备应答的过程中，发送方不会处于阻塞状态。

在异步协议中，应存在 **pulling** 或者 **pushing** 机制，以支持发送方确认应答。在 pulling 场景中，发送方会定期询问监听方的答复。在 pushing 场景中，监听方将通过相同或不同的通道将应答推送给发送方。

协议的顺序性并不局限于请求-响应场景。消息传递应用程序通常使用此技术以便在服务器端和客户端都具有最大响应能力。

19.3 单主机通信

本节我们讨论单主机 IPC。多主机 IPC 是我们下一章讨论的主题。当进程驻留在同一台机器上时，主要使用下列四种技术进行通信：

- POSIX 信号
- POSIX 管道
- POSIX 消息队列
- Unix 域的套接字

POSIX 信号与之前介绍的技术不同，它不创建进程之间的通信通道，但可以作为一种向进程通知事件的方式。在某些场景中，进程可以使用 POSIX 信号通知彼此系统所发生的特定事件。

在讨论第一种 IPC 技术——POSIX 信号之前，我们首先讨论文件描述符。因为，除了 POSIX 信号之外，无论使用哪种 IPC 技术，都会涉及某种类型的文件描述符。因此，我们专门用一节对文件描述符进行深入讨论。

19.3.1　文件描述符

两个通信进程可以运行在同一台机器上,也可以运行在通过计算机网络连接的两台不同的机器上。此处,我们重点讨论第一种情况,即进程驻留在同一台机器上。在这种情况下,文件描述符扮演着非常重要的角色。请注意:多主机 IPC 也会涉及文件描述符的处理,只不过在那种场景下,文件描述符被称为**套接字**(socket)。我们将在下一章中详细讨论。

文件描述符是系统中用于读写数据的对象的抽象句柄。文件描述符的作用不仅仅局限于其名称的字面含义,它还可以指代多种处理读取和修改字节流的机制。

常规文件是可以被文件描述符引用的对象之一。这些文件位于文件系统中,要么在硬盘上,要么在内存中。其他可以通过文件描述符进行引用、访问的是设备。正如我们在第10 章中所述,每个设备都可以使用一个设备文件来访问,该文件通常保存在/dev 目录中。

在基于推的 IPC 技术中,一个文件描述符可以代表一个 IPC 通道。在这种情况下,文件描述符可用于从它所表示的通道中读写数据,这就是为什么设置 IPC 通道的第一步是定义一些文件描述符的原因。

在对文件描述符及其表示的含义有了更多了解的情况下,我们开始讨论第一种能够在单主机多进程系统中使用的 IPC 技术——POSIX 信号,尽管它不使用文件描述符。在后面专门介绍 POSIX 管道和 POSIX 消息队列的章节中,会涉及更多关于文件描述符的内容。下面先讨论 POSIX 信号。

19.3.2　POSIX 信号

在 POSIX 系统中,进程和线程可以发送、接收许多预定义的信号。信号可以由进程、线程或内核发送。信号用来通知进程或线程某个事件或错误。例如,当系统要重新启动时,系统将向所有进程发送一个 SIGTERM 信号,让它们知道系统即将重新启动,它们必须立即退出。一旦进程接收到这个信号,它就应该做出相应的反应。在某些情况下,应该什么都不做,但在某些情况下,应该保持进程的当前状态。

下表显示了 Linux 系统中可用的信号,该表出自 Linux 信号手册,可以在以下网址获取:

http://www.man7.org/linux/man-pages/man7/signal.7.html

表 19 - 1 **Linux 系统中所有可用信号列表**

信号	标准	动作	注释
SIGABRT	P1990	Core	abort(3)中的中止信号
SIGALRM	P1990	Term	alarm(2)中的计时器信号
SIGBUS	P2001	Core	总线错误(错误的内存访问)
SIGCHLD	P1990	Ign	子进程停止或终止
SIGCLD		Ign	同 SIGCHLD
SIGCONT	P1990	Cont	如果停止,则继续
SIGEMT		Term	仿真器自陷
SIGFPE	P1990	Core	浮点异常
SIGHUP	P1990	Term	在控制终端上检测到挂起或者控制进程的死机
SIGILL	P1990	Core	非法指令
SIGINFO			同 SIGPWR
SIGINT	P1990	Term	键盘中断
SIGIO		Term	I/O(4.2BSD)
SIGIOT		Core	I/O 陷阱,同 SIGABRT
SIGKILL	P1990	Term	终止信号
SIGLOST		Term	文件锁丢失(未使用)
SIGPIPE	P1990	Term	管道中断:在没有读进程的情况下写入管道;见管道(7)
SIGPOLL	P2001	Term	可轮询事件(Sys V),同 SIGIO
SIGPROF	P2001	Term	性能分析计时器已过期
SIGPWR		Term	电源故障(System V)
SIGQUIT	P1990	Core	从键盘退出
SIGSEGV	P1990	Core	无效的内存引用
SIGSTKFLT(未使用)		Term	协同处理器上的堆栈错误
SIGSTOP	P1990	Stop	停止进程
SIGTSTP	P1990	Stop	停止终端输入
SIGSYS	P2001	Core	错误的系统调用(SVr4),请参见 seccomp(2)

信号	标准	动作	注释
SIGTERM	P1990	Term	终止信号
SIGTRAP	P2001	Core	跟踪/断点陷阱
SIGTTIN	P1990	Stop	后台进程的终端输入
SIGTTOU	P1990	Stop	后台进程的终端输出
SIGUNUSED		Core	同 SIGSYS
SIGURG(4. 2BSD)	P2001	Ign	套接字紧急情况
SIGUSR1	P1990	Term	用户定义的信号 1
SIGUSR2	P1990	Term	用户定义的信号 2
SIGVTALRM	P2001	Term	虚拟时钟
SIGXCPU	P2001	Core	超过 CPU 时间限制(4. 2BSD),请参见 setrlimit(2)
SIGXFSZ	P2001	Core	超出了文件大小限制(4. 2BSD),请参见 setrlimit(2)
SIGWINCH		Ign	窗口调整信号(4. 3BSD, Sun)

从上表中可以看到,并非所有的信号都是 POSIX,Linux 有自己的信号。虽然大多数信号对应于人们熟知的事件,但有两个 POSIX 信号可由用户定义。它们主要应用于用户想在进程运行时调用程序中的某个特定功能时。例 19.1 演示了如何使用信号以及如何在 C 程序中处理这些信号,代码如下:

```c
# include < stdio.h>
# include < stdlib.h>
# include < signal.h>
void handle_user_signals(int signal) {
    switch (signal) {
        case SIGUSR1:
            printf("SIGUSR1 received! \n");
            break;
        case SIGUSR2:
            printf("SIGUSR2 received! \n");
            break;
        default:
            printf("Unsupported signal is received! \n");
    }
```

```
}
void handle_sigint(int signal) {
    printf("Interrupt signal is received! \n");
}

void handle_sigkill(int signal){
    printf("Kill signal is received! Bye.\n");
    exit(0);
}

int main(int argc, char* * argv) {
    signal(SIGUSR1, handle_user_signals);
    signal(SIGUSR2, handle_user_signals);
    signal(SIGINT, handle_sigint);
    signal(SIGKILL, handle_sigkill);
    while (1);
    return 0;
}
```

代码框 19-1[ExtremeC_examples_chapter19_1.c]:处理 POSIX 信号

在上面的例子中,我们使用 signal 函数将特定信号的处理分配给不同的信号处理函数。可见,这里有一个用于处理用户定义信号的函数,一个用于处理 SIGINT 信号的处理函数,以及一个用于处理 SIGKILL 信号的处理函数。

这个程序是一个永无止境的循环,而我们想做的就是处理一些信号。下面的命令显示了如何在后台编译和运行例 19.1:

```
$ gcc ExtremeC_examples_chapter19_1.c - o ex19_1.out
$ ./ex19_1.out &
[1] 4598
$
```

Shell 框 19-1:编译和运行示例 19.1

现在我们知道了程序的 PID,可以给它发送一些信号。它的 PID 为 4598,在后台运行。请注意:你的机器上该进程的 PID 会与此不同。可以使用 kill 命令向进程发送信号。以下命令用于检查上述示例:

```
$ kill - SIGUSR2 4598
SIGUSR2 received!
$ kill - SIGUSR1 4598
SIGUSR2 received!
$ kill - SIGINT 4598
```

```
Interrupt signal is received!
$ kill - SIGKILL 4598
$
[1]+ Stopped ./ex19_1.out
$
```

Shell 框 19-2:向后台进程发送不同的信号

可见,该程序处理了除 SIGKILL 信号之外的所有信号。SIGKILL 不能被任何进程处理。通常可以通知生成该进程的父进程,告知其子进程被**终止**(kill)了。

请注意:可以通过按 Ctrl+C 组合键将 SIGINT 信号或中断信号发送到前台程序。因此,无论何时按下这些组合键,实际上都是在向正在运行的程序发送中断信号。当收到 SIGINT 信号时,默认处理是停止程序,但正如前面的例 19.1 所示,我们也可以处理 SIGINT 信号并忽略它。

除了能够使用 shell 命令向进程发送信号之外,如果一个进程知道另一个进程的 PID,它也能向此进程发送信号。比如使用 kill 函数(在 signal.h 中声明),它的功能与其命令行版本完全相同。它接受两个参数:第一个是目标进程的 PID,第二个是信号的序号。进程或线程也可以使用 kill 或 raise 函数向自身发送信号。请注意:raise 函数用于向当前线程发送信号。这些函数在需要将某个事件通知到程序的其他部分的情况下非常有用。

关于上述示例,最后需要注意的一点是:正如 Shell 框 19-2 所示,主线程陷于无休止的循环时也没有关系,因为信号是异步传递的。因此,可以确定我们能够接收到传入的信号。

下面我们讨论另一种单主机 IPC 技术——POSIX 管道,该技术在某些情况下非常有用。

19.3.3 POSIX 管道

在需要交换消息的两个进程之间可以使用 POSIX 管道。Unix 中的 POSIX 管道是单向的,在创建 POSIX 管道时,会获得两个文件描述符。一个文件描述符用于将数据写入到管道,另一个则用于从管道读取数据。例 19.2 说明了 POSIX 管道的基本用法:

```
# include < stdio.h>
# include < stdlib.h>
# include < unistd.h>
# include < string.h>
# include < sys/types.h>
```

```
int main(int argc, char* * argv) {
    int fds[2];
    pipe(fds);

    int childpid = fork();
    if (childpid = = - 1) {
        fprintf(stderr, "fork error! \n");
        exit(1);
    }
    if (childpid = = 0) {
        //子进程关闭读文件描述符
        close(fds[0]);
        char str[] = "Hello Daddy!";
        //子进程向写文件描述符写数据
        fprintf(stdout, "CHILD: Waiting for 2 seconds ...\n");
        sleep(2);
        fprintf(stdout, "CHILD: Writing to daddy ...\n");
        write(fds[1], str, strlen(str) + 1);
    }
    else {
        //父进程关闭写文件描述符
        close(fds[1]);
        char buff[32];
        //父进程从读文件描述符中读数据
        fprintf(stdout, "PARENT: Reading from child ...\n");
        int num_of_read_bytes = read(fds[0], buff, 32);
        fprintf(stdout, "PARENT: Received from child: % s\n", buff);
    }
    return 0;
}
```

代码框 19 - 2[ExtremeC_examples_chapter19_2.c]:例 19.2 使用 POSIX 管道

上述程序中,在 main 函数的第二行使用了 pipe 函数,它接受一个包含两个文件描述符的数组,并打开这两个文件描述符,其中一个用于从管道中读取数据,另一个用于向管道中写入数据。数组索引 0 指向第一个文件描述符,用于读取数据;索引 1 指向第二个文件描述符,用于写入数据。

我们使用 fork API 获得两个进程。正如第 17 章中所述,fork API 可以克隆父进程并创建一个新的子进程。因此,在调用 fork 函数后,子进程可以使用打开的文件描述符。

子进程生成后,父进程进入 else 语句,子进程进入 if 语句。首先,每个进程都应该关闭它不需要使用的文件描述符。在本例中,父进程想要从管道读取数据,而子进程想要向管道写入数据。这就是父进程要关闭第二个文件描述符（写文件描述符），而子进程要关闭第一个文件描述符（读文件描述符）的原因。请注意：管道是单向的，不能进行反向通信。

例 19.2 的输出如下：

```
$ gcc ExtremeC_examples_chapter19_2.c - o ex19_2.out
$ ./ex19_2.out
PARENT: Reading fromchild ...
CHILD: Waiting for 2seconds ...
CHILD: Writing todaddy ...
PARENT: Received from child: Hello Daddy!
$
```

Shell 框 19 - 3：例 19.2 的输出

如代码框 19 - 2 所示，对于读写操作，我们分别使用 read 函数和 write 函数。如前所述，在基于推的 IPC 中，文件描述符指向字节通道，当一个文件描述符指向某通道时，可以使用文件描述符的相关函数。无论使用哪种 IPC 通道，read 函数和 write 函数都接受文件描述符并以相同的方式在底层通道上进行操作。

例 19.2 使用 fork API 来生成一个新进程。如果已经分别生成了两个不同的进程，那么要解决的问题是：它们如何通过共享管道进行通信？如果进程要访问系统中的管道对象，那么它需要具有相应的文件描述符，可以通过以下两种方法：

- 一个进程建立管道，并将相应的文件描述符发送给另一个进程。
- 两个进程使用同一个命名管道。

第一种方法，进程必须使用 Unix 域套接字通道来交换文件描述符。但问题是：既然在两个进程之间已经存在这样的通道（Unix 域套接字通道），它们就可以使用该通道进行进一步的通信，而不需要再建立另一个通道（POSIX 管道）了，况且 POSIX 管道的 API 还不如 Unix 域套接字通道友好。

第二种方法似乎更可行。其中一个进程可以使用 mkfifo 函数，通过某个路径创建一个队列文件。然后，第二个进程可以使用该路径打开已创建的文件以进行进一步的通信。请注意：此时的通道仍然是单向的，这种场景下，一个进程应该以只读模式打开文件，而另一个进程应该以只写模式打开文件。

关于例 19.2，还有一点需要讨论。子进程在写入管道之前等待了 2 秒，与此同时，父进程在 read 函数处阻塞了。因此，在没有消息写入管道时，从管道中读取数据的进程将被阻塞。

最后要注意的是：POSIX 管道是一种基于推的技术。如前所述，基于推的 IPC 技术有一个相应的临时内核缓冲区来保存传入的 push 消息，POSIX 管道也不例外，内核保存着写入的消息，直到它们被读取。请注意：如果管道的所属进程退出，则其管道对象及对应的内核缓冲区将被销毁。

下一节讨论 POSIX 消息队列。

19.3.4　POSIX 消息队列

内核消息队列是 POSIX 标准的一部分，它在许多方面与 POSIX 管道有很大的不同，其根本区别在于：

- 管道中的元素是字节，而消息队列保存消息。管道不知道写入字节的任何结构，而消息队列保存实际消息，每次调用 write 函数都会将一条新消息添加到队列中。消息队列保留已写入的消息间的边界。为了更详细地说明这一点，假设我们有三条消息：第一条消息有 10 个字节，第二条消息有 20 个字节，第三条消息有 30 个字节。我们将这些消息分别写入 POSIX 管道和 POSIX 消息队列。管道只知道它里面有 60 个字节，它允许程序读取 15 个字节。但是消息队列只知道它有 3 条消息，它不允许程序读取 15 个字节，因为这里没有长度是 15 个字节的消息。
- 衡量管道大小的单位为字节数，它有一个最大字节数限制。而衡量消息队列的大小是消息数量，其中，每个消息的最大长度是有上限的，以字节数衡量。
- 每个消息队列，比如一个命名的共享内存或一个命名的信号量，都会打开一个文件。虽然这些文件不是常规文件，但进程可以通过它们访问同一消息队列实例。
- 消息队列可以划分优先级，而管道不关心字节的优先级。

它们也有以下共同特性：

- 两者都是单向的。为了实现双向通信，需要创建两个管道或消息队列实例。
- 两者都有容量限制，无法写入超出容量限制的字节或消息。
- 在大多数 POSIX 系统中，两者都使用文件描述符表示，因此，可以使用 read 和 write 等 I/O 函数。
- 两者都是无连接的（connection-less）。也就是说，如果两个不同的进程写入两个不同的消息，则其中一个进程可以读取另一个进程的消息。换句话说，消息不归属于任何进程，任何进程都可以读取消息。这是个问题，特别是当有多个进程同时在同一个管道或消息队列上操作时。

注：
请不要将本章描述的 POSIX 消息队列与在消息队列中间件(Message Queue Middleware,MQM)体系结构中使用的消息队列代理相混淆。

Internet 上有各种阐述 POSIX 消息队列的资源。下面的链接专门阐述 QNX 操作系统[1]的 POSIX 消息队列，但其大部分内容也适用于其他 POSIX 系统：https://users.pja.edu.pl/~jms/qnx/help/watcom/clibref/mq_overview.html。

通过例 19.3 说明。例 19.3[2] 的场景同例 19.2，但它使用了 POSIX 消息队列而不是 POSIX 管道。与 POSIX 消息队列相关的所有函数都在 mqueue.h 头文件中声明，稍后会对其中的部分函数作简要说明。

请注意：以下代码不能在 macOS 上编译，因为 OS/X 不支持 POSIX 消息队列。

```
# include < stdio.h>
# include < stdlib.h>
# include < unistd.h>
# include < string.h>
# include < mqueue.h>

int main(int argc, char* *  argv) {
    //消息队列处理程序
    mqd_t mq;

    struct mq_attr attr;
    attr.mq_flags =  0;
    attr.mq_maxmsg =  10;
    attr.mq_msgsize =  32;
    attr.mq_curmsgs =  0;

    int childpid =  fork();
    if (childpid = = - 1) {
        fprintf(stderr, "fork error! \n");
        exit(1);
```

---

① 译者注：QNX 操作系统是由加拿大 QSSL 公司(QNX Software System Ltd.)开发的分布式实时操作系统。QNX 在设计实现时，遵循了 POXIS 1003.1 标准，使得它在许多功能上与 Unix 操作系统极为相似，既支持多个用户同时访问，也支持多个任务同时执行。因此，它是一个多任务、多用户的操作系统。

② 译者注：原文误为 16.3。

```
    }
    if (childpid = =  0) {
    //当父进程创建队列时,子进程处于等待状态
        sleep(1);
        mqd_t mq =  mq_open("/mq0", O_WRONLY);
        char str[] =  "Hello Daddy!";
        //子进程向写文件描述符中写数据
        fprintf(stdout, "CHILD: Waiting for 2 seconds ...\n");
        sleep(2);
        fprintf(stdout, "CHILD: Writing to daddy ...\n");
        mq_send(mq, str, strlen(str) + 1, 0);
        mq_close(mq);
    }
        else {
        mqd_t mq =  mq_open("/mq0", O_RDONLY | O_CREAT, 0644, &attr);
        char buff[32];
        fprintf(stdout, "PARENT: Reading from child ...\n");
        int num_of_read_bytes =  mq_receive(mq, buff, 32, NULL);
        fprintf(stdout, "PARENT: Received from child: % s\n", buff);
        mq_close(mq);
        mq_unlink("/mq0");
    }
    return 0;
}
```

　　　　代码框 19 - 3［ExtremeC_examples_chapter19_3. c］:例 19.3 使用 POSIX 消息队列

运行以下命令编译上述代码。请注意:上述代码应该与 Linux 上的 rt 库相链接:

$ gcc ExtremeC_examples_chapter19_3.c - 1rt - o ex19_3.out
$

　　　　　　　　　　　　　Shell 框 19 - 4:在 Linux 上构建例 19.3

下面的 Shell 框显示了例 19.3 的输出,其与例 19.2 的输出完全一样,但是它使用 POSIX
消息队列来执行例 19.2 中相同的逻辑:

$ ./ex19_3.out
PARENT: Reading fromchild ...
CHILD: Waiting for 2seconds ...
CHILD: Writing todaddy ...
PARENT: Received from child: Hello Daddy!
$

　　　　　　　　　　　　　Shell 框 19 - 5:在 Linux 上运行例 19.3

请注意:POSIX 管道和消息队列在内核中都有一个有限的缓冲区。因此,在没有使用者

读取管道和消息队列中的内容时,向管道和消息队列写入消息,有可能会导致所有写入操作被阻塞。也就是说,任何 write 函数调用将保持阻塞状态,直到有使用者从消息队列读取消息或从管道读取一些字节。

下一节我们简要介绍 Unix 域套接字,它是在单主机设置中连接两个本地进程时的首选。

19.3.5　Unix 域套接字

在单主机部署中,可以被多个进程用来通信的另一种技术是 Unix 域套接字,它们是一种只在同一台机器内运行的特殊的套接字。因此,它们不同于网络套接字,网络套接字允许来自两台不同机器的两个进程在现有网络上相互通信。Unix 域套接字具有各种各样的特性,与 POSIX 管道和 POSIX 消息队列相比,这些特性使它们变得重要而复杂。其最重要的特性是它是双向的,因此,在底层通道读写只需要一个套接字对象。也就是说,Unix 域套接字维护的通道是全双工的。此外,Unix 域套接字既可以感知会话(session-aware),又可以感知消息(message-aware),这使得它们更加灵活。我们将在以下几节中讨论会话感知和消息感知。

如果不了解套接字编程的基础知识,就无法讨论 Unix 域套接字,因此在本章中我们将不再深入讨论 Unix 域套接字。下面几节中,我们介绍套接字编程及其相关概念,有关 Unix 域套接字的完整介绍将在下一章中给出。下面介绍套接字编程。

19.4　套接字编程简介

在下一章讨论真正的 C 代码示例之前,本章先讨论套接字编程,因为在编写代码之前,必须了解一些基本概念。

套接字编程可以在单主机和多主机部署环境中进行。在单主机系统中,套接字编程是通过 Unix 域套接字完成的;在多主机部署环境中,套接字编程就是网络套接字的创建和使用。Unix 域套接字和网络套接字或多或少都使用相同的 API,有相同的概念,因此可以在下一章中一起讨论。

在使用网络套接字之前,必须了解的一个关键概念是计算机网络是如何工作的。下一节我们将介绍计算机网络及其工作原理,在编写套接字编程示例之前,需要了解此方面的许多术语和概念。

19.4.1　计算机网络

在本节中,解释"网络"概念的方法不同于其他相关介绍。我们的目标是对计算机网络的工作原理有一个基本的了解,特别是两个进程之间通信的原理。我们想从程序员的角度来看"网络"这个概念,主要讨论的是进程,而不是计算机。因此,你一开始可能会觉得章节的顺序有点奇怪,但是这有助于了解 IPC 是如何在计算机网络上工作的。

请注意:本节没有对计算机网络进行完整的描述,当然,关于网络的完整描述也不可能在几页的篇幅和一小节中就能完成。

(1) 物理层

首先,请先忘记进程,只考虑计算机,或者说是机器。在进一步讨论之前,请先明确:我们会使用各种术语来指代网络中的计算机,可以称之为计算机、机器、主机、节点,甚至是系统。当然,可以联系上下文来理解某个特定术语的内涵。

拥有多主机软件的第一步是通过网络(或者更准确地说,是通过计算机网络)将许多计算机连接在一起。例如,我们想要连接两台计算机,为了将这两台物理机器连接起来,必然需要某种物理媒介,比如线缆或无线设备。

显然,如果没有这样的物理媒介(无需可见,比如无线网络),是不可能连接的。这些物理连接类似于城市之间的道路,如此类比可以非常贴切地解释计算机网络内部正在发生的事情。

物理连接两台机器所需的所有硬件设备都被认为是物理层(physical layer)的一部分,这是我们要研究的第一层,也是最基础的一层。如果没有这一层,两台计算机不可能连接起来,也不可能在它们之间传输数据。位于物理层以上的一切都不是物理的,而是一组关于如何传输数据的各种标准。

下面我们讨论第二层——链路层。

(2) 链路层

仅仅有路还不足以让交通工具在道路上有序行驶,同理,计算机之间的物理连接也是如此。为了使用道路,我们需要一些关于车辆、标志、材料、边界、速度、车道、方向等的法律法规,没有这些法律法规,道路交通将会异常混乱、问题百出。同理,两台计算机之间的直接物理连接也需要类似的规则。

虽然连接多台计算机所需的物理组件和设备都属于物理层,但用于管理数据沿物理层传输方式的强制性的规范和协议都属于物理层之上的一层——**链路层**(link layer)。

按照链路协议的规则,消息应该被分解为称为帧(frames)的片段。这类似于道路系统中的规定,即规定在某条道路上能行驶的车辆的最大长度。我们不能在公路上驾驶一辆 1 公里长的拖车(假设物理上存在这样的拖车),而是必须把它分成更小的部分,或者更小的车辆。类似的,一段长数据应该被分解成多个帧,且每个帧必须能够在网络中独立于其他帧自由地传输。

值得一提的是,网络可以存在于任何两个计算设备之间,它们不一定非得是计算机。工业中有许多设备和机器可以相互连接,形成一个网络。工业网络的物理布线、连接、终端等有它们自己的标准,当然也有自己的链路协议和标准。

这些链路连接都有其相应的标准,例如,台式计算机连接到工业机器需要遵循的标准。**以太网**(Ethernet)是最重要的链路协议之一,它设计用于以有线方式连接多台计算机,描述了计算机网络中数据传输的所有规则和规定。此外还有另一种广泛使用的链路协议,称为 IEEE 802.11,它负责管理无线网络的数据传输。

使用特定的链路协议并通过物理连接互连的多台计算机(或任何其他同类计算机器或设备)组成的网络称为**局域网**(Local Area Network,LAN)。请注意:任何想要加入局域网的设备必须使用一个物理组件连接到网络,这个物理组件称为**网络适配器**(network adapter)或**网络接口控制器**(Network Interface Controller,NIC)。例如,想要加入以太网络的计算机必须有**以太网网络接口控制器**(Ethernet NIC)。

一台计算机可以有多个 NIC,每个 NIC 都可以连接到一个特定的局域网,因此拥有三个 NIC 的计算机可以同时连接到三个不同的局域网。

当然也可以通过这三个 NIC 连接到同一个局域网。NIC 的配置方式以及如何将计算机连接到各种局域网,都应该事先设计好,并制订精确的计划。

每个 NIC 都有一个由链路协议定义的特定的、唯一的地址,这个地址用于在局域网内的节点之间传输数据。以太网和 IEEE 802.11 协议为每个兼容的 NIC 定义了一个**媒体访问控制**(media access control,MAC)地址。因此,任何以太网 NIC 或 IEEE 802.11 Wi-Fi 适配器都应具有唯一的 MAC 地址,以便加入一个兼容的局域网络。在局域网内,分配的 MAC 地址应该是唯一的。请注意:在理想状况下,任何 MAC 地址都应该是唯一的且不可更改的。然而,事实并非如此,我们甚至可以设置 NIC 的 MAC 地址。

小结一下,目前为止我们介绍了一个两层的栈,下面是物理层,上面是链接层,这足以在一个局域网内连接多台计算机。但这并没有结束。在这两层之上,我们还需要另一层以连接来自不同局域网的计算机,无论它们之间是否存在任何中间局域网络。

(3) 网络层

现在,我们已经了解到,以太局域网中使用 MAC 地址来连接多个节点。但是,如果来自两个不同局域网的两台计算机想要互连,将会怎样呢? 请注意:这些局域网不一定是兼容的。

例如,一个局域网可能是有线以太网络,而另一个局域网可能是**光纤分布式数据接口**(**fiber distributed data interface,FDDI**)网络,其主要使用光纤作为物理层。再例如,**工业以太**(Industrial Ethernet,IE)局域网中的工业机需要连接到操作员的计算机上,而这台计算机位于一个普通以太局域网中。众多例子表明,为了连接来自不同局域网内的不同节点,我们需要在上述两层的基础上再加一层。请注意:即使是连接兼容的局域网,也需要这第三层。如果要通过许多中间局域网将数据从一个局域网传输到另一个局域网(兼容的或异构的),这第三层就更为关键了。我们将在接下来的内容中进一步解释这一点。

就像链路层中的"帧"一样,我们在**网络层**(network layer)中有**包**(packets)。长消息被分成更小的片段,称为"包"。虽然"帧"和"包"是在两个不同的层中的两个不同的概念,但为了简单起见,我们认为它们是相同的,在本章的其余部分,我们使用包(packet)这个术语。

包和帧的关键区别在于帧封装包,也就是说,一个帧包含一个包。关于帧和包,此处不作深入讨论,读者可以在互联网上找到许多关于它们的资料。

网络协议(network protocol)填补了不同局域网之间的鸿沟,将它们彼此连接起来。虽然每个局域网可以有自己特定的物理层和链路层标准与协议,但管理网络层的协议对它们而言应该是相同的,否则,异构(不兼容的)局域网间将无法互连。目前最著名的网络协议是**互联网协议**(Internet Protocol,IP),它广泛应用于由较小的以太网或 Wi-Fi 局域网组成的大型计算机网络。根据地址长度的不同,**互联网协议**有 IPv4 和 IPv6 两种版本。

来自两个不同的局域网内的计算机是如何连接的呢? 答案是通过**路由**(routing)机制。为了从外部局域网接收数据,应该有一个**路由器**(router)节点。假设我们要连接两个不同的局域网：LAN1 和 LAN2，那路由器则是一个同时驻留在两个网络中的节点，它有两个 NIC，一个连接 LAN1，另一个连接 LAN2。然后，由一个特殊的路由算法决定要传输哪些包，以及应该如何在网络之间传输它们。

通过路由机制，多个网络可以通过路由器实现数据的双向传输。因此，每个局域网都应该有一个路由器。当我们想向位于不同地理区域的计算机发送数据时，这些数据可能会通过数十台路由器的传输后才到达目的地址。此处不再深入讨论路由的概念，网络上有大量关于路由机制的信息可供参考。

注：
有一个实用工具 traceroute，可以用于查看你的计算机和目标计算机之间的路由情况。

至此，来自两个不同局域网（不论两者间是否存在中间局域网）的两台主机可以相互连接了，任何更具体的连接都应该建立在这一网络层之上。因此，驻留在两个不同节点上的两个程序，它们之间的任何通信都必须发生在这三层协议上：物理层、链路层及网络层。但是，两台计算机相互连接到底指什么意思呢？

"两个节点是连接的"这种说法有点含糊，至少对于程序员来说是这样的。更准确的说法是，"这些节点的操作系统间是相互连接的，且操作系统是数据传输的参与者"。当前的大多数操作系统都具备加入一个网络并与其他节点（位于同一局域网或不同局域网）进行通信的能力。本书的研究重点——基于 Unix 的操作系统，都是支持联网的操作系统，可以安装在网络中的节点上。

Linux、Microsoft Windows 以及几乎所有的现代操作系统都支持联网。实际上，如果一个操作系统不能在网络中运行的话，它就不太可能存活下来。请注意：对网络连接进行管理的实际上是内核，更确切地说，是内核中的一个单元。因此，严谨的说法是：实际的网络功能是由内核提供的。

由于联网功能是由内核提供的，那用户空间中的任何进程都可以从中受益，并能与网络中不同节点上的另一个进程建立连接。程序员无需关心由内核操作的层（物理层、链接层和网络层），只需关注它们之上的层，即与代码相关的层。

IP 网络中的每个节点都有一个 IP 地址。如前所述，IP 地址有两个版本：**互联网协议第 4 版（IP version 4，IPv4）和互联网协议第 6 版（IP version 6，IPv6）**。IPv4 地址由 4 个地址段组成,每个地址段的取值范围为 0—255,所以 IPv4 地址从 0.0.0.0 开始,一直到 255.255.255.255,只需要 4 个字节(32 位)就可以存储 IPv4 地址。存储 IPv6 地址则需要 16 字节(128 位)。此外,地址还分为私网 IP 地址和公网 IP 地址,这些内容超出了本章范围。这里我们只需知道 IP 网络中的每个节点都有一个唯一的 IP 地址就足够了。

结合上一小节所述,在单个局域网中,每个节点都有一个链路层地址和一个 IP 地址,但是连接该节点时使用的是 IP 地址,而不是链路层地址。例如,在以太局域网中,每个节点有两个地址:一个是 MAC 地址,另一个是 IP 地址。链路层协议使用 MAC 地址在局域网内传输数据,而 IP 地址则被不同节点上的程序用来在同一局域网内或多个局域网间进行网络连接。

网络层的主要功能是连接两个或多个局域网,最终会形成一个相互连接的巨大的网状网络,其中含有许多单独的局域网子网。事实上,这样的网络是存在的,即我们众所周知的互联网。

与任何其他网络一样,在互联网上可以访问的每个节点都必须有一个 IP 地址。但是,在互联网上一个节点能不能被访问,其主要区别在于:能访问的节点必须有一个公网 IP 地址,不能被访问的则通常有一个私网地址。

比如,你的家庭网络可以访问互联网,但是互联网上的外部节点却不能访问你的笔记本电脑,因为你的笔记本电脑的 IP 地址是私网 IP 地址,而不是公网 IP 地址。虽然你的笔记本电脑仍然可以在你的家庭网络中使用,但它不能在互联网上使用。因此,如果希望能从互联网上访问到你的软件,那么应该让其在具有公网 IP 地址的机器上运行。

关于 IP 网络有大量的信息,此处不一一介绍,但是作为一个程序员,了解私网地址和公网地址之间的区别是很重要的。

在网络中,确保节点之间的连通性不是程序员的责任,但是检测网络缺陷应是程序员必备技能之一。这是非常重要的,因为这可以让程序员知道错误或不当行为是源于代码,还是基础设施(网络)。这就是我们必须在此介绍更多的概念和工具的原因。

ping 工具是确认同一局域网内或不同局域网内的两台主机(节点)能够传输数据或能够"看到"对方的基本工具。它向目标主机发送**互联网控制消息协议**(Internet Control Message Protocol,ICMP)数据包,如果收到应答,则意味着目标主机已经启动、连接并响应。

注：

ICMP 是另一种网络层协议，主要用于在基于 IP 的网络中，监控和管理网络的连通性或服务质量问题和故障。

例如要检查自己的计算机能否访问公网 IP 地址为 8.8.8.8 的节点（如果该节点已连接到互联网，则它应该可以被访问），可使用以下命令进行查看：

```
$ ping 8.8.8.8
PING 8.8.8.8 (8.8.8.8): 56 data bytes
64 bytes from 8.8.8.8: icmp_seq= 0 ttl= 123 time= 12.190 ms
64 bytes from 8.8.8.8: icmp_seq= 1 ttl= 123 time= 25.254 ms
64 bytes from 8.8.8.8: icmp_seq= 2 ttl= 123 time= 15.478 ms
64 bytes from 8.8.8.8: icmp_seq= 3 ttl= 123 time= 22.287 ms
64 bytes from 8.8.8.8: icmp_seq= 4 ttl= 123 time= 21.029 ms
64 bytes from 8.8.8.8: icmp_seq= 5 ttl= 123 time= 28.806 ms
64 bytes from 8.8.8.8: icmp_seq= 6 ttl= 123 time= 20.324 ms
^C
- - - 8.8.8.8ping statistics - - -
7 packets transmitted, 7 packets received, 0.0%  packet loss round- trip
min/avg/max/stddev =  12.190/20.767/28.806/5.194 ms
$
```

Shell 框 19 - 6：使用 ping 工具检查网络的连通性

正如输出所示，该计算机发送了 7 个 ICMP ping 包，且在传输过程中没有丢失任何一个。这说明 IP 地址为 8.8.8.8 的节点上的操作系统已经启动并响应。

注：

公网 IP 地址 8.8.8.8 是谷歌公共 DNS 服务器的 IP 地址。更多信息请登录 https://en. wikipedia. org/wiki/Google_Public_DNS 查看。

本节，我们解释了如何通过网络连接两台计算机。现在，离实际连接两个进程，并通过多个局域网传输数据更近了一步。为此，我们还需要网络层之上再加一层，这一层是网络编程的起始点。

（4）传输层

到目前为止，两台计算机已经可以通过物理层、链路层和网络层这样的三层堆栈相互连接。对于进程间通信，实际上需要连接与通信的是两个进程。但是，通过这三层进行连接的两台计算机上会运行许多进程，也许在第一台机器上的某个进程想要与第二台机器上的另一个进程建立连接。因此，仅基于网络层的连接过于通用，无法支持由不同进程发起的多个不同的连接。

这就是为什么需要在网络层上再加一层——传输层（transport layer），它就是用来解决这个需求的。当主机通过网络层连接时，运行在这些主机上的进程就可以通过建立在网络层之上的传输层进行连接。与任何其他层具有自己的唯一标识符或唯一地址一样，传输层也有一个唯一标识符，通常称为端口（port）。我们将在接下来的小节中对此进行详细介绍，在此之前，首先需要介绍监听-连接（listener-connector）模型，该模型允许双方通过通道进行通信。下一节，我们将通过类比计算机网络和电话网络来解释这个模型。

类比电话网络

以**公共交换电话网络**（Public Switched Telephone Network，PSTN）为例进行说明是最恰当的。虽然计算机网络和电话网络看起来不那么相似，但其实它们之间有很多强相似的地方使我们能够以一种合理的方式来解释传输层。

在我们的类比中，使用电话网络的人就像计算机网络中的进程。因此，打电话等同于**传输连接**（transport connection）。只有安装了必要的基础设施，人们才能打电话，这与建立进程通信前就应该把网络基础设施搭建好是类似的。

我们假设所需的底层基础设施已经就位并且运行良好，在此基础上，我们希望系统中的两个进程间能够创建通道并传输数据。这时，计算机网络中两个不同主机上的两个进程就类似于 PSTN 中的两个人。

任何想要使用 PSTN 的人都需要有电话设备。这类似于计算机节点需要有一个 NIC。在这些设备之上，有多个由各种协议组成的层，这些层构建了底层基础设施，使得创建传输通道成为可能。

在 PSTN 中，一个接入到 PSTN 的电话设备会一直等待，直到收到一个呼叫，我们称之为监听（listener）端。请注意：接入 PSTN 的电话设备总是等待来自网络的呼叫信号，一旦接收到信号，它就会振铃。

现在，我们来谈谈进行呼叫的那一方。请注意：拨打电话等同于创建传输通道。呼叫方同样有一个用来打电话的电话设备，可以通过电话号码访问监听端，电话号码可以看作是监听端的地址。**连接**（connector）端必须知道这个电话号码才能进行呼叫。因此，连接端拨打监听端的电话号码，底层基础设施让监听端知道有一个电话拨入。

当监听端应答电话时，它接受拨入连接，并在监听端和连接端之间建立通道。至此，位于通道两端的人就可以在创建的 PSTN 通道上进行交谈和讨论。请注意：如果一方听不懂另一方的语言，沟通无法继续，则一方挂断电话，通道将被破坏。

无连接的传输与面向连接的传输

上述类比试图解释计算机网络中的传输通信，但实际上它描述的是**面向连接的通信**（connection-oriented communication）。此处，我们将介绍另一种类型的通信：**无连接的通信**（connection-less communication）。在此之前，我们先更深入地了解面向连接的通信。

面向连接的通信会为连接创建特定的专用通道。因此，如果一个监听端与三个连接端通信，则需要三个专用通道。无论发送的消息有多大，消息都将以正确的格式到达目的端，且不会在通道内丢失。如果多个消息被发送到同一目的端，则会保持发送消息的顺序，并且接收方进程不会感知到底层基础设施中的任何紊乱。

如前所述，在通过计算机网络传输时，任何消息总是被分成更小的称为数据包的块。然而，在面向连接的方案中，任何一方，无论是监听端还是连接端，都不会感知到底层包交换（packet switching）的过程。即使接收方以不同的顺序接收到数据包，操作系统也会重组数据包，以便以正确的格式重构消息，而接收方进程不会感知到这些。

更重要的是，如果在传输的过程中丢失了其中一个包，则接收方的操作系统会请求再次发送它，以恢复完整的消息。例如，**传输控制协议**（Transport Control Protocol，TCP）就是一种传输层协议，其行为与上文所述完全一样。因此，TCP 通道是面向连接的。

除了面向连接的通信外，还有无连接的通信。在面向连接的通信中，需要确保单个数据包的**送达**（delivery）和数据包的**顺序**（sequence）无误。TCP 等面向连接的传输协议同时保证了这两点。相反，无连接的传输协议则不能保证。

也就是说，无连接的传输可能无法保证消息被分解后的各个数据包的正确送达，或无法保证数据包以正确顺序接收，或者是两者不能同时保证。例如，**用户数据报协议**（User Datagram Protocol，UDP），它不能保证包的正确送达或包的顺序正确。请注意：对单个包的内容正确性的保证是由网络层和链路层中的协议提供的。

下面介绍网络编程中常用的两个术语。**流**（stream）是在面向连接的通道上传输的字节序列，这意味着无连接传输不能有效地提供数据流传输。有一个专门的术语用来描述在无连接通道上传输的数据单元,称为**数据报**(datagram)。数据报是一段在无连接通道中可以作为一个整体进行传输的数据。任何一段大于数据报最大长度的数据块,都不能保证被正确地送达,抑或其数据块顺序也可能会出错。数据报是在传输层中定义的概念,它是网络层中数据包的对等概念。

例如,对于 UDP 数据包而言,UDP 可以保证每个单独的 UDP 数据报(包)被正确地传输,但对于两个相邻数据报(包)的相关性不会作任何考虑。也就是说,UDP 不会处理数据报的完整性,但 TCP 则不如此。在 TCP 中,由于确保了数据包的正确送达以及数据包的正确顺序,可以忽略单个包的传输,这时两个进程之间传输的就是字节流。

传输初始化序列

在本小节中,我们讨论每个进程为了建立传输通信所采取的步骤。面向连接和无连接的模式有不同的操作序列,因此我们将在下面分别进行讨论。请注意:它们的区别只在于通道的初始化,之后,双方将使用或多或少相同的 API,通过创建的通道读写数据。

无论是面向连接的通道还是无连接的通道,监听进程总是绑定(bind)一个终端节点(通常是 IP 地址和端口),连接进程总是连接(connect)到该终端节点。

请注意:在下面的内容中,我们假设在运行监听进程和连接进程的计算机之间已经建立了一个 IP 网络。

无连接的初始化序列

为了建立无连接的传输通道,监听进程需执行以下操作:

① 监听进程绑定到现有 NIC(也可以是所有的 NIC)的一个端口上,这意味着监听进程请求其主机操作系统将传入的数据重定向到该端口,从而重定向到监听进程。端口是一个 0 到 65535(2 个字节)之间的数字,且不能被另一个监听进程绑定。绑定已经在用的端口会导致错误。请注意:一旦绑定了某个特定 NIC 上的端口,操作系统将把所有在该 NIC 上接收到的,并以该端口为目的端口的输入数据包重定向到监听进程。

② 进程等待并读取所创建的通道上的可用消息,并通过向通道回写来响应这些消息。

连接进程执行以下操作:

③ 它必须知道监听进程的 IP 地址和端口号,因此,它通过向其主机操作系统提供 IP 地

址和端口号来连接监听进程。如果目标进程没有在指定的端口上进行监听,或者 IP 地址指向一个无效或错误的主机,则连接失败。

④ 成功建立连接后,连接进程能够以几乎相同的方式向通道写入数据、从通道读取数据,这意味着它使用的 API 和监听进程使用的是相同的。

请注意:除了要执行上述操作外,监听进程和连接进程还应该使用相同的传输协议,否则它们的主机操作系统无法读取和理解消息。

面向连接的初始化序列

在面向连接的场景中,监听进程将执行以下操作进行初始化:

① 绑定端口,就像上文所述的无连接场景中一样。端口定义与上文所述完全相同,遵循相同的约束规则。

② 监听进程配置其 **backlog** 的大小。backlog 是一个等待连接的队列,这些连接还没有被监听进程所接收。在面向连接的通信中,监听端应该在传输数据前接收传入的连接。配置完 backlog 后,监听进程进入**监听模式**(listening mode)。

③ 监听进程开始**接收**(accept)传入的连接,这是建立传输通道的重要步骤,只有接收传入的连接后,才能传输数据。请注意:如果连接进程向监听进程发送连接,但监听进程不能接收该连接,则该连接将保留在 backlog 中,直到该连接被接收或**超时**(timed out)。当监听进程忙于处理其他连接而不能接收任何新的连接时,就会发生这种情况。然后,传入的连接在 backlog 中堆积,当 backlog 被堆满时,主机操作系统将立即拒绝新的连接。

连接进程的序列与我们上文介绍的无连接通信非常相似。连接进程通过提供 IP 地址和端口连接到某个端点,在被监听进程接收之后,它可以使用相同的 API 从面向连接的通道中读写数据。

由于建立的通道是面向连接的,监听进程和连接进程间就有了一条专用通道,因此,它们可以交换没有字节数上限的字节流。这两个进程可以传输大量的数据,且数据的正确性能得到传输控制协议和网络协议的保证。

关于传输层,还有一点需要注意的是:监听进程需要绑定一个终端节点(无论其底层通道是面向连接的还是无连接的)。无论是 UDP 还是 TCP,这个终端节点都是由一个 IP 地址和一个端口号组成。

（5）应用层

当两个不同终端上的两个进程之间建立了传输通道后，它们应该能够相互通信了。这里的通信是指传输一系列两端都能理解的字节。正如本章前面所述，此处需要一个通信协议。由于该协议在应用层（application layer），并由进程（或作为进程运行的应用程序）使用，因此被称为**应用程序协议**（application protocol）。

链路层、网络层和传输层中使用的协议并不多，而且它们大多是众所周知的，但应用层中使用的应用程序协议却有很多。这也类似于电信网络。虽然电话网络的标准不多，但是人们用于交流的语言很多，而且差异很大。在计算机网络中，每个作为进程运行的应用程序都需要通过应用程序协议来与另一个进程通信。

因此，程序员要么使用众所周知的应用程序协议，如 HTTP 或 FTP，要么使用由团队内部设计和构建的自定义应用程序协议。

到目前为止，我们已经讨论了 5 个层：物理层、链路层、网络层、传输层和应用层，下面就可以将它们连为一体，作为设计与部署计算机网络的参考。下面讨论互联网协议套件。

（6）互联网协议套件

我们每天看到并广泛使用的网络模型是**互联网协议套件**（Internet Protocol Suite，IPS）。IPS 主要用于互联网上，由于几乎所有的计算机都想要访问互联网，他们普遍使用 IPS，尽管这并不是 ISO 认可的官方标准。计算机网络的标准模型是**开放系统互连**（Open System Interconnections，OSI）模型，它是一个理论模型，几乎从未被公开部署和使用过。IPS 有以下几层（其中列举了每一层的主要协议）：

- 物理层
- 链路层：Ethernet、IEEE 802.11 Wi-Fi
- Internet 层：IPv4、IPv6、ICMP
- 传输层：TCP、UDP
- 应用层：有大量的协议，如 HTTP、FTP、DNS、DHCP 等等。

这些层与我们上节中介绍的层之间有良好的对应关系，只有网络层例外，它被重命名为 Internet 层。这是因为作为 IPS 的一部分，这一层主要的网络协议只有 IPv4 和 IPv6。除了网络层外，上一节中介绍的其他内容都适用于 IPS 中的相应层。IPS 是本书和实际工作环境中处理的主要模型。

既然我们已经清楚了计算机网络是如何工作的,接下来就可以研究什么是套接字编程(socket programming)了。下一节及下一章中,我们将会看到传输层中讨论的概念和套接字编程中的概念之间有很强的对应关系。

19.4.2 什么是套接字编程?

在了解了 IPS 模型和网络的各种层次后,就容易理解什么是套接字编程了。在深入研究关于套接字编程的技术之前,应将其定义为一种 IPC 技术,通过该技术可以连接同一个节点上的两个进程,或者是由网络连接的两个不同节点上的两个进程。此处先不讨论单主机套接字编程。多主机套接字编程要求两个节点之间有一个正常运行的网络,这一点将套接字编程与计算机网络以及目前为止我们所介绍的内容联系在一起。

从技术层面讲,套接字编程主要发生在传输层。如前文所述,传输层负责在现有的 internet 层(网络层)之上连接两个进程,因此,传输层是建立套接字编程环境的关键层。这也是程序员为什么应该更多地了解传输层及其各种协议的原因,有些与套接字编程相关的错误就起源于底层的传输通道。

在套接字编程中,套接字是建立传输通道的主要工具。请注意:套接字编程不仅仅用于传输层或**进程到进程的通信**(process-to-process communications),它还可以用于 internet 层(网络层)或**主机到主机的通信**(host-to-host communications)。这意味着和传输层的套接字一样,还存在着 internet 层的套接字。但是,我们看到和使用的大部分套接字都是传输层套接字,本章接下来的内容及下一章将主要讨论传输层套接字。

(1)什么是套接字

传输层是实际进行套接字编程的网格层次。传输层以上的层只是使套接字编程更加具体、特定化,然而,实际的底层通道就是在传输层建立的。

我们已经介绍过,建立传输通道的 internet 连接(网络连接)实际上是操作系统之间的连接,或者更具体地说,是那些操作系统的内核之间的连接。因此,内核中应该有一个类似于"连接"的概念,不仅如此,同一个内核可能会发起或接收许多连接,因为可能有几个进程在该操作系统中运行、托管,并且需要网络连接。

我们现在介绍的概念是**套接字**(socket)。对于系统中任何已建立或即将建立的连接,都有一个专用套接字来标识该连接。对于在两个进程之间建立的每个连接,每一端都有一个套接字来标识该连接。如前所述,套接字中的其中一个属于连接端,另一个则属于监听端。定义和管理套接字对象的 API 的相关描述在操作系统公开的**套接字库**(socket library)中。

因为我们主要讨论的是 POSIX 系统,所以我们希望 POSIX API 中存在这样的套接字库,事实上,确实有这样的库。本章接下来的内容,我们将讨论 **POSIX 套接字库**(POSIX socket library),并解释如何使用它在两个进程之间建立连接。

(2) POSIX 套接字库

每个套接字对象有三个属性:**域**(domain)、**类型**(type)和**协议**(protocol)。虽然操作系统手册对这些属性的详细解释可供参考,我们这里还是要对它们的常用值进行说明。先从域属性开始,它也称为**地址族**(address family, AF)或**协议族**(protocol family, PF),其常用值如下文列表所示。请注意:这些地址族既支持面向连接的传输连接,也支持无连接的传输连接。

- AF_LOCAL 或 AF_Unix:本地套接字,仅当连接进程和监听进程位于同一主机上时使用。
- AF_INET:套接字,支持两个进程通过 IPv4 互连。
- AF_INET6:套接字,支持两个进程通过 IPv6 互连。

注:
在某些 POSIX 系统中,域属性使用的常量的前缀是 PF_而不是 AF_,那是因为大多数情况下 AF_常量的值与 PF_常量的值相等,所以它们可以互换使用。

下一章中我们将演示域值为 AF_Unix 和 AF_INET 的用法。域值为 AF_INET6 的使用案例也很容易找到。此外,可能也存在在其他系统上没有的特定于某个操作系统的地址族。

套接字对象的 type 属性的常用值如下:

- SOCK_STREAM:这个套接字表示的是面向连接的传输通信,能确保所发送内容的正确送达及顺序正确,正如之前介绍的"**流**"一样,此处的术语 STREAM 即为此意。请注意:此时不能确定实际的底层传输协议就是 TCP,因为对于地址域为 AF_Unix 的本地套接字来说,这是不正确的。
- SOCK_DGRAM:这个套接字表示的是无连接的传输通信。请注意术语"**数据报**",缩写为 DGRAM,正如之前介绍的那样,它指的是不能被视为流的一系列字节。相反,它们可以看作是被称为数据报的一些独立的数据块。用更专业的话来说,数据报表示通过网络传输的数据包。

- SOCK_RAW:原始套接字既可以表示面向连接的通道,也可以表示无连接的通道。SOCK_RAW 和 SOCK_DGRAM 或 SOCK_STREAM 的主要区别在于:对于 SOCK_DGRAM 或 SOCK_STREAM,内核实际上知道底层使用的传输协议(UDP 或 TCP),它可以解析数据包并提取报头和内容。但是对于原始套接字(SOCK_RAW),内核不会这样做,而是由打开套接字的程序来读取和提取各个部分的内容。

也就是说,当使用 SOCK_RAW 时,数据包被直接发送给程序,由程序提取并理解数据包结构。请注意:如果底层通道是流通道(面向连接的),则丢失的数据包的恢复与数据包重组不是由内核完成的,而是由程序自己完成的。这意味着,当使用 TCP 作为传输协议时,数据包的恢复与数据包重组实际上是由内核完成的。

第三个属性 protocol 用于标识套接字对象的协议。由于在多数情况下,一旦确定了套接字的地址族及类型,则其协议也就确定了,所以套接字在创建时可由操作系统选择此属性。但在有多个可能协议的情况下,应定义这个属性。

套接字编程为单主机 IPC 和多主机 IPC 提供了解决方案。也就是说,既然使用 internet(网络)套接字连接位于两个不同主机中和两个不同局域网中的两个进程是可行的,那使用 Unix 域套接字连接在同一主机上的两个进程也是完全可行的。

最后需要注意一点:套接字连接是双向、全双工的,这意味着双方都可以对底层通道进行读写操作,而不会互相干扰。这是必备的特性,因为这通常是大多数 IPC 场景的需求。

了解了套接字后,我们必须重新讨论之前介绍的监听进程序列和连接进程序列。我们将深入了解更多细节,并描述如何使用套接字来执行这些序列。

回顾监听-连接序列

如前所述,作为计算机网络的一部分,几乎在每个连接中,一端总是监听传入的连接,另一端则试图连接到监听端。我们先前以电话网络为例,解释了电话如何监听来电,以及如何打电话和连接到其他监听设备。套接字编程中也存在类似情况。此处,我们探讨两个不同终端上的进程为了成功建立传输连接而应该遵循的序列。

在接下来的内容中,我们将更深入地了解套接字创建的细节,以及参与连接的两个进程应该执行的各种操作。下文介绍的监听进程序列和连接进程序列与基础设施无关,这得益于套接字编程在各种底层传输连接上的推广。

前面我们分别讨论了面向连接和无连接通信的监听序列与连接序列,此处我们采用同样的方式,首先介绍流(面向连接的)监听序列。

流监听序列

监听新的流连接的进程需执行以下步骤,虽然上文已经介绍了绑定、监听和接收这些步骤,但是此处将从套接字编程的角度来讨论它们。大多数实际功能是由内核提供的,进程只需要从 socket 库中调用正确的函数就可以配置成监听模式:

① 进程使用 socket 函数创建一个套接字对象。这个套接字对象通常称为**监听套接字**(listener socket)。socket 对象表示整个监听进程,用来接收新的连接。根据底层通道的不同,可以发送不同的参数给 socket 函数。此时,可以使用 AF_Unix 或 AF_INET 作为套接字的地址族,但必须使用 SOCK_STREAM 作为套接字的类型,因为这里使用的是流通道。套接字对象的协议属性可由操作系统确定。例如,如果套接字对象的参数设置成 AF_INET 和 SOCK_STREAM,则其协议属性将默认选择 TCP。

② 使用 bind 函数将套接字绑定到连接进程可访问的**终端节点**(endpoint)。所选终端节点的具体内容取决于套接字的地址族,例如,对于 internet 通道,终端节点应该是 IP 地址和端口的组合;而对于 Unix 域套接字,终端节点应该是位于文件系统上的**套接字文件**(socket file)的路径。

③ 使用 listen 函数将套接字配置为监听模式。如前所述,它为监听套接字创建一个 backlog。backlog 是一个等待连接的列表,这些连接还没有被监听进程接收。当监听进程不能接收新的接入连接时,内核会将接入的连接保留在相应的 backlog 中,直到监听进程空闲并开始接收它们。一旦 backlog 被填满,内核将拒绝任何接入的连接。如果 backlog 设置得太小,可能会导致许多连接在监听进程阻塞时被拒绝,而设置得太大,则可能会导致有一堆等待中的连接,这些连接最终会超时并断开。因此,backlog 的大小应该根据监听进程的动态情况来设置。

④ 配置完 backlog 后,开始接收接入的连接。通过调用 accept 函数来接收接入的连接,因此,accept 函数通常会在一个永无休止的循环中被调用。当监听进程停止接收新连接

时,连接进程就会被放入 backlog 中,一旦 backlog 满了,连接就会被拒绝。请注意:每次调用 accept 函数只是获取在套接字的 backlog 中等待的下一个连接。如果 backlog 为空,并且监听套接字被配置为阻塞状态,那么对 accept 函数的调用将被阻塞,直到有新的连接进来。

请注意:accept 函数返回一个新的套接字对象,这意味着内核会为每个接收的连接提供新的唯一的套接字对象。也就是说,一个接收了 100 个客户端的监听进程至少要使用 101 个套接字:1 个是监听套接字,另外 100 个套接字则用于它接收的连接。监听进程将使用 accept 函数返回的套接字与通道另一端的客户端进行后续通信。

请注意:对于所有类型的基于流(面向连接的)套接字的 IPC,函数调用的顺序都是相同的。下一章中,我们将展示如何使用 C 语言编写这些操作。下面介绍流连接序列。

流连接序列

当连接进程想要连接到已经处于监听模式的监听进程时,它应该执行以下操作。请注意:监听进程此时应处于监听模式,否则连接会被目标主机的内核拒绝。

① 连接进程通过调用 socket 函数创建一个套接字。此套接字用来连接目标进程,其参数设置应该与监听套接字的相似或至少兼容,否则无法建立连接。因此,其域值应与监听套接字的相同,且类型设置为 SOCK_STREAM。

② 通过传递能唯一标识监听节点的参数来调用 connect 函数。连接进程和目标进程应能访问监听节点。如果 connect 函数调用成功,则意味着连接已被目标进程接收。在此之前,连接可能在目标进程的 backlog 中等待。如果指定的目标节点由于某些原因不可访问,则连接失败,连接进程将收到一个错误报告。

正如监听进程调用 accept 函数一样,此处调用 connect 函数同样也会返回一个套接字对象。这个套接字用来标识连接,并用于与监听进程进行后续通信。下一章,在计算器示例中将演示上述序列。

数据报监听序列

数据报监听进程执行以下初始化操作:

① 与流监听一样,数据报监听进程通过调用 socket 函数创建套接字对象,但必须将套接字的类型设置为 SOCK_DGRAM。

② 将监听套接字绑定到终端节点上。此处，终端节点及其约束规则类似于流监听的终端节点。请注意：数据报监听套接字没有监听模式或接收阶段，因为底层通道是无连接的，不能为每个接入连接分配专用会话。

如上所述，数据报服务套接字没有监听模式或接收阶段。并且，数据报监听应分别使用 recvfrom 函数从连接进程读取数据，使用 sendto 函数向连接进程回写数据。也可使用 read 函数读数据，但不能仅仅通过简单的 write 函数调用来写数据，其原因在下一章演示数据报监听时解释。

数据报连接序列

数据报连接序列与流连接序列几乎相同，唯一的区别是套接字类型，必须设置为 SOCK_DGRAM。有个特例需要说明的是：对于 Unix 域的数据报连接套接字，其必须绑定 Unix 域套接字文件，以便接收来自服务器的响应。下一章演示使用 Unix 域套接字的数据报计算器示例时，将对此进行详细说明。

目前为止，我们已经介绍完所有的序列，下面将阐述套接字和套接字描述符之间的关系。下一章会给出涵盖上述所有序列的 C 语言编程实例。

(3) 套接字描述符

与其他使用文件描述符的基于推的 IPC 技术不同，基于套接字的 IPC 技术处理套接字对象。每个套接字对象可通过一个整数来引用，这个整数即为内核中套接字的描述符，它可用于指代底层通道。

请注意：文件描述符不同于套接字描述符。文件描述符可指代常规文件或设备文件，而套接字描述符则指代套接字对象，该套接字对象由调用 socket、accept 及 connect 函数后产生。

虽然文件描述符不同于套接字描述符，但我们仍然可以使用相同的 API 或一些函数对它们进行读写。因此，可以像文件一样使用 read 和 write 函数处理套接字。

文件描述符和套接字描述符还有一个相似之处：它们都可以通过相同的 API 配置为“非阻塞”状态。非阻塞描述符可用于以非阻塞方式处理后台文件或套接字。

19.5　小结

本章介绍了支持两个进程间进行通信和数据传输的 IPC 技术,下一章会继续进行本章未尽内容的讨论。那时将专门讨论套接字编程,并给出各种用 C 语言编程的实际案例。

本章讨论了以下内容:

- 基于拉和基于推的 IPC 技术以及它们的区别与相似之处。
- 单主机 IPC 技术与多主机 IPC 技术的对比。
- 通信协议及其特性。
- 回顾了序列化和反序列化的概念,以及它们在某个特定的通信协议中是如何执行的。
- 通信协议的内容、长度及顺序特性对接收方进程的影响。
- POSIX 管道及其使用示例。
- POSIX 消息队列,以及如何使用它来进行两个进程间的通信。
- Unix 域套接字及其基本属性。
- 计算机网络及其各种网络层次在传输连接过程中的功能。
- 套接字编程的定义。
- 监听进程和连接进程的初始化序列及初始化步骤。
- 文件描述符和套接字描述符的对比。

下一章继续讨论套接字编程,重点关注 C 语言套接字编程实例。我们将定义一个计算器客户端与计算器服务器的示例,并使用 Unix 域套接字和 internet 套接字在计算器客户端与服务器之间建立一个功能齐全的客户端-服务器通信。

20

套接字编程

上一章介绍了单主机 IPC 技术与套接字编程。本章延续上一章的内容,通过一个实际的客户端-服务器案例——计算器项目,来深入地讨论套接字编程。

本章以非常规的顺序对各主题进行讲述,其目的是为了让读者更好地理解各种类型的套接字以及它们是如何在实际案例中工作的。本章将讨论以下内容:

- 回顾前章内容。请注意:此处只作简要概述,读者必须阅读上一章中专门介绍套接字编程的相关内容。
- 重述各种类型的套接字、流序列和数据报序列,以及其他一些在计算器案例中要用到的相关知识点。
- 对客户端-服务器案例——计算器项目,进行完整的描述与分析,为使用各种组件、利用 C 语言编程实现该案例作准备。
- 作为该案例的关键组件,必须开发序列化/反序列化库,该库定义了计算器客户端与其服务器之间所使用的主要协议。
- 计算器客户端与其服务器间应能通过各种类型的套接字进行通信,理解这一点是至关重要的。因此,本案例集成了各种类型的套接字,其中首先介绍 **Unix 域套接字**(Unix domain sockets,UDS)。
- 通过示例展示如何使用 Unix 域套接字在单主机中建立客户端-服务器通信。
- 介绍网络套接字,演示如何将 TCP 套接字和 UDP 套接字集成到计算器项目中。

首先简要总结下上一章所介绍的套接字和套接字编程的相关知识。在深入学习本章之前,强烈建议读者熟练掌握上一章的后半部分内容(套接字编程相关内容),它是本章内容的先验知识。

20.1　套接字编程概述

本节我们讨论什么是套接字,它们有哪些类型以及套接字编程的内涵。虽然只是简短的回顾,但巩固这部分基础知识是至关重要的,如此才能继续后面的深入讨论。

在前面的章节中,介绍了两类供两个或多个进程用于通信和共享数据的 IPC 技术。一类是**基于拉**(pull-based)的技术,这类技术需要一个可访问的**媒介**(medium,如共享内存或常规文件)来存储数据并从中读取数据。另一类是**基于推**(push-based)的技术,这类技术要求建立所有进程都能够访问的**通道**(channel)。这两种类别的主要区别在于:在基于拉的技术中,从媒介中读取数据,而在基于推的技术中,从通道中读取数据。

简单地说,在基于拉的技术中,数据应该从媒介中拉出或读取,但在基于推的技术中,数据是自动推给或发送给读进程的。在基于拉的技术中,由于进程从共享媒介中拉取数据,如果存在多个可以写入该媒介的进程,就很容易出现竞态条件。

更确切地说,基于推的技术总是将数据发送到内核中的缓冲区,接收进程可以通过使用描述符(文件或套接字)访问该缓冲区。

然后接收进程可以保持阻塞状态,直到描述符上有新的可用数据,或者它可以**轮询**(poll)描述符,查看内核是否在该描述符上收到了新的数据,如果没有,则继续其他工作。第一种方式是**阻塞输入/输出**(blocking I/O),第二种方式是**非阻塞输入/输出**(non-blocking I/O)或**异步输入/输出**(asynchronous I/O)。本章中,所有基于 push 的技术都使用阻塞方式。

套接字编程是第二类 IPC 技术的一种特殊类型。因此,所有基于套接字的 IPC 都是基于推的。套接字编程与其他基于推的 IPC 技术的主要区别在于:在套接字编程中使用的是**套接字**(sockets)。套接字是在类 Unix 操作系统中(甚至不是类 Unix 的操作系统,如 Microsoft Windows)表示**双向通道**(two-way channels)的特殊对象。

也就是说,可以使用单个套接字对象对同一通道进行读写操作,这样,位于同一通道两端的两个进程就可以进行**双向通信**(two-way communication)。

上一章中,我们介绍了套接字由套接字描述符表示,就像文件由文件描述符表示一样。

尽管套接字描述符和文件描述符在某些方面,例如输入/输出操作和**可轮询**(poll-able)是相似的,但实际上它们是不同的。单个套接字描述符总是表示一个通道,但文件描述符可以表示一个媒介(比如一个常规文件),或者一个类似 POSIX 管道的通道。因此,与文件相关的某些操作,比如说查找,套接字描述符是不支持的。实际上,即使是表示通道的文件描述符,也是不支持这些操作的。

基于套接字的通信可以是**面向连接**(connection-oriented)的,也可以是**无连接**(connection-less)的。在面向连接的通信中,通道指在两个特定进程之间传输的字节流,而在无连接的通信中,沿通道传输的是**数据报**(datagrams),两个进程之间没有专用连接,多个进程可以使用相同的通道来共享状态或传输数据。

因此,存在两种类型的通道:**流通道**(stream channels)和**数据报通道**(datagram channels)。在程序中,每个流通道由一个**流套接字**(stream socket)表示,每个数据报通道则由一个**数据报套接字**(datagram socket)表示。在建立通道时,必须确定它是流通道还是数据报通道。计算器案例可以同时支持这两种通道。

套接字有多种类型,每种类型的套接字都是为特定的用途、场景而存在的。广义上讲,存在两种类型的套接字:UDS(Unix 域套接字)和网络套接字。如上章所述,只要参与 IPC 的所有进程位于同一台机器上,就可以使用 UDS,即 UDS 仅适用于单主机部署。

相比之下,网络套接字几乎可以在任何部署场景中使用,无论进程是如何部署的,抑或它们位于何处。它们可以在同一台机器上,也可以分布在整个网络中。在单主机部署的情况下,首选 UDS,因为与网络套接字相比,UDS 更快,开销更小。计算器案例同时支持 UDS 和网络套接字。

UDS 和网络套接字既可以表示流通道,也可以表示数据报通道。因此,存在以下四种场景:流通道上的 UDS、数据报通道上的 UDS、流通道上的网络套接字以及数据报通道上的网络套接字。计算器案例涵盖了所有这四种场景。

表示流通道的网络套接字通常是 TCP 套接字,因为在大多数情况下,我们使用 TCP 作为这种套接字的传输协议。同样,表示数据报通道的网络套接字通常是 UDP 套接字,因为在大多数情况下,我们使用 UDP 作为这种套接字的传输协议。请注意:表示流通道或数据报通道的 UDS 套接字没有特定的名称(不固定),因为它们没有底层传输协议。

为了给不同类型的套接字和通道编写实际的 C 代码,最好通过实际案例进行,所以我们以计算器项目为例。从案例中,读者将会注意到不同类型的套接字间及不同的通道间的公共代码,我们可以将其提取出来,作为可以重用的代码单元。下一节讨论计算器项目及其内部结构。

20.2　计算器项目

首先说明使用该计算器项目的目的。这是一个大案例,因此在深入研究它之前,有牢固的背景知识是很有帮助的。该项目用以帮助读者达成以下目标:

- 观察一个完整的功能性案例,其提供了许多简单且定义良好的功能。
- 从各种类型的套接字和通道中提取公共代码,作为可重用的库。这会大大减少需要编写的代码量,并且从学习的角度来看,这说明不同类型的套接字间、不同类型的通道间存在共性。
- 使用定义良好的应用协议维护通信。一般的套接字编程示例缺乏这个非常重要的特性,它们一般用于客户端和服务器间非常简单的、通常是一次性的通信场景。
- 展现的示例具有功能完备的客户端−服务器程序所需的所有要素,如应用程序协议、各种类型的通道、序列化/反序列化程序等,编写这样一个示例,将给读者展示套接字编程的不同视角。

综上所述,本章以此项目为例,通过各种步骤一步步地指导读者,最终完成该项目。

首先需要定义一个用于客户端和服务器之间的相对简单、完整的应用层协议。如前所述,如果没有定义良好的应用层协议,双方就不能通信。虽然套接字编程提供了基础功能,使得双方可以连接并传输数据,但它们不能相互理解所传输的数据。

这就是为什么我们必须花一点时间来理解计算器项目中使用的应用层协议的原因。在讨论应用层协议之前,先了解项目代码库中的源代码层次结构,这样可以更容易地在项目代码库中找到应用层协议和相关的序列化/反序列化库。

20.2.1　源代码层次结构

从程序员的角度来看,POSIX 套接字编程 API 对所有的流通道都是一样的,不管其关联的套接字对象是 UDS 还是网络套接字。如上章所述,对于流通道而言,监听端和连接端存在特定的序列,且这些序列对于不同类型的流套接字来说是相同的。

因此，如果要支持各种类型的套接字和通道，最好提取公共代码并重用。这是我们在计算器项目中采用的方法，从源代码中也可以看出来。我们希望在项目中使用各种库，其中一些库包含可被其他代码重用的公共代码。

现在开始深入研究代码库，源代码放在以下地址：https://github.com/PacktPublishing/Extreme-C/tree/master/ch20-socket-programming

打开以上链接查看代码库，会看到许多包含多个源文件的目录。显然，我们无法一一演示所有代码，因为这将花费太长时间，但会对重要部分进行解释。希望读者能查看所有代码，并尝试构建、运行它们，这会让你了解该项目是如何开发的。

请注意：所有与 UDS、UDP 套接字和 TCP 套接字示例相关的代码都放在同一个层次结构中。下面解释源代码层次结构和代码库目录。

如果跳到该示例的根目录并使用 tree 命令显示文件和目录，会发现如 Shell 框 20-1 所示内容。

下面的 Shell 框展示了如何复制本书的 GitHub 存储库，以及如何导航到示例的根目录：

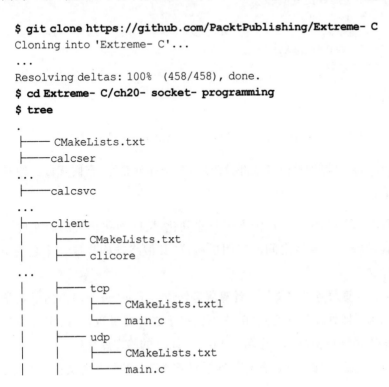

```
$ git clone https://github.com/PacktPublishing/Extreme- C
Cloning into 'Extreme- C'...
...
Resolving deltas: 100%  (458/458), done.
$ cd Extreme- C/ch20- socket- programming
$ tree
.
├── CMakeLists.txt
├── calcser
...
├── calcsvc
...
├── client
│   ├── CMakeLists.txt
│   ├── clicore
...
│   ├── tcp
│   │   ├── CMakeLists.txtl
│   │   └── main.c
│   ├── udp
│   │   ├── CMakeLists.txt
│   │   └── main.c
```

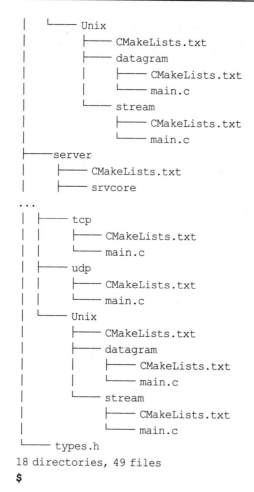

```
    |       └── Unix
    |           ├── CMakeLists.txt
    |           ├── datagram
    |           |   ├── CMakeLists.txt
    |           |   └── main.c
    |           └── stream
    |               ├── CMakeLists.txt
    |               └── main.c
    ├── server
    |   ├── CMakeLists.txt
    |   ├── srvcore
...
    |   ├── tcp
    |   |   ├── CMakeLists.txt
    |   |   └── main.c
    |   ├── udp
    |   |   ├── CMakeLists.txt
    |   |   └── main.c
    |   └── Unix
    |       ├── CMakeLists.txt
    |       ├── datagram
    |       |   ├── CMakeLists.txt
    |       |   └── main.c
    |       └── stream
    |           ├── CMakeLists.txt
    |           └── main.c
    └── types.h
18 directories, 49 files
$
```

Shell 框 20-1:复制计算器项目的代码库并列出文件和目录

如文件和目录列表所示,计算器项目由许多部分组成,有些部分是库,它们有自己的专用目录。具体目录如下:

- /calcser:这是序列化/反序列化库。它包含了与序列化/反序列化相关的源文件。该库规定了计算器客户端与服务器之间的应用层协议,其最终被构建成一个名为 libcalcser.a 的静态库文件。

- /calcsvc:这个库包含计算服务的源文件。**计算服务**(calculation service)不同于服务器进程。该服务库包含了计算器的核心功能,它不依赖于服务器进程,可以作为一个独立的 C 库使用。该库最终被构建成一个名为 libcalcsvc.a 的静态库文件。

- /server/srvcore:此库包含流服务器进程和数据报服务器进程的公共源文件,无论其使用哪种类型的套接字。因此,所有计算器服务器进程,无论是使用 UDS 还是网络套接字,无论是在流通道还是数据报通道上运行,都可以使用该公共源文件。该库最终被构建成一个名为 libsrvcore. a 的静态库文件。

- /server/unix/stream:此目录包含了使用 UDS 的流通道的服务器程序的源代码,其最终被构建成一个名为 unix_stream_calc_server 的可执行文件。该文件是这个项目输出的可执行文件之一,用于打开一个计算器服务,该服务监听某个 UDS,以接收流连接。

- /server/unix/datagram:此目录包含了使用 UDS 的数据报通道的服务器程序的源代码,其最终被构建成一个名为 unix_datagram_calc_server 的可执行文件。该文件是这个项目输出的可执行文件之一,用于打开一个计算器服务,该服务监听某个 UDS,以接收数据报消息。

- /server/tcp:此目录包含了使用 TCP 网络套接字的流通道的服务器程序的源代码,其最终被构建成一个名为 tcp_calc_server 的可执行文件。该文件是这个项目输出的可执行文件之一,用于打开一个计算器服务,该服务监听某个 TCP 套接字,以接收流连接。

- /server/udp:此目录包含了使用 UDP 网络套接字的数据报通道的服务器程序的源代码,其最终被构建成一个名为 udp_calc_server 的可执行文件。该文件是这个项目输出的可执行文件之一,用于打开一个计算器服务,该服务监听某个 UDP 套接字,以接收数据报消息。

- /client/clicore:此库包含流客户端进程和数据报客户端进程的公共源文件,无论其使用哪种类型的套接字。因此,所有的计算器客户端进程,无论其使用 UDS 还是网络套接字,无论其是在流通道上还是数据报通道上运行,都可以使用该公共源文件。该库最终被构建成一个名为 libclicore. a 的静态库文件。

- /client/unix/stream:此目录包含了使用 UDS 的流通道的客户端程序的源代码,其最终被构建成一个名为 unix_stream_calc_client 的可执行文件。该文件是这个项目输出的可执行文件之一,用于启动一个计算器客户端,此客户端连接到某个 UDS 终端节点并建立流连接。

- /client/unix/datagram:此目录包含了使用 UDS 的数据报通道的客户端程序的源代码,其最终被构建成一个名为 unix_datagram_calc_client 的可执行文件。该文件是这个项目输出的可执行文件之一,用于启动一个计算器客户端,此客户端连接到某个 UDS 终端节点并发送数据报消息。

- /client/tcp：此目录包含了使用 TCP 套接字的流通道的客户端程序的源代码，其最终被构建成一个名为 tcp_calc_client 的可执行文件。该文件是这个项目输出的可执行文件之一，用于启动一个计算器客户端，此客户端连接到某个 TCP 套接字终端节点并建立流连接。
- /client/udp：此目录包含了使用 UDP 套接字的数据报通道的客户端程序的源代码，其最终被构建成一个名为 udp_calc_client 的可执行文件。该文件是这个项目输出的可执行文件之一，用于启动一个计算器客户端，此客户端连接到某个 UDP 套接字终端节点并发送数据报消息。

20.2.2　构建项目

下面演示如何构建该项目。该项目使用 CMake 进行构建，请先安装 CMake。

在根目录下执行以下命令构建项目：

```
$ mkdir - p build
$ cd build
$ cmake ..
...
$ make
...
$
```

Shell 框 20‑2：构建计算器项目的命令

20.2.3　运行项目

下面我们亲手运行该项目来了解它是如何工作的。在深入研究技术细节之前，请先打开一个计算器服务器，然后打开一个计算器客户端，最后看看它们是如何相互通信的。

在运行进程之前，需要有两个单独的终端（或 Shell 框），以便分别输入命令。在第一个终端中，为了使流服务器监听某个 UDS，输入以下命令。

请注意：需要在 build 目录（build 目录是上一节"构建项目"中所生成的目录）下输入以下命令。

```
$ ./server/unix/stream/unix_stream_calc_server
```

Shell 框 20‑3：运行监听 UDS 的流服务器

确保服务器正在运行后,在第二个终端中运行使用 UDS 的流客户端:

```
$ ./client/unix/stream/unix_stream_calc_client
? (type quit to exit) 3+ + 4
Thereq(0) is sent.
req(0) > status: OK, result: 7.000000
? (type quit to exit) mem
Thereq(1) is sent.
req(1) > status: OK, result: 7.000000
? (type quit to exit) 5+ + 4
Thereq(2) is sent.
req(2) > status: OK, result: 16.000000
? (type quit to exit) quit
Bye.
$
```

Shell 框 20 - 4:运行计算器客户端并发送请求

如 Shell 框中所示,客户端进程有自己的命令行。它接收来自用户的命令,根据应用层协议将它们转换成请求,并发送到服务器以进行进一步的处理。然后客户端等待响应,一旦接收到响应则输出结果。请注意:该命令行是为所有客户端编写的公共代码中的一部分,因此,无论客户端使用哪种类型的通道或哪种类型的套接字,该命令行总是会显示。

下面讨论应用层协议的细节,分析请求消息与响应消息。

20.2.4 应用层协议

任何需要通信的两个进程都必须遵守应用层协议。该协议可以是自定义的,如本项目中的协议,也可以是众所周知的协议,如 HTTP。此处,我们称本项目中自定义的协议为**计算器协议**(calculator protocol)。

计算器协议是一个变长协议。也就是说,每个消息都有自己的长度,消息之间使用分隔符分离。请求消息和响应消息都只有一种类型。计算器协议也是文本的,这意味着在请求消息与响应消息中,只使用字母、数字和其他一些字符作为有效字符,即计算器消息是人类可读的。

请求消息有四个字段:**请求 ID**(request ID)、**方法**(method)、**第一个操作数**(first operand)和**第二个操作数**(second operand)。每个请求都有一个唯一的 ID,服务器通过这个 ID 将响应与相应的请求关联起来。

方法是计算器服务可以执行的操作。下面分析 calcser/calc_proto_req. h 头文件,该文件
定义了计算器协议的请求消息:

```
# ifndef CALC_PROTO_REQ_H
# define CALC_PROTO_REQ_H

# include < stdint.h>

typedef enum {
    NONE,
    GETMEM, RESMEM,
    ADD, ADDM,
    SUB, SUBM,
    MUL, MULM,
    DIV
} method_t;

struct calc_proto_req_t {
    int32_t id;
    method_t method;
    double operand1;
    double operand2;
};

method_t str_to_method(const char* );
const char* method_to_str(method_t);

# endif
```

代码框 20 - 1[calcser/calc_proto_req. h]:计算器请求对象的定义

该协议中定义了 9 个方法。作为一个好的计算器,我们的计算器有一个内存,因此可以对内
存中的数做加法、减法与乘法。例如,ADD 方法简单地将两个浮点数进行相加,但是 AD-
DM 方法则是 ADD 方法的变体,它将这两个数字与存储在内存中的值相加,最后更新内存
中的值以供进一步使用。这就像使用普通计算器上的标记为+M 的记忆按钮一样。

协议还定义了一个特殊的方法来读取和重置计算器的内存。不能在内存上执行除法操
作,所以除法没有任何变体。

假设客户端想要创建一个 ID 为 1000 的请求,方法为 ADD,操作数为 1.5 和 5.6。使用 C
语言,定义一个 calc_proto_req_t 类型的变量(该结构体定义在代码框 20 - 1 中),并对其
进行赋值,代码如下:

```
struct calc_proto_req_t req;
req.id = 1000;
```

```
req.method =  ADD;
req.operand1 =  1.5;
req.operand2 =  5.6;
```

代码框 20 - 2：用 C 语言创建计算器请求对象

如上章所述，上述代码中的 req 对象在被发送到服务器之前，需要序列化为请求消息。也就是说，需要将前面的**请求对象**（request object）序列化为等效的**请求消息**（request message）。本项目中的序列化器根据应用协议，将 req 对象序列化如下：

```
1000# ADD# 1.5# 5.6$
```

代码框 20 - 3：与代码框 20 - 2 中定义的 req 对象等价的序列化消息

每个请求消息有四个字段，使用♯作为**字段分隔符**（field delimiter），使用$作为**消息分隔符**（message separator）。位于通道另一端的**反序列化**（deserializer）对象使用这些字段来解析传入的字节并恢复请求对象。

相应的，服务器进程在回复请求时需要序列化响应对象。计算器响应对象有三个字段：**请求 ID**（request ID）、**状态**（status）和**结果**（result）。响应对象的 ID 由请求对象的 ID 决定，每个请求对象都有一个唯一的 ID，通过该 ID，服务器可以指定它想要响应的请求。

calcser/calc_proto_resp. h 头文件定义了计算器响应对象，如代码框 20 - 4 所示：

```
# ifndef CALC_PROTO_RESP_H
# define CALC_PROTO_RESP_H

# include < stdint.h>

# define STATUS_OK                  0
# define STATUS_INVALID_REQUEST     1
# define STATUS_INVALID_METHOD      2
# define STATUS_INVALID_OPERAND     3
# define STATUS_DIV_BY_ZERO         4
# define STATUS_INTERNAL_ERROR      20

typedef int status_t;

struct calc_proto_resp_t {
    int32_t req_id;
    status_t status;
    double result;
};

# endif
```

代码框 20 - 4［calcser/calc_proto_resp. h］：计算器响应对象的定义

类似的,为了给代码框 20 - 2 中的**请求对象**(response object)req 创建响应对象,服务器进程执行以下操作:

```
struct calc_proto_resp_t resp;
resp.req_id = 1000;
resp.status = STATUS_OK;
resp.result = 7.1;
```

代码框 20 - 5:为代码框 20 - 2 中定义的请求对象 req 创建响应对象

上面的响应对象序列化如下:

```
1000# 0# 7.1$
```

代码框 20 - 6:与代码框 20 - 5 中创建的 resp 对象等价的序列化响应消息

该消息同样使用♯作为字段分隔符,使用$作为消息分隔符。请注意:状态是数值型的,表示请求成功或失败,其定义在响应头文件中。确切地说,在计算器协议中,其值为一个数,非零表示失败。

下节讨论序列化/反序列化库及其内部细节。

20.2.5　序列化/反序列化库

上一节,我们介绍了请求消息和响应消息。本节将更多地讨论计算器项目中使用的序列化和反序列化算法。此处使用 serializer 类来提供序列化和反序列化功能,该类的属性为 calc_proto_ser_t 结构体。

如前所述,序列化和反序列化功能以名为 libcalcser. a 的静态库形式供项目中的其他部分调用。读者可以在 calcser/calc_proto_ser. h 中看到 serializer 类的公共 API,如下所示:

```
# ifndef CALC_PROTO_SER_H
# define CALC_PROTO_SER_H

# include < types.h>

# include "calc_proto_req.h"
# include "calc_proto_resp.h"

# define ERROR_INVALID_REQUEST                101
# define ERROR_INVALID_REQUEST_ID             102
# define ERROR_INVALID_REQUEST_METHOD         103
# define ERROR_INVALID_REQUEST_OPERAND1       104
```

```
# define ERROR_INVALID_REQUEST_OPERAND2          105

# define ERROR_INVALID_RESPONSE                   201
# define ERROR_INVALID_RESPONSE_REQ_ID            202
# define ERROR_INVALID_RESPONSE_STATUS            203
# define ERROR_INVALID_RESPONSE_RESULT            204

# define ERROR_UNKNOWN 220
struct buffer_t {
    char* data;
    int len;
};

struct calc_proto_ser_t;

typedef void (* req_cb_t)(void* owner_obj,struct calc_proto_req_t);

typedef void (* resp_cb_t)(void* owner_obj,struct calc_proto_resp_t);

typedef void (* error_cb_t)(void* owner_obj,const int req_id, const int error_
code);

struct calc_proto_ser_t* calc_proto_ser_new();
void calc_proto_ser_delete(struct calc_proto_ser_t* ser);

void calc_proto_ser_ctor(struct calc_proto_ser_t* ser,void* owner_obj,int
ring_buffer_size);

void calc_proto_ser_dtor(struct calc_proto_ser_t* ser);

void* calc_proto_ser_get_context(struct calc_proto_ser_t* ser);

void calc_proto_ser_set_req_callback(struct calc_proto_ser_t* ser,req_cb_t
cb);

void calc_proto_ser_set_resp_callback(struct calc_proto_ser_t* ser,resp_cb_t
cb);
void calc_proto_ser_set_error_callback(struct calc_proto_ser_t* ser,error_cb
_t cb);

void calc_proto_ser_server_deserialize(struct calc_proto_ser_t* ser,
                        struct buffer_t buffer,bool_t* req_found);

struct buffer_t calc_proto_ser_server_serialize(struct calc_proto_ser_t
* ser,
                        const struct calc_proto_resp_t* resp);

void calc_proto_ser_client_deserialize(struct calc_proto_ser_t* ser,
                        struct buffer_t buffer,bool_t* resp_found);
struct buffer_t calc_proto_ser_client_serialize(struct calc_proto_ser_t
* ser,
                        const struct calc_proto_req_t* req);
```

```
# endif
```

代码框 20 - 7[calcser/calc_proto_ser.h]：serializer 类的公共接口

此处，除了创建和销毁序列化对象所需的构造函数和析构函数之外，服务器进程与客户端进程还需要分别有一对可供其使用的函数。

在客户端这一侧，序列化请求对象并反序列化响应消息；而在服务器端则反序列化请求消息并序列化响应对象。

除了序列化函数和反序列化函数之外，还存在**三个回调函数**（callback functions）：

• 用于接收请求对象的回调函数，该对象从底层通道反序列化得到；
• 用于接收响应对象的回调函数，该对象从底层通道反序列化得到；
• 当序列化或反序列化失败时，用于接收错误消息的回调函数。

客户端进程和服务器进程使用这些回调函数来接收传入的请求和响应，以及接收消息在进行序列化和反序列化时发生的错误。

下面深入分析服务器端的序列化/反序列化函数。

（1）服务器端序列化/反序列化函数

服务器进程有两个函数分别用来序列化响应对象和反序列化请求消息。首先分析响应序列化函数 calc_proto_ser_server_serialize，代码如下所示：

```
struct buffer_t calc_proto_ser_server_serialize(struct calc_proto_ser_t
* ser,
                            const struct calc_proto_resp_t* resp){
    struct buffer_t buff;
    char resp_result_str[64];
    _serialize_double(resp_result_str, resp- > result);
    buff.data = (char* )malloc(64 * sizeof(char));
    sprintf(buff.data,"% d% c% d% c% s% c",resp- > req_id,
        FIELD_DELIMITER,(int)resp- > status,FIELD_DELIMITER,
      resp_result_str,MESSAGE_DELIMITER);
    buff.len = strlen(buff.data);
    return buff;
}
```

代码框 20 - 8[calcser/calc_proto_ser.c]：服务器端响应序列化函数

resp 是一个指向需要序列化的响应对象的指针。该函数返回 buffer_t 对象，其在 calc_

proto_ser. h 头文件中声明如下：

```
struct buffer_t {
    char*  data;
    int len;
};
```

序列化的程序代码很简单，主要由创建响应字符串消息的 sprintf 语句组成。下面分析请求反序列化函数。反序列化一般比序列化难实现，如果读者访问代码库并跟踪反序列化函数调用，会发现它很复杂。其代码如下所示：

```
void calc_proto_ser_server_deserialize(struct calc_proto_ser_t* ser,
        struct buffer_t buff,
        bool_t*  req_found){
    if (req_found) {
        *  req_found =  FALSE;
    }
    _deserialize(ser, buff, _parse_req_and_notify,
            ERROR_INVALID_REQUEST, req_found);
}
```

代码框 20 - 10①[calcser/calc_proto_ser. c]：服务器端请求反序列化函数

该函数看起来很简单，但实际上它使用了私有函数_deserialize 和_parse_req_and_notify，这些函数定义在 calc_proto_ser. c 文件中，该文件也包含了 Serializer 类的实际实现。

本书不对这两个私有函数作详细讨论。在此，给想阅读源代码的读者一个提示：反序列化使用一个固定长度的**循环缓冲区**（ring buffer）来查找消息分隔符$。

当它查找到$，就调用指向_parse_req_and_notify 函数（_deserialize 函数的第三个参数）的函数指针。_parse_req_and_notify 函数尝试提取字段并恢复请求对象，然后通知注册的**观察者**（observer，此处为通过回调函数等待请求的服务器对象）处理请求对象。

下面分析客户端使用的函数。

---

①　译者注：原文为"代码框 20 - 9"，应为"代码框 20 - 10"。原文中，第 20 章中的后续代码框的标记均错位，译文中已修正。

（2）客户端序列化/反序列化函数

与服务器端一样，客户端同样有两个函数，一个用于序列化请求对象，另一个用于反序列化传入的响应。

首先分析请求序列化函数，代码如 20 - 11 所示：

```
struct buffer_t calc_proto_ser_client_serialize(struct calc_proto_ser_t
* ser,
                                    const struct calc_proto_req_t* req) {
    struct buffer_t buff;
    char req_op1_str[64];
    char req_op2_str[64];
    _serialize_double(req_op1_str, req->operand1);
    _serialize_double(req_op2_str, req->operand2);
    buff.data = (char*)malloc(64 * sizeof(char));
    sprintf(buff.data, "%d%c%s%c%s%c%s%c", req->id, FIELD_DELIMITER,
        method_to_str(req->method), FIELD_DELIMITER,
        req_op1_str, FIELD_DELIMITER, req_op2_str,MESSAGE_DELIMITER);
    buff.len = strlen(buff.data);
    return buff;
}
```

代码框 20 - 11［calcser/calc_proto_ser.c］：客户端请求序列化函数

该函数接收一个请求对象并返回 buffer 对象，完全类似于服务器端的响应序列化函数。它甚至使用了同样的技术，即用 sprintf 语句创建请求消息。

响应反序列化函数如代码框 20 - 12 所示：

```
void calc_proto_ser_client_deserialize(struct calc_proto_ser_t* ser,
                        struct buffer_t buff, bool_t* resp_found) {
    if (resp_found) {
        *resp_found = FALSE;
    }
    _deserialize(ser, buff, _parse_resp_and_notify,
        ERROR_INVALID_RESPONSE, resp_found);
}
```

代码框 20 - 12［calcser/calc_proto_ser.c］：客户端响应反序列化函数

可以看出，它使用的机制与服务器端的反序列化函数相同，也使用了一些类似的私有函数。强烈建议读者仔细阅读这些源代码，以更好地理解代码的各个部分是如何组合在一起的，从而最大限度地重用代码。

在此,我们不深入讨论 Serializer 类,请读者自行深入研究。

有了序列化库,就可以继续编写客户端和服务器端程序了。编写多进程软件的一个关键步骤,就是要基于协商好的应用层协议,拥有一个可以序列化对象和反序列化消息的函数库。请注意:此处无关单主机部署还是多主机部署;进程间应定义合适的应用层协议以便能够互相理解。

在分析套接字编程的代码之前,我们先讨论计算器服务,它是这个服务器端进程的核心,用来执行实际的计算操作。

20. 2. 6　计算器服务

计算器服务是计算器项目示例的核心逻辑。请注意:该逻辑应独立于底层 IPC 机制而工作。代码框 20-13 对计算器服务类作了声明。

采用如此的设计,即使是非常简单的程序,只要有一个 main 函数就可以使用它,不涉及任何 IPC 技术。

```
# ifndef CALC_SERVICE_H
# define CALC_SERVICE_H

# include < types.h>

static const int CALC_SVC_OK = 0;
static const int CALC_SVC_ERROR_DIV_BY_ZERO = - 1;

struct calc_service_t;

struct calc_service_t*  calc_service_new();
void calc_service_delete(struct calc_service_t* );

void calc_service_ctor(struct calc_service_t* );
void calc_service_dtor(struct calc_service_t* );

void calc_service_reset_mem(struct calc_service_t* );
double calc_service_get_mem(struct calc_service_t* );
double calc_service_add(struct calc_service_t* , double, double b,bool_t mem);
double calc_service_sub(struct calc_service_t* , double, double b,bool_t mem);
double calc_service_mul(struct calc_service_t* , double, double b,bool_t mem);
int calc_service_div(struct calc_service_t* , double,double, double* );

# endif
```

代码框 20-13[calcsvc/calc_service.h]:计算器服务类的公共接口

代码框 20-13 中的类甚至有自己的错误类型。输入参数是纯 C 语言的类型,它完全不依赖于与 IPC 相关或与序列化相关的类或类型。由于它是作为独立逻辑而存在的,所以将其编译为一个名为 libcalcsvc.a 的独立静态库。

每个服务器端进程都必须使用计算器服务对象来进行实际的计算,这些对象通常称为**服务对象**(service objects)。因此,最终的服务器端程序必须链接到 libcalcsvc.a 库中。

这里有一点很重要:对于特定的客户端,如果计算不需要特定的上下文,那么只需要一个服务对象就足够了。也就是说,如果客户端的服务不要求服务器端记录该客户端之前所发请求的状态,那就可以使用单例(singleton)服务对象,这称为无状态服务对象(stateless service object)。

相反,如果处理当前请求时,需要了解先前请求的相关信息,那么对于每个客户端,服务器端都需要有一个特定的服务对象。我们的计算器项目属于这种情况。如前所述,计算器给每个客户端分配了专用的内存,因此,不能对两个客户端使用同一对象,这种对象称为有状态服务对象(stateful service objects)。

综上所述,对于每个客户端,都必须创建一个新的服务对象。这样,每个客户端都有自己的计算器和专用的内存。计算器服务对象是有状态的,它们需要加载一些状态(内存中存储的值)。

下面讨论在计算器项目中所使用的各种类型的套接字。

20.3　Unix 域套接字

如果要在同一台机器上的两个进程间建立连接,UDS 是最好的选择之一。本章已对基于推的 IPC 技术、流通道及数据报通道进行了进一步的讨论,下面基于这些知识,分析 UDS 的实际工作原理。

本节分四个小节专门介绍位于监听端、连接端以及在流通道或数据报通道上运行的进程。这些进程都使用 UDS,我们将基于前一章中所讨论的序列,详细介绍它们之间建立通道应该要采取的步骤。首先介绍在流通道上运行的监听进程,即流服务器(stream server)。

20.3.1 UDS 流服务器

在传输通信中,存在许多用于监听端与连接端的序列。服务器属于监听端,因此它应该使用监听序列。更具体地说,由于本节讨论的是流通道,所以它应该使用流监听序列。

作为该序列的一部分,服务器首先需要创建一个套接字对象。在计算器项目中,通过UDS 接收连接的流服务器进程必须使用相同的序列。

下面这段代码(代码框 20 - 14)位于计算器服务程序的主函数中,从中可以看出,进程首先创建了一个套接字对象:

```
int server_sd = socket(AF_Unix, SOCK_STREAM, 0);
    if (server_sd == - 1){
        fprintf(stderr, "Could not create socket: % s\n", strerror(errno));
    exit(1);
    }
```
代码框 20 - 14[server/unix/stream/main. c]:创建流 UDS 对象

socket 函数用于创建套接字对象,该函数包含在 POSIX 头文件<sys/socket. h>中。请注意:这只是一个套接字对象,现在还不能确定它是客户端套接字还是服务器端套接字,只有后续的函数调用才能确定。

每个套接字对象有三个属性,这些属性由传递给 socket 函数的三个参数决定。这些参数分别指定了地址族、类型和该套接字对象使用的协议。

对于使用 UDS 的流监听序列,在创建了套接字对象后,服务器程序必须将它绑定到一个套接字文件(socket file)上。所以,下一步是将套接字绑定到套接字文件。计算器项目中通过代码框 20 - 15 将套接字对象绑定到套接字文件,文件的路径由 sock_file 字符数组指定。

```
struct sockaddr_un addr;
memset(&addr, 0, sizeof(addr));
addr.sun_family = AF_Unix;
strncpy(addr.sun_path, sock_file, sizeof(addr.sun_path)- 1);

int result= bind(server_sd, (struct sockaddr* )&addr, sizeof(addr));
if (result == - 1){
    close(server_sd);
    fprintf(stderr, "Could not bind the address: % s\n", strerror(errno));
```

```
        exit(1);
    }
```

代码框 20-15[server/unix/stream/main. c]：将流 UDS 对象绑定到由 sock_file 字符
数组所指定的套接字文件

上面的代码分为两步。第一步是创建一个名为 addr 的实例，其数据类型为 struct sock-
addr_un 结构体，然后将其初始化指向一个套接字文件。第二步，将 addr 对象传递给
bind 函数，以便让它知道应该将套接字对象**绑定**（bind）到哪个套接字文件。当且仅当没
有其他套接字对象绑定到相同套接字文件时，bind 函数调用才会成功。因此，使用 UDS
时，两个 socket 对象（可能处于不同的进程中）不能绑定同一个套接字文件。

注：

Linux 中，UDS 可以绑定到**抽象的套接字地址**（abstract socket addresses），主要
用于在没有挂载文件系统来存储套接字文件时。上述代码使用一个以空字符"0"开
头的字符串来初始化地址结构体 addr，然后将这个指定的名字绑定到内核中的套接
字对象上。指定的名字在系统中应该是唯一的，且不可将其他套接字对象绑定给
它。

关于套接字文件的路径，需要说明的是：在大多数 Unix 系统中，路径的长度不能超过 104
字节。然而，在 Linux 系统中，这个长度是 108 字节。请注意：保存套接字文件路径的字
符串变量的末尾会包含额外的空字符，同 C 语言中的 char 数组一样。因此，根据不同的
操作系统，套接字文件路径的有效长度分别为 103 字节和 107 字节。

如果 bind 函数返回 0，意味着绑定成功。接下来配置 **backlog** 的大小，这是在绑定终端节
点后，流监听序列的下一个操作步骤。

代码框 20-16 显示了如何为监听某个 UDS 的流计算器服务配置 backlog：

```
result= listen(server_sd, 10);
if(result = = - 1) {
    close(server_sd);
    fprintf(stderr, "Could not set the backlog: % s\n", strerror(errno));
    exit(1);
}
```

代码框 20-16[server/unix/stream/main. c]：为绑定的流套接字配置 backlog 大小

listen 函数为已经绑定的套接字配置 backlog 的大小。如上章所述，当一个繁忙的服务器
进程不能接收更多的客户端连接时，一定数量的客户端连接可以在 backlog 中等待，直至

服务器进程能够处理它们。该步骤是在接收客户端连接之前准备流套接字的重要步骤。

对于流监听序列,在绑定了流套接字并配置了其 backlog 的大小后,服务器端就可以开始接收新的客户端连接了。代码框 20 - 17 显示了如何接收新的客户端连接:

```
while (1) {
    int client_sd = accept(server_sd, NULL, NULL);
    if (client_sd == - 1) {
        close(server_sd);
        fprintf(stderr, "Could not accept the client: % s\n", strerror(errno));
        exit(1);
    }
    ...
}
```

代码框 20 - 17[server/unix/stream/main. c]:在流监听套接字上接收新的客户端连接

巧妙的是 accept 函数,当新的客户端连接被接收时,该函数返回一个新的套接字对象。返回的套接字对象用来表示服务器与其接收的客户端之间的底层流通道。请注意:每个客户端都有自己的流通道,因此也有自己的套接字描述符。

请注意:如果流监听套接字处于阻塞状态(默认情况),则 accept 函数将会阻塞执行,直到收到新的客户端连接。也就是说,如果没有新的客户端连接,则调用 accept 函数的线程会被阻塞。

现在,把上述步骤结合起来一起分析。代码框 20 - 18 为计算器项目中正在监听某个 UDS 的流服务器程序。

```
# include < stdio.h>
# include < string.h>
# include < errno.h>
# include < unistd.h>
# include < stdlib.h>
# include < pthread.h>

# include < sys/socket.h>
# include < sys/un.h>

# include < stream_server_core.h>

int main(int argc, char* * argv) {
    char sock_file[] = "/tmp/calc_svc.sock";

    // - - - - - - - - - - 1.创建套接字对象- - - - - - - - - - - - - - - - -
    int server_sd = socket(AF_Unix, SOCK_STREAM, 0);
```

```
    if (server_sd = = - 1) {
        fprintf(stderr, "Could not create socket: % s\n", strerror(errno));
        exit(1);
    }

    //- - - - - - - - - - -2.绑定套接字文件- - - - - - - - - - - - - - - -

    //如果存在之前创建的套接字文件,则删除。
    unlink(sock_file);

    // 配置地址
    struct sockaddr_un addr;
    memset(&addr, 0, sizeof(addr));
    addr.sun_family = AF_Unix;
    strncpy(addr.sun_path, sock_file, sizeof(addr.sun_path) - 1);

    int result = bind(server_sd, (struct sockaddr* )&addr, sizeof(addr));
    if (result = = - 1) {
        close(server_sd);
        fprintf(stderr, "Could not bind the address: % s\n", strerror(errno));
        exit(1);
    }

    //- - - - - - - - - - - 3.配置 backlog- - - - - - - - - - - - - - - -
    result = listen(server_sd, 10);
    if (result = = - 1) {
        close(server_sd);
        fprintf(stderr, "Could not set the backlog: % s\n", strerror(errno));
        exit(1);
    }

    //- - - - - - - - - - 4.开始接收客户端- - - - - - - -
    accept_forever(server_sd);

    return 0;
}
```

代码框 20-18[server/unix/stream/main. c]:正在监听 UDS 终端节点的流计算器服务的 main 函数

很容易在上述代码中找到初始化服务器套接字的代码块。唯一缺少的是接收客户端连接的代码。接收新客户端连接的代码放在一个单独的函数中,该函数称为 accept_forever。请注意:这个函数是阻塞状态的,它会阻塞主线程,直至服务器停止。

代码框 20-19 定义了 accept_forever 函数,该函数是服务器公共库的一部分,位于 srv-core 目录中。因为其他流套接字(例如 TCP 套接字)也可以使用该函数,所以这个代码可以重用而不需要重新编写。

```
void accept_forever(int server_sd) {
    while (1){
        int client_sd = accept(server_sd, NULL, NULL);
        if (client_sd == - 1) {
            close(server_sd);
            fprintf(stderr, "Could not accept the client: % s\n", strerror(er-
rno));
            exit(1);
        }
        pthread_t client_handler_thread;
        int* arg = (int * )malloc(sizeof(int));
        * arg = client_sd;
        int result= pthread_create(&client_handler_thread,NULL, &client_han-
dler, arg);
        if (result){
            close(client_sd);
            close(server_sd);
            free(arg);
            fprintf(stderr, "Could not start the client handler thread.\n");
            exit(1);
        }
    }
}
```

代码框 20 - 19[server/srvcore/stream_server_core. c]:正在监听某个 UDS 终端节点的流套
接字接收新客户端连接的函数

如代码所示,在接收一个新的客户端时,会生成一个专门负责处理客户端的新线程。这
样可以有效地从客户端的通道中读取字节,将读取的字节发送至反序列化器,并在检测
到请求时生成相应的响应。

每个在阻塞的流通道上运行的服务器进程,会为每个客户端创建一个新线程,这是它们
通常的工作模式,无论使用的是哪种类型的套接字。因此,在这种场景中,多线程及其相
关知识变得非常重要。

注:
对于非阻塞流通道,通常使用另一种方式,该方式称为事件循环(event loop)。

有了客户端的套接字对象后,可以使用它从客户端读取数据或是向客户端写数据。如果
顺着 srvcore 库的路径遍历下去,那么下一步就是分析客户端线程的伴生函数——client
_handler 了。该函数的代码在代码库中 accept_forever 函数的下面,其定义如代码框 20 - 20

所示：

```
void* client_handler(void * arg) {
    struct client_context_t context;

    context.addr = (struct client_addr_t* ) malloc(sizeof(struct client_addr_
t));
    context.addr- > sd = * ((int* )arg);
    free((int* )arg);

    context.ser = calc_proto_ser_new();
    calc_proto_ser_ctor(context.ser, &context, 256);
    calc_proto_ser_set_req_callback(context.ser, request_callback);
    calc_proto_ser_set_error_callback(context.ser, error_callback);

    context.svc = calc_service_new();
    calc_service_ctor(context.svc);

    context.write_resp = &stream_write_resp;

    int ret;
    char buffer[128];
    while (1) {
        int ret = read(context.addr- > sd, buffer, 128);
        if (ret = = 0 || ret = = - 1) {
            break;
        }
        struct buffer_t buf;
        buf.data = buffer;
        buf.len = ret;
        calc_proto_ser_server_deserialize(context.ser, buf, NULL);
    }

    calc_service_dtor(context.svc);
    calc_service_delete(context.svc);

    calc_proto_ser_dtor(context.ser);
    calc_proto_ser_delete(context.ser);

    free(context.addr);

    return NULL;
}
```

代码框 20 - 20[server/srvcore/stream_server_core. c]：客户端处理线程的伴生函数

代码框 20 - 20 有很多细节值得讨论，此处选择部分关键之处。该代码使用 read 函数从客户端读取数据块。read 函数可以接收一个文件描述符，但这里传递的是套接字描述符。这表明，尽管文件描述符和套接字描述符之间存在差异，但对于输入/输出功能，可以使用相同的 API。

上述代码从输入中读取字节块，并通过调用 calc_proto_ser_server_deserialize 函数将字节块发送至反序列化器。在请求被完全反序列化之前，可能会调用这个函数三次到四次，调用的次数高度依赖于从输入读取的数据块大小，以及通道可传输的消息长度。

还需要注意的是：每个客户端都有自己的序列化器对象，计算器服务对象也是如此。这些对象是在同一个线程中创建和销毁的。

关于上述代码，需要说明的最后一点是：代码使用 stream_write_response 函数给客户端回复响应。该函数应在流套接字上使用，它与代码框 20-20 放在同一文件中，其定义如代码框 20-21 所示：

```
void stream_write_resp(struct client_context_t* context, struct calc_proto_
resp_t* resp) {
    struct buffer_t buf = calc_proto_ser_server_serialize(context->ser, re-
sp);
    if (buf.len == 0) {
        close(context->addr->sd);
        fprintf(stderr, "Internal error while serializing response\n");
        exit(1);
    }
    int ret = write(context->addr->sd, buf.data, buf.len);
    free(buf.data);
    if (ret == -1) {
        fprintf(stderr, "Could not write to client: % s\n", strerror(errno));
        close(context->addr->sd);
        exit(1);
    }
    else if (ret < buf.len) {
        fprintf(stderr, "WARN: Less bytes were written! \n");
        exit(1);
    }
}
```

代码框 20-21[server/srvcore/stream_server_core.c]：用于向客户端返回响应的函数

代码使用 write 函数将消息写回客户端。write 函数可以接收文件描述符，但也可以接收套接字描述符。此案例表明 POSIX I/O API 既适用于文件描述符，也适用于套接字描述符。

以上结论对 close 函数也成立。这里使用 close 函数来终止连接，它既适用于套接字描述符，也适用于文件描述符。

现在,关于 UDS 流服务中最重要的部分内容已讨论完毕,我们对它的工作方式有了一定了解,下面讨论 UDS 流客户端。当然,代码中还有很多内容我们没有讨论,请读者自行研究。

20.3.2 UDS 流客户端

与上一节中描述的服务器程序一样,客户端也需要首先创建一个套接字对象。请记住:客户端需要遵循流连接序列,它使用与服务器端相同的代码段,使用完全相同的参数来表明它需要一个 UDS。之后,它通过指定某个 UDS 终端节点去连接到服务器进程,这与服务器的操作类似。当流通道建立后,客户端进程就可以使用打开的套接字描述符来从通道中读写数据。

下面是连接某个 UDS 终端节点的流客户端的 main 函数:

```
int main(int argc, char* * argv) {
    char sock_file[] = "/tmp/calc_svc.sock";

    // - - - - - - - - - - - 1.创建套接字对象- - - - - - - - - - - - - - - -

    int conn_sd = socket(AF_Unix, SOCK_STREAM, 0);
    if (conn_sd = = - 1) {
        fprintf(stderr, "Could not create socket: % s\n", strerror(errno));
        exit(1);
    }

    // - - - - - - - - - - - 2.连接服务器- - - - - - - - - - - - - - - - - - -

    // 配置地址
    struct sockaddr_un addr;
    memset(&addr, 0, sizeof(addr));
    addr.sun_family = AF_Unix;
    strncpy(addr.sun_path, sock_file, sizeof(addr.sun_path) - 1);

    int result = connect(conn_sd, (struct sockaddr* )&addr, sizeof(addr));
    if (result = = - 1) {
        close(conn_sd);
        fprintf(stderr, "Could no connect: % s\n", strerror(errno));
        exit(1);
    }

    stream_client_loop(conn_sd);

    return 0;
}
```

代码框 20 - 22[client/unix/stream/main. c]:连接某个 UDS 终端节点的流客户端的 main 函数

代码的第一部分与服务器端的非常相似,但后面则有所不同,客户端调用 connect 函数而不是 bind 函数。请注意:配置地址的代码与服务器的完全相同。

当 connect 函数返回成功时,它就已经将 conn_sd 套接字描述符关联到了打开的通道上。此后,conn_sd 就可以用来与服务器通信。将它传递给 stream_client_loop 函数,该函数将打开客户端命令行并执行客户端的其他操作。stream_client_loop 函数是一个阻塞函数,会一直运行客户端直至它退出。

请注意:客户端也使用 read 和 write 函数用于与服务器之间来回传输消息。代码框 20 - 23 定义了 stream_client_loop 函数,它是客户端公共库的一部分,所有的流客户端都可以使用该库,无论其套接字是何种类型,该库可供 UDS 和 TCP 套接字共享。如代码所示,它使用 write 函数向服务器发送序列化的请求消息。

```c
void stream_client_loop(int conn_sd) {
    struct context_t context;

    context.sd = conn_sd;
    context.ser = calc_proto_ser_new();
    calc_proto_ser_ctor(context.ser, &context, 128);
    calc_proto_ser_set_resp_callback(context.ser, on_response);
    calc_proto_ser_set_error_callback(context.ser, on_error);

    pthread_t reader_thread;
    pthread_create(&reader_thread, NULL, stream_response_reader, &context);

    char buf[128];
    printf("? (type quit to exit) ");
    while (1) {
        scanf("% s", buf);
        int brk = 0, cnt = 0;
        struct calc_proto_req_t req;
        parse_client_input(buf, &req, &brk, &cnt);
        if (brk) {
            break;
        }
        if (cnt) {
            continue;
        }
        struct buffer_t ser_req = calc_proto_ser_client_serialize(context.
ser, &req);
        int ret = write(context.sd, ser_req.data, ser_req.len);
        if (ret == - 1) {
            fprintf(stderr, "Error while writing! % s\n", strerror(errno));
```

```
            break;
        }
        if (ret < ser_req.len) {
            fprintf(stderr, "Wrote less than anticipated! \n");
            break;
        }
        printf("The req(% d) is sent.\n", req.id);
    }
    shutdown(conn_sd, SHUT_RD);
    calc_proto_ser_dtor(context.ser);
    calc_proto_ser_delete(context.ser);
    pthread_join(reader_thread, NULL);
    printf("Bye.\n");
}
```

代码框 20 - 23[client/clicore/stream_client_core. c]:执行流客户端的函数

如代码所示,每个客户端进程只有一个序列化对象,这与服务器进程相反,在服务器进程中,对于每个客户端,都有一个单独的序列化对象。

不仅如此,客户端进程还会生成一个专用线程,用于从服务器端读取响应。这是因为从服务器进程读取数据是一个阻塞任务,它应该单独执行。

作为主线程的一部分,程序提供客户端命令行,它通过终端接收用户的输入。主线程加载数据读取线程,并等待数据读取完成。

上述代码中,客户端进程使用相同的 I/O API 在流通道中读写数据。如前所述,这里也使用了 read 函数和 write 函数,其中,write 函数的代码请参考代码框 20 - 23。

下一节,我们将讨论使用 UDS 的数据报通道,首先讨论数据报服务器。

20.3.3 UDS 数据报服务器

如上章所述,数据报进程也有它们专用的传输监听序列和连接序列。下面演示如何基于 UDS 开发数据报服务器。

对于数据报监听序列,进程首先需要创建一个套接字对象,代码如下所示:

```
int server_sd = socket(AF_Unix, SOCK_DGRAM, 0);
if (server_sd = = - 1) {
    fprintf(stderr, "Could not create socket: % s\n", strerror(errno));
    exit(1);
}
```

代码框 20 - 24[server/unix/datagram/main. c]:创建在数据报通道上运行的 UDS 对象

此处,套接字的类型为 SOCK_DGRAM 而不是 SOCK_STREAM,这意味着套接字对象将在数据报通道上运行。其他两个属性值跟流通道时的一样。

数据报监听序列的第二步是将套接字绑定到 UDS 终端节点,即绑定到一个套接字文件。这一步与流服务器完全相同,因此我们不再讨论了,请参考代码框 20 - 15。

对于数据报监听进程,要执行的步骤就是这些,不存在与数据报套接字相关联的 backlog 要配置。而且也没有客户端接收这个步骤,因为不存在专用的一对一通道上的流连接。

下面分析监听某个 UDS 终端节点的数据报服务器的 main 函数:

```c
int main(int argc, char* * argv) {
    char sock_file[] = "/tmp/calc_svc.sock";
    // - - - - - - - - - - - 1.创建套接字对象- - - - - - - - - - - - - - - -
    int server_sd = socket(AF_Unix, SOCK_DGRAM, 0);
    if (server_sd = = - 1) {
        fprintf(stderr, "Could not create socket: % s\n",strerror(errno));
        exit(1);
    }
    // - - - - - - - - - - 2.绑定套接字文件- - - - - - - - - - - - - - - - -
    //如果存在已创建的套接字文件,则删除。
    unlink(sock_file);

    //配置地址
    struct sockaddr_un addr;
    memset(&addr, 0, sizeof(addr));
    addr.sun_family = AF_Unix;
    strncpy(addr.sun_path, sock_file, sizeof(addr.sun_path) - 1);

    int result = bind(server_sd, (struct sockaddr* )&addr, sizeof(addr));
    if (result = = - 1) {
        close(server_sd);
        fprintf(stderr, "Could not bind the address: % s\n", strerror(errno));
        exit(1);
    }
    // - - - - - - - - - - 3.开始服务请求 - - - - - - - - -
    serve_forever(server_sd);

    return 0;
}
```

代码框 20 - 25[server/unix/datagram/main. c]:监听某个 UDS 终端节点的数据报服务器的 main 函数

数据报通道是无连接的,它们不同于流通道。也就是说,两个进程之间不可能有专门的一对一连接。因此,进程只能通过这个通道传输数据报。客户端进程发送一些独立的数据报,同样的,服务器进程只能接收数据报并返回其他数据报作为响应。

因此,数据报通道的关键在于请求消息和响应消息要能封装在单个数据报中。否则,它们不能从两个数据报中分割出来,服务器或客户端也不能对它们进行处理。幸运的是,计算器项目中的消息大多足够短,可以放在单个数据报中。

数据报的大小严重依赖于底层通道。例如,UDS 数据报的大小是可变的,因为它是通过内核操作的;而使用 UDP 套接字的数据报,其大小则取决于网络配置。对于 UDS 数据报,可参考以下链接设置其大小:https://stackoverflow. com/questions/21856517/whats-the-practical-limit-on-the-size-of-singlepacket-transmitted-over-domain。

数据报套接字和流套接字的另一个区别在于用来传输数据的输入/输出 API。尽管数据报套接字也可以像流套接字一样,使用 read 函数和 write 函数,在数据报通道上读写数据,但我们通常使用 recvfrom 函数和 sendto 函数。

这是因为在流套接字中通道是专用的,当向通道写入时,两端的通信对象是确定的。而对于数据报套接字,只存在一个被多方使用的通道,因此,可能会失去对特定数据报进程的跟踪,而 recvfrom 函数和 sendto 函数可以用来跟踪数据报并将其发送至所需进程。

代码框 20 - 25 的 main 函数中,最后的 serve_forever 函数的定义如代码框 20 - 26 所示。该函数属于服务器公共库,且专用于数据报服务器,无论其使用何种类型的套接字。通过代码,读者可以清楚地看到 recvfrom 函数是如何使用的。

```
void serve_forever(int server_sd) {
    char buffer[64];
    while (1) {
        struct sockaddr* sockaddr = sockaddr_new();
        socklen_t socklen = sockaddr_sizeof();
        int read_nr_bytes= recvfrom( server_sd, buffer,sizeof(buffer),
                        0, sockaddr, &socklen);
        if (read_nr_bytes = = - 1) {
            close(server_sd);
            fprintf(stderr, "Could not read from datagram socket: % s\n",strerror(errno));
            exit(1);
        }
        struct client_context_t context;
        context.addr= (struct client_addr_t* )malloc(sizeof(struct client_ad-
```

```
dr_t));
        context.addr- > server_sd =  server_sd;
        context.addr- > sockaddr =  sockaddr;
        context.addr- > socklen =  socklen;

        context.ser =  calc_proto_ser_new();
        calc_proto_ser_ctor(context.ser, &context, 256);
        calc_proto_ser_set_req_callback(context.ser, request_ callback);
        calc_proto_ser_set_error_callback(context.ser, error_ callback);

        context.svc =  calc_service_new();
        calc_service_ctor(context.svc);

        context.write_resp =  &datagram_write_resp;

        bool_t req_found =  FALSE;
        struct buffer_t buf;
        buf.data =  buffer;
        buf.len =  read_nr_bytes;
        calc_proto_ser_server_deserialize(context.ser, buf, &req_ found);

        if (! req_found) {
            struct calc_proto_resp_t resp;
            resp.req_id =  - 1;
            resp.status =  ERROR_INVALID_RESPONSE;
            resp.result =  0.0;
            context.write_resp(&context, &resp);
        }

        calc_service_dtor(context.svc);
        calc_service_delete(context.svc);

        calc_proto_ser_dtor(context.ser);
        calc_proto_ser_delete(context.ser);

        free(context.addr- > sockaddr);
        free(context.addr);
    }
}
```

代码框 20 - 26[server/srvcore/datagram_server_core. c]：服务器公共库中的数据报处理函数，专用于数据报服务器

如代码所示，数据报服务器是一个单线程程序，不存在多线程。不仅如此，它还独立地对每个数据报进行操作。它接收数据报，对其内容进行反序列化并创建请求对象，然后通过服务对象处理请求，对响应对象进行序列化并将其放在新的数据报中，最后将其发送至原始数据报所属进程。它对每个传入的数据报重复执行相同的操作。

请注意：每个数据报都有自己的序列化对象和自己的服务对象。也可以为所有的数据报设计同一个序列化器和同一个服务对象，这种方式的可行性讨论及为什么在这个计算器项目中不可行，是个很有趣的话题，它也是一个有争议的话题，不同的人可能有不同的观点。

请注意：代码框 20-26 中，服务器接收到数据报后会存储该数据报的客户端地址。然后，就可以使用这个地址直接将数据返回给该客户端。我们有必要看一下如何将数据报回写给发送的客户端。同流服务器一样，可以通过某个函数来实现这个功能，这个函数是 datagram_write_resp，如代码框 20-27 所示。该函数在数据报服务器的公共库中，紧挨着 serve_forever 函数。

```
void datagram_write_resp(struct client_context_t* context, struct calc_proto
_resp_t* resp) {
    struct buffer_t buf = calc_proto_ser_server_serialize(context->ser, re-
sp);
    if (buf.len == 0) {
        close(context->addr->server_sd);
        fprintf(stderr, "Internal error while serializing object.\n");
        exit(1);
    }
    int ret= sendto(context->addr->server_sd,buf.data, buf.len,
            0, context->addr->sockaddr, context->addr->socklen);
    free(buf.data);
    if (ret == -1) {
        fprintf(stderr, "Could not write to client: % s\n", strerror(errno));
        close(context->addr->server_sd);
        exit(1);
    }
        else if (ret < buf.len) {
        fprintf(stderr, "WARN: Less bytes were written! \n");
        close(context->addr->server_sd);
        exit(1);
    }
}
```

代码框 20-27[server/srvcore/datagram_server_core. c]：向客户端回写数据报的函数

可以看到，代码中使用了之前保存的客户端地址，并将其和序列化的响应消息一起传递给 sendto 函数。其他操作由操作系统负责，数据报直接被发送回发送的客户端。

现在我们已经对数据报服务器以及应该如何使用套接字有了足够的了解，下面讨论数据报客户端,它使用相同类型的套接字(UDS)。

20.3.4 UDS 数据报客户端

从技术角度看,流客户端与数据报客户端非常相似。这意味着它们的总体结构几乎相同,只是在传输数据报时的操作与流通道存在一些差异。

但这方面的差异是很大的,对于连接到 UDS 终端节点的数据报客户端来说,它的处理与流客户端差异很大。

这个差异在于,数据报客户端需要绑定套接字文件以便接收发送给它的数据报,就像服务器程序一样。而使用网络套接字的数据报客户端则不需要,稍后我们会看到。请注意:客户端应该绑定另一个套接字文件,而不是服务器的套接字文件。

这个差异存在的主要原因是:服务器程序需要一个地址来回写响应,并且如果数据报客户端没有绑定套接字文件,那么就没有终端节点绑定到该客户端套接字文件。但是对于网络套接字,客户端总是有一个对应的套接字描述符。该描述符绑定了 IP 地址和端口,所以不会存在上述问题。

如果我们不看这个差异,会发现代码很相似。数据报计算器客户端的 main 函数如代码框 20-28 所示:

```
int main(int argc, char* * argv) {
    char server_sock_file[] = "/tmp/calc_svc.sock";
    char client_sock_file[] = "/tmp/calc_cli.sock";

    // - - - - - - - - - - 1.创建套接字对象 - - - - - - - - - - - - - - - -

    int conn_sd = socket(AF_Unix, SOCK_DGRAM, 0);
    if (conn_sd = = - 1) {
        fprintf(stderr, "Could not create socket: % s\n", strerror(errno));
        exit(1);
    }
    // - - - - - - - - - - - 2.绑定客户端套接字文件- - - - - - - - - - -

    // 如果存在已创建的套接字文件,则删除。
    unlink(client_sock_file);

    // 配置客户端地址
    struct sockaddr_un addr;
    memset(&addr, 0, sizeof(addr));
    addr.sun_family = AF_Unix;
```

```
        strncpy(addr.sun_path, client_sock_file, sizeof(addr.sun_path) - 1);

        int result = bind(conn_sd, (struct sockaddr* )&addr, sizeof(addr));
        if (result == -1) {
            close(conn_sd);
            fprintf(stderr,"Could not bind the client address: % s\n",strerror(er-
rno));
            exit(1);
        }

        // - - - - - - - - - 3.连接服务器- - - - - - - - - - - - - - - - -

        // 配置服务器地址
        memset(&addr, 0, sizeof(addr));
        addr.sun_family = AF_Unix;
        strncpy(addr.sun_path, server_sock_file, sizeof(addr.sun_path) - 1);

        result = connect(conn_sd, (struct sockaddr* )&addr, sizeof(addr));
        if (result == -1) {
            close(conn_sd);
            fprintf(stderr, "Could no connect: % s\n", strerror(errno));
            exit(1);
        }

        datagram_client_loop(conn_sd);

        return 0;
    }
```

代码框 20-28[client/unix/datagram/main. c]：数据报计算器客户端的 main 函数①

正如我们前面所解释的，并且从代码中也可以看到，客户端需要绑定一个套接字文件。
当然，在 main 函数的最后必须要调用另一个函数来开始客户端的循环，该函数是 data-gram_client_loop 函数。

从函数 datagram_client_loop 可以看出，流客户端与数据报客户端有许多相似之处。同时，它们也有区别，主要区别在于数据报客户端使用 recvfrom 函数与 sendto 函数而不是 read 函数与 write 函数。上一节中对这些函数的说明同样适用于数据报客户端。

下面讨论网络套接字。将会看到，从 UDS 变化到网络套接字时，main 函数是客户端程序和服务端程序中唯一变化的代码。

---

① 译者注：代码框 20-28 对应的源文件应该是：client/unix/datagram/main. c，对应的代码内容应该是"数据报计算器客户端的 main 函数"。原文有误，为：server/srvcore/datagram_server_core. c，特此说明。

20.4 网络套接字

另一个广泛使用的套接字地址族是 AF_INET,它指代任何建立在网络连接上的通道。与 UDS 流套接字和数据报套接字没有专门的协议名称不同,网络套接字上存在两个众所周知的协议:TCP 和 UDP。TCP 套接字在两个进程之间建立一个流通道,而 UDP 套接字则建立一个可以被多个进程使用的数据报通道。

接下来我们将解释如何使用 TCP 套接字和 UDP 套接字开发程序,并分析其在计算器项目中的应用。

20.4.1 TCP 服务器

使用 TCP 套接字来监听和接收多个客户端的程序(也就是 TCP 服务器),与监听 UDS 终端节点的流服务器存在以下两点区别:首先,当调用 socket 函数时,指定的地址族不同,TCP 服务器使用 AF_INET 而不是 AF_Unix;其次,绑定的套接字地址所用的结构体不同。

尽管存在这两种差异,但就输入/输出操作而言,都是相同的。我们应该注意到,TCP 套接字是流套接字,因此为使用 UDS 的流套接字编写的代码也适用于 TCP 套接字。

回顾计算器项目,我们希望在创建套接字对象并将其绑定到终端节点时,只有 main 函数中的代码存在差别。实际就是这样的。TCP 计算器服务器的 main 函数如下所示:

```c
int main(int argc, char* * argv) {
    // - - - - - - - - - - - 1.创建套接字对象- - - - - - - - - - - - - - - -
    int server_sd =  socket(AF_INET, SOCK_STREAM, 0);
    if (server_sd == - 1) {
        fprintf(stderr, "Could not create socket: % s\n", strerror(errno));
        exit(1);
    }
    // - - - - - - - - - - - 2.绑定套接字文件- - - - - - - - - - - - - - - -

    // 配置地址
    struct sockaddr_in addr;
    memset(&addr, 0, sizeof(addr));
    addr.sin_family =  AF_INET;
    addr.sin_addr.s_addr =  INADDR_ANY;
    addr.sin_port =  htons(6666);
```

```
...
// - - - - - - - - - - 3.配置 backlog- - - - - - - - - - - - - - - -
...
// - - - - - - - - - - 4.开始接收客户端- - - - - - -
accept_forever(server_sd);
return 0;
}
```

代码框 20 - 29[server/tcp/main. c]：TCP 计算器服务器的 main 函数

如果读者将上述代码与代码框 20 - 18 中的 main 函数进行比较，就会发现之前描述过的差异。这里使用 sockaddr_in 结构体绑定终端节点地址，而不是 sockaddr_un 结构体。使用与 UDS 相同的 listen 函数，甚至调用相同的 accept_forever 函数来处理传入的连接。

最后一点提示是关于 TCP 套接字上的输入/输出操作的。由于 TCP 套接字是流套接字，它继承了流套接字的所有属性，因此，它可以像其他流套接字一样使用。也就是说，可以使用相同的 read 函数、write 函数与 close 函数来实现输入/输出。

下面讨论 TCP 客户端。

20.4.2　TCP 客户端

同理，TCP 客户端也类似于在 UDS 上运行的流客户端。上节中提到的差异，在使用 TCP 套接字的客户端[1]上同样存在，区别也仅在 main 函数。

TCP 计算器客户端的 main 函数如下所示：

```
int main(int argc, char* * argv) {
    // - - - - - - - - - - 1.创建套接字对象- - - - - - - - - - - - - - - -

    int conn_sd = socket(AF_INET, SOCK_STREAM, 0);
    if (conn_sd = = - 1) {
        fprintf(stderr, "Could not create socket: % s\n", strerror(errno));
        exit(1);
    }
    // - - - - - - - - - - 2.连接服务器- - - - - - - - - - - - - - - -

    // 寻找主机名对应的 IP 地址
    ...
```

---

[1]　译者注：原文为 connector side，根据上下文，应为 client side，即客户端。

```
      // 配置地址
      struct sockaddr_in addr;
      memset(&addr, 0, sizeof(addr));
      addr.sin_family = AF_INET;
      addr.sin_addr = * ((struct in_addr* )host_entry- > h_addr);
      addr.sin_port = htons(6666);

      ...

      stream_client_loop(conn_sd);

      return 0;
}
```

代码框 20 - 30[client/tcp/main. c①]:TCP 计算器客户端的 main 函数

这些差别与 TCP 服务器程序的非常相似,都是使用了不同的地址族与不同的套接字地址结构体。除此之外,其余代码都是一样的,此处不再详细讨论 TCP 客户端。

由于 TCP 套接字是流套接字,可以使用相同的公共代码来处理新的客户端。可以看到,代码中调用了计算器项目中的客户端公共库的 stream_client_loop 函数。之所以提取两个公共库,一个用于客户端程序,一个用于服务器程序,是为了减少编写的代码量。当需要在两个不同的场景中使用相同的代码时,最好将其实现为库,并在场景中重用。

下面讨论 UDP 服务器程序与客户端程序,它们或多或少与 TCP 程序类似。

20.4.3　UDP 服务器

UDP 套接字是网络套接字,同时也是数据报套接字。因此,我们希望为 TCP 服务器编写的代码与为运行在 UDS 上的数据报服务器编写的代码之间有高度的相似性。

UDP 套接字和 TCP 套接字之间的主要区别是:无论是在客户端程序中使用还是在服务器程序中使用,UDP 套接字类型都是 SOCK_DGRAM,但其地址族跟 TCP 套接字的一样,因为它们都是网络套接字。计算器 UDP 服务器的 main 函数如下所示:

```
   int main(int argc, char* * argv) {
      // - - - - - - - - - - -1.创建套接字对象- - - - - - - - - - - - - - - - -

      int server_sd = socket(AF_INET, SOCK_DGRAM, 0);
      if (server_sd = = - 1) {
```

① 译者注:原文为 server/tcp/main. c,根据上下文,应为 client/tcp/main. c。

```
        fprintf(stderr, "Could not create socket: % s\n", strerror(errno));
        exit(1);
    }

    // - - - - - - - - - - 2.绑定套接字文件 - - - - - - - - - - - - - - -

    // 配置地址
    struct sockaddr_in addr;
    memset(&addr, 0, sizeof(addr));
    addr.sin_family = AF_INET;
    addr.sin_addr.s_addr = INADDR_ANY;
    addr.sin_port = htons(9999);

    ...

    // - - - - - - - - - - 3.开始服务请求- - - - - - - -
    serve_forever(server_sd);
    return 0;
}
```

代码框 20 - 31[server/udp/main. c]：UDP 计算器服务器的 main 函数

UDP 套接字是数据报套接字，因此，所有为在 UDS 上运行的数据报套接字编写的代码也适用于 UDP 套接字。例如，在 UDP 套接字中必须使用 recvfrom 函数与 sendto 函数；使用同样的 serve_forever 函数处理传入的数据报，该函数是服务器公共库的一部分，其中包含了与数据报相关的代码。

下面讨论 UDP 客户端的代码。

20.4.4　UDP 客户端

UDP 客户端的代码与 TCP 客户端的代码非常相似，但它使用不同的套接字类型，并调用不同的函数来处理传入的消息，该函数与基于 UDS 的数据报客户端使用的函数相同。UDP 客户端的 main 函数如下所示：

```
int main(int argc, char* * argv) {

    // - - - - - - - - - - 1.创建套接字对象- - - - - - - - - - - - - - -

    int conn_sd = socket(AF_INET, SOCK_DGRAM, 0);
    if (conn_sd = = - 1) {
        fprintf(stderr, "Could not create socket: % s\n", strerror(errno));
        exit(1);
    }

    // - - - - - - - - - - 2.连接服务器- - - - - - - - - - - - - - - - -
```

```
...
// 配置地址
...
datagram_client_loop(conn_sd);
return 0;
}
```

代码框 20 - 32[client/udp/main. c]: UDP 计算器客户端的 main 函数

这是本章讨论的最后一个话题。本章, 我们介绍了各种众所周知的套接字类型, 同时还演示了如何用 C 语言实现流通道和数据报通道的监听序列与连接序列。

当然, 计算器项目中还有很多细节我们没讨论。因此, 强烈建议读者仔细遍历代码并尝试理解。完整地调试一个案例可以帮助读者在实际应用程序中验证各种理论。

20.5 总结

本章, 我们讨论了以下话题:

- 回顾 IPC 技术, 介绍了各种类型的通信、通道、媒介和套接字。
- 以计算器项目为例, 描述它的应用层协议和它使用的序列化算法。
- 演示了如何使用 UDS 建立客户端-服务器连接, 并演示了如何在计算器项目中使用 UDS。
- 分别讨论了使用 Unix 域套接字建立的流通道和数据报通道。
- 演示了如何使用 TCP 套接字与 UDP 套接字建立客户端-服务器 IPC 通道, 以及它们在计算器项目中的使用。

下一章介绍 C 语言与其他编程语言的集成。通过这种方式, 可以在其他编程语言(如 Java)中加载 C 库。届时将介绍 C 语言与 C++、Java、Python 和 Golang 的集成。

21

与其他语言的集成

知道如何编写 C 程序或库，可能比你预期的更有价值。由于 C 语言在开发操作系统中具有重要作用，它已不局限于自己的世界了。C 库在其他编程语言中也可能被加载和使用。当你正在收获使用高级编程语言编写代码的好处时，也可以在所使用的语言环境中利用 C 作为加载库的强大功能。

在本章中，我们将对此进行更多的讨论，并演示 C 共享库如何与一些知名的编程语言集成。

我们将讨论以下主要主题：

- 首先讨论为什么集成是可能的。这个讨论很重要，因为它提供了集成如何工作的基本概念。
- 设计了一个 C 栈库。我们将其构建为一个共享的目标文件。这个共享的目标文件将被许多其他编程语言使用。
- 讨论 C++、Java、Python 和 Golang 几种语言，介绍如何先加载栈库，然后再使用它的方法。

我们将在五个不同的子项目上工作，每个子项目使用不同的编程语言，所以我们只展示 Linux 中的构建方法，以防止在构建和执行方面出现任何问题。当然，我们也提供了足够多的关于 macOS 系统的信息，但我们的重点是在 Linux 上构建和运行源代码。本书的 GitHub 库中可以找到更多的脚本，它们可以帮助你构建 macOS 的源代码。

第一部分讨论集成本身。我们将探究为什么与其他编程语言集成是可能的，这为在其他环境而不是 C 中扩展我们的讨论奠定了基础。

21.1　为什么集成是可能的？

我们在第 10 章已经解释，C 彻底改变了我们开发操作系统的方式。这不是 C 语言唯一的魔力；它还使我们能够在它的基础上构建其他通用编程语言。现在，我们称这些语言为高级编程语言。这些语言的编译器大多是用 C 编写的，如果不是的话，它们也是由其他用 C 语言编写的工具和编译器开发的。

一种不能使用系统功能或提供系统功能的通用编程语言，根本不能做任何事情。你可以用它写程序，却不能在任何系统上执行它。虽然从理论的角度来看，这种编程语言可能有一些用处，但从工业的角度来看，这肯定是不合理的。因此，编程语言在通过编译器之后，应该能够生成可以工作的程序。我们知道，系统的功能都是通过操作系统公开的。不管操作系统本身是什么，编程语言都应该能够提供这些系统功能。而用该语言编写、并在该系统上运行的程序，应该能够使用这些系统功能。

这就是 C 语言的由来。在类 Unix 操作系统中，C 标准库提供了使用系统可用功能的 API。如果编译器想要创建一个可以工作的程序，它应该能够允许编译后的程序以一种间接的方式使用 C 标准库。无论是哪种编程语言，以及它是否提供了一些特定的本地标准库（就像 Java 提供 **Java standard Edition**，Java SE 一样），对已编写的程序所实现的特定功能（如打开一个文件）进行请求时，这些请求都会被传递给 C 标准库；在该标准库里，这个请求可以达到内核并得到执行。

就 Java 的例子，我们多说几句。Java 程序会被编译成一种称为**字节码**（bytecode）的中间语言。为了执行 Java 字节码，需要安装 **Java 运行环境**（Java Runtime Environment，JRE）。JRE 的核心是一个虚拟机，它装载 Java 字节码并在自己内部运行。这个虚拟机必须能够模拟 C 标准库所公开的功能和服务，并将它们提供给在其中运行的程序。由于每个平台所采用的 C 标准库以及 C 库对 POSIX 和 SUS 标准的兼容性方面都有不同，需要为每个平台专门构建一些虚拟机。

最后要注意的是，对于其他语言中可以加载的库来说，我们只能加载共享目标文件，而不可能加载和使用静态库。静态库只能链接到可执行文件或共享的目标文件中。在大多数类 Unix 系统中，共享目标文件具有 . so 扩展名，但在 macOS 中，它们的扩展名为. dylib。

本节虽然很短，但尝试给出一个基本的想法，就是为什么我们能够加载 C 库，具体来说就是共享库，以及为何大多数编程语言已经在使用 C 库，因为它们都具备加载和使用共享目标库的能力。

下一步，将编写一个 C 库，然后在各种编程语言环境中加载使用它。这正是我们迫切想做的事情，但在此之前，需要知道如何获取本章所需的材料，以及如何运行在 Shell 框中看到的命令。

21.2　准备必要的材料

由于本章内容包含五种不同编程语言的源代码，我希望你们都能够构建和运行这些示例，所以这一节专门介绍构建源代码时应该注意的一些基本事项。

首先，你需要获得本章的源码材料。本书有一个存储库，在这个存储库中，针对本章，有一个名为 ch21-integration-with-other-languages 的专门目录。下面的命令告诉你如何克隆存储库，并更改到本章的根目录：

```
$ git clong https://github.com/PacktPublishing/Extreme- C.git
...
$ cd Extreme- C/ch21- integration- with- other- languages
$
```

Shell 框 21 - 1：克隆本书的 GitHub 存储库，并更改到本章的根目录

本章的 Shell 框中，我们假设在执行其中的命令之前，已位于本章的根目录，即 ch21-inte-gration-with-other-languages 文件夹中。如果需要切换到其他目录，我们会提供所需的命令，但是所有的工作都在本章的目录中完成。

此外，为了能够构建源代码，需要在机器上安装 **Java 开发工具包**（Java Development Kit，JDK）、Python 和 Golang。根据使用的系统是 Linux 还是 macOS，以及不同的 Linux 发行版，安装命令会有不同。

最后要注意的是，在接下来的小节中将讨论 C 栈库，而用 C 语言以外的其他语言编写的源代码应该能够使用此库。构建这些源代码需要已经构建好 C 库，因此，请确保首先阅读下面一节，并在继续阅读后续内容之前，构建好共享目标库。现在已经知道了如何获

取本章所需的材料,可以继续讨论目标 C 库了。

21.3 栈库

在本节中,我们将编写一个小型库,它将被其他编程语言编写的程序加载和使用。这个库关于一个**栈**(stack)类,提供了**栈**对象的一些基本操作,如 push 或 pop。栈对象由库自身创建和销毁,在库中有一个构造函数和一个析构函数来实现这一目的。

在 cstack.h 头文件中,可以找到库的公共接口:

```
# ifndef _CSTACK_H_
# define _CSTACK_H_

# include < unistd.h>

# ifdef __cplusplus
extern "C" {
# endif

# define TRUE 1
# define FALSE 0

typedef int bool_t;

typedef struct{
    char* data;
    size_t len;
} value_t;

struct cstack_type cstack_t;

typedef void (* deleter_t)(value_t* value);

value_tmake_value(char* data, size_t len);
value_tcopy_value(char* data, size_t len);
void free_value (value_t * value);

cstack_t *  cstack_new ();
void cstack_delete (cstack_t * );

//行为函数
void cstack_ctor (cstack_t * , size_t);
void cstack_dtor (cstack_t * , deleter_t);

size_t cstack_size (const cstack_t * );

bool_t cstack_push(cstack_t* , value_t value);

bool_t cstack_pop(cstack_t* , value_t*  value);
```

```
void cstack_clear (cstack_t * , deleter_t);

# ifdef __cplusplus
}
# endif

# endif
```

代码框 21-1[cstack.h]:栈库的公共接口

在第 6 章中解释过,前面的声明引入了 stack 类的公共接口。可以看到,类的属性结构是 cstack_t。我们使用 cstack_t 而不是 stack_t,因为后者已在 C 标准库中使用,我们期望避免代码中的任何歧义。在上述声明中,属性结构是前向声明的,其中没有字段。细节将出现在执行实际实现的源文件中。这个类还有一个构造函数、一个析构函数,以及一些其他行为函数,如 push 和 pop。它们都接受 cstack_t 类型的指针作为它们的第一个参数,指示它们应该操作的对象。第 6 章中将编写 stack 类的方式作为隐式封装的一部分已经进行了解释。

代码框 21-2 包含了 stack 类的实现。它也包含了 cstack_t 属性结构的实际定义:

```
# include < stdlib.h>
# include < assert.h>

# include "cstack.h"

struct cstack_type {
    size_t top;
    size_t max_size;
    value_t * values;
};

value_t copy_value(char* data, size_t len) {
    char* buf = (char* )malloc(len * sizeof(char));
    for (size_t i = 0; i < len; i++ ) {
        buf[i] = data[i];
    }
    return make_value(buf, len);
}

value_t make_value(char* data, size_t len) {
    value_t value;
    value.data = data;
    value.len = len;
    return value;
}
```

```
void free_value(value_t* value) {
    if (value) {
        if (value- > data) {
            free(value- > data);
            value- > data = NULL;
        }
    }
}

cstack_t* cstack_new() {
    return (cstack_t* )malloc(sizeof(cstack_t));
}

void cstack_delete(cstack_t* stack) {
    free(stack);
}

void cstack_ctor(cstack_t* cstack, size_t max_size) {
    cstack- > top = 0;
    cstack- > max_size = max_size;
    cstack- > values = (value_t* )malloc(max_size * sizeof(value_t));
}

void cstack_dtor(cstack_t* cstack, deleter_t deleter) {
    cstack_clear(cstack, deleter);
    free(cstack- > values);
}

size_t cstack_size(const cstack_t* cstack) {
    return cstack- > top;
}

bool_t cstack_push(cstack_t* cstack, value_t value) {
    if (cstack- > top < cstack- > max_size) {
        cstack- > values[cstack- > top+ + ] = value;
        return TRUE;
    }
    return FALSE;
}

bool_t cstack_pop(cstack_t* cstack, value_t* value) {
    if (cstack- > top > 0) {
        * value = cstack- > values[- - cstack- > top];
        return TRUE;
    }
    return FALSE;
}

void cstack_clear(cstack_t* cstack, deleter_t deleter) {
```

```
        value_t value;
        while (cstack_size(cstack) > 0) {
            bool_t popped = cstack_pop(cstack, &value);
            assert(popped);
            if (deleter) {
                deleter(&value);
            }
        }
    }
```

代码框 21-2[cstack.c]：stack 类的定义

可以看到，这个文件中的定义意味着每个栈对象都有一个数组作为支持，除此之外，还可以在栈中存储任何值。让我们构建这个库，并生成一个共享目标库。这个库文件将在接下来的小节中由其他编程语言加载。

下面的 Shell 框显示了如何使用现有的源文件创建共享目标库。Shell 框中的这些命令都可以在 Linux 中使用。为了在 macOS 中使用它们，应该稍微做些更改。注意，在运行构建命令之前，应该位于本章的根目录中，正如前面解释的那样：

```
$ gcc - c - g - fPIC cstack.c - o cstack.o
$ gcc - shared cstack.o - o libcstack.so
$
```

Shell 框 21-2：在 Linux 中构建栈库，生成共享目标库文件

附带说明一下，在 macOS 中，如果 gcc 是已知的命令，并且指向 clang 编译器，那么就可以执行上述命令。否则，我们要使用以下命令在 macOS 上构建库。注意，在 macOS 上共享目标文件的扩展名是 .dylib：

```
$ clang - c - g - fPIC cstack.c - o cstack.o
$ clang - dynamiclib cstack.o - o libcstack.dylib
$
```

Shell 框 21-3：在 macOS 中构建栈库，生成共享目标库文件

现在我们已经得到了共享的目标库文件，可以用其他语言编写程序来加载它。在演示如何在其他环境中加载和使用这个库之前，我们需要编写一些测试程序来验证它的功能。下面的代码创建了一个栈，并根据预期检查结果执行的一些操作：

```
# include < stdio.h>
# include < stdlib.h>
# include < assert.h>
```

```c
# include "cstack.h"

value_t make_int(int int_value) {
    value_t value;
    int* int_ptr = (int* )malloc(sizeof(int));
    * int_ptr = int_value;
    value.data = (char* )int_ptr;
    value.len = sizeof(int);
    return value;
}

int extract_int(value_t* value) {
    return * ((int* )value- > data);
}

void deleter(value_t* value) {
    if (value- > data) {
        free(value- > data);
    }
    value- > data = NULL;
}

int main(int argc, char* * argv) {
    cstack_t* cstack = cstack_new();
    cstack_ctor(cstack, 100);
    assert(cstack_size(cstack) = = 0);

    int int_values[] = {5, 10, 20, 30};

    for (size_t i = 0; i < 4; i+ + ) {
        cstack_push(cstack, make_int(int_values[i]));
    }
    assert(cstack_size(cstack) = = 4);

    int counter = 3;
    value_t value;
    while (cstack_size(cstack) > 0) {
        bool_t popped = cstack_pop(cstack, &value);
        assert(popped);
        assert(extract_int(&value) = = int_values[counter- - ]);
        deleter(&value);
    }
    assert(counter = = - 1);
    assert(cstack_size(cstack) = = 0);

    cstack_push(cstack, make_int(10));
    cstack_push(cstack, make_int(20));
    assert(cstack_size(cstack) = = 2);

    cstack_clear(cstack, deleter);
```

```
    assert(cstack_size(cstack) = =  0);

    // 为了在调用析构函数时保证 stack 中有数据
    cstack_push(cstack, make_int(20));

    cstack_dtor(cstack, deleter);
    cstack_delete(cstack);
    printf("All tests were OK.\n");
    return 0;
}
```

代码框 21 - 3[cstack_tests. c]:测试 Stack 类功能的代码

我们使用**断言**(assertion)来检查返回的值。以下是上述代码在 Linux 中构建和执行后的输出。再次注意,我们是在本章的根目录中:

```
$ gcc - c - g cstack_tests.c - o tests.o
$ gcc tests.o - L$ PWD - lcstack - o cstack_tests.out
$  LD_LIBRARY_PATH= $ PWD ./cstack_tests.out
All tests were OK.
$
```

Shell 框 21 - 4:构建和运行库测试

注意,在上述 Shell 框中,当运行最终的可执行文件 cstack_tests. out 时,必须设置环境变量 LD_LIBRARY_PATH 为包含 libcstack. so 的目录,因为执行的程序需要找到共享目标库并加载它们。

在 Shell 框 21 - 4 中可以见到,所有测试都已成功通过。这意味着从函数的角度来看,我们的库正确地执行。如果能从非功能性需求(如内存使用或没有内存泄漏)的角度,来检查这个库,那就更好了。

下面的命令显示如何使用 valgrind 工具来检查测试的执行是否有任何内存泄漏的可能:

```
$  LD_LIBRARY_PATH= $ PWD valgrind - - leak- check= full ./cstack_tests.out
= = 31291= = Memcheck, a memory error detector
= = 31291= = Copyright (C) 2002- 2017, and GNU GPL'd, by Julian Seward et al.
= = 31291= = Using Valgrind- 3.13.0 and LibVEX; rerun with - h for copyright in-
fo
= = 31291= = Command: ./cstack_tests.out
= = 31291= =
All tests were OK.
= = 31291= =
= = 31291= = HEAP SUMMARY:
= = 31291= =  in use at exit: 0 bytes in 0 blocks
```

```
= = 31291= =  total heap usage: 10 allocs, 10 frees, 2,676 bytes allocated
= = 31291= =
= = 31291= =  All heap blocks were freed - -  no leaks are possible
= = 31291= =
= = 31291= = For counts of detected and suppressed errors, rerun with: - v
= = 31291= =  ERROR SUMMARY: 0 errors from 0 contexts (suppressed: 0 from 0)
$
```

Shell 框 21 - 5：使用 valgrind 运行测试

可以看到，程序没有任何内存泄漏，这使我们对所编写的库有了更多的信任。因此，如果在另一个环境中看到任何内存问题，就应该首先在那里调查根源。

在下一章中，我们将介绍 C 语言的单元测试。作为代码框 21 - 3 中 assert 语句的合适替代，我们可以编写单元测试，并使用像 CMocka 这样的单元测试框架来执行它们。

下面几节中，我们将在由四种编程语言编写的程序中集成栈库。首先从 C++ 开始。

21.4　与 C++ 的集成

一般认为，C 语言与 C++ 的集成是最简单的。因为可以把 C++ 看作是 C 面向对象的扩展。C++ 编译器产生的目标文件与 C 编译器产生的目标文件类似。因此，C++ 程序加载和使用 C 共享目标库，比任何其他编程语言都更容易。换句话说，共享目标文件是 C 还是 C++ 项目的输出并不重要；两者都可以被 C++ 程序使用。在某些情况下，唯一可能出现问题的是在第 2 章描述的 C++ **名字改编**（name mangling）特性。在此提醒大家要注意它带来的影响，我们来简要回顾它。

21.4.1　C++ 中的名字改编

为了更详细地说明这一节内容，我们要指出 C++ 对函数（包括全局函数和类中的成员函数）的符号命名是混乱的。**名字改编**主要是为了支持**命名空间**（namespaces）和**函数重载**（function overloading），这个特性在 C 语言中是没有的。C++ 默认启用**名字改编**功能，因此，如果使用 C++ 编译器编译 C 代码，估计会看到混淆后的符号名。代码框 21 - 4 中的示例如下：

```
int add(int a, int b) {
    return a + b;
}
```

代码框 21 - 4[test. c]：一个简单的 C 语言函数

如果使用 C 编译器编译这个文件,即 clang 命令,可以在生成的目标文件中看到如下符号(如 Shell 框 21 - 6 所示)。注意,该文件 test. c 在本书的 GitHub 存储库中不存在:

```
$ clang - c test.c - o test.o
$ nm test.o
0000000000000000 T _add
$
```

Shell 框 21 - 6:用 C 编译器编译 test. c

可以看到,这时有了一个叫_add 的符号,指的就是上面定义的函数 add。现在,让我们用 C++编译器编译这个文件,此时该编译器是 clang++:

```
$ clang+ + - c test.c - o test.o
clang: warning: treating 'c' input as 'c+ + ' when in C+ + mode,
this behavior is deprecated [- Wdeprecated]
$ nm test.o
0000000000000000 T __Z3addii
$
```

Shell 框 21 - 7:用 C++编译器编译 test. c

可以看到,clang++已经生成了一个警告,表明在不久的将来,将不再支持将 C 代码编译为 C++代码。但是由于这个行为还没有被删除(它刚刚被弃用),我们看到为前面的函数生成的符号名被破坏了,与由 clang 生成的符号名不同。在链接阶段寻找特定符号时,这肯定会出现问题。

为了消除这个问题,需要将 C 代码包装在一个特殊的作用域中,以防止 C++编译器混淆符号名。这样,用 clang 和 clang++编译它,就会产生相同的符号名。看代码框 21 - 5 中的代码,它是代码框 21 - 4 中代码的更改版本:

```
# ifdef __cplusplus
extern "C" {
# endif

int add(int a, int b) {
    return a + b;
}

# ifdef __cplusplus
}
# endif
```

代码框 21 - 5[test. c]:将函数声明放入特殊的 C 作用域中

上述函数被放在只有当宏_cplusplus 已经定义的作用域 extern "C" { ... }中。宏_cplus-plus 是代码正在被 C++编译器编译的标志。让我们再次编译前面的代码 clang++：

```
$ clang+ + - c test.c - o test.o
clang: warning: treating 'c' input as 'c+ + ' when in C+ + mode,
this behavior is deprecated [- Wdeprecated]
$ nm test.o
0000000000000000 T _add
$
```

Shell 框 21 - 8:用 clang++编译新版本的 test. c

可以看到,生成的符号不再被破坏。基于到目前为止的解释,我们需要把栈库中所有的声明放在作用域 extern "C"{...}中,这正是代码框 21 - 1 中有这个作用域的原因。因此,当将一个 C++程序与栈库链接时,可以在 libcstack. so(或 libcstack. dylib)中找到符号。

注:

extern "C"是一个**链接规范**(linkage specfication)。欲知更多资料,请浏览以下链接:

https://isocpp. org/wiki/faq/mixing-c-and-cpp

https://stackoverflow. com/questions/1041866/what-is-the-effect-of-externc-in-c

现在,是时候编写使用栈库的 C++代码了。你很快就会看到,这是一个简单的集成。

21. 4. 2　C++代码

我们已经知道,在将 C 代码引入 C++项目时如何禁用**名字改编**功能,那么就可以继续编写一个使用 stack 库的 C++程序了。我们首先将栈库包装在 C++类中,该类是面向对象 C++程序的主要构建块。以面向对象的方式公开栈功能比直接调用栈库的 C 函数更加合适。

代码框 21 - 6 包含了包装从栈库派生的栈功能的类:

```
# include < string.h>

# include < iostream>
# include < string>

# include "cstack.h"
```

```cpp
template< typename T>
value_t CreateValue(const T& pValue);

template< typename T>
T ExtractValue(const value_t& value);

template< typename T>
class Stack {
public:
    //构建
    Stack(int pMaxSize) {
        mStack = cstack_new();
        cstack_ctor(mStack, pMaxSize);
    }

    //析构
    ~ Stack() {
        cstack_dtor(mStack, free_value);
        cstack_delete(mStack);
    }

    size_t Size() {
        return cstack_size(mStack);
    }

    void Push(const T& pItem) {
        value_t value = CreateValue(pItem);
        if (! cstack_push(mStack, value)) {
            throw "Stack is full!";
        }
    }

    const T Pop() {
        value_t value;
        if (! cstack_pop(mStack, &value)) {
            throw "Stack is empty!";
        }
        return ExtractValue< T> (value);
    }

    void Clear() {
        cstack_clear(mStack, free_value);
    }

private:
    cstack_t* mStack;
};
```

代码框 21 - 6〔C＋＋/Stack. cpp〕：一个 C＋＋类，包装了栈库公开的功能

关于上述的类,有以下重要的注意事项:

- 前面的类保持一个指向 cstack_t 变量的私有指针,它指向静态库函数 cstack_new 所创建的对象。这个指针可以被看作是存在于 C 级别的对象的句柄(handle),该对象由一个单独的 C 库创建和管理。指针 mStack 类似于引用文件的文件描述符(或文件句柄)。

- 该类封装了 stack 库公开的所有行为函数。对于任何围绕 C 库的面向对象包装器来说,本质上并不能都这么做,通常只应公开一组有限的功能。

- 前面的类是模板类。这意味着它可以操作各种数据类型。上述代码中,我们已经声明了两个模板函数,用于序列化和反序列化各种类型的对象:CreateValue 和 ExtractValue。前面的类分别使用这两个函数从 C++ 对象中创建字节数组(序列化),从字节数组中创建 C++ 对象(反序列化)。

- 我们为 std::string 类型定义了一个专门的模板函数。因此,可以使用前面的类来存储 std::string 类型的值。请注意,std::string 是 C++ 中字符串变量的标准类型。

- 在 stack 库中,你可以将多个不同类型的值压入一个 stack 实例中。这些值可以和字符数组相互转换。看一下代码框 21-1 中的结构 value_t。它只需要一个 char 指针,仅此而已。与 stack 库不同,前面的 C++ 类是类型安全(type-safe)的,它的每个实例只能操作特定的数据类型。

- 在 C++ 中,每个类至少有一个构造函数和一个析构函数。因此,很容易就可以将底层栈对象作为构造函数的一部分进行初始化,也可以在析构函数中结束它。前面代码就是这样的实现。

我们希望实现的 C++ 类能够操作字符串值。因此,我们需要编写可以在类中使用的正确的序列化和反序列化函数。下面的代码包含了将 C 字符数组转换为 std::string 对象的函数定义,也包含了具有相反功能的函数:

```
template< >
value_t CreateValue(const std::string& pValue) {
    value_t value;
    value.len = pValue.size() + 1;
    value.data = new char[value.len];
    strcpy(value.data, pValue.c_str());
    return value;
}

template< >
```

```
std::string ExtractValue(const value_t& value) {
    return std::string(value.data, value.len);
}
```

代码框 21-7[C++/Stack.cpp]:用于序列化/反序列化 std::string 类型的专用模板函数。

这些函数被用作 C++类的一部分。

上述函数是在类中已声明模板函数的 std::string **专门实现**(specialization)。它定义了将 std::string 对象转换为 C 字符数组的过程,以及反过来如何将 C 字符数组转换为 std::string 对象的过程。

代码框 21-8 中是使用这个 C++类的 main 函数:

```
int main(int argc, char* * argv) {
    Stack< std::string> stringStack(100);
    stringStack.Push("Hello");
    stringStack.Push("World");
    stringStack.Push("!");
    std::cout < < "Stack size: " < < stringStack.Size() < < std::endl;
    while (stringStack.Size() > 0) {
        std::cout < < "Popped > " < < stringStack.Pop() < < std::endl;
    }
    std::cout < < "Stack size after pops: " < < stringStack.Size() < < std::endl;
    stringStack.Push("Bye");
    stringStack.Push("Bye");
    std::cout < < "Stack size before clear: " < < stringStack.Size() < < std::endl;
    stringStack.Clear();
    std::cout < < "Stack size after clear: " < < stringStack.Size() < < std::endl;
    return 0;
}
```

代码框 21-8[C++/Stack.cpp]:使用 C++栈类的主函数

前面的场景涵盖了栈库公开的所有函数。我们执行一些操作并检查它们的结果。注意,上述代码使用了 Stack〈std::string〉对象用于测试功能。因此,只能通过压栈(push)/弹栈(pop)从栈中输入/输出 std::string 值。

下面的 Shell 框显示如何构建和运行上述代码。注意,在本节中看到的所有 C++代码都是使用 C++11 编写的,因此应该使用兼容的编译器来编译。我们在本章的根目录下运行以下命令:

```
$ cd c++
$ g++ - c - g - std= c++ 11 - I$ PWD/.. Stack.cpp - o Stack.o
$ g++ - L$ PWD/.. Stack.o - lcstack - o cstack_cpp.out
$ LD_LIBRARY_PATH= $ PWD/.../cstack_cpp.out
Stack size: 3
Popped>  !
Popped >  World
Popped >  Hello
Stack size after pops: 0
Stack size before clear: 2
Stack size after clear: 0
$
```

Shell 框 21 - 9：构建和运行 C++代码

可以看到，我们已经指明，在编译时通过传递-std＝C++11 选项使用了 C++11 编译器。注意-I 和-L 这两个选项，它们分别用于指定自定义 include 目录和 library 目录。选项-lcstack 请求链接器将 C++代码和库文件 libcstack. so 链接起来。注意，在 macOS系统上，共享目标库具有. dylib 扩展名，因此这时要找的是 libcstack. dylib 而不是 libcstack. so。

为运行可执行文件 cstack_cpp. out，加载器需要找到 libcstack. so。注意，这与构建可执行文件是不同的。我们如果想要运行它，就必须在运行可执行文件之前找到库文件。因此，通过改变环境变量 LD_LIBRARY_PATH，我们让加载器知道应该在哪里寻找这些共享目标文件。我们已经在第 2 章中讨论了关于这方面的内容。

这里还应该对 C++代码进行内存泄漏测试。valgrind 工具帮助我们看到内存泄漏，我们使用它来分析产生的可执行文件。下面的 Shell 框显示了使用 valgrind 运行 cstack_cpp. out 可执行文件的结果：

```
$ cd c++
$ LD_LIBRARY_PATH= $ PWD/..valgrind - - leak- check= full ./cstack_cpp.out
== 15061== Memcheck, a memory error detector
== 15061== Copyright (C) 2002- 2017, and GNU GPL'd, by Julian Seward et al.
== 15061== Using Valgrind- 3.13.0 and LibVEX; rerun with - h for copyright info
== 15061== Command: ./cstack_cpp.out
== 15061==
Stack size: 3
Popped>  !
Popped >  World
```

```
Popped >  Hello
Stack size after pops: 0
Stack size before clear: 2
Stack size after clear: 0
= = 15061= =
= = 15061= =  HEAP SUMMARY:
= = 15061= =  in use at exit: 0 bytes in 0 blocks
= = 15061= =  total heap usage: 9 allocs, 9 frees, 75,374 bytes allocated
= = 15061= =
= = 15061= =  All heap blocks were freed - -  no leaks are possible
= = 15061= =
= = 15061= = For counts of detected and suppressed errors, rerun with: - v
= = 15061= =  ERROR SUMMARY: 0 errors from 0 contexts (suppressed: 0 from 0)
$
```

Shell 框 21 - 10：使用 valgrind 构建和运行 C++代码

从前面的输出中可以清楚地看到，代码没有任何内存泄漏。注意，在**仍能访问**（still reachable）的部分中有 1081 个字节，这并不意味着代码有漏洞[①]。你可以在 valgrind 的手册中找到这个输出的说明。

在本节中，我们解释了如何为 C 栈库编写一个 C++包装器。虽然混合 C 和 C++代码似乎很容易，但应该特别注意 C++中的名字改编规则。在下一节中，我们将简要地讨论 Java 编程语言，以及在 Java 编写的程序中加载 C 库的方法。

21.5　与 Java 集成

Java 程序由 Java 编译器编译成 Java 字节码。Java 字节码类似于由应用程序二进制接口（Application Binary Interface，ABI）指定的目标文件格式。包含 Java 字节码的文件不能像普通的可执行文件那样执行，它们需要一个特殊的环境来运行。

Java 字节码只能在 **Java 虚拟机**（Java Virtual Machine，JVM）中运行。JVM 本身是一个进程，它模拟 Java 字节码的工作环境。它通常是用 C 或 C++编写的，能够加载和使用 C 标准库以及该层中公开的功能。

Java 编程语言不是唯一编译成 Java 字节码的语言。Scala、Kotlin 和 Groovy 都属于这一类编译为 Java 字节码的语言，因此它们都能在 JVM 中运行。它们通常被称为 **JVM 语言**。

---

① 　译者注：Shell 框 21 - 10 中并未给出 LEAK SUMMARY 的结果，有误，特此说明。

在本节中,我们将已经构建好的栈库加载到 Java 程序中。对于没有 Java 知识储备的读者来说,我们所采取的步骤可能看起来复杂而且难以掌握。因此,强烈建议各位读者在阅读本节时具备一些 Java 编程的基本知识。

21.5.1 编写 Java 部分

假设我们有一个 C 项目,它被构建到一个共享目标库中。我们想把它引入 Java 并使用它的函数。幸运的是,我们可以编写和编译 Java 部分,而不需要任何 C(或本地)代码。它们被 Java 中的本地方法(native method)很好地分开了。显然,在没有加载共享目标库文件的情况下,你不能仅使用 Java 部分来运行 Java 程序并调用 C 函数。我们给出了必要的步骤和源代码来实现这一点,并运行 Java 程序来加载共享目标库,实现对其函数的成功调用。

JVM 使用 Java 本地接口(Java Native Interface,JNI)来加载共享目标库。注意,JNI 不是 Java 编程语言的一部分;相反,它是 JVM 规范的一部分,因此导入的共享目标库可以在所有 JVM 语言(比如 Scala)中使用。

在下面的段落中,我们将展示如何使用 JNI 加载我们的共享目标库文件。

如前所述,JNI 使用本地方法。本地方法在 Java 中没有任何定义;它们的实际定义是用 C 或 C++编写的,并且它们驻留在外部共享库中。换句话说,本地方法是 Java 程序与 JVM 外部通信的端口。下面的代码显示了一个包含许多静态本地方法的类,它应该公开我们的栈库所提供的功能:

```
package com.packt.extreme_c.ch21.ex1;

class NativeStack {

    static {
        System.loadLibrary("NativeStack");
    }
    public static native long newStack();
    public static native void deleteStack(long stackHandler);

    public static native void ctor(long stackHandler, int maxSize);
    public static native void dtor(long stackHandler);

    public static native int size(long stackHandler);

    public static native void push(long stackHandler, byte[] item);
    public static native byte[] pop(long stackHandler);
```

```
    public static native void clear(long stackHandler);
}
```

代码框 21 - 9[java/src/com/packt/extreme_c/ch21/ex1/Main.java]:NativeStack 类

正如方法名称所暗示的一样,它们对应于我们这个 C 栈库中的函数。注意第一个操作数是一个 long 变量,它包含从本地库中读取的本地地址,并作为指针传递给其他方法来表示栈实例。注意,为了编写前面的类,我们不需要事先有一个完全工作的共享目标文件。我们唯一需要的是定义这个栈 API 所需的声明列表。

前面的类中也有一个**静态构造函数**(static constructor)。构造函数加载位于文件系统上的共享目标库文件,并尝试将本地方法与在该共享目标库中找到的符号相匹配。注意,上面的共享目标库不是 libcstack. so。换句话说,这不是我们为栈库生成的共享目标文件。JNI 有一个非常精确的方法来查找对应于本地方法的符号。因此,我们不能使用定义在 libcstack. so 中的符号;相反,我们需要创建 JNI 正在寻找的符号,然后从那里使用我们的栈库。

目前关于以上的说明可能还有点不清楚,但在下一节将澄清这一点,并给出实现。现在继续 Java 部分,我们仍然需要添加更多的 Java 代码。

下面是一个名为 Stack〈T〉的通用 Java 类,它包装了 JNI 公开的本地方法。通用 Java 类可以看作是 C++中模板类的孪生概念。它们用于指定一些可以对其他类型进行操作的通用类型。

在 Stack〈T〉类中可以看到,有一个来自 Marshaller〈T〉类型的 marshaller 对象,这个对象用于将该方法的输入参数(从类型 T 中)序列化和反序列化,以便将它们放入到底层 C 栈中,或者从底层 C 栈中恢复出来:

```
interface Marshaller< T> {

    byte[] marshal(T obj);

    T unmarshal(byte[] data);
}

class Stack< T> implements AutoCloseable {
    private Marshaller< T> marshaller;
    private long stackHandler;

    public Stack(Marshaller< T> marshaller) {
        this.marshaller = marshaller;
```

```
            this.stackHandler = NativeStack.newStack();
            NativeStack.ctor(stackHandler, 100);
        }

        @ Override
        public void close() {
            NativeStack.dtor(stackHandler);
            NativeStack.deleteStack(stackHandler);
        }

        public int size() {
            return NativeStack.size(stackHandler);
        }

        public void push(T item) {
            NativeStack.push(stackHandler, marshaller.marshal(item));
        }

        public T pop() {
            return marshaller.unmarshal(NativeStack.pop(stackHandler));
        }

        public void clear() {
            NativeStack.clear(stackHandler);
        }
    }
```

代码框 21-10[java/src/com/packt/extreme_c/ch21/ex1/Main. java]：Stack⟨T⟩类和 Marshaller⟨T⟩接口

关于上述代码，以下几点似乎值得注意：

- 类 Stack⟨T⟩是通用类。这意味着它的不同实例可以操作不同的类，比如 String、Integer、Point 等，但是每个实例只能操作实例化时指定的类型。

- 在底层栈中存储任何数据类型的能力，要求栈能使用外部 marshaller 来执行对象的序列化和反序列化。C 栈库能够在栈数据结构中存储字节数组，愿意使用 C 栈库功能的高级语言应该能够通过序列化输入对象来提供字节数组。稍后可以看到 String 类的 Marshaller 接口实现。

- 使用构造函数注入 Marshaller 实例。这意味着我们应该拥有一个已经创建的 marshaller 程序实例，该实例兼容通用类 T。

- Stack⟨T⟩类实现了 AutoCloseable 接口。这意味着它拥有一些本地资源，应该在破坏时被释放出来。请注意，实际的栈是在本地代码中创建的，而不是在 Java 代码中创建的。因此，当不再需要栈时，JVM 的垃圾收集器（garbage collector）无法释放栈。AutoCloseable 对象可以作为具有特定作用域的资源使用，当不再需要它们时，它们的

close 方法将被自动调用。我们很快就会看到如何在测试场景中使用上述的类。

- 代码中有构造函数方法,而且使用本地方法初始化了底层栈。我们将 stack 的处理句柄保存为这个类的一个 long 域。注意,与 C++不同,类中没有析构函数。因此,有可能会不释放底层栈,最终导致内存泄漏。这就是为什么我们把这个类标记为 Auto-Closeable 的原因。当不再需要一个 AutoCloseable 对象时,会调用它的 close 方法。在前面的代码中可以看到,我们从 C 栈库调用析构函数来释放 C 栈分配的资源。

 一般来说,在 Java 对象上,用垃圾收集器来调用**终结方法**(finalizer method)是不可信的,使用 AutoCloseable 资源是管理本地资源的正确方式。

下面是 StringMarshaller 的实现。由于 String 类在处理字节数组上的功能强大,因此实现非常简单:

```
class StringMarshaller implements Marshaller< String> {

    @ Override
    public byte[] marshal(String obj) {
        return obj.getBytes();
    }

    @ Override
    public String unmarshal(byte[] data) {
        return new String(data);
    }
}
```

代码框 21-11[java/src/com/packt/extreme_c/ch21/ex1/Main.java]:StringMarshaller 类

以下代码是 Main 类,它包含了通过 Java 代码演示 C 栈功能的测试场景:

```
public class Main {
    public static void main(String[] args) {
        try (Stack< String> stack = new Stack< > (new StringMarshaller())) {
            stack.push("Hello");
            stack.push("World");
            stack.push("!");
            System.out.println("Size after pushes: " + stack.size());
            while (stack.size() > 0) {
                System.out.println(stack.pop());
            }
            System.out.println("Size after pops: " + stack.size());
            stack.push("Ba");
```

```
                    stack.push("Bye!");
                    System.out.println("Size after before clear: " + stack.size());
                    stack.clear();
                    System.out.println("Size after clear: " + stack.size());
                }
            }
        }
```

代码框 21－12〔java/src/com/packt/extreme_c/ch21/ex1/Main.java〕：Main 类，包含检查 C
栈库功能的测试场景

可以看到，在 try 块中创建并使用了引用变量 stack。这种语法通常被称为 try-with-re-sources①，它是作为 Java 7 的一部分引入的功能。当 try 块完成时，在资源对象上调用 close 方法，然后释放底层栈。测试场景与我们在前一节中为 C＋＋编写的场景相同，但这次使用 Java 编写。

在本节中，我们介绍了 Java 部分和导入本地部分所需的所有 Java 代码。上面的所有源代码都可以编译，但是还不能运行它们，因为还需要本地部分。只有把它们放在一起才能产生一个可执行程序。在下一节中，我们将讨论编写本地部分时应该采取的步骤。

21.5.2　编写本地部分

我们在上一节中介绍的最重要的东西是本地方法的思想。本地方法在 Java 中声明，但是它们的定义驻留在 JVM 之外的共享目标库中。那么，JVM 是如何在加载的共享目标文件中找到本地方法的定义的呢？答案很简单：通过在共享的目标文件中查找某些符号名称。JVM 根据每个本地方法的各种属性（如包、包含的类及其名称）提取一个符号名。然后，它在已加载的共享目标库中查找该符号，如果找不到，就会给出一个错误。

基于我们在上一节中建立的内容，JVM 强制我们为已加载的共享目标文件中的函数使用特定的符号名。但在创建 stack 库时，我们并没有使用任何特定的约定。因此，JVM 将无法从栈库中找到公开的函数，我们必须想出另一种方法。一般来说，编写 C 库时也不会假定它要在 JVM 环境中使用。

图 21－1 展示了我们如何使用中间的 C 或 C＋＋库来黏合 Java 部分和本地部分。我们给 JVM 提供它所需的符号，对于表示这些符号的函数而言，我们将对它们的调用委托

---

　　① 　译者注：try-with-resources 语句是一种声明了一种或多种资源的 try 语句。资源是指在程序用完了之后必须要关闭的对象。try-with-resources 语句保证了每个声明了的资源在语句结束的时候都会被关闭。

给 C 库中正确的函数。这基本上就是 JNI 的工作方式。

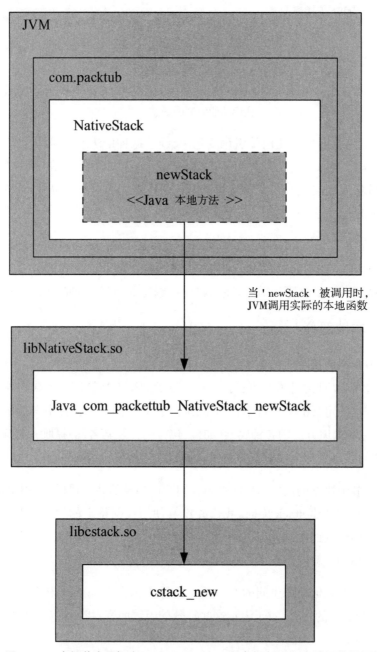

图 21‑1　中间共享目标库 **libNativeStack. so** 用来将在 Java 中的函数调用委托给
　　　　实际的底层 C 栈库 **libcstack. so**

我们用一个想象的例子来解释这个过程。假设我们想从 Java 调用 C 函数 func,函数的定义可以在共享对象文件 libfunc. so 中找到。在 Java 部分中,我们也有一个类 Clazz,它对应有一个本地函数 doFunc。我们知道 JVM 在查找本地函数 doFunc 的定义时,会查找符号 Java_Clazz_doFunc。我们创建了一个中间共享目标库 libNativeLibrary. so,它包含了一个与 JVM 正在寻找的符号完全相同的函数。然后,在这个函数中,我们调用 func 函数。我们可以说这个函数 Java_Clazz_doFunc 充当了中继,并将调用委托给底层 C 库,最终委托给 func 函数。

为了与 JVM 符号名称保持一致,Java 编译器通常会根据 Java 代码中的本地方法生成一个 C 头文件。这样,只需要编写头文件中找到的那些函数定义。这可以防止我们在 JVM 最终要查找的符号名称上出现错误。

下面的命令演示了如何编译 Java 源文件,以及如何要求编译器为在其中找到的本地方法生成头文件。这里,我们将编译我们唯一的 Java 文件 Main. java,其中包含前面代码框中引入的所有 Java 代码。请注意,当运行以下命令时,我们应该在本章的根目录中:

```
$ cd java
$ mkdir - p build/headers
$ mkdir - p build/classes
$ javac - cp src - h build/headers - d build/classes \
src/com/packt/extreme_c/ch21/ex1/Main.java
$ tree build
build
├─── classes
│     └─── com
│           └─── packt
│                 └─── extreme_c
│                       └─── ch21
│                             └─── ex1
│                                   ├─── Main.class
│                                   ├─── Marshaller.class
│                                   ├─── NativeStack.class
│                                   ├─── Stack.class
│                                   └─── StringMarshaller.class
└───headers
      └─── com_packt_extreme_c_ch21_ex1_NativeStack.h

7 directories, 6 files
$
```

Shell 框 21 - 11:编译 Main. java,为文件中的本地方法生成头文件如前面的 Shell 框所示,我们传递了选项-h 给 javac(Java 编译器)。我们还指定了一个所有头文件都应该进入的目录。工具 tree 以树状格式显示了 build 目录的内容。注意显示出来的. class 文件。它们包含了 Java 字节码,这些代码在要把这些类加载到 JVM 实例时使用。

除了类文件,build 目录中还有头文件 com_packt_extreme_c_ch21_ex1_NativeStack. h,它包含了 NativeStack 类本地方法相应的 C 函数声明。

如果打开这个头文件,将看到类似代码框 21 - 13 的内容。它有许多函数声明,它们的名字又长又奇怪,每一个都由包名、类名和相应的本地方法名组成:

```
/* 不要编辑这个文件- 它是机器生成的* /
# include < jni.h>
/* 类 com_packt_extreme_c_ch21_ex1_NativeStack 需要的头文件* /

# ifndef _Included_com_packt_extreme_c_ch21_ex1_NativeStack
# define _Included_com_packt_extreme_c_ch21_ex1_NativeStack
# ifdef __cplusplus
extern "C" {
# endif
/*
* 类: com_packt_extreme_c_ch21_ex1_NativeStack
* 方法: newStack
* 签名: ()J
* /
JNIEXPORT jlong JNICALL Java_com_packt_extreme_1c_ch21_ex1
_NativeStack_newStack
    (JNIEnv * , jclass);

/*
    * 类: com_packt_extreme_c_ch21_ex1_NativeStack
    * 方法: deleteStack
    * 签名: (J)V
    * /
JNIEXPORT void JNICALL Java_com_packt_extreme_1c_ch21_ex1_
NativeStack_deleteStack
    (JNIEnv * , jclass, jlong);

...
...
...

# ifdef __cplusplus
}
# endif
```

```
# endif
```
代码框 21-13:生成的 JNI 头文件的(不完整的)内容

前面头文件中,声明的函数携带有符号名,这些符号名在 JVM 为本机方法加载相应的 C 函数时会去查找。我们已经修改了前面的头文件,使用宏使其紧凑,以便将所有函数声明放在一个更小的区域中。如在代码框 21-14 中所示:

```
//文件名:NativeStack.h
//描述:修改后的 JNI 头文件

# include < jni.h>

# ifndef _Included_com_packt_extreme_c_ch21_ex1_NativeStack
# define _Included_com_packt_extreme_c_ch21_ex1_NativeStack

# define JNI_FUNC(n) Java_com_packt_extreme_1c_ch21_ex1_NativeStack_# #

# ifdef __cplusplus
extern "C" {
# endif

JNIEXPORT jlong JNICALL JNI_FUNC(newStack)(JNIEnv*  , jclass);
JNIEXPORT void JNICALL JNI_FUNC(deleteStack)(JNIEnv*  , jclass, jlong);

JNIEXPORT void JNICALL JNI_FUNC(ctor)(JNIEnv*  , jclass, jlong, jint);
JNIEXPORT void JNICALL JNI_FUNC(dtor)(JNIEnv*  , jclass, jlong);

JNIEXPORT jint JNICALL JNI_FUNC(size)(JNIEnv*  , jclass, jlong);

JNIEXPORT void JNICALL JNI_FUNC(push)(JNIEnv*  , jclass, jlong, jbyteArray);
JNIEXPORT jbyteArray JNICALL JNI_FUNC(pop)(JNIEnv*  , jclass, jlong);

JNIEXPORT void JNICALL JNI_FUNC(clear)(JNIEnv*  , jclass, jlong);

# ifdef __cplusplus
}
# endif
# endif
```
代码框 21-14[java/native/NativeStack.h]:生成的 JNI 头文件的修改版本

可以看到,我们创建了一个新的宏 JNI_FUNC,它把所有声明中函数名称的共同部分的很大一部分都剔除了。为了使头文件更加紧凑,我们还删除了注释。

我们将在头文件和下面的源文件中使用这个宏 JNI_FUNC,如代码框 21-15 所示。

注:
修改生成的头文件是不可接受的行为。我们这样做是出于示范教学目的。在真实的构建环境中,希望不经任何修改,直接使用生成的文件。

代码框 21 - 15 是上述函数的定义。这些定义只是将对 C 栈库中包含的底层 C 函数的调用传递了过来：

```
# include < stdlib.h>

# include "NativeStack.h"
# include "cstack.h"

void defaultDeleter(value_t* value) {
    free_value(value);
}

void extractFromJByteArray(JNIEnv* env,jbyteArray byteArray,value_t* value)
{
    jboolean isCopy = false;
    jbyte* buffer = env- > GetByteArrayElements(byteArray, &isCopy);
    value- > len = env- > GetArrayLength(byteArray);
    value- > data = (char* )malloc(value- > len * sizeof(char));
    for (size_t i = 0; i < value- > len; i+ + ) {
        value- > data[i] = buffer[i];
    }
    env- > ReleaseByteArrayElements(byteArray, buffer, 0);
}

JNIEXPORT jlong JNICALL JNI_FUNC(newStack)(JNIEnv* env,jclass clazz) {
    return (long)cstack_new();
}

JNIEXPORT void JNICALL JNI_FUNC(deleteStack)(JNIEnv* env,jclass
                            clazz, jlong stackPtr) {
    cstack_t* cstack = (cstack_t* )stackPtr;
    cstack_delete(cstack);
}

JNIEXPORT void JNICALL JNI_FUNC(ctor)(JNIEnv * env, jclass clazz,
                            jlong stackPtr, jint maxSize) {
    cstack_t* cstack = (cstack_t* )stackPtr;
    cstack_ctor(cstack, maxSize);
}

JNIEXPORT void JNICALL JNI _ FUNC (dtor) (JNIEnv *  env, jclass clazz, jlong
stackPtr) {
    cstack_t* cstack = (cstack_t* )stackPtr;
    cstack_dtor(cstack, defaultDeleter);
}

JNIEXPORT jint JNICALL JNI _ FUNC (size) (JNIEnv *  env, jclass clazz, jlong
stackPtr) {
    cstack_t* cstack = (cstack_t* )stackPtr;
```

```
        return cstack_size(cstack);
    }

JNIEXPORT void JNICALL JNI_FUNC(push)(JNIEnv* env, jclass clazz,
                              jlong stackPtr, jbyteArray item) {
    value_t value;
    extractFromJByteArray(env, item, &value);

    cstack_t* cstack = (cstack_t* )stackPtr;
    bool_t pushed = cstack_push(cstack, value);
    if (! pushed) {
        jclass Exception = env->FindClass("java/lang/Exception");
        env->ThrowNew(Exception, "Stack is full!");
    }
}

JNIEXPORT jbyteArray JNICALL JNI_FUNC(pop)(JNIEnv* env, jclass clazz,
                              jlong stackPtr) {
    value_t value;
    cstack_t* cstack = (cstack_t* )stackPtr;
    bool_t popped = cstack_pop(cstack, &value);
    if (! popped) {
        jclass Exception = env->FindClass("java/lang/Exception");
        env->ThrowNew(Exception, "Stack is empty!");
    }
    jbyteArray result = env->NewByteArray(value.len);
    env->SetByteArrayRegion(result, 0,value.len, (jbyte* )value.data);
    defaultDeleter(&value);
    return result;
}

JNIEXPORT void JNICALL JNI_FUNC(clear)(JNIEnv* env, jclass clazz, jlong
stackPtr) {
    cstack_t* cstack = (cstack_t* )stackPtr;
    cstack_clear(cstack, defaultDeleter);
}
```

代码框 21 - 15[java/native/NativeStack.cpp]在 JNI 头文件中声明的函数定义

前面的代码是用 C++ 编写的。也可以用 C 编写定义。唯一需要注意的是在 push 和 pop 函数中从 C 字节数组到 Java 字节数组的转换。已添加了 extractFromJByteArray 这个函数，从 Java 部分接收到的 Java 字节数组中创建 C 字节数组。

下面的命令将在 Linux 中创建中间共享目标文件 libNativeStack. so，该文件被 JVM 加载和使用。注意，在执行以下命令之前需要设置环境变量 JAVA_HOME：

```
$ cd java/native
$ g+ + - c - fPIC - I$ PWD/../.. - I$ JAVA_HOME/include \
- I$ JAVA_HOME/include/linux NativeStack.cpp - o NativeStack.o
$ g+ + - shared - L$ PWD/../.. NativeStack.o - lcstack - o
libNativeStack.so
$
```

Shell 框 21 - 12：构建中间共享目标库 libNativeStack. so

可以看到，最终的共享目标文件链接到 C 栈库的共享目标文件 libcstack. so 上，这就意味着 libNativeStack. so 已加载了 libcstack. so 用于工作。因此，JVM 加载 libNativeStack. so 库，然后加载 libcstack. so 库，最终 Java 部分和本地部分可以协作，使得 Java 程序得以执行。

以下命令运行代码框 21 - 12 中所示的测试场景：

```
$ cd java
$ LD_LIBRARY_PATH= $ PWD/.. java - Djava.library.path= $ PWD/native \
    - cp build/classes com.packt.extreme_c.ch21.ex1.Main
Size after pushes: 3
!
World
Hello
Size after pops: 0
Size after before clear: 2
Size after clear: 0
$
```

Shell 框 21 - 13：运行 Java 测试场景

可以看到，我们向 JVM 传递了选项-Djava. library. path＝...。它指定了可以找到共享对象库的位置。我们已经指定了应该包含 libNativeStack. so 共享目标库的路径。

在本节中，我们展示了如何将本地 C 库加载到 JVM 中，并将其与其他 Java 源代码一起使用。同样的机制也可以应用于加载更大的由多个部分构成的本地库。

现在，我们来讨论 Python 的集成，看看如何在 Python 代码中使用 C 栈库。

21.6　与 Python 集成

Python 是一种**解释型**(interpreted)编程语言。这意味着 Python 代码是由一个称为**解释**

器(interpreter)的中间程序读取和运行的。如果我们要使用外部的本地共享库,则是由解释器加载该共享库,并使其可供 Python 代码使用的。Python 有一个用于加载外部共享库的专门框架,被称为 ctypes,我们将在本节中使用它。

使用 ctypes 来加载共享库的过程非常简单。它只需要加载库,并定义将要使用的函数的输入和输出。下面的类包装了与 ctypes 相关的逻辑,并使其可用于主要的 Stack 类。代码如下显示:

```python
from ctypes import *

class value_t(Structure):
    _fields_ = [("data", c_char_p), ("len", c_int)]

class _NativeStack:
    def __init__(self):
        self.stackLib = cdll.LoadLibrary(
            "libcstack.dylib" if platform.system() == 'Darwin'
            else "libcstack.so")

        # value_t make_value(char* , size_t)
        self._makevalue_ = self.stackLib.make_value
        self._makevalue_.argtypes = [c_char_p, c_int]
        self._makevalue_.restype = value_t

        # value_t copy_value(char* , size_t)
        self._copyvalue_ = self.stackLib.copy_value
        self._copyvalue_.argtypes = [c_char_p, c_int]
        self._copyvalue_.restype = value_t

        # void free_value(value_t* )
        self._freevalue_ = self.stackLib.free_value
        self._freevalue_.argtypes = [POINTER(value_t)]

        # cstack_t* cstack_new()
        self._new_ = self.stackLib.cstack_new
        self._new_.argtypes = []
        self._new_.restype = c_void_p

        # void cstack_delete(cstack_t* )
        self._delete_ = self.stackLib.cstack_delete
        self._delete_.argtypes = [c_void_p]

        # void cstack_ctor(cstack_t* , int)
        self._ctor_ = self.stackLib.cstack_ctor
        self._ctor_.argtypes = [c_void_p, c_int]

        # void cstack_dtor(cstack_t* , deleter_t)
        self._dtor_ = self.stackLib.cstack_dtor
```

```
        self._dtor_.argtypes = [c_void_p, c_void_p]

        # size_t cstack_size(cstack_t* )
        self._size_ = self.stackLib.cstack_size
        self._size_.argtypes = [c_void_p]
        self._size_.restype = c_int

        # bool_t cstack_push(cstack_t* , value_t)
        self._push_ = self.stackLib.cstack_push
        self._push_.argtypes = [c_void_p, value_t]
        self._push_.restype = c_int

        # bool_t cstack_pop(cstack_t* , value_t* )
        self._pop_ = self.stackLib.cstack_pop
        self._pop_.argtypes = [c_void_p, POINTER(value_t)]
        self._pop_.restype = c_int

        # void cstack_clear(cstack_t* , deleter_t)
        self._clear_ = self.stackLib.cstack_clear
        self._clear_.argtypes = [c_void_p, c_void_p]
```

代码框 21 - 16[python/stack.py]：与 ctypes 相关的代码，使栈库中的 C 函数对 Python 的其余部分可用

可以看到，Python 代码中需要使用的所有函数都放在类定义中。C 函数的句柄存储在类实例的私有字段中（私有字段的两边都有_），它们可以用来调用底层的 C 函数。注意，在上面的代码中，我们已经加载了 libcstack.dylib，因为我们现在是在 macOS 系统中。对于 Linux 系统，我们需要加载 libcstack.so。

下面的类是使用上述包装器类的主要 Python 组件。所有其他 Python 代码都使用这个类来拥有栈功能：

```
class Stack:
    def __enter__(self):
        self._nativeApi_ = _NativeStack()
        self._handler_ = self._nativeApi_._new_()
        self._nativeApi_._ctor_(self._handler_, 100)
        return self

    def __exit__(self, type, value, traceback):
        self._nativeApi_._dtor_(self._handler_, self._nativeApi_._freevalue_)
        self._nativeApi_._delete_(self._handler_)

    def size(self):
        return self._nativeApi_._size_(self._handler_)

    def push(self, item):
        result = self._nativeApi_._push_(self._handler_,
```

```
                self._nativeApi_._copyvalue_(item.encode('utf- 8'),len(i-
tem)));
        if result != 1:
            raise Exception("Stack is full!")
    def pop(self):
        value = value_t()
        result = self._nativeApi_._pop_(self._handler_, byref(value))
        if result != 1:
            raise Exception("Stack is empty!")
        item = string_at(value.data, value.len)
        self._nativeApi_._freevalue_(value)
        return item
    def clear(self):
        self._nativeApi_._clear_(self._handler_, self._nativeApi_._freevalue_)
```

代码框 21-17[python/stack.py]：Python 中的 Stack 类，使用从 Stack 库中加载的 C 函数

可以看到，Stack 类保留了对_NativeStack 类的引用，以便能够调用底层的 C 函数。注意，前面的类覆盖了__enter__和__exit__功能。这允许将该类用作资源类，并在 Python 中利用 with 语法来使用。稍后可以看到这个语法的用法。请注意，前面的栈类只对字符串项进行操作。

下面是测试场景，它非常类似于 Java 和 C++的测试场景：

```
if __name__ == "__main__":
    with Stack() as stack:
        stack.push("Hello")
        stack.push("World")
        stack.push("!")
        print("Size after pushes:" + str(stack.size()))
        while stack.size() > 0:
            print(stack.pop())
        print("Size after pops:" + str(stack.size()))
        stack.push("Ba");
        stack.push("Bye!");
        print("Size before clear:" + str(stack.size()))
        stack.clear()
        print("Size after clear:" + str(stack.size()))
```

代码框 21-18[python/stack.py]：这个测试场景是用 Python 编写的，使用的是 Stack 类

在前面的代码中可以看到 Python 的 with 语句。

在进入 with 块后，__enter__函数被调用，Stack 变量引用 Stack 类的实例。当离开 with

块时，__exit__ 函数被调用。这使我们有机会在不需要底层本地资源时释放它们,在本例中这些本地资源是 C 栈对象。

接下来将看到上述代码是如何运行的。请注意,所有的 Python 代码框都存在于同一个名为 stack.py 的文件中。在运行以下命令之前,需要进入本章的根目录:

```
$ cd python
$ LD_LIBRARY_PATH= $ PWD/..python stack.py
Size after pushes:3
!
World
Hello
Size after pops:0
Size before clear:2
Size after clear:0
$
```

Shell 框 21 - 14:运行 Python 测试场景

请注意,解释器应该能够找到并加载 C 栈共享库;因此,我们设置 LD_LIBRARY_PATH 环境变量指向包含实际共享库文件的目录。

在下一节中,我们将展示如何在 Go 语言中加载和使用 C 栈库。

21.7 与 Go 集成

Go 编程语言(或简称 Golang)与本地共享库很容易集成。它被认为是下一代的 C 和 C++编程语言,它也自称是一种系统编程语言。因此,我们希望在使用 Golang 时能够轻松地加载和使用本地库。

在 Golang 中,我们使用一个名为 cgo 的内置包来调用 C 代码并加载共享的目标文件。在下面的 Go 代码中,你将看到如何使用 cgo 包,并使用它来调用从 C 栈库文件中加载的 C 函数。它还定义了一个新类 Stack,这个类被其他 Go 代码用来使用 C 栈功能:

```
package main
/*
# cgo CFLAGS: - I..
# cgo LDFLAGS: - L.. - lcstack
# include "cstack.h"
* /
```

```
import "C"
import (
    "fmt"
)

type Stack struct {
    handler * C.cstack_t
}

func NewStack() * Stack {
    s := new(Stack)
    s.handler = C.cstack_new()
    C.cstack_ctor(s.handler, 100)
    return s
}

func (s * Stack) Destroy() {
    C.cstack_dtor(s.handler, C.deleter_t(C.free_value))
    C.cstack_delete(s.handler)
}

func (s * Stack) Size() int {
    return int(C.cstack_size(s.handler))
}

func (s * Stack) Push(item string) bool {
    value := C.make_value(C.CString(item), C.ulong(len(item) + 1))
    pushed := C.cstack_push(s.handler, value)
    return pushed = = 1
}

func (s * Stack) Pop() (bool, string) {
    value := C.make_value(nil, 0)
    popped := C.cstack_pop(s.handler, &value)
    str := C.GoString(value.data)
    defer C.free_value(&value)
    return popped = = 1, str
}

func (s * Stack) Clear() {
    C.cstack_clear(s.handler, C.deleter_t(C.free_value))
}
```

代码框 21 - 19［go/stack. go］:使用加载的共享目标文件 libcstack. so 的 Stack 类

为了使用 cgo 包,需要导入 C 包。它通过伪指令♯cgo 指定共享的目标库。我们已经指定了 libcstack. so 库文件作为指令♯cgo LDFLAGS:-L. .-lcstack 的一部分。请注意,CFLAGS 和 LDFLAGS 分别包含直接传递给 C 编译器和链接器的标记。

我们还指出了搜索共享目标文件的路径。之后，我们可以用 C 结构调用加载的本地函数。例如，我们已经使用 C. cstack_new()从栈库中调用相应的函数。使用 cgo 非常简单。注意，前面的 Stack 类只对字符串项有效。

下面的代码显示了用 Golang 编写的测试场景。注意，当退出 main 函数时，我们必须在 stack 对象上调用 Destroy 函数：

```
func main() {
    var stack = NewStack()
    stack.Push("Hello")
    stack.Push("World")
    stack.Push("!")
    fmt.Println("Stack size:", stack.Size())
    for stack.Size() > 0 {
        _, str := stack.Pop()
        fmt.Println("Popped > ", str)
    }
    fmt.Println("Stack size after pops:", stack.Size())
    stack.Push("Bye")
    stack.Push("Bye")
    fmt.Println("Stack size before clear:", stack.Size())
    stack.Clear()
    fmt.Println("Stack size after clear:", stack.Size())
    stack.Destroy()
}
```

代码框 21 - 20[go/stack. go]：用 Go 编写的测试场景，使用 Stack 类

下面的 Shell 框演示了如何构建和运行测试场景：

```
$ cd go
$ go build - o stack.out stack.go
$ LD_LIBRARY_PATH= $ PWD/.../stack.out
Stack size: 3
Popped>  !
Popped >  World
Popped >  Hello
Stack size after pops: 0
Stack size before clear: 2
Stack size after clear: 0
$
```

Shell 框 21 - 15：运行 Go 测试场景

与 Python 不同，在 Golang 中需要首先编译程序，然后运行它。此外，我们仍然需要设置

LD_LIBRARY_PATH 环境变量，以允许可执行文件定位 libcstack. so 库并加载它。

在本节中，我们展示了在 Golang 中如何使用 cgo 包以加载和使用共享目标库。由于 Golang 的行为就像一个对 C 代码的薄包装器，因此在加载和使用外部共享目标库上，它比 Python 和 Java 更容易。

21.8 总结

在本章中，我们讨论了 C 语言与其他编程语言的集成。主要有：

- 设计了一个 C 库，它公开了一些栈功能，如 push、pop 等。我们构建了这个库，并生成了一个供其他语言使用的共享目标库作为最终的输出。
- 讨论了 C++中的名字改编特性，以及在使用 C++编译器时，该如何在 C 语言代码中避免它。
- 为栈库编写了一个 C++包装器，可以加载库的共享目标文件，并在 C++中执行加载的功能。
- 继续为 C 库编写 JNI 包装器，并使用本地方法来实现这一点。
- 展示了如何用 JNI 编写本地代码，并将本地部分和 Java 部分连接在一起，最后运行一个使用 C 栈库的 Java 程序。
- 成功编写了 Python 代码，使用 ctypes 包来加载和使用库的共享目标文件。
- 最后使用 Golang 编写了一个程序，它在 cgo 包的帮助下能够加载库的共享目标文件。

下一章将讨论 C 语言的单元测试和调试。我们将介绍一些用于编写单元测试的 C 库。不仅如此，我们还将讨论 C 语言中的调试，以及现有一些可用来调试或监视程序的工具软件。

22

单元测试和调试

使用哪种编程语言或开发哪种类型的应用程序并不重要,重要的是应在将其交付给客户之前进行彻底的测试。

编写测试并不是什么新鲜事,时至今日,你几乎可以在每个软件项目中找到数百甚至数千个测试。如今,为软件编写测试是必须的,不建议在没有经过适当测试的情况下交付一段代码或一个特性。这就是为什么我们有专门的一章来讨论用 C 语言编写的软件的测试,以及目前为此目的而存在的各种软件库。

然而,测试并不是本章的唯一主题。我们还将讨论用于排除 C 程序故障的调试工具和技术。测试和调试从一开始就相互促进,一旦测试失败,就会进行一系列的检查,调试目标代码是常见的后续操作。

在本章中,我们将不讨论测试的原理,而是直接假设测试是好的。我们将简要介绍一些基本术语,以及开发人员编写可测试代码时应该遵循的指导原则。

本章共有两节。在第一节中,我们将讨论测试和可以在现代 C 语言开发中使用的软件库。本章的第二节将讨论调试,首先讨论各种类型的错误(bug),常见的包括内存问题、并发问题和性能问题等,为了成功地考察这些问题,还需要进一步的调试。

我们还将介绍 C(和 C++)中最常用的调试工具。本章的最终目标是让你了解可用于 C 语言的测试和调试实用程序,并为你提供一些有关它们的基本背景知识。

第一部分将向你介绍通用软件测试的基本术语。这些内容不是专用于 C 语言的,其思想和概念也可以应用于其他编程语言和技术。

22.1　软件测试

软件测试是计算机程序设计中一个重要的大课题,它有自己特定的术语与许多概念。本节,我们将介绍软件测试的基本知识,目的是定义一些在本章前半部分将要用到的术语。读者应该意识到这不是一个关于测试的完整内容,强烈建议读者进一步学习。

当涉及软件测试时,第一个出现在脑海中的问题是,我们在测试什么,这个测试是关于什么的? 一般来说,我们测试软件系统的某个方面,可以是**功能性**(functional)的也可以是**非功能性**(non-functional)的。换句话说,就是这个方面可能与系统的某个特定功能相关,或者在执行某个功能时与系统的某个特定变量相关。接下来,我们给出一些例子。

功能测试(functional testing)是测试已定义好的**功能需求**(functional requirements)中的一部分功能。这些测试提供特定的输入至**软件元素**(software element,如函数、模块、组件或软件系统),并期望它们能获得特定的输出。只有当预期输出被视为测试的一部分时,该测试才被认为是**通过**(passed)的。

非功能测试(non-functional testing)是测试关于软件元素(如函数、模块、组件或软件系统作为一个整体)完成特定功能的**质量水平**(quality level)。这些测试通常用来**测量**(measure)各种**变量**(variables),如**内存使用情况**(memory usage)、**完成时间**(time to completion)、**锁争用**(lock contention)和**安全级别**(level of security),并评估该元素完成工作的情况。只有当测量的变量在预期的范围内时,测试才会通过。对这些变量的**期望**(expectations)来自为系统定义的**非功能性需求**(non-functional requirements)。

除了功能性和非功能性测试之外,还存在不同的测试级别(levels)。这些级别的设计涵盖了一些相互正交的方面。其中一些方面是被测试元素的大小、测试的参与者,以及应该测试的功能的范围。

例如,元素的大小可以从最小的可能功能块(我们知道的函数,或者方法)到最大的可能功能块来定义,这种功能块可以是一个整体的软件系统。

下一节,我们将更深入地介绍这些级别。

测试级别

对于每个软件系统,可以考虑和计划以下测试级别。这些并不是现在所有的测试级别,你可以在其他参考文献中找到更多：

- 单元测试（unit testing）
- 集成测试（integration testing）
- 系统测试（system testing）
- 验收测试（acceptance testing）
- 回归测试（regression testing）

在**单元测试**（unit testing）中，我们测试一个功能单元。这个单元可以是一个执行特定工作的函数，或者是一组满足某个需求的函数，或者是一个有着最终实现特定功能目标的类，甚至是一个完成特定任务的组件。组件是软件系统的一部分，一般具有一组定义良好的功能，并可与其他组件结合成为整个软件系统。

在以组件为单元的情况下，我们将测试过程称为**组件测试**（component testing）。功能测试和非功能测试都可以在单元级别上完成。当测试一个单元时，该单元应该与它周围的单元相隔离，为了实现这一点，应该以某种方式模拟周围的环境。本章将以这一级别的测试为唯一的研究对象，我们将提供真实的代码来演示如何在 C 语言中进行单元测试和组件测试。

当许多单元结合在一起时，它们就形成了一个组件。在组件测试中，对组件要进行单独的隔离测试。但是当我们对这些组件进行分组时，我们需要不同级别的测试来检查特定组件组的功能或变量。这个级别的测试是**集成测试**（integration testing）。顾名思义，这个级别的测试检查某些组件的集成是否工作良好，它们结合在一起是否仍然满足系统定义的需求。

我们可在不同的级别上测试整个系统的功能。这将包含一个集成所有组件的完整集合。这样，我们就可以测试呈现在外的系统功能和系统变量是否符合为软件系统定义的需求。

我们在不同的级别上评估一个软件系统，从**公司**（stakeholder）或**最终用户**（end user）的角度来检查它是否符合为该系统定义的业务需求。这个级别的测试称为**验收测试**（acceptance testing）。尽管系统测试和验收测试都是关于整个软件系统的，但它们实际上是完全不同的。列举几个不同之处：

- 系统测试由开发人员和测试人员完成，但验收测试通常由最终用户或公司完成。

- 系统测试同时检查功能需求和非功能需求,但验收测试只做功能测试。
- 在系统测试中,通常使用一个预先准备好的数据集作为输入,但在验收测试中,需要向系统提供实时的实际数据。

以下链接很好地解释了所有的差异:https://www.javatpoint.com/acceptance-testing

在向一个软件系统引入一个改动时,软件系统需要检查当前的功能和非功能测试是否仍然处于良好的状态。这种测试要在不同的级别上完成,称为回归测试(regression testing)。回归测试的目的是确认引入变更后没有回归。作为回归测试的一部分,单元测试、集成测试和端到端(系统)测试的所有功能和非功能测试都将再次运行,以查看在更改之后是否有任何失败。

在本节中,我们介绍了不同级别的测试。在本章的其余部分,我们将讨论单元测试。下一节首先给出一个 C 语言示例并尝试为它编写测试用例。

22.2 单元测试

正如我们在前一节中解释的,作为单元测试的一部分,我们需要测试独立的单元,一个单元可以像函数一样小,也可以像组件一样大。在 C 语言中,它可以是一个函数或用 C 语言编写的整个组件。在 C++ 中也是同样情况,但是可以存在其他的单元,比如类等。

关于单元测试最重要的一点是单元应该被单独测试。例如,如果目标函数依赖于另一个函数的输出,我们就需要找到一种方法来单独测试目标函数。我们将用一个真实的例子来解释这一点。

例 22.1 打印小于 10 的偶数的阶乘,但采用的不是通常的方式。代码被规范地放在一个头文件和两个源文件中。这个例子涉及两个函数:其中一个函数生成小于 10 的偶数,另一个函数接收一个函数指针,并将其用作读取整数的源,最后计算其阶乘。

下面的代码框包含了函数声明的头文件:

```
# ifndef _EXTREME_C_EXAMPLE_22_1_
# define _EXTREME_C_EXAMPLE_22_1_

# include < stdint.h>
# include < unistd.h>
```

```
typedef int64_t (* int64_feed_t)();

int64_t next_even_number();

int64_t calc_factorial(int64_feed_t feed);

# endif
```

代码框 22 - 1[ExtremeC_examples_chapter22_1.h]：例 22.1 的头文件

可以看到，这个函数 calc_factorial 接受一个返回整数的函数指针。它将使用函数指针来读取整数并计算其阶乘。下面的代码是上述函数的定义：

```
# include "ExtremeC_examples_chapter22_1.h"

int64_t next_even_number() {
    static int feed = - 2;
    feed + = 2;
    if (feed > = 10) {
        feed = 0;
    }
    return feed;
}

int64_t calc_factorial(int64_feed_t feed) {
    int64_t fact = 1;
    int64_t number = feed();
    for (int64_t i = 1; i < = number; i+ + ) {
        fact * = i;
    }
    return fact;
}
```

代码框 22 - 2[ExtremeC_examples_chapter22_1.c]：例 22.1 中使用的函数的定义

函数 next_even_number 有一个内部静态变量，作为调用函数的反馈。注意，它永远不会超过 8，在那之后，它会回到 0。因此，你可以任意多次调用这个函数，并且永远不会得到一个大于 8 或小于 0 的数字。以下代码框是包含 main 函数的源文件内容：

```
# include < stdio.h>

# include "ExtremeC_examples_chapter22_1.h"

int main(int argc, char* * argv) {
    for (size_t i = 1; i < = 12; i+ + ){
        printf (" % \ n", calc_factorial (next_even_number));
    }
    return 0;
```

```
  }
```

代码框 22 - 3[ExtremeC_examples_chapter22_1_main.c]:例 22.1 的主函数

可以看到,main 函数共调用了函数 calc_function12 次,最后打印返回的阶乘。为了运行前面的示例,需要首先编译两个源文件,然后将它们对应的可重定位目标文件链接在一起。下面的 Shell 框包含构建和运行示例所需的命令:

```
$ gcc - c ExtremeC_examples_chapter22_1.c - o impl.o
$ gcc - c ExtremeC_examples_chapter22_1_main.c - o main.o
$ gcc impl.o main.o - o ex22_1.out
$ ./ex22_1.out
1
2
24
720
40320
1
2
24
720
40320
1
2
$
```

Shell 框 22 - 1:构建和运行例 22.1

为了编写上述函数的测试,首先做一些简单说明。可以看到,我们有两个函数(不包括 main 函数)。因此,这里有两个不同的单元,都是函数形式,它们应该分开并相互独立地进行测试;一个是 next_even_number 函数,另一个是 calc_factorial 函数。但是可以很清楚地看出,在 main 函数中 calc_factorial 函数依赖于 next_even_number 函数,人们可能认为这种依赖关系将使得要隔离 calc_factorial 功能比我们预期的要难很多。但事实并非如此。

事实上,calc_factorial 函数只依赖于 next_even_number 函数的**签名**(signature),而不依赖于它的定义。因此,可以用一个遵循相同签名的函数来替代 next_even_number,始终返回一个固定整数。换句话说,我们可以提供 next_even_number 的简化版本,只在测试用例(test cases)中使用。

那么,什么是测试用例呢? 如你所知,要测试特定单元时会有多种场景。最简单的例子是向某个单元提供各种输入,并期望得到预定的输出。在前面的例子中,我们可以向函数 calc_factorial 提供输入 0,并等着它输出 1。我们也可以提供−1 并等待输出 1。

每一种这样的场景都可以作为测试用例。因此,对于单个单元,我们可以有多个测试用例来处理该单元的所有不同边界情况。测试用例的集合称为**测试套件**(test suite)。在一个测试套件中的所有测试用例不一定与同一个单元相关。

我们首先为函数 next_even_number 创建一个测试套件。因为 next_even_number 可以很容易地单独测试,因此不需要做额外的工作。下面就是为函数 next_even_number 编写的测试用例:

```
# include < assert.h>

# include "ExtremeC_examples_chapter22_1.h"

void TESTCASE_next_even_number__even_numbers_should_be_returned () {
    assert(next_even_number () = = 0);
    assert(next_even_number () = = 2);
    assert(next_even_number () = = 4);
    assert(next_even_number () = = 6);
    assert(next_even_number () = = 8);
}

void TESTCASE_next_even_number__numbers_should_rotate() {
    int64_t number = next_even_number();
    next_even_number ();
    next_even_number ();
    next_even_number ();
    next_even_number ();
    int64_t number2 = next_even_number();
    assert(number= = number2);
}
```

代码框 22 - 4[ExtremeC_examples_chapter22_1__next_even_number__tests. c]:为 next_even_number 函数编写的测试用例

可以看到,在前面的测试套件中我们定义了两个测试用例。请注意,这里我使用了自己的习惯为上述测试用例命名;然而,这方面并没有标准。命名测试用例的全部目的是通过它的名称来了解测试用例的作用,更重要的是,当测试用例失败或需要修改时,可以很容易地在代码中找到它。

我用了大写 TESTCASE 作为函数名的前缀,使它们区别于其他普通函数。函数的名称也试图描述测试用例和它所解决的问题。

两个测试用例在最后都使用了 assert。这是所有测试用例函数在评估期望时所做的事情。如果 assert 圆括号内的条件不为真，则**测试运行器**（test runner，正在运行测试的程序）将退出并打印错误消息。不仅如此，测试运行器返回一个非零的**退出代码**（exit code），该代码指示一个或多个测试用例失败了。当所有测试都成功时，测试运行程序必须返回 0。

如果自己亲手运行一下这些测试用例，在上面两个场景中调用 next_even_number，并以此来理解它们是如何评估我们期望的，那就再好不过了。

现在，我们可以编写 calc_factorial 函数的测试用例了。为 calc_factorial 函数编写测试用例需要一个**存根函数**（stub function）作为返回测试输入的反馈。我们稍后解释什么是存根。

下面是三个测试用例，它们只对单元 calc_factorial 进行测试：

```
# include < assert.h>
# include "ExtremeC_examples_chapter22_1.h"

int64_t input_value = - 1;

int64_t feed_stub () {
    return input_value;
}

void TESTCASE_calc_factorial__fact_of_zero_is_one() {
    input_value = 0;
    int64_t fact = calc_factorial(feed_stub);
    assert(fact== 1);
}

void TESTCASE_calc_factorial__fact_of_negative_is_one() {
    input_value = - 10;
    int64_t fact = calc_factorial(feed_stub);
    assert(fact== 1);
}

void TESTCASE_calc_factorial__fact_of_5_is_120() {
    input_value = 5;
    int64_t fact = calc_factorial(feed_stub);
    assert( fact== 120);
}
```

代码框 22-5［ExtremeC_examples_chapter22_1__calc_factorial__tests. c］：为 calc_factorial 函数编写的测试用例

可以看到,我们为 calc_factorial 函数定义了三个测试用例。请注意 feed_stub 函数。它遵循了和 next_even_number 相同的约束条件,可以在代码框 22 - 2 中看到,但是它有一个非常简单的定义。它只返回存储在静态变量 input_value 中的值。变量可以在调用 calc_factorial 函数之前由测试用例设置。

使用前面的存根函数,我们可以隔离 calc_factorial 然后单独测试。同样的方法也适用于面向对象的编程语言,如 C++或 Java,在那些语言中可以定义**存根类**(stub class)和**存根对象**(stub object)。

在 C 语言中,一个**存根**(stub)是一个符合函数声明的定义,测试目标单元将使用它作为逻辑的一部分,更重要的是,存根没有复杂的逻辑,它只是返回一个值,在测试用例中使用。

在 C++中,存根仍然可以是符合函数声明的定义,或者是实现接口的类。在其他不能拥有独立函数的面向对象语言(例如 Java)中,存根只能是实现接口的类。那么,存根对象就是这种存根类的对象。请注意,在所有情况下,存根都应该有一个简单的定义,这个定义只能在测试中使用,而不能在发布产品中使用。

最后,我们需要能够运行测试用例。正如我们前面所说的,我们需要一个测试运行器来运行测试。因此,我们需要一个特定的源文件,其中包含一个接一个地逐次运行测试用例的 main 函数。以下代码框包含测试运行器的代码:

```c
# include < stdio.h>

void TESTCASE_next_even_number__even_numbers_should_be_returned ();
void TESTCASE_next_even_number__numbers_should_rotate ();

void TESTCASE_calc_factorial__fact_of_zero_is_one ();
void TESTCASE_calc_factorial__fact_of_negative_is_one ();
void TESTCASE_calc_factorial__fact_of_5_is_120 ();

int main(int argc, char* *  argv) {
    TESTCASE_next_even_number__even_numbers_should_be_returned ();
    TESTCASE_next_even_number__numbers_should_rotate ();
    TESTCASE_calc_factorial__fact_of_zero_is_one ();
    TESTCASE_calc_factorial__fact_of_negative_is_one ();
    TESTCASE_calc_factorial__fact_of_5_is_120 ();
    printf("All tests are run suceessfully.\n");
    return 0;
}
```

代码框 22 - 6[ExtremeC_examples_chapter22_1_tests. c]:例 22.1 中使用的测试运行器

只有当 main 函数中所有的测试用例都执行成功了，上面的代码才返回 0。为了构建测试运行器，我们需要运行以下命令。请注意，-g 选项将调试符号添加到最终的测试运行器的可执行文件中。执行**调试构建**(debug build)是构建测试最常见的方式，因为如果测试用例执行失败，我们立即需要精确的**栈跟踪**(stack trace)和进一步的调试信息，以便后续的排查。更重要的是 assert 语句通常会从**发布版本构建**(release build)中删除，但我们需要在测试运行器中执行它们：

```
$ gcc - g - c ExtremeC_examples_chapter22_1.c - o impel .o
$ gcc - g - c ExtremeC_examples_chapter22_1__next_even_number__ test .c - o
tests1.o
$ gcc - g - c ExtremeC_examples_chapter22_1__calc_factorial__tests.c - o
tests2.o
$ gcc - g - c ExtremeC_examples_chapter22_1_tests.c - o main.o
$ gcc impl.o tests1.o tests2.o main.o - o ex22_1_tests.out
$ ./ex22_1_tests.out
All tests are run suceessfully.
$ echo $ ?
0
$
```

Shell 框 22－2：构建并运行例 22.1 的测试运行程序

前面的 Shell 框表明所有测试都已通过。可以通过 echo $? 命令来检查测试运行器的退出代码，查看它是否返回零。

现在，如果在其中一个函数中做一个简单的更改，测试就会失败。让我们看看当改变 calc_factorial 后会发生什么：

```
int64_t calc_factorial(int64_feed_t feed) {
    int64_t fact = 1;
    int64_t number = feed();
    for (int64_t i = 1;i < = (number + 1);i+ + ){
        fact* = i;
    }
    return fact;
}
```

代码框 22－7：更改 calc_factorial 函数以使测试失败

使用前面的更改（如粗体显示），输入为 0 和负数的测试用例仍然可以通过，但是最后一个关于计算阶乘 5 的测试用例失败了。我们将再次构建测试运行器，下面是在 macOS 机器上执行的输出：

```
$ gcc - g - c ExtremeC_examples_chapter22_1.c - o impel .o
$ gcc - g - c ExtremeC_examples_chapter22_1_tests.c - o main.o
$ ./ ex22_1_tests.out
Assertionfailed:(fact == 120), function TESTCASE_calc_factorial__fact_of_5_
is_120,
file .../ 22.1 / ExtremeC_examples_chapter22_1__calc_factorial__test.c,
line 29.
Abort trap : 6
$ echo $ ?
134
$
```

Shell 框 22 - 3:在改变 calc_factorial 函数后构建并运行测试运行器

可以看到,输出中出现了 Assertion failed,退出代码变为 134。该退出代码通常由定期运行测试的系统(如 Jenkins)使用和报告,以检查测试是否成功运行。

作为一个经验法则,当有一个单元需要单独测试时,你需要找到一种方法来提供它的依赖变量作为某种输入。因此,单元本身应该以一种**可测试**(testable)的方式编写。并不是所有的代码都是可测试的,可测试性并不局限于单元测试,这一点非常重要。这个链接为如何编写可测试代码提供了很好的参考:https://blog. gurock. com/highly-testable-code/。

为了澄清上面的讨论,假设我们已经写了如下的 calc_factorial 函数,它直接使用 next_even_number 函数,而不是使用函数指针。请注意,在下面的代码框中,calc_factorial 函数没有接收函数指针参数,而是直接调用了 next_even_number 函数:

```
int64_t calc_factorial () {
    int64_t fact= 1;
    int64_t number = next_even_number();
    for (int64_t i = 1;i<= number;i++ ){
        fact* = i;
    }
    return fact;
}
```

代码框 22 - 8:更改 calc_factorial 函数的签名为不接受函数指针

上述代码是不容易测试的。不调用 next_even_number 就没有办法测试 calc_factorial——也就是说,作为最终可执行文件的一部分,不需要使用一些技巧来更改符号 next_even_number 背后的定义,就像我们在例 22.2 中所做的那样。

实际上,上述两个版本的 calc_factorial 函数做的是相同的事情,但是代码框 22-2 中的定义更具可测试性,因为我们可以单独测试它。编写可测试的代码并不容易,为了实现代码并使其具有可测试性,你应该始终仔细思考。

编写可测试代码通常需要做更多的工作。关于编写可测试代码的额外开销有各种各样的观点,但可以肯定的是,编写测试在时间和精力方面带来了一些额外的成本。但这种额外的成本肯定有很大的好处。如果没有对一个单元进行测试,那么随着时间的推移,对该单元有更多的更改,你将无法跟踪测试。

测试替身

用于模仿单元依赖关系的对象,被称为**测试替身**(test doubles)。在前面的例子中,在编写测试用例时,我们引入了存根函数。接下来,我们将引入另外两个测试替身:**模拟**(mock)函数和**假**(fake)函数。首先,让我们再次简要解释什么是存根函数。

在这一小部分中注意两件事。首先,关于这些测试替身的定义存在着无休止的争论,我们仅试图给出一个符合本章用法的正确定义。其次,我们只讨论与 C 语言相关的,所以这里没有对象的概念,我们讨论的都是函数。

当一个单元依赖于另一个函数时,它仅仅依赖于该函数的签名,因此该函数可以被一个新的函数取代。这个新函数,基于它可能具有的一些属性,可以称为存根、模拟函数或假函数。这些函数只是为了满足测试需求而编写的,它们不能在实际中使用。

我们将存根解释为一个非常简单的函数,通常只是返回一个常量值。正如在例 22.1 中所看到的,它间接地返回了一个仅由运行的测试用例设置的值。在下面的链接中,可以阅读到更多测试替身的内容:

https://en.wikipedia.org/wiki/Test_double

该链接中,存根被定义为为测试代码提供**间接输入**(indirect input)的东西。根据该定义,代码框 22-5 中的 feed_stub 函数就是一个存根函数。

模拟函数,或者更一般地作为面向对象语言一部分的模拟对象,可以通过指定特定输入的输出来进行操作。这样,就可以在运行测试逻辑之前,为某个输入设置模拟函数应该返回的内容,并且测试逻辑在运行期间,可以按照之前设置的方式进行操作。模拟对象通常也有预期结果,它们相应地执行所需的断言操作。上文的链接中也说明了,对于模拟对象,我们在运行测试之前设置预期结果。作为组件测试中的部分内容,我们将给出一个模拟函数的 C 语言示例。

最后,在运行测试中,假函数可以为真实的、可能很复杂的功能提供一个简化的实现。例如,你可以使用一些简化的内存存储,而不是真正的文件系统。再比如,在组件测试中,具有复杂功能的组件可以被虚假实现所替代。

在结束本节之前,我想讨论一下**代码覆盖**(code coverage)。理论上,所有单元都应该有相应的测试套件,每个测试套件都应该包含所有的测试用例,经过所有可能的代码分支。我们说过,这在理论上是可行的,但在实践中,通常只为一部分单元设计了测试单元。通常也没有能覆盖所有可能的代码分支的测试用例。

具有适当测试用例的单元比例称为代码覆盖率或**测试覆盖**(test coverage)率。比例越高,你就越容易获知那些不必要的修改。这些不受欢迎的修改通常不是由于糟糕的开发人员造成的。事实上,这些破坏性的修改通常是在某些人致力于修复漏洞或实现新功能代码时引入的。

在讨论了测试替身之后,下一节将讨论组件测试。

22.3　组件测试

正如我们在前一节中解释的那样,单元可以定义为单个函数、一组函数或整个组件。因此,组件测试是一种特殊类型的单元测试。在本节中,我们想定义一个假设的组件来作为例 22.1 的一部分,并将示例中的两个函数放入该组件中。请注意,组件通常会产生可执行文件或软件库。我们可以假设我们设想的组件会产生一个包含这两个函数的库。

如前所述,我们必须能够测试组件的功能。在本节中,我们仍然想要编写测试用例,但是本节和前一节的测试之间存在区别,这个区别就在于应该隔离的单元。在前一节中,我们有一些本应隔离的函数,但在本节中,我们有一个需要隔离的组件,它折中了两个共同工作的函数。因此,当这些函数一起工作时,必须对它们进行测试。

接下来的代码框是为例 22.1 中定义的组件编写的测试用例:

```
# include < assert.h>
```

```
# include "ExtremeC_examples_chapter22_1.h"

void TESTCASE_component_test__factorials_from_0_to_8() {
    assert(calc_factorial(next_even_number) = = 1);
    assert (calc_factorial (next_even_number) = = 2);
    assert (calc_factorial (next_even_number) = = 24);
    assert(calc_factorial (next_even_number) = = 720);
    assert (calc_factorial (next_even_number) = = 40320);
}

void TESTCASE_component_test__factorials_should_rotate() {
    int64_t number = calc_factorial(next_even_number);
    for (size_t i = 1; i< = 4; i+ + ){
        calc_factorial (next_even_number);
    }
    int64_t number2 = calc_factorial(next_even_number);
    assert(number= = number2);
}

int main(int argc, char* * argv) {
    TESTCASE_component_test__factorials_from_0_to_8();
    TESTCASE_component_test__factorials_should_rotate ();
    return 0;
}
```

代码框 22-9[ExtremeC_examples_chapter22_1_component_tests. c]：例 22.1 中，为假设的
组件编写的一些组件测试

可见，我们已经编写了两个测试用例。如前所述，假设的组件中，函数 calc_factorial 和
next_even_number 必须一起工作，同时可以看到，我们已经将 next_even_number 反馈给
了 calc_factorial。前面的测试用例和其他类似的测试用例应能保证组件正常工作。

为编写测试用例做基础性的准备需要大量的工作。因此，使用测试库来实现这个目的是
很常见的。这些库为测试用例提供了演练场：它们初始化每个测试用例，运行测试用例，
最后销毁测试用例。下一节，我们将讨论 C 语言中可用的两个测试库。

22.4　C 语言的测试库

在本节中，我们将演示两个著名的用于编写 C 程序测试的软件库。对 C 语言进行单元测
试，我们使用的库用 C 或 C++ 编写。这是因为我们可以很容易地集成它们，并直接在 C
或 C++ 测试环境中使用这些单元。本节的重点是用 C 进行单元测试和组件测试。

对于**集成测试**,我们可以自由选择其他编程语言。一般来说,集成测试和系统测试要复杂得多,因此我们需要使用一些自动化测试框架,以便更容易地编写测试,并在没有太多麻烦的情况下运行它们。一种自动化处理方法就是使用**领域特定语言**(domain-specific language,DSL),它可以更容易地编写测试场景,并使测试执行更简单。许多语言都可以用于此目的,Unix shell、Python、JavaScript 和 Ruby 等脚本语言是最受欢迎的语言。其他一些编程语言,如 Java,也在自动化测试中大量使用。

以下是一些众所周知的单元测试框架,可用来为 C 程序编写单元测试。可在以下链接查阅这些单元测试框架:

http://check. sourceforge. net/doc/check_html/check_2. html♯SEC3

- Chek(来自上述链接的作者)
- AceUnit
- GNU Autounit
- cUnit
- CUnit
- CppUnit
- CuTest
- embUnit
- MinUnit
- Google Test
- CMocka

在下面的几节中,我们将介绍两个流行的测试框架:用 C 语言编写的 CMocka 和用 C++编写的 Google Test。我们不会探索这些框架的所有特性,而只是让读者对单元测试框架有初步了解。强烈鼓励读者在这一领域进行进一步研究。

下一节,我们将使用 CMocka 为例 22.1 编写单元测试。

22.4.1　CMocka

CMocka 的第一个优点是它完全是用 C 语言编写的,而且它只依赖于 C 标准库——而不依赖于任何其他库。因此,可以使用 C 编译器来编译测试,测试环境非常接近实际的生产环境。CMocka 可以在 macOS、Linux 甚至 Microsoft Windows 等许多平台上使用。

CMocka 是 C 语言中单元测试的**实际**（de facto）框架，它支持**测试夹具**（test fixture）。测试夹具可以允许你在每个测试用例之前和之后初始化和清除测试环境。CMocka 还支持**函数模拟**（function mocking），这在试图模拟任何 C 函数时非常有用。提醒一下，可以配置模拟函数，在提供特定输入时返回特定值。我们将给出例子，来模拟例 22.2 中使用的标准函数 rand。

下面的代码框包含了我们在例 22.1 中看到的相同的测试用例，但这次是用 CMocka 编写的。我们将所有的测试用例放在一个文件中，这个文件有它自己的 main 函数：

```c
//使用 CMocka 必需的
# include < stdarg.h>
# include < stddef.h>
# include < setjmp.h>
# include < cmocka.h>

# include "ExtremeC_examples_chapter22_1.h"

int64_t input_value = - 1;

int64_t feed_stub () {
    return input_value;
}

void calc_factorial__fact_of_zero_is_one(void* * state) {
    input_value = 0;
    int64_t fact = calc_factorial(feed_stub);
    assert_int_equal(fact,1);
}

void calc_factorial__fact_of_negative_is_one(void* * state) {
    input_value = - 10;
    int64_t fact = calc_factorial(feed_stub);
    assert_int_equal(fact,1);
}

void calc_factorial__fact_of_5_is_120(void* * state) {
    input_value = 5;
    int64_t fact = calc_factorial(feed_stub);
    assert_int_equal(fact,120);
}

void next_even_number__even_numbers_should_be_returned(void* * state) {
    assert_int_equal (next_even_number (), 0);
    assert_int_equal (next_even_number (), 2);
    assert_int_equal (next_even_number (), 4);
    assert_int_equal (next_even_number (), 6);
```

```
        assert_int_equal (next_even_number (), 8);
    }

    void next_even_number__numbers_should_rotate(void* * state) {
        int64_t number = next_even_number();
        for (size_t i = 1;i < = 4; i+ + ){
            next_even_number ();
        }
        int64_t number2 = next_even_number();
        assert_int_equal(number, number2);
    }

    int setup(void* * state){
        return 0;
    }

    int tear_down(void* * state){
        return 0;
    }

    int main(int argc, char* * argv) {
        const struct CMUnitTest tests[] = {
            cmocka_unit_test(calc_factorial__fact_of_zero_is_one),
            cmocka_unit_test(calc_factorial__fact_of_negative_is_one),
            cmocka_unit_test(calc_factorial__fact_of_5_is_120),
            cmocka_unit_test(next_even_number__even_numbers_should_be_returned),
            cmocka_unit_test (next_even_number__numbers_should_rotate),
        };
        return cmocka_run_group_tests(tests, setup, tear_down);
    }
```

代码框 22 - 10[ExtremeC_examples_chapter22_1_cmocka_tests. c]：为例 22. 1 编写的 CMocka 测试用例

在 CMocka 中，每个测试用例都应该返回 void 并接收一个 void ＊＊ 参数。这个指针参数
将用于接收一条名为 state 的信息，这是测试用例专用的。在 main 函数中，我们创建一
个测试用例列表，最后调用 cmocka_run_group_tests 函数执行所有单元测试。

除了测试用例函数之外，还可以看到两个新函数：setup 和 tear_ down。这些函数称为测
试夹具。测试夹具在每个测试用例之前和之后都被调用，它们的职责是设置和销毁测试
用例。夹具 setup 在每个测试用例之前调用，夹具 tear_down 在每个测试用例之后调用。
请注意，这些名称是可选的，它们可以命名为任何名称，但我们使用 setup 和 tear_down
更能清晰地说明其功能。

我们之前编写的测试用例与使用 CMocka 编写的测试用例之间的另一个重要区别是使

用了不同的断言函数。这是使用单元测试框架的优点之一。作为测试库的一部分，断言函数的种类很多，它们可以提供关于失败的更多信息，而不像标准 assert 函数那样，只立即终止程序并不提供太多信息。可以看到，我们在前面的代码中使用了 assert_int_equal 来检查两个整数是否相等。

为了编译前面的程序，首先需要安装 CMocka。在基于 Debian 的 Linux 系统上，运行 sudo apt-get install libcmocka-dev 就可以完成安装，而在 macOS 系统上，则需要使用命令 brew install cmocka 进行安装。网上有很多帮助可以支持你完成安装过程。

安装 CMocka 之后，使用下面的命令来构建前面的代码：

```
$ gcc - g - c ExtremeC_examples_chapter22_1.c - o impel .o
$ gcc - g - c ExtremeC_examples_chapter22_1_cmocka_tests.c - o cmocka_tests.o
$ gcc impl.o cmocka_tests.o - l cmocka - o ex22_1_cmocka_tests.out
$ ./ ex22_1_cmocka_tests.out
[= = = = = = = = = =]Running 5 test(s).
[RUN      ]calc_factorial__fact_of_zero_is_one
[     OK] calc_factorial__fact_of_zero_is_one
[RUN      ]calc_factorial__fact_of_negative_is_one
[     OK] calc_factorial__fact_of_negative_is_one
[RUN      ]calc_factorial__fact_of_5_is_120
[     OK] calc_factorial__fact_of_5_is_120
[RUN      ]next_even_number__even_numbers_should_be_returned
[     OK]next_even_number__even_numbers_should_be_returned
[RUN]     next_even_number__numbers_should_rotate
[     OK]next_even_number__numbers_should_rotate
[= = = = = = = = = = ] 5 test(s) run.
[ PASSED   ] 5 test(s).
$
```

Shell 框 22 - 4：为例 22.1 构建并运行 CMocka 单元测试

可以看到，我们不得不使用-lcmocka 以便将前面的程序与安装的 CMocka 库链接起来。输出显示了测试用例名称和通过测试的数量。接下来，我们更改其中一个测试用例，使其执行失败。只需修改 next_even_number__even_numbers_should_be_returned 测试用例中的第一个断言：

```
void next_even_number__even_numbers_should_be_returned(void* * state) {
    assert_int_equal (next_even_number (), 1);
    ...
}
```

代码框 22 - 11：更改例 22.1 中的一个 CMocka 测试用例

现在,构建测试并再次运行它们:

```
$ gcc - g - c ExtremeC_examples_chapter22_1_cmocka_tests.c - o cmocka_tests.o
$ gcc impl.o cmocka_tests.o - lcmocka - o ex22_1_cmocka_tests.out
$ ./ ex22_1_cmocka_tests.out
[= = = = = = = = = = ]Running 5 test(s).
[RUN        ]calc_factorial__fact_of_zero_is_one
[      OK]calc_factorial__fact_of_zero_is_one
[RUN        ]calc_factorial__fact_of_negative_is_one
[      OK]calc_factorial__fact_of_negative_is_one
[RUN]        calc_factorial__fact_of_5_is_120
[      OK]calc_factorial__fact_of_5_is_120
[RUN        ] next_even_number__even_numbers_should_be_returned
[   ERROR  ]- - - 0 ! = 0x1
[   LINE     ]- - - .../ExtremeC_examples_chapter22_1_cmocka_tests.c:37:error:
Failuer!
[   FAILED  ]next_even_number__even_numbers_should_be_returned
[RUN]        next_even_number__numbers_should_rotate
[      OK]next_even_number__numbers_should_rotate
[= = = = = = = = = = ]5 test(s) run.
[   PASSED  ]4 test(s).
[   FAILED  ]1 test(s), listed below:
[   FAILED  ]next_even_number__even_numbers_should_be_returned

1 FAILED TEST(S)
$
```

Shell 框 22 - 5:修改一个 CMocka 单元测试后构建并运行它

在前面的输出中可以看到,一个测试用例执行失败了,并且日志中显示了失败的原因。它显示了一个整数相等断言的失败。我们前面解释了,使用 assert_int_equal 而不是普通的 assert 调用,允许 CMocka 在执行日志中打印有用的消息,而不仅仅是终止程序。

下一个示例使用 CMocka 的函数模拟特性。CMocka 允许你模拟一个函数,通过这种方式,在提供特定输入时可以检测函数以返回特定的结果。

在例 22.2 中,我们将演示如何使用模拟功能。在这个例子中,标准函数 rand 用于生成随机数。还有一个名为 random_boolean 的函数,根据 rand 函数返回值的奇偶性生成一个布尔值。在展示 CMocka 的模拟特性之前,我们要展示如何为 rand 函数创建存根。你可以看到,这个示例与例 22.1 不同。random_boolean 功能的声明如下:

```
# ifndef _extreme_c_example_22_2_
# define _extreme_c_example_22_2_
```

```
# define TRUE 1
# define FALSE 0

typedef int bool_t;

bool_t random_boolean ();

# endif
```

代码框 22 - 12[ExtremeC_examples_chapter22_2.h]：例 22.2 的头文件

下面的代码框包含了定义：

```
# include < stdlib.h>
# include < stdio.h>

# include "ExtremeC_examples_chapter22_2.h"

bool_t random_boolean() {
    int number =  rand();
    return (number % 2);
}
```

代码框 22 - 13[ExtremeC_examples_chapter22_2.c]：例 22.2 中，random_boolean 函数的定义

首先，我们不能让 random_boolean 在测试中使用实际的 rand 定义，因为正如它的名字所暗示的那样，它会生成随机数，并且我们不能在测试中使用随机元素。测试要检查预期的值，而预期值和所提供的输入必须是可预测的。更重要的是，rand 函数的定义是 C 语言标准库的一部分，例如 Linux 中的 glibc，为它使用存根函数并不像我们在例 22.1 中所做的那样容易。

在前面的例子中，我们可以很容易地将函数指针发送到存根定义。但是在这个例子中，我们直接使用 rand 函数。我们不能改变 random_boolean 的定义，因此必须想另一种方法来使用 rand 的存根函数。

为了使用 rand 函数的不同定义，在 C 语言中一种最简单的方法就是在最终目标文件中使用符号(symbol)。在得到的对象文件的符号表(symbol table)中，有一个 rand 的条目引用了 C 标准库中的实际定义。如果在我们的测试二进制文件中改变这个条目，使之指向 rand 函数的不同定义，那么，我们就可以很容易地将 rand 的定义替换为存根定义。

在下面的代码框中，可以看到我们是如何同时定义存根函数和测试的。这与我们在例子 22.1 中所做的非常相似：

```
# include < stdlib.h>

//使用 CMocka 必需的
# include < stdarg.h>
# include < stddef.h>
# include < setjmp.h>
# include < cmocka.h>

# include "ExtremeC_examples_chapter22_2.h"

int next_random_num =  0;

int __wrap_rand () {
    return next_random_num;
}

void test_even_random_number(void* *  state) {
    next_random_num =  10;
    assert_false (random_boolean ());
}

void test_odd_random_number(void* *  state) {
    next_random_num =  13;
    assert_true (random_boolean ());
}

int main(int argc, char* *  argv) {
    const struct CMUnitTest tests[] =  {
        cmocka_unit_test (test_even_random_number),
        cmocka_unit_test (test_odd_random_number)
    };
    return cmocka_run_group_tests(tests,NULL, NULL);
}
```

代码框 22－14［ExtremeC_examples_chapter22_2_cmocka_tests_with_stub.c］：使用存根
函数编写 CMocka 测试用例

可以看到，前面的代码主要遵循相同的模式，我们已经在代码框 22－10 中例 22.1 的
CMocka 测试中看到。构建上述文件并运行测试，预期结果是所有测试都失败，因为无论
如何定义存根函数，random_boolean 都会选择从标准库中读取 rand：

```
$ gcc - g - c ExtremeC_examples_chapter22_2.c - o imp .o
$ gcc - g - c ExtremeC_examples_chapter22_2_cmocka_tests_with_stub.c - o
tests.o
$ gcc impl.o tests.o - lcmocka - o ex22_2_cmocka_tests_with_stub.out
$ ./ ex22_2_cmocka_tests_with_stub.out
[========== ] Running 2 test(s).
[  RUN        ] test_even_random_number
```

```
[  ERROR     ] - - - random_boolean()
[   LINE     ] - - - ExtremeC_examples_chapter22_2_cmocka_tests_with_stub.c:
23:error:Failure!
[  FAILED    ] test_even_random_number
[ RUN        ] test_odd_random_number
[ ERROR      ] - - - random_boolean()
[ LINE       ] - - - ExtremeC_examples_chapter22_2_cmocka_tests_with_stub.c:
28:error: Failure!
[ FAILED     ] test_odd_random_number
[=========] 2 test(s) run.
[ PASSED     ] 0 test(s).
[ FAILED     ] 2 test(s), listed below:
[ FAILED     ] test_even_random_number
[ FAILED     ] test_odd_random_number

2 FAILED TEST(S)
$
```

Shell 框 22 - 6：构建例 22.2 并运行 CMocka 单元测试

现在是时候耍点小把戏，来改变可执行文件 ex22_2_cmocka_tests_with_stub.out 中 rand 符号背后的定义了。请注意，以下命令仅适用于 Linux 系统。我们这样做：

```
$ gcc impl.o tests.o - lcmocka - Wl,- - wrap= rand - o ex22_2_cmocka_tests_
with_stub.out
$ ./ex22_2_cmocka_tests_with_stub.out
[========= ] Running 2 test(s).
[ RUN        ] test_even_random_number
[        OK  ] test_even_random_number
[ RUN        ] test_odd_random_number
[        OK  ] test_odd_random_number
[========= ] 2 test(s) run.
[ PASSED     ] 2 test(s).
$
```

Shell 框 22 - 7：在包装 rand 符号后构建例 22.2 并运行 CMocka 单元测试

从输出中看到，这时不再调用标准的 rand 函数，相反，存根函数返回我们希望它返回的东西。调用函数 __wrap_rand 而不是标准 rand 函数的主要技巧在于，我们在 gcc 链接命令中使用了选项-Wl,--wrap＝rand。

请注意，此选项仅对 Linux 系统中的 ld 程序有效，在 macOS 或其他系统中使用 GNU 链接器以外的链接器时，必须使用其他像 inter-positioning 的技巧。

选项--wrap＝rand 指示链接器，在最终可执行文件的符号表中更新符号 rand 对应的条目,它将引用 __wrap_rand 函数的定义。请注意,这不是一个自定义名称,必须这样命名存根函数。这个函数 __wrap_rand 被称为**包装器函数**(wrapper function)。在更新符号表之后,任何对 rand 函数的调用都会导致调用 __wrap_func 函数。这可以通过查看最终测试二进制文件的符号表来验证。

除了更新符号表中的 rand 符号,链接器也会创建另一个条目。这个新条目具有符号 __real_rand,它引用的是标准 rand 函数的实际定义。因此,如果我们需要运行这个标准 rand,我们仍然可以使用函数名 __real_rand。为了调用包装器函数,这是符号表和其中的符号的一个很好的用法,尽管有些人不喜欢它,他们更喜欢预加载一个包装了实际 rand 函数的共享对象。无论使用哪种方法,最终都需要将对 rand 符号的调用重定向到另一个存根函数。

前面的机制将是演示 CMocka 中函数模拟如何工作的基础。如代码框 22-14 所示,我们不再使用全局变量 next_random_num,而可以使用模拟函数返回指定的值。接下来,你可以看到相同的 CMocka 测试,但使用一个模拟函数来读取测试输入:

```c
# include < stdlib.h>
//使用 CMocka 所必需的
# include < stdarg.h>
# include < stddef.h>
# include < setjmp.h>
# include < cmocka.h>
# include "ExtremeC_examples_chapter22_2.h"

int __wrap_rand () {
    return mock_type (int);
}

void test_even_random_number(void* * state) {
    will_return (__wrap_rand, 10);
    assert_false (random_boolean ());
}

void test_odd_random_number(void* * state) {
    will_return (__wrap_rand, 13);
    assert_true (random_boolean ());
}

int main (int argc, char* * argv) {
    const struct CMUnitTest tests[] = {
        cmocka_unit_test (test_even_random_number),
         cmocka_unit_test (test_odd_random_number)
```

```
      };
      return cmocka_run_group_tests(tests,NULL, NULL);
}
```

代码框 22-15[ExtremeC_examples_chapter22_2_cmocka_tests_with_mock.c]:使用模拟

函数编写 CMocka 测试用例

现在我们知道了包装器函数__wrap_rand 是被调用的,那就可以解释模拟的部分了。模拟功能由 will_return 和 mock_type 函数对提供。首先,应该调用 will_return,它指定模拟函数应该返回的值。然后,当模拟函数(本例中为__wrap_rand)被调用时,函数 mock_type 返回指定的值。

举例来说,利用 will_return(__wrap_rand,10)来令__wrap_rand 返回 10,当函数 mock_type 在__wrap_rand 中被调用时,就返回了 10。请注意,每一个 will_return 都必须与 mock_type 的调用配对;否则,测试就会失败。因此,无论由于任何原因没有调用__wrap_rand,测试都会失败。

作为本节的最后一个注意事项,前面代码的输出将与我们在 Shell 框 22-6 和 22-7 中看到的一样。此外,对于源文件 ExtremeC_examples_chapter22_2_cmocka_tests_with_mock.c,必须使用同样的命令来构建代码和运行测试。

本节,我们展示了如何使用 CMocka 库来编写测试用例、执行断言和编写模拟函数。下一节,我们将讨论 Google 测试,它是另一个可以用于单元测试 C 程序的测试框架。

22.4.2　Google 测试

Google 测试是一个 C++测试框架,可以用于 C 和 C++程序的单元测试。尽管是用 C++开发的,但它也可以用来测试 C 代码。有些人认为这是一种不好的做法,因为测试环境的设置并没有使用与生产环境相同的编译器和链接器。

在使用 Google 测试编写如例 22.1 的测试用例之前,需要对例 22.1 中的头文件稍加修改。下面是新的头文件:

```
# ifndef _EXTREME_C_EXAMPLE_22_1_
# define _EXTREME_C_EXAMPLE_22_1_

# include < stdint.h>
# include < unistd.h>

# if __cplusplus
```

```
    extern "C" {
    # endif

    typedef int64_t (*  int64_feed_t) ();

    int64_t next_even_number ();

    int64_t calc_factorial (int64_feed_t 饲料);

    # if __cplusplus
    }
    # endif

    # endif
```

代码框 22 - 16［ExtremeC_examples_chapter22_1. h］：例 22.1 中，修改头文件

可以看到，我们已经把声明放在 extern C{...}块中。我们只在宏_cplusplus 定义中做这些工作。这些改变仅仅意味着，当编译器是 C++的时候，我们希望在得到的对象文件中使符号**恢复原样**（unmangled），否则，当链接器试图找到**转换符号**（mangled symbols）的定义时，我们将会得到链接错误。如果不知道 C++的**名字改编**（name mangling），请参考第 2 章的最后一节。

现在，让我们继续使用 Google 测试编写测试用例：

```
//使用 Google Test 必需的
# include < gtest/gtest.h>
# include "ExtremeC_examples_chapter22_1.h"

int64_t input_value = - 1;

int64_t feed_stub () {
    return input_value;
}

TEST(calc_factorial, fact_of_zero_is_one) {
    input_value =  0;
    int64_t fact =  calc_factorial(feed_stub);
    ASSERT_EQ(fact,1);
}

TEST (calc_factorial, fact_of_negative_is_one) {
    input_value = - 10;
    int64_t fact =  calc_factorial(feed_stub);
    ASSERT_EQ(fact,1);
}

TEST (calc_factorial, fact_of_5_is_120) {
    input_value =  5;
```

```
    int64_t fact = calc_factorial(feed_stub);
    ASSERT_EQ(fact,120);
}

TEST(next_even_number, even_numbers_should_be_returned) {
    ASSERT_EQ(next_even_number(), 0);
    ASSERT_EQ (next_even_number (), 2);
    ASSERT_EQ (next_even_number (), 4);
    ASSERT_EQ (next_even_number (), 6);
    ASSERT_EQ (next_even_number (), 8);
}

TEST (next_even_number, numbers_should_rotate) {
    int64_t number = next_even_number();
    for (size_t i = 1; i< = 4; i+ + ){
        next_even_number ();
    }
    int64_t number2 = next_even_number();
        ASSERT_EQ(number,number2);
}

int main(int argc, char* * argv) {
    ::testing::InitGoogleTest(&argc, argv);
    return RUN_ALL_TESTS ();
}
```

代码框 22-17［ExtremeC_examples_chapter22_1_gtests. cpp］:使用 Google 测试编写例 22.1 的测试用例

测试用例使用了 TEST(…)宏。这是宏可以很好地用于形成 DSL 的一个例子。还有其他的宏,比如 TEST_F(…)和 TEST_P(…),这些都是 C++特有的。传递给宏的第一个参数是测试的类名(Google 测试是为面向对象的 C++编写的),它可以被认为是包含许多测试用例的测试套件。第二个参数是测试用例的名称。

请注意用于断言对象相等性的 ASSERT_EQ 宏,它不仅仅判断整数相等。在 Google 测试中有大量检测预期值的宏,这使得它成为一个完整的单元测试框架。最后一部分是 main 函数,它运行所有定义的测试。请注意,上面的代码应该使用与 C++ 11 兼容的编译器进行编译,例如 g++和 clang++。

以下命令用于构建上述代码。请注意这里使用 g++编译器,传递给它的选项是-std=c++11。这表明应该使用 C++ 11:

```
$ gcc - g - c ExtremeC_examples_chapter22_1.c - o impl.o
$ g+ + - std= c+ + 11 - g - c ExtremeC_examples_chapter22_1_gtests.cpp - o
gtests.o
```

```
$ g+ + impl.o gtests.o - lgtest - lpthread - o ex19_1_gtests.out
$ ./ ex19_1_gtests.out
[==========] Running 5 tests from 2 test suites.
[----------] Global test enrironment set- up.
[----------] 3 tests from calc_factorial
[ RUN      ] calc_factorial. fact_of_zero_is_one
[       OK ] calc_factorial.fact_of_zero_is_one (0 ms)
[ RUN      ] calc_factorial.fact_of_negative_is_one
[       OK ] calc_factorial.fact_of_negative_is_one (0 ms)
[ RUN      ] calc_factorial.fact_of_5_is_120
[       OK ] calc_factorial.fact_of_5_is_120 (0 ms)
[----------] 3 tests from calc_factorial (0 ms total)

[----------] 2 tests from next_even_number
[ RUN      ] next_even_number.event_numbers_should_be_returned
[      OK  ] next_even_number.even_numbers_should_be_returned(0ms)
[ RUN      ] next_even_number.numbers_should_rotate
[      OK  ] next_even_number.numbers_should_rotate (0 ms)
[--------  ] 2 tests from next_even_number (0 ms total)

[--------  ] Global test environment tear- down
[==========] 5 tests from 2 test suites ran. (1 ms total)
[  PASSED  ] 5 tests.
$
```

Shell 框 22 - 8：构建例 22.1 和运行 Google 测试单元测试

上面的输出与 CMocka 的输出类似，它表明已经通过了五个测试用例。让我们像对 CMocka 做的那样，改变相同的测试用例，打破测试套件：

```
TEST(next_even_number, even_numbers_should_be_returned) {
    ASSERT_EQ(next_even_number(),1);
    ...
}
```

代码框 22 - 18：更改用 Google 测试编写的一个测试用例

让我们再次构建测试并运行它们：

```
$ g+ + - std= c+ + 11 - g - c ExtremeC_examples_chapter22_1_gtests.cpp - o
gtests.o
$ g+ + impl.o gtests.o - lgtest - lpthread - o ex19_1_gtests.out
$ ./ ex19_1_gtests.out
[==========] Running 5 tests from 2 test suites.
[----------] Global test enrironment set- up.
[----------] 3 tests from calc_factorial
[ RUN      ] calc_factorial. fact_of_zero_is_one
```

```
[ OK         ] calc_factorial.fact_of_zero_is_one (0 ms)
[ RUN        ] calc_factorial.fact_of_negative_is_one
[        OK  ] calc_factorial.fact_of_negative_is_one (0 ms)
[ RUN        ] calc_factorial.fact_of_5_is_120
[        OK  ] calc_factorial.fact_of_5_is_120 (0 ms)
[---------   ] 3 tests from calc_factorial (0 ms total)

[---------   ] 2 tests from next_even_number
[ RUN        ] next_even_number.event_numbers_should_be_returned
.../ExtremeC_examples_chapter22_1_gtests.cpp:34: Failure
Expected equality of these values:
    next_even_number ()
        Which is:0
    1
[ FAILED     ] next_even_number.even_numbers_should_be_returned(0 ms)
[ RUN        ] next_even_number.numbers_should_rotate
[        OK  ] next_even_number.numbers_should_rotate (0 ms)
[--------    ] 2 tests from next_even_number (0 ms total)

[--------    ] Global test environment tear- down
[==========  ] 5 tests from 2 test suites ran. (0 ms total)
[ PASSED     ] 4 tests.
[ FAILED     ] 1 test, listed below:
[ FAILED     ] next_even_number.even_numbers_should_be_returned

 1 FAILED TEST
$
```

Shell 框 22-9：在修改一个测试用例后构建例 22.1 并运行 Google 测试单元测试

可以看到，和 CMocka 一样，Google Test 也打印出测试中断的位置，并显示一个有用的报告。Google 测试的最后一点需要说明的是，它支持测试夹具，但与 CMocka 支持的方式不同。测试夹具应该在**测试类**（test class）中定义。

> 注：
> 为了拥有模拟对象和模拟功能，可以使用 Google mock（或 gmock）库，但我们在本书中不作介绍。

本节，我们介绍了两个最著名的 C 语言单元测试库。在本章的下一部分，我们将深入调试这个主题，这当然是每个程序员都必须具备的技能。

22.5　调试

很多时候,一个测试或一组测试会失败;还有很多时候,你会发现错误(bug)。发生这两种情况,都是因为存在错误,需要找到根本原因并修复。这涉及许多次的调试以及对源代码的检查,以搜索错误的原因并安排修复。但是调试一个软件意味着什么呢?

注:

人们通常认为术语"调试"来自很久以前,那时计算机很庞大,以至于真正的臭虫(例如飞蛾)会出现在系统的机器内部,并导致工作故障。因此,一些被称为**抓虫人**(debugger)的人员就被派到硬件室中把臭虫从设备中清除掉。

查看以下链接,可以获得更多相关信息:

https://en.wikipedia.org/wiki/Debugging。

调试是一项调查性任务,需要通过查看程序内部和/或外部来找到所观察错误的根本原因。当运行一个程序时,通常把它看作一个黑盒。然而,当结果出现问题或执行被中断时,你需要更深入地了解内部情况,看看问题是如何产生的。这意味着你必须将程序作为一个白盒子来观察,里面所有的内容都要被审视。

这基本上就是一个程序可以有**发布**(release)和**调试**(debug)两个不同构建版本的原因:在发布版本构建中,重点是执行和功能,程序主要被视为一个黑盒,但在调试版本中,我们可以跟踪所有发生的事件,并将程序内部视为一个白盒。调试版本通常对于开发和测试环境很有用,而发布版本针对的是部署和生产环境。

为了得到调试版本,软件项目的所有产品,或者一组这样的产品,需要包含**调试**(debugging)符号,这可以使得开发人员跟踪和查看**栈轨迹**(stack trace)和程序的执行流。通常,一个发布产品(可执行程序或库)不适合用于调试目的,因为它不够透明,不能让观察者检查程序的内部结构。在第 4 章和第 5 章中,我们讨论了如何构建用于调试目的的 C 源代码。

对于程序的调试,我们主要使用调试器。调试器是附加在目标进程上的独立程序,主要用于控制或监视目标进程。虽然调试器是处理问题时调查用的主要工具,其他调试工具也可以用来研究内存、并发执行流或程序的性能。我们将在下面的章节中讨论这些工具。

大部分的错误是**可复现的**（reproducible），但也有一些错误在调试过程中无法复现或观察到；这主要是由于**观察者效应**（observer effect）。实际上就是，当你想要查看一个程序的内部时，你改变了它的工作方式，这可能会防止一些错误的发生。这类问题是灾难性的，而且通常很难修复，因为你不能使用调试工具来调查问题的根本原因！一些高性能环境中的线程错误可以归为这一类。

接下来，我们将讨论不同类型的错误。然后，介绍在现代 C/C＋＋程序开发中用来排查错误的工具。

22.5.1　错误分类

在客户使用的软件中，可能会报告数千个错误。但是如果你观察这些错误的类型，你会发现它们并不多。接下来，你可以看到一个错误类别列表，我们认为这些类别重要且需要特殊技能处理。当然，这个列表并不完整，我们还会遗漏其他类型的漏洞：

- **逻辑错误**（Logical bugs）：为了排查这些错误，需要知道代码和代码的执行流程。要查看程序的实际执行流，应将调试器附加到正在运行的进程上。只有这样，才能**跟踪**（traced）和分析执行流。在调试程序时也可以使用执行日志（execution log），特别是当调试符号在最终二进制文件中不可用时，或者调试器不能附加到程序的实际运行实例时。

- **内存错误**（Memory bugs）：这些错误与内存相关。它们的发生通常是由于悬空指针、缓冲区溢出、双重释放等等。这些错误应该使用**内存分析器**（memory profiler）来调查，它是专门观察和监控内存的调试工具。

- **并发错误**（Concurrency bugs）：在软件行业中，一些最难解决的错误总是来自多进程和多线程程序。为了检测竞争条件和数据竞争等特别困难的问题，需要使用**线程杀毒器**（thread sanitizer）等特殊工具。

- **性能缺陷**（Performance bugs）：新的开发可能会导致**性能下降**（performance degradation）或性能缺陷。应该通过更深入、更集中的测试以及调试来调查这些错误。执行日志包含了之前执行的带注释的历史数据，对于查找造成性能下降的准确更改非常有用。

在下面几节中，我们将讨论前面列表中介绍的各种工具。

22.5.2　调试器

我们在第 4 章中已经特别讨论了调试器 gdb,可以使用它来查看进程内存内部的情况。本节,我们将重新审视调试器,并描述它们在日常软件开发中的作用。以下是大多数现代调试器提供的常见特性列表:

- 调试器是一个程序,像所有其他程序一样,它作为一个进程运行。给定目标进程 ID,调试器进程可以附加到另一个进程。
- 调试器可以在成功附加后控制目标进程中指令的执行;因此,用户可以使用交互式的调试会话功能,暂停并继续目标进程中的执行流。
- 调试器可以看到进程受保护的内存内部。它们还可以修改内容,因此开发人员可以运行同一组指令,来故意更改内存内容。
- 如果在编译可重定位目标文件的源代码时提供了调试符号,那么几乎所有已知的调试器都可以从源代码追溯到指令。换句话说,当你暂停一条指令时,你可以转到源文件中相应的代码行。
- 如果在最终的目标文件中没有提供调试符号,调试器可以显示目标指令的反汇编代码,这仍然是有用的。
- 有些调试器是针对特定语言的,但大多数不是。**Java 虚拟机**(Java Virtual Machine,JVM)语言,如 Java、Scala 和 Groovy,必须使用 JVM 调试器来查看和控制 JVM 实例的内部结构。
- 像 Python 这样的解释型语言也有自己的调试器,可以用来暂停和控制脚本。而像 gdb 这样的低层调试器也可用于 JVM 或脚本语言,它们尝试调试 JVM 或解释进程,而不是执行 Java 字节码或 Python 脚本。

维基百科上提供了一个调试器的列表的链接:

https://en. wikipedia. org/wiki/List_of_debuggers

在这个列表中,以下调试器非常引人关注:

(1) **高级调试器**(Advanced Debugger, adb):默认的 Unix 调试器。根据实际的 Unix 实现,它有不同的实现版本。它已是 Solaris Unix 上的默认调试器。

(2) **GNU 调试器**(GNU Debugger, gdb):Unix 调试器的 GNU 版本,它是包括 Linux 在内的许多 Unix 类操作系统的默认调试器。

（3）**LLDB 调试器**：主要用于调试 LLVM 编译器产生的目标文件。

（4）**Python 调试器**：在 Python 中用于调试 Python 脚本。

（5）**Java 平台调试器体系结构**（JPDA）：它不是调试器，但它是一个 API，设计用于调试在 JVM 实例中运行的程序。

（6）**OllyDbg**：在 Microsoft Windows 中用于调试 GUI 应用程序的调试器和反汇编器。

（7）**Microsoft Visual Studio 调试器**：Microsoft Visual Studio 使用的主调试器。

除了 gdb 外，还可以使用 cgdb。cgdb 程序在 gdb 交互式 shell 旁边显示了一个终端代码编辑器，可以允许你更容易地在代码行之间移动。

本节，我们将调试器作为排查问题的主要工具进行讨论。下一节，我们将讨论内存分析器，它对于研究与内存相关的错误至关重要。

22.5.3　内存检查器

有时，当遇到与内存相关的错误或崩溃时，单靠调试器并没有多大帮助，需要另一个工具来检测内存损坏和对内存单元的无效读写。这个工具就是**内存检查器**（memory checker）或**内存分析器**（memory profiler）。它可以是调试器的一部分，但通常作为单独的程序使用，并且它检测内存错误行为的方式与调试器不同。

内存检查器通常具有以下特性：

- 报告各种内存资源的总量，包括分配的内存、释放的内存、使用的静态内存、堆分配、栈分配等等。
- 内存泄漏检测，这被认为是内存检查器提供的最重要的功能。
- 检测无效的内存读写操作，比如对缓冲区和数组的越界访问，对已经释放的内存区域的写入，等等。
- 检测内存双释放的问题。这种情况发生在程序试图释放一个已经释放的内存区域时。

到目前为止，我们已经在一些章节中，特别是在第 5 章中见过了像 Memcheck（Valgrind 的一个工具）这样的内存检查器，我们也曾在第 5 章中讨论了不同类型的内存检查器和内存分析器。在这里，我们想再次解释它们，并给出关于它们的更多细节。

虽然内存检查器做的事情都一样，但是它们用于监视内存操作的底层技术可能不同。因此，我们根据它们使用的技术对它们进行分组：

(1) **编译时覆盖**：为了应用实现了这种技术的内存检查器，需要对源代码做一些（通常是轻微的）更改，比如从内存检查器库中包含一个头文件。然后，需要再次编译二进制文件。有时，有必要将二进制文件链接到内存检查器提供的库。这样的优点是执行二进制文件时的性能下降小于其他技术，但缺点是需要重新编译二进制文件。**LLVM 地址杀毒器**（LLVM AddressSanitizer，ASan）、Memwatch、Dmalloc 和 Mtrace 都是使用这种技术的内存分析器。

(2) **链接时覆盖**：这组内存检查程序与前一组内存检查程序类似，但不同之处在于不需要更改源代码。相反，只需要将生成的二进制文件与内存检查器提供的库链接起来，并且不对源代码进行更改。gperftools 中的**堆检查器**（heap checker）实用程序可以用作链接时的内存检查器。

(3) **运行时拦截**：使用这种技术的内存检查器位于程序和操作系统之间，试图拦截和跟踪所有与内存相关的操作，并在看到任何的错误行为或无效访问时报告。它还可以根据分配和释放的全部内存块提供泄漏报告。使用这种技术的主要优点是，不需要为了使用内存检查器而重新编译或重新链接程序。最大的缺点是它给程序的执行带来了巨大的开销。此外，运行程序时的内存占用将比在没有内存检查器的情况下高得多。这绝对不是调试高性能嵌入式程序的理想环境。Valgrind 中的 Memcheck 工具可以用作运行时拦截式的内存检查器。这些内存分析器应该与代码库的调试构建一起使用。

(4) **预加载库**：一些内存检查器使用**内部定位**（inter-positioning）来包装标准内存函数。因此，通过使用 LD_PRELOAD 环境变量来预加载内存检查器的共享库，程序可以使用包装器函数，而且内存检查器可以拦截对底层标准内存函数的调用。gperftools 中的**堆检查器**（heap checker）实用程序可以这样使用。

通常，仅使用某种特定的工具是不能解决所有内存问题的，因为每种工具都有自己的优缺点，这就使得该工具必须结合特定的上下文使用。

在本节中，我们概述了可用的内存分析程序，并根据它们记录内存分配和回收时使用的技术对它们进行了分类。下一节，我们将讨论线程杀毒器。

22.5.4　线程调试器

线程杀毒器(thread sanitizer)或线程调试器(thread debugger)是用于调试多线程程序的程序,以便在程序运行时发现与并发相关的问题。它们可以发现以下问题:

- 数据竞争,以及在不同线程中读/写操作导致数据竞争的确切位置
- 错误使用线程 API,特别是 POSIX 兼容系统中的 POSIX 线程 API
- 可能的死锁
- 锁的排序问题(lock ordering issues)

线程调试器和内存检查器都可以将问题检测为误报(false prositives)。换句话说,它们可能发现并报告了一些问题,但经过调查后,才发现它们不是问题。这实际上取决于这些库用于跟踪事件并对该事件做出最终决定的技术。

下面是一些有名的线程调试器:

- Helgrind(来自 Valgrind):这是 Valgrind 内部的一个工具,主要用于线程调试。DRD 也是 Valgrind 工具包中的一个线程调试器。两者间的功能与差异可参考如下链接:

  http://valgrind.org/docs/manual/hg-manual.html

  http://valgrind.org/docs/manual/drd-manual.html

  和 Valgrind 的所有其他工具一样,使用 Helgrind 不需要修改源代码。为了运行 Helgrind,需要运行命令 valgrind--tool= helgrind[path-to-executable]。
- Intel Inspector:这是 Intel Thread Checker 的后继程序,执行线程错误和内存问题的分析。因此,它既是一个线程调试器,也是一个内存检查器。它不像 Valgrind 那样是免费软件,必须购买相关许可证才能使用该工具。
- LLVM 线程杀毒器(TSan):前面章节已介绍过,这是 LLVM 工具包的一部分,与 LLVM 地址杀毒器一道问世。为了使用这个调试器,需要在编译时进行一些轻微的修改,并且应该重新编译代码库。

  在本节中,我们讨论了线程调试器,并介绍了一些可用的线程调试器,以调试线程问题。下一节,我们将提供用于调优程序性能的程序和工具包。

22.5.5　性能分析器

有时,一组非功能测试的结果表明程序性能下降。有一组专门的工具来排查性能退化的

原因。本节，我们将简要介绍一些工具，这些工具可用于分析性能并发现性能瓶颈。

这些性能调试器通常提供以下特性的一个子集：

- 收集关于每个函数调用的统计信息
- 提供一个**函数调用图**（function call graph），用于跟踪函数调用
- 为每个函数调用收集与内存相关的统计信息
- 收集锁争用统计信息
- 收集内存分配/回收的统计信息
- 缓存分析，给出缓存使用统计数据，并显示对缓存不友好的部分代码
- 收集关于线程和同步事件的统计信息

下面是一些可以用于性能分析的最知名的程序和工具包：

- 谷歌性能工具（gperftools）：这实际上是一个 malloc 功能的有效实现，但正如其主页上所说，它提供了一些性能分析工具，例如已在前面的章节中作为内存分析器介绍过的堆检查器（heap checker）。为了便于使用，它应该与最终的二进制文件相链接。
- Callgrind（Valgrind 的一部分）：主要收集关于函数调用和两个函数之间的调用者/被调用者关系的统计信息。使用它不需要更改源代码或链接最终的二进制文件，当然，它可以在调试构建中实时使用。
- Intel VTune：这是英特尔公司推出的一个性能分析套件，包含了上述列表中所有特性。要使用它，必须购买适当的许可证。

22.6　总结

本章内容关于 C 程序的单元测试和调试。作为总结，在本章中：

- 讨论了测试，解释了为什么它对软件工程师和开发团队很重要。
- 讨论了不同级别的测试，如单元测试、集成测试和系统测试。
- 讨论了功能测试和非功能测试。
- 阐述了回归测试。
- 探索了两个著名的 C 测试库：CMocka 和 Google Test，并给出了一些例子。
- 讨论了调试及各种类型的错误。

• 讨论了调试器、内存分析器、线程调试器和性能调试器，它们有助于我们在处理错误时进行更好的排查。

下一章的内容是关于构建 C 项目可用的**构建系统**（build systems）的。我们将讨论什么是构建系统以及它能带来什么特性，这将最终帮助我们实现一个巨大的 C 项目构建过程的自动化。

23

构建系统

对于程序员来说,在开发新功能或修复项目报告中的错误时,构建项目并运行它的各种组件是所需完成的第一步。事实上,这并不局限于 C 或 C++;几乎所有使用编译型的编程语言(如 C、C++、Java 或 Go)编写组件的项目首先都需要构建。

因此,能够快速轻松地构建软件项目是几乎所有从事软件生产的人员的基本需求,无论他们是开发人员、测试人员、集成商、DevOps 工程师,甚至是客户支持人员。

更重要的是,当你作为一个新人加入一个团队时,你要做的第一件事就是构建你将要使用的代码库。考虑到所有这些因素后,很显然,由于构建软件项目的能力在软件开发过程中非常重要,所以讨论它是合理的。

程序员需要频繁地构建代码库,以便看到更改的结果。用很少的源文件构建项目似乎很容易,也很快速,但是当源文件的数量增加时(相信我,确实如此),构建代码库经常成为开发任务的真正障碍。因此,实现一种构建软件项目的适当机制是至关重要的。

人们过去常常编写 shell 脚本来构建大量的源文件。然而,即使它可以工作,也需要付出大量的工作和维护以使脚本足够通用,可以在各种软件项目中使用。在那之后,大约1976 年在贝尔实验室,第一个(或者至少是最早期中的一个)名为 Make 的构建系统(build system)被开发出来,并在内部项目中使用。

在那之后,Make 在所有 C 和 C++项目中,甚至在其他 C/ C++不是主要语言的项目中,都被大规模地使用。

在本章中,我们将讨论广泛用于 C 和 C++项目的**构建系统**(build systems)和**构建脚本**

生成器(build script generator)。本章将讨论以下主题:

- 首先,探索构建系统是什么,它们适合什么。
- 然后,讨论什么是 Make 和如何使用 Makefile。
- 接下来讨论的主题是 CMake。将会介绍如何构建脚本生成器,并学习如何编写简单的 CMakeLists. txt 文件。
- Ninja 是什么以及它与 Make 的不同之处。
- 探索如何使用 CMake 来生成 Ninja 构建脚本。
- 然后深入了解 Bazel 是什么以及如何使用它。读者可以学到 WORKSPACE 和 BUILD 文件,以及如何在一个简单的用例中编写它们。
- 最后,将给出一些链接,它们发布了对各种构建系统的比较。

请注意,本章中使用的构建工具都需要事先安装在你的系统上。由于这些构建工具正被大规模地使用,因此互联网上可以找到合适的资源和文档。

第一部分,我们将探索构建系统到底是什么。

23.1 什么是构建系统?

简单地说,构建系统就是一组程序和配套的文本文件,它们共同构建一个软件代码库。现在,每一种编程语言都有自己的一套构建系统。例如,在 Java 中,你有 Ant、Maven、Gradle 等等。但是"构建代码库"是什么意思呢?

构建代码库意味着从源文件生成最终产品。例如,对于一个 C 代码库,最终产品可以是可执行文件、共享目标文件或静态库,那么 C 构建系统的目标就是从代码库中的 C 源文件中生成这些产品。为此目的所需的操作细节在很大程度上取决于编程语言或代码库中涉及的语言。

许多现代构建系统,特别是在用 Java 或 Scala 等 JVM 语言编写的项目中,提供了额外的服务。

它们可以进行**依赖性管理**(dependency management)。这意味着构建系统会检测到目标代码库的依赖关系,并在**构建过程**(build process)中下载所有这些依赖关系并使用下载的构件。这是非常方便的,特别是当项目中存在大量依赖关系时,在大型代码库中通常都是这样。

例如，Maven 是一种最著名的 Java 项目构建系统；它使用 XML 文件并支持依赖性管理。不幸的是，我们在 C/C++项目中没有很好的工具来进行依赖性管理。为什么我们还没有为 C/C++项目提供 Maven 式的构建系统，这是一个有争议的问题，但它们还没有开发出来的事实也可能表明我们不需要它们。

构建系统的另一个方面是构建包含多个模块的大型项目的能力。当然，使用 shell 脚本，并编写可以遍历任何级别模块的递归 Makefile，是可以实现这种能力的，但是我们讨论的是对这种需求的内在支持。不幸的是，Make 在本质上并没有提供这种能力。然而，另一个著名的构建工具 CMake 却提供了这一功能。我们将在专门一节中对 CMake 进行更多的讨论。

直到今天，许多项目仍然使用 Make 作为默认的构建系统，但是却是通过使用 CMake 实现的。事实上，这也是 CMake 非常重要的一点，你需要在加入一个 C/C++项目之前学习它。请注意，CMake 并不局限于 C 和 C++语言，也可以在使用各种编程语言的项目中使用。

在下一节中，我们将讨论 Make 构建系统以及用它构建项目的方法。我们将给出一个具有多模块的 C 项目例子，并在本章中全程使用它来演示如何使用各种构建系统来构建这个项目。

23.2　Make

Make 构建系统使用 Makefile。Makefile 是源目录中一个名为"Makefile"的文本文件（就是这个，没有任何扩展名），它包含了**构建目标**（build target）和命令，告诉 Make 如何构建当前代码库。

让我们从一个简单的多模块 C 项目开始，并利用 Make 来实现它。下面的 Shell 框显示了在这个项目中的文件和目录。可以看到，它有一个名为 calc 的模块，和另一个名为 exec 的模块，该模块使用了 calc 模块。

calc 模块的输出是一个静态对象库，而 exec 模块的输出是一个可执行文件：

```
$ tree ex23_1
```

```
ex23_1/
├───calc
│      ├───add.c
│      ├───calc.h
│      ├───multiply.c
│      └───subtract.c
└───exec
       └───main.c

2 direcories, 5 files
$
```

Shell 框 23-1：目标项目中的文件和目录

如果我们想在不使用构建系统的情况下构建上面的项目，我们必须运行以下命令来构建其产品。请注意，我们使用 Linux 作为这个项目的目标平台：

```
$ mkdir - p out
$ gcc - c calc/add.c - o out/add.o
$ gcc - c calc/multiply.c - o out/multiply.o
$ gcc - c calc/subtract.c - o out/subtract.o
$ ar rcs out/libcalc.a out/add. out/ multiply.o out /subtract.o
$ gcc - c - Icalc exec/main.c - o out/main.o
$ gcc - Lout out/main.o - lcalc - o out/ex23_1.out
$
```

Shell 框 23-2：构建目标项目

可以看到，该项目有两个构件：一个静态库 libcalc.a 和一个可执行文件 ex23_1.out。如果你不知道如何编译一个 C 项目，或者前面的命令对你来说很陌生，请阅读第 2 章和第 3 章。

Shell 框 23-2 中的第一个命令创建一个名为 out 的目录。这个目录应该包含所有可重定位的对象文件和最终产品。

接下来，使用三个命令 gcc 来编译 calc 目录中的源文件，并生成相应的可重定位目标文件。然后，在第五个命令中使用这些目标文件来生成静态库 libcalc.a。

最后两个命令从 exec 目录中编译 main.c 文件，并将其与 libcalc.a 链接到一起产生最终的可执行文件 ex23_1.out。请注意，所有这些文件都放在 out 目录中。

上述命令可以随着源文件数量的增加而增加。我们可以在一个称为**构建脚本**（build script）的 shell 脚本文件中维护上述命令，但我们应该事先考虑以下问题：

- 我们会在所有平台上运行相同的命令吗？在不同的编译器和环境中有一些不同的细节；因此，不同系统中的命令可能不同。在最简单的场景中，我们应该为不同的平台维护不同的 shell 脚本。然而，这实际上意味着我们的脚本是不可**移植**（portable）的。
- 当一个新目录或新模块被添加到项目中时会发生什么？我们需要更改构建脚本吗？
- 如果我们添加了新的源文件，构建脚本会发生什么？
- 如果我们需要一个新产品，比如一个新的库或一个新的可执行文件，会发生什么？

一个好的构建系统应该能够处理上面提到的所有或大部分情况。让我们给出第一个 Makefile。这个文件将构建上述项目并生成其产品。本节和下面几节中为构建系统编写的所有文件都可以用来构建这个特定的项目，仅此而已。

下面的代码框显示了我们为上述项目编写的最简单的 Makefile 的内容：

```
build:
    mkdir - p out
    gcc - c calc/add.c - o out/add.o
    gcc - c calc/multiply.c - o out/multiply.o
    gcc - c calc/subtract.c - o out/subtract.o
    ar rcs out/libcalc.a out/add.o out/multiply.o out/subtract.o
    gcc - c - Icalc exec/main.c - o out/main.o
    gcc - Lout - lcalc out/main.o -  o out/ex23_1.out
clean:
    rm - rfv out
```

代码框 23 - 1[Makefile-very-simple]：一个为目标项目编写的非常简单的 Makefile

前面的 Makefile 包含两个目标：build 和 clean。每个目标都有一组命令，应该在召唤目标时执行这些命令。这组命令称为目标的**方法**（recipe）。

为了在 Makefile 中运行命令，我们需要使用 make 命令。你需要告诉 make 命令要运行的目标，但是如果你让它为空，make 总是执行第一个目标。

要使用 Makefile 构建前面的项目，将代码框 23 - 1 中的行复制到名为 Makefile 的文件中，并将其放在项目的根目录中就足够了。项目目录中的内容应该类似于我们在下面的 Shell 框中看到的内容：

```
$ tree ex23_1
ex23_1/
├──Makefile
├──calc
```

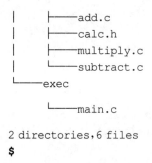

```
    │      ├────add.c
    │      ├────calc.h
    │      ├────multiply.c
    │      └────subtract.c
    └────exec
            └────main.c

2 directories,6 files
$
```

Shell 框 23-3:添加 Makefile 后在目标项目中找到的文件和目录

接下来运行 make 命令。make 程序自动查找当前目录中的 Makefile 文件并执行它的第一个目标。如果我们想运行 clean 目标,我们得用 make clean 命令。Clean 目标可以用来删除构建过程中产生的文件,通过这种方式,我们可以从头开始新的构建。

下面的 Shell 框显示了执行 make 命令的结果:

```
$ cd ex23_1
$ make
mkdir - p out
gcc - c - Icalc exec/main.c - o out/main.o
gcc - c /add.c - o out/add.o
gcc - c calc/multiply.c - o out/multiply.o
gcc - c calc/subtract.c - o out/subtract.o
ar rcs out/libcalc.a out/add.o out/multiply.o out/subtract.o
gcc - Lout - lcalc out/main.o - o  out/ex23_1.out
$
```

Shell 框 23-4:使用非常简单的 Makefile 构建目标项目

你可能会问,"(在 shell 脚本中编写的)构建脚本与上面的 Makefile 之间有什么区别?"你这样问是对的! 前面的 Makefile 并不代表我们通常使用 Make 来构建项目的方式。

事实上,前面的 Makefile 是对 Make 构建系统的一种幼稚的使用,它并没有从我们所知的 Make 提供的特性中获益。

换句话说,到目前为止,Makefile 依然与 shell 脚本非常相似,我们仍然可以使用 shell 脚本(当然,这将涉及更多的工作)。现在到了 Makefile 变得有趣和真正不同的时候了。

下面的 Makefile 仍然很简单,但是它引入了 Make 构建系统中更多令我们感兴趣的特性:

```
CC = gcc
build:prereq out/main.o out/ libcalc.a
    $ {CC} - Lout - lcalc out/main.o -  o out/ ex23_1.out

prereq:
    mkdir - p out

out/libcalc.a: out/add.o out/multiply.o out/subtract.o
    ar rcs out/libcalc.a: out/add.o out/multiply.o out/subtract.o

out/main.o: exec/main.c calc/calc.h
    $ {CC} - c - Icalc exec/main.c - o out/main.o

out/add.o: calc/add.c calc/calc.h
    $ {CC} - c calc/add.c - o out/add.o

out/subtract.o: calc/subtract.c calc/calc.h
    $ {CC} - c calc/subtract.c - o out/subtract.o

out/multiply.o: calc/multiply.c calc/calc.h
    $ {CC} - c calc/multiply.c - o out/multiply.o

clean: out
    rm - rf out
```

代码框 23‐2[Makefile-simple]：为目标项目编写的一个新的、但仍然简单的 Makefile

可以看到，我们可以在 Makefile 中声明一个变量，并在不同的地方使用它，就像我们在前面的代码框中声明 CC 一样。变量和 Makefile 中的条件使我们能够编写灵活的构建指令，只需花费比编写 shell 脚本更少的精力来实现同样的灵活性。

Makefiles 的另一个很酷的特性是能够包含其他 Makefile。这样，你就可以从以前项目的 Makefile 中获益。

从前面的 Makefile 中可以看到，每个 Makefile 都可以有几个目标。目标从行首开始，以冒号"："结束。必须使用一个制表符来缩进目标（方法）中的所有指令，以使它们能够被 make 程序识别。目标很酷的一个特点就是：它们可以依赖于其他目标。

例如，在前面的 Makefile 中，build 目标取决于 prereq，out/main. o 和 out/libcalc. a 这些目标。然后，每当构建目标被激活时，首先，要检查它的依赖目标，如果它们还没有生成，那么这些目标将首先被激活。现在，如果你更多地关注前面 Makefile 中的目标，你应该能够看到目标之间的执行流。

这绝对是我们在 shell 脚本中所缺少的东西；要使 shell 脚本像这样工作，需要许多控制流机制（循环、条件等）。Makefile 更简洁，声明性更强，这就是我们使用它们的原因。我们只想声明需要构建的内容，而不需要知道构建所需的路径。虽然使用 Make 并不能完全实现这一点，但这是拥有一个功能齐全的构建系统的开始。

Makefile 中目标的另一个特性是，如果它们引用的是磁盘上的文件或目录，比如 out/multiply.o，make 程序检查最近对该文件或目录的修改，如果自上次构建以来没有修改，它就跳过该目标。对于 out/multiply.o 的依赖 calc/multiply.c 也是如此。如果是源文件，calc/multiply.c 最近没有改变，且之前已经编译过，那么再编译它也就没有意义了。这个特性也不能简单地通过编写 shell 脚本获得。

拥有了这个特性，只需要编译自上次构建之后修改过的源文件，这减少了自上次构建以来对没有修改过的源文件的大量编译工作。当然，在整个项目至少编译一次之后，这个特性就可以工作了。在此之后，只有修改过的源才会触发编译或链接。

前面的 Makefile 中的另一个关键点是 calc/calc.h 目标。可以看到，有多个目标，绝大多数是源文件，它们依赖于头文件 calc/calc.h。因此，基于我们之前解释的功能，对头文件的简单修改可以触发对依赖于该头文件的源文件的多次编译。

这就是为什么我们试图在源文件中只包含必需的头文件，并尽可能使用前向声明而不是包含。前向声明通常不在源文件中进行，因为在源文件中，我们通常要求访问结构或函数的实际定义，但在头文件中可以很容易地完成。

头文件之间有大量的依赖关系通常会导致构建灾难。即使是对包含在许多其他头文件（最终包含在许多源文件）中的头文件的一个小修改，也可以触发构建整个项目或类似规模的东西。这将有效地降低开发质量，并导致开发人员不得不在构建之间长时间等待。

前面的 Makefile 仍然过于冗长。只要添加新的源文件，我们就必须更改目标。我们希望在添加新源文件时更改 Makefile，而不是通过添加新目标和更改 Makefile 的整体结构来改变。这有效地防止我们在与当前项目类似的另一个项目中重用同一个 Makefile。

不仅如此，许多目标遵循相同的模式，我们可以从 Make 中提供的模式匹配（pattern matching）特性中受益，从而减少目标的数量，并可在 Makefile 中编写更少的代码。这是 Make 的另一个超级特性，你无法通过编写 shell 脚本轻松实现它的效果。

下面将是我们这个项目的最后一个 Makefile，但它仍然不是一个 Make 专业人士写得最好的 Makefile：

```
BUILD_DIR = out
OBJ = ${BUILD_DIR}/calc/add.o \
        ${BUILD_DIR}/calc/subtract.o \
        ${BUILD_DIR}/calc/multiply.o \
        ${BUILD_DIR}/exec/main.o
CC = gcc

HEADER_DIRS = -Icalc
LIBCALCNAME = calc
LIBCALC = ${BUILD_DIR}/lib${LIBCALCNAME}.a
EXEC = ${BUILD_DIR}/ex23_1.out

build: prereq ${BUILD_DIR}/exec/main.o ${LIBCALC}
    ${CC} -L${BUILD_DIR} -l${LIBCALCNAME} ${BUILD_DIR}/exec/main.o
-o ${EXEC}

prereq:
    mkdir -p ${BUILD_DIR}
    mkdir -p ${BUILD_DIR}/calc
    mkdir -p ${BUILD_DIR}/exec

${LIBCALC}: ${OBJ}
    ar rcs ${LIBCALC} ${OBJ}

${BUILD_DIR}/calc/%.o: calc/%.c
    ${CC} -c ${HEADER_DIRS} $< -o $@

${BUILD_DIR}/exec/%.o: exec/%.c
    ${CC} -c ${HEADER_DIRS} $< -o $@

clean: ${BUILD_DIR}
    rm -rf ${BUILD_DIR}
```

代码框 23-3[Makefile-by-pattern]：一个使用模式匹配为目标项目编写的新 Makefile

前面的 Makefile 在其目标中使用模式匹配。变量 OBJ 保留预期的可重定位目标文件的列表，当需要目标文件列表时，它可以用在其他所有的地方。

本书不是一本关于 Make 模式匹配如何工作的书，但是在这里你可以看到有一堆通配符，例如％、$〈、$@，都在模式中得到使用。

运行前面的 Makefile 将产生与其他 Makefile 相同的结果，但我们可以受益于 Make 提供的各种优秀特性，最终获得一个可重用和可维护的 Make 脚本。

下面的 Shell 框显示了如何运行上面的 Makefile 以及输出是什么：

```
$ make
mkdir -p out
```

```
mkdir - p out/calc
mkdir - p out/exec
gcc - c - Icalc exec/main.c - o out/exec/main.o
gcc - c - Icalc calc/add.c - o out/calc/add.o
gcc - c - Icalc calc/subtract.c - o out/calc/subtract.o
gcc - c - Icalc calc/multiply.c - o out/calc/multiply.o
ar rcs out/libcalc.a out/calc/add.o out/calc/subtract.o out/calc/multiply.o
out/exec/main.o
gcc - Lout - lcalc out/exec/main.o - o out/ ex23_1.out
$
```

Shell框23-5:使用最终生成文件构建目标项目

在下面几节中,我们将讨论CMake,这是一个生成真正的Makefile的好工具。事实上,在Make变得流行一段时间之后,就出现了新一代构建工具,即**构建脚本生成器**(build script generators),它可以根据给定的描述从其他构建系统中生成Makefile或脚本。CMake就是其中之一,它可能是最流行的一个。

注:

下面的链接介绍了更多关于 GNU Make 的内容,GNU Make 是为 GNU 项目所完成的 Make 实现:

https://www.gnu.org/software/make/manual/html_node/index.html

23.3　CMake——不是一个构建系统!

CMake 是一个构建脚本生成器,作为其他构建系统(如 Make 和 Ninja)的生成器使用。编写有效的跨平台 Makefile 是一项繁琐而复杂的工作。CMake 或类似的工具,如 Autotools,被开发用来交付优化的跨平台构建脚本,如 Makefile 或 Ninja 构建文件。请注意,Ninja 是另一个构建系统,将在下一节介绍。

注:

可以在这里阅读到更多关于自动工具的信息:https://www.gnu.org/software/automake/manual/html_node/Autotools-Introduction.html

依赖管理也很重要,它不是通过 Makefile 实现的。这些生成器工具还可以检查已安装的依赖项,如果系统中缺少所需的依赖项,它们就不会生成构建脚本。在生成构建脚本之前,检查编译器及其版本、查找它们的位置、它们所支持的特性等,都是这些工具要做的工作。

和 Make 要查找一个名为 Makefile 的文件一样，CMake 查找名为 CMakeLists. txt 的文件。在项目中，无论你在哪里找到这个文件，都意味着 CMake 可以用来生成合适的 Makefile。幸运的是，与 Make 不同，CMake 支持嵌套的模块。换句话说，在项目的其他目录中可以有多个 CMakeLists. txt，在根目录中运行 CMake，就可以找到它们，并为它们生成适当的 Makefile。

让我们通过在示例项目中添加 CMake 支持来继续本节内容。为此，我们添加三个 CMakeLists. txt 文件。接下来，在添加这些文件后，你可以看到项目的层次结构：

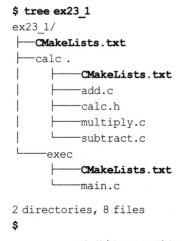

```
$ tree ex23_1
ex23_1/
├── CMakeLists.txt
├── calc .
│       ├── CMakeLists.txt
│       ├── add.c
│       ├── calc.h
│       ├── multiply.c
│       └── subtract.c
└── exec
        ├── CMakeLists.txt
        └── main.c

2 directories, 8 files
$
```

Shell 框 23 - 6：引入三个 CMakeLists. txt 文件后的项目层次结构

可以看到，这里有三个 CMakeLists. txt 文件：一个在根目录，一个在 calc 目录，另一个在 exec 目录。下面的代码框显示了在根目录下找到的 CMakeLists. txt 文件的内容。可以看到，它添加了 calc 和 exec 的子目录。

这些子目录中必须有 CMakeLists. txt 文件，事实上，根据我们的设置，它们确实如此：

```
cmake_minimum_required(VERSION 3.8)

include_directories(calc)

add_subdirectory(calc)
add_subdirectory(exec)
```

代码框 23 - 4[CMakeLists. txt]：在项目的根目录下找到的 CMakeLists. txt 文件

前面的 CMake 文件将 calc 目录添加到 include 目录中，这些目录在 C 编译器编译源文件时将会使用。如前所述，它还添加了两个子目录：calc 和 exec。这些目录都有自己的

CMakeLists. txt 文件,用于解释如何编译其内容。以下是在 calc 目录中找到的 CMake-Lists. txt 文件:

```
add_library (calc STATIC
    add.c
    subtract.c
    multiply.c
)
```

代码框 23 - 5[calc/CMakeLists. txt]:在 calc 目录下找到的 CMakeLists. txt 文件

可以看到,它只是一个针对 calc 目标的简单**目标声明**(target declaration),这意味着我们需要有一个命名为 calc 的静态库(构建后实际上就是 libcalc. a),它应该包含对应于源文件 add. c、subtract. c、multiply. c 的可重定位目标文件。请注意,CMake 目标通常代表代码库的最终产品。因此,对于 calc 模块专门而言,我们只有一个静态库产品。

可以看到,我们没有为 calc 目标指定任何其他内容。例如,我们没有指定静态库的扩展名或库的文件名(尽管我们可以)。构建此模块所需的所有其他配置要么从父模块 CMakeLists. txt 文件中继承,要么已经从 CMake 本身的默认配置中获取。

例如,我们知道共享目标文件的扩展名在 Linux 和 macOS 上是不同的。因此,如果目标是一个共享库,则不需要将扩展名指定为目标声明的一部分。CMake 能够处理这种特定平台间的差异,并且最终的共享目标文件将基于它所构建的平台而拥有正确的扩展名。

以下是 exec 目录中的 CMakeLists. txt 文件:

```
add_executable (ex23_1.out
    main.c
)
target_link_libraries (ex23_1.out
    calc
)
```

代码框 23 - 6[exec/CMakeLists. txt]:在 exec 目录下找到的 CMakeLists. txt 文件

可以看到,上述 CMakeLists. txt 中声明的目标是一个可执行文件,它应该链接到 calc 目标上,这个目标应该已经在另一个 CMakeLists. txt 文件中得到声明。

这实际上让你能够在项目的一个角落创建库,并通过编写一些指令在另一个角落使用它们。

现在,是时候向你展示如何基于在根目录下找到的 CMakeLists. txt 文件生成 Makefile 了。请注意,我们在一个名为 build 的独立目录下完成这个构建,这样可以使最终可重定位的目标文件与实际的源文件保持分离。

如果你正在使用像 git 这样的**源代码控制管理**(source control management,SCM)系统,你可以忽略 build 这个目录,因为它应该在每个平台上分别独立生成。唯一重要的文件就是 CMakeLists. txt 文件,这些文件总是保存在源代码控制存储库中。下面的 Shell 框演示了如何为根目录下的 CMakeLists. txt 文件生成构建脚本(在本例中是一个 Makefile):

```
$ cd ex23_1
$ mkdir - p build
$ cd build
$ rm - rfv *
...
$ cmake ..
- - The C compiler identification is GNU 7.4.0
- - The CXX compiler identification is GNU 7.4.0
- - Check for working C compiler: /usr/bin/cc
- - Check for working C compiler: /usr/bin/cc - - works
- - Detecting C compiler ABI info
- - Detecting C compiler ABI info - done
- - Detecting C compile features
- - Detecting C compile features - done
- - Check for working CXX compiler: /usr/bin/c+ +
- - Check for working CXX compiler: /usr/bin/c+ + - - works
- - Detecting CXX compiler ABI info
- - Detecting CXX compiler ABI info - done
- - Detecting CXX compile features
- - Detecting CXX compile features - done
- - Configuring done
- - Generating done
- - Build files have been written to: .../extreme_c/ch23/ex23_1/
build
$
```

Shell 框 23 - 7:根据根目录下的 CMakeLists. txt 文件生成 Makefile

从输出中可以看到,CMake 命令已经能够检测使用的编译器、它们的 ABI 信息(有关 ABI 的更多信息,请参阅第 3 章)、它们的特性等,最后它在 build 目录中生成了一个 Makefile 文件。

注：

在 Shell 框 23 - 7 中，假设已经有了 build 目录，因此首先需要删除所有内容。

查看 build 目录中的内容及生成的 Makefile：

```
$ ls
CMakeCache.txt CMakeFiles Makefile calc cmake_install.cmake exec
$
```

Shell 框 23 - 8：在 build 目录中生成的 Makefile

既然在 build 目录中已经生成了 Makefile，下面就可以运行 make 命令了。它将负责编译并显示编译进度。

请注意，运行 make 命令前，必须先进入 build 目录：

```
$ make
Scanning dependencies of target calc
[ 16% ] Building C object calc/CMakeFiles/calc.dir/add.c.o
[ 33% ] Building C object calc/CMakeFiles/calc.dir/subtract.c.o
[ 50% ] Building C object calc/CMakeFiles/calc.dir/multiply.c.o
[ 66% ] Linking C static library libcalc.a
[ 66% ] Built target calc
Scanning dependencies of target ex23_1.out
[ 83% ] Building C object exec/CMakeFiles/ex23_1.out.dir/main.c.o
[100% ] Linking C executable ex23_1.out
[100% ] Built target ex23_1.out
$
```

Shell 框 23 - 9：执行生成的 Makefile

目前，许多大型项目都使用 CMake，你可以通过使用或多或少与我们在前面的 Shell 框中显示的相同的命令来构建它们的源代码。Vim 就是这样一个项目。甚至 CMake 本身就是用 CMake 构建的，这个最小的 CMake 系统由 Autotools 构建后得到。CMake 现在有很多版本和特性，要详细讨论它们需要一整本书。

注：

下面的链接是 CMake 最新版本的官方文档，它可以帮助你了解它是如何工作的，以及它有哪些特性：

https://cmake.org/CMake/help/latest/index.html

最后，CMake 也可以为 Microsoft Visual Studio、Apple 的 Xcode 和其他开发环境创建构建脚本文件。

在接下来的章节中，我们将讨论 Ninja 构建系统，它是 Make 的一个快速替代系统，其生产势头越来越强劲。我们还解释了如何使用 CMake 来生成 Ninja 构建脚本文件，而不是 Makefile。

23.4　Ninja

Ninja 是 Make 的另一种选择。我不太愿意说它是替代品，但它确实是一个更快的选择。它通过删除一些 Make 提供的特性（如字符串操作、循环和模式匹配）来实现高性能。

通过删除这些功能，Ninja 可以减少开销，正因为如此，从头开始编写 Ninja 构建脚本并不明智。

可以把写 Ninja 脚本比作写 shell 脚本，其缺点我们在前一节已经解释过了。这就是为什么推荐它与构建脚本生成器（如 CMake）一起使用的原因。

本节，我们将展示在 CMake 生成 Ninja 构建脚本时如何使用 Ninja。因此，在本节中，我们不会像对 Makefiles 那样详细介绍 Ninja 的语法。那是因为我们不打算自己写；相反，我们将要求 CMake 为我们生成它们。

 注：
有关 Ninja 语法的更多信息，请点击以下链接：https://ninja-build.org/manual.html#_writing_your_own_ninja_files

正如我们之前所解释的，最好使用编译脚本生成器来生成 Ninja 编译脚本文件。在下面的 Shell 框中，你可以看到如何使用 CMake 生成 Ninja 构建脚本 build.ninja，而不是我们的目标项目的 Makefile：

```
$ cd ex23_1
$ mkdir - p build
$ cd build
$ rm - rfv *
...
$ cmake -  GNinja ..
- -  The C compiler identification is GNU 7.4.0
```

```
- - The CXX compiler identification is GNU 7.4.0
- - Check for working C compiler: /usr/bin/cc
- - Check for working C compiler: /usr/bin/cc - - works
- - Detecting C compiler ABI info
- - Detecting C compiler ABI info -  done
- - Detecting C compile features
- - Detecting C compile features -  done
- - Check for working CXX compiler: /usr/bin/c+ +
- - Check for working CXX compiler: /usr/bin/c+ + - - works
- - Detecting CXX compiler ABI info
- - Detecting CXX compiler ABI info -  done
- - Detecting CXX compile features
- - Detecting CXX compile features -  done
- - Configuring done
- - Generating done
- - Build files have been written to: .../extreme_c/ch23/ex23_1/
build
$
```

Shell 框 23 - 10：基于在根目录下找到的 CMakeLists. txt 生成 build. ninja

可以看到，我们已经传递了选项-GNinja 让 CMake 知道我们要得到的是 Ninja 构建脚本文件而不是 Makefile。CMake 生成 build. ninja 文件，你可以在 build 目录下找到它：

```
$ ls
CMakeCache.txt CMakeFiles build.ninja calc cmake_install.cmake exec rules.nin-
ja
$
```

Shell 框 23 - 11：在 build 目录中生成的 build. ninja

要编译这个项目，按如下方式运行 ninja 命令即可。请注意，和 make 程序在当前目录中寻找 Makefile 一样，ninja 程序在当前目录中查找 build. ninja 文件：

```
$ ninja
[6/6]Linking C executable exec/ex23_1.out
$
```

Shell 框 23 - 12：执行生成的 build. ninja

下一节，我们将讨论 Bazel，它是另一个可以用于构建 C 和 C++项目的构建系统。

23.5　Bazel

Bazel 是 Google 开发的一个构建系统,旨在满足其内部需求,即拥有一个快速且规模可伸缩的构建系统,该系统可以构建任何项目,无论使用的是哪种编程语言。Bazel 支持构建 C、C++、Java、Go 和 Objective-C 项目。不仅如此,它还可以用于构建 Android 和 iOS 项目。

Bazel 在 2015 年左右成为开源软件。由于它是一个构建系统,所以可以与 Make 和 Ninja 相比,但不能与 CMake 相比。几乎所有 Google 的开源项目在构建时都使用 Bazel。例如,Bazel 本身、gRPC、Angular、Kubernetes 和 TensorFlow。

Bazel 是用 Java 编写的,它以并行和可伸缩构建而闻名,在大型项目中它确实发挥了重要作用。在 Make 和 Ninja 中通过传递-j 选项都可以进行平行构建(默认情况下 Ninja 就是平行的)。

注:
可访问以下链接查找 Bazel 的官方文档:https://docs.bazel.build/versions/master/bazel-overview.html

使用 Bazel 的方法与我们在 Make 和 Ninja 中的做法类似。Bazel 要求在一个项目中出现两种文件:WORKSPACE 文件和 BUILD 文件。WORKSPACE 文件应该放在根目录中,而 BUILD 文件应该放在模块中,这些模块应该作为相同工作区(或项目)的一部分构建。这或多或少与 CMake 的情况类似,那时我们在项目中有三个 CMakeLists.txt 文件,但请注意,在这里,Bazel 本身是构建系统,我们不准备为另一个构建系统生成任何构建脚本。

如果我们想要在我们的项目中添加 Bazel 支持,我们应该在项目中获得以下层次结构:

```
$ tree ex23_1
ex23_1/
├── WORKSPACE
├── calc
│   ├── BUILD
│   ├── add.c
│   ├── calc.h
│   ├── multiply.c
│   └── subtract.c
```

```
└───exec
     ├─── BUILD
     └─── main.c

2 directories, 8 files
$
```

Shell 框 23 - 13：引入 Bazel 文件后的项目层次结构

在我们的示例中，WORKSPACE 文件的内容是空的。它通常用于指示代码库的根。请注意，如果有更多嵌套和更深入的模块，你需要参考文档来了解这些文件（WORK-SPACE 和 BUILD）应该如何在整个代码库中传播。

BUILD 文件的内容指出应该在该目录（或模块）中构建的目标。下面的代码框显示 calc 模块的 BUILD 文件：

```
c_library (
    name =  " calc ",
    src = ["add.c","subtract.c","multiply.c"],
    hdrs = ["calc.h"],
    linkstatic =  True,
    visibility= ["//exec:__pkg__"]
)
```

代码框 23 - 7[calc/BUILD]：在 calc 目录下找到的 BUILD 文件

可以看到，这里声明了一个新的目标 calc。它是一个静态库，包含了在该目录中找到的三个源文件。这个库对 exec 目录中的目标也可见。

exec 目录中的 BUILD 文件如下：

```
cc_binary (
    name =  " ex23_1.out",
    srcs = ["main. c"],
    deps = ["//calc:calc"],
    copts = ["- Icalc"]
)
```

代码框 23 - 8[exec/BUILD]：exec 目录下的 BUILD 文件

有了上述文件，现在就可以运行 Bazel 并构建项目了。你需要进入项目的根目录。请注意，不需要像 CMake 中那样有一个构建目录：

```
$ cd ex23_1
$ bazel build //...
```

```
INFO: Analyzed 2 targets (14 packages loaded, 71 targets configured).
INFO: Found 2 targets...
INFO: Elapsed time: 1.067s, Critical Path: 0.15s
INFO: 6 processes: 6 linux- sandbox.
INFO: Build completed successfully, 11 total actions
$
```

Shell 框 23 - 14:使用 Bazel 构建示例项目

查看根目录下的 bazel-bin 目录,就应该能找到最终产品:

```
$ tree bazel- bin
bazel- bin
├── calc
│   ├── _objs
│   │   └── calc
│   │       ├── add.pic.d
│   │       ├── add.pic.o
│   │       ├── multiply.pic.d
│   │       ├── multiply.pic.o
│   │       ├── subtract.pic.d
│   │       └── subtract.pic.o
│   ├── libcalc.a
│   └── libcalc.a- 2.params
└── exec
    ├── _objs
    │   └── ex23_1.out
    │       ├── main.pic.d
    │       └── main.pic.o
    ├── ex23_1.out
    ├── ex23_1.out- 2.params
    ├── ex23_1.out.runfiles
    │   ├── MANIFEST
    │   └── __main__
    │       └── exec
    │           └── ex23_1.out - >  .../bin/exec/ex23_1.out
    └── ex23_1.out.runfiles_manifest

9 directories, 15 files
$
```

Shell 框 23 - 15:运行构建后的 bazel—bin 的内容

上述列表表明,项目已经构建成功,产品也已经定位。

下一节,我们将结束本章的讨论,并比较在 C 和 C++项目中存在的各种构建系统。

23.6　比较构建系统

本章,我们介绍了三个最知名、使用也最为广泛的构建系统。作为构建脚本生成器,我们还介绍了 CMake。当然,除此之外还有其他构建系统可以用来构建 C 和 C++项目。

请注意,对构建系统的选择应该被视为一项长期承诺;如果使用了某个特定的构建系统来启动一个项目,那么将其更改为另一个系统将花费大量的精力。

构建系统可以根据不同的属性进行比较。依赖管理、能够处理嵌套项目的复杂层次结构、构建速度、可伸缩性、与现有服务的集成、添加新逻辑的灵活性等,都可以用来进行公平的比较。我不打算在本书结束时对构建系统进行比较,因为这是一项乏味的工作,而且,已经有一些很棒的在线文章讨论了这个主题。

Bitbucket 上有一个不错的 Wiki 页面,它对可用的构建系统和构建脚本生成器系统进行了利弊比较,链接如下:

https://bitbucket.org/scons/scons/wiki/SconsVsOtherBuildTools

请注意,不同的人有不同的比较结果。你应该根据项目的需求和可用资源来选择构建系统。以下链接可提供补充资源,供进一步研究和比较之用:

https://www.reddit.com/r/cpp/comments/8zm66h/an_overview_of_build_systems_mostly_for_c_projects/

https://github.com/LoopPerfect/buckaroo/wiki/Build-Systems-Comparison

https://medium.com/@ julienjorge/an-overview-of-build-systems-mostly-for-c-projects-ac9931494444

23.7　总结

本章,我们讨论了用于构建 C 或 C++项目的常用构建工具。本章的主要工作有:

- 讨论了构建系统的必要性。
- 引入了 Make,它是 C 和 C++项目中最古老的构建系统之一。
- 引入了 Autotools 和 CMake 这两个著名的构建脚本生成器。

- 展示了如何使用 CMake 来生成所需的 Makefile。
- 讨论了 Ninja,并展示了如何使用 CMake 来生成 Ninja 构建脚本。
- 演示了如何使用 Bazel 构建 C 项目。
- 最后,提供了一些比较各种构建系统的在线讨论的链接。

后记

最后的话……

如果你已经读到这里,这意味着我们的旅程已经结束!在本书中,我们讨论了一些主题和概念,我希望这段旅程能让你成为一名更好的 C 程序员。

当然,本书不能给你经验,想要获得经验,你必须参与各种项目。我们在本书中讨论的方法和技巧将提升你的专业水平,这将使你能够从事更重要的项目。现在你从更广泛的角度对软件系统有了更深入的了解,并拥有关于内部工作的一流知识。

虽然本书比你通常阅读的书籍更长、更重,但它仍然不能覆盖 C、C++和系统编程中的所有主题。因此,我的肩上仍有一个重担,旅程还没有结束!我想继续研究更极致的话题,也许是更具体的领域,比如异步 I/O、高级数据结构、套接字编程、分布式系统、内核开发和函数编程等。希望在下一次旅程中再次见到你!

Kamran